中国石化员工培训教材

油气井测试工艺技术

中国石化员工培训教材编审指导委员会　组织编写
本书主编　魏淋生

中国石化出版社

内 容 提 要

《油气井测试工艺技术》为《中国石化员工培训教材》系列之一。本书系统地讲述了油气井测试基础知识，试油测试，地层测试，井下压力测试，流量测试，温度测试，流体识别测井，注入、产出剖面测试，产层评价测井，工程测井等工艺技术原理及技术现场应用实例和油气井测试工艺技术的发展趋势。

本书是测试工艺技术人员进行员工岗位技能培训的必备教材，也是油气井测试专业技术人员的参考书。

图书在版编目(CIP)数据

油气井测试工艺技术 / 魏淋生主编 . —北京：中国石化出版社，2013.4
ISBN 978-7-5114-2051-0

Ⅰ.①油… Ⅱ.①魏… Ⅲ.①油气测井-技术培训-教材 Ⅳ.①TE15

中国版本图书馆 CIP 数据核字(2013)第 056874 号

中国石化出版社出版发行
地址：北京市东城区安定门外大街 58 号
邮编：100011 电话：(010)84271850
读者服务部电话：(010)84289974
http://www.sinopec-press.com
E-mail:press@sinopec.com
北京柏力行彩印有限公司印刷

*

787×1092 毫米 16 开本 25.25 印张 629 千字
2013 年 5 月第 1 版 2013 年 5 月第 1 次印刷
定价：72.00 元

中国石化员工培训教材
编审指导委员会

序

中国石化是上中下游一体化能源化工公司，经营规模大、业务链条长、员工数量多，在我国经济社会发展中具有举足轻重的作用。公司的发展，基础在队伍，关键在人才，根本在提高员工队伍整体素质。员工教育培训是建设高素质员工队伍的先导性、基础性、战略性工程，是加强人才队伍建设的重要途径。

当前，我们已开启了建设世界一流能源化工公司的新航程，加快转变发展方式的任务艰巨而繁重，这对进一步做好员工教育培训工作提出了新的更高要求。我们要以中国特色社会主义理论为指导，紧紧围绕企业改革发展、队伍建设和员工成长需要，以提高思想政治素质为根本，以能力建设为重点，积极构建符合中国石化实际的培训体系，加大重点和骨干人才培训力度，深入推进全员培训，不断提高教育培训的质量和效益，为打造世界一流提供有力的人才保证和智力支持。

培训教材是员工学习的工具。加强培训教材建设，能够有效反映和传递公司战略思想和企业文化，推动企业全员学习，促进学习型企业建设。中国石化员工培训教材编审指导委员会组织编写的这套系列教材，较好地反映了集团公司经营管理目标要求，总结了全体员工在实践中创造的好经验好做法，梳理了有关岗位工作职责和工作流程，分析研究了面临的新技术、新情况、新问题等，在此基础上进行了完善提升，具有很强的实践性、实用性和较高的理论性、思想性。这套系列培训教材的开发和出版，对推动全体员工进一步加强学习，进而提高全体员工的理论素养、知识水平和业务能力具有重要的意义。

学习的目的在于运用，希望全体员工大力弘扬理论联系实际的优良学风，紧密结合企业发展环境的新变化、新进展、新情况，学好用好培训教材，不断提高解决实际问题、做好本职工作的能力，真正做到学以致用、知行合一，把学习培训的成果切实转变为推进工作、促进改革创新的实际行动，为建设世界一流能源化工公司作出积极的贡献。

二〇一二年七月十六日

前言

根据中国石化发展战略要求，为加强培训资源建设、推进全员培训的深入开展，集团公司人事部组织梳理了近些年培训教材开发成果，调研了企业培训教材需求，开展了中国石化员工培训课程体系研究。在此基础上，按职业素养、综合管理、专业技术、技能操作、国际化业务、新员工等六类，组织编写覆盖石油石化主要业务的系列培训教材，初步构建起中国石化特色的培训教材体系。这套系列教材围绕中国石化发展战略、队伍建设和员工成长的需要，以提高全体员工履行岗位职责的能力为重点，把研究和解决生产经营、改革发展面临的新挑战、新情况、新问题作为重要目标，把全体员工在实践中创造的好经验好做法作为重要内容，具有较强的实践性、针对性。这套培训教材的开发工作由中国石化员工培训教材编审指导委员会组织，集团公司人事部统筹协调，总部各业务部门分工负责专业指导和质量把关，主编单位负责组织培训教材编写。在培训教材开发和编写的过程中，上下协同、团结合作，各级领导给予了高度重视和支持，许多管理专家、技术骨干、技能操作能手为培训教材编写贡献了智慧、付出了辛勤的劳动。

《油气井测试工艺技术》为专业技术类型的教材，在编写时按照集团公司“员工培训教材编写指南”要求，结合油田测试工艺技术实际，广泛征求石化系统内测试专家的意见，四易其稿，经集团公司组织的专家组的三次审查后定稿。本教材包括地层测试、动态监测等方面的测试工艺技术，共13章分别进行了阐述。本书是油气井测试工艺技术人员进行员工岗位技能培训的必备教材，也是油气井测试专业技术人员必备的参考书，主要突出“先进性”和“实用性”，内容以油气井测试工艺“四新”技术、油气井测试工艺技术应用和创新等为主，侧重于理论技术的实际应用和现场实际技术问题的解决，为测试工艺技术专业规范、统一要求，实现由大学生到现场工程师的转变，加快工程师成长发挥其应有的作用。

《油气井测试工艺技术》教材由集团公司石油工程管理部、油田勘探开发事业部和河南油田负责组织编写，主编魏淋生(河南油田)，副主编郭旭光、潘彦珍(河南油田)，参加编写的人员有陈必威、赵德勇、洪新安、刘天道、毛玉萍、谢军德、朱辉、李粤、卢玉灵、李娅琪、刘海生、姬建国、梁庚白、安军辉、周建华、常大明、潘万明、胡年友、赵汉、黄国勇、赵戈、胡永锋、高志海、李青、党永峰、朱一斌、王德全(河南油田)，张昌朝(胜利油田)，王朝可、钟仲良、彭亚军、张晓丹(中原油田)，唐永祥(江汉油田)，钱俊(江苏油田)，夏海帮(华东石油局)，赵长举(华北石油局)；本教材已经集团公司人事部、石油工程管理部、油田勘探开发事业部审定通过，主审杨世刚，参加审定的人员有张文昌、聂申健、耿兆华、王朝可、王显章、黄华，审定工作得到了中原油田的大力支持；中国石化出版社对教材的编写和出版工作给予了通力协作和配合，在此一并表示感谢。

由于本教材涵盖的内容较多，不同企业之间也存在着差别，编写难度较大，加之编写时间紧迫，不足之处在所难免，敬请各使用单位及个人对教材提出宝贵意见和建议，以便教材修订时补充更正。

目　录

第1章　油气井测试基础知识

1.1　地质基础知识

1.1.1　岩性

石油和天然气埋藏在地下不同深度的岩石之中，埋藏深度相差很大，但都还受地层温度的影响，石油和天然气只能在地壳范围内成藏。

组成地壳的岩石，根据其成因可分为岩浆岩、沉积岩、变质岩三大类。

1. 沉积岩

沉积岩是古老的岩石风化剥蚀后，其风化产物再经过搬运、沉积及成岩作用而形成的。

根据沉积岩的成因和物质成分，将其分为四类：

(1) 碎屑岩，由碎屑和胶结物组成的沉积岩，按粒度分为砾岩、砂岩、粉砂岩。

(2) 黏土岩，由黏土矿物组成的沉积岩，如泥岩、页岩。

(3) 碳酸盐岩，由碳酸盐矿物组成的沉积岩，如石灰岩、白云岩。

(4) 生物岩，由生物沉积物组成的沉积岩，如煤、油页岩。

沉积岩的分布面积很广，在沉积岩中蕴藏着极为丰富的矿产，尤其是被誉为工业血液、黑色金子的石油就生成于沉积岩中，而且大部分储集于沉积岩中。

2. 岩浆岩

岩浆岩是岩浆在一定地质作用的影响下，由地壳深处上升，并且经过冷却、凝固、结晶而成的岩石。

岩浆是处于地壳以下高温、高压状态下的含有大量挥发物的硅酸盐熔融体。岩浆的温度超过1000℃，压力在几百兆帕以上，当地壳运动使地壳本身出现薄弱地带时，岩浆就会冲入薄弱地带，甚至喷出地表，这时岩浆的温度、压力下降，挥发物质析出、经冷凝和结晶后，就形成了岩浆岩。

岩浆岩主要分为超基性岩、基性岩、中性岩、中酸性岩、酸性岩、碱性岩等。

3. 变质岩

在地球内力作用的影响下，由于物理化学条件的改变，使早期形成的岩浆岩和沉积岩在固体状态下，其成分、结构和构造相应地发生变化的作用，称为变质作用。因变质作用而形成的岩石称为变质岩。由岩浆岩变质而成的叫正变质岩，由沉积岩变质而成的称副变质岩。

常见的变质岩有片麻岩、片岩、千枚岩、板岩、大理岩、石英岩、云英岩等。

变质岩与火成岩一样是不能生油的，但在储集条件、构造条件及其他条件充分具备的时候，也可以储集石油和天然气。

1.1.2　储集层

石油天然气储藏在地下岩石的孔隙、洞穴、裂缝中，所以把凡是能够储集油、气，并在其中流动的岩层叫做储集层。

1. 储集层的特征

储集层能够储集油气是因为它具备了两个重要本质特征：孔隙性和渗透性。

孔隙性的好坏决定了油、气的储量；渗透性的好坏决定了油、气的产量。

（1）孔隙度。岩石的孔隙性的好坏通常用孔隙度来表示。岩石孔隙指的是岩石中孔隙、洞穴和裂缝等各种孔隙空间的总和，称为总孔隙体积。总孔隙体积与岩石总体积的比值即为孔隙度或称绝对孔隙度：

$$绝对孔隙率 = (岩石中总孔隙体积/岩石总体积) \times 100\%$$

流体能在其中流动的，相互连通的孔隙称为有效孔隙。有效孔隙体积与岩石总体积之比值称为有效孔隙率：

$$有效孔隙率 = (岩石中的有效孔隙体积/岩石总体积) \times 100\%$$

一般地说，绝对孔隙率大于有效孔隙率。对于疏松砂岩或未胶结的砂层来说，绝对孔隙率与有效孔隙率差别不大，而致密砂岩和碳酸盐岩的绝对孔隙率与有效孔隙率差别很大。各种岩石孔隙率的变化是较大的，砂岩的有效孔隙率一般在10%～25%，甚至在5%～40%，碳酸岩孔隙度一般小于5%。

（2）渗透率。在一定的压力差下，岩石本身允许流体通过的性能叫渗透性。渗透性是决定油层产油能力最重要的因素。渗透性的好坏可用渗透率来表示，储油气岩层中，油或油水、油气水渗滤的实际渗透率称为有效渗透率。有效渗透率与岩石性质有关，又与流体性质有关，通常根据试井(测试)资料求得。

2. 储集层分类

储集层的类型大致可以分成三大类：

（1）碎屑岩类储集层，即颗粒之间孔隙型储集层。碎屑岩类储集层包括砾岩、砂岩、粉砂岩等。

（2）碳酸盐类储集层，即溶蚀的洞穴型储集层和破裂的裂缝型储集层。这类储层包括石灰岩、白云岩、白云质灰岩、生物灰岩等。

（3）其他类型的储集层，如岩浆岩、变质岩、泥岩。这些岩石裂缝、片理、次生孔隙发育的时候，也可成为良好的储集层。

我国已发现的储集层是多种多样的，但也超不出以上三种类型。以大庆油田为代表的砂岩颗粒间的孔隙型储集层：以任丘油田为代表的碳酸盐岩的溶蚀洞穴型和裂缝型储集层；以四川气田为代表的碳酸盐岩裂缝型储集层。

还有一些特殊的储集层，如在辽河油田见到的火山岩储集层(孔隙型)，玉门鸭儿峡油田的变质岩储集层(裂缝型)以及青海油泉子油田的泥岩储集层等(图1－1)。

(a) 粒间孔隙

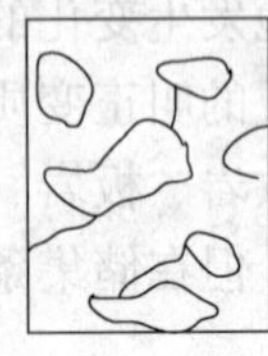
(b) 溶洞

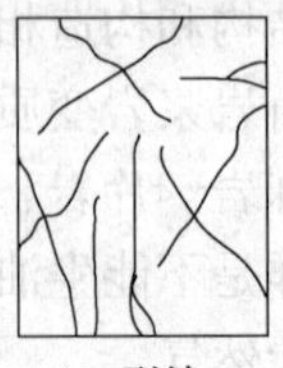
(c) 裂缝

图1－1　储集层类型示意图

3. 油气藏构造

油、气运移到储集层后，还不一定能够形成油气藏。在这个过程中，如果剥蚀作用、氧化作用、岩浆作用等各种破坏性因素比较强烈，就可能使油、气再次逸散，而不能形成油、气藏。如果运移过程中遇到遮挡，运移不能继续进行，油、气就可逐渐聚集而成油气藏。这种适于油气聚集，并形成油气藏的场所就叫做圈闭。聚集油、气的构造就是储油构造。

油气藏的构造种类可分成三大类：

(1) 背斜构造，或称构造圈闭。构造运动使地层发生褶皱或断裂，这些褶皱或断裂当条件具备时就可形成构造圈闭。如背斜圈闭，断层圈闭等(图1－2)。

(2) 地层圈闭。地壳升降运动引起海进、海退、沉积间断、剥蚀风化等，形成超覆不整合、侵蚀角度不整合、假整合等，其上部为不渗透地层覆盖即构成地层圈闭。

(3) 岩性圈闭。在沉积盆地中，由于沉积条件的差异，造成储集层在横向上发生岩性变化，并为不渗透岩性遮挡时，即形成岩性圈闭。如砂岩尖灭、透镜体等(图1－2)。

图1－2是三种基本的圈闭类型，有时还可见到它们彼此相结合而形成的圈闭类型。但勘探工作的重点仍是寻找有利油、气聚集的构造圈闭。

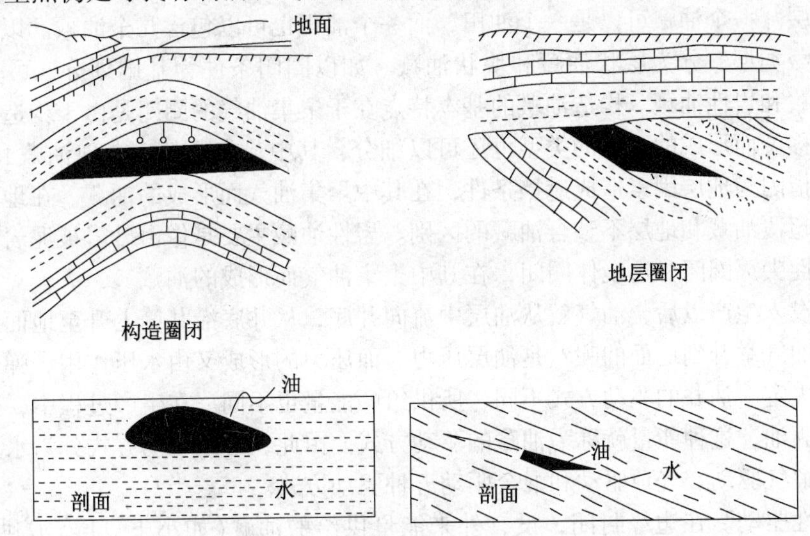

图1－2 地质圈闭示意图

4. 油、气、水在地下的原始分布

油、气进入圈闭以后，又因为油、气、水的密度不同，在圈闭内进一步分成三个层次，天然气密度最小在上面，油在中间，密度最大的水在下面，成为一个完整的油、气藏，如图1－3所示。

在气与油接触处和油与水接触处，分别叫油气界面和油水界面。从构造平面图看含油边界又叫含油外端或外含油边界，是油水界面与油层顶面的交线，在这边界以外就不是含油区了。油、气、水边界如图1－4所示。

在油藏最低处四周衬托着油藏的水叫边水，在油藏下面托着油藏底部的水叫底水，夹层水又叫层间水。

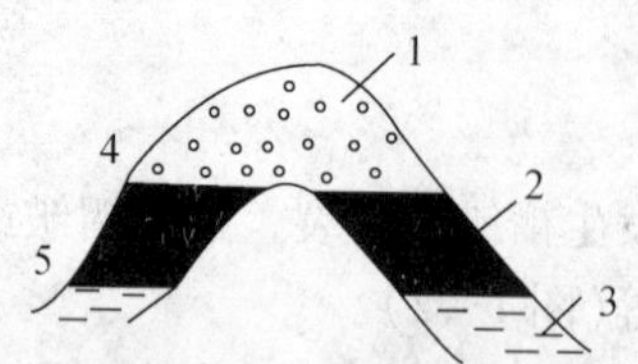

图1-3 油气藏内油、气、水分布示意图

1—气；2—油；3—水；4—油气界面；5—油水界面

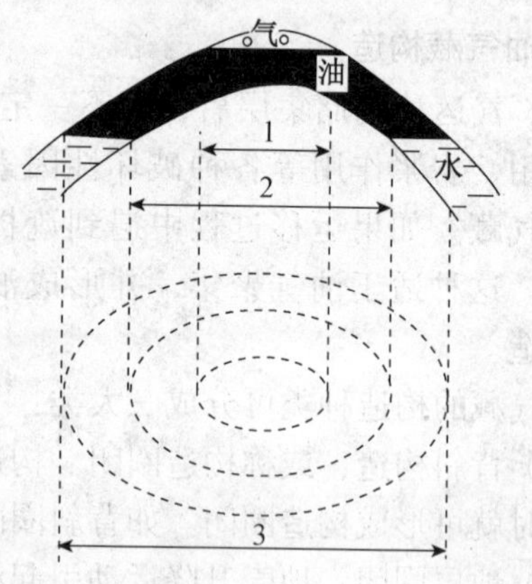

图1-4 油、气、水边界示意图

1—含气边界；2—含水边界；3—含油边界

1.1.3 油藏类型及驱动方式

油藏是指可以值得作为单元开发对象的含油体，可以是一个油层，也可以是一组性质近似的几个油层。一个油藏可以是一个油田，而一个油田也可以包含几个油藏。以含油体形态为主划分油藏类型，分为层状油藏和块状油藏。如以圈闭条件为基础划分，可分为构造油藏、地层油藏和岩性油藏。构造油藏的基本特点在于聚集油气的圈闭是由于构造运动使岩层发生变形和移位而形成的。它的类型也还可以细分，其中最主要的有背斜油藏和断层油藏。地层油藏是指因为地层因素造成遮挡条件，在其中聚集油气而形成的油藏。在地层油藏类型中又有地层超覆油藏和地层不整合油藏的区别。岩性油藏主要是像由砂岩被泥岩所包围，而形成一个岩性尖灭圈闭和透镜体圈闭，在其中聚集油气而形成的油藏。

当油井投入生产以后，油气就从油层中流向井底，从井底沿井筒上升至地面。那么，是什么力量将油气举升到地面的呢？是油层压力。而压力的形成又由水压作用、弹性作用、溶解气作用来决定。油井的驱动方式不同，所供给的能量也不同。在生产过程中，主要依靠哪一种能量来驱油，这种能量就称为油藏的驱动方式。由此，可把驱动方式分为水压驱动、弹性驱动、溶解气驱动、气顶驱动和混合驱动五种驱动方式。

(1) 弹性驱动。在边缘封闭，没有外来能量供给的油藏（如小土豆层）或供水区较远，边水补充不及的油藏中，当地层压力高于饱和压力时，主要依靠岩层和原油本身的弹性能量将原油挤入井底，这种驱动方式称为弹性驱动。

(2) 溶解气驱动。当油层平均压力低于饱和压力时，油层中出现油、气两相渗流，这时油流流入井中主要依靠分离出的天然气的弹性作用，且油藏没有外来能量补充，这种驱动方式称为溶解气驱动。溶解气驱动是一种消耗性开采方式，最终采收率为5%。

(3) 气顶驱动。有气顶的油藏，在开发过程中，油层压力不断下降，气顶随之膨胀，而把油流挤入井内，这种驱动方式称为气顶驱动。若油藏气顶较大，岩层连续均质，储油构造陡峭，原油黏度又低，这种驱动方式还是很有成效的。

(4) 水压驱动。油藏主要依靠边水、底水和注入水的侵入而将油气排出，这种驱动方式叫水压驱动。水压驱动的原油采收率高，理想状况可达到60%~80%。

(5) 混合驱动。在较大的油藏中，油藏往往同时存在多种驱油能量。靠近气顶区的油井，主要依靠气顶的天然气膨胀来驱动油流流入井中，因而靠近气顶局部地区的井将在气顶驱动方式下生产；而靠近边水的油井，则靠边水的侵入将原油挤入井内，这些区域的井将在水压驱动方式下生产。如果含油带较宽，处在距气顶和边水都较远的井，就可能在溶解气驱的方式下生产。一旦气边水的作用影响到这些油井，则油井又可能从溶解气驱转化为气顶驱动或边水驱动。

1.1.4 相关名词术语

1. 油气显示

石油天然气及其与成因相联系的各种石油衍生物的天然和人工露头均称为油气显示。油气显示又分为地面油气显示和井下油气显示两种。

(1) 地面油气显示。石油和天然气沿着地下岩石的孔隙和裂缝运移到地面所形成的各种露头，称为地面油气显示。

(2) 井下油气显示。由于钻井、取岩心和随同钻井液(或清水)循环而把石油和天然气携带到地面者，称为井下油气显示。

2. 含油层

含有油气的储集层。如果储集层中只含有天然气称为含气层。

3. 储油层(储集层)

凡能使石油、天然气在其孔隙和裂缝中流通、聚集和储存的岩层(岩石)均称为储油层。

4. 有效孔隙度

岩石有效孔隙体积(即液体能在其中流动的孔隙体积 V_{op})与岩石总体积 V_f 之比，称为岩石的有效孔隙度，即：

$$\Phi_t = V_{op}/V_f \times 100\%$$

5. 含油饱和度

在油层孔隙中，含油的体积 V_o 与有效孔隙体积 V_{op} 之比，称为含油饱和度 S_o，即：

$$S_o = V_o/V_{op} \times 100\%$$

6. 渗透率

在一定压差下，岩石让流体通过的能力叫渗透率。

国外普遍采用的渗透率单位是“达西”，而我国法定计量单位采用的渗透率单位是 μm^2。一个达西(D)的物理意义是：当黏度为 1mPa · s 的流体，在压差为 0.1MPa 作用下，通过截面积为 $1cm^2$、长度为 1cm 的多孔介质，其流量为 $1cm^3/s$，渗透率就称为 1 达西，$1D = 1\mu m^2$。

因渗透率是面积的因次，所以渗透率代表了多孔介质中孔隙通道面积的大小，渗透率越高，多孔介质孔道面积越大，流动越容易，渗透性也就越好。

7. 绝对渗透率

单相液体或气体完全充满岩石的孔隙，且这种液体或气体不与岩石起任何物理、化学反应，流体的流动符合达西定律，这时测得的岩石渗透率为岩石的绝对渗透率。这时岩石的渗透率表示岩石本身的特性。岩石的绝对渗透率一般用空气测定。

8. 有效渗透率

当两种以上的流体通过岩石时，岩石让某一相流体通过的能力，也称相渗透率。

9. 相对渗透率

有效渗透率与绝对渗透率的比值。

10. 油田开发层系

在油田开发过程中，把能连通的油层组合在一起，用一套井网来开采，这个油层组合称为开发层系。

11. 油田开发方式

油田开发方式是指油田开发时采用的注水方式、层系划分、井网部署和开采方式等的总称。

12. 油田开发阶段

开发阶段的划分，一般是按开发过程的水驱油机理分为无水期、低含水期，中含水期和高含水期四个阶段，油田综合含水低于2%称为无水期，油田综合含水在2%～20%时称低含水期。按油田产量变化规律，亦可将开发过程分为建设阶段、稳产阶段、产量递减阶段和开发后期阶段。

13. 原始地层压力

油藏被打开未进行开采之前所测得的油层中部压力(代表油藏原始状态的地层压力)称为原始地层压力。

14. 静止压力

采油(气)井关井后，井底压力回升到稳定状态时，所测得的油层中部压力，简称静压。

15. 流动压力

油井在正常生产时所测得的油层中部压力称为流动压力。

16. 原始饱和压力

油藏处于原始状态时，溶解于原油中的天然气开始从原油中分离出来的压力称为原始饱和压力。

17. 流压梯度

油井在正常生产时，每单位液柱高度所产生的压力，一般用每100m液柱所产生的压力表示。

18. 静水柱压力

井口到油层中部的水柱压力。

19. 油管压力、套管压力

油气从井底流到井口后的剩余压力叫油管压力，简称油压。油套管环形空间内，油和气在井口的压力叫套管压力，简称套压。

20. 地层系数

地层系数是油层有效厚度与有效渗透率的乘积，参数符号为 kh，单位符号为 $\mu m^2 \cdot m$。它反映油层物性的好坏，kh 越大，油层物性越好，出油能力越大。

21. 压力系数

原始地层压力与静水柱压力之比。

22. 流动系数

是地层系数与地下原油黏度的比值，参数符号 kh/μ，单位符号 $\mu m^2 \cdot m/(mPa \cdot s)$。

23. 采油指数

采油指数是指生产压差每增加1MPa所增加的日产油量，也称为单位生产压差下的日产量。它表示油井生产能力的大小，参数符号为 J，单位符号为 $m^3/(MPa \cdot d)$。

24. 总压差

原始地层压力与目前地层压力的差值。

25. 生产压差

静压(即目前地层压力)与油井生产时测得的流压的差值称为生产压差。

26. 地饱压差

目前地层压力与原始饱和压力的差值称为地饱压差，它是表示地层原油是否在地层中脱气的指标。

27. 采油压差

油井生产时，地层静压与流动压力之差，又称为生产压差。

28. 注水压差

注水井注水时的井底压力与地层压力之差。

29. 含水率

生产油井日产水量与日产液量(油和水)之比称含水百分数，即含水率。

30. 油气比

油气比分为原始油气比和生产油气比。油田未开发时，在油层条件下，1t 原油中所溶解的天然气量称为原始油气比。在油田开发过程中，每采出 1t 原油所伴随着采出的天然气量称为生产油气比。

31. 采收率

油田采出来的油量与地质储量的比值称为采收率。无水采油阶段的采收率称为无水采收率。油田开发结束时达到的采收率称为最终采收率。

1.2 油藏渗流基础知识

油藏流体的向井流动是指原油或其他流体介质沿渗流通道从地层向生产井底的流动。流动规律满足达西定律。流动状态分为单相渗流和多相渗流。

1.2.1 单相液体的流入动态

根据达西定律，在供给边缘压力不变的圆形单层油藏中心一口井的产量公式为：

$$q_o = \frac{2\pi k_o h(\bar{p}_r - p_{wf})a}{\mu_o B_o\left(\ln\frac{r_e}{r_w} - \frac{1}{2} + S\right)} \tag{1-1}$$

式中 q_o——油井产量(地面)，m^3/s；

k_o——油层有效渗透率，m^2；

B_o——原油体积系数，m^3/m^3；

h——油层有效厚度，m；

μ_o——地层油的黏度，$Pa \cdot s$；

$\bar{p}_r$——井区平均油藏压力，Pa；

p_{wf}——井底流动压力，Pa；

r_e——油井供油(泄油)边缘半径，m；

r_w——井眼半径，m；

S——表皮系数，与油井完成方式、井底污染或增产措施等有关，可由压力恢复曲线求得；

a——采用不同单位制的换算系数，采用流体力学达西单位及法定(SI)单位时 $a=1$；采用法定实用单位，即 $q(\mathrm{m^3/d})$，$k(\mu\mathrm{m}^2)$，$\mu(\mathrm{Pa\cdot s})$，$h(\mathrm{m})$，$p(\mathrm{mPa\cdot s})$时 $a=86.4$；若压力实用单位中用 kPa 时，则 $a=0.0864$。

对于圆形封闭油藏，即泄油边缘上没有液体流过，拟稳态条件下的产量公式为：

$$q_o=\frac{2\pi k_o h(\bar{p}_r-p_{wf})a}{\mu_o B_o\left(\ln\frac{r_e}{r_w}-\frac{3}{4}+S\right)} \tag{1-2}$$

对于非圆形封闭泄油面积油井拟稳态条件下的产量公式，可根据泄油面积和油井位置进行校正。其方法是令公式中的$\frac{r_e}{r_w}=X$，根据泄油面积形状和井的位置可确定相应的 X 值如图 1-5 所示。

形状与位置	X
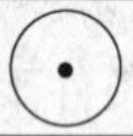 圆形，井位于中心	$\frac{r_e}{r_w}$ 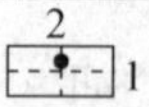
正方形，井位于中心	$\frac{0.571A^{1/2}}{r_w}$ 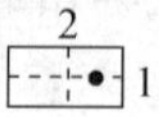
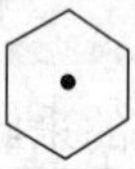 六边形，井位于中心	$\frac{0.565A^{1/2}}{r_w}$ 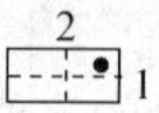
 三角形	$\frac{0.604A^{1/2}}{r_w}$ 
 平行四边形，60°	$\frac{0.61A^{1/2}}{r_w}$ 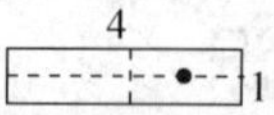
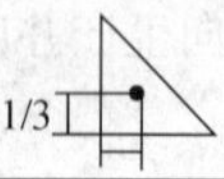 直角三角形，1/3	$\frac{0.678A^{1/2}}{r_w}$ 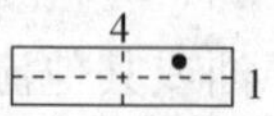
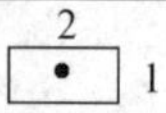 2×1 矩形，井位于中心	$\frac{0.668A^{1/2}}{r_w}$ 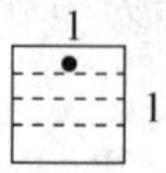
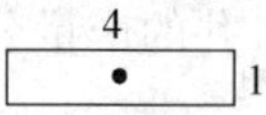 4×1 矩形，井位于中心	$\frac{1.368A^{1/2}}{r_w}$ 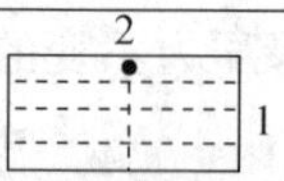
5×1 矩形，井位于中心	$\frac{2.066A^{1/2}}{r_w}$
1×1	$\frac{0.884A^{1/2}}{r_w}$
1×1	$\frac{1.485A^{1/2}}{r_w}$
2×1	$\frac{0.966A^{1/2}}{r_w}$
2×1	$\frac{1.44A^{1/2}}{r_w}$
2×1	$\frac{2.206A^{1/2}}{r_w}$
4×1	$\frac{1.925A^{1/2}}{r_w}$
4×1	$\frac{6.59A^{1/2}}{r_w}$
4×1	$\frac{9.36A^{1/2}}{r_w}$
1×1	$\frac{1.724A^{1/2}}{r_w}$
2×1	$\frac{1.794A^{1/2}}{r_w}$
2×1	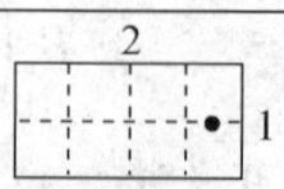 $\frac{4.072A^{1/2}}{r_w}$
2×1	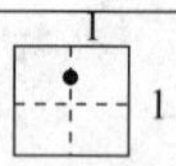 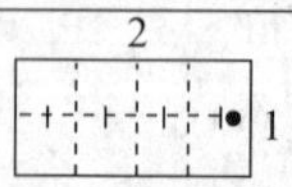 $\frac{9.523A^{1/2}}{r_w}$
三角形	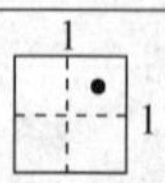  $\frac{10.135A^{1/2}}{r_w}$

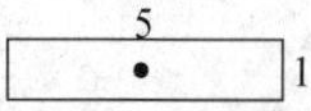

图 1-5　泄油面积形状与油井位置系数(A 为供油面积)

在单相流动条件下，油层物性及流体性质基本不随压力变化，这样，上述产量公式可写成：

$$q_o = J(\bar{p}_r - p_{wf}) \tag{1-3}$$

式中 J——采油指数 $m^3/(d \cdot Pa)$ 表达式为：

$$J = \frac{2\pi k_o h a}{\mu_o B_o\left(\ln X - \frac{3}{4} + S\right)} \tag{1-4}$$

在一些文献中，把式(1-3)称为油井流动方程。由式(1-3)可得：

$$J = \frac{q_o}{p_r - p_{wf}} \tag{1-5}$$

1.2.2 油气两相渗流时的流入动态

油气两相渗流发生在溶解气驱油藏中，油藏流体的物理性质和相渗透率将会随压力变化而改变。因而，溶解气驱油藏油井产量与流压的关系是非线性的。要研究这种井的流入动态，就必须从油气两相渗流的基本规律入手。

根据达西定律，对于平面径向流，直井油气两相渗流时油井产量公式为：

$$q_o = \frac{2\pi r k_o h}{\mu_o B_o}\frac{dp}{dr}$$

令 $k_{ro} = k_o/k$，并积分，可得：

$$\frac{q_o}{2\pi kh}\int_{r_w}^{r_e}\frac{dr}{r} = \int_{p_{wf}}^{p_e}\frac{k_{ro}}{\mu_o B_o}dp$$

$$q_o = \frac{2\pi kh}{\ln\frac{r_e}{r_w}}\int_{p_{wf}}^{p_e}\frac{k_{ro}}{\mu_o B_o}dp \tag{1-6}$$

式中，μ_o、B_o 及 k_{ro} 都是压力的函数，只要找到它们的压力的关系，就可求得积分，从而找到产量和流压的关系。μ_o 及 B_o 不难由高压物性资料或经验关系式得到，而 K_{ro} 与压力的关系则必须利用生产气油比、相渗透率曲线来获得。

显然，利用上述方法来绘制 IPR 曲线是十分繁琐的。因而，在油井动态分析和预测中通常结合生产测试资料来绘制 IPR 曲线。

1. Vogel 方法

它是根据计算机对若干典型溶解气驱油藏流入动态曲线的计算结果提出的。

计算时假设：①圆形封闭单层油藏，油井位于中心；②单层均质油层，含水饱和度恒定；③忽略重力影响；④忽略岩石和水的压缩性；⑤油、气组成及平衡不变；⑥油、气两相的压力相同；⑦拟稳态下流动，在给定的某一瞬间，各点的脱气原油流量相同。

计算结果表明，产量与流压的关系随采出程度 N_P/N 而变。如果以流压与油藏压力的比值 $p_{wf}/\bar{p}_r$ 为纵坐标，以相应流压下的产量 q_o 与流压为零时的最大产量 q_{omax} 之比为横坐标则不同采出程度下的 IPR 曲线很接近。

Vogel 对不同流体性质、油气比、相对渗透率、井距及压裂过的井和井底有污染的等各种情况下的 21 个溶解气驱油藏进行了计算。其结果表明：IPR 曲线都有类似的形状，只是高黏度油藏及油井污染严重时差别较大。Vogel 在排除了这些特殊情况之后，绘制了一条如

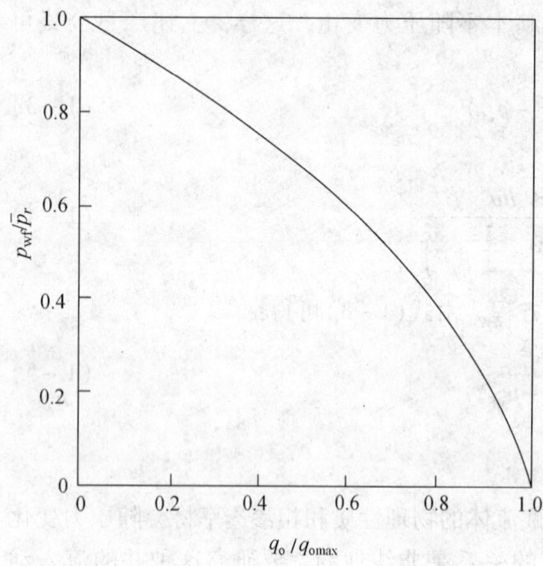

图 1－6　溶解气驱油藏无因次 IPR 曲线

图 1－6 所示的参考曲线（常称为 Vogel 曲线）。这条曲线可看作是溶解气驱油藏渗流方程通解的近似解。

图 1－6 的曲线可用下面的方程（Vogel 方程）来表示：

$$\frac{q_o}{q_{omax}}=1-0.2\frac{p_{wf}}{\bar{p}_r}-0.8\left(\frac{p_{wf}}{\bar{p}_r}\right)^2 \quad (1-7)$$

参考曲线与各种情况下的计算机计算曲线的比较表明：除高黏度及井底污染严重的油井外，参考曲线更适合于溶解气驱早期（即采出程度较低时）情况。

应用 Vogel 方程可以在不涉及油藏参数及流体性质资料的情况下绘制油井的 IPR 曲线和预测不同流压下得油井产量，使用很方便。但是，必须给出该井的某些测试数据。

（1）应用 Vogel 方程绘制 IPR 曲线的步骤：

已知油藏压力 $\bar{p}_r$ 及一个测试产量流压 $q_{o(test)}$ 时的产量 $p_{wf(test)}$ 时，应用 Vogel 方程绘 IPR 曲线的步骤如下：

① 计算 q_{omax}：

$$q_{omax}=\frac{q_{o(test)}}{\left[1-0.2\frac{p_{wf(test)}}{\bar{p}_r}-0.8\left(\frac{p_{wf(test)}}{\bar{p}_r}\right)^2\right]}$$

② 给定不同流压，用下式计算相应的产量：

$$q_o=\left[1-0.2\frac{p_{wf}}{\bar{p}_r}-0.8\left(\frac{p_{wf}}{\bar{p}_r}\right)^2\right]q_{omax}$$

③ 根据给定的流压及计算出得相应产量绘制 IPR 曲线。

如果油藏压力未知，但是要测得两种油井工作制度下的产量及相应的流压，可由下式求得油藏平均压力后，再计算 IPR 曲线。

$$\bar{p}_r=\frac{B+\sqrt{B^2+4AC}}{2A} \quad (1-8)$$

式中　$A=\frac{q_1}{q_2}-1$

$B=0.2\left(\frac{q_1}{q_2}p_{wf2}-p_{wf1}\right)$

$C=0.8\left(\frac{q_1}{q_2}p_{wf2}^2-p_{wf1}^2\right)$

（2）Vogel 曲线与数值模拟 IPR 曲线的对比：

图 1－6 中绘制了用 Vogel 方程计算的和用数值模拟计算的不同开采阶段的 IPR 曲线。由 IPR 曲线的对比表明：

① 按 Vogel 方程计算的 IPR 曲线，最大误差出现在用小生产压差下的测试资料来预测最大产量。一般误差低于 5%。虽然，随着采出程度的增加，到开采末期误差上升到 20%，但

其绝对值却很小。

② 如果用测试点的资料按直线外推，最大误差可达 70% ~80%，只是在开采末期约 30%。

上述认识仅仅是根据对一般的溶解气驱油藏与用数值模拟计算的结果进行对比得到的。但矿场实践表明，除前述的某些特殊情况外，用 Vogel 方程来预测溶解气驱油藏的油井产量将会得到较满意的结果。

2. 费特柯维奇方法

对溶解气驱油藏，即油气两相渗流：

$$q_o = \frac{2\pi kh}{\ln\frac{r_e}{r_w} - \frac{3}{4} + S}\int_{p_{wf}}^{\bar{p}_r}\frac{k_{ro}}{\mu_o B_o}dp \tag{1-9}$$

费特柯维奇假设$\left(\frac{k_{ro}}{\mu_o B_o}\right)$与压力 p 成直线关系，故：

$$q_o = \frac{2\pi kh}{\ln\frac{r_e}{r_w} - \frac{3}{4} + S}\int_{p_{wf}}^{\bar{p}_r} cp\,dp = \frac{2\pi kh}{\ln\frac{r_e}{r_w} - \frac{3}{4} + S}\frac{c}{2}(\bar{p}_r^2 - p_{wf}^2)$$

式中 $c = \frac{1}{\bar{p}_r}\left(\frac{k_{ro}}{\mu_o \beta_o}\right)_{\bar{p}_r}$

令 $q_o = \frac{2\pi kh}{\ln\frac{r_e}{r_w} - \frac{3}{4} + S}\left(\frac{k_{ro}}{\mu_o \beta_o}\right)_{\bar{p}_r}\frac{\bar{p}_r^2 - p_{wf}^2}{2\bar{p}_r}$

$$J'_o = \frac{2\pi kh}{\ln\frac{r_e}{r_w} - \frac{3}{4} + S}\left(\frac{k_{ro}}{\mu_o \beta_o}\right)_{\bar{p}_r}\frac{1}{2\bar{p}_r}$$

则

$$q_o = q_{omax}\left[1 - \left(\frac{p_{wf}}{\bar{p}_r}\right)^2\right] \tag{1-10a}$$

或

$$q_o = J'_o(\bar{p}_r^2 - p_{wf}^2) \tag{1-10b}$$

当 $p_{wf} = 0$ 时，$q_{omax} = J'_o\bar{p}_r^2$

3. 不完善井 Vogel 方程的修正

在建立无因次流入动态曲线和方程时，认为油井是理想的完善井。即油层部分的井壁是完全裸露的，井壁附近的油层未受到伤害而保持原始状况。实际油井并非理想的完善井。就其油井完成方式而言，射孔完成的井为打开性质上的不完善井；为防止底水锥进，而未全部钻穿油层的井为打开程度上的不完善井；打开程度和打开性质都不完善的井称为双重不完善井。另外，在钻井或修井过程中油层受到伤害或进行酸化、压裂等措施的油井，其井壁附近的油层渗透率都会改变，从而改变油井的完善性。所有这些都会增加或降低井底附近的压力降，如图 1-7 所示，从而影响油井流入动态。

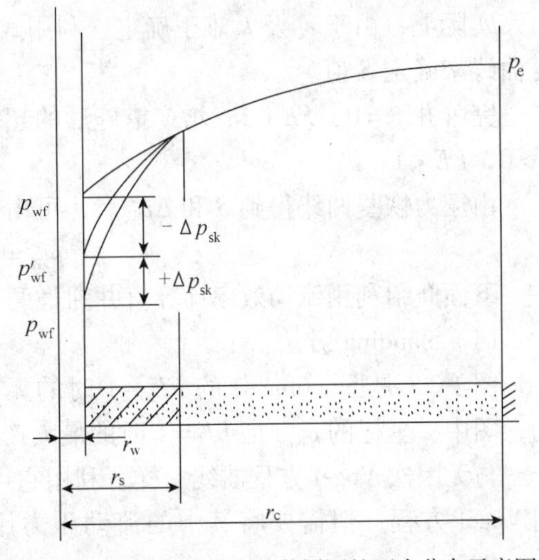

图 1-7 完善井和非完善井周围的压力分布示意图

实际油井的完善性可用流动效率 FE 来表示。所谓油井的流动效率是指该井的理想生产压差与实际生产压差之比。

$$FE = \frac{\bar{p}_r - p'_{wf}}{\bar{p}_r - p_{wf}} = \frac{\bar{p}_r - p_{wf} - \Delta p_{sk}}{\bar{p}_r - p_{wf}} \tag{1-11}$$

式中 $\bar{p}_r$——平均油藏压力；

p'_{wf}——理想完善井的流压；

p_{wf}——同一产量下实际非完善井的流压；

Δp_{sk}——非完善井表皮附加压力降。

$$\Delta p_{sk} = p'_{wf} - p_{wf} \tag{1-12}$$

Δp_{sk}为“正”称为“正”表皮，油井不完善；Δp_{sk}为“负”称为“负”表皮，油井超完善。

假定油层未受污染的渗透率为 k_o，受污染区的渗透率为 k_s，伤害半径为 r_s，根据稳定流公式，可导出计算 Δp_{sk}的公式。

完善井

$$q_o = \frac{2\pi k_o h(p_e - p'_{wf})}{B_o\mu_o \ln \frac{r_e}{r_w}} \tag{1-13a}$$

非完善井

$$q_o = \frac{2\pi h(p_e - p_{wf})}{B_o\mu_o \frac{1}{k_o}\ln \frac{r_e}{r_s} + \frac{1}{k_s}\ln \frac{r_s}{r_w}} \tag{1-13b}$$

由式(1-13a)、式(1-13b)及式(1-12)可得

$$\Delta p_{sk} = p'_{wf} - p_{wf} = \frac{q_o\mu_o B_o}{2\pi k_o h}\left(\frac{k_o}{k_s} - 1\right)\ln \frac{r_s}{r_w}$$

令：

$$S = \left(\frac{k_o}{k_s} - 1\right)\ln \frac{r_e}{r_w} \tag{1-14}$$

则：

$$\Delta p_{sk} = \frac{q_o\mu_o B_o}{2\pi k_o h}S \tag{1-15}$$

式中 S——表皮系数或井壁阻力系数。

实际上，由于 r_s 及 k_s难于确定，利用式(1-15)来确定表皮系数 S。通常是利用压力恢复曲线来确定 S 值。

完善井 $S=0$，$FE=1$；增产措施后的超完善井 $S<0$，$FE>1$；油层受污染或不完善的井 $S>0$，$FE<1$。

由压力恢复曲线得到 S 和 Δp_{sk}后，可由下式计算 p'_{wf}：

$$p'_{wf} = p_{wf} + \Delta p_{sk}$$

下面介绍利用流动效率计算直井油气两相渗流时流入动态的方法。

(1) Standing 方法：

图1-8 是 Standing 作的 $FE\neq1$ 时的无因次流入动态曲线，适用于 $FE<1.5$ 的低速流动，图中横坐标的 q_{omax}是 $FE=1$ 时的最大产量。

与无因次 Vogel 方程曲线一样，利用它可计算 $FE\neq1$ 的实际油井的流入动态曲线。也可用 Vogel 方程，但需要将其中的流动压力用理想完善井的流压 p'_{wf}代替原 Vogel 方程中的 p_{wf}，即：

$$\frac{q_o}{q_{omax(FE=1)}}=1-0.2\frac{p'_{wf}}{\bar{p}_r}-0.8\left(\frac{p'_{wf}}{\bar{p}_r}\right)^2 \tag{1-16a}$$

$$p'_{wf}=\bar{p}_r-(\bar{p}_r-p_{wf})\cdot FE \tag{1-16b}$$

根据 FE 计算不同的 p_{wf} 对应的 p'_{wf}，然后由下式求相应的产量：

$$q_o=q_{omax(FE=1)}\left[1-0.2\frac{p'_{wf}}{\bar{p}_r}-0.8\left(\frac{p'_{wf}}{\bar{p}_r}\right)^2\right]$$

根据计算结果绘制 IPR 曲线

应该注意的是用 Standing 方法计算 $FE>1$ 的 IPR 曲线时，不应超过 Standing 提供的无因次曲线的范围（$FE=0.5\sim1.5$）。超过曲线范围之后，既无法查曲线，也不能应用上面所介绍的式(1-16)来计算。

(2) Harrison 方法：

Harrison 提供了 $FE=1\sim2.5$ 的无因次曲线（图 1-9），扩大了 Standing 曲线的范围。它可用来计算高流动效率井的 IPR 曲线和预测低流压下的产量。其计算步骤如下：

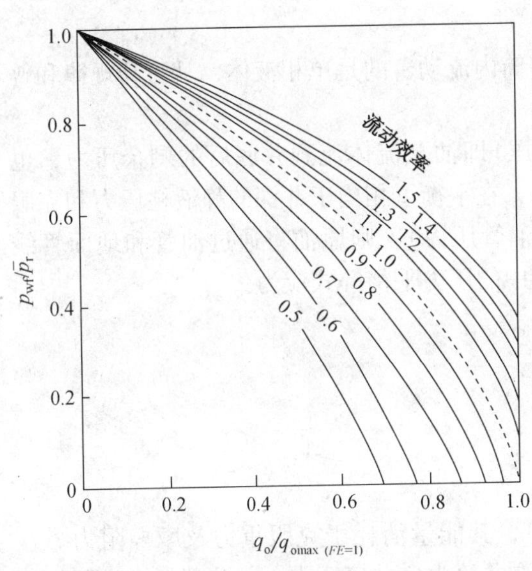

图 1-8　$FE\neq1$ 时的无因次 IPR 曲线（Standing IPR 曲线）

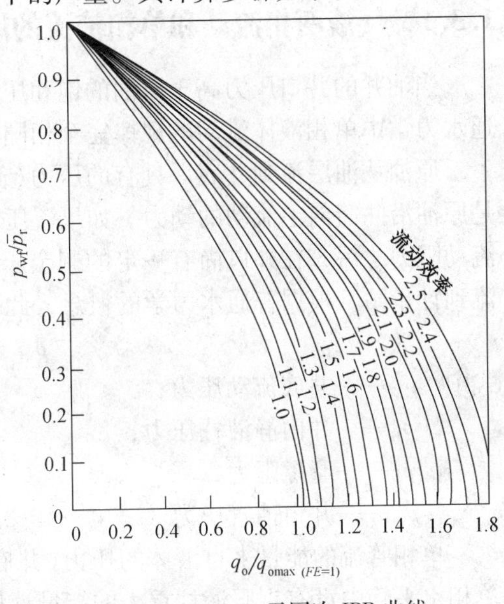

图 1-9　Harrison 无因次 IPR 曲线（$FE>1$）

① 计算 $FE=1$ 时的 q_{omax}。先求 $p_{wf}/\bar{p}_r$，然后查图 1-9 中在对应的 FE 曲线上的相应 $q_{omax}/q_{omax(FE=1)}$ 值，则

$$q_{omax(FE=1)}=q_o/(q_o/q_{omax(FE=1)})$$

② 求 FE 对应的最大产量，计 $p_{wf}=0$ 时的产量 $q_{omax(FE)}$。由图 1-9 的 FE 对应的曲线上查得 $p_{wf}=0$ 时的 $q_{omax(FE)}/q_{omax(FE=1)}$。则

$$q_{omax(FE)}=q_{omax(FE=1)}\left[\frac{q_{omax(FE)}}{q_{omax(FE=1)}}\right]$$

③ 计算不同流压下的产量 q_o。由查图 1-9 中对应 FE 的曲线得到 $q_o/q_{omax(FE=1)}$。则对应 p_{wf} 和 FE 下的产量为

$$q_o=q_{omax(FE=1)}\left[\frac{q_o}{q_{omax(FE=1)}}\right]$$

④ 根据计算结果绘制 IPR 曲线。

1.3 垂直多相管流基础知识

油气水从地层进入生产井后，在井筒中形成了单相(油、气、水)、两相(油水、气水、油气)或油气水三相流动。气井通常井下为气水两相流动。油井在流压大于饱和压力时，井下为油水两相流动，反之井下出现油气水三相流动。注水井一般为单相水流动，生产井中很少出现单相流动。利用地面油气水产量信息可以了解井下可能出现的相态。如果地面产油和水，井下为油水两相流动；如果地面只产油，井下因有静水柱存在应为油水两相流动；如果地面只产气，井下可能为气水、气油两相流动；如果地面产水和气，井下只可能是气水两相流动。对于地面同时产油气水的井，应根据泡点压力和流动压力的关系确定是油水两相或三相流动。同一口井中，自下而上压力依次降低，在某一位置气从油中析出，形成三相流动，因此，一口井也可能同时出现单相、两相和三相流动。

1.3.1 气液两相流动和单相液流的比较

当油井的井口压力高于原油的饱和压力时井筒内流动着的是单相液体，其流动规律和普通水力学中单相液体流动的规律完全相同。

原油从油层流到井底后具有的压力(简称流压)即油藏流体流到井底后的剩余压力，也是原油沿井筒向上流动的动力。如果流压足够高，在平衡了相当于井深的静液柱压力和克服流动阻力之后，在井口尚有一定的剩余压力(称油管压力)，则原油将通过油管和地面管线流到计量站。根据普通水力学的概念，此时油管中的压力平衡等式应为：

$$p_{wf}=p_{H}+p_{fr}+p_{wt}$$

式中 p_{wf}——井底流动压力；

p_{H}——井内静液柱压力；

p_{fr}——摩擦阻力；

p_{wt}——井口油管压力。

单相管流的能量来自液体的压力(井底流压)，其能量消耗于克服重力及摩擦阻力。在单相水平管中没有克服液柱重力的能量消耗；而在井筒中，井底压力大部分消耗在克服液柱重力上。

当自喷井的井底压力低于饱和压力时，整个油管内部都是气液两相流动。

当井底压力高于饱和压力而井口压力低于饱和压力时，油流上升过程中其压力低于饱和压力后，油中溶解的天然气开始从油中分离出来，油管中便由单相液流变为气液两相流动。液流中增加了气相之后，其流动型态(流型)与单相垂直管流有很大差别，流动过程中的能量供给和消耗关系也要复杂得多。油气流上升过程中，气体膨胀能是一个很重要的方面。一些溶解气驱油藏的自喷井，流压很低，主要是靠气体膨胀能来维持油井自喷；气举井主要是依靠从地面供给的高压气来举升液体。

实践表明，并非所有的气体膨胀能都可以有效地举油，它取决于气体在举升系统中做功的条件，如油气在油管中气液的分布状态及流速。油气在流动过程中的分布状态不同，气体膨胀举油的条件不同，其流动规律也不相同。

在单相管流中，由于液体压缩性很小，各个断面的体积流量和流速相同。在多相管流中，沿井筒自下而上随着压力不断降低，气体不断地从油中分出和膨胀，使混合物的体积流量和流速不断增大，而混合物密度则不断减小。

多相垂直管流的压力损失除重力和摩擦阻力外，还有由于气流速度增加所引起的动能变化造成的损失。另外，在流动过程中，混合物密度和摩擦力沿程随气液体积比、流速及混合物流动结构的变化而变化。

1.3.2 气液混合物在垂直管中的流动

油气混合物的流动结构是指流动过程中油气的分布状态，如图1－10所示，也称为流动形态，简称流型。它与油气体积比，流速及油气的界面性质有关。不同流动结构的混合物有各自的流动规律，因此可按其流动结构把混合物的流动分为不同的流动类型。

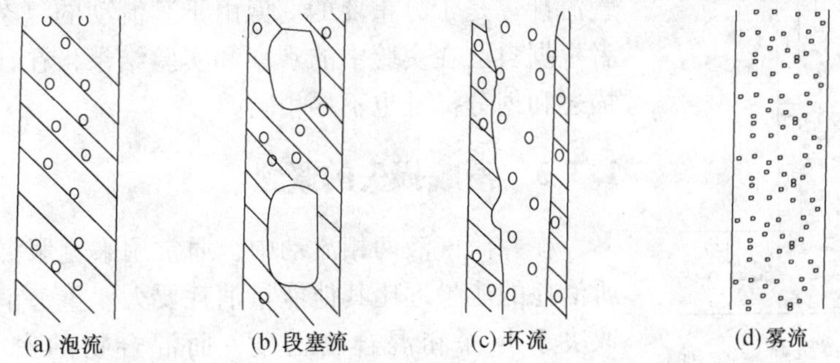

图1－10 气体混合物流动结构(流型)示意图

如图1－10(a)所示，在井筒中从低于饱和压力的深度起，溶解气开始从油中分离出来，这时，由于气量少，压力高，气体都以小气泡分散在液相中，气泡直径相对于油管直径要小很多。这种结构的混合物的流动称为泡流。由于油、气密度的差异和泡流的混合物平均流速小，因此，在混合物向上流动的同时，气泡上升速度大于液体流速，气泡将从油中超越而过，这种气体超越液体上升的现象称为滑脱。泡流的特点是气体是分散相，液体是连续相；气体主要影响混合物的密度，对摩擦阻力的影响不大；滑脱现象比较严重。

当混合物继续向上流动时，压力逐渐降低，气体不断膨胀，小气泡将合并成大气泡，直到能够占据整个油管断面时，在井筒内将形成一段油一段气的结构如图1－10(b)所示。这种结构的混合物的流动称为段塞流。出现段塞后，大气泡托着油柱向上流动，气体的膨胀能得到较好的发挥和利用。但这种气泡举升液体的作用很像一个破漏的活塞向上推油。在段塞向上运动的同时，沿管壁还有少许油相对于气泡向下流动。虽然如此，在油气段塞结构情况下，油、气间的相对运动要比泡流小，滑脱也小。一般自喷井内，段塞流是主要的。

随着混合物继续向上流动，压力不断下降，气相体积继续增大，炮弹状的气泡不断加长，并逐渐由油管中间突破，形成油管中心是连续气流而管壁是油环的流动结构，这种流动称为环流，如图1－10(c)所示。在环流结构中，气液两相都是连续的，气体的举油作用主要是靠摩擦携带。

在油气混合物继续上升的过程中，当压力下降使气体的体积流量增加到足够大时，油管中流动的气流芯子将变得很粗，沿管壁流动的油环变得很薄，此时绝大部分油都以小油滴分散在气流中，这种流动结构称为雾流，如图1－10(d)所示。雾流的特点是：气体是连续相，液体是分散相；气体以很高的速度携带液滴喷出井口；气、液之间的相对运动速度很小，气相是整个流动的控制因素。

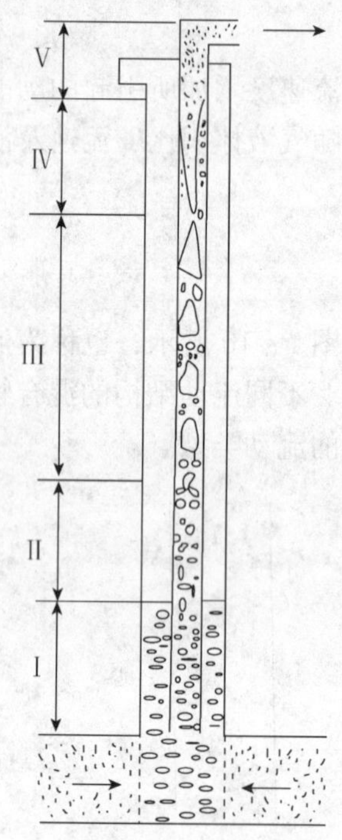

图 1－11　油气沿井筒喷出时的流型变化示意图

Ⅰ—纯油流；Ⅱ—泡流；Ⅲ—段塞流；Ⅳ—环流；Ⅴ—雾流

根据以上讨论，油井中可能出现的流型自下而上依次为：纯油流、泡流、段塞流、环流、雾流，如图 1－11 所示。

图 1－11 为油井生产时各种流型在井筒中的分布和变化情况的示意图。实际上，在同一口井内，不会出现如此完整的流型变化，特别是在一口自喷井内不可能同时存在纯油流和雾流的情况。环流和雾流只是出现在混合物流速和气液比很高的情况下。因此，除某些高产量凝析气井和含水气井外，一般油井都不会出现环流和雾流。

区分不同的流型并研究其流动规律，对于气液两相垂直管流计算是十分重要的。但由于其流动的复杂性，不同研究者根据自己在实验中的观察和实验结果，在计算中对流型的描述和划分标准也不尽相同。

1.3.3　滑脱损失的概念

在井筒气液两相流动中，通常用来克服混合物液柱重力所消耗的能量远比其他能量消耗要大。重力消耗的大小直接取决于井深和混合物密度，而混合物的密度与滑脱现象有关。

在气液两相管流中，由于气体和液体间的密度差出现滑脱，之后将增大气液混合物的密度，从而增大混合物的静水压头（即重力消耗）。因滑脱产生的附加压力损失称为滑脱损失。通常是有滑脱时的混合物的密度 ρ'_m 之差 $\Delta\rho_m$ 来表示单位管上的滑脱损失，即：

$$\Delta\rho_m = \rho_m - \rho'_m$$

不考虑滑脱，即认为油气之间不存在相对运动时，某一深度的混合物密度可由下式计算：

$$\rho'_m = \frac{Q_l\rho_l + Q_g\rho_g}{Q_l + Q_g} \qquad (1-17a)$$

式中　ρ'_m——无滑脱时就地的混合物密度；

Q_l——液体的体积流量；

Q_g——就地气体的体积流量；

ρ_l、ρ_g——油、气的密度。

式(1－17a)中的 Q_l、Q_g 和 ρ_l、ρ_g 及 ρ_m 均为该深度处压力 p 及温度 T 下的相应值。

通过每个断面的液体和气体流量应分别等于各自的真实流速（v_l、v_g）与流过断面（图 1－12）的乘积，而：

$$f = f_g + f_l$$

在无滑脱时，$v_l = v_g = v_m$，所以：

$$Q_g + Q_l = v_m f$$

这样，式(1－17a)可以写成：

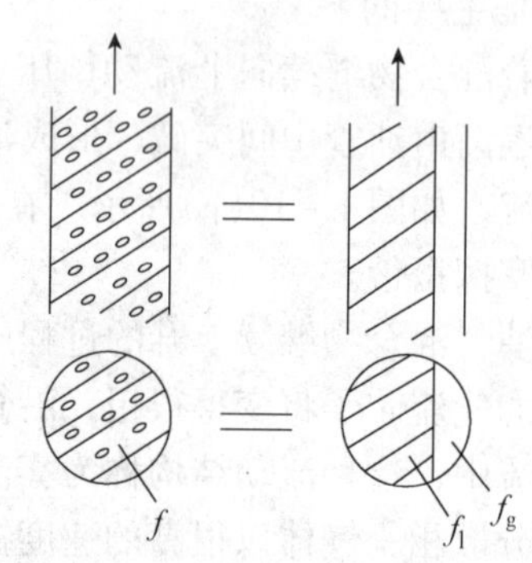

图 1－12　气液两相流的流动断面简图

$$\rho'_m = \frac{f_l \rho_l + f_g \rho_g}{f_l + f_g} \tag{1-17b}$$

式中　f_l——液相所占的流动断面面积；

f_g——气相所占的流动断面面积；

f——流动断面的总面积；

v_l、v_g、v_m——分别为液相、气相和混合物的流速。

如果忽略气体的密度，则：

$$\rho'_m \approx \frac{f_l}{f} \rho_l \tag{1-17c}$$

显然，液相的流动断面增大将引起混合物密度的增加。

存在滑脱时，气体速度将大于液流速度($v_g > v_l$)。

为了便于比较和分析是否存在滑脱时的混合物密度，可假定两种情况下的液、气体积流量不变。由于有滑脱时，气体流速大，液体流速小，为了保持体积流量不变，气体过流断面将减小为f'_g，而液体的过流断面将增加为f'_l。考虑滑脱后分相过流断面的变化：

$$\Delta f = f'_l - f_l = -(f'_g - f_g)$$

则存在滑脱时的混合物密度 ρ_m 可表示为：

$$\rho_m = \frac{f'_l \rho_l + f'_g \rho_g}{f} = \frac{(f_l + \Delta f)\rho_l + (f_g - \Delta f)\rho_g}{f} \approx \frac{(f_l + \Delta f)\rho_l}{f} \tag{1-18}$$

由式(1-17c)和式(1-18)可得单位管长上的滑脱损失为：

$$\Delta \rho_m = \frac{\Delta f}{f} \rho_l \tag{1-19}$$

上面的讨论仅仅是为了说明由于滑脱而引起附加压力损失的物理概念。在实际计算中不能直接应用简单的式(1-18)来计算滑脱，因为 Δf 是未知的，也是实验中难以测量的参数。通常是直接研究存在滑脱时不同流型下混合物密度 ρ_m 的确定方法；或者用式(1-17a)计算 ρ'_m，而用矿场资料相关分析求出包含滑脱在内的摩擦阻力系数来进行多相垂直管流计算。

1.4　钻井液基础知识

1.4.1　钻井液的功用

(1) 清除井底岩屑并携带至地面。钻井液从钻具内注入井底从钻头喷嘴流出，清除井底和钻头破碎的岩屑，并将其由环形空间携带至地面。

(2) 冷却并润滑钻头和钻柱。钻井过程中，钻头和钻柱与地层摩擦产生大量的热，必须用循环的钻井液把它带到地面散发掉，从而起到冷却钻头和钻柱的作用。同时钻井液对钻柱还有一定的润滑作用，从而降低钻柱扭矩，延长钻头寿命。

(3) 形成低渗透性滤饼阻止滤液渗入地层。性能良好的钻井液，能在渗透性地层的井壁上形成薄而低渗透性的滤饼，以巩固井壁，并可阻止滤液渗入地层。

(4) 控制地层压力。调节钻井液密度以建立与地层压力相适应的液柱压力，防止发生喷、漏、卡、塌等井下复杂情况。合理的钻井液密度必须根据所钻地层的孔隙压力和破裂压力加以确定。正常情况下，密度的附加值按压力值计算：气层为3~5MPa，油层为1.5~3.5MPa。

(5) 悬浮岩屑。钻井液具有触变性，当停止循环时，能使钻屑处于悬浮状态。恢复循环时，钻井液恢复原来的流体状态，把砂子携带到地面。

(6) 减少油层损害。选用适当类型及性能的钻井液钻开油层，可以使油层的损害降至最低程度。

(7) 录井。通过分析钻井液带出来的岩屑、油花、气泡及钻井液性能的变化，可以了解钻遇地层的岩性和地层含油气情况。

(8) 将水力功率传给井下动力钻具。钻井液是从地面向井下动力钻具传递水力功率的媒介。

1.4.2 钻井液的性能

1. 密度

钻井液单位体积的质量称为钻井液的密度，常以 kg/m^3 (或 g/cm^3) 表示。

钻井液密度主要用来调节钻井液静液柱压力，以平衡地层压力，防止发生井喷，钻井液的密度必须符合地质和工程的要求。密度过大有以下害处：损害油气层；降低钻井速度；易造成压差卡钻；易憋漏地层。而密度过低则容易发生井喷，井塌等事故。

2. 黏度

钻井液流动时，液体分子间、固体颗粒之间以及液体与固体颗粒之间有内摩擦阻力，黏度就是钻井液流动的内摩擦阻力的大小。钻井过程中钻井液黏度的大小与钻井工作有着密切关系。

钻井液黏度过高，有以下危害：

(1) 流动阻力大，能量消耗高；

(2) 净化不良易引起井下复杂情况；

(3) 易泥包钻头，起下钻易产生抽汲或压力激动，易引起卡、喷、漏、塌等事故；

(4) 脱气较难，易造成气浸。

黏度过低，钻井液携砂能力差，井内沉砂快而且多，容易引起井下事故。

因此钻井液黏度应根据钻进的地层、井深和井眼实际情况来决定。

3. 切力和触变性

当钻井液静止时，黏土颗粒之间会形成某种网状结构，结构的强度随静止时间的延长而增大，反映这种结构强度大小的性能称为静切力。现场一般测二个切力值，一个是钻井液静止 1min 的切力，称为初切力；另一个是静止 10min 后的切力，称为终切力。钻井液静止时切力随时间延长而增大，网状结构加强，但经搅拌后结构破坏，又能恢复其流动性的这种性质叫做触变性。

切力和触变性的大小与悬浮岩屑、携带岩屑和循环泵压、开泵泵压等有密切关系。通常希望初切力小(一般规定为 $0\sim20mg/cm^2$)，终初力适当($10\sim60mg/cm^2$)。

4. 滤失量和滤饼厚

由于钻井液液柱压力通常比地层压力大，钻井液中的一部分水因为压力差的作用渗透到地层里去，这种现象叫做失水。失水的多少称为滤失量。在失水的同时，钻井液的一些固体颗粒便在井壁上形成滤饼，滤饼的厚薄与滤失量的大小有关。滤失量大，滤饼厚；滤失量小，滤饼薄。

滤失量过大常引起下列不良后果：

（1）滤液大量进入油气层内会引起油气层的渗透率变化，损害油气层，降低产能。

（2）易泡垮坍塌地层，形成不规则井眼，造成一系列井下问题，如电测困难，起下钻阻卡甚至造成卡钻，报废井眼。

（3）在高渗透地层易造成较厚的滤饼而引起阻卡，甚至发生压差卡钻。

钻井中对滤失量的要求包括以下几方面：

（1）在油气层中钻进，滤失量越低越有利于减少对油气层的损害，尤其在高温高压地层滤失量应在10～15cm^3较为合适（一般地层滤失量为20cm^3）。

（2）在易塌地层钻进，滤失量应严格控制在5cm^3以内。

（3）要求滤饼薄而坚韧，以利于保护井壁，避免压差卡钻。

API滤失量是用滤失仪和高温高压滤失仪进行测量。

API滤失量是用滤失仪在压差为0.6895MPa及常温下通过45.8±0.6cm^2过滤的滤纸，经历30min时滤液的数量（以cm^3计），在滤纸上沉积的固相颗粒厚度则为滤饼厚度（以mm表示）。

API高温高压滤失量是用高温高压滤失仪在压差为1.034MPa和150℃情况下测定的滤失量，或在压差为3.105MPa和200℃情况下测定的滤失量。

5. 固相含量

固相含量是指钻井液中的岩屑、黏土、加重材料等的全部含量。前者为无用固相，后二者为有用固相。对钻井液中的无用固相（岩屑）要彻底清除，黏土要控制到规定的范围内。

固相含量过多弊多利少：

（1）细的固相颗粒浸入油气层后会造成永久性堵塞，造成油气层严重损害。

（2）固相含量高，滤饼厚，滤饼摩擦系数大，易引起井下复杂情况。

（3）固相含量高，钻井液的流变性能难以控制，流动阻力大，功耗高，钻井效率低。

6. 含砂量

钻井液含砂量是指大于74μm的颗粒在钻井液中所占的体积百分数。一般规定含砂量不能大于2%，深井不能大于1%。含砂量大，容易磨损钻具和泵配件。同时也会使失水量增大，滤饼增厚，摩阻系数大，容易发生卡钻。

7. 泥饼摩阻系数

在钻井过程中发生的卡钻最多的、危害最严重的是泥饼粘附卡钻。钻柱与泥饼的粘附力与泥饼摩阻系数成正比。为了预防泥饼粘附卡钻，钻井过程需经常测定泥饼摩阻系数。

8. pH值（酸碱度）

pH值即钻井液的酸碱度，钻井液pH值的大小表示钻井液酸碱性的强弱。pH=7时，钻井液为中性；pH<7时，钻井液为酸性；pH>7时，钻井液为碱性，钻井液以呈微碱性较好。对于某一种钻井液，有一个合适的pH值范围，钻井液性能就会较稳定。

1.4.3 钻井液的类型

常用的钻井液类型有以下几种体系：

1. 淡水钻井液体系

淡水钻井体系的费用较低，原材料来源较广，技术难度较小，易被人们掌握，而且对环境的污染较轻。因此在地层情况不太复杂的中深井钻井大多采用淡水钻井液体系。

淡水钻井液又分为不分散钻井液体系和分散型钻井液体系。

（1）不分散钻井液体系。该类钻井液是用膨润土(钠土或钙土均可)及清水配成，或利用清水在易造浆地层钻进而自然形成，故也称为天然钻井液。它基本不加药剂处理或用极少量药剂处理。这种钻井液通常用于表层或浅层钻进。

（2）分散型钻井液体系。该类型是指以水、膨润土以及各类分散剂，如木质素磺酸盐为主剂配制而成的水基钻井液。这些药剂属于解絮凝剂及降滤失剂，并用一些特殊的化合物来调整或维护特定的性能。该类钻井液主要用于深井或较复杂的地区钻井。

2. 钙处理钻井液体系

该类型是一种含有钙而具有抑制性的水基钻井液。由于该钻井液含有 Ca^{2+} 或 Mg^{2+} 二价阳离子，故具有一定的抑制黏土膨胀的特性，可用来控制页岩坍塌和井径扩大值。

3. 不分散聚合物钻井液体系

该体系是一种经过具有絮凝及包被作用的有机高分子处理的水基钻井液。它具有较强的抑制分散的能力，故可保持固相颗粒在较粗的粒度范围并且含量低，从而有利于提高钻速。

4. 盐水(包括海水和咸水)钻井液体系

该体系包括海水、咸水及盐水钻井液，其氯根浓度在189g/L以内，也就是达到饱和以前的各种含盐钻井液。它具有一定的抑制性，黏土在其中处于粗分散状态。

5. 饱和盐水钻井液体系

该体系是含盐量达到饱和程度(氯根含量达189g/L)的水基钻井液，主要用于岩盐层的钻进，以防止岩盐层溶解和坍塌。

6. 钾基钻井液体系

该体系是一类以各种高聚物的钾、铁、钙盐及氯化钾为主处理剂而配成的防塌水基钻井液，它具有很强的抑制能力，主要用于不稳定的水敏性泥页岩中钻井。

7. 油基钻井液

（1）油包水乳化钻井液。它是以水为分散相，油为连续相。在液相中的水含量可高达50%。它用不同浓度乳化剂(脂肪酸)、高分子量皂和水来控制流动性。

（2）油基钻井液。它通常是由氧化沥青、有机酸、碱及各种试剂的混合物及柴油组成。它通过酸、碱皂和柴油浓度的调节来维持黏度和凝胶性能，用于含水敏性矿物地层的钻进，减少水对油层的损害。

8. 气体体系

该类型包括气体及泡沫钻井液两类，主要用于低压、低渗透油层的完井钻进。

1.4.4 地层测试对钻井液性能的要求

钻开油气层对地层进行测试，首先要考虑钻井液对油层的污染。目前钻开油层所使用的钻井液大多是黏土和水配制而成的水基钻井液。性能不好的水基钻井液会造成对油层的严重污染。因为钻井液的滤液侵入油层会造成地层中的黏土水化膨胀、分散运移，而使油流通道缩小，降低产油能力。而钻井液中的固相颗粒侵入油层会堵塞地层孔隙通道，阻碍油、气产出。因此在钻开油气层进行地层测试时，为了防止钻井液对油层的污染，应选择与油层岩性相适应的钻井液钻开油层。

（1）采用低固相或无固相钻井液，以减少固体颗粒的侵入。

（2）在钻井液加入桥堵剂以减少固相颗粒和滤液的侵入。这种桥堵剂桥堵在地层孔隙口处，在井壁形成致密的泥饼，从而控制了钻井液固相颗粒和滤液的侵入。这种桥堵剂可通过反冲洗或酸处理加以清除。

（3）地层测试时对钻井液性能应达到以下要求：

① 密度合适。要合理选择钻井液密度，不使钻井液液柱压力过多地高于油、气层压力，做到"压而不死，活而不喷"，应以地层压力为依据来确定地层测试时的钻井液密度。

② 严格控制钻井液失水量。高温高压失水控制在15mL以内（砂泥岩）或20mL以内（碳酸岩），从而减少滤液浸入油层。

③ 控制固相含量。固相含量尽可能降低，无用固相应控制在4%以内，尽量减少固相侵入油层。

④ 降低含砂量。含砂量应小于0.2%～0.5%，防止砂卡测试工具。

⑤ 为防止测试时卡钻，（裸眼井测试）泥饼摩阻系数小于0.15/45min。

在套管井中测试，为防止压井液对油层的污染，最好采用无固相盐水液，无固相盐水液也称洁净的完井液，一般含20%左右的溶解盐类，由NaCl、KCl、$CaCl_2$中的一种或多种盐类配制而成，其密度可在1.05～1.8g/cm^3范围内调节，能满足大多数地层测试的要求。

第2章 常规试油工艺技术

2.1 油气井射孔工艺技术

在射孔完井的油气井中，井底孔眼是沟通产层和井筒的唯一通道。如果采用恰当的射孔工艺和正确的射孔设计，就可以使射孔对产层造成的损害最小，完善系数高，从而获得理想的产能。

2.1.1 射孔方式

应当根据油藏和流体特性、地层损害状况、套管程序和油田生产条件，选择恰当的射孔工艺。

2.1.1.1 电缆输送射孔工艺(WCG)

按采用的射孔压差可以分为以下两种方式：

(1) 常规电缆正压射孔工艺。射孔前用高密度射孔液造成井底压力高于地层压力。在井口敞开的情况下，利用电缆下入套管射孔枪。通过接在电缆上的磁性定位器测出定位套管接箍对比曲线，调整下枪深度，对准层位，在正压差下对油、气层部位射孔。

(2) 负压射孔工艺。该工艺基本上与射孔枪正压射孔相同，只是射孔前将井筒液面降低到一定深度，以建立适当的负压。这种方法主要用于低压油藏。该方法具有负压清洗和穿透较深的双重优点。但对于油气层厚度大的井需多次下枪射孔，则不能保持以后射孔必要的负压。

2.1.1.2 油管输送射孔工艺(TCP)

油管输送射孔工艺是利用油管将射孔枪下到油层部位射孔。油管传输射孔管柱下部连有封隔器、带孔短节和引爆系统，油管内只有部分液柱形成射孔负压。通过地面投棒引爆、压力或压差式引爆或电缆湿式接头引爆等各种方式使射孔弹爆炸而一次全部射完油气层。

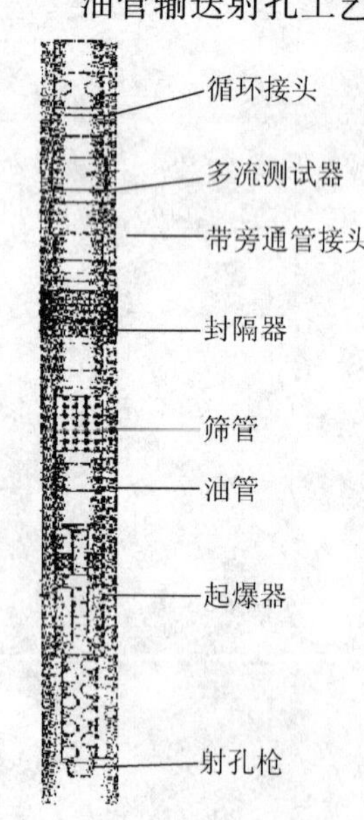

图2-1 油管输送射孔测试管柱示意图

油管输送射孔具有高孔密、深穿透的优点，负压值高，易于解除射孔对储层的损害。一次射孔层段厚度较大，最大可达800m以上。故安全性能好，非常适于高压地层和气井。同时射孔后即可投入生产，也便于测试、压裂、酸化等和射孔联作，减少压井和起下管柱次数，减少了对油层的损害和作业费用。

油管输送射孔要求钻井时多留井底口袋，以便存放落下的射孔枪。有时，射孔井段太长，则射孔枪也太长，即无法将射孔枪丢在井底，只能不丢枪或采取其他的办法。

2.1.1.3 油管输送射孔测试联作工艺

将油管输送装置的射孔枪、点火头、激发器等部件接到单封隔测试管柱的底部。管柱下到待射孔和测试井段后，进行校深、坐好封隔器并打开测试阀，引爆射孔后转入正常测试程序。这种工艺特别适合于自喷井(图2-1)。

2.1.1.4 电缆输送过油管射孔工艺(TTP)

1. 常规过油管射孔

这是最早使用的负压射孔工艺，首先将油管下至油层顶部，装好采油树和防喷管，射孔枪和电缆接头装入防喷管内，准备就绪后，打开测试(清蜡)闸门下入电缆，射孔枪通过油管下出油管鞋。用电缆接头上的磁定位器测出短套管位置，点火射孔。

过油管射孔具有负压射孔，减少储层损害的优点，尤其适合于生产井不停产补孔和打开新层位，避免了压井和起下油管作业。但过油管射孔枪直径受油管内径限制，无法实现高孔密、深穿透(弹尺寸小且射孔枪与套管间隙过大)。并且一次下枪长度受防喷装置高度限制，厚油气层需多次下枪，而以后几枪无法保证负压。就负压本身而言也不能过大，以防射孔后油气上冲而使电缆打结无法取出。由于这些缺点，目前常规过油管射孔已使用得很少了，仅在海上和一些不能停产的井用于补孔。

2. 过油管张开式射孔技术

过油管射孔的主要缺点，如前所述，因枪小、弹小，从而射孔穿深浅。鉴于这个原因，过油管射孔的孔深过去一般难以超过100mm，为此，人们研究了一种新的过油管张开式射孔工艺。该系统最先由Schlumberger公司于1992年开发成功。张开式射孔枪包括一个控制头和一只射孔枪。射孔前控制头上提拉杆，使射孔弹绕框轴旋转而张开与套管垂直，点火射孔，这样射孔枪可以加大并且与套管的间隙减小。如果未引爆可使射孔弹复位，回到枪膛内，安全取出地面。射孔枪由弹架、转轴弹、两个启动杆和联接转轴射孔弹的联接器、导爆索和雷管组成。

2.1.1.5 超高压正压射孔工艺

利用聚能射孔时射流局部高压($3\times10^4\sim4\times10^4$MPa)和速度(约2000m/s)，可实现几方面的效果：①在较长时间内施加高压，有利于孔眼稳定；②使孔眼裂缝扩张，增加孔眼有效通道；③射孔后继续注酸(液氮)可以起到增产措施效果，也可以注脂起到固砂作用。

由于上述工艺是高压作业，要考虑井下管柱、井口和设备的承压能力，强化安全措施。此外，液体要进入地层，必须选择恰当的射孔液以防产生新地层损害。

2.1.1.6 水平井射孔工艺

在不易垮塌地层的水平井中，为了有效防止气、水锥进，便于分层段开采和作业，可以采用射孔完井方式。水平井射孔一律采用油管输送射孔工艺。井下总成一般包括引爆装置、负压附件、封隔器和定向射孔枪，采用压力引爆。

水平井射孔方位有三种，即360°、180°、120°。其方位的选择主要取决于地层坚硬程度，特别是稠油疏松地层，射孔方位多采用180°~120°，以免水平井段上部因射孔后岩屑下落塞井筒。

2.1.2 射孔器材

1. 无枪身聚能射孔器

无枪身聚能射孔器是一种将无枪身射孔弹装配在特殊弹架上进行射孔的射孔器。它有钢丝架式无枪身聚能射孔器、钢板式无枪身聚能射孔器、链接式无枪身聚能射孔器、过油管式张开式聚能射孔器等几类。

射孔器在下井作业时，射孔弹、导爆索和雷管均浸没在井液中，直接承受井内的压力和温度。其特点是成本低、施工效率高、操作简便；药量小，穿深、孔径等指标低，可靠性较差；对套管损坏严重，井下残留物多。

2. 有枪身聚能射孔器

有枪身聚熊射孔器是一种将射孔弹、雷管、导爆索等火药品装入密封、具有承压作用的射孔枪内的组合体。

其特点是所有爆炸物不与井内液体接触，不承压，降低了射孔弹等的制造难度，施工成功率高；射孔弹爆炸后产生的碎屑被留在射孔枪内，避免了射孔弹爆炸产生的高速碎屑对套管的损坏；能可靠地在斜井、超深井中施工；利用油管输送方式可一次完成数百米的射孔施工；可通过不同的组合，满足各类施工的要求。

3. 射孔枪

射孔枪型号，按外径不同分为 89mm、102mm、127mm 三种(表 2－1)。

表 2－1　射孔枪外径数据

套管尺寸/mm	127	139.7	177.8	244.5
枪身外径/mm	88.9	88.9 或 101.6	101.6 或 127	127 或 177.8

4. 起爆装置

起爆装置是指用于起爆导爆索或导爆管的装置。它由激发件、起爆器或雷管与本体组成。

(1) 机械撞击式起爆装置(重力引爆)。是通过在井口投放金属棒或金属球来激发起爆的一种起爆装置。其工作原理是在射孔枪的顶部装有可撞击的引爆装置，将射孔枪下入预定射孔位置，校深调整后，从井口向油管内投入金属点火棒，依靠点火棒的自重快速下落撞击引爆装置而引爆射孔枪。

(2) 压力激发式起爆装置(液压引爆)。是利用井口回压或井中液柱建立压差来激发起爆的一种起爆装置。其工作原理是向油套环形空间或油管内加压，当所加压力达到装在击针上的剪切销钉剪切值时，销钉被切断，击针在压力作用下向下运动撞击雷管而引爆。

(3) 湿接触引爆。即井下电接触设备的公件安装在引爆器顶部，母件与电能传递部件相连接，当母件落入井中与公件相遇对接时引爆。

(4) 延时引爆。即引爆器击发后，延时一段时间，将油管内压力释放或将电缆起出后再引爆，以达负压或无液垫射孔的目的。

2.1.3　负压射孔工艺

2.1.3.1　射孔对产层的伤害

优质的射孔作业在一定程度上可以降低钻井过程中对地层的伤害，而对油层伤害严重的射孔作业，对产能的影响将比钻井伤害的危害严重得多。且射孔作业并不能保证所有孔眼都有效，很多情况下射孔井并没有达到最大的天然生产能力。

1. 射孔对产层的伤害类型

(1) 射孔参数不合理或产层打开不完全。射孔参数是指孔密、孔深、孔径、相位、射孔方式等。由于射孔参数选择不当，将引起射孔效率的严重降低。

(2) 射孔液对产层的伤害。如果用正压差射孔(即井筒液柱回压高于地层压力)，在射开产层的瞬间，井筒中的射孔液就会压入射孔孔道，并经过孔道壁面侵入产层，包括固相侵入和液相侵入。侵入的结果将降低产层的绝对渗透率和油的相对渗透率。如果射孔弹能够穿透钻井液污染带，则射孔液的伤害不但能使井底附近的产层在受到钻井液污染以后进一步受到射孔液的伤害，而且能使钻井污染区以外的未受损的产层也受到射孔液的伤害。

(3) 成孔过程对产层的伤害。聚能射孔弹的成形药柱爆炸以后，产生出高温(2000 ~ 5000℃)、高压(几千至几万个兆帕的冲击波，使凹槽内的紫铜金属罩受到来自四面八方地向药柱轴心的挤压作用。在这种压力下，金属罩的部分金属变为速度达1000m/s 的微细金属流。这股高速的金属流遇到障碍物时，产生约 3×10^4 MPa 的压力，击穿套管、水泥环及地层岩石，形成一个孔眼。但金属喷流所遇到的障碍并不会消失，套管、水泥环、岩石受到高温、高压的聚能喷流冲击后，变形、崩溃而破碎，有一部分成为碎片，常叫压实伤害。

(4) 部分孔眼的堵塞。正压差射孔时，当孔眼壁面形成泥饼后，射孔液中的固相颗粒将被过滤并沉淀在孔道中。此外，如果射孔弹的性能不良将会形成杵堵。聚能射孔弹的紫铜罩约有30%的金属质量转变为金属喷流，其余部分以较低的速度跟在喷流后面移动。射孔液中的固相沉淀、破碎岩屑、套管和水泥环的碎片、子弹的残渣一起堵塞已经射开的孔道。

2. 射孔参数对井产能的影响

(1) 孔深、孔密对油井产能的影响。油井产率比随孔深增加而增大。当孔深超过钻井污染带时，油井产能提高幅度较大，孔深增到一定值时，产能上升的幅度将越来越小。油井产率比随孔密增加而增大。当孔密增到一定程度后，油井产能不再有显著地提高。通常情况下16孔/m。

(2) 布孔相位角对油井产能的影响。当90°相位布孔时，油井产能最高，120°和180°次之，0°相位最差。

(3) 孔径对油井产能的影响。孔径对油井产率比的影响较小。孔径增加一倍，产率比仅增加7%。一般都倾向于用较小的孔径(12mm 左右)来获取较大的孔深。

(4) 布孔方式对油井产能的影响。螺旋布孔方式油井的产率比最高。此种格式相邻孔眼之间的距离最远，井底的压力分布最均匀。且在每个枪身平面上只射一个孔，枪身变形小有利于施工，对套管的影响也最小。

(5) 钻井污染、射孔压实损害对油井产能的影响。当孔深未射穿钻井污染带时，钻井污染程度对油井产能的影响最严重。当孔深已射穿钻井污染带时，压实损害程度对油井产能的影响最严重。

2.1.3.2 负压射孔

1. 电缆传送的过油管负压射孔技术

射孔前，降低井内液柱高度，使井底液柱对油层的回压低于地层压力，建立所需的负压差值。负压射孔提高了射孔的完善程度，解决了大部分井因油层堵塞、污染造成的油气层产量降低的问题。其缺点有以下三点：

(1) 过油管枪受油管内径限制。尺寸小，限制了其功率(聚能弹药量很小)，无法产生深而大的孔眼，过大的射孔间隙使射孔枪的穿透深度进一步降低。

(2) 过油管枪长度受井口防喷管的限制。对厚油层需多次射孔。第一枪射孔后，井内压力上升很快，使负压下射孔电缆被井下向上冲的流体猛烈冲刷而扭成一团。

(3) 小直径射孔枪不能适用于现代高密度射孔需要(26孔/m)。枪管小而孔密太大，易造成枪身断裂落入井中或枪管受聚能爆炸而有从油管中取不出来的危险。

2. 无电缆油管传输射孔枪负压射孔技术

负压射孔－油管传输射孔(TCP)，既有过油管射孔的优点(负压)，又有大直径射孔枪的性能(深穿透、高孔密)。

其优点是：

(1) 射孔器直接连在油管下端，所用射孔枪具有大的尺寸，且枪与套管壁的间隙很小，射孔枪穿透性好，且具有高孔密、多相位特点。

(2) 在负压差下，井口装好采油树和放喷管线后才射孔，对高压井、气田和 H_2S 含量高的井射孔尤为安全、可靠，不会造成井喷事故。

(3) 使用投棒撞击式引爆器或液压操作引爆器时不用电缆，可使用较高的负压使油层免受射孔污染。

(4) 射孔枪易于推入井中，适合于大斜度井、水平井、稠油井、海上油井或由其他原因造成的电缆难以下入的井。

(5) 易于射开厚层段地层。

(6) 在油管传输射孔枪之上可装配钻杆地层测试器，在一次下井中完成射孔和地层测试。借助于一些装置，可进行温度、压力和流量的监测，缩短试油周期。

其缺点是：

(1) 费用高，比过油管负压射孔高25%左右。

(2) 检查射孔枪故障和部分爆炸时，必须将射孔枪取出来，比过油管射孔复杂，从而增大费用。

(3) 引爆前枪在井中暴露的时间较长(12～48h)，因此要求耐高温的爆炸元件，增加了费用，有时还会降低射孔枪性能。

(4) 为存放落下的射孔枪，需多钻一些井段用以作为存放空间，否则将无法进行过油管测井和补射孔作业。此外，还需较高的操作技术和安全要求。

2.1.4 射孔新技术

1. 全通径射孔

全通径射孔时，射孔管柱的内径与油管连通，最小内径为60mm；射孔后可直接下入电子压力计或其他外径小于50mm的测井仪器、工具进行施工；射孔后可不起管柱直接进行压裂或酸化；射孔后可直接投产。

2. 油管传输跨隔射孔

采用油管传输跨隔射孔可解决在本次射孔井段上、下均已射开多层，而本层又需进行负压射孔或正压(超正压)射孔的问题。进行负压射孔时，使用液压延时起爆器可不需从井口投棒或加压起爆，在校深、调整管柱后，坐封封隔器，液压延时起爆器立即开始动作，通过一定时间的延时，起爆射孔器。

3. 高压喷射和喷砂射孔

(1) 高压液体射流井下射孔。利用高压液体射流配合机械打孔装置在套管上射孔，并以高压射流穿透地层，带喷嘴的软管边喷边向前进，射孔后收回，其孔径为14～25mm，最大穿透深度可达3m。

(2) 水力喷砂射孔。用高压液携砂，携砂浓度约5%左右，通过高压喷砂液体将套管射穿，继而射向地层。因射流压力高，若地层不是坚硬地层，可能将地层不是射成一个孔，而是形成一个洞穴，不利于今后正常生产，除非特殊要求，一般情况下不采用此方法。

2.2 诱喷及排液工艺技术

诱导油流(诱流)就是降低井底液柱压力，使其低于油层压力，在油层与油井之间形成压差，使油层中油气流入井内。还可清除井底砂粒及泥浆等污染物质，降低近井污染带的附加阻力。井底液柱的压力计算公式为：

$$p_{井底}=\rho gh\times 10^{-3} \tag{2-1}$$

式中 ρ——井筒内液体的密度，kg/m^3；

g——重力加速度，取 $g=9.8m/s^2$；

h——油层深度，m。

降低井底液柱压力有两种途径：一种是降低压井液的密度；另一种是降低井中的液面高度。常用的诱流方法有替喷法、抽汲法、提捞法和气举法。

2.2.1 替喷

利用密度较小的液体通过正循环或反循环将井筒中密度相对较大的压井液替出，从而降低井中液柱的压力，以形成井内液柱压力小于油层压力的条件。为缓慢而均匀地降低压力，避免破坏地层结构，引起出砂等事故，一般先用密度较小的压井液替出密度较大的压井液，再用清水替出密度较小的压井液，直至诱油入井；甚至可以用压风机和水泥车同时向井中注气泵水，控制气量和水量的不同比例，使混气水的相对密度逐渐减小，井底压力也逐渐减少而达到诱喷目的。

替喷法可分为一次替喷法和二次替喷法，还可像洗井一样采取正循环或反循环替喷。

(1) 一次替喷。即一次将油管下到离人工井底1m左右，用替喷液将压井液替出，然后上提油管至油层上部10~15m。这种方法应用于自喷能力不强，井底压力不很大的油井中。因为在这样的油井中，一次替喷完之后，尽管还要敞开井口，起出一部分油管，也不致造成无法控制井喷，使试油工作无法进行。

(2) 二次替喷。即先将油管下到离人工井底以上1m左右，用替喷液正替至油、气层上部设计高的位置，然后上提油管至油层上部10~15m，第二次用替喷液替出井内油、气层上部的全部压井液。替喷法只能应用于油层压力高、产量大、堵塞不严重的油层，替通以后先用套管放喷，当含水小于10%并稳定后，即可装上大油嘴，用油管求产。

2.2.2 抽汲

由于油、气层压力低或钻井过程中的泥浆污染造成地层孔隙堵塞，经过替喷诱导而不能自喷时可采用抽汲法，使之达到自喷或排液的目的。

抽汲就是利用带有密封胶皮及单流阀的抽子，通过钢丝绳下入井中，进行上、下运动。这样当上提抽子时可迅速地把抽子以上的液体提升到地面，从而大幅度降低井中液柱对油、气层的回压，促使地层流体流入井筒，对地层内污染物的排出十分有利，可以达到解堵、诱导油、气流的目的。

抽汲效率取决于抽汲强度，抽汲强度大则解堵作用大；抽汲强度又和抽汲速度、抽子与管壁间的严密程度以及抽子的沉没深度有密切关系。在地面动力及钢丝绳强度一定时，沉没深度和抽汲速度受到限制。一般抽汲强度主要取决于抽汲速度。常用的抽汲计算如下：

（1）抽汲时间是指抽子的下放与上起时间，用时钟测定。

（2）抽出液量用计量池或计量罐进行计量。

（3）抽子直径用卡钳量取。

（4）含泥、含砂量用含砂量瓶计量。

（5）液面深度是指井口到井内液面的深度，其值等于：

$$L = S + S_1 + S_2 + S_3 + h \tag{2-2}$$

式中 L——液面深度，m；

S——抽子接触液面时钢丝绳进入油管头的长度，m；

S_1——绳帽长度，m；

S_2——加重杆长度，m；

S_3——抽子本身长度，m；

h——油补距，m。

（6）见水深度是指肉眼看见井口抽出液体时抽子在井下的深度，即：

$$H_0 = H - H_1 = H - vt_0 \tag{2-3}$$

式中 H_0——见水深度，m；

H——抽汲深度，m；

H_1——见水前所起钢丝绳长度，m；

v——抽汲速度，m/s；

t_0——见水时间，s。

（7）见水时间是指从上起抽子至井口见到液体的时间。抽汲速度是指单位时间内抽子上起的距离，即：

$$v = \frac{H}{t} \tag{2-4}$$

式中 H——抽子上起的距离，m；

t——抽子上起时间，s。

（8）抽汲效率是指实际抽出水量与理论计算出水量之比，用百分数表示。

$$\eta = \frac{Q}{Q_0} \times 100\% = \frac{Q}{H_0 q} \times 100\% \tag{2-5}$$

式中 η——抽汲效率，%；

Q——实际抽出水量，m^3；

Q_0——理论应抽出水量，m^3；

H_0——见水深度，m；

q——每米油管内容积，m^3/m。

（9）抽汲深度是指抽子入井的深度，即滚筒钢丝绳下入井中的长度。为了计算方便，设滚筒直径为 D，滚筒长度为 S，钢丝绳直径为 d，滚筒刹车轮径为 L，二层中心的垂直距离为 h(图 2-2)。

根据等边三角形求高公式 $h = 0.866d$ 及等差级数求和公式推导，可求得任意层之总长度 S_n 的公式为：

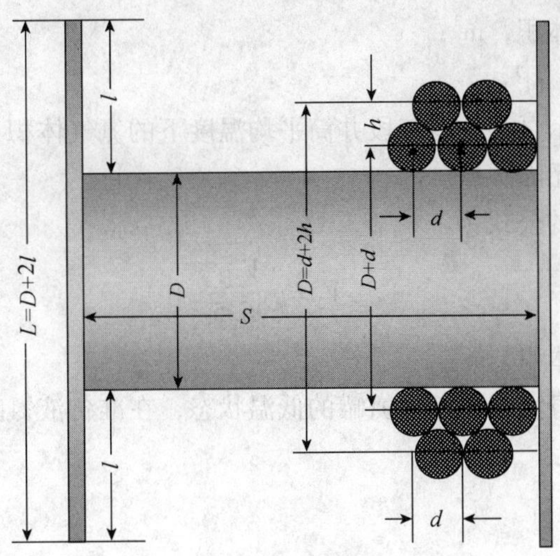

图 2－2　滚筒容量计算图

$$S_n = \frac{(X_1 + X_n)n}{2} \tag{2-6}$$

式中　X_1——第 1 层可缠钢丝绳长度，m；

X_n——第 n 层可缠钢丝绳长度，m；

n——层数。

滚筒可缠最多层数 B 的计算：

$$B = \frac{1 - \dfrac{d}{2}}{h} = \frac{1 - \dfrac{d}{2}}{0.866d} \tag{2-7}$$

式中　d——钢丝绳直径，mm。

2.2.3　提捞

用一个钢制的捞筒，通过钢丝绳下入井内，将井内液体捞出地面，从而降低井中液柱高度，达到渗流的目的，一般用于低压低产井。

2.2.4　气举

如果用清水替喷不成，可改用气体排液法。气体排液可分为气举排液、气举阀排液、氮气和液氮排液等。

1. 排液原理

通过液氮车把液氮泵入井内，由于减压升温作用，液氮变成氮气顶替出井内液体，放气后减少液柱对地层的压力。它有正举和反举两种方法。

施工与气举相同，只是气举时采用压缩空气进行举升，而它是采用氮气进行举升。

2. 液氮用量的计算

（1）设计液氮排量应小于套管的安全抗外挤强度。

（2）由液氮排液深度计算液氮排液体积 V_1，按井筒容积计算。

（3）计算氮气用量的公式为：

$$V_2 = BV_1 \tag{2-8}$$

式中　V_1——液氮排液体积，m^3；

V_2——氮气用量，m^3；

B——常数，表示泵注入氮气段井筒平均温度下的氮气体积与常温常压下氮气体积的比值，是无因次量。

（4）计算液氮用量的公式为：

$$V_3 = \frac{V_2}{696.5} \tag{2-9}$$

式中　V_3——液氮排液体积，m^3。

由于液氮车是靠自身泄气保持液氮罐的低温状态，在准备液氮时应附加设计量的20%～30%。

2.2.5　水力泵排液

水力泵是一种无杆泵，是靠液力传递能量的排液系统，它分为水力活塞泵和水力喷射泵。它们的工作原理不同，但井下管柱、井口装置及地面流程基本相同。

1. 水力活塞泵排液原理及系统组成

（1）水力活塞泵排液工作原理。水力活塞泵排液系统由地面流程与井下装置两部分组成。封隔器、泵筒及固定阀随排液管下入井内。坐封封隔器后把套管分为上、下两个空间，排液前把沉没泵机组从油管投入，动力液从油管注入，同泵组一起下行。此时，由于封隔器上部压力大于下部压力，坐在泵筒下部的固定阀关闭，油管内流体通过泵筒由环形空间返出，使泵组继续下行并坐在泵筒内。水力活塞泵排液过程中，动力液不断地经油管进入泵中，带动泵的液马达工作从而带动抽油泵工作，产生抽汲作用，使固定阀打开，地层产出的液体不断进入泵内，经泵加压后排到油套环形空间与动力液混合，经油套环形空间排出地面。

（2）水力活塞泵排液地面设施。地面流程系统主要由地面泵、调参阀、流量计、加热炉、分离器、计量罐、储液罐、动力罐、过滤管、管道泵等构成。

（3）水力活塞泵井下泵机组的组成。井下泵机组主要由沉没机组、泵筒、固定阀、封隔器、捕捉器等构成。常用的单作用水力活塞泵是一种投入式、单作用、液力差动换向泵。

2. 适用条件

此种方法具有油井举升高度不限、产液量适用范围广、对井斜或井筒弯曲不受限制等特点，特别对高凝析油井或稠油井适应性较强，在采用此方法时注意保持动力液流量、温度，以保证生产正常进行。

2.2.6　纳维泵排液

纳维泵是用在非自喷井排液的螺杆泵，它是一种容积式泵，依靠几根相互啮合的螺杆间容积变化输送液体。螺杆泵有单螺杆泵、双螺杆泵和三螺杆泵等。螺杆泵的螺杆数目虽然不同，但其工作原理相同，都是利用螺杆啮合空间的容积变化输送液体。

1. 纳维泵的工作原理

当螺杆旋转时，吸入腔一端螺纹开放密封线连续地向排出腔一端做轴向移动，使吸入腔的容积增大，压力降低；液体在压差作用下沿吸入管进入吸入腔，随着螺杆的转动，密封腔内的液体便连续而均匀地沿轴向移动到排出腔。由于排出腔一端的容积逐渐缩小，压力增大，即将液体排出(图 2-3)。

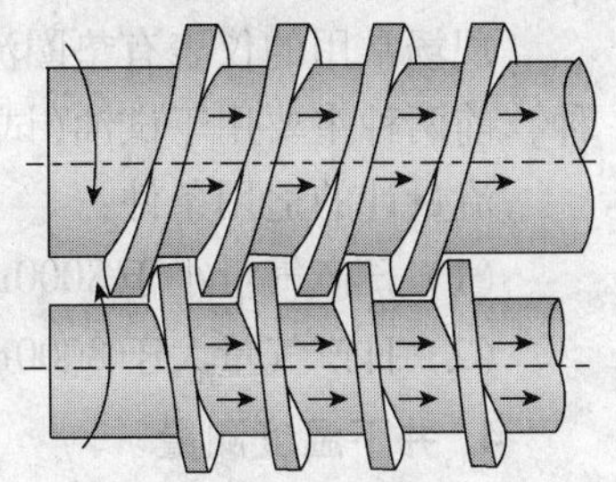

图 2-3　螺杆泵输液过程

单吸螺杆泵将液体从螺杆的一端吸入，卷到另一端排出。双吸螺杆泵上的螺纹分成两段，一段右旋，一段左旋，吸入腔的液体从两端吸入口吸入，一齐卷到中间排出口排出。

三螺杆泵是双吸式，它的轴向力可以自行平衡。三螺杆泵是密闭式，采用的摆线齿廓螺纹螺杆与衬套以及螺杆与螺杆之间都是线接触，流体不会倒流。同时，主动轴杆可以对从动螺杆液压传动，不需外设同步齿轮。

2. 纳维泵的组成和应用条件

1) 纳维泵的组成

纳维泵主要由顶部接头、多级泵、万向节、轴承总成四大部分组成。

2) 应用条件

(1) 纳维泵用于自喷能力较低或没有自喷能力但供液能力较强的低压高产油井。

(2) 适用于泵送的各种性质的流体，如原油、水，密度较大、黏度较高或带有较多固相的液体以及含砂量较高的液体。

(3) 用于低压大排量或稠油井的排液。

2.2.7　自喷井求产

自喷井求产多采用系统试井方式，即通过改变油井的工作制度(更换油嘴)进行产量、压力等测试，从而确定油井合理工作制度，并推算有关油层参数。

1. 系统试井

(1) 油井放喷合格后，关井测静压、压力恢复、油层温度、温度梯度和压力梯度。

(2) 关井求地层压力后，用小油嘴开井，进行高压物性取样。

(3) 系统测试。工作制度改变范围尽量大些，一般应由小到大至少使用 4 种工作制度进行测试，每更换一次油嘴应连续求产 24h 以上，并取得稳定的日产油量、气量、水量、气油比、油水比、流压、含砂、含水等资料以及油、气、水分析样品，边界及油藏储量。

2. 油、水产量计量

自喷井的产量大、压力高，试油过程中油、水计量方法一般是产液先进油、气分离器，原油脱气后在分离器处用玻璃管计量油、水产量。

3. 气量的测量

单位时间内气体通过管子横截面的数量叫气体流量。流量的单位有体积流量和质量流量。体积流量是指单位时间内通过管子横截面的气体体积，单位为 m^3/d。质量流量是指单位时间内通过管子横截面的气体质量，单位为 kg/d 或 t/d。如用字母 q 表示体积流量，G 表示质量流量，两者之间的关系为：

$$G = q\gamma \tag{2-10}$$

式中　γ——气体的密度，kg/m^3。

试油中常用体积流量。气体的体积是随温度和压力而变化的，因此在用体积流量时，必须指出当时气体所处的温度和压力。根据我国规定，计量时的标准状态为 20℃，1atm。

现场常用的仪表有垫圈流量计、临界速度流量计、波纹管压差流量计和节流式流量计四种，前两种主要用于试油（试气）测气量时。

流量计的适用条件：

（1）日产气量小于8000m^{3}的油气井用垫圈流量计测气；

（2）日产气量大于8000m^{3}的油气井用临界速度流量计测气。

4. 井下温度测量

试油中所取得的井下流动温度及油层静止温度，一般用井下温度计测出。为了记录井下最高温度，也可在井下压力计或产量计下边装上最高温度计，用来记录地层最高温度。

5. 油、气、水取样

（1）取油样。取油样时要求生产正常，并经排液（或放喷）将油层附近的泥浆、水泥浆及污水等排净，在井底压力大于饱和压力的条件下取样。取得的样品送化验室进行高压物性分析，测定黏度、原始气油比、密度、体积系数、压缩系数等。

（2）井口原油取样。由井口取样闸门处取井口原油样。取样前打开闸门放净死油，取样后擦净取样筒，贴上标签（标明生产层位、油压、套压、取样方法、日期、取样前油井情况、分析的目的，以及其他必须注明的问题）送化验室分析，测定相对密度、凝固点、黏度、蜡熔点、含蜡、含胶、含砂、含水、硫、初馏点和馏分等。

（3）取水样。取水样的方法同取油样。将水样送化验室测定pH值、矿化度（包括SO_4^{2-}、HCO_3^-、CO_3^{2-}、Ca^{2+}、Mg^{2+}、K^+、Na^+等）。在离化验室很远的外探区，应配备相关仪器，及时测量含盐、含铁、机械杂质等。

（4）取气样。取气样的方法之一是排水取样法。拿一个干净的细口玻璃瓶，装满水将瓶口塞紧，倒置于盛水容器内，至瓶顶不见气泡便可。另一种是取样前，用较大气流将胶皮筒内空气排出，再通入瓶内取样，取样结束时瓶内留10～20mL水作为密封液，塞紧瓶口、倒置，送实验室分析甲烷、乙烷、丙烷、丁烷、二氧化碳、硫化氢、一氧化碳、氮气等含量。

6. 自喷井试井求产

（1）可安装分离器求产，产出的油引入高架罐或管线。

（2）在下有配产器的分层测试管柱中，可将井下产量计与配产器的导液密封段或油井测试密封段相配合，以测试油井各层段的产量。

（3）井口压力测量由装在井口装置上的仪表读出压力测量值。

（4）在正常生产情况下，将压力计下入井筒中，到油层中部前200m停一个台阶（或测一个压力数值），下到预定深度（尽量接近油层中部）再停一个台阶（或测一个压力数值），计算油层中部深度的流动压力。

（5）将压力计下到井底，待关井压力稳定后，测得压力，这个压力再换算到油层中部就是该井的静止压力。为了在试油中尽量减少关井时间，目前广泛使用压力恢复曲线计算油井的静止压力。

（6）将压力计下到井底后，关井一段时间，可测得油井压力恢复曲线。分层测试时，在配产器密封段上部接产量计，下部接压力计，一起下井，可测出该层的产液量及流动压力。如只测分层静压，则仅把配产器装死油嘴接压力计下井，测出分层压力恢复曲线，求静止压力。

2.2.8 非自喷井求产

非自喷井根据油层供液能力的大小和流体性质的不同，可选用抽汲和气举法求产。

1. 抽汲求产

按地层供液能力的大小采用定深、定时、定次数抽汲，使动液面始终保持在一定深度。

2. 油、水产量的计量

试油时，对非自喷井或不能连续自喷的井采用低压量油法，即在常压下，油、水进量油池或储油罐内计量。

1）长方形计量池计量

长方形计量池量油计算公式为：

$$q = \frac{LbH\gamma}{T} \times 24 \tag{2-11}$$

式中 q——日产油(水)量，t/d；

L——量油池的长，m；

b——量油池的宽，m；

H——液面上升高度，m；

γ——原油密度，kg/m^3；

T——进液时间，h。

2）大圆罐量油

大圆罐量油计算公式为：

$$q = (h_1 - h_2)\frac{0.78d^2\gamma}{T} \times 24 \tag{2-12}$$

式中 q——油井的日产量，t/d；

d——油罐的直径，m；

h_1——原液面高度，m；

h_2——经过 T 后液面高度，m；

T——进液时间，h；

γ——原油或水的密度，kg/m^3。

3. 非自喷井试井求产

（1）采用计量罐量油，在一段时间内，用钢卷尺量出罐中的液面深度差，利用计量换算表可直接查出原油日产量。

（2）井下取样工艺与自喷井相似。

4. 注水井

（1）测试前，在最高压力下放大注水量 8h（最高压力应不超过地层破裂压力的 70%）。

（2）检查井口流程和压力表，校对流量计或水表。

（3）选择合适挡板，使流量计卡片读数在 30～80 格之间。

（4）一律采用压降法测试。第一点选用最高压力的注水量，稳定 30min，其余各点稳定 15min，边测试边画曲线，发现异常点立即补测。

（5）水表计量的井，要求每点反复读 5 次，取平均值。每测一点必须有 5 次水表读数记录，每次间隔不少于 5min，按 5 次记录的平均值算出每点的日注量。一般要求测 5 个点，每点间隔 0.5～1.0MPa；每改变一次压力，必须待水井注水量稳定后才能进行下一点测试。

第 3 章 地层测试工艺技术

3.1 地层测试原理及分类

3.1.1 基本原理

地层测试也叫钻杆测试，国外叫 DST，是英文 Drill Stem Testing 的缩写。地层测试是目前世界最及时、准确地评价油气层的先进方法之一。在钻进过程中或完井后通过对油气层进行井下开关井测试，可以获得在动态条件下地层的各种参数和真实流体样品，从而对产层作出定性或定量的评价。

地层测试属于不稳定试井方法之一。其基本原理是用钻杆或油管将测试工具(测试阀、封隔器、压力计等)送入井下待测位置，然后坐封好封隔器，将测试层与其他井段隔开，接着地面控制打开测试阀，造成井筒与地层之间有一个较大的压差，地层中的流体在压差的作用下流入测试管串，经过井筒钻杆或油管流到地面。通过地面操作可进行多次井下开关井，即可获得产层的产量和压力、温度等变化曲线，最后关井采集该地层条件下的流体样品。利用计算机试井解释软件分析处理井下压力记录仪测得的压力与时间的变化关系曲线，就可以计算出产层的特性参数。

地层测试除了可直接取得产层的液性、产量、温度、压力、高压物性等数据外，还可经过计算求得产层的有效渗透率(k)、地层系数(kh)、流动系数(kh/μ)、井筒储集系数(c)、产层完善程度(表皮系数 S、堵塞比 DR、污染压降 ΔP_s)、流动效率(FE)、采液指数(J_o)、研究半径(r_i)、边界距离(L)及边界类型等多项参数，并判别油藏的储集类型和计算各种类型油藏的特征参数。如双重介质油藏的储容比(ω)、窜流系数(λ)；复合油藏的内区半径(r)、流动系数比[$(kh/\mu)_1/(kh/\mu)_2$]、储能系数比[$(\phi C_t h)_1/(\phi C_t h)_2$]；压裂井的裂缝半长($X_f$)，裂缝导流能力($K_f W$)等等。

3.1.2 地层测试分类

在国内，按地层测试井和测试方式的不同分为以下几种类型。

按地层测试井的类型分为钻井中途测试和完井测试。钻井中途测试是钻井过程中对裸眼井段用地层测试器对钻开地层进行的测试，它包括封隔器坐封在裸眼井段对封隔器下方裸眼井段进行的中途裸眼测试和封隔器坐封在套管内对封隔器下方裸眼井段进行的中途套管测试。钻井中途测试是最及时地发现油气藏的有效手段之一。

按井眼的类型分为裸眼井测试和套管井测试。

按封隔器坐封的方式分为支撑式测试、悬挂式测试和膨胀式测试。

按封隔器封隔的方式分为单封隔器的单层测试和双封隔器的跨隔测试。单封隔器的单层测试，其封隔器下部只有一个测试层。而跨隔测试则是在一口井内有多层未封堵的情况下，对其中的某一层进行测试。因此，必须下两个或两组封隔器将测试层上部和下部隔开，同时，为了检测下封隔器的密封性，需在下封隔器的下方增加安装一支监测压力计。

按测试联作的方式分为射孔与测试联作、射孔与跨隔测试联作、射孔测试与排液联作以及测试、酸化与再测试联作等多种方法。

3.2 常用测试类型

3.2.1 裸眼井测试

对于裸眼完井的井段和钻探过程中井壁岩石强度较高、井筒较规则的井段，可进行裸眼测试。国内灰岩、砂泥岩井段都作过大量裸眼测试。但裸眼测试卡钻的风险较大，海上极少进行裸眼测试。

(1) 裸眼单封隔器测试。其典型管柱组合如图 3-1 所示，适用于下部单层测试或下部多层合试。

(2) 裸眼双封隔选层锚测试。对测试层段离井底很远，若下部加过长尾管(超过 80m)，有卡钻的危险，而且管柱弯曲可能造成封隔器偏心而密封不良，这时可用选层锚支撑管柱进行测试，选层锚必须选坐在岩性致密的层段上，作为一个可靠的固定器；一旦封隔器坐封后，封隔器承受负荷。裸眼双封隔器用来把测试层段以上和以下的其他层段都隔离开，只测试两封隔器之间的地层。裸眼双封隔选层锚测试管柱如图 3-2 所示。

(3) 支承于井底的裸眼双封隔器测试。当测试层的下部还有渗透层存在，测试时要求与目的层分开，则在测试层上、下各下一组封隔器，整个测试管柱用筛管或钻挺支撑于井底，测试管柱如图 3-3 所示。

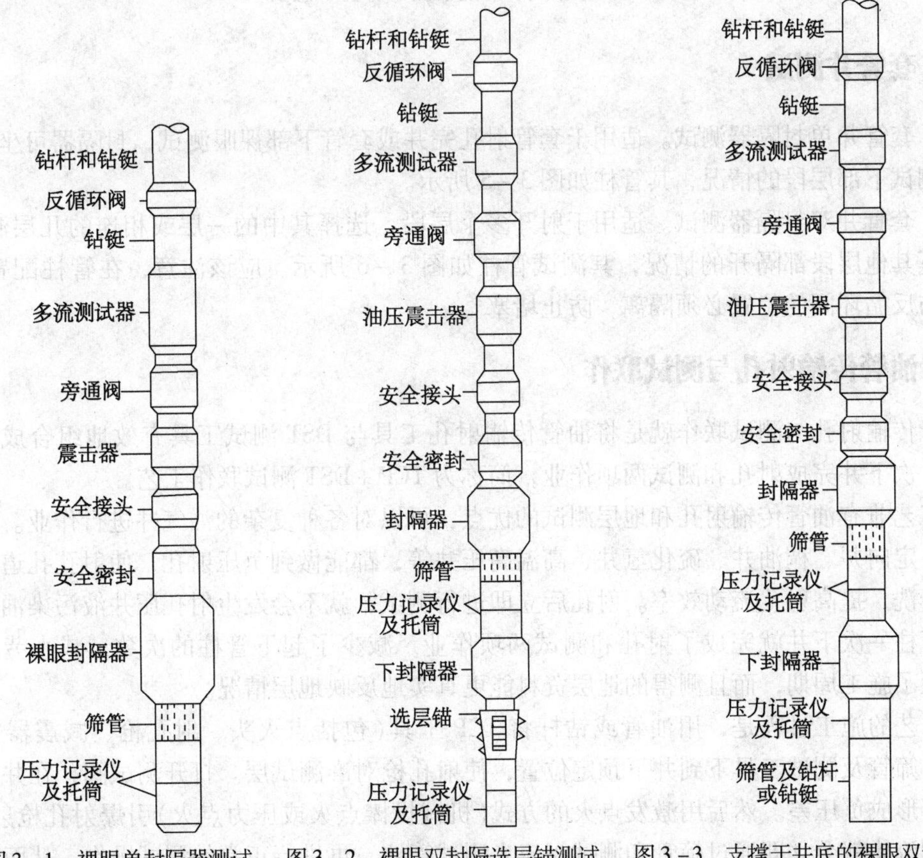

图 3-1 裸眼单封隔器测试管柱示意图

图 3-2 裸眼双封隔选层锚测试管柱示意图

图 3-3 支撑于井底的裸眼双封隔器测试管柱组合示意图

（4）膨胀式封隔器测试。对于裸眼井段井径不规则，用压缩式胶筒封隔可能密封不严，可选用膨胀式测试工具，采用单封隔器或双封隔器都可以，双封隔器测试管柱如图 3－4 所示。

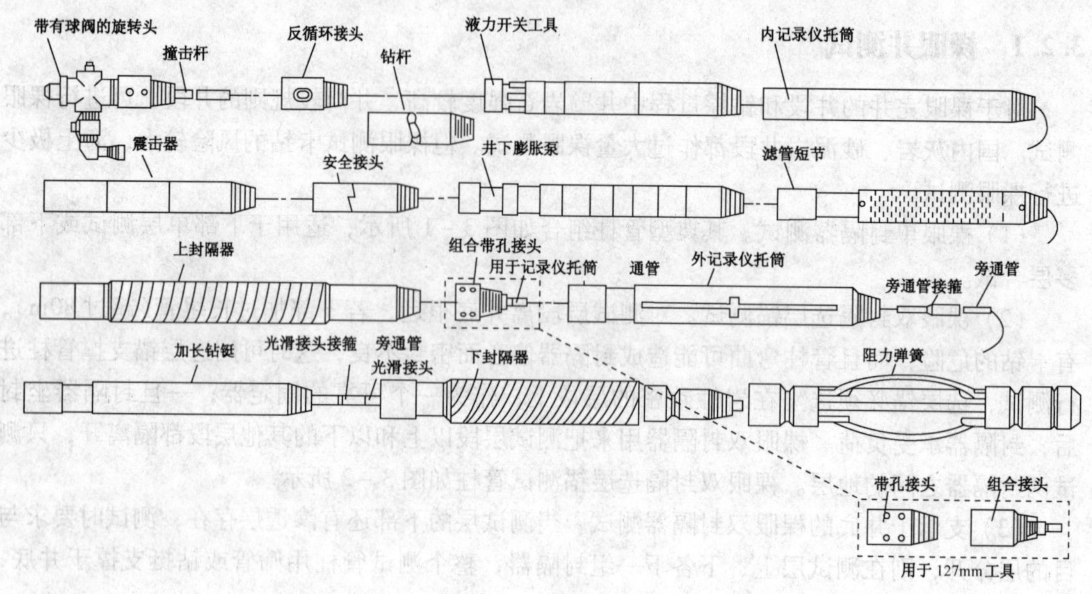

图 3－4　膨胀式双封隔器测试管柱示意图

3.2.2　套管井测试

（1）套管井单封隔器测试。适用于套管射孔完井或套管下部裸眼测试，封隔器可坐封在套管中测试下部层段的情况，其管柱如图 3－5 所示。

（2）套管井双封隔器测试。适用于射开多个层段，选择其中的一层或相连的几层测试，将上、下其他层段都隔开的情况，其测试管柱如图 3－6 所示。应该注意，在管柱配置时，测试阀与反循环阀的位置必须隔离，防止堵塞。

3.2.3　油管传输射孔与测试联作

油管传输射孔与测试联作就是将油管传输射孔工具与 DST 测试工具有效地组合成一套管柱，一次下井完成射孔和测试两项作业，简称为 TCP＋DST 测试联作工艺。

该工艺兼有油管传输射孔和地层测试的优点，可以对各种复杂的油气井进行作业。如大斜度井、定向井、稠油井、硫化氢井、高温高压井等，都能做到负压射孔，使射孔孔道得到很好的清洗，提高射孔流动效率。射孔后立即进行测试，就不会发生射孔压井液污染油层的情况。管柱一次下井就完成了射孔和测试两项作业，减少了起下管柱的次数，减小劳动强度，缩短了施工周期，而且测得的地层资料能更真实地反映地层情况。

该工艺的施工过程是，用油管或钻杆将 TCP 工具（包括点火头、射孔枪、减震器等）、封隔器、筛管及测试工具下到井下预定位置，使射孔枪对准测试层。打开测试阀，在井筒与地层之间形成负压差。然后用激发点火的方式（机械投棒点火或压力点火）引爆射孔枪射孔，地层内的流体就会立即通过筛管和测试阀流入测试管柱，再进行正常的测试操作，从而实现一趟管柱完成射孔和测试两项工作。

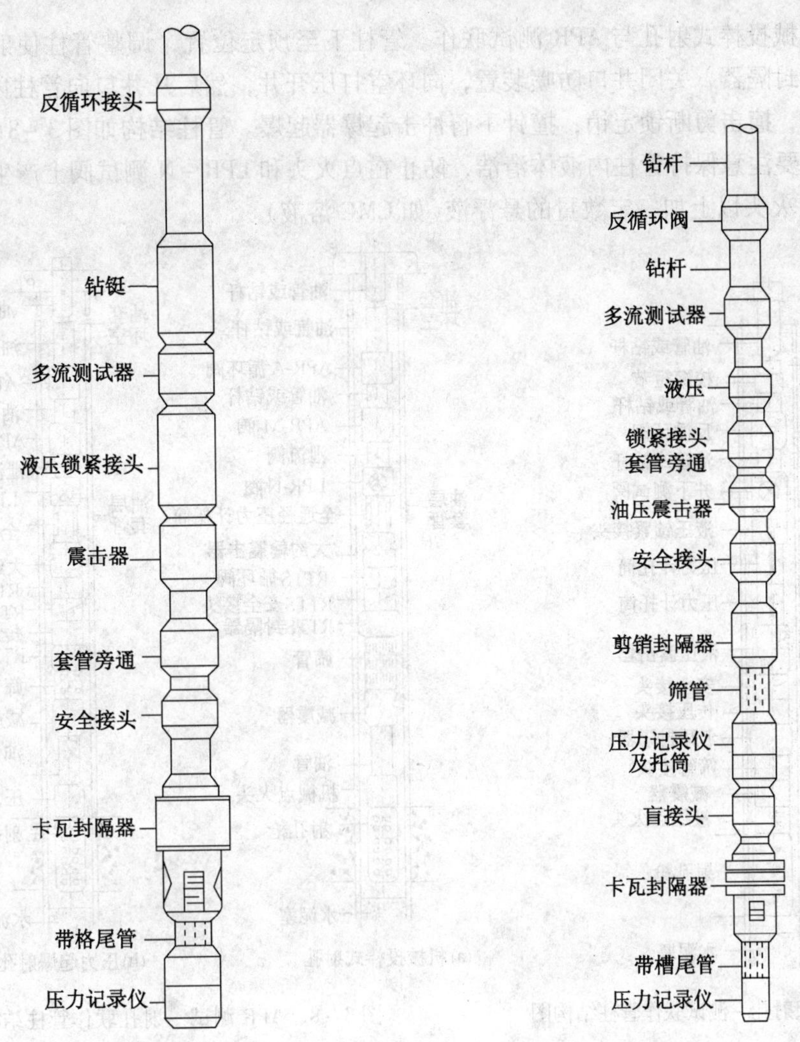

图 3－5　套管井单封隔器测试管柱结构图　　图 3－6　套管井双封隔器测试管柱结构图

1. TCP 与 MFE 测试联作

MFE 工具为非全通径工具，它仅限于使用压力点火射孔工具。管柱结构如图 3－7 所示。施工过程与作用原理如下：

(1) 工具连接入井，工具入井前要详细丈量定位短节以下所有工具的长度，并依次连接入井。

(2) 校深调整管柱，管柱下至预定位置后，用磁定位和自然伽马曲线测量定位短节的实际所在深度，据此调整管柱使射孔枪对准目的层。

(3) 开井射孔，封隔器坐封多流测试器打开后，关闭井口防喷装置，向环空打压，压力通过导压旁通接头、流管传递到点火头上，当压力达到点火头设计压力时起爆射孔枪，通过井口监测仪或观察泡泡头的气泡变化以及井口震动等，来判断是否起爆。射孔后释放掉环空压力。

2. TCP 与 APR 测试联作

APR 测试工具为压控式全通径工具，因此它既可选用机械投棒射孔方式，又可采用压力起爆射孔方式。

（1）机械投棒式射孔与APR测试联作。管柱下至预定位置，调整管柱使射孔枪对准目的层，坐封封隔器，关闭井口防喷装置，向环空打压开井，然后从井口向管柱内投棒，投棒撞击点火头，撞击剪断锁定销，撞针下行冲击起爆器起爆。管柱结构如图3-8(a)所示。

施工中要注意保持管柱内液体清洁，防止在点火头和LPR-N测试阀上产生沉淀物，可在N阀和点火头以上加一定数量的悬浮液(如CMC溶液)。

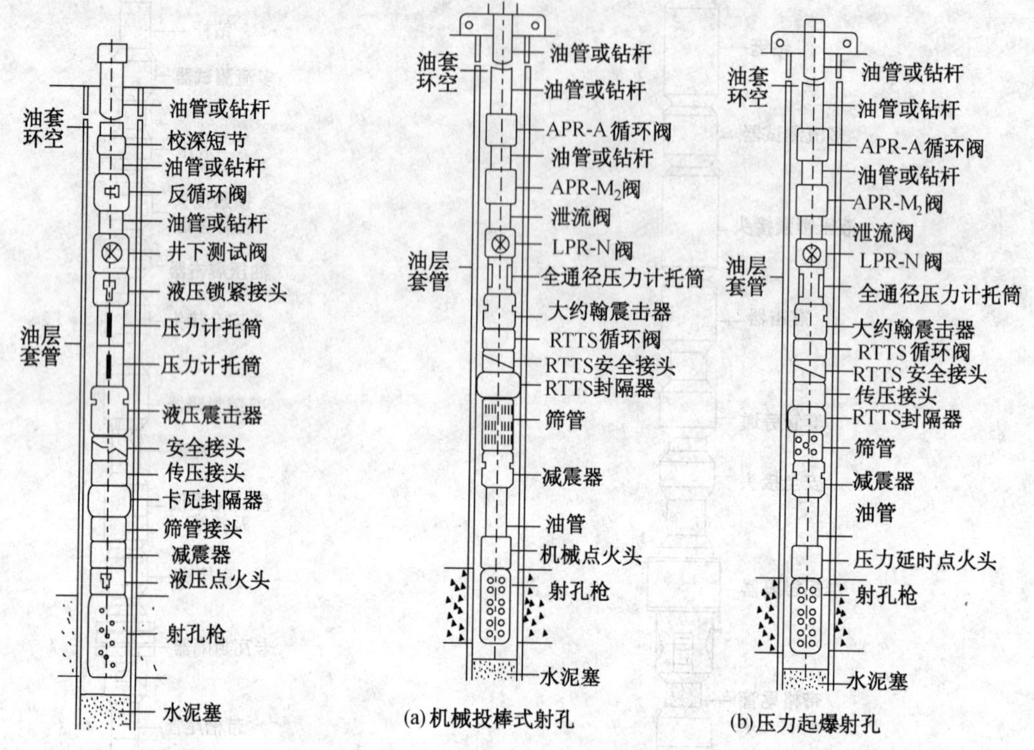

图3-7　常规射孔-测试联作管柱结构图

图3-8　APR测试-射孔联作管柱结构图

（2）压力起爆射孔与APR测试联作。TCP与APR测试联作在(工具)条件允许的情况下，应优先选择机械投棒式射孔方式。若工具条件不具备，可采用压力起爆射孔方式。因APR工具开井、循环都需要环空打压，为确保循环阀不提前打开造成测试失败，一定要设计好点火头的起爆压力(起爆压力要高于开井压力3~5MPa)。在井口条件和井眼条件允许的情况下，应适当提高循环压力与射孔点火头压力之间的压力等级。点火头应优先选用压差式压力点火头，并在点火头以下装配延时起爆器。管柱结构如图3-8(b)所示。

其施工过程与作用原理和机械投棒射孔方式的区别是LPR-N测试阀打开后，继续向环空增压至点火头的起爆压力，待延时4~7min后点火射孔。

3. 跨隔-射孔-测试联作工艺

油气井"跨隔-射孔-测试联作工艺"是一种新型综合试油工艺。它是用跨隔的方式对目的层进行射孔与地层测试联作的综合试油方法。适用于5½in、7in套管直井、斜井、水平井、稠油井、深井、高温高压井试油作业，不适用于出砂严重的地层。其工艺原理是：采用两级封隔器，之间夹射孔枪及其引爆系统、减震系统、射孔枪引爆瞬间高压释放装置等，与地层测试系统(如MFE地层测试系统、全通径APR地层测试系统)一起下入井下预定位置。先通过校深使射孔枪对准目的层，再坐封两级封隔器，跨越封隔目的层，然后引爆射孔枪。

射孔枪引爆后直接进行地层测试或试井等作业。施工完成后将施工管柱全部起出(图3-9)。

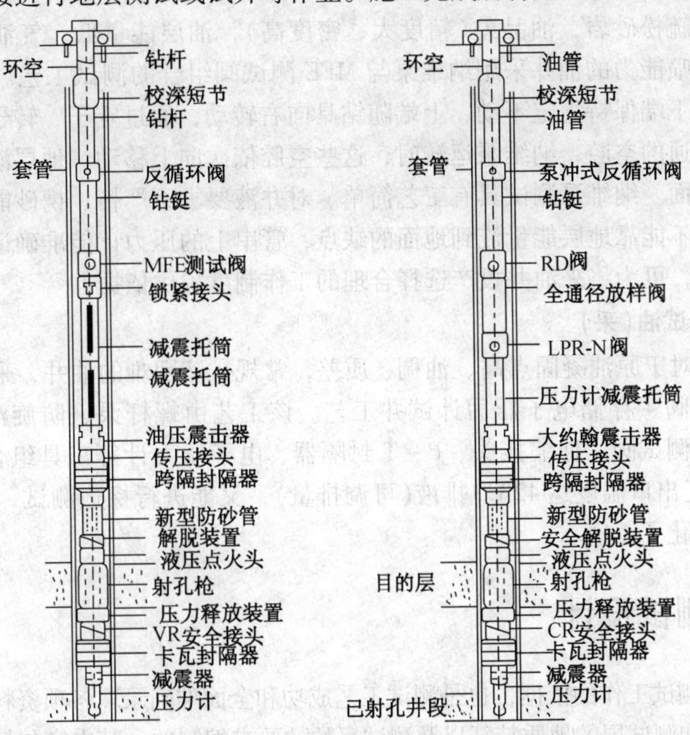

图3-9　跨隔-射孔-测试联作典型施工管柱示意图

由于采用了两级封隔器跨越目的层，所以，对于多层井试油，无须下桥塞或注水泥塞封堵任何已射孔井段。不但减少了施工工序，节约了成本，提高了施工效率，而且施工层位的先后顺序可以任意选择，给试油工作部署提供了方便。

3.2.4　复合管柱测试

1. 全通径 APR 酸化压裂管柱

全通径 APR 酸化压裂管柱的组成为：油管(钻杆)+油管(钻杆)试压阀+常开、常闭阀(OMNI 阀)+LPR-N 阀+液压旁通+VR 安全接头+RTTS 封隔器+压力计。

(1) RTTS 封隔器。它与 P-T 封隔器的主要区别是带有水力锚，下井时水力锚卡瓦内外受力平衡，水力锚在弹簧力作用下处于收缩状态。当封隔器坐封后进行酸化压裂时，一旦管柱内压力大于环空压力，水力锚卡瓦被推向套管并锁定在套管壁上，使封隔器不能向上移动，确保在挤注作业或负压测试时封隔器有效坐封。

(2) 油管试压阀。该试压阀为通径单流阀，主要用于对下入井内的油管进行试压以检查其密封性。

(3) OMNI 阀。OMNI 阀是一种多次开关循环阀，OMNI 阀的开关是指其有球阀用于开关井，打压开启，泄压关闭；循环是指其有循环孔。有开关状态、过渡状态、循环状态三种。OMNI 阀上带有换位机构，循环孔既可打开又可关闭，主要用于酸化挤注作业，酸化作业完成后，通过环空加压、卸压将循环孔打开进行下步的测试作业。OMNI 阀在酸化测试作业中提高了作业效率，节约了作业成本，酸液对管柱和地层伤害程度降低。

2. MFE 与纳维泵排液管柱

MFE 与纳维泵排液管柱的组成为：钻杆+扶正器+纳维泵+旋塞阀+循环阀+MFE 测

试阀 + 震击器 + P－T 封隔器 + 筛管 + 压力计。

对于储层为疏松砂岩，油品差(精度大、密度高)，油层能量低，气油比低，自喷能力差或根本没有自喷能力的油井采用纳维泵与 MFE 测试阀组合的测试工艺。在纳维泵测试过程中，纳维泵的下端保持稳定不动，上端随钻具向右转动，通过定子、转子配合，形成一连串螺旋形互不连通的空腔，纳维泵运转时，这些空腔依次向上移动，地层液体随之排出，将井内液体泵至地面。纳维泵测试具有工艺简单、对井液要求不严格、携砂能力强等优点，它克服了地层流体不能靠地层能量流到地面的缺点，管串上的压力计能准确记录整个排液期间流压的变化情况，可为将来油井投产选择合理的工作制度提供依据。

3. 螺杆泵热试油(采)

探边一体化对于原油凝固点高、油稠、质差，常规排液困难的油井，采用电加热螺杆泵排液 + MFE 测试阀 + 存储电子压力计试井工艺。该工艺由螺杆泵、防旋油管锚、热电缆、注水球阀、MFE 测试阀、伸缩接头、P－T 封隔器、电子压力计等工具组合而成，对稠油、高凝油既能加热(出口温度达 42℃)排液(可调排量)，又能进行探边测试，不仅缩短了试油(采)周期，还简化了工序。

3.3 地层测试设计

测试设计是测试工作的依据，也是测试工艺成功和全面准确录取各项资料的保证。它是依据测试井的特点和测试层的地质特征以及测试目的的要求编制的。其内容包括测试井、测试层的基本数据、测试目的要求、测试工具类型、测试方式、测试坐封位置、测试压差(测试垫的类型及高度)、测试工作制度和各次开关井时间分配、施工方案、要求及注意事项等。

3.3.1 测试工具类型的选择

根据测试井和测试层的情况选择测试工具类型。目前国内常用的地层测试工具有 MFE 地层测试器、HST 常规测试器、APR 全通径测试器、PCT 全通径测试器、膨胀式封隔器测试器和油管传输射孔与测试联作等，同时还可以根据需要采用测试与泵抽排液联作管柱以及全通径测试器与酸化压裂联作管柱。

1. 完井测试

对于直井一般都可以选用 MFE 测试器或 HST 常规测试器，其中 MFE 测试器是目前国内普及率最高的一种测试工具，它有 95mm 和 127mm 两种规格。HST 常规测试器有 98.4mm 和 127mm 两种规格。

对于大斜度井、水平井或高产井，可选用 APR 或 PCT 全通径测试器。近几年，胜利油田对稠油出砂层选用 APR 全通径测试器测试效果很好。

2. 钻井中途测试

若封隔器坐封在套管对裸眼井段进行测试时，可选用 MFE 测试器或 HST 常规测试器。

若封隔器坐封在裸眼段且井径很不规则时，必须选用膨胀式封隔器测试器；如果裸眼井径比较规则，则可选用 MFE 测试器或 HST 常规测试器。

3. 联合作业测试

其测试步骤如下：

(1) 油管传输射孔与测试联作在完井测试中有明显的优势，将射孔工具分别与 MFE、

APR、PCT 等测试工具组合在一起，可以对高温高压井、稠油井、硫化氢井、大斜度井、定向井等各种复杂井进行射孔后测试。

（2）测试与纳维泵排液联作。在原钻机试油时，若产层为低压高产不能自喷、岩性疏松、原油黏度高或泥浆漏失严重的井，则可选用测试与纳维泵排液联作工艺，落实产能液性。但因纳维泵最大扬程只有 400m，因此，要求井的液面深度不超过 400m 才能使用。

（3）螺杆泵热试油与探边测试联作。对于稠油或高凝油，常规排液困难的井，可选用电加热螺杆泵排液 + MFE 测试阀 + 存储式电子压力计试井工艺，既能加热排液，又能探边测试。

（4）全通径测试器与酸化压裂联作。对于测试后再进行酸化压裂的井层，可选用 APR 或 PCT 全通径测试工具，因该类型工具在测试阀打开时，测试管柱从上到下有畅通的中心通道，其通径达 57.2mm，可进行酸化压裂施工以及挤水泥和各种绳索作业，从而提高作业效率，节约作业成本。

3.3.2 测试坐封位置的选择

完井套管单封隔器测试时，封隔器坐封的位置应在测试层顶部以上一般不超过 15m。完井跨隔测试时，其跨距一般不大于 50m。

裸眼坐封测试时，应根据双井径测井资料选择岩性致密、坚硬及井径规则的井段坐封，井径规则段的长度应不小于 5m。裸眼井支撑式封隔器坐封井段的井径，应不大于封隔器胶筒外径 25mm，如井径大于此范围的，则应选择膨胀式封隔器。裸眼跨隔测试时，其跨距一般不大于 30m。

3.3.3 测试压差的选择

测试时必须使测试管柱内的压力小于地层压力，这样才能使地层中的流体流入管柱内。若测试压差过小，就可能会导致地层中的流体流不出来或流出很少，造成对油藏扰动小，测试资料反映不出油藏的基本特征。从有利于地层液体产出或诱喷的角度考虑，测试压差越大越好，但测试压差过大会损害地层或压扁测试管柱等，造成测试失败。

裸眼测试时，测试压差过大容易引起地层坍塌，造成测试管柱被埋被卡；若测试压差超过封隔器胶筒本身的承压能力，会导致封隔器渗漏；易出砂层测试时，测试压差过大会造成地层出砂，易造成测试阀、井下油嘴或筛管被堵塞，或砂粒高速流动，将测试阀刺坏；压差过大，地层中的水和气易窜，形成水锥或气锥，同时，在大压差作用下，也会引起地层中的微粒运移造成速敏，伤害地层。

为了满足适当的测试压差的要求，常在测试阀上部的管柱中，加注一些液体或气体，作为测试阀打开时对地层的回压，这些液体或气体称为测试垫。正确地设计测试压差，确定测试垫的类型和垫量是搞好测试的重要环节。

1. 推荐的测试压差

储层特征不同，测试压差也应不同。根据封隔器胶筒所能承受的压差和储层特征，国内推荐的封隔器压差控制范围是：致密地层小于 35MPa；中等胶结地层小于 25MPa；疏松地层小于 10MPa。

美国岩心公司认为负压差的大小主要与岩心渗透率有关，他们在射孔作业中确定的负压差公式为：

$$\Delta P = 1.841/K^{0.3668} \quad (3-1)$$

式中 ΔP——负压差，MPa；

K——渗透率，μm^2。

是否需要加测试垫和加多少测试垫来控制测试压差，应根据测试层深度、坐封深度、压井液密度以及测试垫的类型等因素进行计算，确定测试垫的高度来控制。

2. 测试垫类型的选择

目前常用的测试垫主要有液垫、气垫和液气混合垫。

液垫常用的有水、优质压井液和柴油。采用液垫的优点是工艺简单、省时、经济，将液体灌入管柱中即可。其缺点是在液垫加入测试管柱后，若地层压力与预计压力相差较大时，液垫不好调整。但水垫还是目前国内最常用的测试垫。

气垫就是指氮气垫，氮气是一种无色、无毒、无腐蚀性的惰性气体，不溶于水和油。在测试管柱下入待测位置测试阀打开之前，让整个管柱内充满一定压力的氮气，测试阀打开后，地层流体流入测试管柱内，这时地面控制减少氮气垫压力，逐渐增加井底的生产压差，达到诱喷的目的。采用氮气垫能更好地控制测试过程中的压差进行诱喷；可防止地层出砂；也不会污染地层，使所取的流体样品更真实。但注入氮气垫工艺较复杂，氮气成本也比较高。胜利油田对稠油出砂层选用 APR 全通径测试工具加氮气垫测试效果很好。

液气混合垫是指下部为液垫上部是气垫。由于氮气必须在测试管柱下到井底后，才能注入到管柱中去，在深井、高温高压井测试时，容易造成下部测试管柱被压扁或挤毁的事故。为了避免这种情况，要在下测试管柱时先加一段液垫，管柱下到井底后再注入氮气，组成液气混合垫。

3.3.4 测试工作制度的选择

测试开关井次数应根据不同类型测试的目的要求和地层特征来确定。

对于中途裸眼测试，由于测试风险大和测试时间短 6~8h，一般只进行一次开井和一次关井。一次开井求产能液性，一次关井获得地层压力和参数。对坐封在套管内测试裸眼段时，也可进行两次开井两次关井的工作制度。

对于中等和高渗透性地层的完井测试井，可采用两次开井两次关井或三次开井两次关井的工作制度。一次开井流动主要是为了消除液柱压力对地层的影响，并有诱喷和一定的解堵作用；一次关井是为了取得产层的原始地层压力；二次开井流动是通过较长时间的流动来扩大泄油半径，求准产层的产量和取得合格的样品；二次关井是为了测取压力恢复曲线，计算油层参数；三次开井流动是观察地层流体能否喷出地面，并进一步落实产能液性。对于自喷层，应按常规试油标准录取产能和液性资料；对于非自喷层能抽汲的，可进行抽汲排液，准确确定液性和油水比例。

对于低渗透层，一般可采用两次开井一次关井的工作制度，一次开井尽可能扩大波及范围；一次关井恢复取地层压力和计算油层参数；二次开井流动主要目的是落实液性，取得合格的样品或通过抽汲求取产能液性。对其中渗透性相对较好的地层，也可以采用三次开井两次关井的工作制度。

对于极低渗透性地层，由于储层物性差，压力传导速度慢，进行多次开关井由于受时间限制难以取到地层压力，所以只选用两开一关的工作制度即可。

对于酸化或压裂后效果评价井，可采用一次开井一次关井的工作制度。一次开井流动应尽可能扩大泄油半径，以保证措施有效范围内地层压降的形成，为关井压力恢复充分揭示储层渗流特征创造条件。

3.3.5 测试开关井时间的确定

测试开关井时间的确定是测试优化设计的重要内容，能否合理地分配开关井时间，是决定录取高质量测试资料的关键。测试开关井时间的确定，应根据测试层渗透率高低、流动性好坏、测试开井期间地面显示情况和井眼条件等多种因素决定。

目前国内确定测试开关井时间主要有两种方法：一种是在总结大量不同类型测试井资料的基础上，根据经验推荐的不同类型井的测试开关井时间；二种是利用测试解释软件中试井设计的功能，确定测试开关井时间。

1. 推荐的开关井时间

根据不同测试类型的井眼条件和储层渗透性高低等情况，推荐的开关井时间也有所不同。

（1）钻井中途测试：

① 砂泥岩裸眼测试。

一开一关：一开 60 ~ 120min，一关 120 ~ 240min。

两开两关：一开 3 ~ 5min，一关 60min；

二开 60 ~ 120min，二关 120 ~ 240min。

② 碳酸盐岩测试。

两开两关：一开 30min，一关 120min；

二开 120 ~ 240min，二关 240 ~ 480min。

（2）完井测试：

① 高渗透层。高渗透层具有高产能、关井压力恢复速度快的特点，测试流动期间地面显示头出气泡强烈，计算的油层有效渗透率大于 $100 \times 10^{-3}\ \mu m^2$，可采用三开两关或两开两关的工作制度。

三开两关：一开 5 ~ 15min，一关 60 ~ 90min；

二开 60 ~ 150min，二关 150 ~ 375min；

三开畅流。

若二开后能自喷，应延长自喷时间，扩大测试探测半径，按规程求稳定产量后，再进行二次关井(终关井)，关井时间应是二开流动时间的 1.5 倍左右。若是气层，因气体压缩性大，续流持续时间长推迟径向流动段出现，因此，关井时间适当延长，是开井生产时间的 1.5 ~ 2 倍为宜。

非自喷高渗透层测试时，应防止开井流动时间过长造成流平而取不到压力恢复资料的情况，测试时应密切注意地面显示头冒泡强弱的变化，当气泡强烈而后又逐渐变弱时，表示流动曲线将要流平，应在气泡由强烈变为出气中等时及时关井取压力恢复资料。

② 中等渗透层。中等渗透层开井流动曲线上升也比较快，地面气泡显示也较强，关井压力恢复速度也较快，测试计算的油层有效渗透率在 $10 \times 10^{-3} \sim 100 \times 10^{-3}\ \mu m^2$。也适合于进行三开两关或两开两关的工作制度。

三开两关：一开 10 ~ 15min，一关 90 ~ 150min；

二开 120 ~ 210min，二关 360 ~ 660min；

三开畅流。

若二开后能自喷，应尽可能延长自喷时间，扩大压力波及范围，并求得稳定产量，然后进行二开关井，关井时间应是二开流动时间的 1.5 ~ 2.0 倍，气层应适当延长关井时间。非自喷中等渗透层测试时，也应防止二次开井时间过长而流平的情况。

③ 低渗透层。低渗透层开井流动曲线上升较慢，地面气泡显示不强，但流动期气泡均匀，关井压力恢复速度也较慢，必须延长关井时间。该类型层部分层计算的油层有效渗透率在 $1 \times 10^{-3} \sim 10 \times 10^{-3} \mu m^2$。低渗透层应以两开一关的工作制度为主，对其中渗透性相对较好的层可采用三开两关或两开两关。

三开两关：一开 10 ~ 15min，一关 180 ~ 270min；

二开 180 ~ 240min，二关 1260 ~ 1680min；

三开畅流。

两开一关：一开 180 ~ 300min，一关 1440 ~ 2400min；

二开畅流。

④ 极低渗透层。极低渗透层开井流动曲线上升极为缓慢，地面气泡显示微弱、均匀，关井压力恢复速度也很缓慢，必须有相当长的关井时间才能取到地层压力资料。极少部分层计算的油层有效渗透率小于 $1 \times 10^{-3} \mu m^2$。

两开一关：一开 240 ~ 300min，一关 2400 ~ 3000min；

二开畅流。

⑤ 酸化或压裂后效果评价井。

增产措施无效井：

一开一关：一开 240 ~ 360min，一关 2400 ~ 3600min。

增产措施有效非自喷井：

一开一关：一开 180 ~ 360min，气泡由强转为中等出气时关井，一关 1080 ~ 2100min。

为扩大探测半径，应在一开后排液 1 ~ 2d，然后关井测恢复，关井时间为开井时间的 2 ~ 3 倍左右。

⑥ 增产措施有效自喷井。一开一关：一开 2800min 或更长一些，一关是开井时间的 2 ~ 4 倍。

2. 试井设计软件开关井时间的确定

通过试井设计软件进行测试开关井时间设计，是测试解释过程的反演。根据测试井层的静态资料和已有的动态资料，把有关数据输入计算机，预设开关井次数和时间，经试井软件计算处理，计算机给出直观的开关井时间 - 压力展开图，对图中压力恢复曲线进行处理，绘制出双对数导数图和叠加函数图，诊断是否出现径向流或边界特征(需探测外边界时)，若有，则预设的开关井时间合理，反之，则不合理，应继续调整开关井时间，反复进行计算，直到得到所选模型特征的图形，就表明预设的开关井时间是合理的。

要输入的测试井层的参数包括：油层产能、流体性质、高压物性数据(黏度、体积系数、压缩系数等)、油层厚度、孔隙度、有效渗透率、井的完善程度(表皮系数等)、油层压力、初始流压、井筒储集系数、井眼半径、油管半径等。上述输入参数是否准确，直接影响着开关井时间设计的准确性。因此，应该全面收集和利用测井、钻井的有关静态资料以及邻井同一层位的已有动态资料。

无论是经验推荐的开关井时间，还是试井软件设计的开关井时间，不免会有些井层与实际储层特征不符。因此，测试人员在现场实际操作时，可根据地面显示头气泡的显示情况予以调整。当设计为低产层、干层，开关井时间很长，而测试时气泡显示强烈，表示储层渗透性好，产能高，可适当缩短开关井时间；若设计是高、中渗透层，开关井时间短，而测试时气泡显示弱，出气均匀，表明储层为低产层，则可适当延长开关井时间。

3.4 常用测试工具及工艺

常规测试工具主要有以 MFE 和 HST 为主阀的两种类型。它们是保证测试一次成功的有效工具。HST 比 MFE 测试工具有较多优点，两种测试阀性能比较见表 3－1。

表 3－1 MFE 和 HST 测试阀性能对比表

	换位机构	液压延时机构	自由行程	取样器
MFE	换位套上带有换位槽，随着管柱上下运动，换位心轴也作上下运动；套在换位心轴上的换位凸耳插入换位槽中，随着换位心轴的上下运动，换位凸耳可以自由转动，自由地顺着换位槽轨道运动，而达到换位的目的	延时是靠阀和阀外筒间隙来控制，阀与阀外筒材质不同，膨胀系数不同，高温下铜阀性能不稳定，且易磨损，影响延时时间	自由行程 254mm，换位行程短，易提松封隔器，自由下落，25.4mm，井深时自由下落显示不明显	带有取样器，样品可作 PVT 分析
HST	换位槽刻在外筒上，呈圆周分布，有三个换位凸耳，呈 120°分布受力均匀，换位平稳	延时是靠长短计量销和销套的间隙来控制，销与销套材质相同，且无相对运动，性能稳定，不易磨损。计量销子还有七种直径，可根据井温选择相应直径，调整延时时间	HST 自由行程 152.4mm，还配有伸缩接头，其自由行程 762mm，共有 914mm 自由行程，换位行程长，不易提松封隔器。自由下落 31.8mm，深井自由下落显示不明显	需另配单独的取样器，样品不能作高压物性分析

3.4.1 MFE 测试工具及工艺

1. 用途

MFE(Multi－Flow Evaluator)地层测试器是一种常规地层测试工具，有 98mm 和 127mm 两种，可用于不同尺寸的套管井和裸眼井的地层测试。

2. 工作原理

MFE 地层测试器是一套完整的测试工具系统，包括多流测试器、裸眼旁通和安全密封封隔器等。

其测试步骤：

(1) 下井。下井时，多流测试器测试阀处于关闭状态，旁通阀处于开启状态，安全密封不起作用，封隔器胶筒处于收缩状态。

(2) 流动测试。测试工具下至井底后，下放钻柱加压至预定负荷，封隔器胶筒受压膨胀密封环形空间，裸眼旁通主旁通阀关闭，在换位机构作用下，多流测试器测试阀延时，裸眼旁通副旁通阀关闭，测试阀打开，钻具自由下落 25.4mm，地面显示开井，这是主阀的开井显示，地层流体经筛管和测试阀进入钻杆内，压力计记录流动压力变化，直至预定设计时间。

(3) 关井测压。上提管柱至“自由点”悬重(即上提管柱时指重表上悬重不再增加的那个悬重读数)，并比“自由点”悬重多提 8.9～13.4kN 的拉力，然后下放管柱加压至原坐封负荷，在换位机构作用下，测试阀关闭，进行关井侧压，压力计记录恢复压力。重复2、3操作，可进行多次流动和关井。上提换位操作时，旁通阀因向上延时作用保持关闭，安全密封受压差作用对封隔器起液压锁紧作用，封隔器保持密封。

（4）起出。关井结束后，上提管柱施加拉力，经延时后，裸眼旁通的主旁通被拉开，平衡封隔器上下方的压力，安全密封因无压差作用，失去锁紧功能，封隔器胶筒收缩，测试阀仍然关闭，即可解封起出。

3. MFE测试器各部件结构功能及技术规范

1）多流测试器（主阀）

多流测试器是MFE的关键部件，由换位机构、延时机构和取样机构三部分组成。

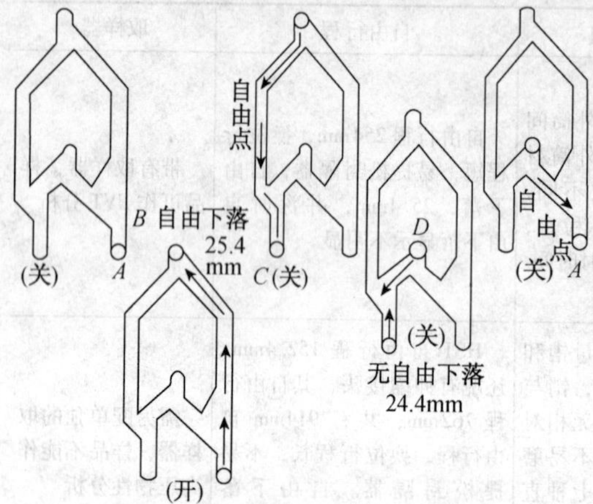

图3－10　换位槽动作位置示意图

（1）换位机构。包括换位心轴、换位套、换位凸耳等。换位机构的作用是：当与钻柱相连的换位心轴作上下运动时，测试开关阀随其开启或关闭。这种动作可重复多次。换位套上带有换位槽，随着管柱上下运动；套在换位心轴上的换位凸耳可以自由移动，自由地顺着换位槽轨道运动，而达到换位的目的。图3－10为换位槽动作位置图，其动作顺序如下：

① 下井时，凸耳在A的位置上，测试阀关闭。

② 测试管柱下到预定位置，下放管柱加压坐封封隔器，多流测试器的花键心轴下行（即换位槽下行），凸耳由位置A移到位置B，管柱自由下坠25.4mm，测试阀打开。

③ 缓慢上提管柱，换位槽下行，凸耳由位置B移到位置C，测试阀关闭。

④ 下放管柱，换位槽下行，凸耳由位置C移到位置D，测试阀关闭。

⑤ 缓慢上提管柱，换位槽上行，凸耳由位置D移到位置A，测试阀关闭。

⑥ 下放管柱，换位槽下行，凸耳由位置A移到位置B，测试阀再次打开。

（2）延时机构。包括阀、补偿活塞、阀外筒、下心轴和阀座等。这种液压延时机构的特点是：当下放管柱加压时，延时机构起作用，液压油受压通过阀与阀外筒的细小缝隙而起延时作用；而上提管柱时，端面密封泄压，延时机构不起作用。延时时间一般为3min，延时时间是变化的，因为传递至测试阀的力受封隔器上下压差的影响，压差消弱了传递至测试阀的作用力，从而影响了测试阀的打开时间。图3－11为液压延时机构示意图。

（3）取样机构。由取样器接头、取样心轴、上、下密封套及两组O形圈和V形密封圈构成的双控制阀组成，流动结束时，双控制阀把样品关闭在取样腔内。5in MFE取样器可收集2500cm^3的地层流体样品，3¾in MFE取样器可收集1200cm^3的地层流体样品。图3－12为取样机构及测试阀示意图。

2）MFE裸眼旁通阀

旁通阀有两个作用：

（1）起下钻遇到缩径井段时，泥浆从管柱内部经旁通通过，从而减少起下钻阻力和抽汲力。

（2）测试结束时，旁通阀打开，平衡封隔器上下方的压力，便于封隔器解封。

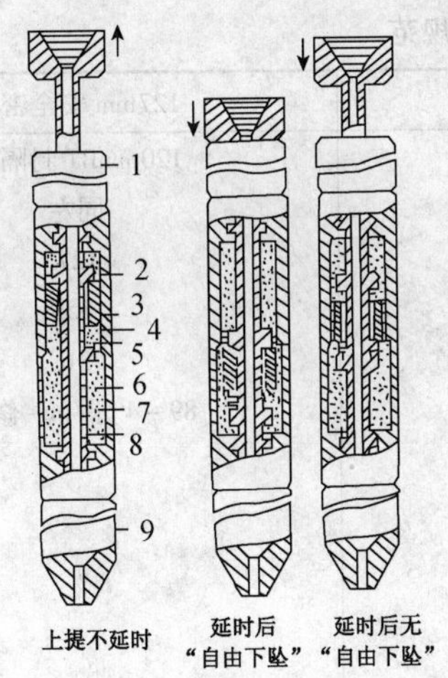

图 3－11　液压延时机构示意图

1—换位机械；2—外筒；3—阀；4—上液室；
5—弹簧；6—液压油；7—下液室；8—心轴；
9—测试阀及取样机构

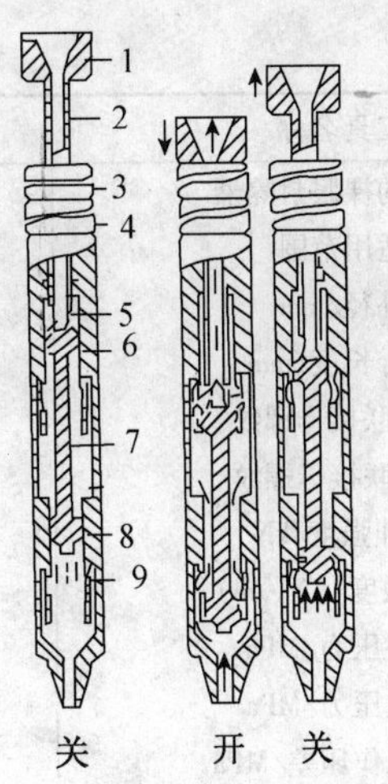

图 3－12　取样机构及测试阀示意图

1—上接头；2—花键心轴；3—换位机构；
4—延时机构；5—流动孔；6—上测试阀；
7—取样心轴；8—下测试阀；9—流动孔

裸眼旁通阀由主旁通阀、副旁通阀和延时阀组成。延时阀由阀、阀外筒、阀心轴、上密封活塞和补偿活塞组成。阀腔内充满液压油。它上提拉伸延时，下放加压不延时，下放管柱坐封封隔器时，延时阀不延时，旁通阀立即关闭。而上提测试管柱进行 MFE 换位操作时，由于延时阀延时，旁通阀不会立即打开，只要及时下放管柱，就可以保证封隔器的坐封和管柱的密封。当需要解封起钻时，上提管柱施加 89kN 的拉力，延时 1～4min 后，即可拉开旁通阀。

3）安全密封

安全密封代替裸眼封隔器总成上的滑动接头，与裸眼封隔器配套组成安全密封封隔器，其作用是当操作多流测试器进行开关井时，给封隔器一个锁紧力，使封隔器保持坐封。

安全密封由活动接箍、阀短节、密封心轴。油室外壳、连接短节、止回阀和计量滑阀总成组成。图 3－13 是安全密封工作原理图。其技术规范见表 3－2。

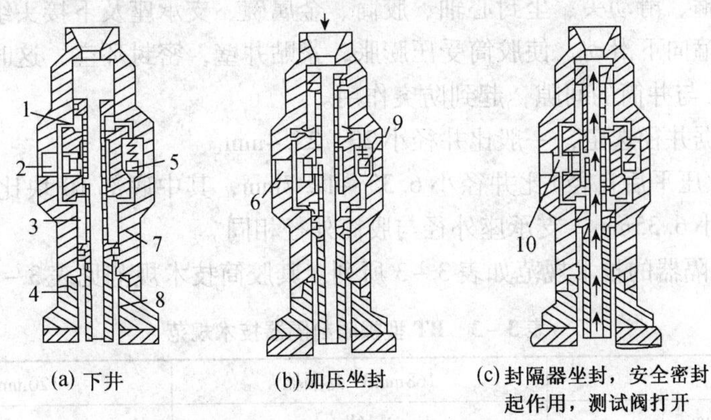

图 3－13　安全密封工作原理图

1—上油室；2—滑阀；3—下油室；4—安全密封；5—止回阀；6—油通过滑阀；
7—安全密封心轴；8—封隔器心轴；9—油流经止回阀；10—滑阀关闭

表 3-2　安全密封技术规范

工具名称	152mm 安全密封	127mm 安全密封
适用的裸眼封隔器	168mmBT 封隔器	120mmBT 封隔器
适用范围	无 H_2S 裸眼测试	同左
外径/mm	152	127
组合长度/mm	1505	1355
顶部联接母螺纹	88.9FH	73IF
底部联接母螺纹	120.65-4 牙/in-修正	89-4 牙/in-修正
拉伸强度/kN	3890	
扭矩强度/(N·m)	216930	
破裂压力/MPa	196	
挤毁压力/MPa	104	
最大工作压差/MPa	103	
最大组装扭矩/(N·m)	13360	

计量滑阀是油压系统的主要控制装置，它是靠安全密封内外压差控制阀的开关，油压系统由与计量滑阀和止回阀相连接的上、下油室组成。油室内充满 4607#合成液压油。滑阀的一侧受弹簧力和地层压力的作用，另一侧受液柱压力作用。当工具下井或起出时，液柱压力作用在滑阀的两端，使阀处于平衡状态。油可以在阀周围自由地流动，上、下油室连通。封隔器刚坐封时，油很容易从下油室流到上油室。打开多流测试器后，压差马上将滑阀推到另一位置，油不能经滑阀从下油室流到上油室，多余的油则经止回阀流向上油室。只要封隔器上、下方的压差超过 1.034MPa 时，滑阀就保持在上、下油室不通的位置，从而对封隔器起液压锁紧作用。测试结束解封封隔器时，对旁通阀施加 89kN 的拉力，延时几分钟拉开旁通阀，平衡封隔器上、下方的压力，滑阀移到原来的开启位置，油从上油室自由地流到下油室，即可解封起钻。

4）裸眼封隔器

它是机械加压支撑式封隔器，用于封隔裸眼井测试层段与环空液柱的通道。一般与安全密封配合组成安全密封封隔器，也可单独使用。深井测试用两个封隔器组成一组，上为安全密封封隔器，下为裸眼封隔器。

它由滑动接箍、滑动头、坐封心轴、胶筒、金属碗、支承座及下接头组成。当向封隔器加压时，滑动接箍向下滑动，使胶筒受压膨胀，紧贴井壁，密封环空，这时金属碗压平，增大 19mm，缩小了与井筒的间隙，起到防突作用。

胶筒直径根据井径选定，一般比井径小 20~25.4mm。

金属碗外径(压平后自径)比井径小 6.35~12.7mm，其中底部 10 块比井径小 12.7mm，顶部 5 块比井径小 6.35mm。支承座外径与胶筒外径相同。

BT 型裸眼封隔器的技术规范如表 3-3 所列。其胶筒技术规范见表 3-4 和表 3-5。

表 3-3　BT 型裸眼封隔器技术规范

工具名称	168mmBT 封隔器	120mmBT 封隔器
外径/mm	168	120.65
心轴尺寸：外径×内径/mm	72.8×40	50.8×25.4
组装长度/mm	1989(1897)	1792(1700)
顶部联结母螺纹	88.9 FH	88.9 FH

续表

工具名称	168mmBT 封隔器	120mmBT 封隔器
底部联接公螺纹	88.9 FH	88.9 FH
拉伸强度/kN	140060	
扭矩强度/N·m	216150	
最大工作压差/MPa	49	49
工作温度/℃	-40~176.7	-40~176.7
胶筒邵氏硬度	90	90
适用介质	原油、泥浆、水	原油、泥浆、水
水压试验/MPa	69(不漏)	69(不漏)

表 3-4　168mmBT 封隔器胶筒技术规范

型号	胶筒外径/mm	胶筒内径/mm	金属碗外径/mm	支承座外径/mm	备注
A	168.275	72.8	187.325	168.275	不常用
B	171.45	72.8	193.675	171.45	
C	177.8	72.8	193.675	177.8	
D	184.15	72.8	193.675	184.15	
E	190.5	72.8	209.55	190.5	适用于 ϕ215mm 钻头井眼
F	193.675	72.8	215.90	193.675	
G	196.85	72.8	215.90	196.85	
H	203.2	72.8	215.90	203.2	
J	209.55	72.8	228.60	209.55	
K	215.9	72.8	228.60	215.9	
L	222.25	72.8	244.5	222.25	适用于 ϕ245mm 钻头井眼
M	228.6	72.8	244.5	228.6	
N	234.95	72.8	244.5	234.95	
O	241.3	72.8	260.35	241.3	
P	247.65	72.8	260.35	247.65	不常用
Q	257	72.8	260.35	257	
R	260.35	72.8	260.35	260.35	
S	266.7	72.8	260.35	266.7	

表 3-5　120.6mmBT 封隔器胶筒技术规范

型　号	胶筒外径/mm	胶筒内径/mm	金属碗外径/mm	支承环外径/mm
A	120.7	50.8	139.7	120.7
B	127	50.8	146.05	127
C	146	50.8	161.93	146

5）卡瓦封隔器

它是加压坐封悬挂式封隔器，用于套管井的测试。它由旁通、密封元件和卡瓦总成组成。旁通孔有较大旁通面积，能旁通起下钻液流和平衡封隔器解封前上下方的压力。旁通道由端面密封关闭。

卡瓦总成包括锥体、卡瓦。摩擦块、定位凸耳及弹簧等。坐封心轴下部铣有两种槽：自动槽和人工槽。当封隔器下井时，摩擦块与套管壁紧贴，定位凸耳在凸耳换位槽短槽内，胶筒处于自由状态。当定位凸耳插入自动槽时，其坐封方法是：①封隔器在预定井深；②先上提管柱，使凸耳移至短槽底部位置；③右旋管柱 1~3 圈(正常情况)，这时凸耳自动移至座封的长槽侧；④在保持右旋扭矩的同时，下放管柱加压，封隔器心轴下移，旁通道被端面密封关闭；⑤锥体下行把卡瓦胀开；⑥卡在套管壁上，胶筒受压膨胀，密封套管环空(图3－14)。解封时，上提，拉开旁通道上的端面密封，胶筒上、下方压力平衡，凸耳从长槽沿斜面自动回到短槽，锥体上行，卡瓦收回，即可解封起钻，如凸耳换到人工槽内，其操作方法是：上提管柱，右旋1～3圈，再下放管柱坐封。凸耳已转到长槽内，坐封操作与自动槽相同。解封时，上提管柱，左旋1～3圈，使凸耳回到短槽，然后将卡瓦收回，起管柱。

拉开卡瓦封隔器旁通所需拉伸负荷 F，按下式计算：

$$F = \Delta P_{液} A \times 10^2 \tag{3-2}$$

式中 F——拉伸负荷，N；

$\Delta P_{液}$——环空液柱压力差，MPa；

A——液压面积，cm^2。

卡瓦封隔器技术规范见表3－6。P－T型封隔器旁通液压面积见表3－7。

卡瓦封隔器胶筒的选用和其硬度排列是根据坐封段的井下温度和胶筒的有效负荷进行选定的，见表3－8。

6）剪销封隔器

剪销封隔器与卡瓦封隔器配合使用，二者中间配有筛管，用于套管井的跨隔测试。当卡瓦封隔器按坐封步骤坐封后，继续加较大的压缩负荷时，剪销封隔器的剪销剪断，剪销封隔器坐封，从而对测试层段进行跨隔测试。剪销封隔器结构示意图如图3－15所示。剪销封隔器的技术规范见表3－9。

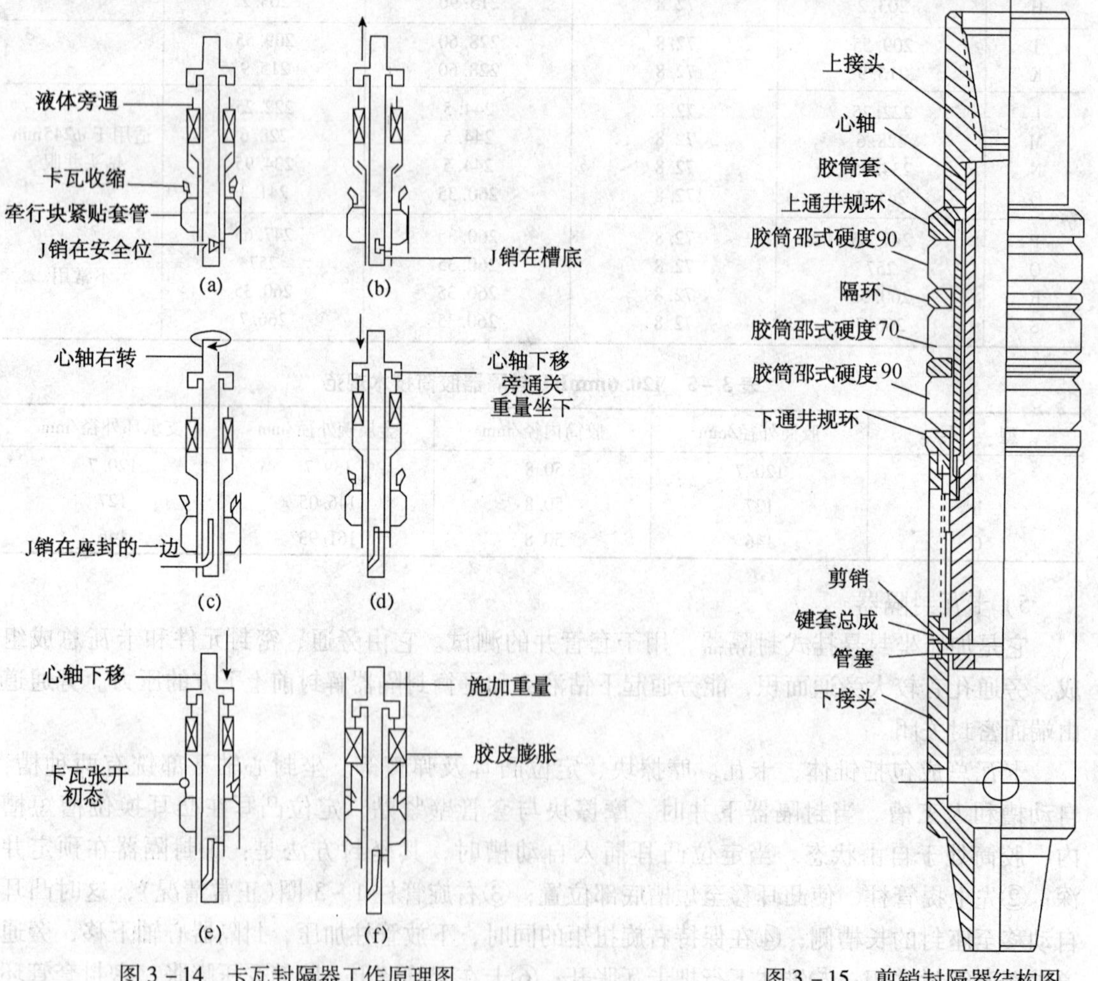

图3－14 卡瓦封隔器工作原理图

图3－15 剪销封隔器结构图

表 3-6　卡瓦封隔器技术规范

公称尺寸/mm	114.3～139.7	139.7～177.8	168.2～193.6	219.1～244.5	273～339.7
适用套管尺寸/mm	114.3～139.7	139.7～177.8	168.2～193.6	219.1～244.5	273～339.7
工作压力/MPa	66.14	71.02	67.57	56.54	76.53
挤毁压力/MPa	98.60	105.5	100.66	84.12	114.45
心轴工作负荷/N	365640	342070	495080	1031090	838490
心轴抗拉负荷/N	545790	510210	738850	1538630	1251280
心轴内径/mm	46	50	62	76	76
全长/mm	1245	1237.5	1318	1650	1956
顶部连接母螺纹/mm	50.8EUE	50.8EUE	63.5EUE	76.2EUE	114.3 FH
底部连接公螺纹/mm	50.8EUE	50.8EUE	63.5EUE	76.2EUE	76.2 EUE

表 3-7　P-T 封隔器旁通液压面积

封隔器公称尺寸/mm	114.3～139.7	139.7～177.8	168.2～193.6	219.1～244.5	273～339.7
液压面积/cm^2	29.67	38.05	51.61	87.08	106.43

表 3-8　胶筒选用参考表

胶筒排列	井下温度/℃	胶筒有效负荷/N				
		114～127mm	127～152mm	168～193.7mm	219～244mm	273～339.7mm
70-50-70	-18～66	13345	17793	22241	35586	80068
80-60-80	38～94	17793	22241	26689	53379	88964
80-70-80	66～94	22241	26689	31138	66723	111206
90-70-90[①]	66～121	22241	22689	31138	66723	111206
90-80-90	94～135	26689	31138	40034	88964	124550
90-90-90	121～163	31138	35586	44482	111206	133447

注：①90-70-90 胶筒排列广泛使用。

表 3-9　剪销封隔器技术规范

公 称 尺 寸	114～127mm 剪销封隔器	139.7mm 剪销封隔器
外径/mm	95.25	111
内径/mm	47	51
组装长度/mm	629.8	758
工作介质	泥浆、油、水、H_2S	泥浆、油、水、H_2S
工作温度/℃	-40～150	-40～150
工作压差/MPa	49	49
胶筒排列	90-70-90	90-70-90
剪销直径/mm	8.2	8.2
剪销材质(钢号)×剪销负荷/N	10×44130	10×44130
剪销材质(钢号)×剪销负荷/N	20×53004	20×53004
上接头母螺纹	60.3EUE	73EUE
下接头螺纹	73mm REG 母螺纹	73mm REG 公螺纹

7）液压锁紧接头

它是用于套管井测试的锁紧装置，能对套管封隔器起液压锁紧作用。它由外筒、心轴、

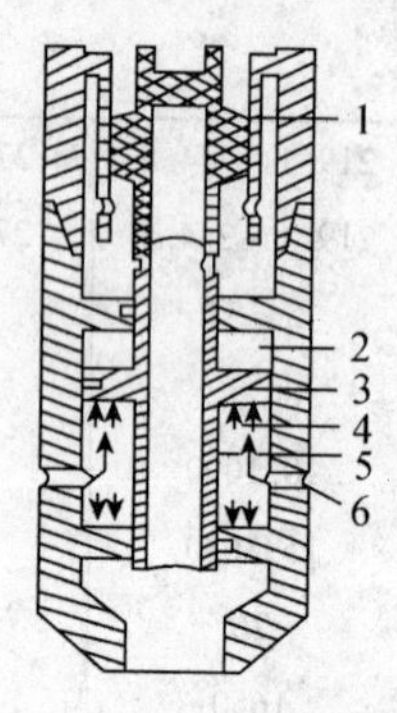

图3－16　液压锁紧接头结构

1—取样心轴；2—大气室；3—浮套密封活塞；4—锁紧面积；5—心轴；6—液压孔

浮套、密封活塞及下接头组成，结构如图3－16所示。

液压锁紧接头直接接在多流测试器下部，在起下钻过程中，由于液柱压力的作用把心轴往上推，上顶多流测试器取样器心轴，使测试阀保持关闭。在上提管柱进行换位操作时，心轴受向上的液压作用力而向上运动，而外筒和下接头同时受向下的液压作用力使封隔器保持密封，这个液压锁紧力的大小是液压面积与液柱压力之积。液压面积是指心轴与浮套之间的环形面积。液压锁紧接头的液压面积是由更换不同直径心轴和浮套而获得的，见表3－10。

液压锁紧接头的技术规范见表3－11。

表3－10　液压锁紧面积

名　称	心轴最大直径/mm	缸套内径/mm	锁紧面积/mm^2
95mm 锁紧接头	$31.95^{0}_{-0.05}$	$32_{0}^{+0.05}$	1.61
	$34.925^{-0.115}$	$34.925^{+0.027}$	3.23
	$41.275^{-0.115}$	$41.275^{+0.027}$	6.45
127mm 锁紧接头	$60.88^{0}_{-0.025}$	$60.96_{0}^{+0.05}$	3.23
	$63.95^{0}_{-0.05}$	$64.01_{0}^{+0.05}$	6.45
	$67.01^{0}_{-0.05}$	$67.05_{0}^{+0.05}$	9.68
	$70.03^{0}_{-0.05}$	$70.10_{0}^{+0.05}$	12.90

表3－11　液压锁紧接头技术规范

工具名称	95mm 液压锁紧接头	127mm 液压锁紧接头
适用范围	H_2S，酸，泥浆	无 H_2S
拉伸强度/N	1015660	
扭矩强度/(N·m)	19970	
破裂压力/MPa	182.7	
挤毁压力/MPa	137.9	
最大组装扭矩/(N·m)	2710	
外径/mm	95	127
内径/mm	19	30.48
组装长度/mm	996.7(907.25)①	1005.84(909.32)
上接头母螺纹/mm	73REG	111－4牙/in－修正
下接头公螺纹/mm	73REG	88.9 FH
试验内压②/MPa	68.95	68.95

注：①不包括公扣端长度；②试压10min不漏。

8）反循环阀

反循环阀是测试结束后借助外力开启的循环阀，一般接在多流测试器上方1～2根立柱处，可进行反循环，也可以进行正循环。常用的有断销式和泵压式两种反循环阀。

(1) 断销式反循环阀。从井口向钻杆内投入冲杆，砸断断销进行反循环，其结构如

图3-17所示。

(2) 泵压式反循环阀。它是备用反循环阀，可与断销式采用同一个接头。下钻和测试过程中，靠环空压井液压力和剪销共同作用，保持关闭状态。需要进行循环时，可从地面向测试管柱内加泵压，将泵压式反循环阀循环孔中的导盘、铜片压破，形成循环通路。

反循环阀的技术规范见表3-12。

9) TR震击器

MFE系统所用的TR调时震击器属于油压上击器，是促进封隔解卡的装置。由上接头、调时螺母、花键接头、折式锁键、分级阀、阀外筒、补偿活塞、上心轴和下心轴等组成。当封隔器及其以下测试管柱遇卡时，上提管柱施加一定的拉力，使震击器产生巨大的震击力，从而帮助下部钻具解卡。TR调时震击器是裸眼测试必备的解卡工具，调节其调时螺母，调整拉伸长度从而调整延时时间。TR震击器的技术规范见表3-13。

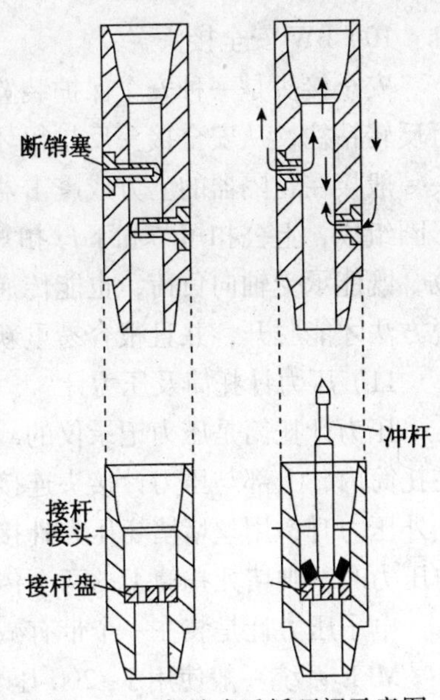

图3-17 断销式反循环阀示意图

表3-12 反循环阀技术规范

类型	73mm反循环阀	89mm反循环阀	114mm反循环阀
外径/mm	107.95	120.65	155.57
内径/mm	62	65.09	92.25
全长/mm	390	460	484
拉伸强度/N	1067570	3113740	4715090
扭矩强度/(N·m)	16950	29830	60470
上接头母螺纹	73EUE	88.9 IF	114.3IF
下接头公螺纹	73EUE	88.9 IF	114.3IF
试验内压①/MPa	69	69	69

注：①试压3min不漏。

表3-13 TR震击器技术规范

工具名称	120mm×38mmTR震击器	95mmTR震击器
适用环境	防H_2S	防H_2S
最大上提拉力/N	355860	222410
产生最大震击力/N	1685870	1103150
最大扭矩/(N·m)	39590	17060
最大屈服上击力/N	556030	346960
试验内压①/MPa	69	69
组装长度/mm	2457(2361)②	2757(2668)
外径/mm	120	95
内径/mm	38	38
上接头母螺纹	88.9 FH	73 REG
下接头公螺纹	88.9 FH	73 REG

注：①试压3min不漏；②括号中的数字不包括外螺纹端长度。

10）BW 安全接头

安全接头是一种安全保护装置，当封隔器及其以下工具遇卡，用震击器也不能解卡时，可反转钻柱，从安全接头反扣粗牙螺纹处倒开，将安全接头以上的工具和管柱提出。安全接头一般接在封隔器的上方或震击器的下方。它由一个上公扣短节、一个下母扣短节和两道O形圈组成，上公扣短节和下母扣短节间用特殊的粗牙螺纹联结。它可以接在管柱的任何部位，既能承受轴向负荷，也能传递正反向扭距，不受震动和惯性的影响，只有采用专门的解脱方法才能脱开，并且很容易重新对接。

11）压力计托筒及压力计

压力计托筒是压力记录仪的载体。它既可以传递扭距，又可以传递拉伸负荷。压力计装在托筒内，上部与压力计接头连接。压力计接头与托筒上接头各有两个传压孔，当要记录管柱外压力时，用丝堵堵死压力计接头上的传压孔，托筒上接头传压孔保持开启，需记录管柱内压力时，则堵死托筒上的两个传压孔。

电子压力计是装在一个带有减振装制的小托筒内，再将小托筒安置在压力计托筒内。

MFE 系统一般使用 J－200 压力记录仪，它是一种活塞－弹簧式机械记录仪，具有性能稳定、精度较高，抗震性能好、耐高温、量程范围大、维修保养工作量小等特点。J－200压力记录仪由压力装置、记录装置和温度计三部分组成。压力装置包括隔膜、波纹管、液压油、张力弹簧、活塞等，被测压力作用在隔膜上，经波纹管传递给液压油，再作用在与精密螺旋形相联的活塞上，弹簧被拉长，活塞位移与压力大小成一定比例。记录装置包括记录笔、记录筒、记录卡片、T 形时钟等，T 形时钟有多种不同额定运转时间的型号；记录筒在时钟带动下旋转，筒内装有金属记录卡片，记录笔装在活塞杆端部随活塞杆上下运动，并压在卡片上；记录筒的旋转运动和记录笔的上下运动就会在卡片上划上压力记录曲线。J－200的温度计是一种留点式最高温度计，装在一个保护套内，再装到压力计的下接头内。J－200型压力计托筒的技术规范见表 3－14。

表 3－14　J－200 型压力计托筒的技术规范

名　称	外径/mm	长度/mm	试内压/MPa(3min 不漏)	上接头母螺纹	下接头公螺纹
98mm 压力计托筒	98.43	1884(1795)[①]	68.95	73in REG	73in REG 公扣
124mm 压力计托筒	124	1900(1804)	68.95	88.9in FH 母扣	88.9in FH 公扣

注：①不包括公螺纹端长度。

12）筛管及开槽尾管

筛管和开槽尾管是地层流体进入测试管柱的第一个通道。筛管一般用钻铤制成，管身上钻有许多小孔。开槽尾管的管身开有许多槽，内部还有已带孔的过滤管。筛管不仅提供流体通道，在裸眼支撑式测试和跨隔测试中还起支撑封隔器于预定位置的支撑作用。开槽尾管一般用于单封隔器套管测试，悬挂在封隔器下边，其下还可挂接压力计。

4. 测试工艺

1）测试前的准备

测试前的准备包括测试设计、测试工具，井眼和井场的准备。

(1) 测试工具准备。测试工具配置是测试成败的关键；必须认真准备好。

① 根据测试设计列出井下工具、地面流程控制装置。仪器仪表、专用工具和零配件的清单，并清点列表，进行仔细检查。

② 所有井下工具及地面装置要进行液压延时性能试验和液压密封试验，经检验合格后，方能送往井场。

③ 对多流测试器的换位机构要认真检查，保证换位灵活。取样器的密封圈要全部更换。按不同的油、气井测试，井口要配备相应压力级别的控制头和流动管汇。

④ 封隔器胶筒的选定。套管井要根据井温和套管壁厚选用合适的胶筒。裸眼井要根据井温和坐封段电测井径选定合适的胶筒、金属碗尺寸。胶筒直径一般比井径小 20 ~ 25.4mm。金属碗外径（压平后直径）比井径小 6.35 ~ 12.7mm；其中底部 10 块比井径小 12.7mm，顶部 5 块比井径小 6.35mm。支承环外径与胶筒外径相同；

⑤ 压力计的选用。根据测试时接触最大压力的要求，选用相应压量的压力计，最大压力应为所选压力计压量的 80% 左右。根据设计所需的测试时间（包括起、下钻、测试）选择相应额定时间的时钟。

⑥ 温度计的选用。根据设计要求，核对所选用的温度计。

（2）井眼准备。测试前要把井眼准备好，为测试创造必要的条件。

裸眼井（坐封裸眼段）：

① 测试前进行双井径曲线测井。选择双井径曲线的互相重合段，及井径曲线规则、地层岩性坚硬的井段作为封隔器的坐封井段。坐封段长度不少于 3m。

② 进行测试的井，要求井身质量好，无“狗腿”、无键槽；井壁稳定，无掉块和坍塌现象。

③ 进行通井划眼。如有遇阻或缩径井段，要充分洗井划眼，使起下钻畅通无阻。最后划眼至井底，充分循环除砂，确保井底无沉砂；

④ 调整钻井液。加入适当防卡剂，使钻井液性能达到优质，含砂小于 0.2% ~ 0.3%，高压失水小于 15mL（砂泥岩）或小于 20mL（石灰岩）。泥饼摩阻系数小于（0.15 ~ 0.1）/45min；

⑤ 采用双封隔器的管柱结构。封隔器底部用钻铤支撑，支撑管长度不长于 80m。封隔器上部接有震击器及安全接头。

套管井（坐封套管段）：

① 测试前必须用通井规通井或刮管。通井规外径比坐封段套管内径小 6.5mm，长度不小于 30cm，保证封隔器能顺利起下。

② 对于套管射孔的测试井，应充分循环洗井，将井内污物及杂质清除干净。采用优质洗井液，如条件允许，应采用无固相洗井液。

（3）井场准备。

① 详细丈量下井工具、钻具或油管的长度，保证封隔器坐封在规定位置。裸眼测试，井场应备有足够的支撑钻铤和加压钻铤。

② 仔细检查钻杆或油管，以保证在 35MPa 的压差下不渗、不漏、不刺、不断裂。

③ 测试前对动力设备，提升设备、井口工具进行保养和检查。大钩要旋转自如，配备与测试工具配合的大钳头、卡瓦、安全卡。

④ 指重表灵敏可靠。

⑤ 配备足够的性能良好的压井液。

⑥ 检查井口防喷器，建立反循环系统，并接好和固定好放喷管线。

⑦ 安装好油气分离器及计量装置。

⑧ 测试时备有压井水泥车和消防车。

2）测试程序

（1）下入测试管柱，测试前准备工作就绪后，即可下入测试管柱。

① 对下井压力计、温度计进行检查。装好压力卡片，上满时钟，划好基线，证实时钟正常运转后再装入托筒内。

② 将下井测试工具在井口连接好，按规定扭矩拧紧联结螺纹，检查所有下井部件是否齐全完好。卡瓦、扶正块要运动自如，外表的埋头螺钉要上紧。当全部测试工具经检查证实无误时，即可下入井内。

③ 要记录测试器以下工具的重量($W_{测}$)，便于核算自由点。

④ 下井管柱螺纹要涂好密封脂，严防转动管柱，以避免卡瓦封隔器中途坐封，管柱下井过程中操作要平稳，不允许猛刹猛放，比平常下钻速度要慢，如有遇阻现象，要立即上提管柱，防止多流测试器受压缩而打开。上提后再慢慢下放，直至消除遇阻现象为止。

⑤ 下井过程中，经常观察环空返出现象和指重表悬重，以验证管柱螺纹是否渗漏。有怀疑时，在钻杆顶端抹一点油，用一张薄纸蒙上，观察钻杆是否出气，进一步验证管柱螺纹是否渗漏。

⑥ 下测试管柱至最后一个单根之前，将投杆器、控制头、活动管汇接在单根上，再与测试管柱连接。下至预定井深后，上提 1 ~ 2m 将活动管汇与钻台管汇连接好，再将钻台管汇与显示头、放喷管线连接好，检查所有管汇、分离器、计量装置及每个阀门，保证处于工作状态。

（2）测试，下完测试管柱后，慢慢上提下放测试管柱，记录上提钻柱重量($W_{上}$)，和下放钻柱重量($W_{下}$)，以便计算“自由点”悬重。

① 理论“自由点”及坐封时指重表读数的计算。MFE 的操作是通过上提下放来开关测试阀的，在上提进行换位操作时，多流测试器花键心轴有一段自由行程 254mm，当上提重量提至花键心轴时，心轴向上移动，而花键心轴下部重量未提动，因此指重表悬重不再增加，悬重不再增加的那个读数称为“自由点”悬重。为了计算“自由点”，要记录好下列数据：

$W_{测}$：测试阀以下管柱在液体中的重量，N；$W_{上}$：在液体中，上提全部测试管柱的重量，N；$W_{下}$：在液体中，下放全部测试管柱的重量，N；$W_{钻}$：全部钻具的重量，N；$p_{液}$：测试阀位置的液柱压力，MPa；$f_{封}$：坐封封隔器所需的负荷，N；B_L：MFE 的浮力损失，N。

$$B_L = 10^2 P_{液} A_1 \tag{3-3}$$

式中　A_1——测试阀的液压面积，cm^2。

对于 127mmMFE，$A_1 = 25.8cm^2$；95mmMFE，$A_1 = 9.68cm^2$：

A. 裸眼井测试

下放坐封时指重表读数 $Q_{读}$

$$Q_{读} = W_{下} - W_{测} - f_{封} \tag{3-4}$$

上提时理论自由点的计算

$$Q_{自} = W_{上} - W_{测} + B_L \tag{3-5}$$

例 1：一口 216mm 的裸眼井，井深 3020m，测试层段 3007 ~ 3015m，用 127mm 钻杆测试。钻杆环形面积 A_2 为 126.6cm^2，钻杆 300N/m，共 2880m，用 159mm 钻铤 120m，钻铤 1200N/m，127mmMFE 下深 3000m，多流测试器下部管柱重量 15000N，钻井液密度 γ = 12000N/m^3 多流测试器处的液柱压力：

$$P_{测} = \gamma \cdot H = 12000 \times 3000 = 36 \times 10^6 N/m^2 = 36MPa$$

钻杆在空气中的重量为：

$$300 \times 2880 = 864000N$$

钻挺在空气中的重量为：

$$1200 \times 120 = 144000N$$

再加上多流测试器下部管柱重量15000N，计算出空气中测试管柱重量1023000N。

减去钻井液浮力($36 \times 10^6 \times 126.6 \times 10^{-4}$)约455800N，计算出管柱在钻井液中的重量567200N。

127mm多流测试器液压面积：

$$A_1 = 25.8cm^2$$

测试阀浮力损失：

$$B_1 = A_1 \cdot P_{测} = 25.8 \times 36 \times 10^2 = 92880N$$

坐封封隔器的负荷：

$$f_{封} = 150000N$$

则下放坐封时指重表的读数

$$Q_{读} = W_{下} - W_{测} - f_{封} = 567200 - 15000 - 150000 = 402200N$$

上提理论“自由点”

$$Q_{自} = W_{上} - W_{测} + B_L = 567200 - 15000 + 92880 = 645080N$$

B. 套管井测试

下放坐封时指重表读数 $Q_{读}$

$$Q_{读} = W_{下} - W_{测} - f_{锁} - f_{封} \tag{3-6}$$

式中 $f_{锁}$——液压锁紧接头的锁紧力，N

$$f_{锁} = 10^2 P_{液} A_3 \tag{3-7}$$

式中 $P_{液}$——液柱压力，MPa；

A_3——液压锁紧接头的液压锁紧面积，cm^2。

上提时理论自由点的计算

$$Q_{自} = W_{上} - W_{测} - f_{锁} + B_1 \tag{3-8}$$

例2：在139.7mm套管井中测试，井深4015m，测试层段4002~4010m，用73mm钻杆进行测试，95mm多流测试器位于3925m，液压锁紧接头锁紧面积为3.23cm^2，测试管柱重量 $W_{上} = W_{下} = 271000N$，测试阀下部工具实际重量为3110N。压井液密度为13000N/m^2：

$$P_{测} = \gamma H = 13000N/m^3 \times 3925m = 51.02MPa$$

液压锁紧力 $f_{锁} = 51.02 \times 3.23 \times 10^2 = 16480N$

$$W_{上} = W_{下} = 271000N$$

$$W_{测} = 3110N$$

坐封负荷 $f_{封} = 66700N$

则 $Q_{读} = W_{下} - W_{测} - f_{锁} - f_{封} = 271000 - 3110 - 16480 - 66700 = 184710N$

95mm多流测试器的液压面积 $A_2 = 9.68cm^2$

浮力损失 $B_1 = 51.02 \times 9.68 \times 10^2 = 49390N$

“自由点”$Q_{自} = W_{上} - W_{测} - f_{锁} + B_1 = 271000 - 3110 - 16480 + 49390 = 300800N$

坐封操作必须十分谨慎，严密注视指重表读数，坐封时，转盘转1～3圈（使卡瓦封隔器换位凸耳能转1/4圈进行换位），下放钻柱至指重表指针在$Q_{读}$位置时，停止下放，等1～2min，钻具出现自由下落25.4mm，即表示坐封成功，测试阀打开。

若下放时指重表下放读数不变，则坐封未妥，应上提管柱少许换一方位再转3圈下放坐封。如此重复，直至坐封成功，并有明显自由下落开井显示（悬重下降）。

② 封隔器加压负荷。裸眼封隔器加压的有效负荷见表3－15。套管封隔器加压有效负荷见表3－16。

表3－15　裸眼封隔器加压有效负荷

胶筒直径/mm	加压负荷/N	胶筒直径/mm	加压负荷/N
120.7～168.3	53380～71170	247.7～323.9	111210～133450
219.1～241.3	71170～111210		

表3－16　套管封隔器加压有效负荷

胶筒排列	温度/℃	胶筒直径/mm				
		108～127	139.7～152.4	168.3～193.7	219.1～244.5	273.1～339.7
		有效负荷/N				
70－50－70	－18－66	13345	17793	22241	35586	80068
80－60－80	38－93	17793	22241	26689	53379	88964
80－70－80	66－93	22241	26689	31138	66723	111206
90－70－90	66－121	22241	26689	31138	66723	111206
90－80－90	93－135	26689	31138	40034	88964	124550
90－90－90	121－163	31138	25586	44482	111206	133447

上述加压有效负荷是直接作用在胶筒上，使胶筒达到密封的负荷，但实际加压要根据井的深浅、钻具尺寸、井眼尺寸、井斜、所承受的压差等各种因素来确定。

现场操作一般采取每25.4mm胶筒直径加压9806N（1000kgf）的方法施加压缩负荷。亦可按加压计算公式进行加压。

裸眼筒形封隔器加压计算公式

$$F_{压}=\frac{\pi E}{4}\left[(D_{筒}^{2}-d_{内}^{2})-\frac{(D_{筒}^{2}-d_{内}^{2})^{2}}{(1.1D_{井})^{2}-d_{内}^{2}}\right]\times 0.1 \tag{3-9}$$

式中　$F_{压}$——加压负荷，kN；

E——胶皮弹性系数，17.65MPa；

$D_{筒}$——胶筒内径，cm；

$D_{井}$——井眼直径，cm。

常用裸眼封隔器的计算数据如表3－17所列。

表3－17　常用裸眼封隔器计算数据

$D_{井}$/mm	$D_{筒}$/mm	$d_{内}$/mm	胶筒长度/mm	加压负荷$F_{压}$/kN(t)
152	127	50.5	524	87.2(8.9)
216	190.5	72.8	520	168.7(17.20)
245	222.2	72.8	520	210.8(21.50)

套管封隔器加压，按图3－18封隔器加载负荷图查出。图中纵坐标“压差”为环空液压与管内液垫压力之差。

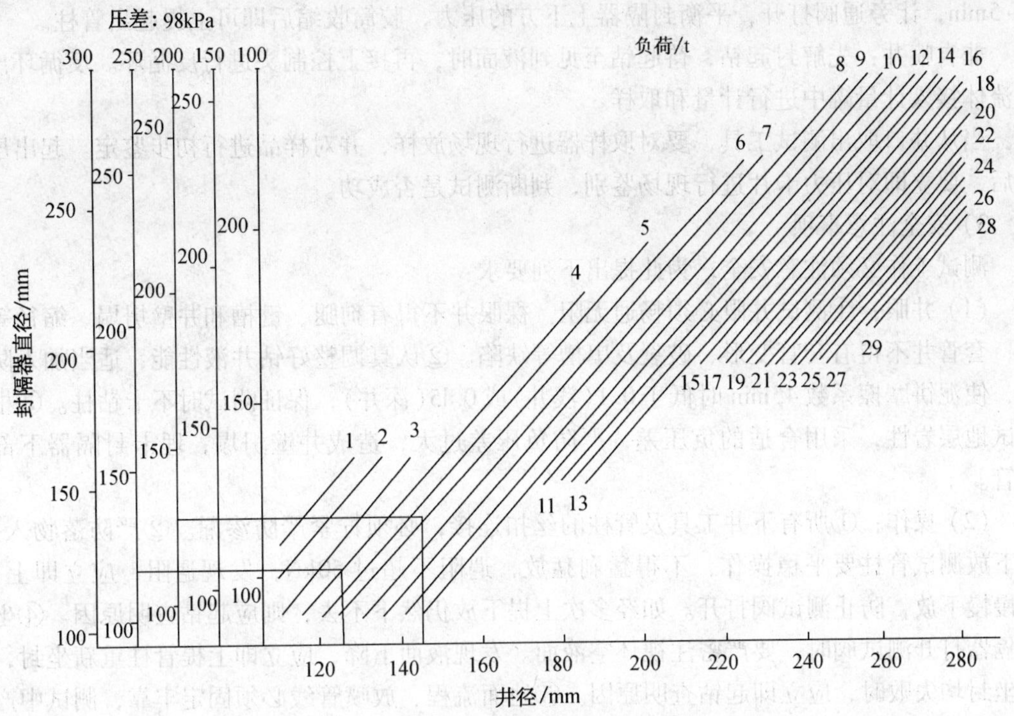

图 3－18　封隔器加载负荷图

封隔器加载负荷图使用说明：计算压差，确定最接近计算压差的纵坐标；根据封隔器直径，在确定的纵坐标上引 一水平线；根据井径，在横坐标上引一垂线；两线交点读数为所加负荷。

例 3：封隔器直径 l17.8mm，压差 24.0MPa，井径 124.5mm，确定套管坐封质量。

解：（图中细线引示）①确定压差纵坐标为 250（250 × 98 = 24500kPa = 24.5MPa）；②在250 坐标轴，引 117.8 的水平线；③在横坐标上引 124.5 的垂直线；④交点读数为 4.2（t）。

③ 测试器开关井换位操作。为了取得合格的压力卡片，必须准确地进行测试器开关井换位操作，操作时要注意以下几点：

a. 记录 $W_{上}$、$W_{下}$、$W_{测}$，计算理论自由点和加压负荷，作为上提下放操作的依据。

b. 根据确定的加压负荷，计算出 $Q_{读}$，加压坐封至 $Q_{读}$负荷后，约等 1 ~ 2min，钻柱出现自由下落 25.4mm 的现象，表明测试阀已打开，流动测试开始。

c. 进行关井换位操作时，要用 I 挡平稳上提管柱，并注意观察“自由点”悬重，当上提负荷到达“自由点”悬重后，再比“自由点”多提 8900 ~ 13350N 的拉力，然后立即下放至原坐封负荷，测试器即自动换位关井。

d. 为提高关井换位操作的成功率，最好在多流测试器下部再加一个伸缩接头，以增加其换位的自由行程 762mm，这样可大胆地进行换位操作，而不会提松封隔器，从而大大提高了测试成功率。

（3）起出测试管柱，测试终关井结束后即可解封起钻。

自喷井：先投棒砸开反循环阀，进行反循环压井，待油气在压井液中全部消除后，即可解封起钻。解封时上提管柱的重量略高于测试管柱的重量与回收地层液体的重量之和，等待

3～5min，让旁通阀打开，平衡封隔器上下方的压力，胶筒收缩后即可上提起出管柱。

非自喷井：先解封起钻，待起钻至见到液面时，再接上控制头进行反循环。反循环出来的流体接入计量罐中进行计量和取样。

当从井口取出测试工具，要对取样器进行现场放样，并对样品进行初步鉴定。起出压力计后，要立即对压力卡片进行现场鉴别，判断测试是否成功。

3）安全注意事项

测试工作必须注意安全，为此提出下列要求：

（1）井眼：①测试井眼必须畅通无阻。裸眼井不得有狗腿、键槽和井壁坍塌、缩径等现象；套管井不得有套管变形、破裂及串槽等缺陷。②认真调整好钻井液性能，适当加入防卡剂，使泥饼摩擦系数45min时低于0.1（浅井）或0.15（深井），保证测试时不卡钻柱。③根据测试地层岩性，采用合适的负压差，严防负压差过大，造成井壁坍塌，埋卡封隔器下部支撑管。

（2）操作：①所有下井工具及管柱的丝扣连接，必须拧紧严防渗漏。②严防落物入井。③下放测试管柱要平稳操作，不得猛刹猛放，遇阻不超过50kN，发现遇阻，应立即上提，再慢慢下放，防止测试阀打开。如经多次上提下放仍然下不去，则应起钻查明原因。④坐封封隔器打开测试阀时，要严密注视环空液面。发现液面下降，应立即上提管柱重新坐封，几经坐封均失败时，应立即起钻查明原因。⑤地面流程、放喷管线必须固定牢靠，测试中产出的天然气应点火烧掉。流动测试应尽可能安排在白天进行。⑥高压油、气井测试，应安装高压控制头，并适当调整油嘴，控制压力和产量。⑦起测试管柱时，应边起边灌泥浆，防止井喷和井壁坍塌。⑧现场放样时，放样口不能正对着人。

（3）防火防毒：①测试时井场50m以内下准使用明火。②要准备一定数量的防火用具。高压油气井测试时，应有消防车、水泥车值班。③含硫化氢油气井的测试，要备有正压式空气呼吸器，对测试人员要进行防毒知识教育，井场要备有救护车和医务人员，并准备好人员应急撤离路线，井场要有 H_2S 监侧仪，测试期间要不间断地对 H_2S 进行监测。闲杂人员均应离开现场。

3.4.2 HST测试工具及工艺

1. 用途

HST（Hydrospring Tester）是一种液压弹簧地层测试器，它有常规和全通径两种类型。HST常规测试工具有98.4mm和127mm两种，适用于不同尺寸的套管井和裸眼井测试。HST全通径测试工具一般用于大产量井测试，但在海上固定平台的测试作业中也可使用HST全通径测试工具。

2. 作用原理

HST测试工具作用原理与MFE测试工具作用原理基本相同，也是靠上提下放钻具来开、关井下测试阀的。它包括：HST测试器，伸缩接头，VR安全接头（带旁通孔），RTTS封隔器等。

3. 测试程序

（1）下井。HST测试器测试阀关闭，VR安全接头旁通孔开启，封隔器处于收缩状态。

（2）流动测试。测试工具下至预定位置后，先上提管柱，再右旋1～3圈，然后下放管柱，使卡瓦封隔器坐封，密封环空，VR 安全接头旁通孔关闭，HST 测试器经液压延时后开启，地层流体经筛管、测试阀进入钻柱，进行流动测试。

（3）关井测压。上提管柱至出现“自由点”悬重，并提完 152.4mm 自由行程，然后下放加压至原坐封悬重，在换位机构作用下，测试阀关闭，关井测压。如此上提下放重复操作可进行多次流动和关井。由于 HST 测试器下部接有伸缩接头，其自由行程为 762mm，故 VR 安全接头旁通孔保持关闭，封隔器胶筒保持密封。

（4）起出。关井结束，上提测试管柱，HST 的测试阀关闭，VR 安全接头旁通孔打开，平衡封隔器上下方的压力，即可解封起出。

4. HST 测试器

工具各部件结构、功能及技术规范见表 3－18。

表 3－18　HST 常规液压弹簧测试器技术规范

工具名称	98.4mmHST	127mmHST
外径/mm	98.42	127
内径/mm	15.7	19
组装长度①/mm	1912.3	1619.2
顶部联结螺纹	73 钻杆公螺纹	88.9 FH 母螺纹
底部联结公螺纹	79.4－8N－3	88.9 FH
破裂压力/MPa	55.15	68.94
挤毁压力/MPa	55.15	55.15
抗拉强度/N	1703660	1822658
细扣许用强度/(N·m)	1356	1356
粗扣许用强度/(N·m)	4070	5430

注：①组装长度不包括外螺纹端长度。

1）HST 常规测试器

HST 常规液压弹簧测试器由换位机构、计量延时机构和测试阀三部分组成。结构如图 3－19 所示。

（1）换位机构。它位于工具上部，由换位心轴、J 形槽外筒、换位凸耳和换位弹簧组成。三个换位凸耳呈 120°对称排列，装在凸耳套上，并能在心轴上转动。J 形槽换位筒固定在外筒上。当心轴上提下放时，J 形槽换位筒不动，三个凸耳在换位槽中运动，带动凸耳套转动，从而实现换位目的。弹簧机构的作用是提供一个向上的测试阀关闭力，使开关井上提操作容易。

（2）计量延时机构。它由外筒、计量心轴、计量销组、特殊 O 形圈和下体组成。计量机构的液压油为黏度 20mPa·s 的硅油。计量心轴上部的特殊 O 形圈起单流阀作用。计量销有长，短各二支，成对角线地装在计量心轴的四个计量孔中，与计量孔保持适当间隙，为液压油提供计量通道。当心轴下压时，心轴上部的特殊 O 形圈密封了心轴与外筒间间隙，液压油必须通过短计量销孔向下流动，再经长计量销孔上返流至油室，实现计量延时。当心轴下移 114.3mm 行程，至油缸大孔径处，液压油从活塞外围旁通，工具产生 38.1mm 的“自由下落”开井显示。心轴上提时，O 形圈不起密封作用，液压油无阻地流入下油室，不起延时作用。

（3）测试阀部分。由阀体和阀套组成，阀体和阀套上有液流孔，提供开井时地层流体进

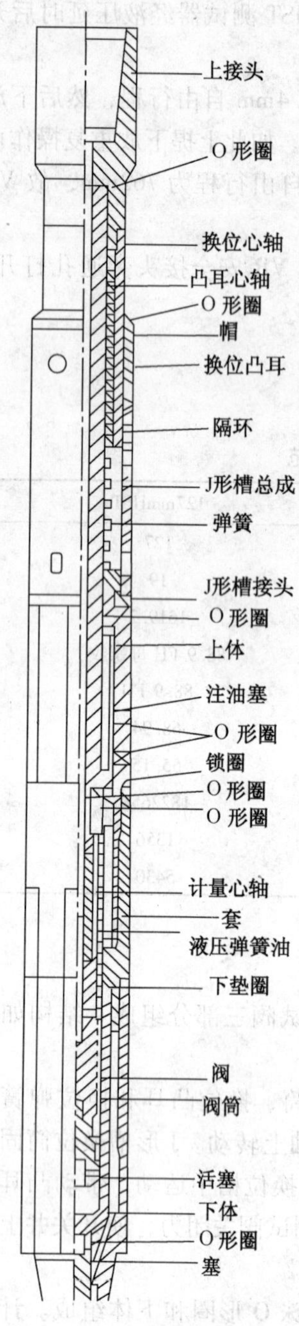

图 3－19　HST 常规测试器

入测试管柱的通道，起下钻和关井时，测试阀处于关闭位置，防止流体进入测试管柱。如需进行取样，可卸掉下接头体、阀套等部件，接上多次开关井取样器。测试时，取样器心轴随测试器心轴上下移动，取样腔随测试阀同步开启和关闭。在终关井时，将终流动末的流体样品关闭在取样器内。

HST 测试器的工作原理与 MFE 相同，是靠上提下放钻柱来开关测试阀。下井时阀处于关闭状态，下至预定位置，下放钻具加压 22240～133450N 的负荷，经过一段延时，测试阀打开，并有钻具“自由下落”38.1mm 的开启显示。流动测试完，上提管柱至“自由点”悬重，并提完 152.4mm 的自由行程，然后下放加压即可关井。重复上述操作，可达到多次开关井的目的。

2）HST 全通径测试器

98.42mmHST 全通径测试器的换位机构与 HST 常规测试器相同，计量延时机构由计量套代替了计量销，测试阀由球阀代替了滑阀，测试阀位于工具下部。

HST 全通径测试器的球阀靠施加钻压打开，打开时计量套提供延时，工具底部有附加旁通，在下井时处于开启位置，加压坐封时关闭，不再打开。127mmHST 全通径测试器的球阀在工具的上部，换位机构位于工具下部，与 98.42mmHST 测试器相反。HST 全通径测试技术规范见表 3－19。

表 3－19　HST 全通径测试器技术规范

名　　称	98.4mm 取样器	118.9mmHST 全通径
外径/mm	98.42	118.87
内径/mm	45.72	57.15
组装长度①/mm	3392.42	3810
工具顶部至球阀中心距离/mm	1961.39	2259.08
顶部联接扣	73EUE－8 母扣	88.9 IF 母扣
流通面积/cm^2	16.419	25.67
破裂压力/MPa	82.73	110.3
挤毁压力/MPa	82.73	110.3
抗拉强度/N	1023090	1556870
细扣许用扭矩/(N·m)	1355	1355
粗扣许用扭矩/(N·m)	1355	5426

注：①组装长度不包括外螺纹端长度。

3）伸缩接头

它接在 HST 测试器下部，在测试器操作换位时，提供自由行程 762mm，以使 VR 安全接头的旁通孔保持关闭，封隔器保持坐封。

它由上接头、外筒、密封心轴、方心轴和下接头组成。上接头将外筒、密封心轴连成一体，随上部管柱一起动作。方心轴在密封心轴和外筒中间和下接头连接，在外筒内滑动，形成 762mm 伸缩行程。伸缩接头的技术规范见表 3－20。

表 3－20　伸缩接头技术规范

工具名称	98mm	127mm
外径/mm	98.4	127
内径/mm	22.35	22.10
组装长度[①]/mm	1280.92	1395.48
顶部联结螺纹/mm	79.4－8UN－3 内螺纹	88.9API 内平内螺纹
底部联结螺纹/mm	79.4－8UN－3 内螺纹	88.9API 内平外螺纹
破裂压力/MPa	69	69
挤毁压力/MPa	69	69
抗拉强度/N	1583560	1774830
细扣许用扭矩/(N·m)	1355	1355
粗扣许用扭矩/(N·m)	1355	5426
工具伸缩行程/mm	762	762

注：①组装长度不包括外螺纹长度。

4）VR 安全接头

是一种紧凑、右旋式安全接头。靠右旋和上提下放钻杆就可倒开安全接头，以便最大限度地起出井内工具。

98mmVR 安全接头带有旁通，起下钻时，能旁通封隔器上、下方的流体，127mmVR 安全接头不带旁通，需在 HST 测试器下部，接 RTTS 循环阀。

VR 安全接头由上接头、凸耳心轴、外筒、反扣螺母。剪销及剪销套、旁通盘根等组成。起下钻时，旁通孔拉开，坐封测试时，下放钻具加压，延时一段时间，封隔器坐封，旁通盘根进入旁通座，关闭旁通，然后打开测试阀。技术规范见表 3－21。

表 3－21　VR 安全接头技术规范

名　　称	外径/mm	内径/mm	长度[①]/mm	上部联结螺纹/mm	下部联结螺纹/mm
98mmVR 安全接头	98.4	19.05	770	79.4－8N－3 母扣	79.4－8N－3 公扣
127mmVR 安全接头	127	25.4	848.4	88.9API 贯眼母扣	88.9API 贯眼公扣

注：①长度不包括公扣长。

倒开安全接头的方法如下：

98mmVR 安全接头倒开，需先下放加压 44480N 负荷，剪断销钉，正转钻柱 12 圈，每转一圈上提下放两次，共上提下放 24 次即可倒开。

倒开 5in VR 安全接头，正转钻柱 12 圈，每转一圈，上提下放 3 次；共上提下放 36 次即可倒开。

5）RTTS 反循环阀

RTTS(Retrievable Test Treat Squeeze)反循环阀是种循环阀和旁通阀的锁定开关型工具。它与 RTTS 封隔器配套使用，起下钻时，RTTS 反循环阀开启，对封隔器起旁通作用。卡瓦封隔器坐封时，RTTS 反循环阀与封隔器同步换位，自动锁于关闭位置。其技术规范见表 3－22。

表 3－22　RTTS 反循环阀技术规范

工具名称	外径/mm	内径/mm	长度/mm	上接头扣	下接头扣	凸耳行程/mm
127mm 反循环阀	91.4	48.3	816.9	60 外加厚油管母扣	78.6－10UN－3 公扣	167.6
139～168mm 反循环阀	106.2	50.3	810.5	60 外加厚油管母扣	88.9－8 UN 公扣	167.6
193mm 反循环阀	123.7	62	835.4	73 外加厚油管母扣	88.9－8 UN 公扣	167.6
244mm 反循环阀	155.4	76.2	974.3	114API 内平母扣	114API 内平公扣	167.6
139.7～168mm 长反循环阀	106.2	50.3	1115.3	60 外加厚油管母扣	88.9－8 UN 公扣	320.0

测试结束后，右旋管柱1/4圈，上提管柱到坐封前的位置，然后，左旋管柱1/4圈，旁通阀锁定于打开位置。

6）RTTS封隔器

（1）作用与原理。RTTS封隔器与RTTS反循环阀配套使用。由于带有水力锚是用于措施和挤水泥作用的全通径卡瓦型封隔器，卸掉水力锚改上测试接头可进行测试作业。

RTTS封隔器的工作原理是：封隔器下井时，摩擦垫块始终与套管内壁紧贴，凸耳是在换位槽短槽的下端，胶筒处于自由状态。当封隔器下到预定井深时，先上提管柱，使凸耳到短槽的上部位置，右旋管柱1~3圈（正常情况），在保持扭矩的同时，下放管柱加压缩负荷。由于右旋管柱使凸耳从短槽到长槽内，加压时下心轴向下移动，卡瓦锥体下行把卡瓦张开，卡瓦上的合金块的棱角嵌入套管壁，然后，胶筒受压而膨胀，直至两个胶筒都紧贴在套管壁上，形成密封。如果进行挤注作业，封隔器胶筒以下压力大于封隔器胶筒以上静液柱压力时，下部压力将通过容积管传到水力锚，使水力锚卡瓦片张开，卡瓦上的合金卡瓦牙朝上，从而使封隔器牢固地坐封在套管内壁上。如果起出封隔器，只需施加拉伸负荷。先打开循环阀，使胶筒上、下压力平衡，水力锚卡瓦在弹簧作用下而收回。再继续上提，胶筒卸掉压力而恢复原来的自由状态，此时凸耳从长槽沿斜面自动回到短槽内，锥体上行，卡瓦随之收回，便可将封隔器起出井筒。

（2）结构。RTTS封隔器由J形槽换位机构、机械卡瓦、胶筒和水力锚组成；水力锚由活塞式水力锚本体、固定夹板螺钉、水力锚卡瓦片、固定夹板，卡瓦回缩弹簧、容积管和三种O形圈组成；胶筒密封部分由上通径规环、胶筒、隔环、下通径规环组成；机械卡瓦部分由机械卡瓦本体、上心轴、卡瓦止动销、机械卡瓦片、带帽螺钉、开口环箍组成；J形槽换位机构由摩擦块、摩擦块弹簧、固定环、摩擦套筒和下心轴组成。

RTTS封隔器技术规范见表3-23。

表3-23　RTTS封隔器技术规范

总成号	胶筒标号	摩擦块处外径/mm	内径/mm	长度/mm	连接螺纹型
696·5273	127-15-18#	120.9	45.7	1167.9	上端78.6-10UN-3内螺纹 下端225EUE8牙油管外螺纹
696·5382	140-13-20#	13.4	48.3	1178.1	上端88.9-8UN-M内螺纹 下端73EUE8牙油管外螺纹
696·5781	177.8-17-38#		61.0	1323.3	上端105.6-8N-M内螺纹 下端73EUE8牙油管外螺纹
696·57899	177.8-17-38#		61.0	1085.1	上端79-8N-M内螺纹 下端72EUE8牙油管外螺纹
696·6083	244.5-29.3-53.5#		101.6	1973.8	114 IF螺纹
696·60899	244.5-29.3-53.5#		101.6	1605.5	上端88.9 HF内螺纹 下端114 IF外螺纹

7）NR支撑式膨胀鞋封隔器

用于裸眼井测试，它是支撑在井底靠机械加压使胶筒膨胀密封环空的。有No.1、No.2、No.3三种型号封隔器，适用于95~311mm不同尺寸的裸眼井测试。密封胶筒下部有膨胀鞋，起防突作用。技术规范见表3-24。

表 3-24 NR 支撑式封隔器技术规范

型号	外径/mm	长度/mm	心轴内径/mm	心轴外径/mm	顶部联结扣	底部联结扣
NO. 1	95.25~146	1498.6	19.05	50.8	79.4-8N-3 母扣	73API 内平公扣
NO. 3	190.6~317.5	178.3	42.67	88.9	88.9API 贯眼母扣	88.9API 贯眼公扣

8）提升短节和油嘴总成

提升短节联结在 HST 测试器顶部，用于提升测试工具，它内部装有油嘴，在测试时对地层保持回压。提升短节的技术规范见表 3-25。

表 3-25 提升短节技术规范

工具名称	提长处外径/mm	组装长度/mm	顶部联结扣	底部联结扣
73.0mm 提升短节	60.2	1331.72	73 钻杆公扣	73 钻杆母扣
88.9mm 提升短节	88.9	1371.6	88.9FH 母扣	88.9FH 公扣

3.5 压控测试工具及工艺

压控测试工具适用于海洋浮船、自升式钻井平台、固定平台或陆地大斜度井和复杂井况的测试。压控测试工具又可分为常规 PCT、全通径 PCT 和全通径 APR。这些类型的工具只在管柱不动的情况下，由环形空间压力控制测试阀实现多次开、关井。

3.5.1 APR 测试工具

APR 全通径测试器是一种只能在套管内使用的环空加压式测试工具，适用于海上平台或陆上大斜度井的测试。该工具在测试管柱不动的情况下，利用控制环空压力来实现多次开关井，具有压力低且操作方便简单的特点。由于是全通径，有利于高产井测试，同时可以对地层进行酸洗、挤注和各种绳索作业。LPR-N 测试阀是该工具的主阀，在地面预先充好氮气，球阀即处在关闭位置，工具下到预定位置封隔器坐封后，向环空加预定压力，压力传到动力心轴，使其下移，带动动力臂使球阀转动，实现开井。需关井时，释放环空压力，在氮气压力作用下，动力心轴上移带动动力臂，使球阀关闭。如此反复操作，可实现多次开关井。

一套基本的 APR 测试系统包括以下部件：LPR-N 测试阀、APR-A 反循环阀、APR-M_2 阀、BJ 震击器、全通径伸缩接头、全通径液压循环阀、RTTS 循环阀、RTTS 安全接头、RTTS 封隔器、全通径压力计托筒等。

1. APR 测试工具各部件结构功能

1）LPR-N 测试阀

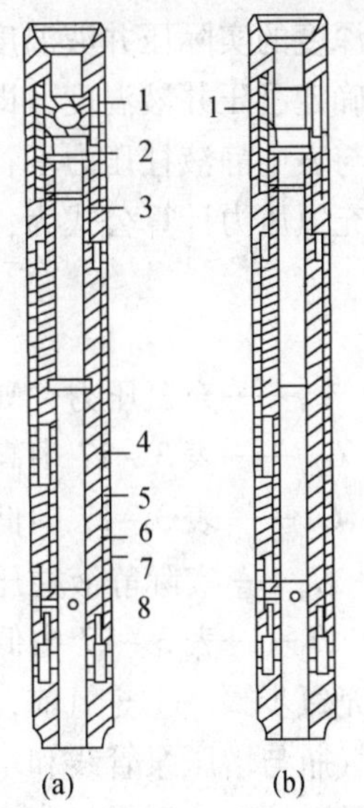

图 3-20 LPR-N 阀结构示意图
1—球阀；2—动力臂；3—动力心轴；4—充 N_2 腔；5—浮动活塞；6—计量；7—硅油腔；8—平衡活塞

（1）作用原理。LPR-N 测试阀是整个管柱的主阀（图 3-20）。测试时，根据地面温度、井底温度及静液柱压力，在地面对氮气腔充氮到预定压力，此压力作用在动力心轴上，使球阀在工具下井时处在关闭状态。工具下井过程中，在补偿活塞作用下，球阀始终处于关闭状况。封隔器坐封后，向环空加预定压力，压力传到动力心轴使其下移，带动动力臂使球阀转动，实现开井。释放环空压力，在氮气压力作用下，动力心轴上移带动动力臂，使球阀关闭。如此反复，从而实现多次关井。

（2）结构。LPR－N 测试阀主要由球阀部分、动力部分和计量部分组成。

球阀部分主要由上球阀座、偏心球、下球阀座、控制臂、夹板、球阀外筒组成。动力部分由动力短节、动力心轴、动力外筒、氮气腔、充氮阀体、浮动活塞等组成。

计量部分主要由伸缩心轴、计量短节、计量阀、计量外筒、硅油腔、平衡活塞组成。平衡活塞一端连通硅油腔，另一端与环空相通。下钻时，当液柱压力逐渐增加到大于下硅油腔压力时，平衡活塞上移使下硅油腔压力增高；当下油腔压力增加到比上油腔压力大 2. 8MPa 时，计量阀开始延时导通，上油腔体积增大，浮动活塞上行，氮气腔体积缩小，使氮气压力增高。通过动力心轴传递给动力臂使球阀保持关闭。工具下井过程中氮气腔与上硅油腔压力平衡，上硅油腔始终比下硅油腔小 2. 8MPa 压力，处于动平衡状态。封隔器坐封后，环空加压，由于计量阀延时导通的作用，在上、下硅油腔压力形成压差还未平衡时，动力心轴下移带动动力臂，使球阀转动打开。

（3）LPR－N 测试阀的技术规范见表 3－26。

表 3－26　LPR－N 测试阀的技术规范

外径/mm	内径/mm	组装长度/mm	连接螺纹/mm
127	57. 15	4993. 6	89API 内平螺纹
118. 9	50. 8	5132. 3	89API 内平螺纹
99. 06	45. 72	5026. 2	73EUE8 牙油管螺纹
77. 7	28. 4	4241. 03	60EUE8 牙油管螺纹

（4）充氮压力的计算及充氮步骤，充氮压力的计算：根据地面温度、静液柱压力和井内压井液温度来确定充氮压力（查阅 LPR－N 阀手册）。为了确定精确的充氮压力，一般需用内插法计算充氮压力值：①在表中选定与地面实际温度最接近的地面温度。②在表中选定与测试深度的实际压井液温度最接近的压井液温度。③在表中一旦选定了确切的范围，且根据表格确定了压井液温度，即可确定用于实际测试深度液柱压力的充氮压力。如果实际静液柱压力与表中静液柱压力不符，可应用下列内插公式确定与此静液柱压力相应的充氮压力。

充氮压力计算公式为：

$$p_{\mathrm{N}} = (C_{P_{\mathrm{h}}} - C_{P_{\mathrm{l}}})\left(\frac{H_{\mathrm{a}} - H_{\mathrm{l}}}{6.894}\right) + C_{P_{\mathrm{l}}} \qquad (3-10)$$

式中　p_{N}——充氮压力，MPa；

$C_{P_{\mathrm{h}}}$——表 3－27 中高静液柱压力下的充氮压力，MPa；

$C_{P_{\mathrm{l}}}$——表 3－27 中低静液柱压力下的充氮压力，MPa；

H_{a}——实际静液柱压力，MPa；

H_{l}——表 3－27 中低静液柱压力，MPa。

充氮步骤：①充氮前，用氧分析仪检查氮气纯度，氮气纯度必须高于 99. 99%；②连接好氮气瓶与增压泵管线和增压泵出口管线，用氮气吹通管线，清除空气及杂物；③增压管线与工具连接；④用氮气瓶压力向工具内充氮气 2. 8MPa，然后释放掉，以清除工具中的空气；⑤用增压泵往工具内充氮直到要求的充氮压力，关掉增压泵，拧紧工具上的氮气注入阀。

（5）操作压力的计算，通过 LPR－N 测试阀手册确定的操作压力数据为最小值。由于此表未考虑摩阻，球阀上、下压差及其他可能的误差，如压井液密度偏差、测试深度偏差、低精度压力表的误差等。因此，最小操作压力应附加 3.45MPa 作为实际操作压力。据实际操作，附加压力 3.45MPa 可适用于不同深度的井。

在表 3－27 中选择与 LPR－N 测试阀相应的规格。

如实际静液柱压力介于表 3－27 中两个静液柱压力之间，则用下列内插法公式计算出操作压力。操作压力计算公式为：

$$p = (p_h - p_l)\left(\frac{p_{H_a} - p_{H_l}}{6.894}\right) + p_l + 3.45 \tag{3-11}$$

式中 p——操作压力，MPa；

p_h——表 3－27 中高静液柱压力下的操作压力，MPa；

p_l——表 3－27 中低静液柱压力下的操作压力，MPa；

p_{H_a}——实际静液柱压力，MPa；

p_{H_l}——表中低静液柱压力，MPa。

表 3－27 LPR－N 测试阀最小操作压力

76.2mm

泥浆温度/℃	静液柱压力/MPa							
	13.788	20.682	27.576	34.470	41.364	48.259	55.153	62.047
10.0	4.005	4.433	4.978	5.598	6.411	7.191	8.059	9.052
23.9	4.005	4.419	4.936	5.529	6.322	7.018	7.790	8.886
37.8	4.005	4.405	4.895	5.467	6.253	6.860	7.563	8.728
51.7	4.005	4.398	4.874	5.446	6.101	6.763	7.473	8.459
65.6	4.005	4.392	4.853	5.426	5.956	6.660	7.384	8.218
79.4	4.005	4.392	4.826	5.357	5.922	6.570	7.287	8.059
93.3	4.005	4.385	4.805	5.295	5.888	6.480	7.204	7.914
107.2	4.005	4.378	4.791	5.281	5.832	6.418	7.115	7.804
121.1	4.005	4.378	4.791	5.246	5.798	6.363	7.025	7.721
135.0	4.005	4.378	4.778	5.226	5.750	6.315	6.956	7.632
148.9	4.005	4.371	4.778	5.205	5.736	6.260	6.887	7.570

98.4mm

泥浆温度/℃	静液柱压力/MPa							
	13.788	20.682	27.576	34.470	41.364	48.259	55.153	62.047
10.0	6.584	6.901	7.308	7.728	8.273	8.866	9.452	10.155
23.9	6.584	6.880	7.266	7.673	8.135	8.735	9.204	9.969
37.8	6.584	6.866	7.239	7.625	8.018	8.611	8.983	9.790
51.7	6.584	6.866	7.204	7.577	8.018	8.556	8.862	9.679
65.6	6.584	6.860	7.170	7.535	8.018	8.507	8.854	9.576
79.4	6.577	6.853	7.163	7.528	7.963	8.425	8.848	9.445
93.3	6.577	6.846	7.156	7.528	7.908	8.349	8.845	9.314
107.2	6.577	6.839	7.149	7.487	7.873	8.321	8.783	9.245
121.1	6.577	6.839	7.128	7.466	7.839	8.280	8.707	9.183
135.0	6.577	.6.832	7.122	7.446	7.832	8.225	8.680	9.121
148.9	6.577	6.832	7.115	7.425	7.797	8.183	8.604	9.093

117.5mm

泥浆温度/℃	静液柱压力/MPa							
	13.788	20.682	27.576	34.470	41.364	48.259	55.153	62.047
10.0	5.350	5.729	6.225	6.756	7.439	8.163	8.900	9.769
23.9	5.350	5.708	6.184	6.694	7.287	7.997	8.618	9.555
37.8	5.343	5.695	6.143	6.632	7.149	7.845	8.342	9.348
51.7	5.343	5.688	6.108	6.584	7.128	7.777	8.335	9.183
65.6	5.343	5.681	6.704	6.536	7.101	7.708	8.335	9.038
79.4	5.343	5.674	6.060	6.515	7.039	7.611	8.232	8.880
93.3	5.336	5.667	6.046	6.501	6.984	7.521	8.142	8.728

117.5mm								
泥浆温度/℃	静液柱压力/MPa							
	13.788	20.682	27.576	34.470	41.364	48.259	55.153	62.047
107.2	5.336	5.667	6.039	6.453	6.935	7.487	8.059	8.638
121.1	5.336	5.660	6.019	6.432	6.894	7.432	7.970	8.562
135.0	5.336	.5.653	6.012	6.411	6.880	7.370	7.928	8.487
148.9	5.336	5.660	6.005	6.384	6.846	7.322	7.845	8.445
127mm								
泥浆温度/℃	静液柱压力/MPa							
	13.788	220.68	27.576	34.470	41.364	48.259	55.153	62.047
10.0	5.012	5.488	6.101	6.770	7.639	8.535	9.486	10.576
23.9	5.012	5.460	6.046	6.687	7.459	8.335	9.176	10.314
37.8	5.005	5.439	5.988	6.618	7.301	8.149	8.866	10.065
51.7	5.005	5.433	5.956	6.556	7.246	8.052	8.804	9.852
65.6	5.005	5.426	5.915	6.501	7.197	7.963	8.749	9.638
79.4	5.005	5.419	5.901	6.474	7.128	7.845	8.631	9.452
93.3	4.998	5.412	5.881	6.446	7.060	7.735	8.514	9.273
107.2	4.998	5.405	5.867	6.398	7.004	7.680	8.411	9.148
121.1	4.998	5.405	5.853	6.363	6.949	7.611	8.300	9.052
135.0	4.998	5.398	5.839	6.336	6.929	7.542	8.245	8.949
148.9	4.998	5.398	5.832	6.308	6.887	7.480	8.142	8.893

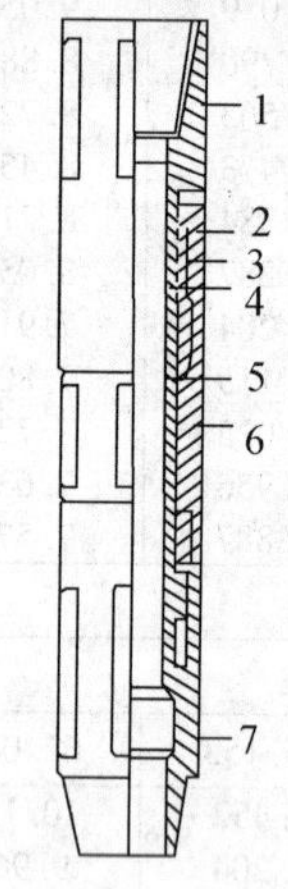

图3-21 APR-A阀结构示意图
1—上接头；2，5—剪切心轴；3—剪销；4—剪切套；6—短节；7—下接头

2）APR-A反循环阀

（1）作用原理。下井时，APR-A反循环阀的剪切心轴被剪销所限定，处于将反循环孔关闭的位置。测试结束后，向环空施加泵压，环空压力作用在剪切心轴上，剪断剪销，剪切心轴向下运动，打开反循环孔，实现反循环。

（2）结构。APR-A反循环阀由上接头、中心短节、下接头、剪切套、剪切套盖、剪销和剪切心轴等组成(图3-21)。

（3）计算操作压力。工具下井前，要根据井深、泥浆密度、套管最大破裂压力数据确定APR-A阀应装的剪销数。其计算公式为：

$$n=\frac{p_j+p_1+A}{p_p} \tag{3-12}$$

式中 n——剪销数，个；

p_j——实际静液校压力，kPa；

p_1——LPR-N阀操作压力，MPa；

p_p——每只剪销剪切强度，MPa；

A——附加环空压力，随井深而变；在井深2000~5000m时，一般取10~20MPa。

APR-A阀操作压力为：

$$p_2=np_p-p_j \tag{3-13}$$

式中 p_2——APR-A阀操作压力，MPa。

（4）性能检验。

内压试验：

工具整体试压68.9MPa，稳压5min为合格。否则，应拆卸工具，更换有关密封元件后重新试压。

功能试验：

将下接头上的4个带螺纹的小孔中的3个用塞子堵住，将压力管线接到未堵住的孔上，在中心短节两边螺纹后面的槽内装上O形密封圈，检验循环阀是否在预定的压力下打开。

安装20只剪销，127.76mm工具打开循环阀的压力应为66.9MPa；99.57mm工具打开循环阀的压力应为73.8±0.7MPa。

3. APR－M_2反循环阀

该阀是一种可以作为循环阀、安全阀和取样阀的多功能阀。

（1）作用原理。APR－M_2阀的操作压力一般设定在高于LPR－N阀6.9MPa。终流动后，继续向环空打压，动力心轴剪断剪销向上运动，使球阀关闭，取得流动末的地层样品，实现M_2阀的取样功能；动力心轴继续上行撞击密封心轴，密封心轴上的限位销被剪断，回复弹簧推动动力心轴向上运动，循环孔打开可以进行反循环，实现了M_2阀的循环功能；在关闭取样器的同时，弹性卡箍滑入锁定槽内，使球阀一直处于关闭状态，这就是M_2阀的安全功能。

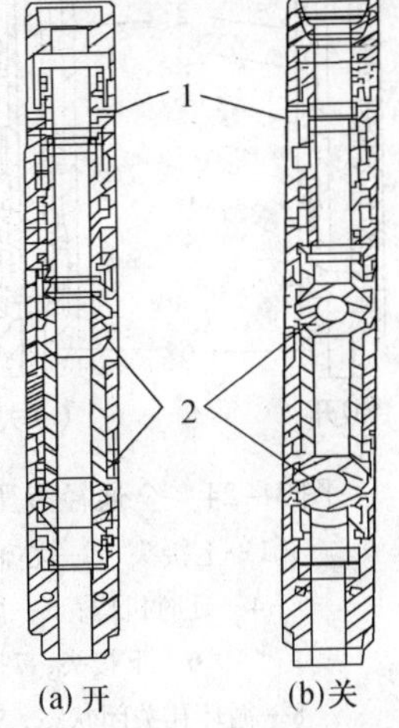

图3－22　APR－M_2阀结构示意图

1—循环孔；2—球阀

（2）结构。APR－M_2阀由循环部分、动力部分、取样部分组成（图3－22）。

循环部分由上外筒、循环管、压缩心轴、回复弹簧、循环接头等组成。动力部分由剪切套外筒、剪切套、剪销、剪切套盖、压差外筒、压差心轴等组成。取样部分由球阀部分和放样部分组成。

APR－M_2阀的底部有一根带槽心轴，又称为下锁管。在下锁管槽的上方套着一个弹性卡箍，如果下锁管向上运动，卡箍就会掉入槽内，将下锁管锁住，使其不能上、下运动。

（3）计算操作压力。工具下井前，要根据井深、泥浆密度来确定APR－M_2阀应装的销子数，其计算公式为：

$$n=\frac{p_j+p_1+7}{p_p} \tag{3-14}$$

式中　n——剪销数，只；

p_j——实际静液柱压力，MPa；

p_1——LPR－N阀操作压力，MPa；

p_p——每只剪销剪切强度，MPa。

APR－M_2阀操作压力为：

$$p_3=np_p-p_j \tag{3-15}$$

式中　p_3——APR－M_2阀操作压力，MPa。

4）BJ震击器

属油压上击器，当震击器以下工具遇卡时帮助解卡。它由震击心轴、花键外筒、液压缸、震击锤、计量套、计量锥体、计量调节螺母、压力平衡活塞、下心轴和下接头组成（图3－23）。工作原理与TR震击器基本相同，不同的是，操作震击器时，上油室的液压油可以从两条通道流入下油室，一条是计量套与液压缸之间很小的间隙，另一条通道是计量锥与计量套下部的内圆锥面之间的间隙（可以调节）。通过计量调节螺母调节计量锥与计量套下部的内圆锥面之间的间隙，可以改变震击器的液压延时时间。

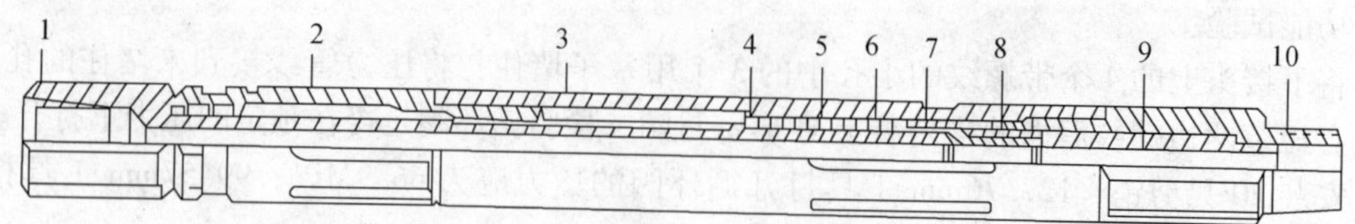

图 3－23　BJ 震击器结构示意图

1—震击心轴；2—花键外筒；3—液压缸；4—震击锤；5—计量套；6—计量锥体；7—调节螺母；8—压力平衡活塞；9—下心轴；10—下接头

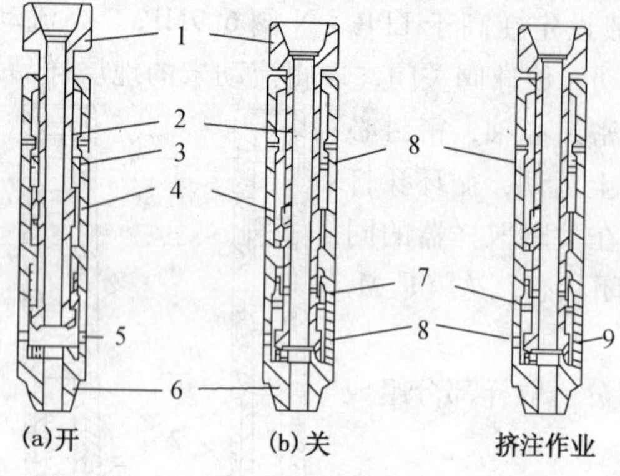

图 3－24　全通径液压循环阀结构示意图

1—上接头；2—心轴；3—补偿活塞；4—延时机构；5—循环孔打开状态；6—下接头；7—锁定机构；8—循环孔关闭状态；9—循环孔锁定状态

5）全通径液压循环阀

主要由延时计量系统和旁通部分组成(图 3－24)。计量系统由浮动活塞、花键外筒、短节、计量套、计量及加油外筒、锁定活塞和硅油等组成；旁通部分由循环套、循环外筒和下接头组成。

全通径液压循环阀可接于测试阀以上或测试阀以下。当接于测试阀以下时，该工具作为封隔器的上下旁通，在插入生产封隔器时，帮助释放测试阀以下升高的压力；当接于测试阀以上时，可在测试后作为循环阀使用。

操作全通径液压循环阀时不需要旋转。当对工具施加钻压后，液压计量装置约延时 2min，以关闭旁通孔，延时机构保证在旁通孔关闭前使 RTTS 封隔器坐封或插入生产封隔器，上提不延时即可打开旁通。

6）全通径放样阀

为了获得比 APR－M_2取样器更多的样品，必须用全通径放样阀将 APR－M_2与 LPR－N 测试阀之间圈闭的样品放出来。全通径放样阎通常接在测试阀顶端，而回收样品的体积由 APR－M_2与测试阀之间所加钻铤的多少来确定。

全通径放样阀由本体、放样塞、阀芯、管塞、限位螺母和 O 形密封圈组成。

7）全通径伸缩接头

作用是在管柱中提供一段伸缩长度以帮助补偿钻井浮船的上、下浮动，确保伸缩接头以下工具上的钻压可以保持恒定。该工具也可以与常规测试工具管串组合，接在测试器以下进行常规测试。在测试期间，当操作钻杆使测试阀换位时，提供一段自由行程，有利于开关井的操作。伸缩接头应用包括：裸眼测试、套管测试和挤水泥、施行增产措施等。

伸缩接头的工作原理是：当浮式钻井船向上运动时，钻杆将伸缩接头拉长，于是管柱的内容积增加。同时，在伸缩接头内的一个压差活塞将同样量的液体排。

8）RTTS 封隔器

RTTS 封隔器与 RTTS 循环阀配套使用。带有水力锚是用于措施和挤水泥作用的全通径卡瓦型封隔器，卸掉水力锚改上测试接头可进行测试作业。RTTS 安全接头技术规范见表 3－28。

RTTS 封隔器的工作原理是：封隔器下井时，摩擦垫块始终与套管内壁紧贴，凸耳是在换位槽短槽的下端，胶筒处于自由状态。当封隔器下到预定井深时，先上提管柱，使凸耳到短槽的上部位置，右旋管柱 1～3 圈(正常情况)，在保持扭矩的同时，下放管柱加压缩负荷。由于右旋管柱使凸耳从短槽到长槽内，加压时下心轴向下移动，卡瓦锥体下行把卡瓦张开，卡瓦上的合金块的棱角嵌入套管壁，之后胶筒受压而膨胀，直至两个胶筒都紧贴在套管壁上，形成密封。如果进行挤注作业，封隔器胶筒以下压力大于封隔器胶筒以上静液柱压力时，下部压力将通过容积管传到水力锚，使水力锚卡瓦片张开，卡瓦上的合金卡瓦牙朝上，从而使封隔器牢固地坐封在套管内壁上。如果起出封隔器，只需施加拉伸负荷，先打开循环阀，使胶筒上、下压力平衡，水力锚卡瓦自动收回。再继续上提，胶筒卸掉压力而恢复原来的自由状态，此时凸耳从长槽沿斜面自动回到短槽内，锥体上行，卡瓦随之收回，使可将封隔器起出井筒。

表 3－28　RTTS 安全接头的技术规范

外径/mm	内径/mm	长度/mm	行程/mm	张力套拉断力/N	端部连接/mm
93.5	48.3	978.0	175.8	88964	60EUE－8 牙油管螺纹
103.1	50.8	990.7	177.9	88964～111205	60EUE－8 牙油管螺纹
127.0	62.0	1006.7	177.8	111205	73EUE－8 牙油管螺纹
155.4	79.2	1083.8	177.9	177929	114API 内平

RTTS 封隔器由 J 形槽换位机构、机械卡瓦、胶筒和水力锚组成。其结构如图 3－25 所示。

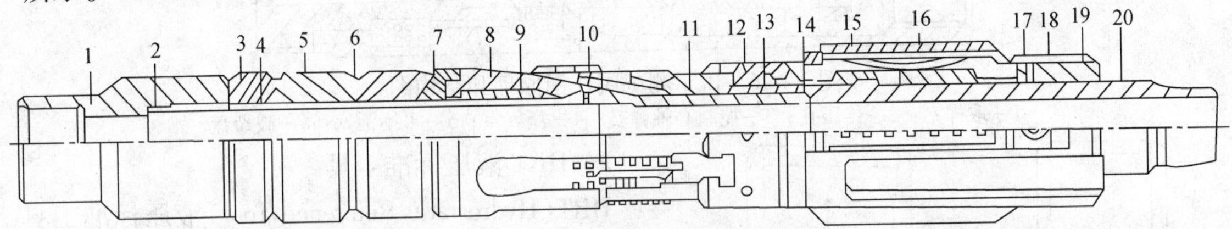

图 3－25　RTTS 测试封隔器结构示意图

1—连接头；2、4、14—O 形圈；3—上环；5—胶筒；6—隔环；7—下环；8—卡瓦锥体；9—上心轴；10—卡瓦销；11—卡瓦；12—螺钉；13—卡瓦环；15—摩擦块；16—板簧；17—螺栓；18—护圈；19—套；20—下心轴

9）全通径压力计托筒

全通径压力计托筒的外壁开有 2 个放置温度记录仪的专用槽，两槽相距 180°；2 个放置压力计的专用槽，两槽相距 180°，压力计和温度记录仪均相距 90°。放置压力计的槽在下挡套内钻有与内壁相遇的孔，管内压力通过该孔传到压力计，从而记录管内压力。

全通径压力计托筒由上接头、上挡套、下挡套、下接头等组成。

3.5.2　PCT 测试工具

1. PCT 测试工具管柱

PCT(Pressure Controlled Test System)测试工具是 Johnston 公司生产的压控测试工具，主要用于斜度较大的定向井测试、海上浮船测试，特别是在综合测试中，能大大提高测试效益。它一次下井能进行测试—酸化—再测试，及各种绳索电缆的综合作业。

PCT 全通径测试的常用管柱结构(从上到下)：钻杆→伸缩接头→钻铤→伸缩接头→钻铤→多次反循环阀(MIDRV)→主阀(MUST)→单次反循环阀(SSARV)→双球取样安全阀(FBDBS)→压控测试阀(PCT)→液压标准阀(HRT)→压力计托筒→全通径震击器→安全接头→钻铤→全通径封隔器→压力计托筒。

2. PCT 测试工具各部件结构功能

PCT 全通径测试管柱中的断销式反循环阀、震击器、安全接头、可回收封隔器、筛孔尾管及记录仪与常规 MFE 测试管柱中的工具相同。下面对其主要部件 PCT 全通径测试阀、液压标准工具(HRT)的结构、原理进行说明。

1）PCT 全通径测试阀

是 PCT 测试工具的核心，主要由外筒、取样器、控制心轴弹簧、氮气室和平衡活塞等组成(图 3－26)，其工作原理是：当向环空泵压时，压力通过传压孔传入控制心轴，控制心轴带动凸耳心轴下移，轴上的凸耳在球阀操纵器的凸耳槽里滑动使操纵器转动，球阀操纵器的顶端偏心销嵌在球阀槽里，当操作心轴沿工具作轴向转动时，球阀操纵器上的偏心销也随之转动，偏心销在球阀槽里又带动球阀沿球阀的轴向翻转 90°，使球阀转到开启位置。当环空泄压后，氮气压力、弹簧张力和静液柱顶力使控制心轴上移，凸耳心轴、球阀操纵器与环空泵压时运动方向相反，球又开始从开启位置回到关闭位置。这样反复泵压、泄压就可以实现测试阀的多次开关，从而起到开关井的作用。

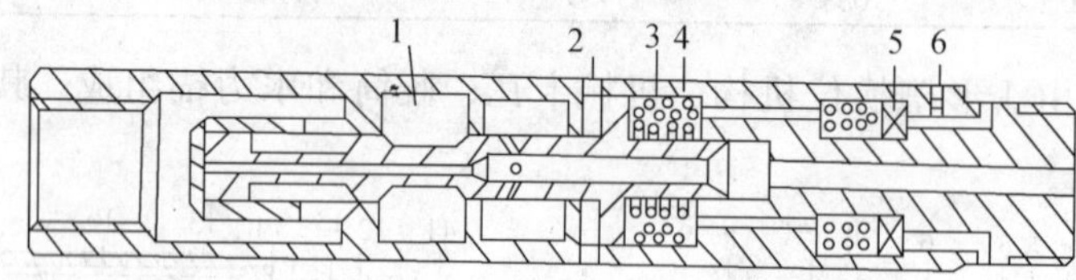

图 3－26　PCT 测试阀作用原理和结构图

1—取样室；2—传压孔；3—控制心轴弹簧；4—氮气室；5—平衡活塞；6—破裂盘

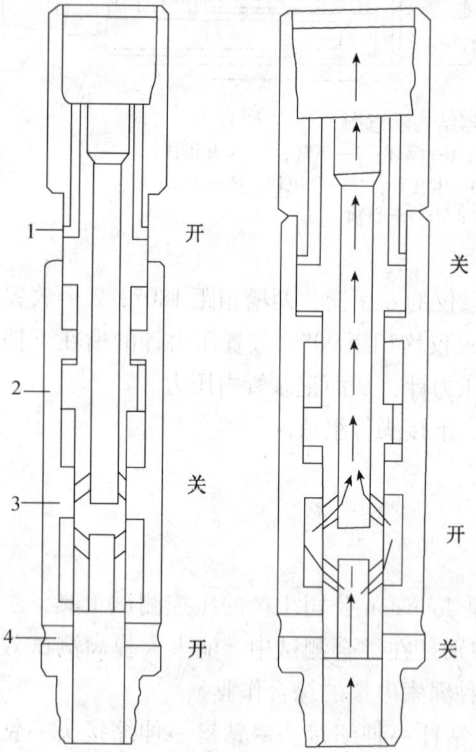

2）HRT 液压标准工具

HRT(Hydrostatie Reference Tool)液压标准工具是由压力基准阀、液压延时机构、控制阀和旁通阀组成，它直接接在 PCT 测试器的下面。HRT 有两个基本功能：①将液压传至 PCT 操作部分；②减少对测试层的冲击和抽吸压力，测试结束平衡封隔器压力。图 3－27 是 HRT 结构和作用原理图。

下井时，压力基准阀是打开的，钻井液柱压力经此阀作用在 PCT 氮气室平衡活塞的下部，保证控制心轴上、下压力平衡，使滑阀保持关闭状态。控制阀在起下工具时是关闭的，只有在测试时打开。旁通阀是在起下工具时提供钻井液流动的通道。当封隔器坐封时，靠管柱施加力，延时 3～5min，HRT 心轴下移，关闭压力基准阀，关闭旁通阀，打开流动控制阀。测试结束后，上提管柱，拉伸 HRT，使压力基准阀和旁通阀打开，控制阀关闭，即可解封封隔器，起出测试管柱。

(a)　(b)

图 3－27　HRT 结构和工作原理图

1—静泥浆液柱压力基准阀；2—液压延时；3—控制阀；4—旁通阀

3）全通径双球取样安全阀(FBDBS)

是一个采集流动样品的全通径井下取样阀，当与其他工具联用时，可增加其用途。它同时也是单次反循环阀的操作触发器。它以开启状态下井，通过环空超压操作而关闭。关闭后，阀被固定在关井位置上，不能重新再开启。

全通径双球取样安全阀由给全通径单次反循环阀(SSARV)传压机构、双球阀取样室和破裂盘控制机构三大部分组成：

(1) 给 SSARV 传压的机构：包括棘爪套、偏动心轴、偏压外筒。其主要作用是给 SSARV 传递一个静液柱压力。

(2) 全通径双球阀取样室：包括双球阀、上下球座及上下球阀操纵器。它能采集地层流动样品，是全通径压控测试器(FBPCT)测试阀的备用阀。

(3) 破裂盘控制机构：包括破裂盘总成、活塞心轴、闸锁机构。在超压打破破裂盘后传递一个静泥浆柱压力，推动活塞心轴上行。

当从环空施加高于 FBPCT 测试阀操作压力 6.894 ~ 10.34MPa(1000 ~ 1500psi)时，破裂盘打破，环空静液柱压力经破裂盘传入到工具的常压室内，这个压力推动活塞心轴上行，并带动下球座下球阀、内阀罩上球阀、上球座偏动心轴一起上移。下球阀操纵器一端顶在外筒上，另一端顶在下球阀开口处。当下球阀随着阀罩一起上移时，下球阀操纵器推动下球阀沿球轴方向旋转 90°；接着下球阀又带动上球阀操纵器，使上球阀也沿其轴向方向旋转 90°，两球阀同步关闭；在这同时，偏动心轴也随之上移 63.5mm(2.5in)，移过偏动心轴上的密封面，使环空静液柱压力通过偏压孔传给 SSARV。两球阀之间圈闭着一定量的流动样品。破裂盘控制机构的闸锁死，固定住活塞心轴，使其不能往下移，使两球阀处于永久性关闭状态。

4）全通径单次反循环阀(SSARV)

是一种靠环空超压操作来开启的循环阀。在测试结束后，打开单次循环阀替换出地层产出的流体。该工具开启所需要的超压操作周期设计为 2 次，一旦打开则不能重关。第一次加压，机构处于预备开启状态；第二次加压才打开阀。设计 2 次操作有两个目的：一是在 SSARV 打开之前，先关闭 FBDBS；二是在超压情况下，如果钻杆泄漏，可在反循环之前给操作者提供使井稳定的机会。

当 SSARV 单独使用时，超压操作打破其上的破裂盘，使 SSARV 循环阀打开。如果 SSARV 与 FBDBS 配合使用，破裂盘装在 FBDBS 上。超压操作后先关闭 FBDBS 球阀，然后由传压机构将静液柱压力传给 SSARV，两次环空超压操作后，SSARV 循环阀打开。

全通径单次反循环阀由循环机构、棘爪机构和氮气标准室三部分组成。

(1) 循环机构：包括弹簧、循环外筒、循环阀密封套及释放凸耳。其作用是沟通管柱内、外进行正、反循环。

(2) 棘爪机构：包括上棘爪心轴、下棘爪心轴和操作心轴。棘爪心轴上有单向棘齿，使上棘爪心轴和操作心轴只能向下单向运动。

(3) 氮气标准室：包括氮气室、活塞心轴及破裂盘总成。其作用是在环空加压或泄压时，使活塞心轴做往复运动。

5）全通径多次反循环阀(MIDRV)

是一种靠内压操作可多次开关的正、反循环阀。通过一定次数的内部加压操作打开循环阀，又通过正循环超压关闭循环阀。由于这种工具的灵活性，它可用于多种作业：可以用作液垫替换阀；可在打开时替入处理液，在酸化和测试过程中关闭；可以将管内的流体循环出来；也可以用来在下井过程中对管柱进行内压试验。

全通径多次反循环阀由换位机构、操作机构、循环机构组成：

（1）换位机构：包括花键换位外筒、花键心轴、上(下)换位套及换位销(图2－56)。换位机构的作用是：通过多次的加压泄压，使换位套换位。当花键心轴上、下换位套上加工的机构槽与花键换位外筒内的花键对齐时，整个心轴上移。

（2）操作机构：包括操作心轴、张力弹簧和弹簧外筒。内压作用在操作心轴上使心轴下移，压力泄掉后弹簧张力使心轴上移从而形成上、下往复运动。

（3）循环机构：由密封心轴和循环接头组成。

6）伸缩接头和安全阀

作用和工作原理与 APR 工具的伸缩接头相同。

7）泵压式反循环阀

由上接头、剪套外筒，O 形密封圈、剪套心轴、剪套总成、衬套、弹簧和下接头组成。剪套总成由大小 2 只剪套组成，两剪套分别钻有 2 种尺寸圆孔，用来装剪销。按照预定的工作压力装入所需要的剪销，通过调整所装剪销的个数来调整剪套的剪断压力。

泵压式反循环阀通过向管柱内加压才能打开主阀。在下钻及测试过程中，套阀由泥浆静压和剪销维持在关闭位置。测试完毕之后，向管柱内加压，当阀内总压力超过阀外部压力 6.9MPa 时，即可剪断剪销，从而阀套上移至打开位置。当在管柱中作反循环时，由机械弹簧将阀锁定在打开位置。

3. 全通径 PCT 测试工艺

（1）工具连接。按照施工设计方案和管串结构依次连接好下井工具，所有连接螺纹必须涂好螺纹脂，用 5423.47N·m 的扭矩上紧螺纹，保证管柱在 34.3MPa 压差下不渗、不漏。连接工具时，大钳、卡瓦、安全卡瓦，应打在工具指定的位置，以免损坏测试工具。

（2）下入测试管柱。测试工具连接后即可下入井中，下测试管柱必须平稳，不得猛刹、猛放，下钻速度控制在 25 柱/h。在下测试管柱过程中，发现遇阻应立即上提(遇阻加压不得超过 5～8t)，然后再缓慢下放，如多次提放仍下不去则应立即起钻，排除故障后再下。在下测试管柱过程中 FBPCT 测试阀处于关闭状态，FBHRT(全通径液压循环工具)和 FBDBS (双球取样安全阀)处于开启状态。FBHRT 的液压标准阀(传压阀)将环空液柱压力传给 FBPCT测试阀下水力活塞，从而使 FBPCT 不致中途被打开。FBHRT 旁通阀处于打开状态有利于下钻。

（3）坐封。测试管柱下至预定的位置后，用转盘正转测试管柱 3～5 圈，在保持扭矩的同时慢慢下放管柱，加压坐封封隔器(加压坐封负荷根据不同类型封隔器而定)。此时，FBPCT测试阀仍处于关闭状态。FBHRT 的传压阀和旁通阀在加压坐封时关闭，FBDBS 仍处于开启状态。

（4）开井流动。坐封完毕，连接好钻台管汇和出油管线，关闭井口防喷器(封井器)，用水泥车向环空施加压力，打开 FBPCT 测试阀。当施加到计算所需的环空压力时，FBPCT 测试阀即打开，地层流体经测试阀流向测试管柱内进行开井流动。此时 FBPCT 测试阀、FBDBS处于开启状态，MIDRV，SSARV 和 FBHRT 都处于关闭状态。

（5）关井恢复。当开井流动结束需关井恢复时，把环空压力泄至零，FRPCT 测试阀即关闭(关井恢复)，此时 FBDBS 仍处于开启状态。重复以上的环空加压、泄压过程，即可实施测试阀的多次开关井测试。

（6）循环压井。测试完毕后，对环空施加高于 FBPCT 测试阀的操作 6.894～10.34MPa (1000～1500psi)的压力，超压打破 FBDBS 上的破裂盘，此压力使 FBDBS 阀关闭，随后将压力传给 SSARV 循环阀使其开启。如一次不能打开 SSARV 循环阀，可用同样的压力和略高于此时的环空压力来打开 SSARV 循环阀。SSARV 循环阀打开后，即可进行循环压井，将井内的地层流体循环出来，使进出口的压井液性能完全一致。SSARV 循环阀一旦打开则不能重新关闭，同样 FBDBS 被关闭后也不能重新打开。循环压井期间 FBPCT 处于关闭状态。

如果施加高于 FBPCT 测试阀的操作压力 6.894～10.34MPa(1000～1500psi)或更高的压力，而不能使 FBDBS 关闭和 SSARV 循环阀打开时，可采用向管柱内加压来打开 MIDRV 循环阀。用水泥车向管柱内施加高于环空压力 13.79MPa(2000psi)的压力，然后泄压至零，此时 MIDRV 循环阀操作一周次，如此加压、泄压，至 MIDRV 规定的操作次数为止，使 MIDRV 循环阀打开，然后进行循环压井作业。

(7) 起钻。循环压井结束后，上提测试管柱解封起钻，此时 FBHRT 被打开，FBDBS 和 FBPCT 测试阀仍处于关闭状态。卸扣应用旋绳或卸扣机卸扣不能用转盘卸扣，以防止井内钻具倒扣。测试工具起至井口后，对取样器进行现场放样，然后按顺序卸下测试工具，并放掉测试工具间的所有压力，至此测试结束。

3.6 膨胀式测试工具及工艺

在探井钻井过程中，为了及时认识钻井层段的含油、气情况，国内外油田广泛地采用钻井中途测试工艺。其使用的设备，主要是井底支撑式和膨胀式两种。由于结构本身的原因，井底支撑式工具的支撑尾管长度、封隔器封隔系数(封隔系数是指井径与胶筒直径的比值)均受到限制，且不能分层测试，满足不了分层测试的要求。于是膨胀式地层测试器相继在美国、苏联、加拿大等国的油田上问世。勘探工作的需要，促进了全国各大油田分别引进了莱因斯、江斯顿、曼德利三个公司制造的膨胀式工具。

3.6.1 膨胀式工具的特点及适用范围

1. 膨胀式工具的特点

(1) 采用膨胀泵将环形空间钻井液增压泵入封隔器而使之坐封，不必用钻柱重量来坐封，胶筒坐封后与井壁产生的摩擦力，用来支撑操作液压工具需要的下放钻柱重量。不但适用于深井测试，也适用于浅井测试。

(2) 一次下钻可从下而上或从上而下进行分层多层次测试。

(3) 可进行分层跨隔测试，测试跨距长度最短为 2.2m，用 Φ88.9mm 钻柱作跨隔管柱，最长跨距可达 250m。

(4) 取样器只能在井下获取一次流体样品，只能获得分层测试中的最后一次测试中地层流体的最终流体样品。

(5) 在测试过程中，可转动钻具，提高了测试的安全性。

2. 膨胀式工具的适用场合

膨胀式测试器适用于钻柱地层测试(DST)和砂泥岩极不规则井径裸眼跨隔中途地层测试，这种膨胀式测试器中的封隔器装配各种相应直径规格的胶筒，可以用于 Φ152～311mm 的各种尺寸的裸眼井中途地层测试。

3.6.2 膨胀式封隔器的特点和用途

膨胀式封隔器的最大特点是封隔系数大。在实际使用过程中达到1.42，而支撑式封隔器的封隔系数仅为1.15。其用途是用高压钻井液膨胀胶筒坐封，上封隔器用来封隔测试层与其上部的井段。下封隔器用来封隔测试层与其下部的井眼，同时坐封后的封隔器用于支承上部测试管柱的重量。

3.6.3 测试管柱结构和工作原理

3.6.3.1 工作原理

膨胀式测试器利用钻杆柱送入测试井，到达被测试层，用转盘转动管柱，旋转起动膨胀泵，将环形空间的钻井液增压泵入膨胀封隔器胶筒，使其坐封，将待测试层段与井眼其他部分隔离，然后下放钻柱重量，操作下井过程中一直关闭的井下开关工具，经过延时后，打开井下开关工具，使地层流体进入测试管柱。上提管柱，关闭井下开关工具实现关井。按测试设计要求，可以经过多次上提下放，达到多次开启关闭井下开关阀的测试要求。测试过程中，测试管柱带入的记录仪，可直接记录下被测试地层压力和温度随时间的变化曲线，提出测试管柱后，还可在取样器中取出终流动期的地层流体样品。

3.6.3.2 测试管柱结构

膨胀式测试器由液压工具，取样器、伸缩接头、膨胀泵、吸入滤网、释放系统、上封隔器、牵簧、压力悬挂器、压力计托筒、下封隔器、震击器、安全接头、循环接头、隔离接头、隔离管总成、各种配合接头和专用工具组成。

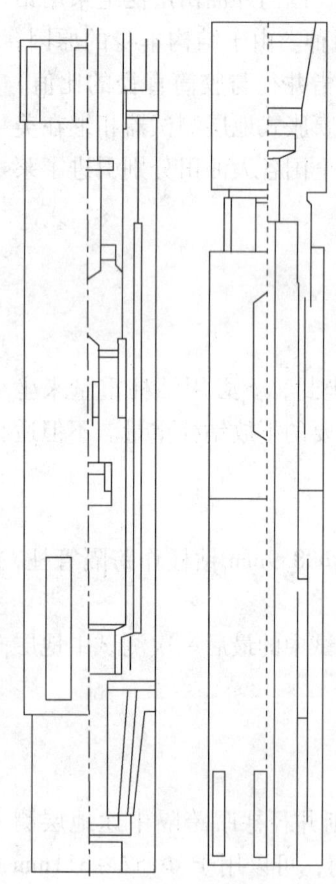

图3－28 液压工具示意图

1. 液压工具

1）技术参数

外径：Φ127mm；内径：Φ19mm；上接头：Φ88.9mmIF·B；下接头：Φ88.9mmIF·P；拉开长度：1848mm；行程：152.5mm；拉伸强度(100%最小屈服强度)：2250kN。

2）结构特征及工作原理

液压工具也常称为液压测试工具，是一种井下开关阀。用来控制测试层流体的流动。液压工具由上部的液压延时部分和下部的测试阀组成。液压工具可用静液柱压力平衡其内部压力并有助于关井。其结构见图3－28。

液压工具的液压延时部分在工具开启时起延时作用，关闭时不起作用，当轴向加压打开工具时，在延时部分，流体受压通过微小环形空间通道流过，这样，工具就只能延时后缓慢地打开，工具受拉时，受压液体推开节流衬套，液体很顺利地快速流过，则延时部位不起作用。该特点可防止测试工具下钻遇阻时意外地开启，液压工具下井时处于关闭状态，到达测试层封隔器坐封后，下放钻柱加压，此时，液压活塞在内套内向下运动，经一段时间延时，液压活塞上的径向流动孔与内套孔对接后，工具就打开，地层流体就可流入测试管串。上提管柱，工具就关闭。打开测试阀的延时时间通常需约3min，测试阀下端与泥浆静液柱压力相通，从而使测试阀产生向上的力。测试阀的上端承受管柱内的液垫压力，使测试阀产生向下的力。二者之差越大，延时时间越长。由于延时的时间受到测试阀上、下压差的影响，这套工具延时时间是变化的，为取得在不同压差下相似的开关井延时时间，表3－29提供了必须的附加钻压。

表3－29　液压工具开井钻压要求

压差/MPa	13.5	20.5	27.5	10	20	30
钻压/kN	53	80	105	38	77	115

2. 取样器

1）技术参数

外径：Φ127mm；总长：1301.5mm；取样容积：3.6L；上接头：Φ88.9mmIF·B；下接头：Φ88.9mmIF·P；最小屈服强度时拉伸强度：2758kN；扭矩强度：100kN·m；工作内压：59MPa；抗外挤压强度：125MPa。

2）结构、用途和取样

取样器由上接头、下接头、心轴、放样阀管塞、夹套和4种O形圈组成，其结构见图3－29。取样器用于最终流动期收集和保存地层流体的样品，如果一个取样器收集的流体样品太少不满足测试要求，可以连用两个取样器，使用两个取样器时，两个取样器应接在一起，且上面的取样器中心轴应换用串联心轴，将两取样器连在一起。

取样器应连在液压工具的下端，当使用取样器时，液压工具应卸掉突开阀挡块和底塞，装上取样心轴，以便与取样器相连，取样器通过液压工具中取样心轴的上下运动实现开关动作。当液压工具打开时，取样器两端阀打开，液压工具关闭，取样器也同时关闭。

放样时应先拧下管塞，拧上放样接头后，才可拧松放样阀放样。如采用其他方法，将导致放样失控。若含有H_2S将酿成重大伤亡事故，若放样中察觉有H_2S气味(臭鸡蛋味)，拧上放样阀，停止放样，改在另一接头处重新放样。微量的H_2S能麻痹人的嗅觉，浓度达100×10^{-6}，就能致人死亡。

3. 伸缩接头

1）技术参数

外径：Φ127mm；通径：Φ22mm；压缩长度：1352.5mm；行程：552.5mm；上接头×下接头：Φ88.9mmIF·B×P；拉伸强度(最小屈服强度)：1925kN。

2）用途、结构及工作原理：

伸缩接头使用于当液压工具开井和关井时产生自由行程，它由二层管件组成，其结构如图3－30所示。伸缩接头有0.55m。

自由行程。工具下井时处于拉开状态，当封隔器坐封后施加钻压，伸缩接头压缩，从而将钻压传至液压工具，使其开井。

伸缩接头使管柱在保持一个恒定的悬重下通过0.55m的自由行程，说明钻柱在伸缩接头上方没有被卡住，从而钻压能传递给液压工具。

井内的坍塌物常存积在钻柱周围而造成卡钻，这种解卡可旋转几圈钻柱来完成，通过伸缩接头的自由行程也可解卡，将钻压加在工具上通过它的自由行程，强行通过受卡部位。

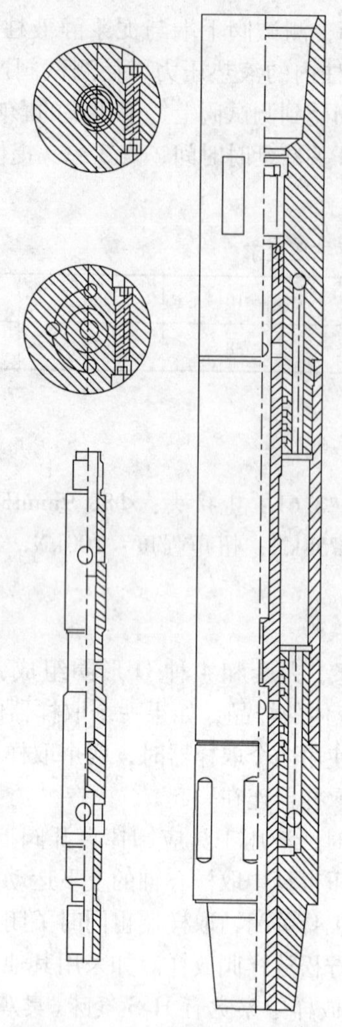
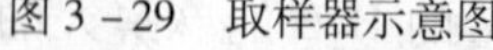

图 3-29　取样器示意图

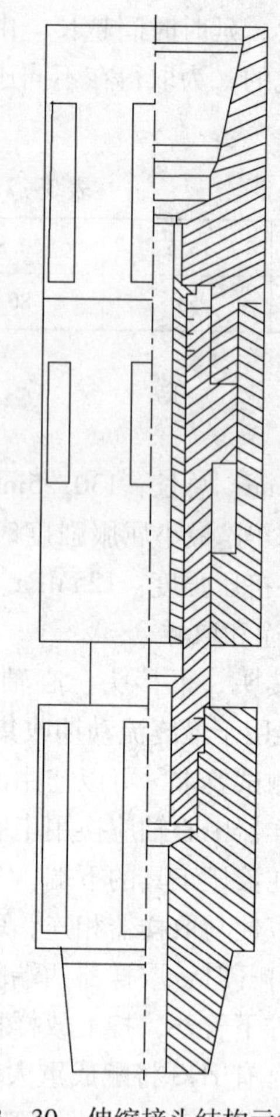

图 3-30　伸缩接头结构示意图

提起工具时要小心，若它没有完全伸开时，可能意外的下落，冬天应将工具内的水清除，以保证冰块不限制它的行程；使它能达到完全伸开位置。

4. 膨胀泵

1）技术参数

外径：Φ140mm；通径：Φ19mm；总长：1543mm；上接头×下接头：Φ88.9mmIF·B×Φ101.6mmFH·P；排量（80r/min）：4.06L/min；活塞行程：11mm；泵出压力：9.3～10.8MPa；旋转方向：右；拉伸强度（最小屈服强度）：2100kN。

2）用途、结构及工作原理

膨胀泵是一种活塞泵，用来泵压井眼中钻井液供给膨胀式封隔器。膨胀泵有四个活塞，每两个活塞尾部连在一起构成一件，成对地径向排列。活塞通过键联于凸轮驱动，上驱动接头通过花键带动凸轮轴依次驱动两对活塞。转动时，连在一起的两个活塞则相反运动，即一端的活塞泵液，而另一端的活塞吸入。每端活塞都通过一个流道通到吸入阀和排出阀。而4对吸入阀和排出阀成对地装入泵体下端的8个孔中。

膨胀泵上部设计有两个单列向心球轴承，一个推力圆柱滚子轴承、一个止回轴承。推力圆柱轴承用来承受下部测试管柱重量；止回轴承不允许左向转动，从而防止左旋脱开的安全接头左旋松开，该部分使用机械油或性能相似的润滑油来润滑。工具中平衡活塞上部与钻井液相通，使用润滑油增压，平衡井眼静柱压力。

吸入阀有个控制排出压力的装置。装入时用垫圈将排出压力预调到9.9~10.0MPa(1350~1450psi)压力下。当出现超压时，压控杆将止回阀顶离工作位置，这就使泵不能排压，从而泵就停止其作用。

*Φ*139.7mm膨胀泵通过转盘旋转钻柱来工作，钻柱驱动上驱动接头旋转，位于测试管柱底部的牵簧限制泵体随着转动。钻井液通过吸入滤网吸入泵的底部到达吸入阀，吸入滤网过滤清除钻井液中的岩屑。

膨胀泵以大约80r/min的转速的钻柱驱动，使用的钻柱转速应根据钻井液的黏度确定。推荐的钻柱转速如表3-30所示：

表3-30　钻柱转速表

泥浆黏度/s	<30	30~80	>80~120
钻柱转速/(r/min)	80	60	40

当钻井泥浆黏度超过100s时，泵吸入则较困难，放慢转速将减少吸入出现空穴现象的可能。

5. 吸入滤网

1）技术参数

外径：*Φ*132mm；通径：*Φ*25.4mm；总长：4450.5mm；上接头×下接头：*Φ*101.6mm FH·B×P；过滤间隙：0.4mm；拉伸强度(100%最小屈服强度)：1672kN；扭矩强度(100%最小屈服强度)：47kN·m；抗外压强度(100%最小屈服强度)：146MPa；抗内压强度(100%最小屈服强度)：160MPa。

2）用途、结构

吸入滤网用于钻井液在进入膨胀泵之前过滤钻井液中的较大固体杂质。它由具有螺旋线细小过滤间隙的滤网总成、外套、隔套、内套以及上、下接头及二组O形圈组成，结构见图3-31。外套、隔套和内套构成外、中、内三种不同的流道。吸入滤网工作于膨胀泵下端，外流道与泵的吸入阀连接，钻井液通过滤网总成进入泵吸入阀；中流道与泵高压流道相通，通过泵增压的钻井液经过中流道传向膨胀式封隔器；内流道为地层流体的流道。

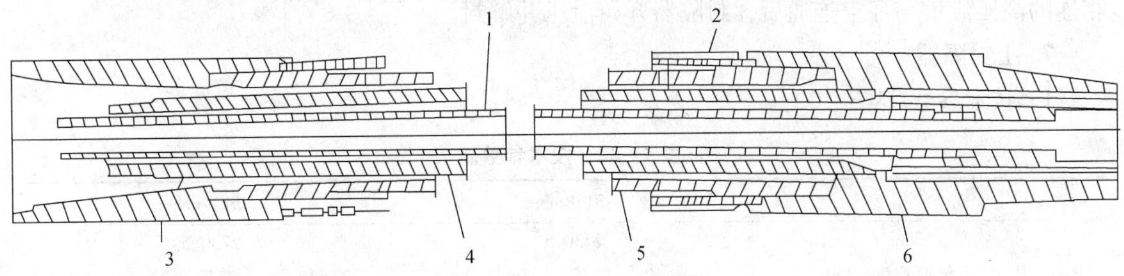

图3-31　吸入滤网

1—内流动管；2—滤网总成；3—上接头；4—中流动管；5—外连接管；6—下接头

6. 释放系统

1）技术参数

外径：*Φ*146mm；通径：*Φ*25.4mm；总长：121mm；质量：100kg；上接头×下接头：

Φ101.6mm FH · B × P；提升液压面积：76cm^2；开启压力：11.7MPa；拉伸强度(100%最小屈服强度)：2000kN；抗外挤压强度(100%最小屈服强度)：108MPa。

2）用途、结构及工作原理

释放系统供膨胀式封隔器泄压收缩以及在不起钻的条件下再次膨胀坐封使用。释放装置由活塞、外筒、泵压阀总成、释放阀总成等零件构成。它作为一个阀，在膨胀泵工作时，使高压钻井液从泵流向膨胀式封隔器，在泄压解封时使钻井液从封隔器中流入环形空间。

释放系统处于卸压位置，即拉开位置下井。释放系统通过膨胀泵的增压钻井液来操作。释放系统连在吸入滤网的下部，使两工具的高压流道连接通，操作膨胀泵时；泵出的高压钻井液进入外筒与活塞之间的液压腔中，使释放系统活塞以下的测试管柱上移，外筒与下接头靠紧，推开泵压阀总成中的阀销，打开泵压阀总成，从而使释放系统内高压流道完全连通，则钻井液可从膨胀泵流向下部封隔器。

为了使释放系统内高压流道连通，来自膨胀泵的压力作用在活塞液压作用面积上产生的作用力，必须能上提起悬挂在活塞下部管柱的重量。活塞液压面积为76.4cm^2。膨胀泵的最高输出压力是18.0MPa，释放系统最大上提力是76.4kN，可以提起重量7.8t。这个释放系统下部可以提升的重量极限，限制了跨隔测试跨距的长度，如果释放系统以下列测试工具重量按2t计算，测试跨距近似的最大长度如表3-31所示。

表3-31　最大跨距长度表

采用的跨隔管柱	最大跨隔长度/m	采用的跨隔管柱	最大跨隔长度/m
Φ88.9mm 钻杆(15磅/英尺)	250	Φ158.8mm 钻铤(90磅/英尺)	48
Φ120.7mm 钻铤(50磅/英尺)	75	Φ171.5mm 钻铤(100磅/英尺)	40

采用的跨隔管柱长度大于75%最大跨隔长度时，应在钻台转盘下进行提长试验，证实泵压能提起下部管柱。跨隔管柱应避免使用钻杆。因上、下封隔器的压差作用产生的大压力作用在测试跨隔管柱上，而钻杆又不能承受压力负荷，如果跨隔管柱使用钻杆，钻杆会出现弯曲失稳而折断钻杆。

测试结束后，为了解封封隔器，用超过钻柱重力大约100kN(10t)的力上提钻柱，释放系统开始泄压。凡上提力在液压腔内产生13.0MPa的压力，超过释放阀总成预调的最大开启压力12MPa时，则释放阀总成开始排压，从而活塞在外筒内运动，导致活塞上与封隔器相连的高压流道与环空连通后，封隔器开始泄压并解封。

7. 上封隔器

1）技术参数(表3-32)

表3-32　技术参数表

规　　格	Φ178mm	Φ127mm
总长/mm	2730.5	2730.5
质量(不包括胶筒)/kg	141	117
上接头×下接头	Φ101.6mm FH · B × Φ88.9mm IF · P	Φ101.6mm FH · B × Φ88.9mm IF · P
拉伸强度(100%最小屈服强度)	1748kN	1458kN

2）用途、结构及工作原理

上封隔器是一种膨胀式封隔器，用高压钻井液膨胀胶筒而坐封。用来封隔测试层与其上部的井段。上封隔器有Φ177.8mm和Φ127mm，两种规格，其结构见图3-32。它们的零件包括上接头、下接头、上(主)心轴、胶筒、滑鞋、下心轴等零件组成，Φ127mm 规格还有一根流道管，虽然两种规格结构略有差异，但均构成 3 条流道，工作原理一样。

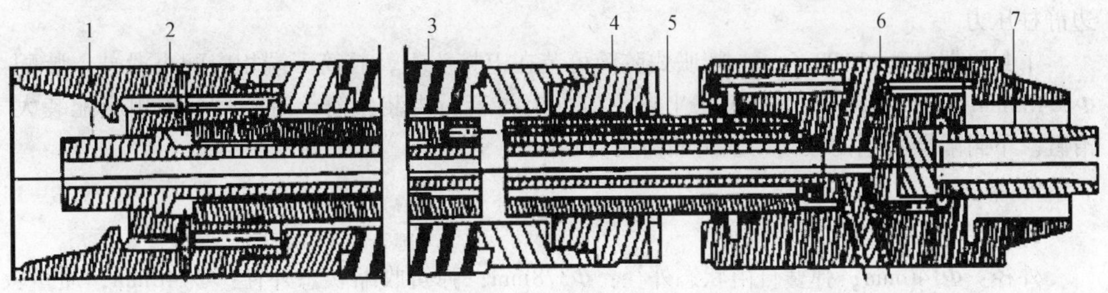

图 3 – 32　膨胀上封隔器

1—流通心轴；2—上接头；3—外筒；4—滑动鞋；5—主心轴；6—下接头；7—下心轴

胶筒与上(主)心轴之间相通的流道，是膨胀泵增压的高压流道．该流道一直通到下封隔器，膨胀泵工作所产生的高压钻井液同时到达上、下封隔器，因而两封隔器同时膨胀坐封。

与上接头径向孔相连的流道，是旁通流道，它与旁通管内流道相连，与下封隔器接通，使测试过程中上、下封隔器两边静柱压力平衡，与下接头斜径向孔相连的内流道与测试阀相连，是地层流体的通道。

Φ127mm 上封隔器配用 Φ128. 6mm 膨胀式胶筒，Φ177. 8mm 封隔器配用 Φ184. 2mm 和 Φ209. 6mm 胶筒。

8. 下封隔器

1）技术参数

外径：Φ127mm；总长：2457. 5mm；质量(不包括胶筒)：105kg；上接头 × 下接头：Φ88. 9mm IF · B × P；拉伸强度(100% 最小屈服强度)：1490kN。

2）用途、结构及工作原理

下封隔器也是一种膨胀式封隔器。用高压钻井液膨胀胶筒而坐封。它用来封隔测试层与其下部的井眼。下封隔器包括上接头、芯轴、衬套、下接头、滑鞋等零件组成，配用膨胀式胶筒。其结构如图 3 – 33 所示，具有两种流道。

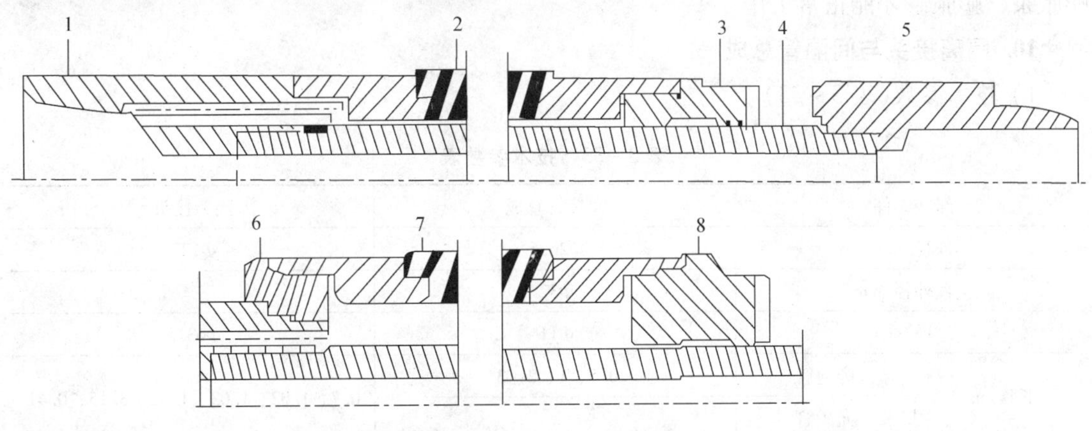

图 3 – 33　膨胀下封隔器

1—上接头；2—胶筒；3—滑动鞋；4—心轴；5—下接头；6—衬套；7—胶筒；8—滑动鞋

胶筒与芯轴之间空腔的流道为高压流道，通过上封隔器与膨胀泵输出孔相连，流到下封隔器后封死。芯轴内为旁通流道，通过旁通管与上封隔上接头旁通孔相通，平衡二封隔器两边静柱压力。

下封隔器装配 Φ128. 6. mm 膨胀式胶筒可装在上接头上，胶筒下端相应配小滑鞋，装配 Φ184. 2mm 和 Φ209. 6mm 胶筒时，上接头应配上衬套后再装胶筒，而胶筒下端相应配装大滑鞋。下封隔器使用的胶筒与上封隔器胶筒相同。

9. 牵簧

1）技术参数

外径：Φ140mm；弹簧自由状态外径：Φ378mm；弹簧收缩状态外径：Φ148mm；质量：120kg；上接头×下接头：Φ88. 9mm IF · B×P；长度：165mm；盲接头长度：605mm。

2）结构、用途及工作原理

牵簧由主体、弹簧板、挡套等零件组成，见图 3－34。牵簧拧在跨隔管柱中下封隔器的下端，作用是在井下测试管柱旋转工作时，对膨胀泵以下测试管柱产生约束固定作用，使之不在井中旋转，从而膨胀泵的驱动心轴才能相对泵体旋转。

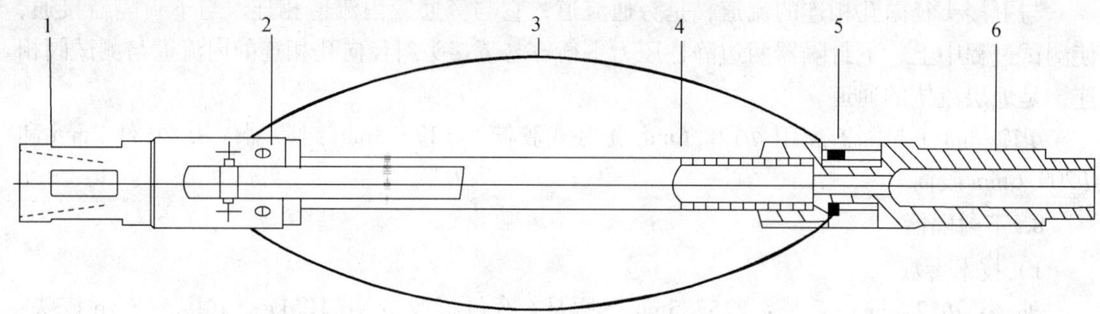

图 3－34　牵簧结构示意图

1—上接头；2—螺母底座；3—弹簧片；4—连通筒；5—弹簧销；6—下接头

弹簧板在地面处于自由状态，在井中被压缩到井眼一样大小，弹簧板的压缩量因井壁产生一个制动力，强力使泵以下测试管柱被锚定而不能转动，当转盘旋转钻柱时，力矩传递到膨胀泵，膨胀泵才能正常工作。

10. 隔离接头与间隔管总成

1）技术参数(表 3－33)

表 3－33　技术参数表

部　件		间接管总成	隔离接头
外径/mm		Φ26. 5	Φ127
接箍外径/mm		Φ32	
通径/mm		Φ11	Φ63. 5
长度/m	旁通管	0. 5、1、2、3	0. 7、1. 02、1. 03、1. 62、3. 15、0. 41
	光　管	2	
连接螺纹		⅞in－6STUB. B	Φ88. 9mm IF · B×P
质量/kg		3. 8	75

2）用途、结构及工作原理

间隔管柱从隔离接头中间穿过，组成跨隔测试管柱中的跨隔管柱，它们有不同长度的管子，可以组成各种长度的跨隔管柱。间接管是用接箍连接在一起的一种小外径高压钢管，上端与压力计托筒或上封隔器上的下心轴相接，下连有镀铬面的光杆，其光杆镀铬段插入下封隔器上接头O形圈内，则隔离接头与间隔管柱之间、间隔管柱内孔，构成两个不同的流道，外流道是膨胀泵泵出的高压钻井液从上封隔器传来时的流道，外流道通到下封隔器，间隔管柱内流道则接通上、下封隔器之间的旁通流道，通过间隔管柱平衡测试跨距上、下方的静柱压力。

11. 压力计托筒

1）技术参数

外径：Φ133.5mm；总长：1753m；上接头×下接头：Φ88.9mm IF·B×P；质量：136kg。

2）用途、结构及工作原理

压力托筒被设计来安装2支压力计，并提供膨胀测试需要的两种流道。该压力计托筒安装在上封隔器下端，与托筒接收心轴内流道相通的流道是旁通流道，与接在下心轴上的旁通管连通，而泵压到下封隔器的高压钻井液经过接收心轴外环形流道，托筒体长孔流向跨隔管柱和间隔管柱间的环形空间。两只压力计装在托筒体两侧，用盖板总成盖住，再用螺钉将盖板总成固定在托筒体上。该托筒装入压力计只能记录外压力。

12. 压力计悬挂器

1）技术参数

外径：Φ127mm；总长：1625.6mm；上接头×下接头：Φ88.9mm IF·B×P。

2）用途、结构及工作原理

压力计悬挂器是用来悬挂压力计和温度计的装置。它可以换成两种结构，即将上接头上的2管塞拧上，并拧下压力计接头上的管塞，反之将上接头上的管塞拧下，装在压力计接头上。前者记录内压力，后者记录外压力。

13. 循环接头

1）技术参数

外径：Φ127mm；内径：Φ57mm；总长：508mm；上接头×下接头：Φ88.9mm IF·B×P；钢丝剪断压力：1.7~2.1MPa。

2）用途、结构及工作原理

循环接头属于投捧断销和钻柱内压力控制泵出式相结合的多功能循环接头。它是在接头体上装入两套剪盘座、剪盘和钢丝等零件的压控泵出式结构，或装入两个空心的循环销，为断销式结构，用于测试完毕之后，把积存在钻杆内的地层液体循环出来，保证测试后起钻操作的安全和文明生产。

当装入两个空心循环销需反循环时，可从地面向钻柱中投入投捧，而击到循环销上，这些循环销被投棒击上时容易断裂，循环销断后，就形成了钻柱内和环形空间的通道。

如果用压控结构需反循环时，在钻柱内加压到预调压力，剪断钢丝，就可连通环空，预期的预调压力可根据测试要求装入不同数量的钢丝来实现，每根钢丝的剪断压力为1.7~2.1MPa。

钻柱内与井环空之间的沟通实现，钻柱中的地层流体就可按希望的方向循环排出，换句话说，钻柱内流体可随着起钻流入环空，也可通过循环孔泵入钻井液实现反循环。对于后者，还可能在循环中疏通循环接头上部的遇卡井段。

14. 震击器

1）技术参数

推荐的最大震击拉力：355.6kN；在屈服强度时的最大上拉力：555.6kN；震击后的最大震击力：1685kN；最大扭矩：39.5kN·m；上接头：Φ88.9mm FH·B；下接头：Φ88.9mm FH·P。

2）用途、结构及工作原理

Φ120.7mm 震击器是一种大孔径调时油压震击器（内径 47.5mm）。由调时螺母总成、花键短节、折式锁键、阀、阀外筒、补偿活塞和上、下心轴组成。其工作原理是靠油压延时系统来储存能量和释放能量，这是一种上击器。当测试管串下端的筛管或封隔器遇卡时，上提管柱，并施加一定的拉力，这种拉力带动震击器里的阀，在阀外筒内向上运动，从而使阀上方液压油增压，当阀运动到阀外筒较大内径处，液压油所增加的压力突然降压，释放能量，使心轴上的“锤子”和阀外筒上的“铁砧”猛烈撞击产生一次震击，而解卡。为了减少震击器等候震击的时间，增加震击效果，本震击器可以调节震击时间，以适应井下情况和钻机负荷能力。时间的调节是通过改变计量冲程来完成的，使用 TR 震击器要弄清井底的近似温度，压力以及所需的震击负荷范围，操作人员能简单地在地面调节好选定的时间，这种调节只需一支螺丝刀或一根钉子即可进行，这种震击器在任何压力下都可以工作，因为它和井底压力平衡。Φ120.7mm 震击器有足够的强度可用于各种打捞作业和钻井作业。

15. Φ120.7mm 安全接头

1）技术参数

外径：Φ121mm；通径：Φ62mm；总长：695mm；两端连接螺纹：Φ88.9mm FH·B×P。

2）用途、结构及工作原理

Φ120.7mm 安全接头由 1 个上公扣体、1 个下母扣体和 2 个 O 形圈组成。上公扣体上部是母扣，以便和钻杆接头相连接，下部是特种粗牙公扣，以便和下母扣体相连；下母扣体上部是特种粗牙母扣，下部是钻杆接头公扣。上、下扣体之间是特种粗牙螺纹，因为配合松且螺距大，因而可以快速连接成一体。当安全接头上紧之后，其结合台肩的反斜面互相锁紧，使配合螺纹完全接触，上下扣体形成一个钢体。若不采用专用的解脱方法，接头既不会松动，也不会脱开。配备安全接头是钻柱地层测试中的一个安全措施装置。一旦封隔器或筛管遇卡，用震击器也无法解卡时，就可使用安全接头，即倒出安全接头上方的工具和管柱，仍可获得地层测试资料。然后，可再采用其他措施解卡，解卡后仍可以在安全接头处对上扣，把落井的下部管柱起出井眼。

安全接头可用于各种打捞作业，钻井作业和修井作业。

16. 配合接头

又称转换接头，当按测试要求组成测试管柱时，对不同的连接螺纹进行转换，即用它来联接不同工具不同的连接螺纹。DC_5GJ_2 膨胀式测试器需用的两个配合接头尺寸规格见表 3－34。

表 3-34　配合接头尺寸规格表

图　　号	外径/mm	总长/mm	通径/mm	两端连接螺纹
ES60030-07	Φ127	400	Φ54	Φ88.9mm IF·B×Φ88.9mm　FH·P
ES50001-14	Φ127	450	Φ54	Φ88.9mm FH·B×Φ88.9mm　IF·P

3.6.3.3　膨胀系统流动原理

当工具被送达测试层位时，用钻柱起动膨胀泵，钻井液进入泵吸入阀经增压后泵入释放系统，上提释放系统下部测试管柱。释放系统流道接通后，打开泵压阀，高压钻井液经泵压阀泵向膨胀式封隔器，封隔器就膨胀坐封，坐封过程中，胶筒膨胀，使封隔器间钻井液受挤压力，该挤压力通过液压工具突开阀排向井眼中。封隔器坐封后，下放钻柱重量，打开测试阀，地层流体流入钻柱，上、下封隔器两边的旁通流道一直都连通两封隔器上、下方钻井液，使其压力平衡。测试结束后，提起钻柱，关闭测试阀，释放系统释阀泄压，打开释放系统，使井内钻井液与封隔器内流道连通，封隔器泄压收缩解封。

3.6.4　膨胀式测试相关参数计算

1. 测试时的压差计算（液垫计算）

膨胀式封隔器承受的压差较高。一般可承受27.56~31.00MPa。但从地层出砂、地层堵塞、工具堵塞等方面考虑，建议测试压差控制在25MPa为宜。

已知：封隔器下深为H(m)，压井液密度为$\rho_{压}$，测试压差为$\Delta P=25$MPa，水垫密度为$\rho_{垫}$，则需水垫高度h为：

$$h=\frac{H\rho_{压}-100\Delta P}{\rho_{垫}}$$

例：某裸眼井测试时，膨胀式封隔器下深2000m，压井液密度$\rho_{压}$为1.2g/cm^3，测试压差控制在15MPa，水垫密度为1.0g/cm^3，求水垫高度h(m)。

解：

$$h=\frac{2000\times1.2-100\times15}{1.0}=900(\text{m})$$

2. 测试时膨胀封隔器胶筒旋转时间的计算

膨胀泵膨胀封隔器胶筒旋转时间的计算关系着封隔器坐封的效果，也是测试成败的关键，它的计算方法如下：

（1）根据坐封段平均井径尺寸和工作压差可查“封隔器胶筒直径选择图”，确定选用的封隔器胶筒尺寸（图3-35）。

例如对平均井径在Φ190mm左右，工作压差设计在15MPa的裸眼井段进行测试应选择Φ127mm的胶筒。

（2）根据平均井径尺寸和封隔器胶筒尺寸可查“井眼尺寸与膨胀液量关系图”，确定一个封隔器胶筒所需液量体积V_1，如果是跨隔测试此体积量应乘以2，即$2V_1$（图3-36）。

（3）根据膨胀泵转速可查“膨胀泵旋转时间与泵出液量关系图”，确定每分钟膨胀泵泵出液量体积（图3-37）。

（4）用所需膨胀液量的体积除以膨胀泵每分钟泵出液量的体积，确定膨胀泵理论旋转时间。

（5）为了补偿井眼过大和泵出效率的影响，一般应附加50%左右的液量，则所需总液量为$V=1.5V_1$，如果是两个封隔器，则所需液量为$V=1.5\times2V_1$，从而实际旋转时间$t=V/Q$。

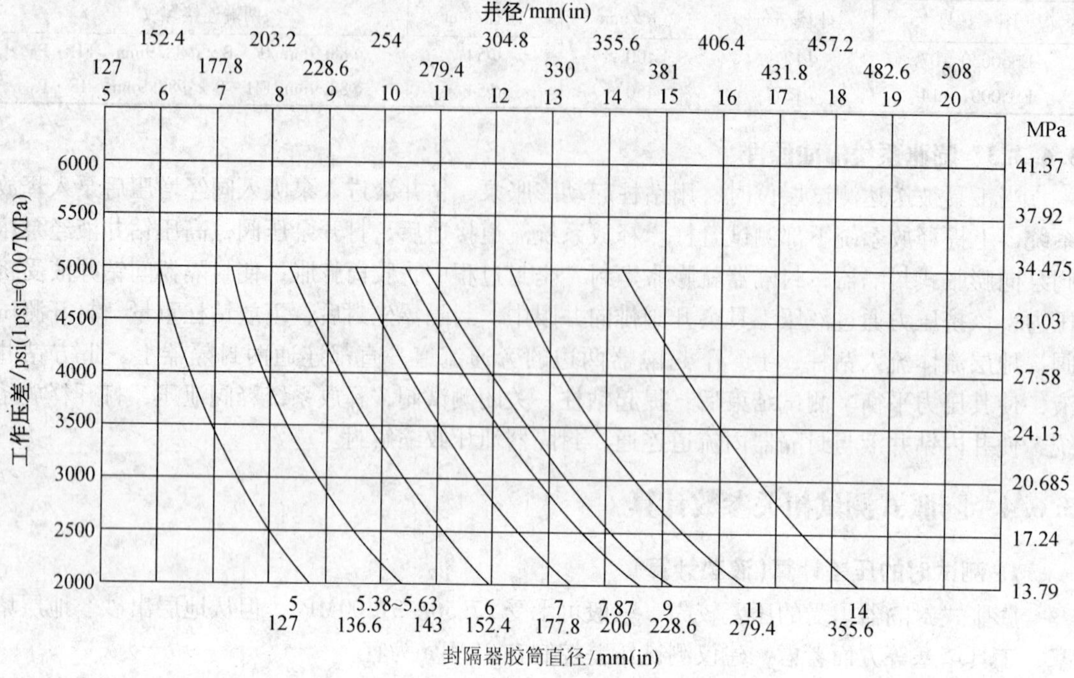

图 3－35 封隔器胶筒直径选择图

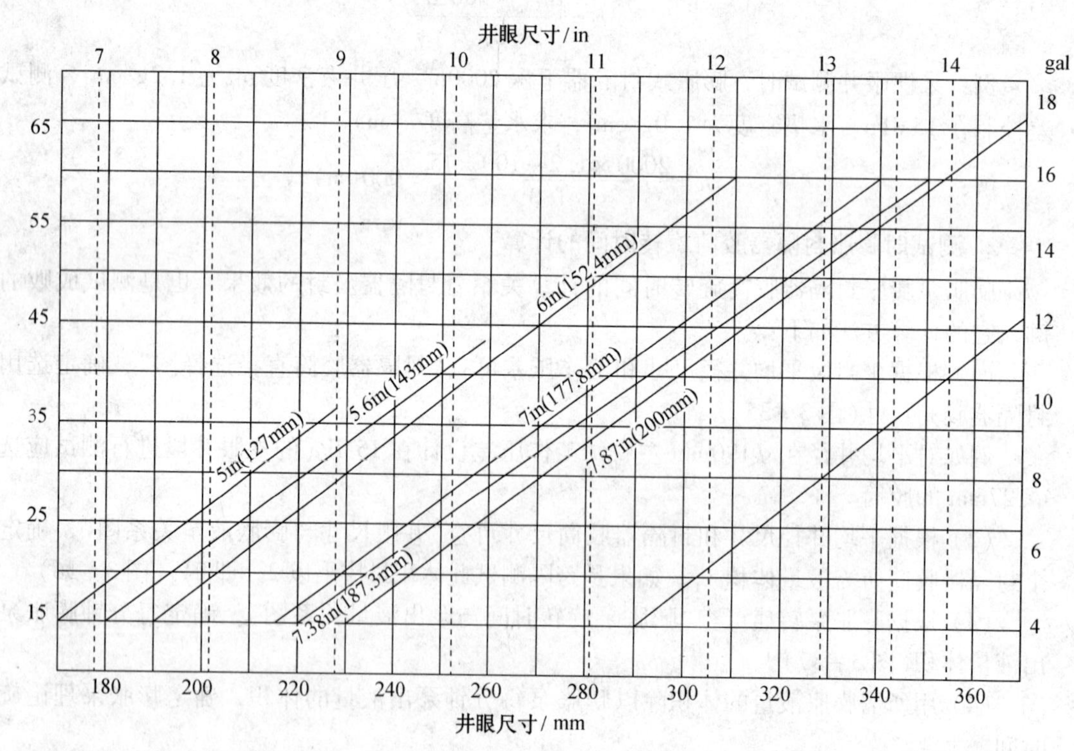

图 3－36 井眼尺寸与膨胀量关系图

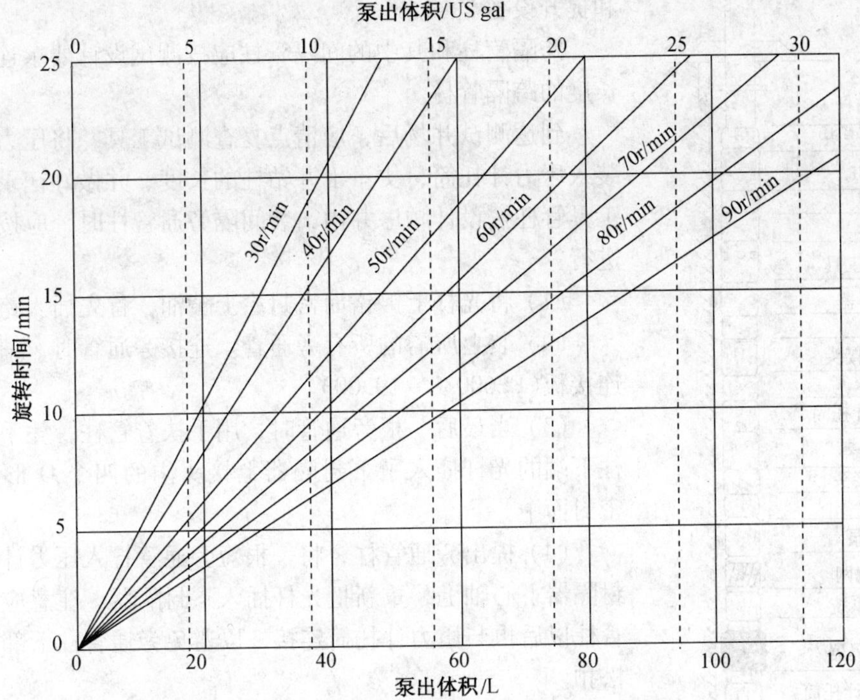

图 3－37　膨胀泵旋转时间与泵出液量关系图

例：在膨胀式裸眼井测试中，已知膨胀泵在转速 $n_1=60\mathrm{r/min}$ 时，查膨胀泵旋转时间和泵出液量关系图可知排量 Q_1 为 3.785L/min，某井坐封段的平均井径为 $\Phi190\mathrm{mm}$，将采用膨胀式 $\Phi127\mathrm{mm}$ 双封隔器坐封测试。试计算当泵的转速 $n_2=70\mathrm{r/min}$ 时的实际旋转时间。

解：① 膨胀泵的每转排量为：

$$Q_r=\frac{Q_1}{n_1}=\frac{3.785}{60}\approx\frac{1}{16}(\mathrm{L/r})$$

② 查图 5－23 可得用 $\Phi127\mathrm{mm}$ 双封隔器坐封 $\Phi190\mathrm{mm}$ 的井眼膨胀 1 个封隔器所需液量 $V_1=22\mathrm{L}$，则膨胀两个封隔器所需的液量为：$V=2V_1=44\mathrm{L}$。

③ 为补偿井眼过大和泵效率的影响，所需总液量 $V=1.5V_1=1.5\times44=66(\mathrm{L})$

④ 泵的转速为 70r/min 时，泵的排量为：

$$Q=n_2Q_r=\frac{70}{16}=4.735(\mathrm{L/min})$$

⑤ 实际旋转时间为：

$$t=\frac{V}{Q}=\frac{66}{4.375}=15.08(\mathrm{min})\approx15(\mathrm{min})$$

答：在上述情况下所计算出的实际旋转时间约为 15min。

3.6.5　膨胀式测试的现场操作

1. 工具连接、检查及开关井测试

要对一口井进行测试，应弄清楚被测试井的情况，其中包括地理位置、井身结构及井身情况、测试层位、井底温度、泥浆比重、黏度等基本数据。根据所得到的数据和允许测试的时间，做出一个测试设计，包括测试管柱，旋转膨胀泵的转速、压力计和温度计，选择井口

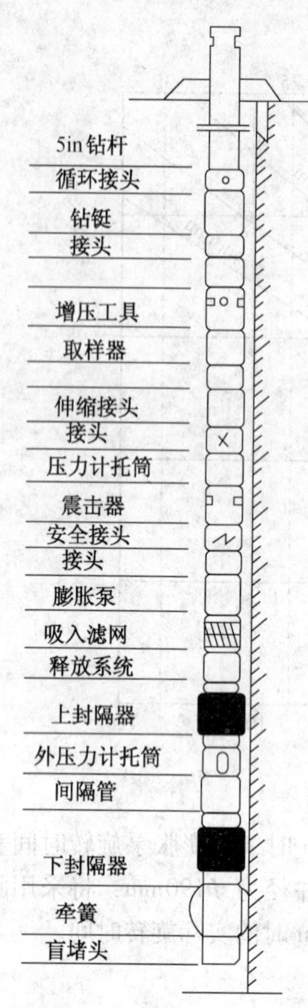

图3-38　膨胀测试工具管柱图

和提升设备。

跨隔管柱和其中的间隔管柱应按测试设计要求连接成设计长度的跨隔管柱。

到达测试井场后，应清点复查测试工具，将压力计记录卡装入压力计托筒，丈量下井钻柱的长度、并做好记录。将测试工具管柱按设计顺序井内，装间隔旁通管柱时，应按以下程序进行：

（1）将光杆上镀铬面密封涂上黄油，首先插入跨隔管柱。

（2）装上所需的所有旁通管。连接旁通管时，请用旁通管连接板(ES60030－19.00)。

（3）当最后一根旁通管时，用手扶着管柱，凭手感确保管柱下端的光杆插入了下封隔器上接头内的四个O形圈组成的密封面中。

（4）提出旁通管柱，将一根短旁通管拧入压力计托筒或上封隔器下心轴上，重新把光杆插入下封隔器。注意应提出旁通管柱以后再与压力计托筒连接，以避免旁通管柱下部连接螺纹松扣。

（5）将旁通管柱与跨隔管柱之间环形空间注满水，确保无渗漏，密封良好。

连接液压工具和取样器时，必须安装取样心轴。其安装步骤如下：①从液压工具上按顺序拧下底塞，下接头、内套、突开阀挡块；②将取样心轴拧在液压活塞上，保证突开阀弹簧装在取样心轴弹簧套内并套在突开阀轴上；③重新装上内套、下接头；④在液压工具下装上取样器，装入前检查取样器夹套，应处于正确位置；⑤将测试工具用钻柱送入测试层，装上控制头和显示头，再连接地面管汇后，就可开始测试操作。

测试操作程序如下：

上提钻柱，记录钻柱重量，在井口置入卡瓦，缓缓下放钻柱，卡在钻柱。以60～80r/min转数旋转钻柱15～20min。缓慢地上提钻柱，上提高度以能取出卡瓦为准，上提力不要超过管柱重力80kN，以保证释放系统不对封隔器泄压。如果指重表上没有任何超过钻柱重量的增量，表明封隔器没有膨胀坐封良好，可以下放钻柱，进一步查证封隔器是否坐封。观察下放管柱1m以上封隔器是否承受重力，如果下放1.5m还不能承受重力，将钻柱提到适当的坐封位置，重新膨胀坐封。这种上提下放钻柱验证封隔器是否坐封的方法，即上提钻柱，指重表悬重增加，下放时悬重减少，应超过伸缩接头行程。上提下放的行程要考虑井深钻柱刚度的影响。

证实封隔器坐封良好后，下放管柱重力80～100kN于封隔器上，在封隔器上的液压工具受此压力时，经过一段时间的延时，液压工具就开井，让地层流体流入测试管柱。当液压工具开井时，钻柱将轻微地跳动，打开井口显示头并将显示端放入水桶中，则会出现气泡显示，司钻锁死刹把。

观察井眼泥浆，在初流动期和测试中其他时候，如果环空泥浆液面下降，说明封隔器密封失效，应提起管柱检查或移向另一位置再膨胀坐封。

按测试要求，初流动期结束，上提管柱，关闭液压工具而实现关井。初开关井完毕之后，按设计要求，重复上述程序，可以实现多次开关井测试作业。

按测试要求该地层测试完毕，应上提钻柱，拉开释放系统，使封隔器泄压收缩解封。拉开释放系统，应上提钻柱，超过钻柱重量100kN，保持30s。如果封隔器泄压收缩解封，指重表将回到钻柱悬重(未坐封前时)，如果未解封，缓慢增加拉力直到解封。在解封过程中，观察泥浆液面，泥浆液面下降也可证实封隔器解封，增加拉力解封封隔器时，要缓慢地加压，任何强行拉拨都将导致封隔器胶筒损坏。

封隔器泄压解封后，起出测试管柱，或从该测试层移向另一测试层，重复以上程序进行测试。

如需循环，可以从地面投入投棒，冲断循环阀，或用钻柱内压力打开循环接头，按设计要求进行正循环或反循环。

起钻时，卸所有钻杆扣过程中，应避免转动泵导致封隔器坐封。在起钻过程中，钻铤常会不受约束而旋转，这同样会使泵工作而膨胀封隔器胶筒，起到地面后会发现释放系统的活塞部分地或全部地向上移动。这是膨胀泵和释放系统的功能所产生的现象，只要钻铤旋转，释放系统就应上移。测试器从井眼中取出后，取样器中的终流动期的流体样品，可在钻台上取样分析，也可带回取样分析。

2. 解封时的操作要领

解封操作是膨胀工具的一个关键，解封按下面步骤进行：

(1) 灌满环空、记录上提下放时管柱重力，观察判断上提下放自由点悬重，这个悬重可能由于流体产出而改变。

(2) 上提管柱超过自由点悬重8～22kN的拉力，此时释放系统的释放阀开始释放压力，释放阀再一次释放压力，如此反复进行下去。

(3) 等待一段时间让封隔器完全收缩，如果封隔器在井内不能自由活动，则小心地上下活动管柱，以清除在测试过程中可能形成的沉积物。在此期间不要转动管柱，否则封隔器将重新坐封，如果还需要封隔器到别的位置测试，不需要起出井口，将封隔器移至要坐封井段，按前述步骤坐封测试。井下泵能自己改变阀套位置，重新向封隔器泵液。

3.7 TCP射孔-测试联合作业工具及工艺

油管输送射孔(Tubing Conveyed Perforator，TCP)——测试联合作业技术，兼有油管输送射孔和钻柱地层测试技术的优点，可以对各种复杂的井，如大斜度井、定向井、稠油井、硫化氢井、高温高压井等，进行负压射孔，使射孔孔道得到很好的清洗，提高射孔流动效率，且在不发生射孔液污染的情况下，立即进行地层测试。管柱一次下井完成射孔、测试两项作业，减少起下管柱次数，减轻劳动强度，缩短施工周期，不仅加快勘探开发的步伐，而且测得的地层资料能更真实地反映地层情况，为评价油气藏提供可靠的依据。油管输送射孔枪可以和各种套管测试工具(MFE、PCT、APR等)相配合，组成射孔-测试联合作业管柱。管柱中的射孔部件主要是射孔枪、起爆装置、辅助工具等。

3.7.1 射孔枪

射孔枪主要由枪身、弹架、聚能射孔弹、导爆索和固定件组成。为了提高穿透深度，在枪身上钻有规则的盲孔，组装好的射孔弹正好与盲孔相对。发射时，穿透盲孔薄壁再穿透套管，射出孔道。

射孔枪外径的选择应根据套管尺寸，尽可能减小枪身与套管之间的间隙，一般选择范围见表3-35。

表3-35　射孔枪外径选择表

套管尺寸/mm	127	139	177.8	244.5
射孔枪外径/mm	88.9	88.9或101.6	101.6或127	127或177.8

3.7.2　起爆装置(点火头)

下钻过程中，点火头处于安全锁定状态，待准备工作结束射孔枪对准油层后，通过外力起爆点火头内的雷管，进而引爆下面的射孔弹射孔。目前，常用的点火头有两种类型：①机械投棒点火头；②压力点火头。

1. 机械投棒点火头

机械投棒点火头由安全接头、上接头、撞针、剪销、起爆器、安全销、传爆组件等组成。

下井时，撞针在销子的作用下保持固定，射孔时从井口向管柱内投入特制的金属棒，棒在重力加速度的作用下向下运行，冲击撞针剪断锁定销，撞针下行撞击雷管点火。它只能与全通径测试工具配合使用。

2. 压力点火头

按其作用原理不同，可将压力点火头分为常用压力式和压差式两种类型。

1）常用压力式点火头

(1) 压力式点火头。压力式点火头由上接头、挡板、活塞、活塞套、剪切销、击针、下接头、起爆器、螺塞等组成。活塞通过剪销固定，上部承受环空压力，下部为大气压力。根据井深、压井液密度和测试要求设定剪销数量。当环空压力超过设计压力时，剪销剪断，活塞带动撞针下行，撞击雷管点火。这种点火头主要适合于液柱压力不太高的井。

(2) 压力延时点火头。压力延时点火头由上接头、挡板、活塞套、下接头、剪切销、起爆器、壳体、延期起爆管等组成。

起爆原理与压力式点火头相同，只是在其下部加装了一套延时起爆装置。雷管点火后，引爆延时起爆管，延时5~7min后才引爆下面的射孔弹。这种点火头主要用于有特殊作业要求的井。

2）压差式点火头

压差式点火头由上接头、外筒、剪切套、剪销、衬套、滑套、撞针、雷管座、雷管套、下接头等组成。

在下钻过程中，滑套上、下均承受环空压力，剪切活塞不受力，待封隔器坐封开井后，滑套下部承受液垫压力，上部承受环空压力。滑套承受一定的压差。当向环空打压，压差超过剪切活塞剪销的设定压力时，销子剪断，滑套下行，滑套上的撞针下行撞击雷管点火。

压差式点火头与测试工具联合作业时，只要测试阀不打开，活塞与剪切活塞都处于自由状态，作业安全性大大提高，并且点火压力只与测试压差有关，因此使用范围更广，可在深井中作业。

3.7.3 辅助工具

1. 旁通接头

该接头接于封隔器上方，接头侧面开有压力传递孔，环空压力通过压力传通孔经过流管向下传递；内部有生产孔道，供地层流体通过。

2. 密封接头(筛管接头)

筛管接头接于封隔器下方，中心开孔，流管从中间通过，流管外壁密封面与接头的O形圈密封，使接头外侧的生产孔道与环空压力分隔；环空压力经流管传递到点火头上，地层流体通过流管与封隔器心轴间的环形空间向上流动。

3. 减震器

减震器可减缓射孔瞬间形成的震动冲击，起到保护工具的作用。其按减震方向分纵向减震器和横向减震器；按减震器方式分液力减震器和橡胶减震器。

3.7.4 压为点火头剪销计算与点火压为的确定

点火头剪销数量直接影响射孔成败，必须精确设计，确保施工安全、可靠。

1. 压力式点火头

这种类型的点火头剪销设计只与井深、井温、压井液的密度有关，具体设计举例如下。

1）基本数据

油层顶界深($h_{环}$)为3000m，压井液密度($\gamma_{环}$)为1.0g/cm^3，地层温度(T)为120℃。

2）设计计算

(1) 点火头所在深度承受的静液柱压力计算式：

$$p_{静}=\frac{h_{环}\ \gamma_{环}}{10}=\frac{3000\times 1.0}{10}=300\times 0.098=29.4(\mathrm{MPa})$$

(2) 剪销数量的确定：常温下剪销强度3.7MPa/支，在120℃的温度下，剪销强度下降9%，强度为3.37MPa/支，考虑5%的波动值，则剪销的强度范围为：$N_{高}=3.54$MPa/支；$N_{低}=3.201$MPa/支。因此：

$$需要剪销数\ n=\frac{环空静液柱压力}{剪销低强度值}=\frac{29.4}{3.2}=9.19\approx 10(支)$$

考虑安全值附加2支剪销，所以实际装12剪销。

(3) 点火头承受的压力：

$$3.54\times 12=42.48(\mathrm{MPa})(高值)$$

$$3.2\times 12=38.4(\mathrm{MPa})(低值)$$

(4) 点火压力范围：

$$42.48-29.4=13.08(\mathrm{MPa})(高值)$$

$$38.4-29.4=9(\mathrm{MPa})(低值)$$

即点火头在环空加压9~13.08MPa范围内引爆。

2. 压差式点火头

这种类型的点火头剪销设计不仅与井深、井温、压井液密度有关，还要考虑射孔负压值的大小。具体设计举例如下：

1）基本数据

油层顶界深度 $p_{深}=3000\text{m}$，压井液密度 $\gamma_{环}=1.2\text{g/cm}^3$，井温 T 为 120℃，地层压力系数 1.18，设计负压 15MPa，液垫密度 1.0g/cm³。

2）设计计算

（1）液垫压力的确定：

$$液垫压力=地层压力-负压=\frac{3000\times1.18}{10}\times0.098-15=19.69(\text{MPa})$$

（2）点火头承受的压差为：

$$点火头承受压差=环空静液柱压力-液垫压力$$

$$=\frac{3000\times1.20}{10}\times0.098-19.69=15.59(\text{MPa})$$

（3）剪销数量的确定：剪销强度：常温下单销强度 3.9MPa/支，120℃下剪销强度下降 9%，强度为 3.55MPa/支，考虑 ±5% 的波动值；则剪销的强度范围：高为 3.63MPa/支，低为 3.37MPa/支。剪销数(n)为：

$$n=\frac{压差}{剪销低强度值}=\frac{15.59}{3.37}=4.6\approx5(支)$$

考虑 2 支销子的安全附加，实际装 7 支剪销。

（4）点火头承受的压差：

$$3.63\times7=25.41(\text{MPa})(高值)$$

$$3.37\times7=23.59(\text{MPa})(低值)$$

点火压力范围：

$$25.41-15.59=9.82(\text{MPa})$$

$$23.59-15.59=8(\text{MPa})$$

即点火头在环空加压 8 ~ 9.82MPa 范围内引爆。

点火头剪销数量的设计要以施工安全可靠为前提，根据不同的井眼条件和工具类型，选择不同类型的点火头。在使用压差点火头时，可适当降低安全操作值。

第 4 章　地面测试工艺技术

4.1　地面测试流程

在自喷井测试过程中，为求得地层流体的井口压力、温度和产量等参数，需要建立一套临时生产流程，在一定工作制度下，通过对流体流量、压力控制，借助分离器分别求得地层油、气、水产量及压力温度等数据。

4.1.1　地面测试流程的基本要求

(1) 使容易发生失控的环节远离井口。

(2) 安装一个 ESD 紧急关闭阀，紧急情况下可实现远程控制关井。

(3) 地面管线采用金属密封高压管线，保证高温高压条件下不刺漏。

(4) 具有安全释放系统(如 MSRV 阀)。当压力超过预设压力值时，管线能自动打开泄压，有利于处理油气失控突发事故。

(5) 具有排污系统。能及时清除测试过程中的固相颗粒(陶粒砂、铁矿粉等)，避免损坏地面设备，保证施工连续进行。

4.1.2　典型的高产高压井地面测试流程

图 4 - 1 是典型的高产高压井地面测试流程示意图。

其特点是：

(1) 用地面油嘴管汇取代钻台管汇，将容易发生失控的环节移离井口。

(2) 采用两套流程双翼放喷求产。

(3) 采用液动、手动双重控制的高压控制井口，紧急情况下可实现远程控制。

(4) 从井口到地面油嘴管汇用金属密封的高压法兰管线连接，有效防止高温高压气流泄漏。

(5) 设置了地面测试数据自动采集系统，可适时采集和监测压力、温度及产量，并能及时发出报警信号。

(6) 设置了 ESD 紧急关闭系统，包括 SSV 液动控制阀和 MSRV 自动泄压阀等安全装置，有利于处理油气失控的突发事故。

(7) 地面油嘴管汇前用三通连出一条专用放喷管线(排污流程)，用于系统试井前放喷清除井筒内的杂物，减小气流中的固相物对设备的冲蚀损害。

4.2　地面测试设备

包括井口控制头、ESD 紧急关闭系统、除砂器、数据头、油嘴管汇、加热器、三相分离器、数据采集系统、缓冲罐、化学注入泵、燃烧臂、燃烧器、计量罐、储油罐、储水罐、输送泵、空气压缩机、水泵、井场实验室等。

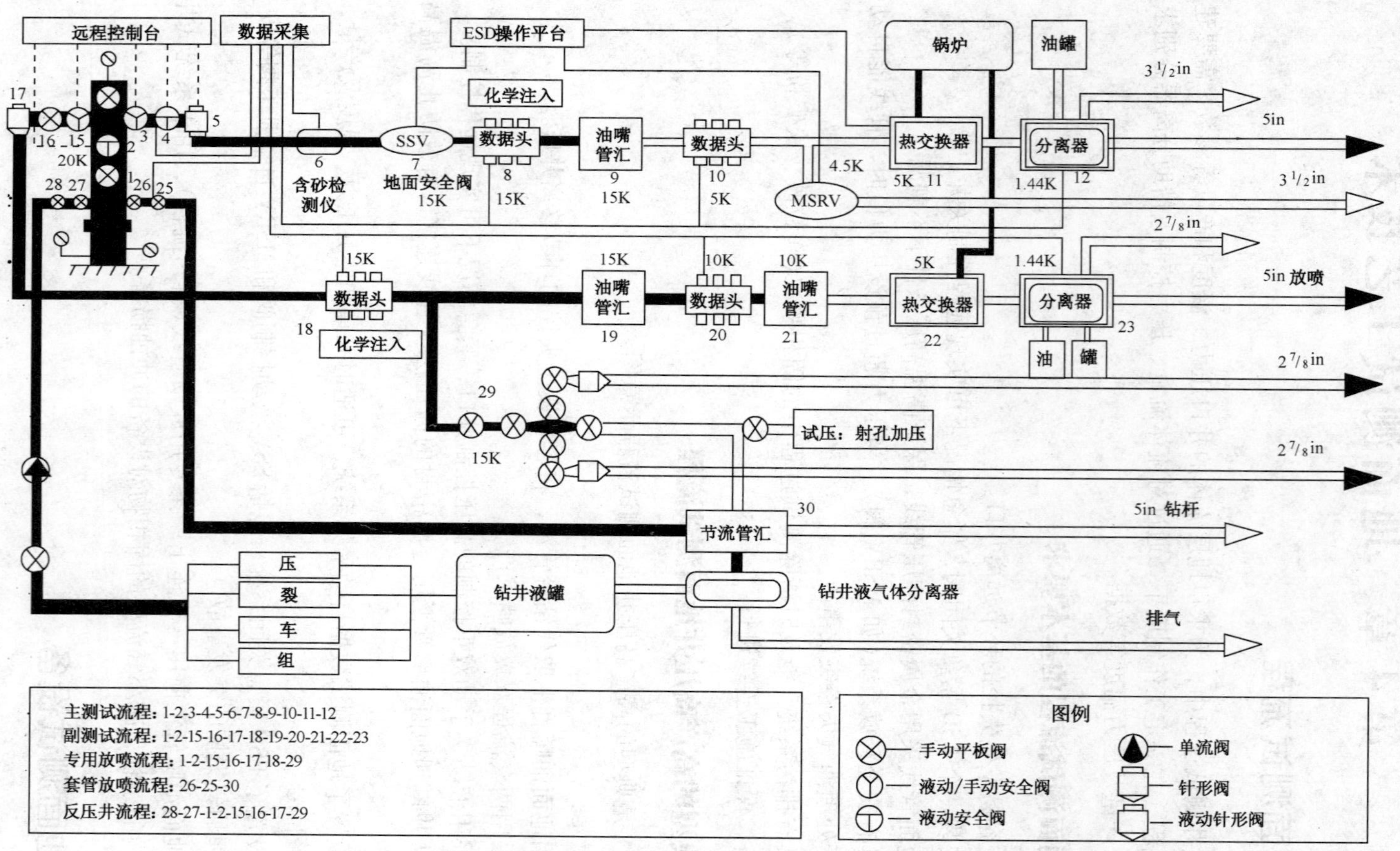

图 4-1　典型的高产高压井地面测试流程示意图

4.2.1 井口控制头

井口控制头是实现在井口开井、关井和下入电缆工具的控制装置，通常配有测试旋转头，便于实现旋转下部管柱(图4-2)。

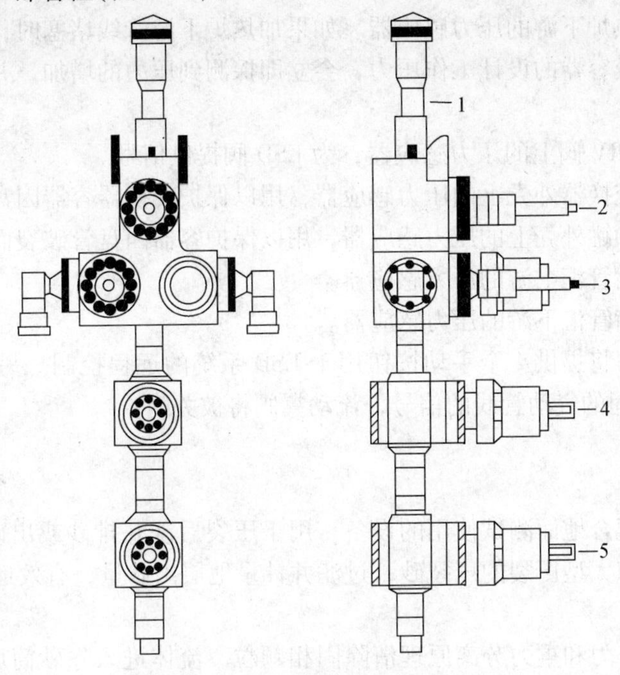

图4-2 高压井口控制头示意图

1—105MPa地面井口控制头；2—抽汲阀；3—流动翼和压井翼阀；4—主阀；5—下主阀

4.2.2 ESD紧急关闭系统

ESD紧急关闭配有液压/弹簧驱动器的闸阀(图4-3)，在液压作用下保持开启，遇有紧急情况，快速ESD系统(配有地面测试树上的液控安全阀，或地面安全阀等控制接口)在收到第一个感应信号(如来自高/低压感应器，其他控制点等)2s内，上游压力就可以被截止在管线内出现非正常情况时，快速ESD系统将在碳氢化合物明显泄露前关断上游，减少在测试区域内人员伤亡的可能性和降低起火、爆炸和环境损害的可能性。

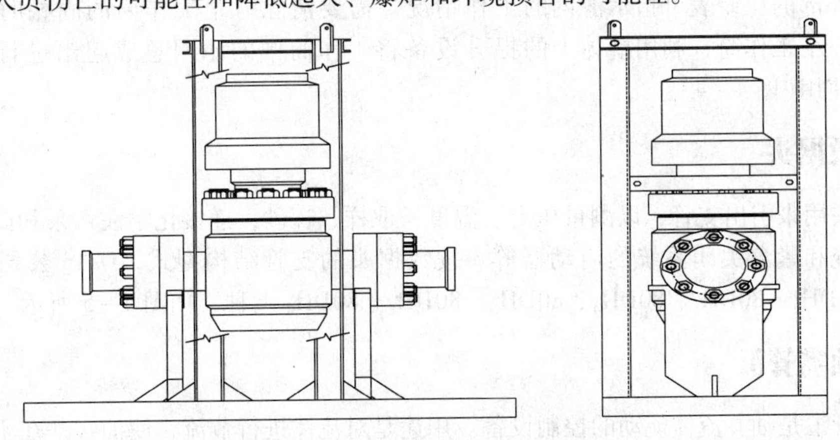

图4-3 液压/弹簧驱动器的闸阀示意图

该系统配有用于连接控制面板至测试树上液控 ESD 阀或地面安全阀的辅助系统，包括：

（1）安装在油嘴管汇下游的感应器。如果发生压力骤升的情况，压力感应器将接受信号并控制 ESD 系统井口关井。

（2）安装在加热炉下游的压力感应器。如果加热炉下游管线堵塞时，加热炉的压力将急速升高，超过管线或容器的设计工作压力，会立即探测到压力的增加，并在超过临界工作压力前自动关井。

（3）安装在 MSRV 阀上的压力感应器，为 ESD 阀提供信号。

（4）安装在热交换器外壳上的压力感应器，用以保护交换器容器因盘管破裂而超压。

（5）安装在缓冲罐外壳上的压力感应器，用以保护容器因盘管破裂而超压。

（6）安装在油嘴管汇上游的压力感应器。

（7）安装在油嘴管汇下游的压力感应器。

（8）手动操作钮将提供 4 个手动按钮用于 ESD 系统的远程控制。另外，切断任一个按钮和 ESD 控制面板间的气动管线的信号，流动翼阀将被关闭。

4.2.3 除砂器

除砂器是一种配合地面测试使用的设备，用于压裂后洗井排砂或出砂地层的测试施工。除砂器能安全地除掉大型压裂的压裂砂，过滤并计量地层出砂量，有效地减少对下游地面设备的损坏。

除砂器利用离心力和重力分离原理清除固相颗粒。流体进入除砂筒后冲击到止退环上，流体被折射到各个方向，依靠由此产生的离心力和重力，固相颗粒沉淀在滤网的底部。过滤后的流体经过滤网与除砂筒之间的环空排出。此系统利用不同等级的加固滤网过滤固相颗粒。滤网是由不同等级的滤网筒和加固外层复合而成。滤网放入耐压的工作筒中，能提供更可靠的结构支撑。

除砂器的液体处理能力取决于除砂筒尺寸和所处理流体的黏度。

流程特点：橇装式除砂器为双工作筒，除砂筒上下游采用双隔离阀，配有完整的转换管汇和旁通系统。隔离阀为 105MPa 的闸阀。使用时两个工作筒轮流工作，流体由一个工作筒换到另一个工作筒。通过滤网的阻挡除砂。不同级别的滤网适用于不同尺寸的固相颗粒。外部的压差表可指示滤网的工作情况。需要清除一个工作筒的固相时只需将流体倒向另一个工作筒，利用橇体上的提升设备将工作筒中的滤网总成起出进行清洗，滤网可重复使用(图 4－4)。

4.2.4 数据头

数据头用来引出支管，以测量压力、温度，取样，探砂，连接化学注入泵和试压泵、数据采集系统和紧急关闭系统的启动器等。按数据头的支管结构型式，OTIS 公司数据头有 $80DH_1$、$80DH_2$、$80DH_3$、$80DH_4$、$80DH_6$、$80DH_8$、$80DH_9$ 七种，如图 4－5 所示。

4.2.5 油嘴管汇

油嘴管汇是油井流体流动的控制设备。用途是对流体进行节流，使油气井在不同工作制度下生产。一般为双翼式，分别安装可换式固定油嘴和可调式油嘴。标推的 76mm 油嘴管汇

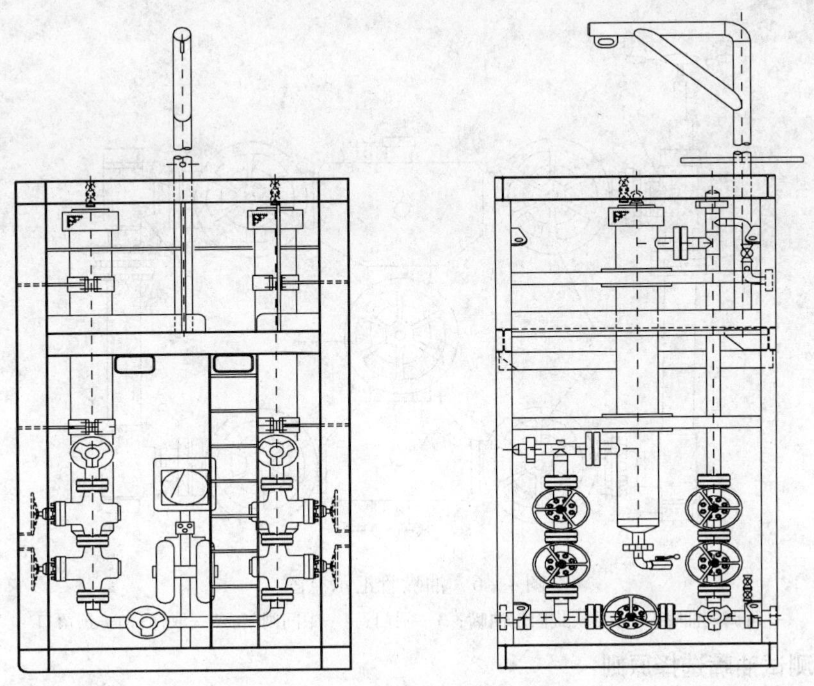

图 4－4　橇装式除砂器示意图

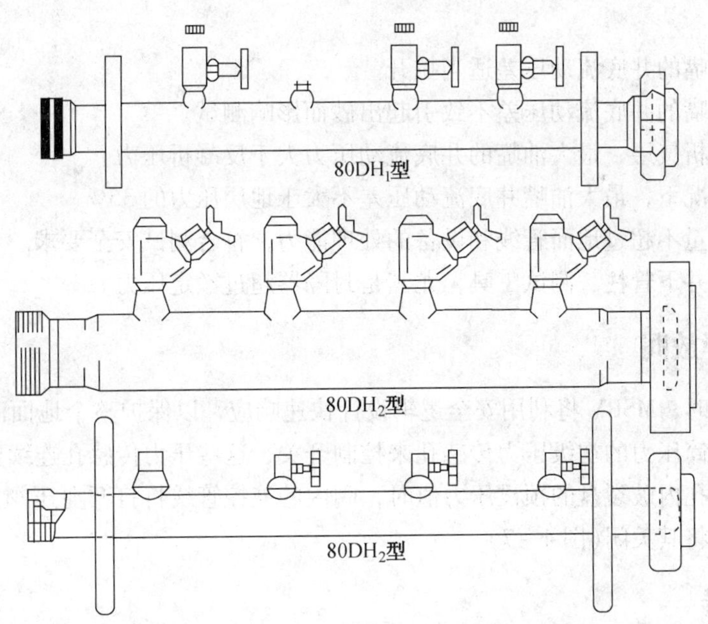

图 4－5　OTIS 公司部分数据头结构示意图

配有 51mm 可换式固定油嘴和 51mm 可调式油嘴。固定油嘴是在油井稳定流速下使用，便于进行精确的产能测试分析，选用的油嘴尺寸需维持油嘴上下方的临界流动状况。可调油嘴仅在流动早期或洗井时使用，如图 4－6 所示。

1. 油层测试油嘴选择原则

当井底压力高于饱和压力下求产时，地层流动状态、采油指数不随生产压差变化，按规范只选择一个油嘴求稳定流量资料，同时应考虑使井底流动压力大于油层饱和压力，并在地层不出砂的前提下，尽量选择大一些的油嘴。

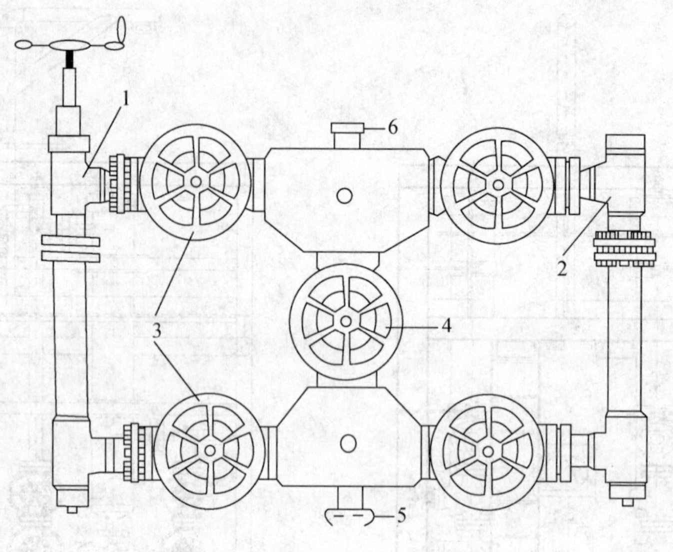

图 4-6　油嘴管汇示意图

1—可调式油嘴；2—可换式固定油嘴；3—闸门；4—中间闸门；5—取样；6—预留口

2. 气层测试油嘴选择原则

为求得气流方程式及无阻流量，一般应测取 3 个以上油嘴的稳定流量资料。选择油嘴系列应考虑：

（1）各个油嘴的井底流动压差适当拉开。

（2）最大油嘴的井底流动压差不致引起出砂而影响测试。

（3）若为凝析气层，最大油嘴的井底流动压力大于反凝析压力。

（4）通常情况下，最大油嘴井底流动压差不大于地层压力的 35%。

（5）最大流量不超过地面管线和设备的处理能力，符合测试安全要求。

（6）不能使井下管柱、测试工具，尤其是封隔器超过额定压力。

4.2.6　安全释放阀

在系统超压时，MSRV 将利用安全逻辑设计快速响应，以保护整个地面测试系统，它的球阀通过感应井筒压力的初级压力传感孔来控制开关，这些压力传感孔连续监测流程内的压力，当压力超过孔内破裂盘的预设压力值时，阀内的液控管线将打开泄压阀。MSRV 阀将保持开启直到打压将其关闭(图 4-7)。

4.2.7　加热器

加热器的作用除对产液加热降低黏度、减少结蜡外，还可避免因油气节流降压、体积膨胀产液冷却而产生水化物。加热器有直接式加热器和间接式加热器两种。

1. 直接式加热器

采用蒸汽作为介质。蒸汽走壳程，原油走管程；或蒸汽进管程，原油进壳程。蒸汽直接与油气管线接触换热(图 4-8)。

直接式加热器的优点是不带燃烧室，体积小，传热效率高，换热量大；其缺点是易腐蚀穿孔，不易修理。

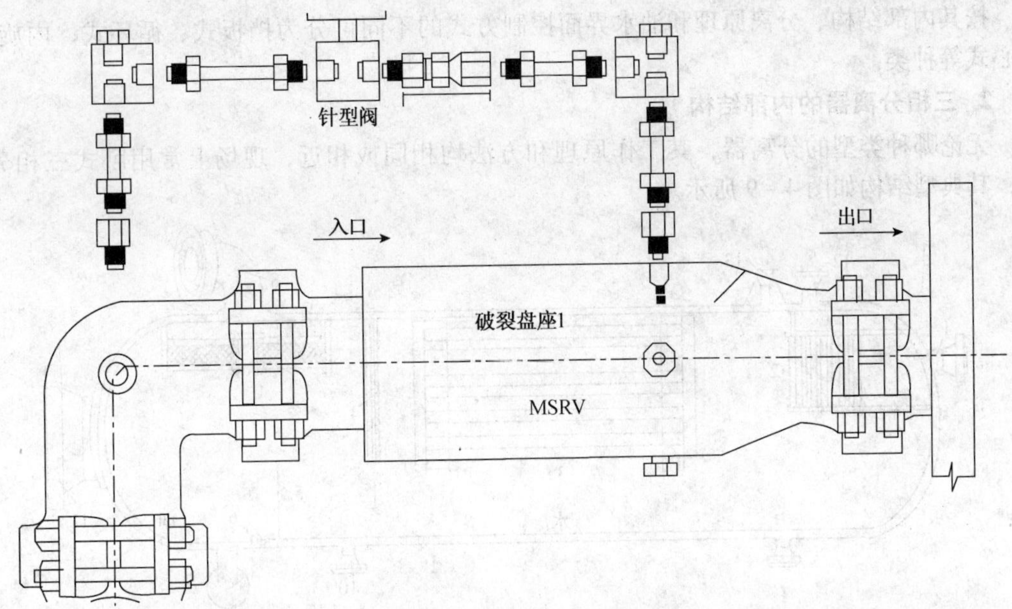

图 4－7　释放阀示意图

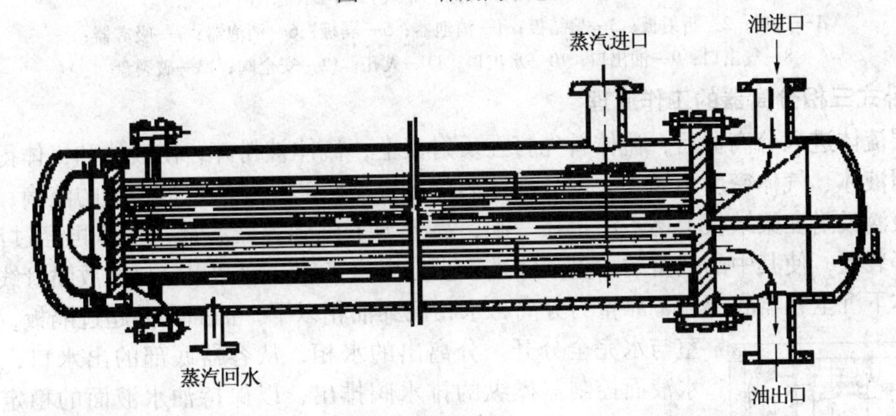

图 4－8　直接式加热器结构原理图

2. 间接式加热器

采用原油、天然气、柴油等作为燃料，将水或油加热。已加热的热水或热油再将油气管线加热。间接式与直接式加热器相比，同样的换热量，间接式的体积比直接式的大。

4.2.8　三相分离器

油、气井在测试和生产过程中必须对地层产物（油、气、水）分别准确计量，以获得详细的油气井产能参数。三相分离器是地面测试流程的核心设备，对于互不相溶的流体通过其复杂内腔时可实现分离，同时借助各类外置式计量装置、仪器、仪表等完成分类计量。

1. 三相分离器的分类方法

按分离器主体容器的外形可分为卧式、立式和球形三种类型。

按分离器额定工作压力可分为低压（$P_e \leqslant 1.6$MPa）、中压（$1.6\text{MPa} < P_e \leqslant 10$MPa）、高压（$P_e > 10$MPa）三种。

按用途和工作环境可分为固定式、撬装式两种。

按其内部结构、分离原理和油水界面控制方式的不同可分为挡板式、循环式、内旋式、离心式等种类。

2. 三相分离器的内部结构

无论哪种类型的分离器，其工作原理和方法均相同或相近，现场上常用卧式三相分离器，其典型结构如图 4－9 所示。

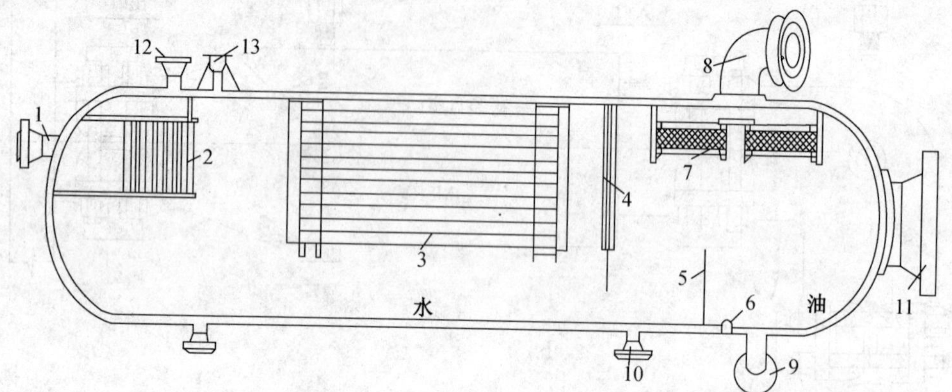

图 4－9　三相分离器(卧式)结构示意图

1—进口；2—折射板；3—聚结板；4—消泡器；5—隔板；6—消泡器；7—吸雾器；8—气出口；9—油出口；10—水出口；11—人孔；12—安全阀；13—破裂盘

3. 卧式三相分离器的工作原理

地层流体进入分离器后，流体首先打在反射板上，流体被粉碎，使液体和气体得到初步分离，因液体、气体密度不同，大部分液体洒落在容器底部，气体携带少量的液滴，流经钢栅时，液滴吸附在聚结板上逐步汇集在一起，靠重力下沉到容器底部，气体再经过消泡器、吸雾器等装置，使其中的残留的少量液体进一步分离出来后，到达出气口经放喷管线至燃烧器。液体下沉至容器底部后，靠重力分离，水相沉到油相以下，油面上升超过隔板，进入油室与水完全分开。分离出的水相，从容器底部的出水口，通过油水液面控制器操纵的排水阀排出，以保持油水液面的稳定。油室内的油面由液面调控器操纵排油阀，控制原油排放量，以保持油面的稳定，分离器上装有油水液面计，可以通过板式液面计观察油、水液面。分离器内部还安装了油、水液面控制器，控制器连着调节阀门，以保证油水液面在适当的高度。

4. 三相分离器性能技术规范(见附录)

衡量分离器分离效果的参数一般为气体带液率、液体带气率，通常气体带液率：粒径不小于 10μm 的液滴总含量不大于 0.0135mg/L。液体带气率：液体内夹带的雾状颗粒限制在 1～2μm 内。

4.2.9　缓冲罐

常用缓冲罐为立式，容积一般为 $16m^3$，用于油气两相二级分离，适用于含硫井(图 4－10)。根据需要可以设计为卧式，容积也可以增加。工作压力 50～250psi 不等。

缓冲罐既是一个二级分离器，也是一个计量罐，用于计量原油产量和标定液体流量计。

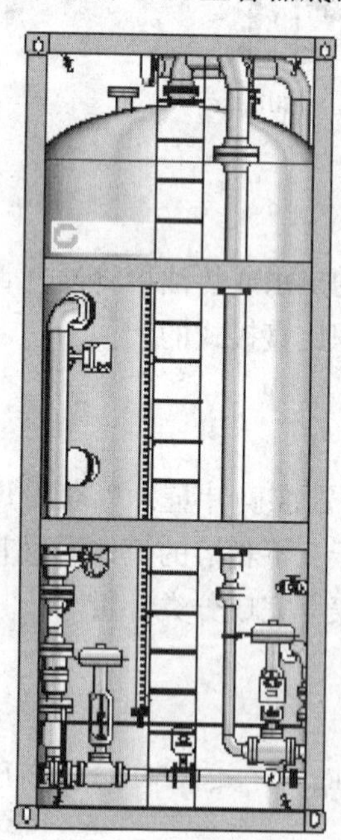

图 4－10　缓冲罐示意图

缓冲罐压力一般使用一个可调式减压阀控制压力，与一般减压阀不同的是，减压阀受上游压力控制。一般情况下，缓冲罐出口不接输油泵，因此，即使不考虑多级分离效果问题，也需要维持一定的压力，以便将油排到其他储罐或罐车。需要将油打到燃烧器(尤其是带喷嘴的)或输油管道时，需要接工作压力合适的输油泵。这时，原则上缓冲罐压力可以降得很低(比如大气压)，但当缓冲罐出口管线过长、过细或原油很稠的情况下，可能也需要维持一定的压力，以提高泵效。

4.2.10 数据采集系统

该系统包括如下内容：计算机，带模拟信号通道和数字信号通道的接口箱及电缆连接系统，不间断电源，从主计算机到接口箱包括模拟和数字传感器的电缆和数据采集探头。数据采集探头包括：上游压力传感器、上游温度传感器、下游压力传感器、分离器压力传感器、下游温度传感器、套管(环空)压力传感器、油温传感器、气温传感器、加热炉出口温度传感器、油计量传感器、水计量传感器、天然气差压传感器、天然气静压传感器、含砂探测器(与数据采集系统配套)、硫化氢大气监测探头(与数据采集系统配套)。

4.2.11 化学注入泵

化学注入泵主要由泵壳、连接头、导阀与调速器连接线等组成，如图4-11所示。用于在油嘴管汇上方注入乙二醇，防止因压力降低造成水化物结冰，增加了系统的可靠性。乙二醇经数据头化学注入孔上注入。化学注入泵一般与上游数据头相连。其排放压力最高可达103MPa，排量为0.01～0.19m/h，气动马达所需气压为0.69MPa。

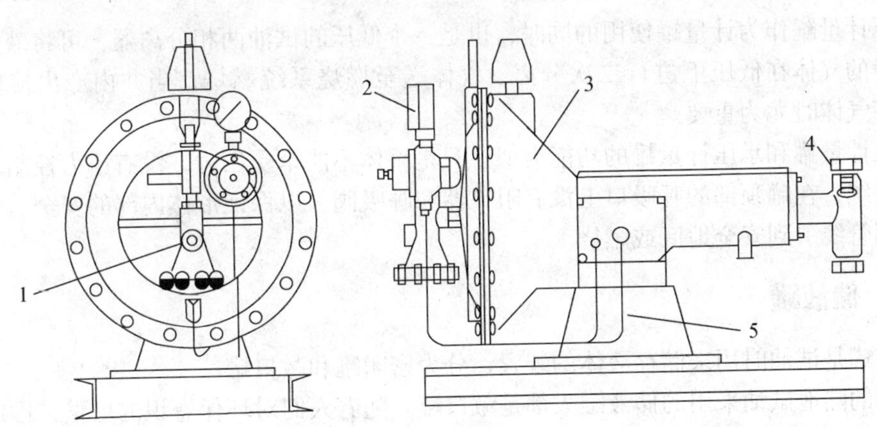

图4-11 化学注入泵结构示意图

1—气出口；2—压力表接口；3—泵壳；4—连接头；5—导阀与调速器连接线

4.2.12 燃烧臂

燃烧臂一般在钻井平台和试油、试采平台的两舷各设置一个，以便在燃烧时可以根据风向选择点火的方向。燃烧臂一端通过底座和转轴固定在平台边缘上，另一端靠缆绳吊装，保持在水平位置，同时两侧用缆绳固定，防止随风摆动。

燃烧臂是海洋试油(气)地面设备的重要组成部分，根据平台吊车能力和燃烧头的燃烧能力一般分为18.3m、27.4m和36.6m三种长度。

4.2.13 燃烧器

燃烧器由气体燃烧部分、原油燃烧部分、水幕喷淋系统、点火系统组成。

气体燃烧部分结构比较简单，包括液化气流程及电子点火系统和气体燃烧口。原油燃烧部分结构比较复杂，由原油流程、压缩空气流程、液化气流程及电子点火系统组成，利用大流量压缩空气通过燃烧器喷嘴喷出使原油雾化，然后经点火系统点燃使原油充分燃烧。水幕喷淋系统在油气燃烧过程中主要用于冷却燃烧器及降低燃烧产生的高温。它分为三部分：

（1）一部分喷向火焰形成蒸汽，助燃并消除烟雾。

（2）燃烧头后面的环状喷水装置形成的水幕，阻止高温向平台方向辐射。

（3）平台受热辐射表面的喷淋系统，直接使平台表面降温，确保燃烧臂和平台的安全。

早期的燃烧器利用压缩空气把原油雾化，然后喷出喷嘴燃烧，易使原油雾化不充分，造成海洋污染。常用的燃烧器利用压缩空气和原油在喷头内部旋转混合后直接喷出，把原油喷向远处，并在喷出过程中一直处于燃烧状态，保证原油能够充分燃烧，尽量减少环境污染。

4.2.14 计量罐

连接在试油三相分离器的下游，对带压流体经过二次分离后测定液体的准确体积。既可在现场标定分离器的流量计，也可单独用于不宜进行分离器求产和非自喷井试油的液体计量。其可分为承压计量罐（缓冲罐）和常压计量罐两种类型。

承压计量罐一般由罐体、进口、液位计、安全阀、压力调节和自动控制系统、小气量计量系统、液体出口、人孔和内部加热系统等组成。根据需要，可为立式或卧式，容积各不相同，工作压力范围在0.345～1.723MPa。

承压计量罐作为计量罐使用的同时，也是一个低压的试油两相分离器，可将液体中没有分离干净的气体在低压下进行二次分离，气体送至燃烧系统燃烧，当井内产出流体中含有毒、有害气体时尤为重要。

常压计量罐和承压计量罐的功能类似，只是罐体不能承受压力，没有压力控制系统和气体计量系统，在罐顶部的呼吸口上没有阻火器和呼吸阀，以保证形体内部的安全。气体出口通过专用管线引到安全地区或燃烧。

4.2.15 储液罐

储液罐是试油时用来储存液体的装置，分为密闭罐和敞口罐。

早期的陆地试油采用的储液罐大都是敞口罐。随着人们对环保意识的增强，推广采用密闭罐作为储液罐，防止因液体溢出而造成环境污染。

在海上试油时，由于平台面积小，安全距离小，对环保要求更为严格，均采用密闭罐作为储液罐。同时，为了保证安全，防止可燃、有毒、有害气体泄露到平台甲板面上，在储液罐呼吸孔上安装阻火器及呼吸阀，并且把气体出口用管线连接到安全区域放空或燃烧。储液罐上还要安装蒸汽加热系统、防静电装置、液位计等。

4.2.16 输送泵

通过输送泵把进入计量罐的地层产出液输出。陆上油田测试时，将原油用输送泵从计量罐或油池泵入油罐车外运。

输送泵一般泵型为K型，如2K－6型和2K－9型等，也可用TWS型泵。

4.3 地面测试工艺

4.3.1 测试前的准备

（1）按流程接好管线。

（2）准备好一套固定油嘴和备用油嘴。

（3）准备测气孔板。

（4）准备必要的仪器、仪表，如原油收缩率测定仪、气体密度计、液体密度计、硫化氢检测仪等。

（5）准备油、气取样瓶，并抽成真空。

（6）准备必要的化验分析仪器、化学试剂等。

4.3.2 试压检查

（1）分离器试压。按额定工作压力加压，待10min压力不降为合格。

（2）井口控制头、数据头、油嘴管汇试压。关闭加热器进口阀门，按钻井预测地层压力或按其额定工作压力加压，待10min不降为合格。

4.3.3 流量仪表检查和校准

1. 液体流量计校准

液体流量计若在近期内正式校准过，则可采用原校准的校正系数；若在较长时间里未使用，应在求产测试之前在现场进行校准取得流量计的校正系数。

校准方法：开启油嘴管汇、分离器、计量管汇及计量罐。在分离器上部注入适量压缩空气，检查计量罐内是否有残存水。若有水应将其放尽，重新灌注或者计准原存水的波面高度。而后，将流量计调零，打开流量计两翼阀门，每隔一定时间（如15min）计量一个计量罐液面读数，并求得其液面高差，计算出体积量。将此体积量和流量计体积读数进行比较，得出流量计校正系数（k_f）。其计算式为：

$$k_f = \frac{V_1}{V_2} \tag{4-1}$$

式中 V_1——计量罐求得标准流量计所用液体的体积；

V_2——流量计读出的体积。

将一系列 k_f 值进行平均，平均值精确至小数点后3位。

2. 气体流量计及记录仪的检查

将压缩空气接入气体流量计内观察其工作是否正常。

4.3.4 燃烧系统的检查

按风向下放燃烧器栈桥并固定好，连接燃烧管汇，清洗燃烧喷嘴，检查冷却系统，试运转风机、输送泵及电打火器。陆上油田需选好储油罐，接好火嘴管线，点火燃烧。

4.3.5 测试过程

1. 初流动

地层产液不经过加热器、分离器及计量仪表，倒好地面流程。在海上直接进燃烧器，陆上直接进油池或火炬。

流动时，打开数据头通向各计量仪表的闸门，打开可调油嘴（开度由小到大）。视喷势控制井口压力，记录井口流动压力、流动温度和油嘴开度，观察样品化验结果及 H_2S 含量；如能点燃，应及时点火。

2. 初关井

关闭可调油嘴阀门并将下游管线放空，观察并记录井口压力变化情况。

3. 二次流动

1）放喷

通过油嘴管汇的可调油嘴控制放喷。喷出的地层产液直接进燃烧器燃烧（陆上油田进油池和油罐）。油嘴开度由小到大，根据井口回压及沉淀物含量而定，例如发现含砂量过多则应减小油嘴甚至停止放喷。每一油嘴开度放喷时间不小于 5min，并记录相应的井口压力和流动温度。一般每 30min 作一次油品测定（密度、黏度等），每 30min 测一次泥、砂、水含量。当回压稳定，含砂量低于 1%，含水量稳定时，则对分离器进行计量。此时，可调油嘴开度可作为计量油嘴尺寸。

2）进分离器求产

（1）调整分离器液面高度：装上选定的固定油嘴，打开固定油嘴两翼阀门，关闭可调油嘴两旁阀门，将流程倒入分离器。为了使油、气、水得到充分分离，获得准确的油、气、水流量值，需对油、气、水界面高度进行调整。油面过高可能出现气带油，油面过低可能出现油、水分离不干净。水面过低可能出现水带油，水面过高可能出现油带水。一般视产量及气油比的具体情况控制合适的液面高度。若产气量较大，则油面控制在分离器中心线以下 15cm 左右；若产油量较大，气油比又较低，则油面控制在分离器中心线以上 15cm 左右。

控制液面的具体方法是：①开、关油管线旁通阀控制一定的液面；②调节气管线控制阀，使分离器内保持适当的气压，控制液面稳定在一定范围内；③调节油管线调节阀和气管线调节阀，使分离器内的油气界面稳定在一定高度；④调节水管线调节阀，以使油水界面稳定在合适高度。

以上是手动调节方法。如果装有压力、液面自动调节和控制装置及安全保护系统，则可在控制面板上自动调节。

（2）测试计量内容：①油计量。先将油流量计读数调零，打开翼阀，关闭旁通阀。每隔 15min 记录一次流量计读数及相应的时间，每隔 15min 记录一次分离器的压力和温度；②气计量。准确记录气管线内径、孔板尺寸、孔板上流压力、孔板前后压差及孔板上游流动温度；③水计量。全过程测 1 ~ 2 次水流量。正确记录各次水流量计读数及相应时间；④取样分析。在井场，每 0.5h 连续取两个油样，分析其含砂、含水量；每 2h 分析一次原油密度，并记录环境温度。全过程作 1 ~ 2 次原油收缩率试验。每 2h 取一次水样，测定水的密度和氯离子含量。

在稳定求产过程中，用计量罐核准流量计，求出校正系数（包括原油收缩率），以便用此校正系数计算原油产量。其具体方法为：①将流程倒入计量罐，记录起始时间，并读出流量计起始读数；②待注满计量罐 2/3 容积时，记下此时的流量计读数；③常压下停留 30min 左右，让原油充分脱气；④原油经收缩后，量出罐内稳定液面高度并计算出罐内原油体积。据此体积和对应的流量计读数值求出流量计校正系数（包括收缩率）；⑤以此校正系数对流量计读数进行校正，便可得到任何瞬时的稳定产量。

当井口压力过低或含砂量高于 1% 时，流体不宜进入分离器进行分离计量，可以直接进计量罐算出产量。

4.3.6 油气产量的计算

油、气、水产量的大小是探井生产能力高低的重要标志之一，是直接了解该地层是否具有工业开采价值的重要依据。油、气、水产量计算的准确与否，直接关系到该油田的勘探开发工作。

1. 原油产量计算公式

当分离器内液面上升到预定高度时，先打开原油流量计（椭圆齿轮流量计等）的上流阀门，然后关闭原油排放管线的旁通闸门，使原油通过流量计进行计量。计量时从流量计中每隔15min记录一次流量增值，从排油管线上每1h取一次油样，用液力计进行原油密度的测定，并每隔15min记录三相分离器的压力和温度值。

从以上方法分别获取原油的杂质百分含量，原油密度，分离器的压力值和温度值等参数。

原油产量按下式计算：

$$q_{油}=96V(1-BSW)(1-shr)KK_1 \tag{4-2}$$

式中 $q_{油}$——原油日产量，m^3/d；

V——原油每15min通过流量计的体积数值，即 V_2-V_1；

96——随读值间隔(n)变化而变化，为1440/n；

BSW——原油中杂质的百分含量；

shr——原油收缩率，由分离器压力值和原油API密度值查图获取；

K——体积变化系数，由原油温度值和API原油密度值查表获取；

K_1——原油流量计校正系数。

例：某井分离器的压力为200Pa，原油温度为100℉，某井15min间隔所计量的油量为2.56m^3，取油样作相对密度值时测量的油温为90℉，原油的相对密度为0.8180，折60℉下的相对密度0.83，60℉下的API密度为37.3，查表得体积变化系数为0.98100，原油流量计校正系数为0.9231，求原油日产量$q_{油}$。（BSW为0.1%，shr为4.4%）

解：
$$\begin{aligned}q_{油}&=96V(1-BSW)(1-shr)KK_1\\&=96\times2.56\times(1-0.1\%)\times(1-4.4\%)\times0.98100\times0.9231\\&=96\times2.56\times0.999\times0.956\times0.98100\times0.9231\\&=212.544(m^3/d)\end{aligned}$$

2. 天然气计量

当三相分离器内的压力和液面均处于相对稳定状态后，将天然气导入丹尼尔节流装置和双波纹管差压计，对天然气进行计量：

$$q_{气}=0.284389F_bF_GF_{tf}F_oF_{pr}\sqrt{H_tp_w} \tag{4-3}$$

式中 $q_{气}$——天然气产量，m^3/d（标准条件下，20℃，0.1MPa）；

F_b——孔板系数；

F_G——密度系数；

F_{tf}——流动温度系数；

F_o——气油比；

F_{pr}——压缩系数；

H_t——测气孔板前后压差，从流量计上读出毫米水柱；

p_w——测气装置上流绝对压力，MPa。

第5章　地层测试资料解释

5.1 地层测试压力卡片分析

测试压力卡片是地层测试录取的主要资料之一。它是由压力计的笔尖在金属片上刻划出的痕迹。压力卡片有序记录测试全过程中压力变化情况，是整个测试过程的缩影，也是进行参数计算和油层评价的基础。通过对测试压力卡片的分析，可以鉴别测试工艺是否成功，工具、仪表工作是否正常，并初步了解地层的产能、渗透性、压力高低和压力恢复曲线特征，是解释测试资料，计算地层参数，定量评价测试层的重要资料。

5.1.1 标准压力卡片的识别

目前，大部分测试层均采用“二开二关”压力测试法，即两次开井流动，两次关井测试。图5-1是两次开井、两次关井的实测压力卡片，图5-2是两次开井、两次关井的标准压力卡片展开图。

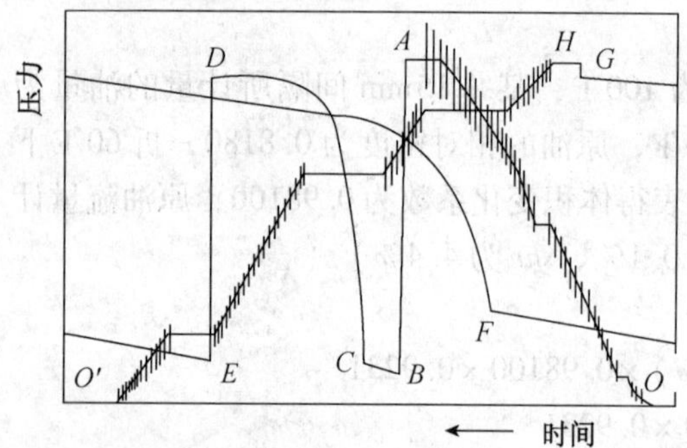

图5-1　地层测试实测压力卡片图

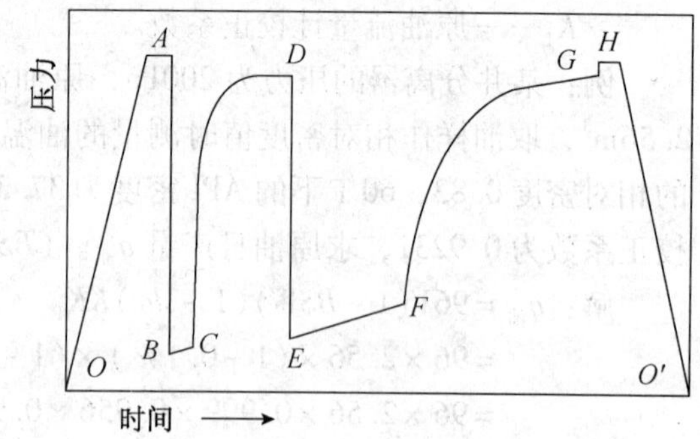

图5-2　地层测试标准压力卡片展开图

图中横坐标表示时间，纵坐标表示压力，其中图5-1实测压力卡片的横坐标时间是从右向左表示测试过程；而图5-2展开后的压力卡片横坐标时间是从左向右的。下面从上图中分析卡片的组成：

O—O′：为基线，也叫零压线。是下井前在地面上人工划出的一条水平线，即大气压力下的基准线。

O—A：为下井线，是井筒液柱压力线。此线以地面大气压力为基线，随着工具、仪表下入深度的增加，压力越来越大。*A*点为下到测试层位后测得的初静液柱压力。

B—C：为初流动压力线。指坐封封隔器工具首次打开后，地层液体在压差作用下流入井筒，随着流体进入测试管柱内液量的增加，压力也逐渐上升。*B*点为初流动开始时的压力值，即初开井时管柱内液柱的压力。*C*点为初流动结束时的压力值，即初开井结束时管柱内液柱的压力，也是初关井的始点压力。初开井的作用主要是消除钻井液侵入和静液柱压力对地层的影响，保证初关井测得真实的原始地层压力。

C—D：为初关井压力线，即初关井压力恢复曲线。*D* 点为初关井结束时的压力值。初关井的目的是测得原始地层压力。

E—F：为终流动压力线。*E* 点为终流动开始时的压力值，即终开井时管柱内液柱的压力。*E* 点的压力值若与 *C* 点的压力值相等，则表示初关井期间管柱不漏失。*F* 点为终流动结束时的压力值，也是终关井的始点压力。终流动可获得流体样品、产量、流动压力等数据。

F—G：为终关井压力线，即终关井压力恢复曲线。*G* 点为终关井结束时的压力值。终关井压力恢复曲线可用来计算地层参数。

H：为终静液柱压力，指开、关井结束封隔器解封后，记录的终静液柱压力。在测试管柱不漏失的情况下，终静液柱压力(*H* 点)与初静液柱压力(*A* 点)相等。

H—O′：为起出线，指测试工具从井底起到地面的压力线。随着工具的起出，压力逐渐降低，起至地面时，压力回到基线，整个测试过程结束。

5.1.2 测试压力卡片的定性分析

1. 不同产能曲线特征

储层产能(渗透率)不同，测试开井流动曲线和关井恢复曲线形态有明显的差异，如图 5-3 所示。产量越高，开井流动曲线上升越快，常常初流动始点压力较高，掏不到底，这是因为开井时，压力计笔尖在向下基线方向滑动的瞬间，受到向上流速很快的流体的冲击而快速抬起造成的。关井压力恢复很快，短时间内就能达到地层压力。而低产、干层，其流动曲线上升很慢，关井压力恢复曲线上升速度也很缓慢。

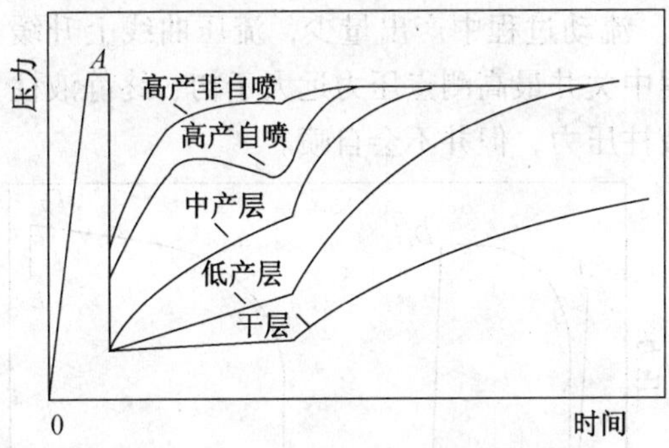

图 5-3　不同产能压力曲线展开图

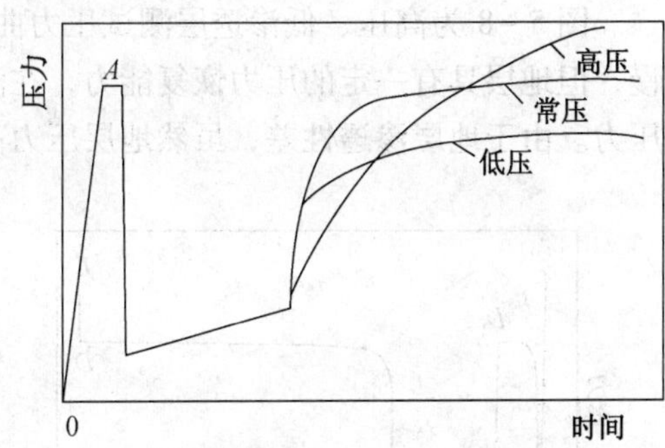

图 5-4　不同压力系统曲线展开图

2. 不同压力系统曲线特征

储层压力不同，测试关井恢复曲线有明显的差别，如图 5-4 所示。异常高压地层，其压力值常常比静水柱压力(测试时环空是满的)高得多；正常压力地层，其压力与静水柱压力接近；而低压地层，其压力明显比静水柱压力低。

3. 不同压力、不同渗透率地层压力卡片曲线特征

不同井层的压力卡片曲线形态千变万化，根据不同类型储层的测试曲线特征，基本上可以分为以下 6 类，在测试现场，可以快速地进行鉴别。对关井恢复时间短、未出现径向流的资料，亦可以按此进行定性解释。

1) 低压、低渗透层(干层)压力卡片曲线

图 5-5 是干层的压力卡片曲线，曲线流动过程中基本无产出或产出少量的压井液，流动曲线平直，有低缓的压力恢复，但属缓慢的爬坡形，恢复压差随关井时间长短不等。

2）低渗透层压力卡片曲线

图 5-6 为低渗透地层测试压力卡片曲线的主要特征。开井流动曲线上升低缓，有较小的流动压差，产出量少，一般有少量的地层流体产出。压力恢复速度慢，出现径向流概率小，一般不能在测试有效时间内对储层进行确切的定性、定量分析。

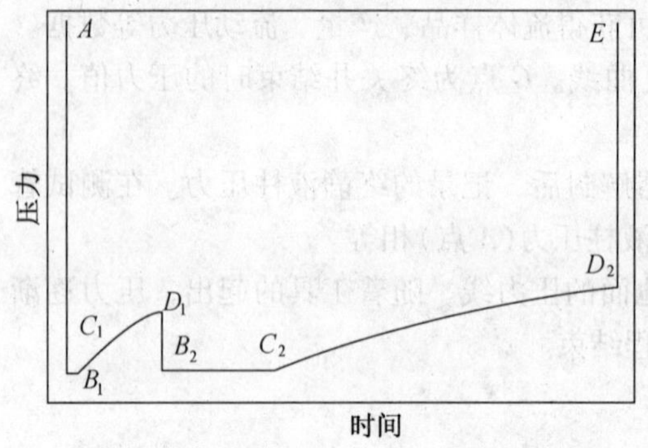

图 5-5　干层压力卡片曲线展开图

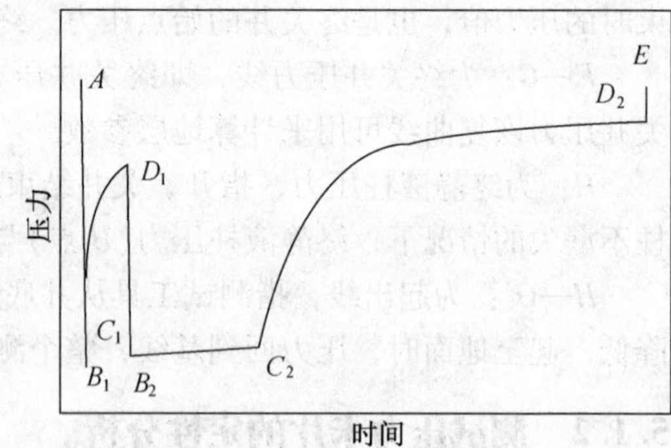

图 5-6　低渗透层压力卡片曲线展开图

图 5-7 属低压、低渗透层范畴的第二种类型的测试压力曲线。流动过程中产出地层流体，流压曲线呈非自喷井直线上升或曲线上升，呈 45°或小于 45°。关井期间反映出地层有压力恢复能力。在测试的有效时间内，资料能满足定性、定量分析的需要（确定油、气、水层和进行参效计算）。

3）高压、低渗透层压力卡片曲线

图 5-8 为高压、低渗透层测试压力曲线特征。流动过程中产出量少，流压曲线上升缓慢，但地层具有一定的压力恢复能力，在测试过程中关井最高测点压力远大于初、终静液柱压力。由于地层渗透性差，虽然地层压力高于静液柱压力，但井不会自喷。

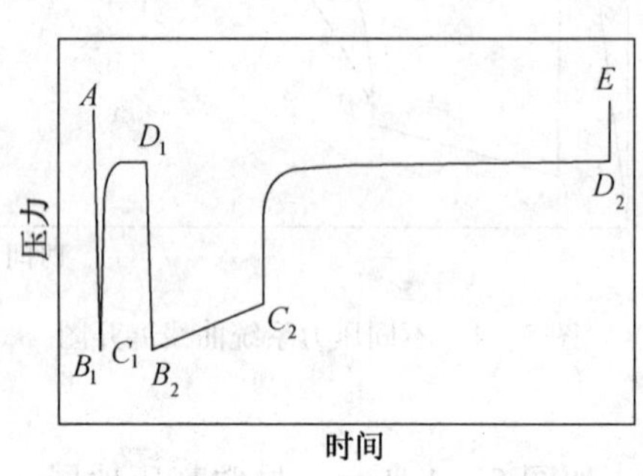

图 5-7　低压、低渗透层压力卡片曲线展开图

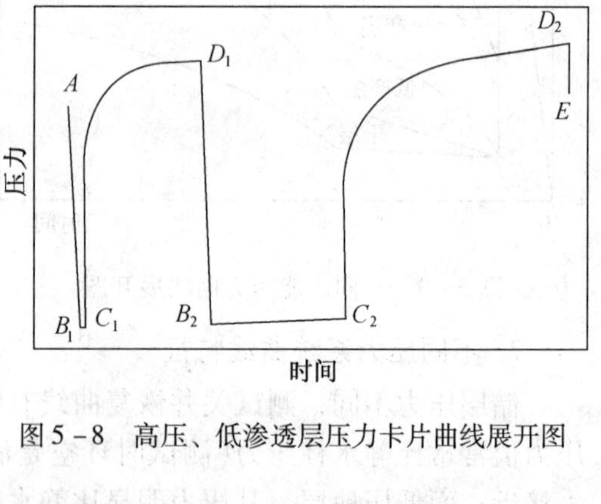

图 5-8　高压、低渗透层压力卡片曲线展开图

4）低压、高渗透层压力卡片曲线

测试中经常遇到渗透性好、地层压力相对较低而压力系数小于 1 的低压、高渗透层。图 5-9 为这类地层的压力卡片曲线特征。开井期间井底的流压增加明显，液柱上升快，在测试开井较短的时间内，井底的流动压力达到或接近地层压力（流平曲线）。

4. 不同完善程度井曲线特征

测试压力曲线的形态特征，是油层物性特征和遭受污染或改善的综合反映。储层遭受严重污染和不存在污染的曲线特征如图 5-10 所示。对于存在严重污染的储层，在开井流动时，因遭受污染阻碍了流体流入井筒，流动曲线上升很慢或几乎不上升，表明地层只有少量流体产出，因此地层压降很小，而在井下关井后，能量恢复很快，压力很快就上升到地层压力，使压力恢复曲线呈方角。不存在污染储层，关井压力恢复曲线常常呈弧形上升而不呈方角特征。

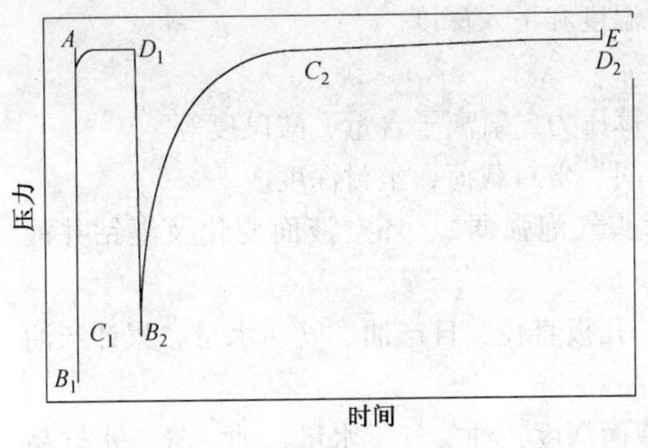

图5－9　低压、高渗透层压力卡片曲线展开图

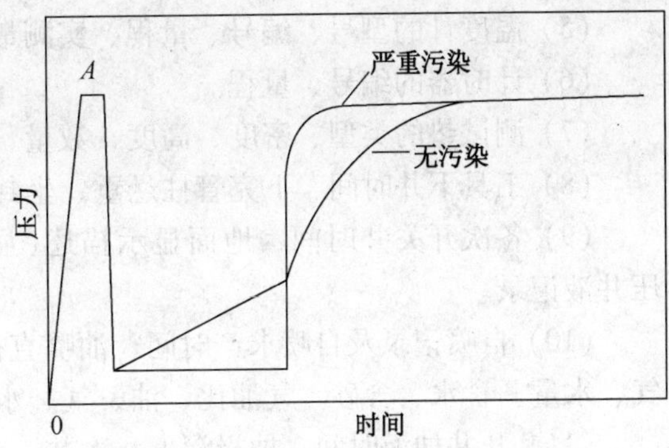

图5－10　不同完善程度井曲线展开图

5. 压力衰竭曲线特征

其特征是第二次关井恢复压力明显比第一次关井压力低，如图5－11所示。在测试生产时间较短的情况下就出现压力衰竭，表明油藏连通范围很小，压力损失得不到补充，无工业价值。但判定压力衰竭时应慎重，若第二次关井压力还未平稳，且外推压力与初关井压力接近，这种情况不能定为衰竭。此外，对初关井压力高的原因要进行分析，是否是因为初流动时间太短，高密度的压井液对地层的影响未能完全消除造成的。

6. 多层反映曲线特征

多层合试油是较普遍的，当层之间压力有差别的时候，就会显示如图5－12所示的情况，即关井恢复时呈小台阶上升。

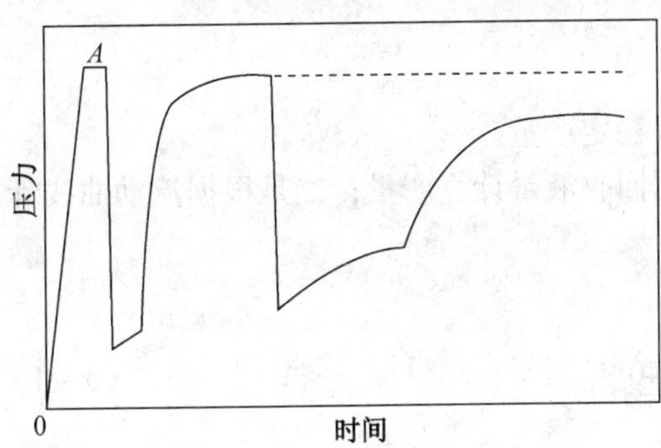

图5－11　压力衰竭曲线展开图

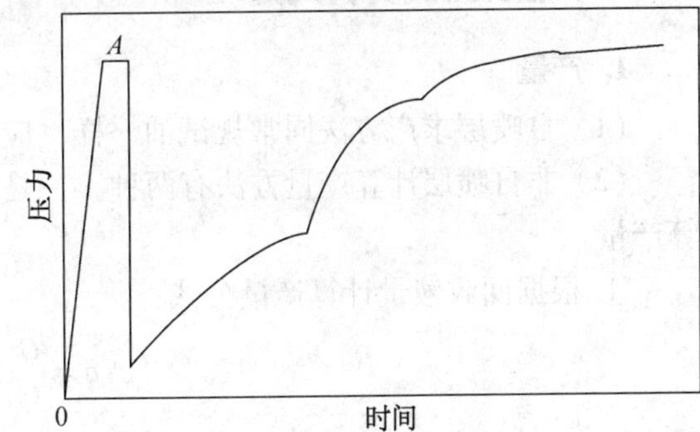

图5－12　多层反映曲线展开图

5.2　地层测试资料的录取及处理

5.2.1　地层测试资料的录取内容

地层测试资料的录取执行SY/T 6013—2009《常规试油资料录取规范》。在测试过程中，取全取准以下各项资料数据：

（1）测试层位、井段、层数、厚度、岩性、孔隙度、渗透度、油气显示、测井解释结果。

（2）测试类型、方式。

（3）下井管串结构，工具的名称、长度、内、外径及下入深度。

（4）监漏压力计和内、外压力计的型号、编号、量程及下入深度。

（5）温度计的型号、编号、量程、实测最高温度和下入深度。

（6）计时器的编号、量程。

（7）测试垫的类型、密度、高度、数量、折算压力、氯离子含量、酸碱度等。

（8）工具下井时间、下完管柱悬重、坐封时间、坐封载荷、坐封深度。

（9）各次开关井时间、地面显示描述（显示头气泡强弱）、环空液面变化及灌钻井液、压井液记录。

（10）自喷记录及自喷求产时间、油嘴直径、孔板直径、日产油、气、水量、累计产油、气、水量、含水、含砂、气油比、油、气、水样品。

（11）开井抽汲时间，抽汲深度、次数，动液面深度，油、气、水量，油、气、水样品。

（12）纳维泵排液时的泵深、工作制度、排液时间、排出液量、停止工作时间、油、水样品。

（13）解封时间、上提载荷、起管时间、见液面深度、回收高度、反循环时间、返出液体类型和数量，反循环分段取油、水样品。

（14）测试工具起出井口时间、放样时间、地点、压力、油量、气量、水量、泥浆量和气油比，或将取样器送到化验室作 PVT 分析。

（15）初静液柱压力、各次开关井压力、终静液柱压力。

（16）若进行油管传输射孔与测试联作，应记录射孔枪枪型、孔密、方位角、总孔数、射孔井段、点火时间。起出管柱后检查实射孔数、发射率等。

5.2.2 地层测试资料的处理

1. 产量

（1）自喷层求产方法同常规试油一样，应求得稳定产量。

（2）非自喷层计算产量方法有两种，一是根据回收液量计算产量；二是根据流动曲线计算产量。

① 根据回收液量计算产量公式：

$$q = \frac{Q}{t_{\mathrm{p}}} \times 1440 \tag{5-1}$$

式中 q——日产液量，m^3/d；

Q——总回收液量，m^3；

t_p——总流动时间，min。

② 根据流动压力曲线计算产量，经换算，公式如下：

$$q = \frac{(P_1 - P_2)V_{\mathrm{u}}}{(t_2 - t_1)} \times 146.9 \tag{5-2}$$

式中 q——日产液量，m^3/d；

P_1、P_2——为流动时间 t_1、t_2 对应的压力值，MPa；

V_u——油管或钻杆每米容积，L/m。

对于油水同出的层，若采用抽汲取得了合格的油水比例，可按抽汲的油水比例用流动曲线折算日产油量和日产水量。若没有采取抽汲，可根据管柱回收的纯油量和水量(应扣除漏失量)分别计算油、水产量。

用流动曲线计算产量，只是代表某一回压下的产能，受生产压差的影响较大，因为随着流动压力的升高而产量下降，所以用流动曲线计算产量时应选择合适的求产液面深度。对具有一定产能的层，求产液面深度与抽汲求产液面深度相接近为好，这样才有可靠的对比性。对于干层，用流动曲线求产的掏空深度应满足不同井深干层掏空深度的要求。

2. 压力

1）地层压力的求取

（1）由初关井实测稳定压力(关井压力恢复在15min以上不再上升)确定。

（2）由初、终关井压力恢复曲线拟合法求取。

（3）由初、终关井压力恢复曲线外推压力值确定。

2）流动压力

（1）对自喷层，应取对应于产量稳定时的流动压力值；

（2）对非自喷层，用流动压力曲线计算产量时，应取对应计算产量曲线段流动压力的平均值。

3）测压录取要求

（1）地层压力：以初关井实测稳定压力为准；实测未稳时，可用终关井外推压力；不能外推但能进行双对数曲线拟合者可用模拟地层压力。

（2）流动压力：对自喷层应取对应产量稳定的流动压力值；对非自喷层应取计算产量的那段流动压力的平均值。

（3）恢复压力：获得径向流动段及边界反映段的完整压力恢复值。

（4）录取资料数据的取值：压力以兆帕(MPa)为单位，取值为小数点后四位有效数字；油、气、水产量以立方米(m^3)为单位，取值分别为小数点后三位、零位、两位有效数字。

3. 温度

实读温度计，选择最高温度为测点深度的温度。

4. 压力卡片分割及数据采集

目前，使用的200－J型压力计是将井下测试的压力动态信息记录在一张152.4mm×177.8mm大小的铜金属铂片上，需用机械半自动读卡仪将卡片上的记录曲线(动态轨迹)点转换成相应的时间和压力数据。

（1）时间距转换成时间值。首先，将卡片各个流动、关井期进行分段划分。卡片上x轴代表时间，y轴代表压力。用读卡仪读卡(压力卡片分割)，就是将不同x轴距离和对应y轴距离的测压曲线点阅读出来，经计算就可得到一系列随时间变化的压力曲线数据。

因为时钟实际走速＝卡片总距离÷记录总时间，即$v=S/t$，这样由卡片上量取的时间距S_1，得到相应的时间$t_1=S_1/v$。

（2）压力距转换成压力值。有了压力距D_j值，就可以将对应点的压力计算出来，即

$$p_j = mD_j \pm A \qquad (5-3)$$

式中 p_j——第j点的压力，MPa；

m——校验曲线的斜率，MPa/mm；

D_j——第j点的压力距，mm；

A——校验曲线的截距，MPa。

(3) 校验时钟运转情况。根据时钟理论参数，可检查时钟运转情况，一般实测值与理论值相差 ±0.5%。

在进行压力卡片分割前，先用总行程除以总时间，或分流动、关井段分别计算时钟走速，再与标准走速比较。时钟行距见表 5-1。除表 5-1 中时钟序列外，还有 192h 的长时钟。若走速误差较大，应找出误差原因。

表 5-1 时钟行距表

时钟序列	走速/(h/r)	行距/(mm/h)	行距/(mm/min)
24h	2.25	66.04	1.10
48h	4.5	33.02	0.55
96h	9.0	16.51	0.27

5.3 地层测试资料的解释评价

地层测试资料的基本方法分为两大类：常规分析和图版拟合分析。

在地层测试中，井底测试阀打开以后，随着地层流体的产出，在测试管柱内的液面高度不断上升，井底流动压力随着液面上升而不断升高，这种流动称为“段塞流”。如此时关闭井底测试阀，获取的压力恢复资料多采用段塞流或产量折算试井分析方法解释。如果地层有足够的能量将井筒内液柱推出井口，则会逐渐形成接近常规生产的流动，其不稳定试井分析方法与开发井试井基本一致，具体见 6.4 部分。

当井口产量较高时，可采用油(气)嘴调节地面流量，稳定几个工作制度进行产能试井，获取产能方程与无阻流量，其分析方法与开发井产能试井基本一致，具体见 6.3 部分。

5.3.1 常规试井分析方法

当油藏中流体的流动处于平衡状态(静止或稳定状态)时，若改变其中某一口井的工作制度即改变流量(或压力)，则在井底将造成一个压力扰动，此扰动将随着时间的推移而不断向井壁四周地层径向地扩展，最后达到一个新的平衡状态。这种压力扰动的不稳定过程与油藏、油井和流体的性质有关。因此，在该井或其他井中用仪器将井底压力随时间的变化规律测量出来，通过分析，就可以判断和确定井和油藏的性质。这就是不稳定试井的基本原理。

常规试井分析方法是利用压力特征曲线的直线段斜率或截距反求地层参数的试井方法，主要用于地层测试时地层流体流出井口的情况，下面重点介绍 Horner 方法。

1. Horner 试井分析方法

假定油田在以稳定产量 q 生产 t_p 小时后关井，关井时间用 Δt 表示，由迭加原理可导出，关井后的井底压力 P_{ws} 为：

$$p_{ws}=p_i+2.121\times10^{-3}\frac{\mu qB}{Kh}\lg\frac{\Delta t}{t_p+\Delta t} \quad (5-4)$$

$$或\ p_{ws}=p_i-2.121\times10^{-3}\frac{\mu qB}{Kh}\lg\frac{t_p+\Delta t}{\Delta t} \quad (5-5)$$

式中 p_{ws}——关井恢复压力，MPa；

p_i——原始地层压力，MPa；

K——产层有效渗透率，μm^2；

h——产层有效厚度，m；

q——产油量，m^3/d；

μ——原油黏度，mPa·s；

B——原油体积系数，无因次；

t_p——关井前生产时间，h；

Δt——关井时间，h。

上式就是压力恢复公式，也称为霍纳(Horner)公式。

由霍纳公式可知，在半对数坐标系中，P_{ws}与$\frac{t_p+\Delta t}{\Delta t}$(或$\frac{\Delta t}{t_p+\Delta t}$)的关系曲线(也称为霍纳曲线)是一直线(也称为霍纳直线)(图5-13)。

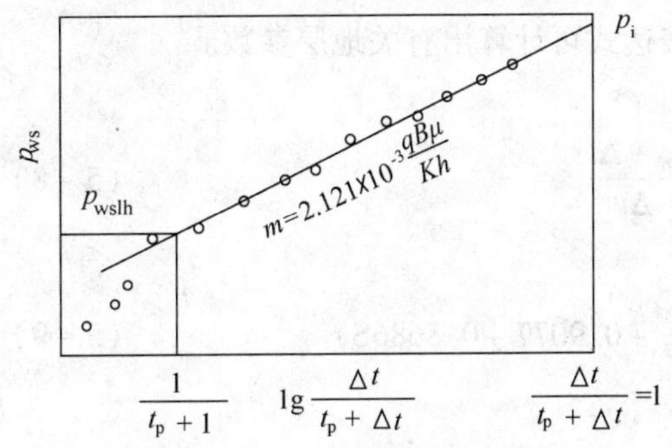

图5-13　霍纳曲线示意图

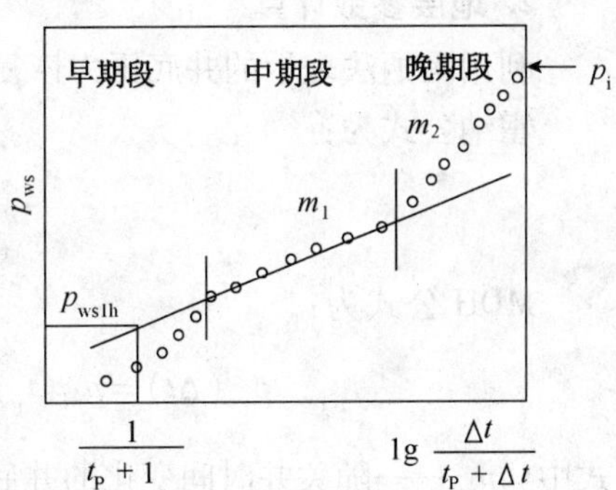

图5-14　实测霍纳曲线示意图

在霍纳曲线图中，最突出的特点是它的径向流直线段。由于受井筒储集、表皮效应和油层边界的影响，实测压力恢复曲线的早期段和晚期段都会偏离这一直线段，只有中间一段，才真正是一直线，这一直线段称中期直线段，如图5-14所示。中期直线段的斜率用m表示，斜率的绝对值：

$$m=2.121\times10^{-3}\frac{\mu qB}{Kh} \tag{5-6}$$

确定了直线段m的值，就可以计算出油层的有关参数。

$$\frac{Kh}{\mu}=2.121\times10^{-3}\frac{qB}{m}$$

$$K=2.121\times10^{-3}\frac{\mu qB}{mh}$$

$$S=1.151\left[\frac{p_{ws1h}-p_{wf}}{m}-\lg\frac{K}{\phi\mu C_t r_w^2}+\lg\frac{t_p+1}{t_p}-0.9077\right]$$

从霍纳公式中可以看出：当关井时间$\Delta t\to\infty$时，即关井无限时间时，关井压力应达到油藏静压(或原始压力)，所以，用作图方法将霍纳直线段外推到横座标$\frac{\Delta t}{t_p+\Delta t}=1$处所对应的压力就是地层压力$P_i$。尚未投入开发的油藏，它就是原始地层压力；而已投入开发的油藏，它就是油藏的平均压力。

如果测试井附近有单一线性断层，且恢复曲线晚期出现第二直线段，当其斜率m_2与中期直线段斜率m_1之比为2∶1(图5-14)，则由两条直线交点对应的$\left(\frac{t_p+\Delta t}{\Delta t}\right)_x$或$\left(\frac{\Delta t}{t_p+\Delta t}\right)_x$

值，可以求解测试井到断层的距离 d(m)：

$$d = \sqrt{-\frac{3.6Kt_p}{\phi\mu C_t}Ei^{-1}[X]} \tag{5-7}$$

Horner 试井分析步骤如下：

(1) 在半对数坐标纸上作 p_{ws} 与 $\lg\frac{t_p+\Delta t}{\Delta t}$ 图；

(2) 计算出中期直线段的斜率 m，读出 $\Delta t = 1\text{h}$ 的 P_{ws} 值(此 P_{ws1h} 值必须在中期直线段或其延长线上取值)；

(3) 计算地层参数；

(4) 用作图法确定原始地层压力 P_i。

2. 地层参数计算

利用霍纳法表示的井底压力恢复(压降)曲线表达式可计算出有关地层参数。

霍纳公式为：

$$p_{ws} = p_i - m\lg\frac{t_p+\Delta t}{\Delta t} \tag{5-8}$$

MDH 公式为：

$$p_{ws}(\Delta t) = p_{wf}(t_p) + m\left(\lg\frac{K\Delta t}{\phi\mu C_t r_w^2} + 0.9077 + 0.8686S\right) \tag{5-9}$$

式中 p_{ws}——随关井时间变化的井底压力，MPa；

K——地层渗透率，mD；

ϕ——地层孔隙度，小数；

M——井底压力恢复(压降)曲线在半对数坐标中的直线段斜率，MPa/h；

t_p——开井生产流动时间，h；

Δt——关井压力恢复时间，h；

μ——地层液体黏度，mPa·s；

C_t——地层综合弹性压缩系数，MPa^{-1}；

r_w——井眼半径，m；

S——表皮系数。

$$m = \frac{2.121q\mu B}{Kh} \tag{5-10}$$

式中 q——关井前稳定产量，m^3/d；

B——地层液体体积系数，小数；

h——地层有数厚度，m。

其他字母意义同前。

1) 地层流动系数、地层产能系数及地层渗透率

地层流动系数计算式为：

$$\frac{Kh}{\mu} = \frac{2.121qB}{m} \tag{5-11}$$

地层产能系数计算式为：

$$Kh = \frac{2.121q\mu B}{m} \tag{5-12}$$

地层渗透率计算式为：

$$K = \frac{2.121 q\mu B}{mh} \tag{5-13}$$

2）表皮系数（S）

是表皮效应（或趋肤效应）严重程度的定量描述。它由地层不同程度的堵塞、地层钻开程度及钻开性质不完善等许多因素造成。在压力恢复情况下的计算公式为：

$$S = 1.151 \times \left\{ \frac{p_{ws}(\Delta t = 1\text{h}) - p_{ws}(\Delta t = 0)}{m} - \lg\left(\frac{K}{\phi\mu C_t r_w^2} \cdot \frac{t_p}{t_p + 1} \right) - 0.9077 \right\} \tag{5-14}$$

式中 $p_{ws}(\Delta t = 1\text{h})$——在霍纳图上的直线段或延长线上对应关井 1h 的压力值，MPa；

ϕ——地层孔隙度，小数；

C_t——地层综合弹性压缩系数，MPa^{-1}；

r_w——井眼半径，m。

3）附加压力降

由地层堵塞等引起的附加压力降 ΔP_s 为

$$\Delta P_s = 0.87 ms \tag{5-15}$$

4）堵塞比（DR）

是指实测生产压差与理论生产压差之比。DR 数值越大，说明堵塞的程度越严重。DR 小于 1 则说明存在负表皮系数（如井眼扩大、井壁附近有裂缝或近井地带的渗透率高于地层渗透率等情况）。

$$DR = \frac{p_i - p_{wf}}{p_i - p_{wf} - \Delta p_s} \tag{5-16}$$

式中字母意义同前。

5）流动效率（FE）

表示实际采油指数与理想采油指数的比值。其计算式为：

$$FE = \frac{p_i - p_{wf} - \Delta p_s}{p_i - p_{wf}} \tag{5-17}$$

6）采油指数

油井在一定生产压差（$\Delta p = p_i - p_{wf}$）下稳定生产，产油量为 q，产量与生产压差相除所得的商称为该井（某产层）的采油指数。

其计算公式为：

$$J_o = \frac{q}{\Delta p} \tag{5-18}$$

$$\Delta p = p_i - p_{wf} \tag{5-19}$$

式中 J_o——采油指数，$\text{m}^3/(\text{MPa} \cdot \text{d})$；

q——实际测试中得到的产量，m^3/d；

Δp——实际生产压差，MPa；

p_i——原始地层压力，MPa；

p_{wf}——随关井时间变化的井底流动压力，MPa。

7）地层导压系数（η）

是表征地层和流体“传导压力”难易程度的物理量。

其计算公式为：

$$\eta = \frac{K}{\phi\mu C_t} \tag{5-20}$$

公式中字母意义同前。

8）断层反映

如果在井附近存在一条线性断层，则按霍纳法所作的井底压力恢复（压降）曲线在出现一条直线段后会有另一条斜率加倍的直线段出现。但是，呈现两直线段必须有足够长的流动期。

求测试井距断层距离的公式为：

$$d = 1.422\sqrt{\frac{Kt_k}{\phi\mu C_t}} \tag{5-21}$$

式中 d——断层离井的距离，m；

t_k——恢复（压降）曲线两条直线段的交点所对应的时间，h。

恢复（压降）曲线中出现不同斜率的直线段，表明在井附近有存在断层边界的可能，但并不一定完全是断层反映，也可能是其他因素造成的。因此，还需结合其他有关资料进行分析研究。

5.3.2 段塞流试井分析方法

低压低渗油藏在地层测试时，大部分油井产液不能自喷到地面，非自喷测试过程中，流体没有流出地面，流动过程实际为段塞流动过程。随着流体在井筒中的不断积累，井底流压不断升高，而地层向井底的流动逐渐减少。因此，测试开井期间的流动实际为地面流量为零的层面流量逐渐减少的变流量过程。对常规解释方法来讲，产量参数应为零；对非自喷井来讲，从层面流动出发，把它当作一个地面流量为零的变流量过程。

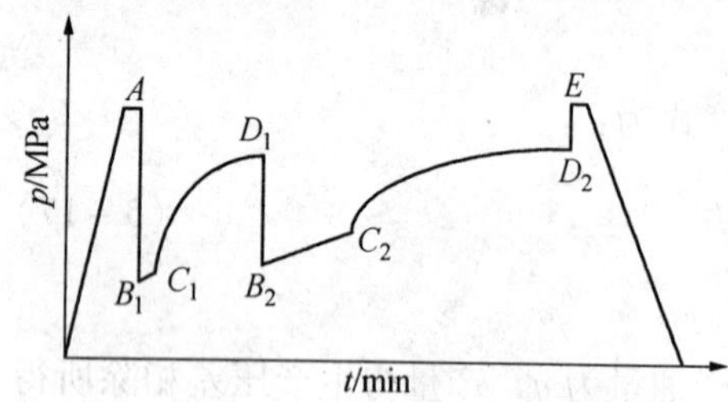

图 5-15 DST 测试标准压力卡片曲线

A—初静液柱压力；B_1—初流动起始压力；C_1—初流动终止压力；D_1—初关井压力；B_2—二次流动起始压力；C_2—二次流动终止压力；D_2—二次关井压力；E—终静液柱压力

1. 段塞流试井解释方法

理论和实际油气井试井已证明，非自喷试井资料的解释不能用一般生产试井的压恢解释方法，必须从理论上建立新的段塞流试井模型。因此 Correa、Ramey 首先提出了实用的 DST 段塞流数学模型并绘制了典型曲线来拟合解释测试数据的方法（图 5-15）。

Correa、Ramey 认为，当流动期经历较长时间达到了不稳定径向流时，井底的压力变化为：

$$p_{wf}(t) = p_i - [2.210 \times 10^{-2}\mu C_F/(Kh)](p_i - p_o)(1/t) \tag{5-22}$$

式中 C_F——流动段井筒储存系数，$C_F = 101.9716\pi r_p^2/\rho$，$m^3/MPa$；

p_o——位于测试工具下方压力计位置处的管柱里的液柱所施加的压力，MPa；

r_p——管柱内半径，m；

ρ——井筒条件下的液体密度，g/cm^3。

$p_{wf}(t)$与$1/t$在直角坐标图上成线性关系，此时 可以用外推法求取准确可靠的地层压力，直线斜率为：

$$m_f = \frac{2.21 \times 10^{-2} C_F \mu (p_i - p_0)}{Kh}$$

在流动期结束后，第一次关井，可采用类似方法得到第一次压力关井恢复的相关式：

$$p_{ws1} = p_i - m_1 \left(\frac{t_p}{t_p + t} \right) \tag{5-23}$$

$$其中\ m_1 = \frac{0.921 \times 10^{-3} q_1 \mu}{kh}$$

式中 q_1——第一次关井前的流动期平均产量，m^3/d；

μ——地层流体黏度，mPa·s；

K——地层相渗透率，μm^3。

该式为初期关井恢复分析方程，在 p_1 与 $\frac{t_p}{t_p + t}$ 的直角坐标系中，可得到一条直线，其斜率为 m_1，由此可求出地层参数，外推得到地层原始压力。

表皮系数 S 可根据下式计算：

$$S = \frac{1}{2} \ln \left(\frac{C_D e^{2S}}{C_{FID}} \right) \tag{5-24}$$

$$其中\ C_{FID} = \frac{0.1592 C_{F1}}{h \phi C_t t r_w^2}$$

式中 C_{F1}——第一次关井前流动期井筒储集系数，m^3/MPa；

ϕ——地层孔隙度；

C_t——地层总压缩系数，MPa^{-1}。

对于最终关井（第二次关井），可采用类似方法得到关井恢复的相关式

$$p_{ws2} = p_i - m_2 R_C \tag{5-25}$$

$$其中：R_C = \frac{t_{p2}}{t_{p2} + t_2} + \frac{q1}{q2} \frac{t_{p1}}{t_{p1} + t_{p2} + t_2}$$

$$m_2 = \frac{0.921 \times 10^{-3} q_2 \mu}{kh}$$

Ramey 等人还提出了以无因次参数团 $C_D e^{2S}$ 作为一个关系参数来绘制典型曲线，从此典型曲线成为分析 DST 段塞流测试数据的典型方法，现场也开始应用 Ramey 等人研制的典型曲线分析实际测试资料（图 5-16）。

2. 段塞流实例

Z 井于 2004 年 4 月 7 日完钻，为了解储层物性、污染状况及产出流体性质，在 2004 年 6 月 27 日 ~6 月 30 日进行测试。测试采用一开一关工艺，测试过程中总流动时间 440min，管内回收水 4.30m^3，油 0.36m^3，根据回收量折算平均日产水量为 14.17m^3，日产油量为 1.19m^3。取样器取得地层流体 1200mL，放样压力为 0.1MPa。取样器内水样分析氯根含量为 25789mg/L，总矿化度为 44490mg/L，水型为 $CaCl_2$。测试结论，本层为油水同层。

测试过程中井口无液体产出，故采用段塞流模型对开井数据进行预处理。根据双对数曲线特征，选用变井储、均质无限大油藏模型解释，曲线拟合较好。解释有效渗透率为 $5.03 \times 10^{-3} \mu m^2$，表明储层为低渗透储层。试井解释表皮系数为 -2.27，表明钻井过程中未对储层造成污染。

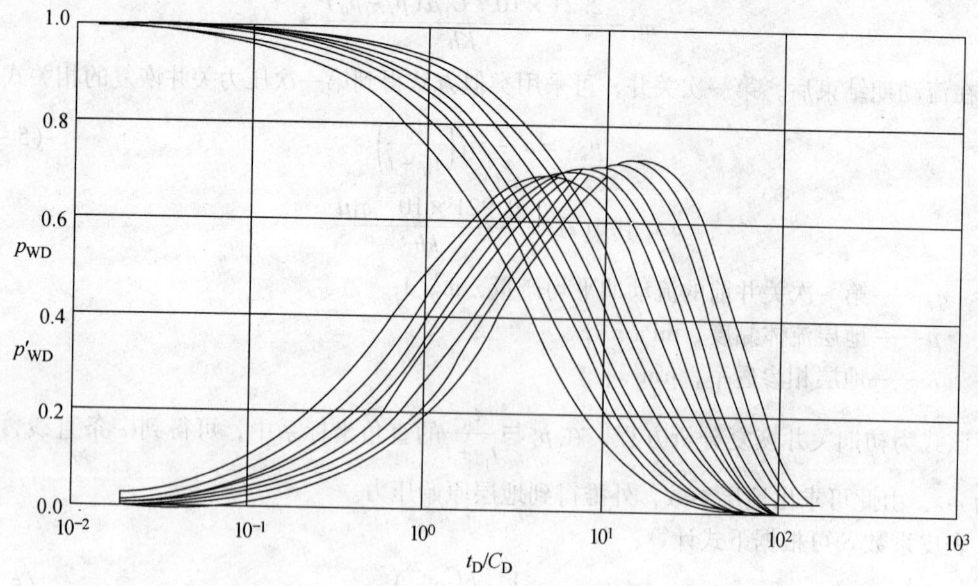

图 5－16 段塞流图版

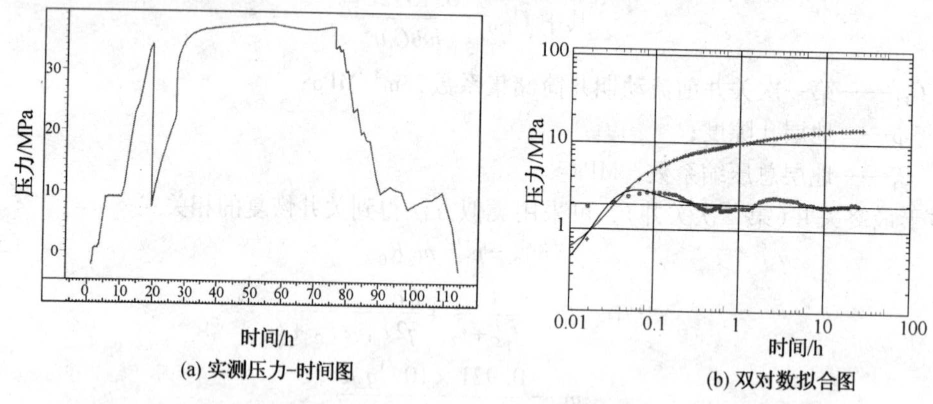

图 5－17 Z 井测试压力曲线及拟合图

5.3.3 图版拟合方法

根据常见的各种油气藏，建立各种相应的试井解释理论模型，求出它们的解，把求得的这些解分别绘制成无因次压力与无因次时间（或其他有关量）之间的关系曲线，这就是解释图版，或叫样板曲线。

现代试井解释主要是应用了图版法，针对各种不同类型的地层，制作了各种各样的图版。这些图版的特征，就是标志着地层的特征。因此，将实测压力曲线（与理论图版曲线坐标相对应）的形态，选择合适的试井解释模型，与理论图版曲线进行拟合分析，选择拟合点，读出各个拟合值，即可计算油层参数和确定边界情况。所以说现代试井解释方法的核心就是图版拟合法。

目前国内常用的理论解释图版有格林加坦（Gringarten）双对数解释图版和布德（Bourdet）压力导数解释图版和复合图版，本书根据油田实际只介绍复合图版在实际解释中，常常应用的是“复合图版”。所谓“复合图版”，就是把格林加顿图版和布德图版画在同一幅图中所得到的图版，如图 5－18 所示。

在进行拟合分析时，同时进行两种资料计算，在同一张图上画出两种实测曲线，同时进行格林加顿图版拟合和布德图版拟合，以便互为补充，互为验证，提高拟合精度。

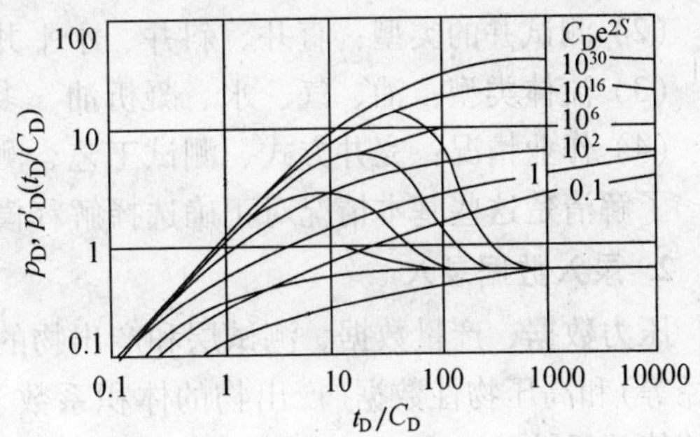

图 5－18　均质地层复合解释图版

5.3.4　试井软件解释程序

试井解释软件的推广应用，使试井解释水平提高了一大步。应用试井解释软件，可以借助计算机完成试井解释，并且绘制规格化图件，打印出解释结果，不但大大提高了试井解释工作效率，而且提高了解释结果的精确度和可靠性。应用试井解释软件进行试井解释的过程如图 5－19 所示：

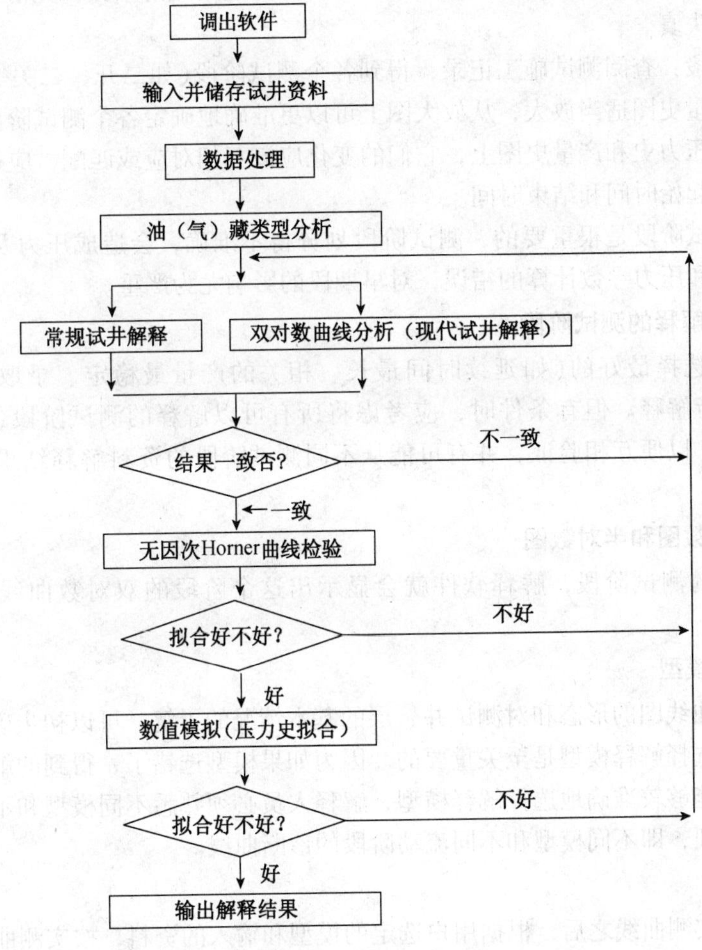

图 5－19　应用试井解释软件进行试井解释的过程

应用解释软件进行试井解释，大致有以下几个步骤：

1. 了解测试井、测试层的基本情况

(1) 基本情况：测试层的岩性、测试层的测井解释结果、测试井的构造位置、边界情况；

（2）测试井的类型：直井、斜井、水平井、部分射开井等；

（3）流体类型：油、气、水、凝析油、多相流；

（4）作业情况：完井方式、测试工艺、测试类型、开关井情况、生产情况；

了解清楚这些基本情况对正确选择解释模型，处理解释过程中出现的问题非常重要。

2. 录入数据录入

压力数据、产量数据、测试层和产出物的有关参数(如测试层厚度、孔隙度、测试井的半径等)和高压物性数据(产出物的体积系数、黏度、综合压缩系数等，气井情形还包括气体的偏差系数等)。

如果没有高压物性数据，可根据流体性质化验分析资料如密度或相对密度、气油比、气体组分等，可计算出高压物性参数。

3. 划分测试阶段，进行数据处理

数据处理：去除非点，进行减点、平滑处理。适度选用光滑系数，光滑系数不要选得太高，以免使曲线失真。

划分测试阶段：查阅测试施工记录，得到各个测试阶段(如二开、二关等)的起始时间；或把压力史和产量史图适当放大，从放大图上可以更准确地确定各个测试阶段的起始时间和历时的长短；在压力史和产量史图上，它们的变化应该互相对应或匹配，应据此准确地确定各个测试阶段的起始时问和结束时间。

正确划分测试阶段是很重要的，测试阶段划分得不准确，会造成压力及其导数曲线变形、失真，压差和压力导数计算的错误，对早期段的影响尤为严重。

4. 选择进行解释的测试阶段

一般情形只选择最好的(如延续时间最长、相关的产量最稳定、录取资料质量最高的)测试阶段进行解释。但有条件时，应考虑将所有可以解释的测试阶段(如二关、三关等)都进行解释，以便互相验证，并有可能从不同测试阶段的资料解释结果得到更深入的认识。

5. 绘制双对数图和半对数图

选定了解释的测试阶段，解释软件就会显示出这个阶段的双对数曲线图和半对数曲线图。

6. 选择解释模型

根据双对数曲线图的形态和对测试井、层的基本情况的了解，可以初步确定应该选用的解释模型。慎重选择解释模型是至关重要的。因为如果模型选错了，得到的解释结果必定不符合实际。为了能够较准确地选择解释横型，解释人员必须熟悉不同模型和不同流动阶段压力变化的形态特征，即不同模型和不同流动阶段的诊断曲线。

7. 图版拟合

计算机画出实测曲线之后，根据用户选定的模型和输入的资料，按实测曲线井筒储集效应段、径向流动段的位置产生一条样板曲线，寻找其中符合测试层和测试井实际情况的样板曲线并和实测曲线相拟合，直到获得最佳拟合。

8. 计算参数

图版拟合完毕，就可得到由拟合值计算的测试层和测试井的各项参数。在导数曲线上标出径向流动段，软件就会在半对数曲线上用该段的数据点画出直线段，并计算出所有参数。

9. 对比计算结果

由图版拟合解释和半对数分析以及其他方法算得的各项参数应当一致。如不一致应进行检查甚至重新解释。

10. 拟合检验

进行半对数曲线拟合检验和压力史拟合检验。用所选解释模型和解释结果产生的半对数曲线及压力史应与实测半对数曲线和压力史相一致，如不一致应重新解释。

试井解释具有多解性，很可能出现多种模型都可用来解释的情况，甚至结果都可以通过压力史拟合检验，但测试层的实际情况只有一种，在这种情况下，解释人员应参考地质研究成果，听取地质研究人员意见，选定最符合地质实际的模型，排除多解性。

第 6 章　井下压力测试

6.1　井下压力测试类型

6.1.1　流静压测试

1. 流静压梯度测试

正常生产自喷井、气举井，为了了解井筒内油水分布、目前井底压力、气举阀工作状况等，需要按设计方案测取井筒纵向压力分布状况。测试时通过试井车载录井钢丝(或电缆)下放设置好的压力计，到达预设深度时一般停止10min，测取该深度点的压力值，测完最后一个深度点后上起仪器。仪器设置及现场施工操作要求严格遵守相关操作规程。

2. 采油井环空压力测试

对于安装了偏心井口的抽油机井，为了了解井筒内油水分布、环空液面深度以及流静压等，需要进行环空压力测试。在地面由计算机(压力计处理软件)对压力计进行采点间隔设置，根据不同的地质条件确定仪器在井下的工作时间，设置好后，装好电池，测试时从抽油井油套环空起下仪器，按设计方案要求进行停点，录取不同深度的压力值。用录井钢丝(或电缆)下入井内预定深度，压力传感器将被测压力转换成与压力成一定关系的频率电信号，经电子储存器处理成数字形式后，存储在记忆块上，测量完成后，仪器从井内取出，再通过地面计算机(压力计处理软件)回放，将存储在压力计存储器记忆模块上的数据回放出来，进行处理、解释和打印。

若压力计的深度是油层中深，即为油层中部的压力，否则根据测点压力结合压力梯度和与中部深度的深度差值折算油层中部的压力。仪器设置及现场施工操作要求严格遵守相关操作规程。

6.1.2　稳定试井类型

稳定试井是改变若干次油井、气井或水井的工作制度，测量在各个不同工作制度下的稳定产量及与之相对应的井底压力，从而确定测试井(或测试层)的产能方程和无阻流量。主要包括一点法、回压试井、等时试井和修正等时试井四种。

6.1.3　不稳定试井类型

不稳定试井是通过改变测试井的产量，并测量由此引起的井底压力随时间的变化。这种压力变化同测试过程的产量有关，也同测试井和测试层的特性有关。因此，运用试井资料，即测试过程中的井底压力和产量资料，结合其他资料，可以计算测试层和测试井的许多特性参数。主要有单井不稳定试井和多井不稳定试井。单井不稳定试井又分压力降落试井和压力恢复试井；多井不稳定试井又分干扰试井和脉冲试井。

6.2 井下压力测试工艺

井下压力测试是通过缠绕在绞车上的钢丝或电缆将电子压力计下至目的层位获取压力、温度等数据。钢丝作业设备简单，价格便宜，质量轻，操作简单，适用范围广且易于下井，作业中应用广泛。电缆作业则主要用于需要即时传送井内资料的情况。

6.2.1 地面绞车系统

绞车是用来盘绕钢丝或电缆，起、下试井仪器、仪表的设备。一般分为单滚筒和双滚筒，根据运输方式分为车载式和撬装式。

1. 撬装绞车

撬装电缆绞车吊装运输方便，占地小，防爆级别高，多用于海上平台或是高含硫气田。

常用试井撬具有两种结构，一是整体式结构，由液压动力部分、绞车部分、仪器操作系统及各种辅助装置均安装在同一个框架内(图6－1)。二是分体式结构(图6－2)，主要有动力系统(除柴油机和液压泵外，还包括发电机、空气压缩机等辅助装置)、操作系统、绞车系统独立分开，通过高压液压管线连接控制。分体式结构摆放灵活，但价格较贵。

图6－1　整体式结构试井撬

图6－2　分体式结构试井撬

以SLIMLINE试井撬为例：

(1) 组成。SLIMLINE双滚筒绞车设备为一体紧凑型设计，如图6－1所示。其中包括完整动力舱，操作驾驶舱和滚筒绞车舱部分。完整动力舱包括发电机组、柴油机组及部分液压系统，该舱主要为起下钢丝电缆及井下工具提供动力；操作驾驶舱包括控制面板、操作台等，主要提供钢丝电缆作业过程中的速度、张力、液压、电力等信息的显示与控制；双滚筒绞车包括双滚筒、机械测量头、排绳器、传动及光电传感器等部分，该舱主要实现钢丝电缆的上装、起下及速度、深度、张力等参数的测量。

(2) 功能简述如下：

① 该系统按照挪威船级社DNV2.7.1规定的ZONE 2防爆级别设计制造，在井场出现意外时，如井场天然气浓度达到爆炸极限，采用紧急自动关断柴油机和发电机组，直接切断动力源的供应，从而避免火灾等安全事故的发生。

② 该系统采用智能数字控制系统，使整个系统实现程序化、数字化控制，避免了由于操作者的失误引起的人为事故，如钢丝电缆被拉断、余量过少使井下工具落井。并可以针对

不同的施工要求和相应的技术规范设定起下速度，满足各种钢丝作业施工需要。

③ 该系统采用机械自动变速器来控制钢丝的起下，无需换挡，只需变化油门的大小来获得不同的速度，速度最大可达 340m/min，并可清洗、简单防腐处理出井钢丝电缆。

④ 该系统的刹车系统采用独特的气刹方式，即在正常工作时，空压机压缩气体，刹车张开，如遇突然绞车失去动力等情况时，空压机停止工作，刹车抱死钢丝或电缆，防止出现事故。

⑤ 该装置符合健康、安全和环保标准，在每分钟最大转数下，操作舱内的最大噪声为 75 分贝。由于采用热水循环方式，减少不必要的电热流失，节约燃料。

（3）试井橇筒绞车技术指标。绞车整体指标见表 6－1。

表 6－1　绞车整体指标

技术参数	技术指标
操作温度范围	－20℃以上
运输尺寸(长×宽×高)/mm	3340×1350×2330
运输质量/kg	4000
最大承重/kg	10000
发动机功率	4 汽缸 59kW(79HP)
级别	Zone 2(ATEX)
工作时间	33% 负荷运作，可以工作大约 24h
发电机液压系统额定功率/kW	0.6
柴油机/kW(HP)	59(79)
柴油油箱/L	90
耗油量	钢丝起下过程中约 9L/H
适用绞车滚筒	SC06 及 BC06
测量深度误差/m	3000±1
平均最大拉力(平均在 *ID* 和 *OD* 之间)/kg	3815
标定最大速度(平均在 *ID* 和 *D* 之间)/(m/min)	344
标定最小速度(平均在 *ID* 和 *D* 之间)/(m/min)	9.38

2. 车载绞车

车装绞车的工作原理是：车辆的发动机动力经变速箱传到分动箱，在井场施工时，将动力经分动箱传至液力泵，液力泵产生的高压油流传至液力马达，带动马达转动，马达带动电缆滚筒转动，从而完成工具的起下；同时液力泵还带动一台液力马达，保证起下仪器用电，整个液压部分由操作面板控制。以 MERCEDES－BENZ1926 型绞车为例：

（1）额定功率 206kW(在 2300r/min)；载荷 19t；车身总长 7.35m，车身高 3.95m；车身宽 2.48m，车身自重 17.8t。该车采用双轴驱动，适应于越野奔跑，装有防泥雪轮胎，冬季最低工作环境温度为－35℃。

（2）测试操纵室。装有各种存放设备工具的隔层，包括有绞车操纵盘；电源控制箱；CL 电缆控制箱；射孔盘；UPS；电瓶；2 个空调与加热器；内外灯；1 个 MARTIN DECKER 电缆指重表；1 组深度显示器(用于 0.221in 电缆与 0.092in 钢丝)。

（3）双滚筒。大滚筒径 5.6mm(0.221in)1F22RV 单芯双层铠装电缆 6000m(20000ft)；小滚筒容有直径 2.33mm(0.092in)钢丝 7500m(25000ft)。滚筒动力采用液压驱动，车引擎带动 2 个 SPV－22 型 SAVER 液压泵和 3 个 HPI 液压泵，输送动力给滚筒液压马达和液压发电机。

（4）ONAN 6kW 柴油发电机。该发电机装于卡车左侧后部，型号：6.0DJEIE/19116；额定电压：117V；功率：6kW；额定电流：50A；相位：单相；转速：1800r/min；电瓶电压 12V。

（5）HARR1SON 10kW 液压发电机。该发电机装于卡车左侧后部与 ONAN 相邻。额定工作电压 117V；频率 60Hz；功率 10kW；额定工作电流 8A；相位单相；转速 1800r/min。

（6）LLA500 气压吊。该气压吊安装于卡车右侧后部，其功用主要为起吊防喷器。驱动气压为 0.7～0.9MPa，最大负载 4900N。

（7）B67 型空气压缩机。该机装于卡车左侧与液压发电机相邻；最高输出工作气压为 0.99MPa(145psi)，气体压缩率为 $54m^3/h$；储气罐容积为 $0.1m^3$；转速 1100r/min；空气压缩机动力采用液压驱动，主要应用是驱动气动柱塞泵与气压吊。

6.2.2 井口防喷装置

目前国内的防喷装置相对简单，本章以进口的 Elmar 钢丝电缆防喷管为例进行介绍。井口防喷管串自下而上依次为井口连接法兰、注入短接、防喷器、测试接头、防掉器、防喷管、捕捉器、防喷盒及天地滑轮等，其中电缆作业的井口密封还需要注脂密封系统。图 6-3、图 6-4 分别为钢丝防喷管和电缆防喷总管成示意图。

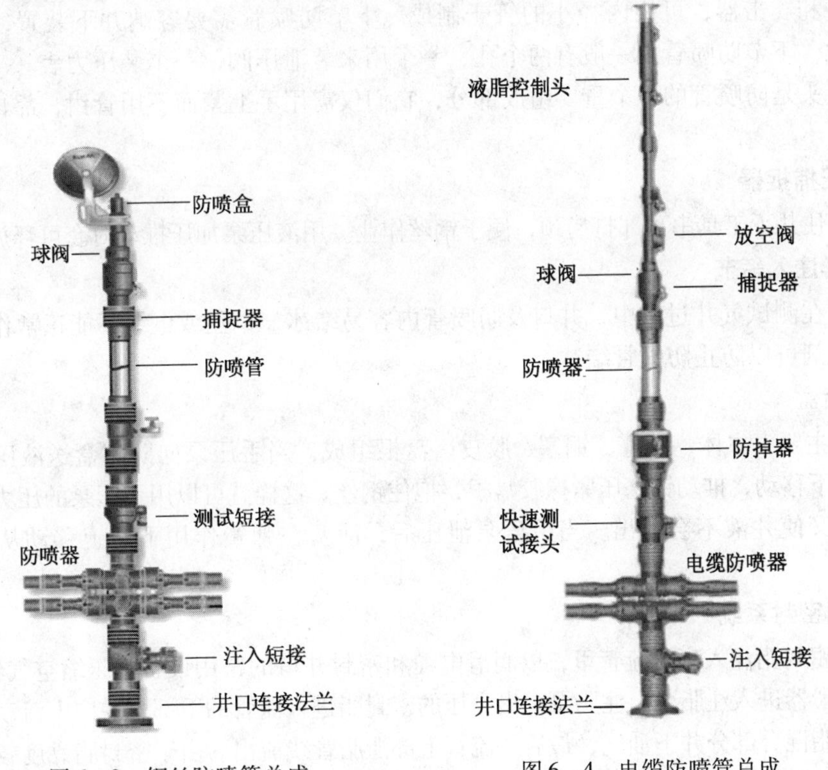

图 6-3　钢丝防喷管总成　　图 6-4　电缆防喷管总成

1. 井口适配器

井口适配器用于连接防喷阀和采油树。

2. 防喷器

防喷器与井口连接头或采油树的顶部相连接。当钢丝或电缆在井下时，关闭防喷器就可进行设备的操作和维修，能密封钢丝或电缆周围，但不损坏钢丝或电缆。

BOP两边的活塞总成前端部分各有一个软胶皮以及各有一个钢丝导向板，作用是密封，不损伤钢丝。活塞总成在外部的机械或液压作用下，逐渐向中心靠拢。钢丝在导向板的作用下，回到中心位置，并在不被损伤的情况下被夹在两个活塞总成中心，把井内压力封住，防止外喷。

BOP分手动和液压两种，一般BOP的工作压力分别为：35MPa、70MPa、105MPa、140MPa，根据密封要求可单级使用，也可以双级或多级叠用。

3. 防掉器

安装在防喷管以下。起下钢丝或电缆时，它们可从防掉器的叉形瓣片中间的槽中通过。工具串由井底进入井口后，工具串把瓣片顶起成竖状，工具串完全通过后，在弹簧力的作用下，瓣片倒落成水平状，把工具串挡在防喷管内，这时，工具串不会因任何故障落井。工具串下井时，用液压或手动将瓣片竖直，工具串通过后，板片会自动落下来。

4. 测试短节

测试短节是防喷管在重复拆装过程中，用于测试安装接头过程是否密封。

5. 防喷管

防喷管带有快速接头，能承受高压，用于有压力的情况下容纳井下工具进出井。防喷管下部连接BOP，上连防喷盒或电缆注脂密封系统。防喷管一般分两节，上节防喷管容纳绳帽、加重杆和震击器，可用内径小的管子制成。下节防喷管需要容纳井下装置，如堵塞器等，内径大。下节防喷管上一般有两个孔，一个用来装泄压阀，一个装压力表。

快速接头是防喷管的一个重要组成部分，它们仅需用手上紧而不用管钳，靠内部的“O”形圈密封。

6. 液压捕捉器

用于抓住井下工具串顶部打捞颈，便于钢丝作业。用液压泵加压推动衬套可释放工具串。

7. 化学注入短节

防喷管在测试气井过程中，井口及防喷管内容易结冰，钢丝或电缆不能正常作业。用于加入化学助剂可以防止防喷管结冰。

8. 防喷盒

防喷盒主要由主体、活塞、铜塞、胶皮、盘根组成，当手压泵向防喷盒送液压油或机油时，活塞向下移动，推动铜塞压紧橡胶盘根，抱住钢丝。这样就可以用手压泵的压力来防止钢丝运动，而又使井液不会喷出。当手压泵泄压后，活塞在弹簧作用下向上移动从而使钢丝松开。

9. 注脂密封系统

用来将密封脂注入高压流管里，以润滑电缆和密封井口的常用设备。压缩空气经过滤器、调压阀、润滑器进入注脂泵，注脂泵泵出高压的密封脂进入流管的下部，并向上流动。在此过程中，密封脂混合部分井下油气，最后从流管上部泄脂管线流出。由于密封脂黏度较大，流管与电缆之间的间隙非常小，在流管内产生很大的压力降，从而达到密封井口压力的目的。

10. 地滑轮

地滑轮是钢丝下井过程中能改变受力方向，同时可测出钢丝的张力。

11. 钢丝滑轮

上部分是钢丝或电缆在作业下井时给下方钢丝起支撑力导向作用，也是钢丝电缆作业必不可少的工具。

6.2.3 井下测试工具及工艺

井下测试工具包括井下基本的工具串及电子压力计系统。

1. 井下测试工具串

基本工具串包括钢丝绳帽、电缆头、加重杆、震击器和万向节等(图6-5)。

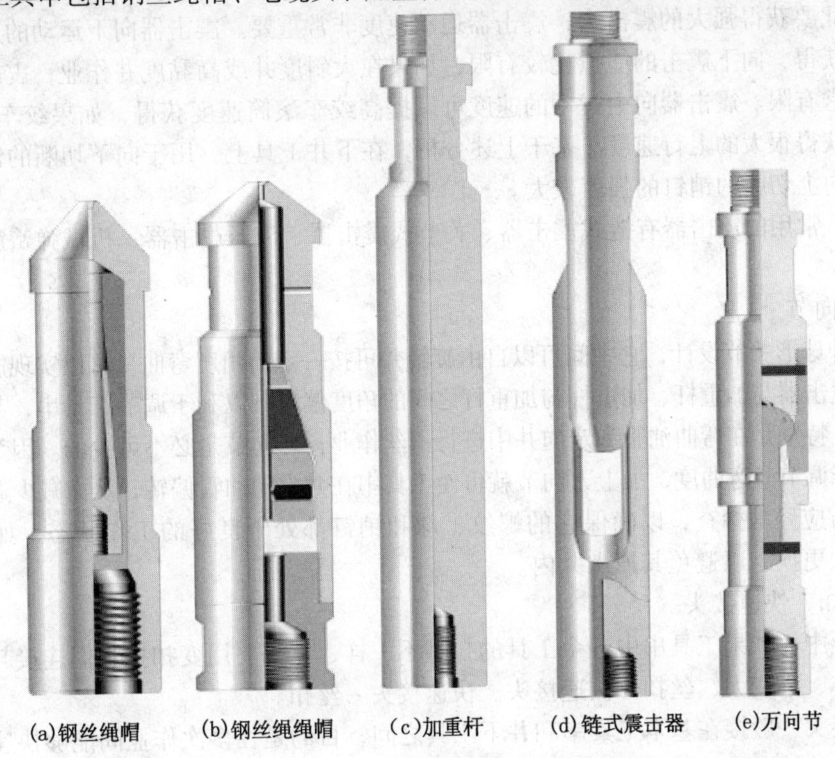

图6-5 井下测试工具串

1）钢丝绳帽

绳帽起着连接钢丝和井下其他工具的作用，由于钢丝在井下会旋转，因此要求绳帽内部跟钢丝连接的部分相对于绳帽主体能旋转自如，即钢丝在井下旋转时，绳帽及其下面连接的工具串能够不旋转或少旋转，避免井下工具由于旋转而脱扣，造成工具落井事故。分为普通型绳帽、卡瓦型绳帽、圆盘形绳帽、梨型塞块型绳帽。

2）电缆绳帽

电缆绳帽的作用是将仪器与电缆相连接，能承受一定拉力，并通过它将电缆内芯与仪器相连接，同时它还有密封、绝缘作用，电缆头按类型分为胜利型、吉尔哈特型和佛罗型。

3）加重杆

主要用于克服防喷盒内盘根的摩擦力、斜井中井壁对工具串的摩擦力和井内压力产生的上推力使钢丝作业工具能到达井下一定的深度，另外加重杆靠其自身的重量可以提供向上或向下的震击力而促进完成井下控制工具的投捞。加重杆的尺寸和重量由作业井的井况、所要求的震击力和所投捞的井下工具的尺寸来决定。

大部分加重杆由钢铁制成，为了便于操作，有些井需要增加加重杆的密度，可选用钨合金钢制造的加重杆，有的采用在钢管内灌水银或铅来增加重量，但注意不要将这种灌水银或铅的加重杆用于需要进行井下震击的钢丝作业。

4）震击器

除测压外其他钢丝作业的下井工具串都要用到震击器。在井下装置的投捞过程中经常需要切断销钉，或者在打捞井下装置时需要很大的力量，仅仅靠钢丝的拉力是远远不够的，还需靠震击器的震击力才能完成。

震击器在撞击的时候是一个做功的过程，撞击能量跟加重杆重量及撞击时的速度平方成正比，因此要获得强大的震击力，震击器运动速度非常重要。震击器向下运动的速度靠加重杆的下滑获得，向下震击的能量比较有限，如果在大斜度井或高黏度井作业，震击器下落的速度就非常有限。震击器向上运动的速度可靠提高绞车滚筒速度获得，如果绞车操作得当，震击器可获得很大的上行速度。基于上述分析，在下井工具上，用于向下切断的销钉的强度较小，而向上切断的销钉的强度较大。

目前，常用的震击器有链式震击器、关节式震击器、液压震击器、机械弹簧震击器及管式震击器。

5）万向节

是一种球形关节设计，它中间可以自由旋转并可按一定的角度弯曲。可以实现震击器与投捞工具、震击器与加重杆、加重杆与加重杆之间的角度偏转，以利于调节工具串，与油管倾斜方向一致，特别是在弯曲油管和定向井中进行钢丝作业，万向节是必不可少的。因为加重杆和震击器不能调节其弯曲度，加上万向节就可使工具串在井内随油管偏转，从而减少遇卡。

万向节应经常检查，以确保它的螺纹、球和销钉都处于良好的工作状态，如果销钉松动，就必须更换，以避免其掉入井内。

6）变扣、快速接头

在作业中，如果工具串中各个工具的扣型不一样，就需要用变扣把它们连接起来。变扣有：大变小、小变大、丝扣－快速接头、快速接头－丝扣。

快速接头一般接在基本工具串和井下工具之间，目的是在多次作业间能够快速更换井下工具，便于井口操作。也有的工具串是从上到下都使用快速接头连接。

2. 电子压力计测试系统

电子压力计测试系统分为地面直读测试和井下存储测试。地面直读测试是通过电缆将直读式电子压力计输送至设计测试深度，电子压力计将测试期间感应到的井下压力、温度变化，通过电缆传到地面计算机系统，在计算机上显示、读出并及时解释、分析和处理；井下存储测试技术是通过钢丝将存储式电子压力计输送至设计测试深度（或随同测试管柱带入井下），存储记录仪就像一台微型计算机一样把电子压力计感应到的井下压力温度变化存储在随机存储器中，测试结束后，从井中起出，将其与计算机相接，按照预定的控制程序将存储的压力、温度信号进行回放。

1）存储式电子压力计

井下储存式电子压力计系统通常由压力温度传感器、电子存储器、电源（包括电池组和供电器）、地面回放设备四部分组成。

工作原理：压力计系统分为井下仪器部分和地面处理部分，井下仪器部分由传感器、电子组件、电池部分组成，地面处理部分配合井下仪器的使用，编制地面 PC 机软件实现井下数据回放和处理。

工作过程：根据不同的地质条件。通过地面 PC 机软件对电子压力计的工作区间采样间隔和时间进行设置，然后将井下仪器放入油井中，实时自动地采集并存储井内的压力和温度，存储式电子压力计在工作过程中，仪器内的单片机系统和各种传感器共同完成井下压力和温度的采集，并以数字量形式存储于电可改写型内存中，待测试过程完成后，再将压力计起回地面，通过软件和硬件接口通讯进行数据的接收、回放以及处理。图6－6是Spartek存储式电子压力计。

电子压力计生产厂家众多，压力计的规格各不相同。表6－2是Spartek系列电子压力计技术参数。

表6－2 **Spartek** 系列电子压力计技术参数

型　　号	SS2700	SS5030
传感器(探头)类型	硅－蓝宝石	石英
温度测量范围/℃	125、150、170	150、175
压力量程/10^3psi	6、10、15、20	10、16、20
压力测量精度	0.03%(满量程)	0.02%(满量程)
压力分辨率	0.0004%(满量程)	0.00003%(满量程)
压力漂移	<3psi/a	<2psi/a
取样速度	3s/样	1s/样
数据内容	压力/温度	压力/温度
存储能力	260k；520k组数据(可以扩展至1M)	260k；520k组数据(可以扩展至1M)

2）直读式电子压力计

直读式电子压力计由井下电子压力计和地面数据处理单元两部分组成，其中井下电子压力计由压力传感器、温度传感器、信号放大电路、模数转换电路、单片机系统、编码电路、数字通讯接口电路和装载于单片机系统中的相关工作软件组成(图6－7)。地面数据处理单元是由通讯接口电路、显示单元、数据储存单元和相关工作软件组成。

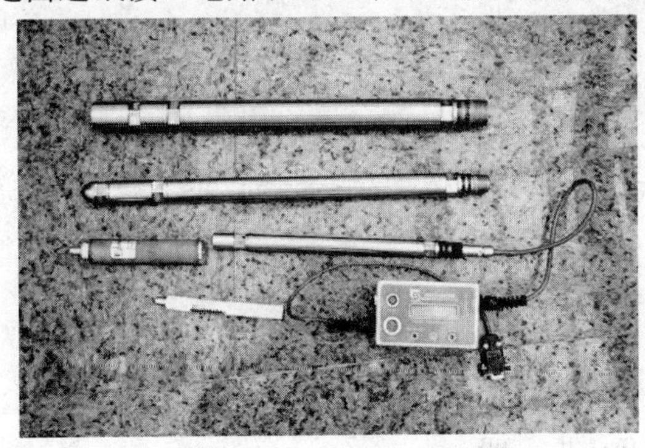

图6－6 Spartek存储式电子压力计

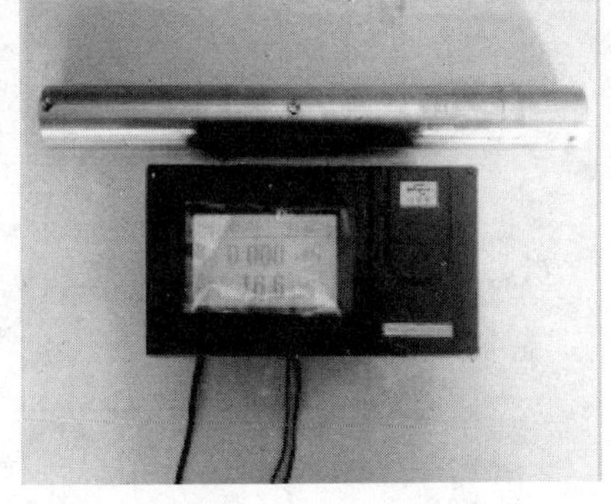

图6－7 直读式电子压力计

工作过程中，井下电子压力计由地面控制仪通过铠装电缆提供能源，温度和压力传感器分别将井下压力和温度转换为电信号输出，该电信号经放大和模数转换后由单片机系统进行数据实时采集和处理，然后按一定周期经数字通讯口输出。井下电子压力计和地面数据处理单元之间通过铠装电缆连接，地面数据处理单元中通讯接口电路接收井下电子压力计输出的压力和温度数据，并经译码后输入计算机中进行实时分析和和处理。

地面直读式电子压力计测试系统有以下特点：

(1) 在测试过程中，压力、温度数据可直接在地面仪表上显示。因此测试人员可根据测试资料适时终止测试延长测试时间。

(2) 采样率可根据需要由地面仪表控制调整。

(3) 可以随时掌握仪器在井下的工作状态，避免因仪器故障而造成的损失。

6.3 稳定试井解释方法

稳定试井是通过某种测试和分析程序预测地层产能大小，即在不同井距条件、不同衰竭程度和不同压降条件下的油(气)供给能力，通常由井的稳定流量与压差关系表示。通过在不同工作制度下(三个以上)测得的地面流量及对应的稳定井底压力数据，绘制并确定指示曲线类型，建立产出能力(或注入能力)方程，也称为产能试井。产能试井包括回压试井、等时试井、修正等时试井及一点法试井等。

6.3.1 回压试井解释

1. 测试方法

(1) 适应条件：高产自喷采油井和采气井。

(2) 工作制度选择：最小产量，稳定流压尽可能接近地层压力；最大产量，保证稳定生产的前提下，使稳定油压接近自喷最小油压；在最大、最小工作制度之间，均匀内插 2 ~ 3 个工作制度。

(3) 基本操作：连续以若干个不同的工作制度(一般由小到大，不少于三个)生产，每个工作制度均要求产量稳定，井底流压也要求达到稳定。记录每个产量 q_i 及相应的井底稳定流压 p_{wfi}，并测得气藏静止地层压力 p_R。

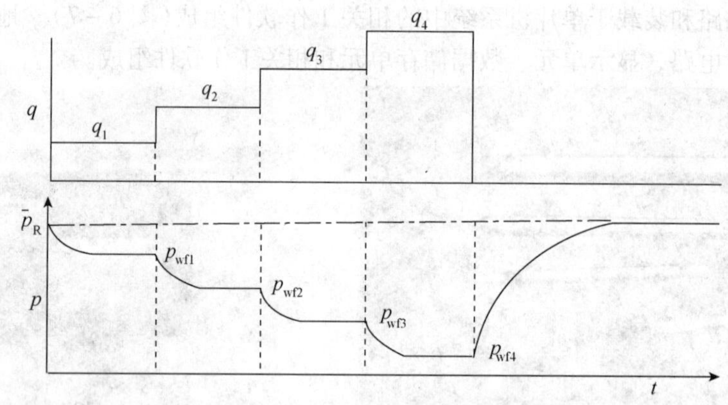

图 6－8　回压试井示意图

2. 指数式产能方程

指数式产能方程：
$$q_{sc} = C(p_R^2 - p_{wf}^2)^n \quad (6-1)$$

两边取对数得：
$$\lg q_{sc} = n\lg(p_R^2 - p_{wf}^2) + \lg C \quad (6-2)$$

式中 q_{sc}——地面标准条件产气量，$10^4 m^3/d$；

p_R——气藏地层压力，MPa；

p_{wf}——井底流动压力，MPa；

C——系数，是气藏和气体性质的函数；

n——渗流指数。层流时，$n=1$；紊流时，$n=0.5$；从层流向紊流过渡时，$0.5<n<1$。

指数式产能方程可用于计算无阻流量。绝对井底压力为 0.101MPa(表压为 MPa)时的产量称为无阻流量(也可称为潜产能)，用 q_{AOF} 表示：

$$q_{AOF}=C(p_R^2-0.101^2)^n \tag{6-3}$$

式中，p_R 取绝对压力。

指数式产能曲线见图6－9。

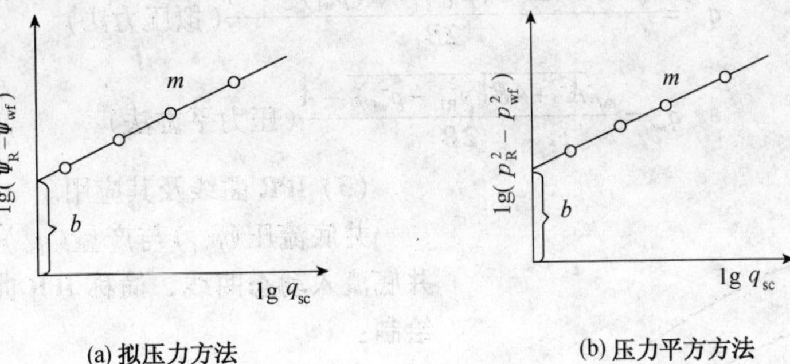

图6－9　指数式产能曲线

3. 二项式产能方程

拟压力形式：$$\psi(p_R)-\psi(p_{wf})=Aq_{sc}+Bq_{sc}^2 \tag{6-4}$$

简化为压力平方形式：$$p_R^2-p_{wf}^2=Aq_{sc}+Bq_{sc}^2 \tag{6-5}$$

式中，A_1和A、B_1和B分别是描述达西流动（或层流）及非达西流动（或紊流）的系数。其产能曲线见图6－10。

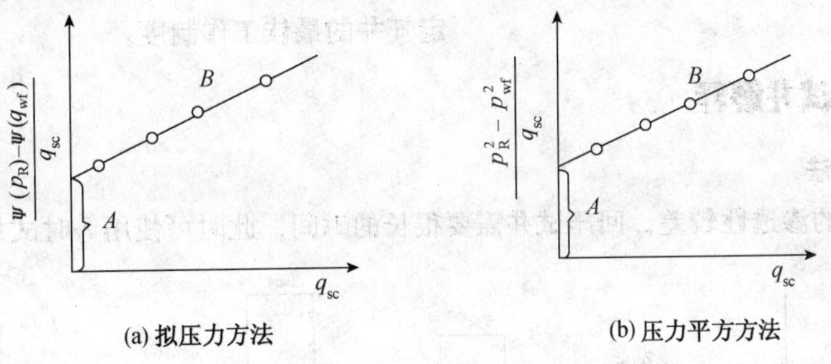

图6－10　二项式产能曲线

1）二项式产能方程的确定方法

$$\psi(p_R)-\psi(p_{wf})=Aq_{sc}+Bq_{sc}^2$$

$$\frac{\psi(p_R)-\psi(p_{wf})}{q_{sc}}=A+Bq_{sc}\text{（拟压力）} \tag{6-6}$$

$$p_R^2-p_{wf}^2=Aq_{sc}+Bq_{sc}^2$$

$$\frac{p_R^2-p_{wf}^2}{q_{sc}}=A+Bq_{sc}\text{（压力平方）} \tag{6-7}$$

2）二项式方程的用途

（1）计算无阻流量。

$$q_{AOF}=\frac{\sqrt{A^2+4B[\psi(p_R)-\psi(0.1)]}-A}{2B}\text{（拟压力法）} \tag{6-8}$$

$$q_{AOF}=\frac{\sqrt{A^2+4B(p_R^2-0.1^2)}-A}{2B}\text{（压力平方法）} \tag{6-9}$$

（2）预测产量。

当气藏压力 p_R 下降到 p_{R1}、井底流压为 p_{wf} 时，气井的产量为：

$$q_{sc}=\frac{\sqrt{A^2+4B[\psi(p_{R1})-\psi(p_{wf})]}-A}{2B}（拟压力法）\tag{6-10}$$

$$q_{sc}=\frac{\sqrt{A^2+4B(p_{R1}^2-p_{wf}^2)}-A}{2B}（压力平方法）\tag{6-11}$$

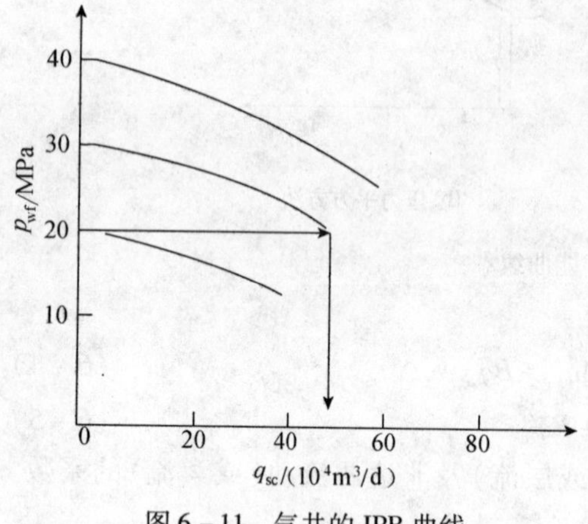

图 6-11　气井的 IPR 曲线

（3）IPR 曲线及其应用。

井底流压（p_{wf}）与产量（q_{sc}）的关系曲线称为井底流入动态曲线，简称 IPR 曲线。IPR 曲线的绘制：

① 根据产能方程，计算出不同气层压力 p_R 下以若干不同流压生产时的产量。

② 在直角坐标图上画出 $p_{wf}-q_{sc}$ 关系曲线，图 6-11 就是气井的 IPR 曲线。

IPR 曲线的用途：①由 IPR 曲线可直接查出当气层压力下降到某一数值，并以某一流压生产时的产量；②用 IPR 曲线结合其他资料，可以确定气井的最佳工作制度。

6.3.2　等时试井解释

1. 测试方法

如果气层的渗透性较差，回压试井需要很长的时间，此时可使用等时试井（图 6-12）。

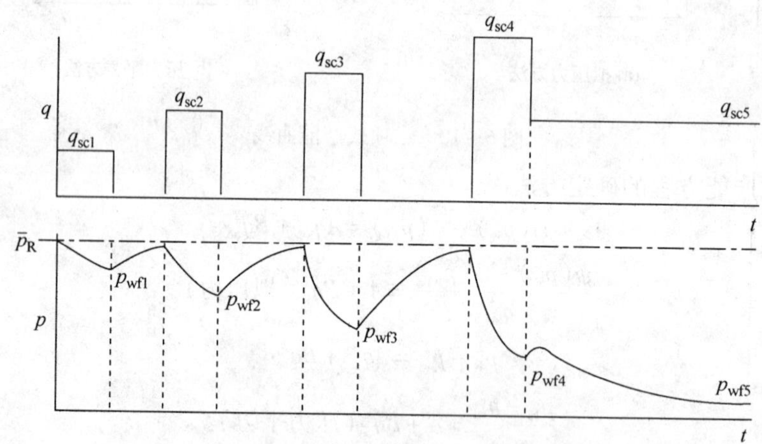

图 6-12　等时试井示意图

（1）适应条件：高产气井。

（2）工作制度选择：与回压试井基本相同。

（3）技术操作：连续以若干个不同的工作制度（一般由小到大，不少于三个）生产，在以每一产量生产后均关井一段时间，使压力恢复到（或非常接近）气层静压；最后再以某一定产量生产一段较长的时间，直至井底流压达到稳定。

2. 二项式分析方法

气井等时试井的解释结果仍然是要通过测试资料（q_{sci}、p_{wfi}、p_R）的寻求直线关系，由直线的斜率和截距求取二项式产能方程的系数 A 和 B，其计算步骤如下：

（1）根据测试资料，在直角坐标系中，作出$[\psi(p_R)-\psi(p_{wf})]/q_{sc}$或$(p_R^2-p_{wf}^2)/q_{sc}$与 q_{sc} 的关系曲线（图 6－13）。对于等时测试点，将得到一条斜率为 B 的直线，称为二项式不稳定产能曲线。

（2）通过稳定点 C，作不稳定产能曲线的平行线，其纵截距就是二项式产能方程的系数 A。另外，也可直接将稳定点（q_{sc5}，p_{wf5}）的值代入二项式产能方程进行计算，求取系数 A。

拟压力形式：

$$A=\frac{\psi_R-\psi_{wf5}-Bq_{sc5}^2}{q_{sc5}} \tag{6-12}$$

压力平方形式：

$$A=\frac{p_R^2-p_{wf5}^2-Bq_{sc5}^2}{q_{sc5}} \tag{6-13}$$

在求得二项式产能方程的系数 A 和 B 后，求得气井无阻流量并预测某一井底流压下气井的产量。

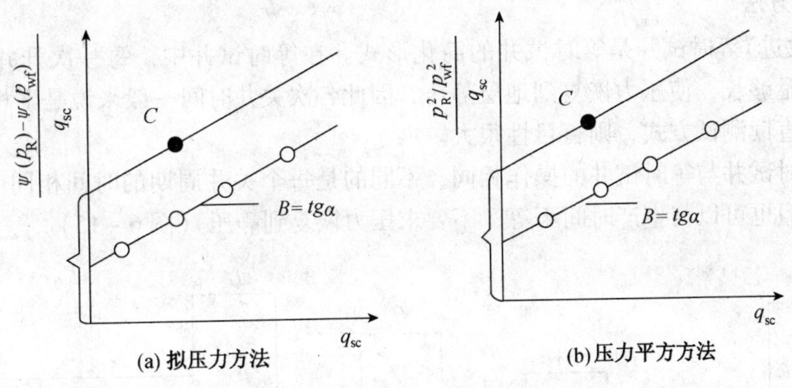

图 6－13　等时试井二项式产能分析曲线

3. 指数式分析方法

（1）根据测试资料，在双对数坐标系中作出 $\psi_R-\psi_{wf}$ 或 $p_R^2-p_{wf}^2$ 与 q_{sc} 的关系曲线，对于等时测试点，将得到一条斜率为 m 的直线，称为指数式不稳定产能曲线，斜率的倒数就是渗流指数 n。

（2）通过稳定点 D，作不稳定产能曲线的平行线，其截距为 b，于是指数式产能方程的系数 $C=10^{-nb}$。另外，也可直接将稳定点（q_{sc5}，p_{wf5}）的值代入二项式产能方程进行计算，求取系数 C。

拟压力方法：

$$C=\frac{q_{sc5}}{(\psi_R-\psi_{wf5})^n} \tag{6-14}$$

压力平方方法：

$$C=\frac{q_{sc5}}{(p_R^2-p_{wf5}^2)^n} \tag{6-15}$$

（3）根据求得的指数式产能方程，用与回压试井解释相同的方法，计算气井无阻流量和预测气井的产量。

等时试井指数式产能分析曲线见图 6－14。

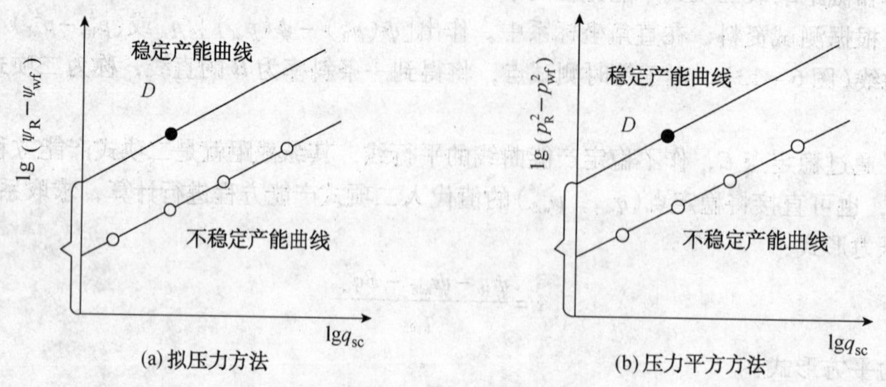

图 6－14　等时试井指数式产能分析曲线

6.3.3　修正等时试井解释

1. 测试方法

修正（改进）等时试井是等时试井的简化形式。在等时试井中，每一次开井生产后的关井时间要求足够长，使压力恢复到地层静压，因此各次关井时间一般来说是不相等的，如果不采用地面直读测试方式，则盲目性很大。

修正等时试井与等时试井的操作相同，不同的是每个关井周期的时间相同（一般与生产时间相等，但也可以与生产时间不等，不要求压力恢复到静压）（图 6－15）。

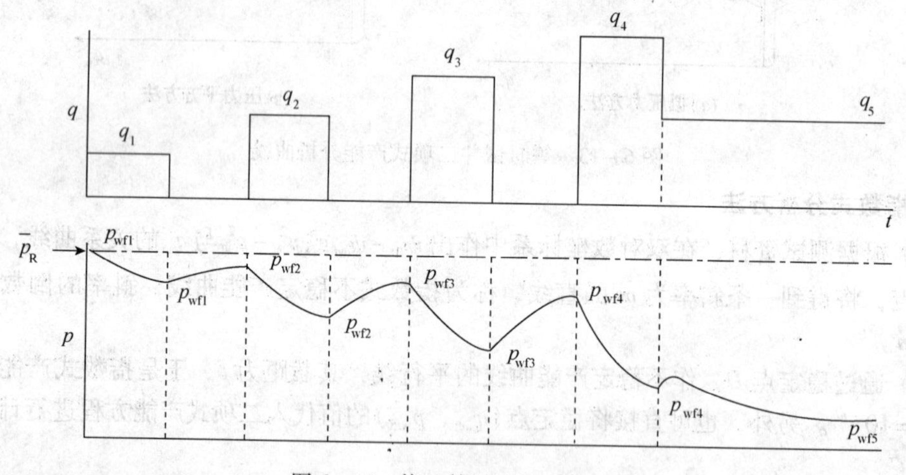

图 6－15　修正等时试井示意图

2. 二项式分析方法

气井修正等时试井的解释结果仍然是要通过测试资料（q_{sci}、p_{wfi}、p_{wsi}）寻求直线关系，由直线的斜率和截距求取二项式产能方程的系数 A 和 B。其分析步骤与等时试井类似，只在绘制产能曲线时，以 $[\psi(p_{wsi})-\psi(p_{wfi})]/q_{sci}$ 代替等时试井的 $[\psi(p_R)-\psi(p_{wfi})]/q_{sci}$、$(p_{wsi}^2-p_{wfi}^2)/q_{sci}$ 代替等时试井的 $(p_R^2-p_{wfi}^2)/q_{sci}$，其中 p_{wsi} 是第 i 次关井期末的关井井底压力，$i=1$、

2、3、4。除此之外，产能方程的确定方法均和等时试井完全相同。修正等时试井二项式产能分析曲线如图 6－16 所示。

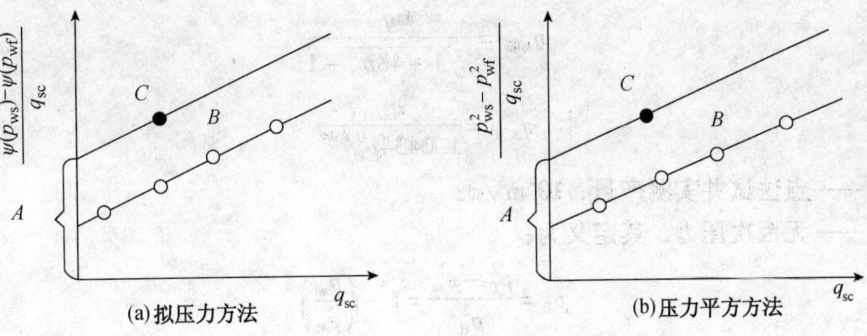

图 6－16　修正等时试井二项式产能分析曲线

3. 指数式分析方法

修正等时试井指数式分析方法也仅需将等时试井分析的纵坐标由 $\psi_R - \psi_{wfi}$、$p_R^2 - p_{wfi}^2$ 分别替换为 $\psi_{wsi} - \psi_{wfi}$、$p_{wsi}^2 - p_{wfi}^2$，除此之外，产能方程的确定方法均与等时试井完全相同。修正等时试井指数式产能分析曲线如图 6－17 所示。

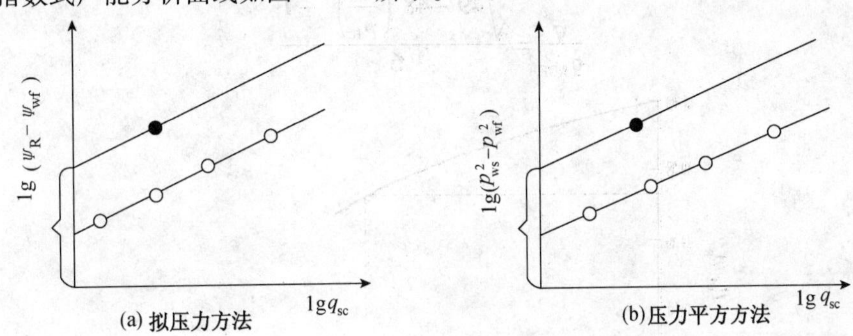

图 6－17　修正等时试井指数式产能分析曲线

6.3.4　一点法试井解释

1. 测试方法

对于探井而言，由于地面设施尚未建成，如果采用上述的产能测试方法去求气井的产能，必然造成天然气的极大浪费，因此在这种情况下通过对气井进行压力和产量的一点测试，并依据一定的经验方程，可以获得气井的产能。

对于已经进行过稳定试井的气井经过一段时间的开采之后，其产能可能有所变化，为了进行检验，也可以进行“一点法试井”，求取气井的产能。一点法试井只要求测取一个稳定产量 q 和在以该产量生产时的稳定井底流压 p_{wf}，以及目前的气层静压 p_R。

对于利用一点法所求气井产能用到的方程是经验统计结果，因此对于所获得的产能数据要谨慎使用。

2. 一点法试井无阻流量经验公式

如果在一个气田进行过一批井(层)的产能试井，取得了相当多的资料，则可以得出这个气田的产能和压力变化的统计规律，即无阻流量的经验公式。此后，在本气田或邻近地区的新井(层)进行测试时，如果没有取得回压试井或等时试井资料，但测得了一个稳定产量及相应的稳定井底流压和地层压力，则可以采用经验公式估算该井(层)的无阻流量。

1）无阻流量经验公式

$$q_{AOF}=\frac{6q_{sc}}{\sqrt{1+48p_D}-1} \tag{6-16}$$

$$q_{AOF}=\frac{q_{sc}}{1.0434p_D^{0.6594}} \tag{6-17}$$

式中 q_{sc}——点法试井实测产量，$10^4m^3/d$；

p_D——无因次压力，其定义为：

$$p_D=\frac{p_R^2-p_{wf}^2}{p_R^2}=1-\left(\frac{p_{wf}}{p_R}\right)^2 \tag{6-18}$$

式中 p_{wf}——点法实测井底流压，MPa；

2）一点法试井无阻流量曲线

为了使用方便，可把一点法无阻流量经验公式，在直角坐标图上画成 q_{sc}/q_{AOF} 与 p_{wf}/p_R 的关系曲线(图6－18)。

$$\frac{q}{q_{AOF}}=\frac{\sqrt{49-48\left(\frac{p_{wf}}{p_R}\right)^2}-1}{6} \tag{6-19}$$

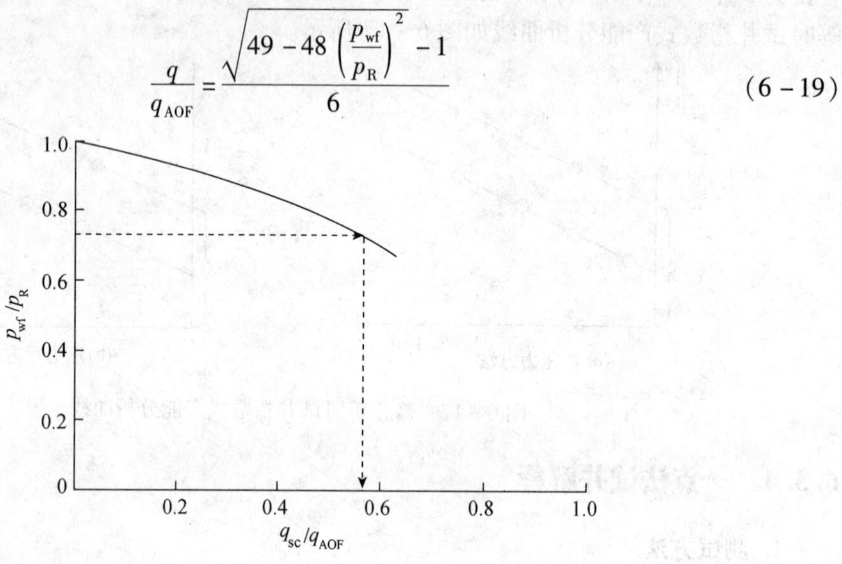

图6－18 一点法试井无阻流量曲线

6.4 不稳定试井解释方法

6.4.1 试井基本原理

1. 渗流基本微分方程

试井解释的基础理论的渗流基本微分方程就是流体在多孔介质中渗流的数学描述。渗流基本微分方程是由运动方程(达西定律)、状态方程及连续性方程(物质守恒定律)推导而来的。

(1) 达西定律。平面径向流是最常用的一种情形。假定油层是均质和等厚的，一口井开井生产，则流动是径向的，流速、流量都是时间 t 和位置(离井距离 r，r 为地层中一点到井轴(井筒的中心线)的距离)的二元函数，达西定律可写作：

$$v_r = \frac{q}{S} = -\frac{K}{\mu}\frac{\partial p}{\partial r} \tag{6-20}$$

(2) 状态方程。在油层内，流体处于高温、高压条件下流动，随着油井的开采进度，地层压力与温度将发生变化，由于在假设条件中规定，油层中的渗流是等温过程，因此状态方程只与压力有关。

在单相流体渗流中，流体的弹性作用与压力关系最密切，表征流体弹性大小的参数是压缩系数 C，定义如下：

$$C = -\frac{1}{V}\frac{\partial V}{\partial p}$$

而物质的密度 ρ 的定义是：

$$\rho = \frac{m}{V}$$

式中 V、m——物质的体积和质量；

P——物质所受的压力。

$$C = -\frac{1}{V}\frac{\partial V}{\partial p} = -\frac{1}{V}\frac{\partial V}{\partial \rho}\frac{d\rho}{dp} = -\frac{\rho}{m}\left(-\frac{m}{\rho^2}\right)\frac{\partial \rho}{\partial p} = \frac{1}{\rho}\frac{\partial \rho}{\partial p}$$

$$C\partial p = \frac{1}{\rho}\partial \rho \tag{6-21}$$

对于弱可压缩液体，可以认为其压缩系数是常数。对式(6-21)积分得：

$$\int_{p_0}^{p} C dp = \int_{p_0}^{p} \frac{1}{\rho}\partial \rho$$

$$C(p - p_0) = \ln\rho - \ln\rho_0 = \ln\frac{\rho}{\rho_0} \tag{6-22}$$

$$\rho = \rho_0^{C(p-p_0)}$$

式中的 ρ_0 是 ρ 在 $p = p_0$ 的数值：

$$\rho_0 = \rho \mid_{p=p_0}$$

式(6-22)就是流体的状态方程。

(3) 连续性方程。连续性方程的实质就是物质守恒定律或物质不灭定律。即任何物质既不能产生，也不会消失，物质只能运动、转化或变换；物质在运动过程中，其质量既不能减少，也不能增加，始终保持恒定。即：流入该单元的液体总量 - 流出该单元的液体总量 = 该单元内液体的增量。

如图 6-19 所示，在液体径向流情况下，在孔隙介质的任何一个单元，单元外壁的面积 S_0 为：

$$S_0 = \frac{2\pi(r + \Delta r)\theta h}{2\pi} = (r + \Delta r)\theta h$$

单元内壁的面积 S_i 为

$$S_i = \frac{2\pi r\theta h}{2\pi} = r\theta h \tag{6-23}$$

假定流入单元的径向渗滤体积速度为 v_r，那么流入单元的径向渗滤质量速度应为 $v_r\rho$，又假定渗滤质量速度的增量为 $\Delta(v_r\rho)$，则流出单元的径向渗滤质量速度为 $v_r\rho + \Delta(v_r\rho)$。

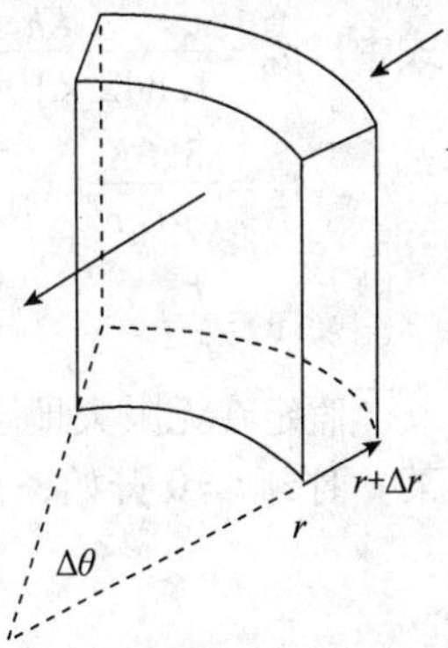

图 6-19　径向流系控制体元示意图

在平均时间内，流入单元的流体质量应为：$-(r+\Delta r)\theta h v_r \rho \Delta t$

从单元流出的流体质量为：$-r\theta h[v_r\rho+\Delta(v_r\rho)]\Delta t$

单元流体质量的增量使得其中流体的密度 ρ 发生变化。事实上，单元的体积为：

$$\frac{\pi(r+\Delta r)^2\theta h}{2\pi}=\frac{\pi r^2\theta h}{2\pi}=\frac{\theta h}{2\pi}[(r+\Delta r)^2-r^2]\approx\theta hr\Delta r\phi\rho$$

$(\theta hr\Delta r\phi\rho)_{t+\Delta t}-(\theta hr\Delta r\phi\rho)_t-(r+\Delta r)\theta h v_r \rho ct-\{-r\theta h[v_r\rho+\Delta(v_r\rho)\Delta t]\}=(\theta hr\Delta r\phi\rho)_{t+\Delta t}-(\theta hr\Delta r\phi\rho)_t\ \frac{1}{r}\frac{\partial}{\partial r}(rv_r\rho)=-\frac{\partial(\phi\rho)}{\partial t}$

$$\frac{\pi(r+\Delta r)^2\theta h}{2\pi}=\frac{\pi r^2\theta h}{2\pi}=\frac{\theta h}{2\pi}[(r+\Delta r)^2-r^2]\approx\theta hr\Delta r$$

所以其中流体的质量为 $\theta hr\Delta r\phi\rho$。其中的流体的质量增量应为：

$$(\theta hr\Delta r\phi\rho)_{t+\Delta t}-(\theta hr\Delta r\phi\rho)_t$$

因此：

$$-(r+\Delta r)\theta h v_r\rho\Delta t-\{-r\theta h[v_r\rho+\Delta(v_r\rho)\Delta t]\}=(\theta hr\Delta r\phi\rho)_{t+\Delta t}-(\theta hr\Delta r\phi\rho)_t$$

$$p_i-p_{wf}(t)=\frac{2.121\times10^{-3}q\mu B}{Kh}\lg t+\frac{2.121\times10^{-3}q\mu B}{Kh}\times\left(\lg\frac{K}{\phi\mu C_t r_w^2}+0.9077+0.8686S\right)p_{wf}\sim\lg t\Delta p\sim\lg t$$

整理得到：
$$-\frac{v_r\rho}{r}+\frac{\Delta(v_r\rho)}{\Delta r}=\frac{\Delta(\phi\rho)}{\Delta t}$$

得到偏微分方程：
$$\frac{v_r\rho}{r}+\frac{\partial(v_r\rho)}{\partial r}=-\frac{\partial(\phi\rho)}{\partial t}$$

即：
$$\frac{1}{r}\frac{\partial}{\partial r}(rv_r\rho)=-\frac{\partial(\phi\rho)}{\partial t}\tag{6-24}$$

这就是径向流动的连续性方程。

（4）基本微分方程推导。将运动方程、状态方程代入连续性方程，就得到试井解释的基本微分方程：

$$\frac{\partial^2 p}{\partial r^2}+\frac{1}{r}\frac{\partial p}{\partial r}=\frac{\phi\mu C_t}{3.6K}\frac{\partial p}{\partial t}\tag{6-25}$$

$$\frac{\partial^2 p_D}{\partial r_D^2}+\frac{1}{r_D}\frac{\partial p_D}{\partial r_D}=\frac{\partial p_D}{\partial t_D}\tag{6-26}$$

式中 $p_D=\frac{Kh}{1.842\times10^{-3}\mu qB}\Delta p$

$t_D=\frac{3.6K}{\phi\mu C_t r_w^2}t$

$r_D=\frac{r}{r_w}$

假定在无限大地层中有一口井，在这口井开井生产前，整个地层具有相同的压力 p_i，从某一时刻 $t=0$ 开始，该井以恒定产量 q 生产，则满足以下定解条件：

$$\left.\begin{aligned}&p(t=0)=p_i\\&p(r=\infty)=p_i\\&\left(r\frac{\partial p}{\partial r}\right)_{r=r_w}=\frac{q\mu B}{172.8\pi Kh}\end{aligned}\right\}\tag{6-27}$$

式中　$p=p(r,\ t)$——距离井 r 处在 $t(h)$ 时刻的压力，MPa；

P_i——原始地层压力，MPa；

r——离井的距离，m；

t——从开井时刻起算的时间，h；

K——地层渗透率，μm^2；

h——地层厚度，m；

μ——流体黏度，mPa·s；

ϕ——地层孔隙度，无因次；

C_t——地层及其中流体的综合压缩系数，MPa^{-1}；

微分方程在定解条件(6－27)下的解为：

$$p=p(r,\ t)=p_i-\frac{q\mu B}{345.6\pi Kh}\left[-E_i\left(-\frac{r^2}{14.4\eta t}\right)\right] \tag{6-28}$$

式中　E_i——幂积分函数。

$$E_i(-x)=-\int_x^{\infty}\frac{e^{-u}}{u}du$$

当 $x<0.01$ 时，

$$E_i(-x)\approx \ln x+0.5772\approx \ln(1.781x)$$

由方程(6－27)可得井底流动压力：

$$p_{wf}(t)=-\frac{2.121\times10^{-3}q\mu B}{Kh}\lg t+\left[p_i-\frac{2.121\times10^{-3}q\mu B}{Kh}\left(\lg\frac{K}{\phi\mu C_t r_w^2}+0.9077+0.8686S\right)\right] \tag{6-29}$$

$$p_i-p_{wf}(t)=\frac{2.121\times10^{-3}q\mu B}{Kh}\lg t+\left[\frac{2.121\times10^{-3}q\mu B}{Kh}\times\left(\lg\frac{K}{\phi\mu C_t r_w^2}+0.9077+0.8686S\right)\right] \tag{6-30}$$

方程(6－30)称为压差公式，它描述的是压力降落过程中井底压力的变化。公式表明压降测试数据 $p_{wf}-\lg t$ 或 $\Delta p-\lg t$ 曲线，在径向流动段为一条直线，这就是压降试井常规解释方法的理论依据。

2. 压力分布

当油井稳定生产时，地层中存在一个压力分布，井底的流压为 p_{wf}，外边界上的压力为 p_e。地层中任意径向距离 r 处的地层压力为 p，无表皮油井的地层压力分布可用下式进行计算：

$$p=p_{wf}+\frac{p_e-p_{wf}}{\ln\frac{r_e}{r_w}}\ln\frac{r}{r_w} \tag{6-31}$$

$$p=p_e-\frac{p_e-p_{wf}}{\ln\frac{r_e}{r_w}}\ln\frac{r_e}{r} \tag{6-32}$$

式(6－31)、式(6－32)为单相不可压缩液体平面径向渗流的压力分布公式，可以看出，从供给边界到井底，地层中的压力降落是按对数关系分布的，如图6－20所示。从空间形态看，它形似漏斗，所以习惯上称之为“压降漏斗”。平面径向流压力消耗的特点：压力主要消耗在井底附近，这是因为越靠近井底，渗流面积越小，渗流阻力越大。

3. 叠加原理

应用叠加原理，可以得到多井情形和变产量情形(包括关井，即压力恢复情形)的各种压力变化公式。

所谓“叠加原理”就是：如果某一线性微分方程的定解条件也是线性的，并且他们都可以分解成为若干部分，即分解成若干个定解问题，而这几个定解问题的微分方程和定解条件相应的线性组合，正好是原来的微分方程和定解条件，那么，这几个定解问题的解相应的线性组合就是原来的定性问题的解。

把叠加原理应用到试井中，就是油藏中任何一个地方的压力变化，等于油藏中所有各井的产量变化在该处引起的压力变化的总和。应用叠加原理，可以得到多井情形和变产量情形(包括关井，即压力恢复情形)的各种压力变化公式。多井情形相当于平面上的叠加，变产量情形相当于时间上的叠加。

使用叠加原理时应注意，各井都应在同一水动力系统。

空间上的叠加形式(多井系统的应用)(图6-21)：

由叠加原理可知：井A的压力变化为

$$\Delta p = \Delta p_{A} + \Delta p_{B\sim A} + \Delta p_{C\sim A}$$

上式中Δp_{A}、$\Delta p_{B\sim A}$、$\Delta p_{C\sim A}$分别表示A、B、C井以q_{A}、q_{B}、q_{C}生产时，在井A产生的压降。

若处于径向流动期，则

$$p = \frac{9.21\times10^{-4}\mu B}{Kh}\left[q_{A}\left(\ln\frac{kt}{\phi\mu C_{t}r_{w}^{2}} + 0.8091 + 2S\right) - q_{B}E_{i}\left(-\frac{\phi\mu C_{t}d_{BA}^{2}}{14.4Kt}\right) - q_{C}E_{i}\left(-\frac{\phi\mu C_{t}d_{CA}^{2}}{14.4Kt}\right)\right]$$

图6-20 平面径向流压力分布曲线

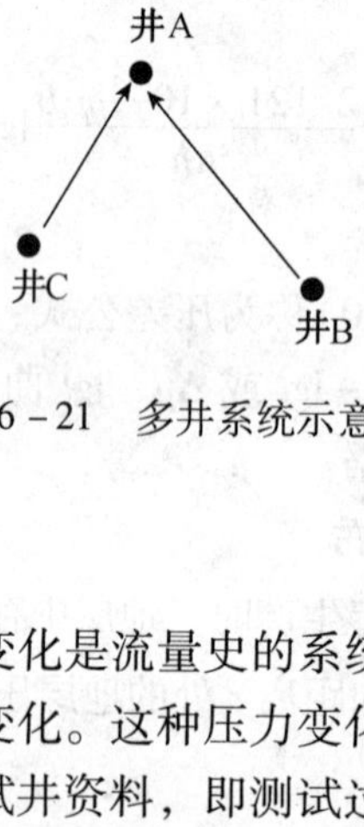

图6-21 多井系统示意图

6.4.2 不稳定试井类型

压力不稳定分析将流量史作为已知参数，压力不稳定变化是流量史的系统响应。即通过改变测试井的产量，并测量由此引起的井底压力随时间的变化。这种压力变化同测试过程的产量有关，也同测试井和测试层的特性有关。因此，运用试井资料，即测试过程中的井底压力和产量资料，结合其他资料可以计算测试层和测试井的许多特性参数。测试目的和现场实际条件决定了测试类型，各种测试类型的定义如下：

1. 压力降落测试

压力降落测试前，测试井处于关井、静止状态，测试时开井以一定产量生产。为满足常规试井分析要求，流量必须稳定(图6-22)。

常规试井分析技术都是源于压降测试。压降试井虽然现场实施存在一定的困难，但仍然是油藏边界探测的一种好方法。通常情况下，探测到边界的时间都比较长，从整个测试过程来看，短时间的产量波动对分析结果影响不大。

2. 压力恢复测试

在压力恢复测试中，测试井最初是流动的(理想状况是恒流量)，然后关井(图6-23)。定流量压降试井解释方法稍作修改便可以分析压力恢复试井资料。压恢的优点是恒流量更容易实现(因为流量为零)。

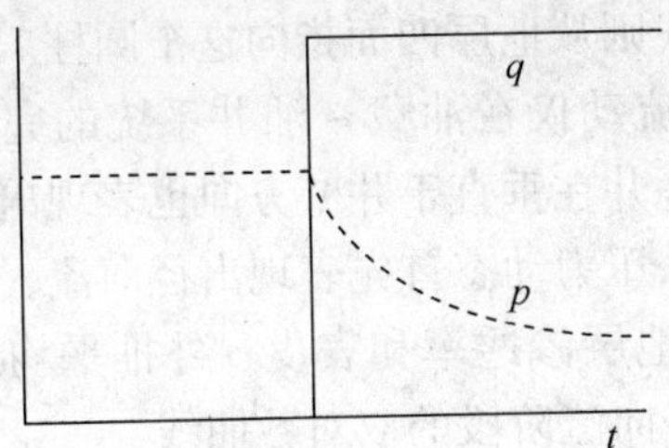

图6-22 压力降落测试示意图

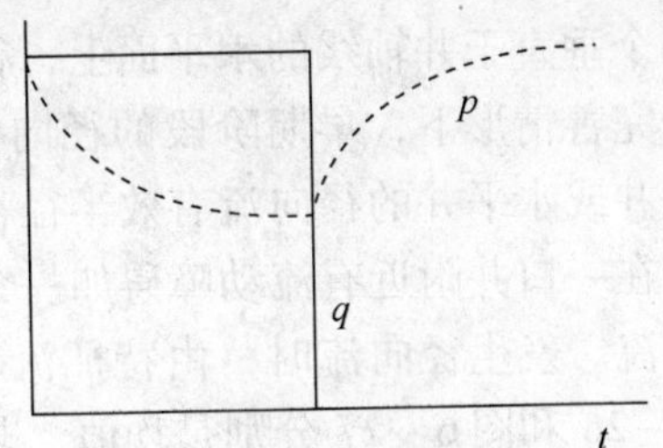

图6-23 压力恢复测试示意图

但压恢测试的缺点：关井前的定流量很难做到且关井会造成产量损失。

3. 注入测试

压降试井是指测试井先处于静止状态，然后开井生产，而注入试井是指测试井先处于静止状态，然后向井筒注入流体。注入试井分析在概念上与压降试井分析相同，只是注入测试是向井中注入而不是采出(图6-24)。

注入测试在流量控制方面更容易实施，但一般注入流体与原始储层流体性质不相同，测试结果的分析方法因需考虑多相流的影响而变得较为复杂。

4. 压力回落试井

压力回落试井测试指向井内注入一段时间流体之后，关井测试压力下降情况，概念上相当于开发井压力恢复试井(图6-25)。

由于之前开展了注入试井，如果注入流体与储层原始流体性质不同，压力回落试井解释将更加困难。

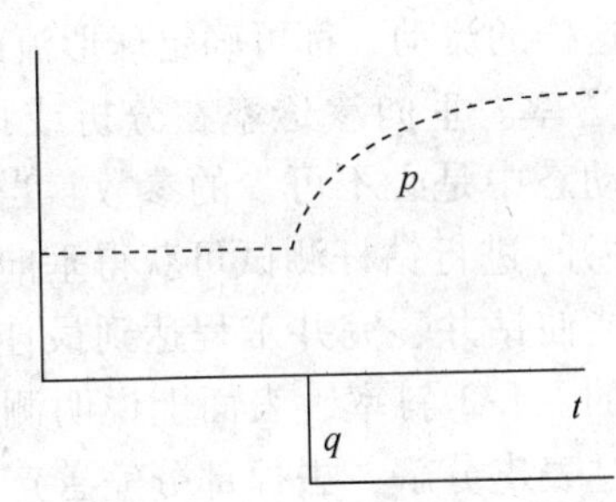

图6-24 注入测试示意图

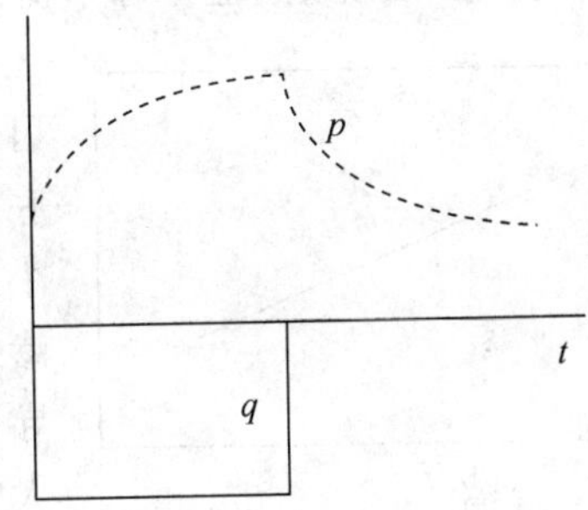

图6-25 压力回落测试示意图

5. 干扰测试

干扰试井测试通常采取一口井激动，一口或多口井观察的方式，干扰试井监测的是与生产井一段距离的储层压力变化，因此干扰测试可以确定更大范围的储层物性(与单井测试相比)。由于监测到的压力变化比生产井本身的压力变化小很多，所以干扰测试需要高精度压力计，且能满足长时间测试需要。干扰测试不需考虑生产井的压力变化方式(如压降、压恢、注入或压力回落)。

6.4.3 地层流体流态及曲线特征

在试井资料中常常可观察到八种流动类型，即径向流、球形流、线性流、双线性流、线弹性流、稳态流、双孔隙/渗透流和双斜率流。这些流动类型都有自己的物理模式和数学表示。

1. 径向流

当流线在平面上向着一点聚集时发生径向流。径向流是最重要的流动方式。在双对数图上，导数曲线表现为一条水平直线。在完全完善井情形中，井与地层的接触部分为圆柱面。在任何一个垂直于井轴线的水平面上，径向流的流线则从地层四面指向这个圆柱。在部分射孔或部分完善情形下，早期阶段的径向流所对应的流动仅在油藏－油井系统的完善部分发生。裂缝井或水平井的径向流有效半径将扩大。水平井在垂直于井壁方向也表现出早期径向流。如果在一口井附近有流动障碍如一个断层，那么压力动态首先表现出径向流，然后表现出双斜率流。发生径向流时，由特征流动段可确定地层渗透率和表皮、外推平均地层压力等。图 6－26 和图 6－27 分别是均值、非均值油藏径向流阶段的双对数曲线。

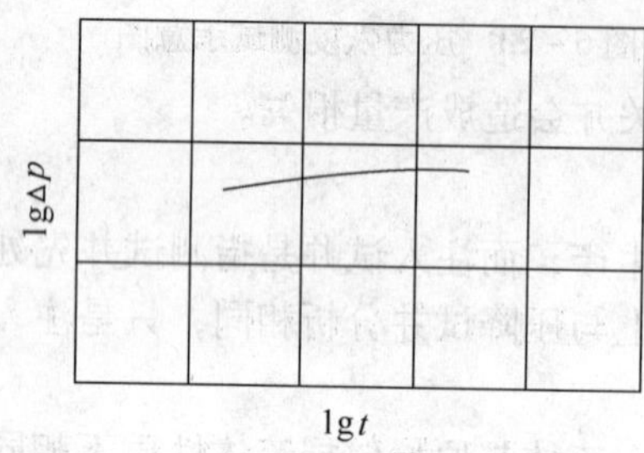

图 6－26　均值油藏径向流动阶段的双对数曲线

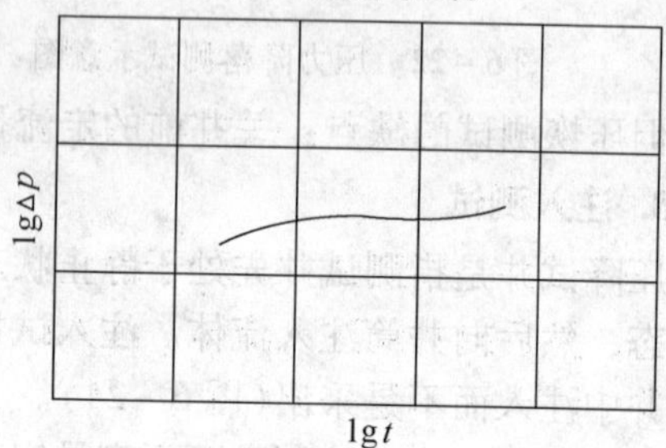

图 6－27　非均值油藏径向流动阶段的双对数曲线

2. 球形流

当流线在空间上向着一点聚集时发生球形流。油藏－油井系统在部分完善或部分射孔的情况下有可能发生球形流。靠近厚储层上部或下部的部分射孔时，近井地层有可能发生球形流或半球形流。在双对数图上，球形流或半球形流的导数曲线斜率都为－1/2（图 6－28）。

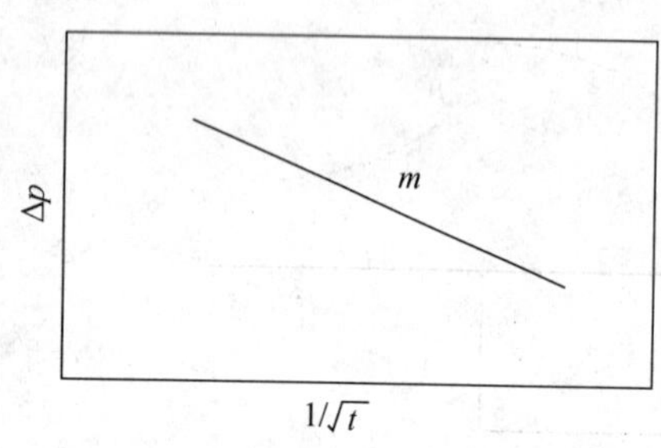

图 6－28　球形流动识别曲线

无论何时出现这样的流动，都可确定球形流的渗透率，可求得垂向渗透率。垂向渗透率在分析或预测气顶、底水或水平井动态中是必不可少的参数。当地层仅是小部分射开（钻开）进行钻杆测试可获得垂向和水平向渗透率，这样能使钻井、完井工程达到最佳。在压力导数上观察到的－1/2 斜率，表面上说明测试井具有大的表皮。经过表皮分解，去掉部分完善产生的表皮后，可确定真实的地层损害表皮。反之，可以确定改善措施的增产效益。

3. 线性流

当流线在平面上相互平行时发生线性流，这些流线按某一方向指向井。在双对数图上，线性流的导数曲线斜率是 1/2，常常发生在垂向裂缝井、水平井或者一个河道型的油藏中。由于流线集中到一个面，与这一流动有关的参数是流线方向上的渗透率和垂直于流线的流动区域。如果根据另一种流动方式能确定 $k \times h$ 时，可由此确定流动区域的宽度、垂直裂缝井的裂缝半长、水平井的有效生产长度或者是河道型油藏的宽度；另一方面，如已知流动区域宽度，综合径向流、线性流的资料可计算主轴方向的渗透率（k_x 和 k_y）值（图 6－29）。

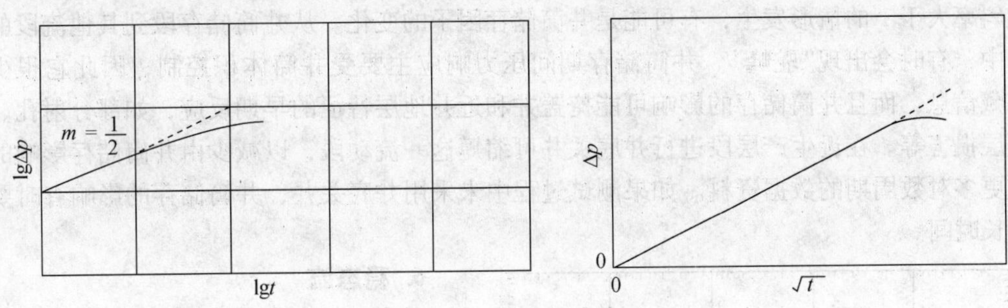

图 6－29　线性流动的诊断曲线和特种识别

4. 双线性流

当水力裂缝的导流能力较小时可表现出双线性流特征。由于在水力裂缝内部存在压力降落，沿裂缝将发生线性流，其流线指向井，同时在地层中垂直于裂缝壁面方向上也发生一个线性流动，其流线指向裂缝。这两个线性流在互相垂直方向上同时发生，这种流动方式称为双线性流。在双对数图上，双线性流的导数曲线斜率是 1/4。如果已知地层渗透率时，根据这一流动可以确定裂缝传导能力 $k_f \times W$（图 6－30）。

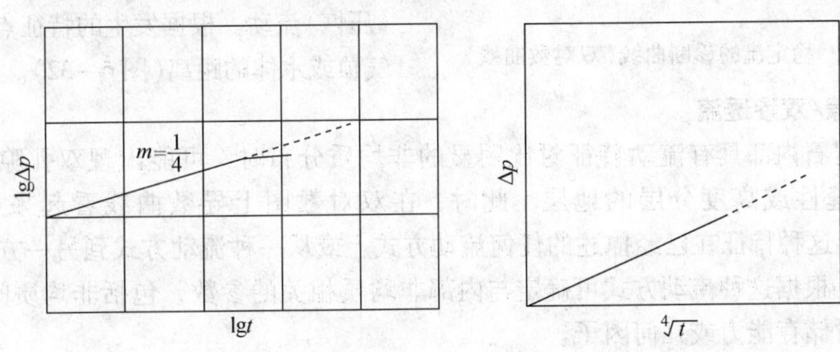

图 6－30　有限导流性垂直裂缝的诊断曲线和特种识别

5. 拟稳定流

线弹性流的特点是：在封闭渗流系统中压力扰动的改变不随时间变化，所有点的压力以同一方式变化。线弹性流的导数曲线斜率为 1（图 6－31）。封闭体积可以是井筒的一部分或全部，也可以是一封闭油藏。如果指的是井筒，这一流动段称为井筒储存；如果指的是有关此井的整个排泄体积，这一特点称为拟稳态。在径向流出现之前的井筒存储段，可能有导数

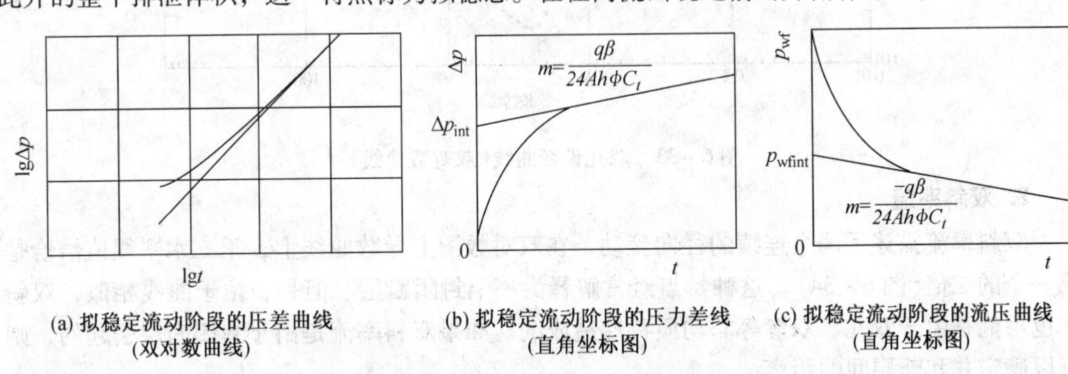

(a) 拟稳定流动阶段的压差曲线（双对数曲线）　(b) 拟稳定流动阶段的压力差线（直角坐标图）　(c) 拟稳定流动阶段的流压曲线（直角坐标图）

图 6－31　封闭系统的诊断曲线和特种识别曲线

曲线斜率大于1的情形发生，有可能是井筒储存因子的变化。从井筒储存段到其他流段的过渡区中，有时会出现“驼峰”。井筒储存期间压力响应主要受井筒体积控制，因此它很少反映油藏信息，而且井筒储存的影响可能掩盖井和近井地层特征的早期反应，如部分射孔、近井地层损害等。在近生产层段进行井底关井可缩短这一流动段，以减少由井筒储存影响的两个或更多对数周期的数据资料。如果测试过程中未采用井底关井，井筒储存的影响有时要持续很长时间。

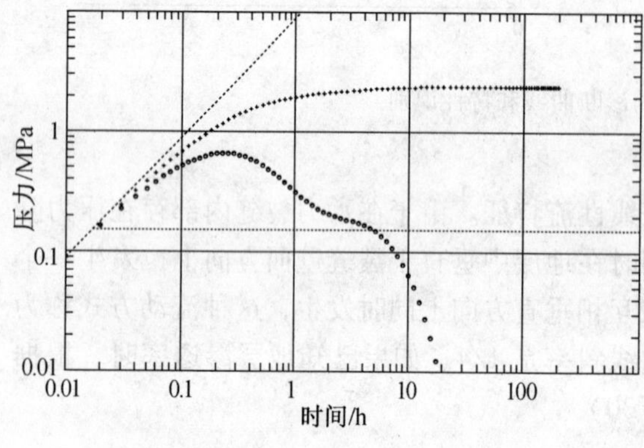

图6-32　稳定流的诊断曲线(双对数曲线)

6. 稳态流

稳态流是指渗流系统内的压力在任何点上不随时间变化，并且油藏中任意两点间的压力梯度为常数。当渗流系统内的压力受临近的气顶或活跃的水体支持时，在任何注入/生产井网中都会存在这种情况。在稳态流中，常压趋势导致压力导数曲线陡然下降。在压力恢复和压力降落试井资料中出现陡峭下降，就表明可能了发生稳态或拟稳态(压恢)流动。根据发生的特征点可以计算到气顶或水体的距离(图6-32)。

7. 双孔隙/双渗透流

当油藏岩石内部具有流动特征对比明显的非均质分布时，可能出现双孔隙/双渗透流。例如天然裂缝性或高度分层的地层。此时，在双对数图上导数曲线看起来好像山谷形(图6-33)。这种特征在已经描述的任何流动方式上或从一种流动方式到另一方式的过渡中都可能出现。根据这种流动方式可确定与内部非均质相关的参数，包括非均质间窜流能力、非均质的相对储存能力或几何因子。

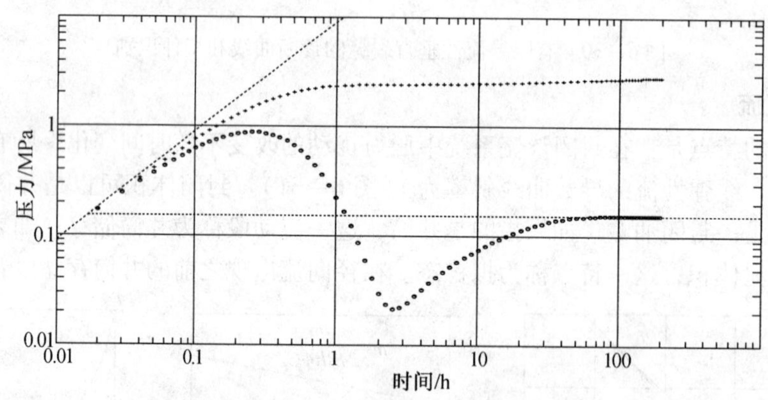

图6-33　双孔诊断曲线(双对数曲线)

8. 双斜率流

双斜率流描述了两个连续的径向流动，在双对数图上导数曲线上，第二水平线值恰恰是第一个的二倍(图6-34)。这种特点经常解释为一个封闭断层。但是，由于曲线相似，双斜率也可能是由于双孔、双渗等非均质特性造成的。如果双斜率流是由于封闭断层引起的，则可以确定井和断层间的距离。

流动段识别器见图6-35。

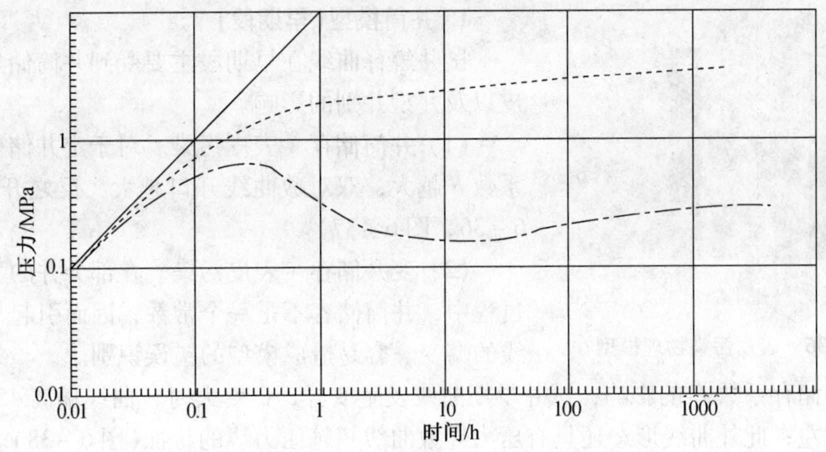

图 6－34　双斜率流曲线特征(双对数曲线)

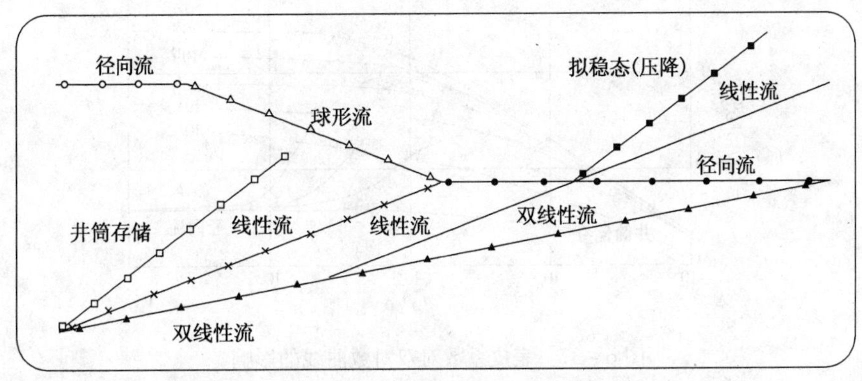

图 6－35　流动段识别器

6.4.4　试井物理模型及曲线特征

现代试井解释是根据各种试井模型的数学模型算出不同参数下的无量纲井底压力随无量纲时间的变化曲线，并绘制在双对数坐标图上，称为理论图版或样板曲线。不同的试井模型具有不同的曲线特征，实测曲线符合哪类试井模型的曲线特征，就选哪类试井模型的理论图版进行拟合，拟合的结果也就确定了该实测曲线对应的油藏的参数。

因此，试井解释模型及典型曲线特征是试井解释技术的重要内容。试井解释模型的组成见表 6－3。

表 6－3　试井解释模型的组成

类　别	模　型
内边界模型	井储＋表皮、变井储、压裂井、部分射开、斜井和水平井等
储层模型	均质、双孔介质、双渗介质、三重介质、多重介质、复合模型(包括径向复合和单向线性复合)、多重复合模型(包括径向复合和单向线性复合)和分形介质模型
外边界模型	定压边界、变压边界(升压或降压)、不渗透边界(一条直线断层或多条直线断层)、封闭储层、半渗透(泄漏)断层和高渗透断层等
流体模型	油井、气井、凝析气井、水井、单相流、多相流、非达西流等
流量模型	恒流量、变流量

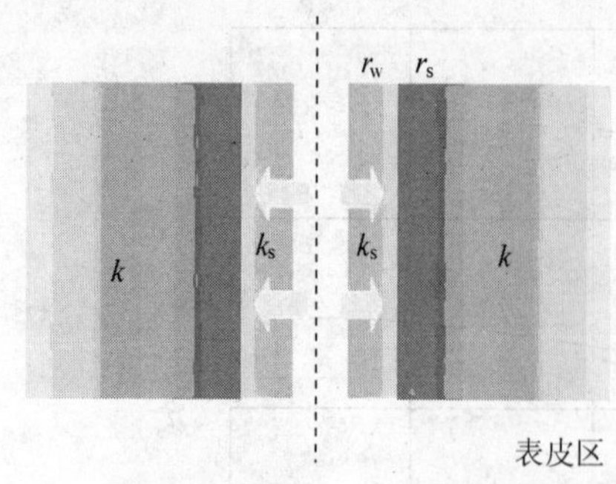

图 6－36　表皮污染物理模型

1. 井筒模型(早期段)

试井解释曲线在早期段主要受到井筒储集效应、表皮以及井型井别的影响。

（1）井筒储存＋表皮污染。对于定井储模型，污染系数 S 越大，双对数曲线开口越大，反之开口越小(图 6－36、图 6－37)。

（2）变井储存＋表皮污染。在部分井的不稳定试井过程中，井筒储容不是一个常数，因而引起早期数据曲线的畸变。容易造成模型的错误识别。

受井筒储存系数 C 的影响，试井早期曲线发生变异，C 变大时，曲线偏离 45°线向右偏移，反之向左；此外曲线形态还具有压力导数曲线超越压力线的特征(图 6－38)。

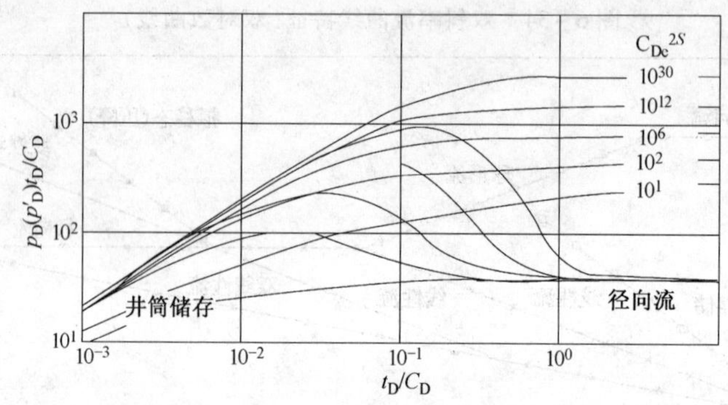

图 6－37　表皮系数对双对数曲线的影响

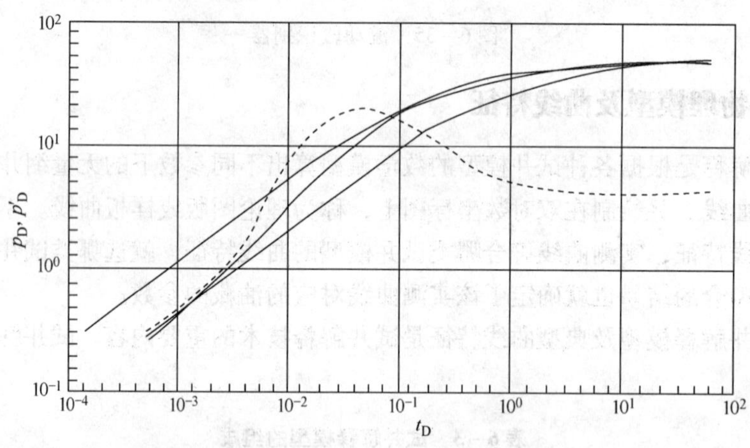

图 6－38　井筒储容由大变小时的曲线特征

（3）无限导流能力裂缝。因裂缝具有无限大的渗透率，沿裂缝无压力降。流体一旦从地层流入裂缝，将瞬时流入井筒。所以对于无限导流垂直裂缝的油藏，缝中的流动不存在(图 6－39)。

对于无限导流模型的均质油藏，压力导数曲线表现出斜率为 0.5 的直线段，后期压力导数表现为 0.5 的水平线；受井筒储存系数 C 影响，C 越大，双对数曲线越靠右，反之靠左(图 6－40)。

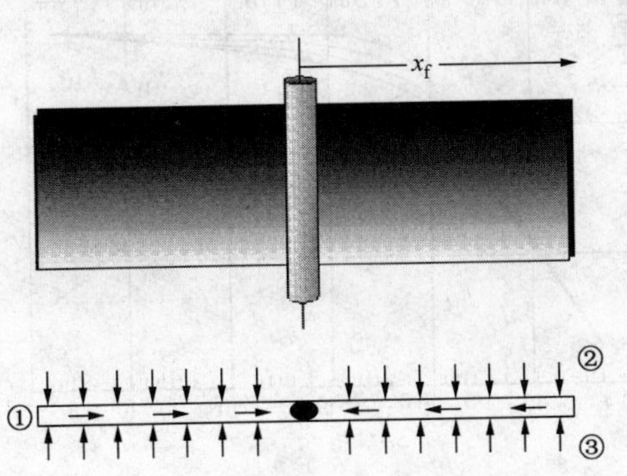

图 6－39　无限导流垂直裂缝井的物理模型

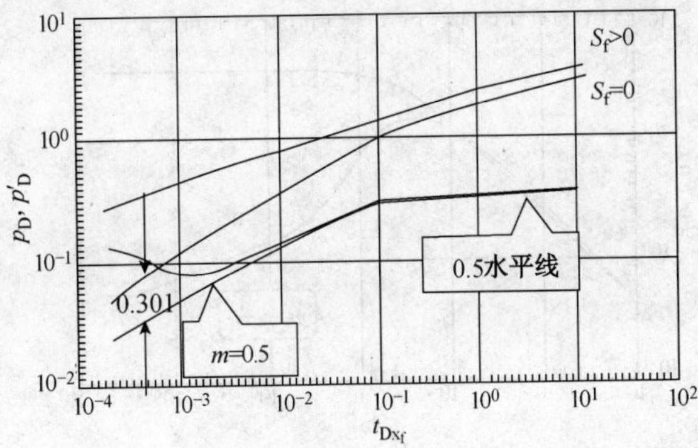

图 6－40　无限导流垂直裂缝井的压力特征

（4）有限导流（大型压裂通常产生符合这一模型的裂缝）。对于有限导流垂直裂缝模型，在井筒储集效应和表皮影响段，压力导数曲线表现出斜率为 1 的直线段；中期为有限导流垂直裂缝影响的特征曲线，压力导数曲线表现出斜率为 0.25 的直线段；晚期为均质油藏特征，压力导数曲线为 0.5 的水平线（图 6－41、图 6－42）。

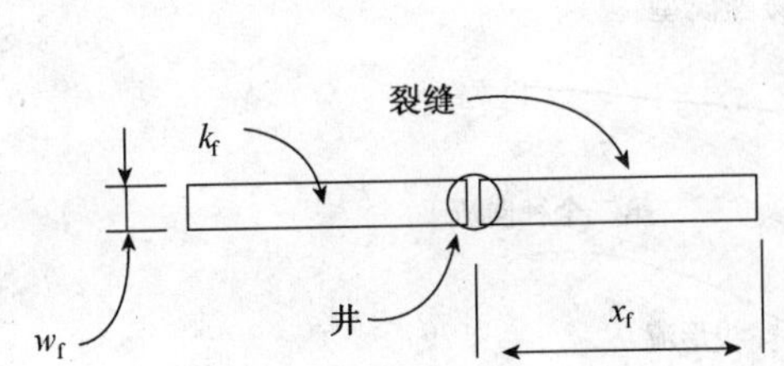

图 6－41　有限导流垂直裂缝井的简化物理模型

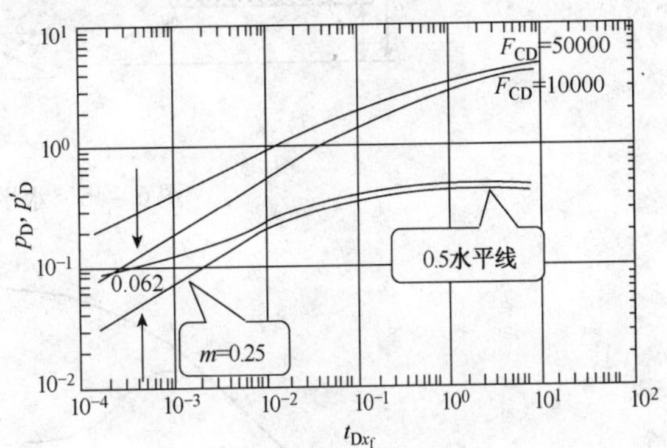

图 6－42　有限导流垂直裂缝井的压力特征

（5）部分射开。对于存在气顶或底水的油藏，通常采用储层部分打开完井方式。试井曲线受部分射开的影响，压力导数曲线表现为斜率为－1/2。此外受纵向渗透率的影响，导数曲线也会发生变化（图 6－43～图 6－45）。

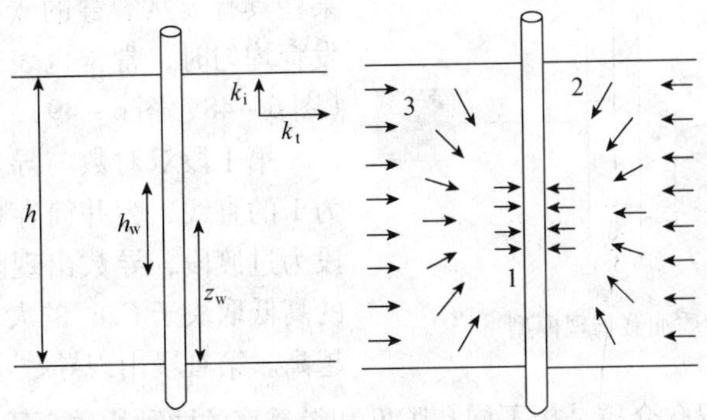

图 6－43　储层部分打开井物理模型的简化

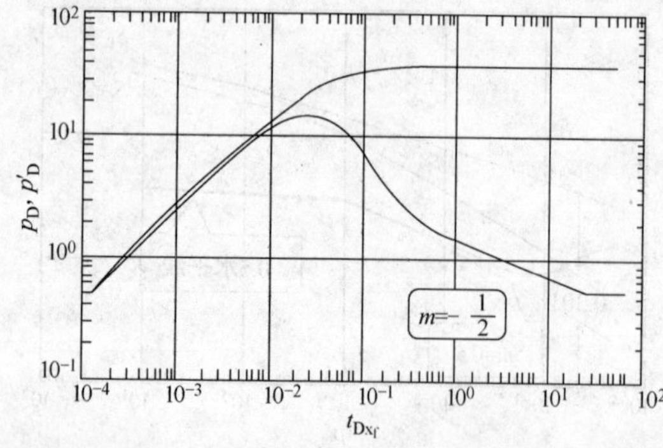

图6-44　储层部分打开井的曲线特征

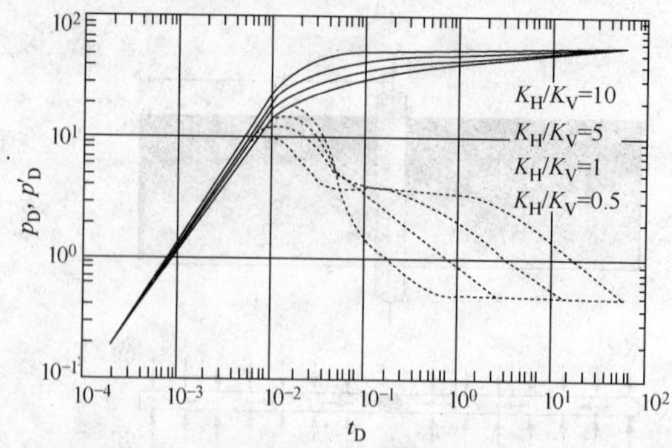

图6-45　K_H/K_V 值对曲线特征的影响

（6）水平井。水平井试井曲线在井筒储集效应结束后，会出现早期径向流段，压力导数为一条直线；然后出现线性流，压力导数表现为一条斜率为0.5的直线段；后期出现系统径向流段，压力导数为0.5的一条直线(图6-46、图6-47)。

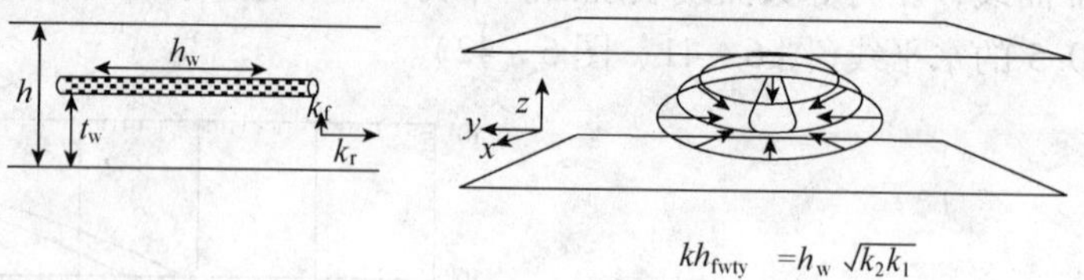

图6-46　水平井井物理模型

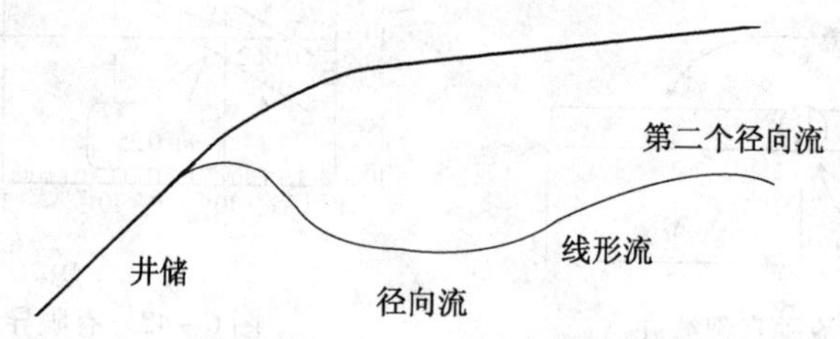

图6-47　水平井井曲线特征

2. 油藏模型(中期段)

（1）均质模型。均质油藏是目前最常见的一种地层类型，对于我国东部地区第三系的大部分砂岩地层，均呈现出均质油藏的特征。某些具有天然裂缝的碳酸盐岩地层，当裂缝发育均匀时，常常也表现出均质油藏的特征(图6-48、图6-49)。

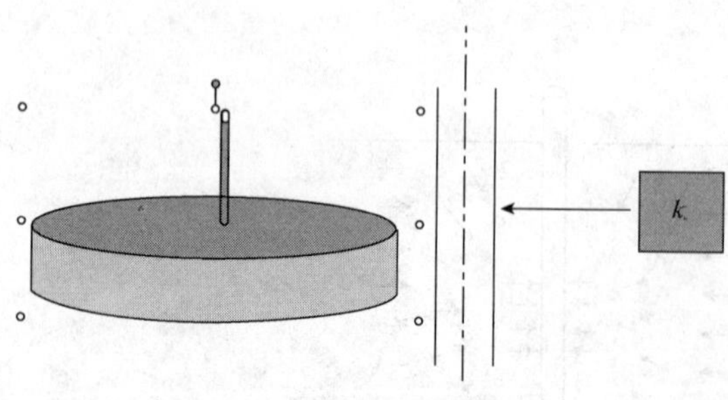

图6-48　均质油藏物理模型

第Ⅰ段双对数与导数合二为一，呈斜率为1的直线，为井筒存储阶段的影响。第Ⅱ段为过渡段，导数出现峰值后向下倾斜，峰的高低取决于C_De^{2S}的大小，C_De^{2S}越大，峰值越高。第Ⅲ段出现导数水平段，为径向流段。

（2）双孔模型。双孔介质是指不同孔隙度和渗透率的两种均质介质间的相互作用。两种介质可以是均匀分布的，也可以是分离的，但只有一种介质(高渗透系统)允许生产流体通过并流入井底，而另一种介质(低渗透系统)只起着源的作用(图6-50)。双孔介质的基质

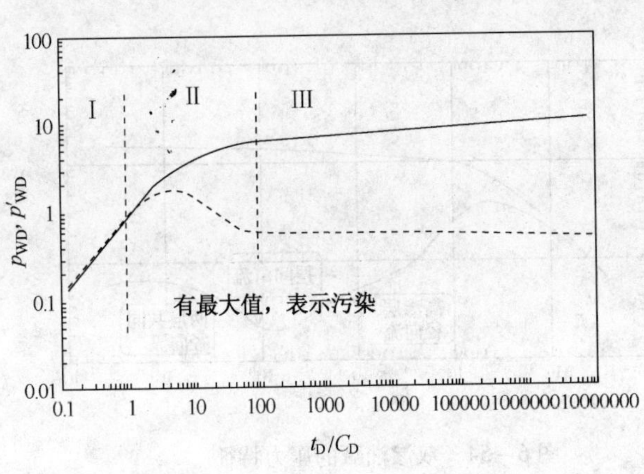

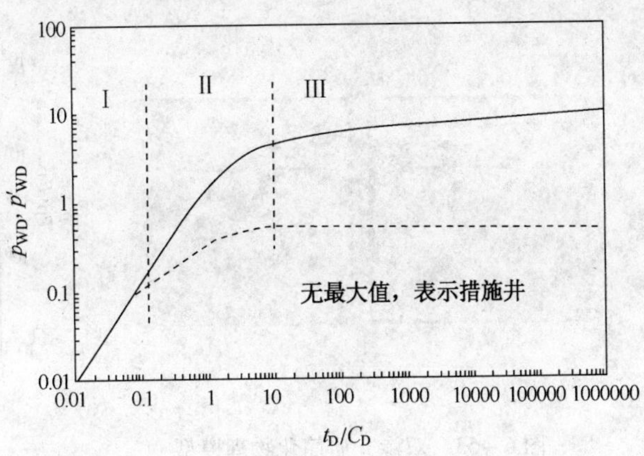

图 6－49　均质油藏曲线特征

岩块系统向裂缝系统窜流的过渡期，压力导数曲线表现为下凹的特征，下凹的深度与储容比 ω 有关，ω 越小下凹越深。导数曲线下凹的时间与基岩和裂缝间的窜流系数 λ 有关，λ 越小，下凹出现越晚，反之，出现越早(图 6－51、图 6－52)。

（3）双渗窜流油藏。双渗介质是由渗透率相差相当大的两种介质构成的，与双孔介质不同的是，两种介质中的流体都可以直接流入井筒(图 6－53、图 6－54)。

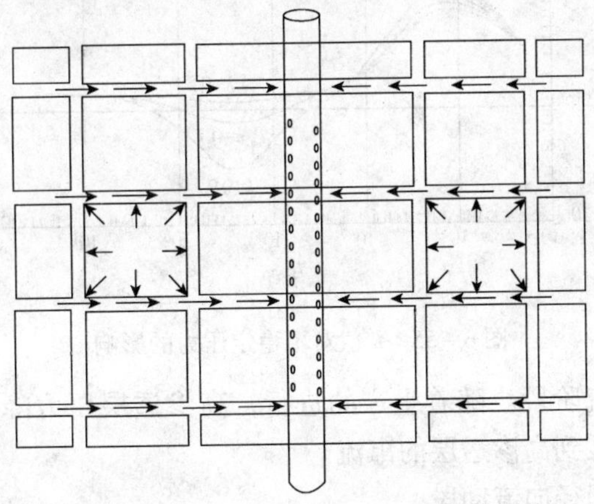

图 6－50　双孔介质简化物理模型

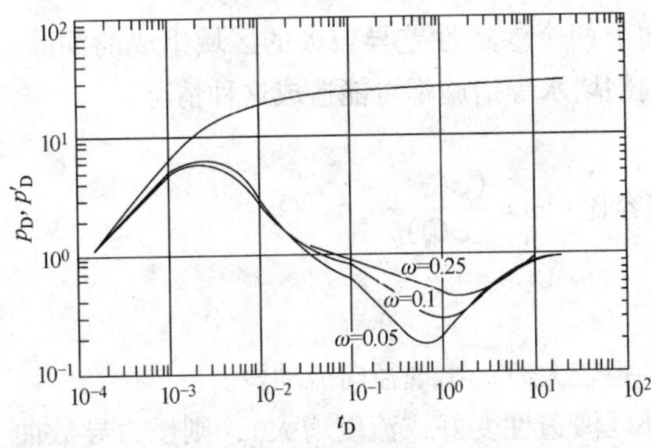

图 6－51　ω 值对不稳定压力的影响

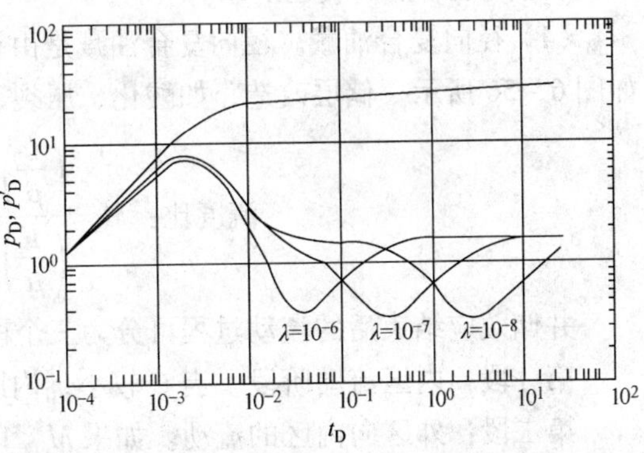

图 6－52　λ 值对不稳定压力的影响

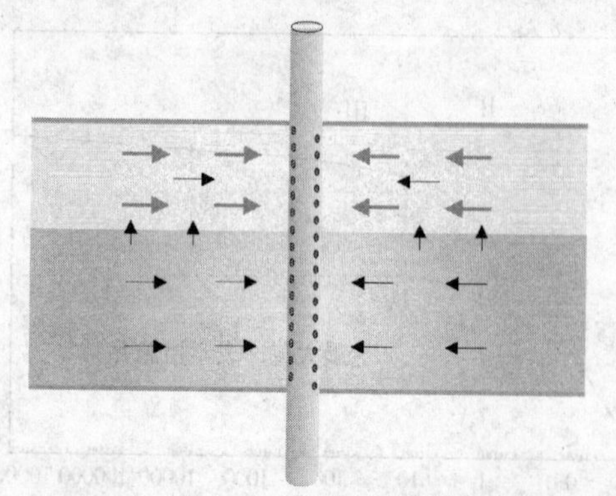
图 6－53　双渗介质简化物理模型

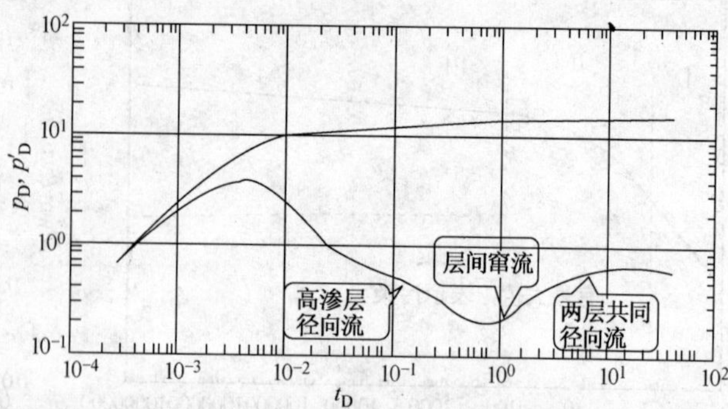

图 6－54　双渗油藏的压力特征

第一阶段：高渗透层流动阶段。如果满足以下条件，则高渗透层可能出现径向流动。出现高渗透层径向流动的条件是：①k 较大，即高渗透层的 kh 值较大(图 6－55)；②λ 较小。也就是窜流发生的时间较晚；③C 较小。

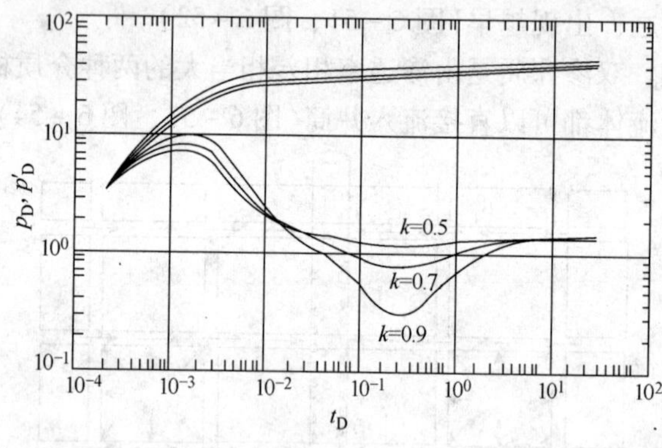

图 6－55　k 值对不稳定压力的影响

第二阶段：层间窜流阶段。随着生产的进行，高渗透层压力降低，在两层之间产生压差，于是产生从低渗透层到高渗透层的窜流。

第三阶段：两层共同径向流动段。

双层窜流油藏导数曲线中期反映流体的窜流特征，受参数 k、λ、ω 影响，在 λ、ω 不变时，k 越大，导数曲线越下凹。

(4) 径向复合油藏。径向复合油藏是由径向上两个渗透性差异较大的区域组成的油藏，如图 6－56 所示。储层改造，如酸化、压裂、调剖堵水等措施都可能造成这种情况。

$$\text{流度比：}M=\frac{\left(\frac{k}{\mu}\right)_1}{\left(\frac{k}{\mu}\right)_2}\text{储容比：}\omega=\frac{(\varphi C_t)_1}{(\varphi C_t)_2}$$

井储效应结束后的流动过程可分为三个段：

第一段：内区流动阶段。当 C 较小，内区半径较大时，出现径向流动段。

第二段：外区向内区的流动。如果 $M<1$(外区渗透性变好或流度增大)，则压力导数曲线下掉。反之压力导数曲线上翘。当 $M=1$ 时，变为均质油藏模型(图 6－57 ~ 图 6－59)。

第三段：内、外区共同径向流动段。压力导数曲线变为水平线，其导数值为 0.5M。

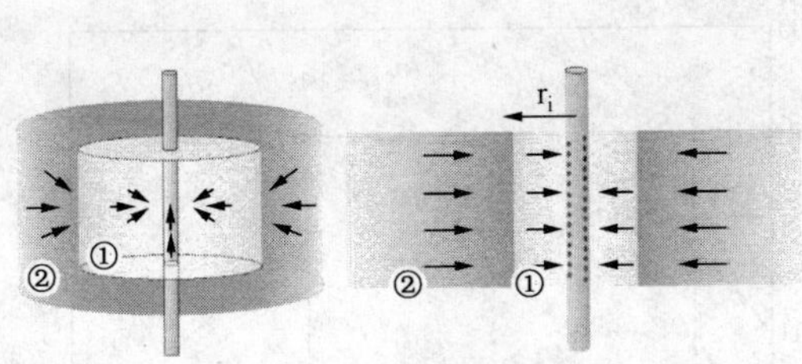

图 6－56　径向复合油藏简化物理模型

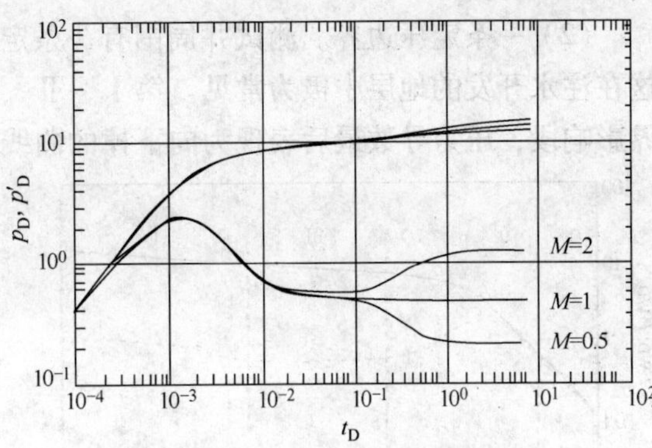

图 6－57　M 值对曲线形态的影响对比

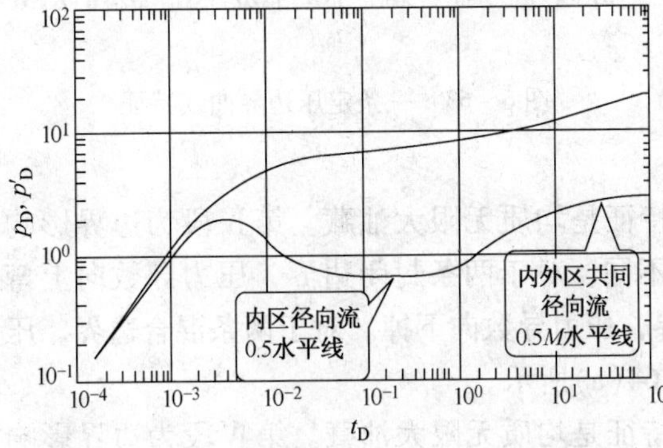

图 6－58　径向复合油藏 $M>1$ 时的曲线特征

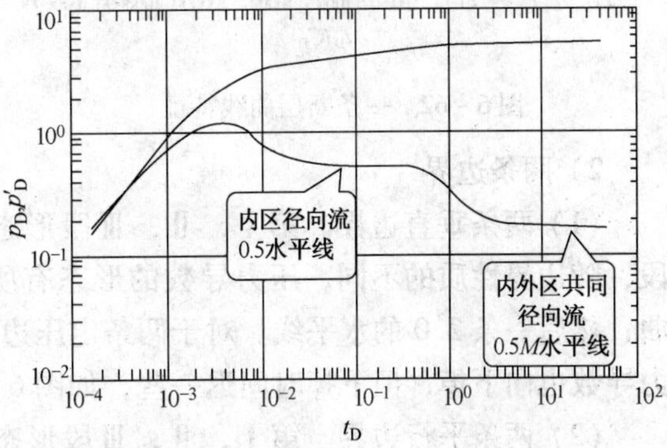

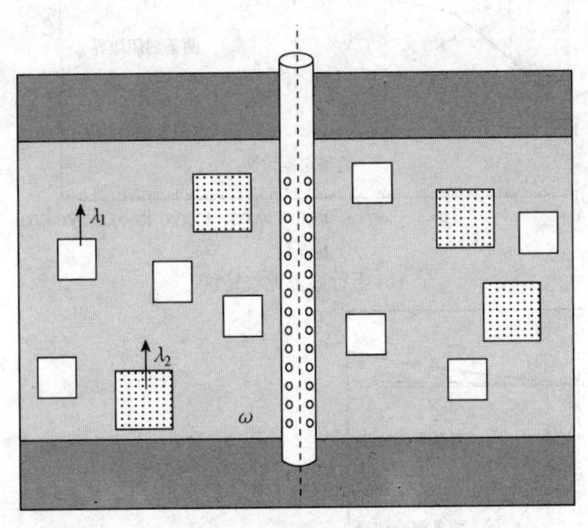

图 6－59　径向复合油藏 $M<1$ 时的曲线特征

（5）多重孔隙油藏。多重孔隙油藏是指均匀分布具有相同性质的裂缝与多种渗透率和孔隙度明显不同的分离基岩相互作用的系统（图 6－60）。如含有孤立洞穴的天然裂缝储层。

多重孔隙油藏双对数曲线特征与双重孔隙油藏类似，不同点是下凹的次数随孔隙度变化的多少而增加（图 6－61）。

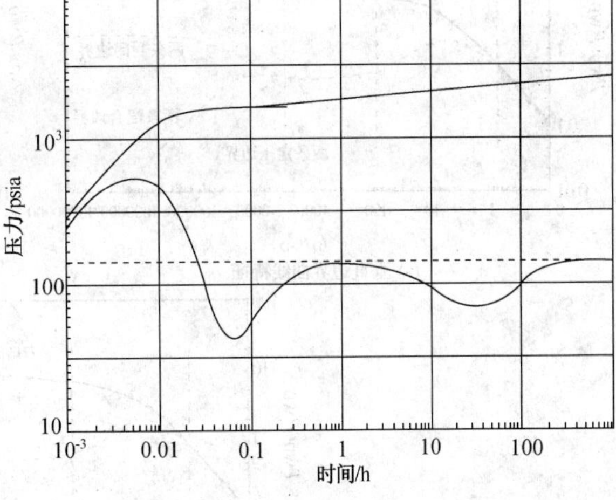

图 6－60　多重孔隙油藏简化物理模型

图 6－61　多重孔隙油藏曲线特征

3. 外边界模型（晚期段）

1）一条外边界

（1）一条封闭边界。第Ⅰ，Ⅱ，Ⅲ段形态特征是均质无限大油藏；第Ⅳ段为边界影响段，压力导数最后表现为值等于 1.0 的水平直线。图 6－62 是一条断层曲线特征图。

(2) 一条定压边界。测试井周围有一条定压边界，多数是指井周围有一条强边水边界。这在注水开发的地层中极为常见。第Ⅰ，Ⅱ，Ⅲ段形态特征是均质无限大油藏。第Ⅳ段为边界影响段，压力导数最后表现为向下掉的曲线。图6-63是一条定压边界曲线特征。

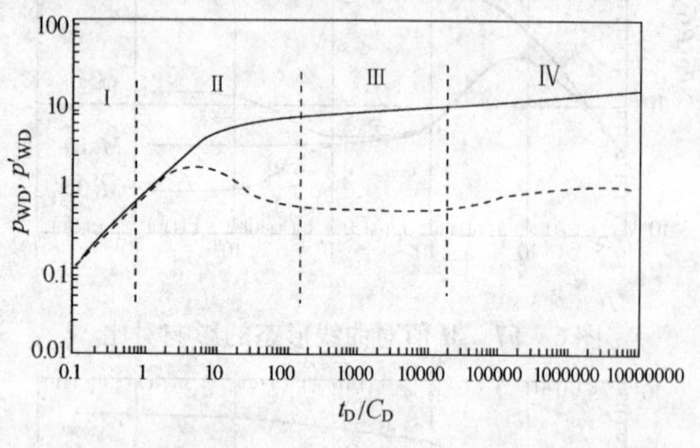

图6-62　一条断层曲线特征

图6-63　一条定压边界曲线特征

2）两条边界

(1) 两条垂直边界。第Ⅰ，Ⅱ，Ⅲ段形态特征是均质无限大油藏。第Ⅳ段为边界影响段，随边界性质的不同，压力导数的形态有所不同。对于两条封闭边界，压力导数向上弯曲，然后一条2.0的水平线。对于两条定压边界，压力导数向下掉。对于两条混合边界，压力导数也向下掉，但下掉时间迟一些，如图6-64(a)所示。

(2) 两条平行边界。第Ⅰ，Ⅱ，Ⅲ段形态特征是均质无限大油藏。第Ⅳ段为边界影响段，随边界性质的不同，压力导数的形态有所不同。对于两条封闭边界，压力导数向上翘，然后一条斜率为0.5的直线。对于两条定压边界，压力导数向下掉。对于两条混合边界，压力导数也向下掉，但下掉时间迟一些，如图6-64(b)所示。

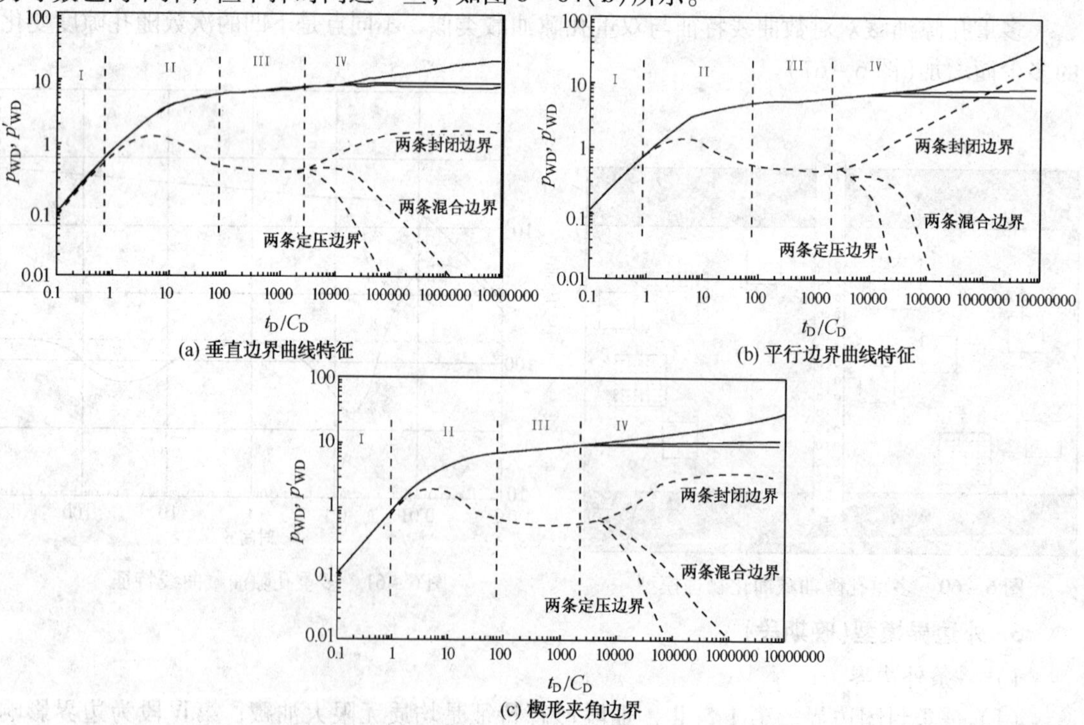

图6-64　两条边界曲线特征

(3) 两条相互成楔形夹角边界。第Ⅰ，Ⅱ，Ⅲ段形态特征是均质无限大油藏。第Ⅳ段为边界影响段，随边界性质的不同，压力导数的形态有所不同。对于两条封闭边界，压力导数向上弯曲，然后一条值为0.5 的水平线。对于两条定压边界，压力导数向下掉。对于两条混合边界，压力导数也向下掉，但下掉时间迟一些，如图6-64(c)所示。

3）四条相互垂直边界

曲线特征(图6-65)：

(1) 第Ⅰ、Ⅱ、Ⅲ段形态特征是均质无限大油藏。

(2) 第Ⅳ段为边界影响段，随边界性质的不同，压力导数的形态有所不同。对于四条垂直封闭边界，压力导数向上翘，然后一条斜率为1.0 的直线。对于四条定压边界，压力导数向下掉。对于四条混合边界，压力导数也向下掉，曲线下掉程度和井与定压边界距离有关，越近下掉越快。

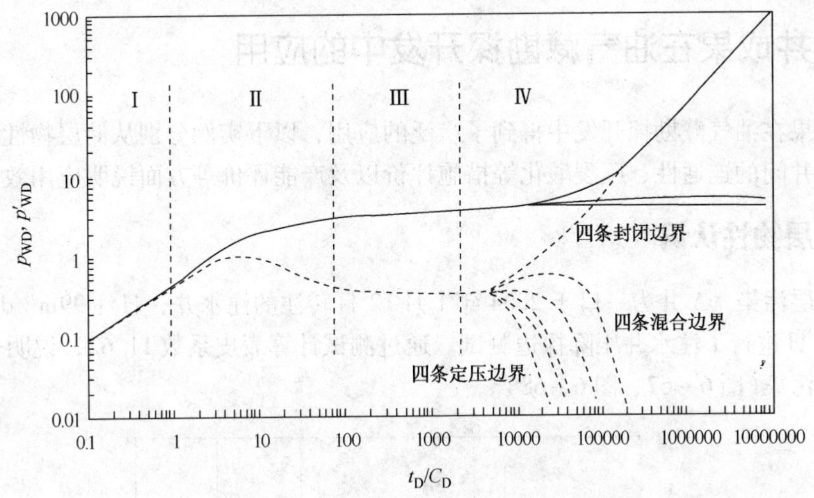

图6-65　四条相互垂直边界曲线特征

4）圆形边界

曲线特征(图6-66)：

(1) 第Ⅰ、Ⅱ、Ⅲ段形态特征是均质无限大油藏。

(2) 第Ⅳ段为边界影响段，对于封闭圆形边界压力和压力导数曲线向上翘，然后为一条斜率为1.0 的直线；对于定压圆形边界，压力导数向下掉，与四条相互垂直定压边界油藏试井曲线类似。

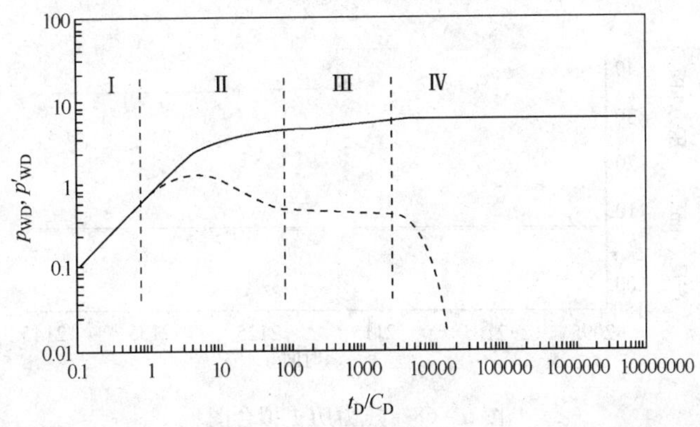

图6-66　圆形边界曲线特征

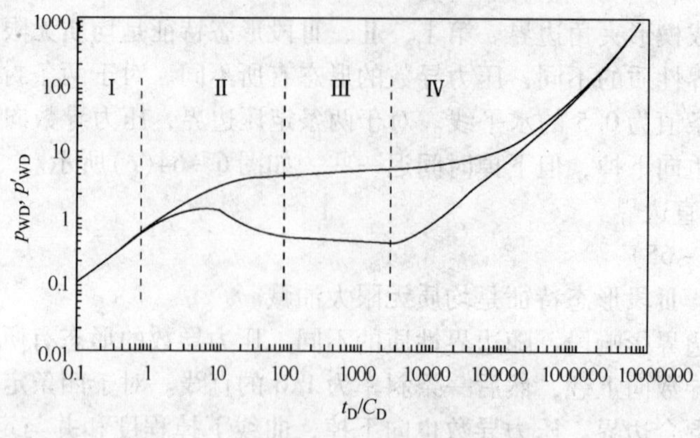

图 6-66　圆形边界曲线特征(续)

6.5　试井成果在油气藏勘探开发中的应用

试井成果在油气藏勘探开发中得到了广泛的应用，以下实例分别从储层物性的认识、不渗透边界、井间的连通性、压裂酸化等措施评价以及产能评价等方面说明应用效果。

6.5.1　储层物性认识

(1) 储层污染。A 井为一口于 2004 年 1 月 12 日转注的注水井，日注 99m^3/d，2005 年 9 月 1 日 ~30 日进行了注水井压降探边测试。通过测试计算表皮系数 11.62，说明井筒附近地层受到严重污染(图 6-67、图 6-68)。

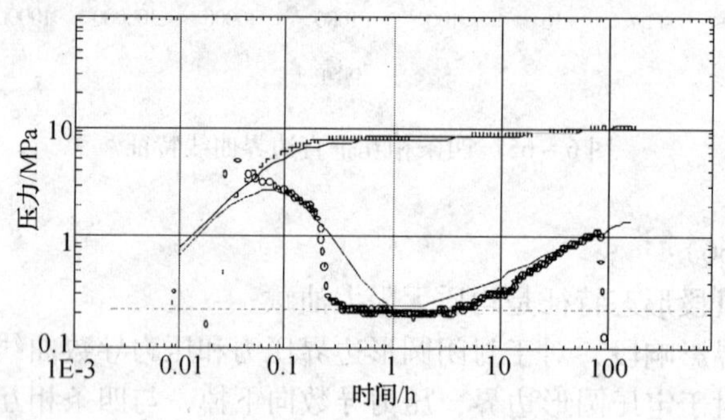

图 6-67　双对数拟合图

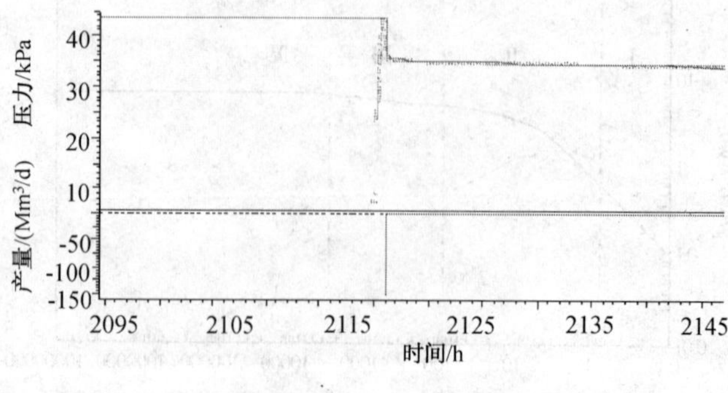

图 6-68　压力历史拟合图

（2）双孔介质。B 井为一口注水井。该井于 2009 年 4 月 8 日 ~ 17 日进行了压降测试，依据测试资料分析认为具有双孔拟稳定流油藏特征，说明该井由于长期注水，注入水的冲刷作用和工程措施等原因，近井形成微裂缝，地带渗透率高于远井地带；外区具有断层反映。试井解释表皮系数为 -3.06，表明储层未受污染，平均有效渗透率为 $3.199\times10^{-3}\mu m^2$，为低渗透储层；解释结果符合本油藏的地质特征和注水压力动态（图 6-69、图 6-70）。

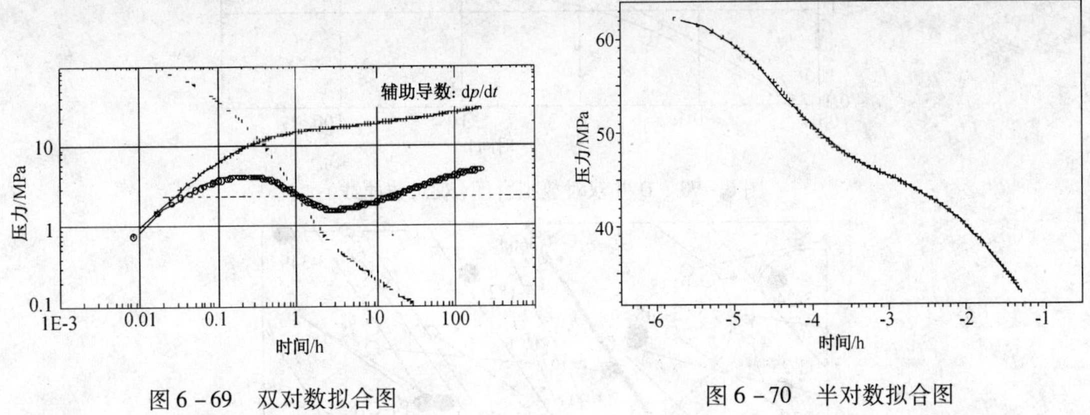

图 6-69　双对数拟合图　　　　图 6-70　半对数拟合图

6.5.2　构造落实

（1）一条断层。C 井是一口水井，注水层：3146.2 ~ 3182.4m。测试前油压 21MPa，套压 20.5MPa，日配 $100m^3/d$，日注 $100m^3/d$。于 2009 年 4 月 3 ~ 10 日进行探边测试，通过曲线图形特征分析（图 6-71、图 6-72），在该井附近存在一条边界，边界距井 118.2m，效渗透率为 $0.806\times10^{-3}\mu m^2$，测试区平均渗透率中等偏低。结论与该井的地质构造相吻合，为落实构造提供了依据。

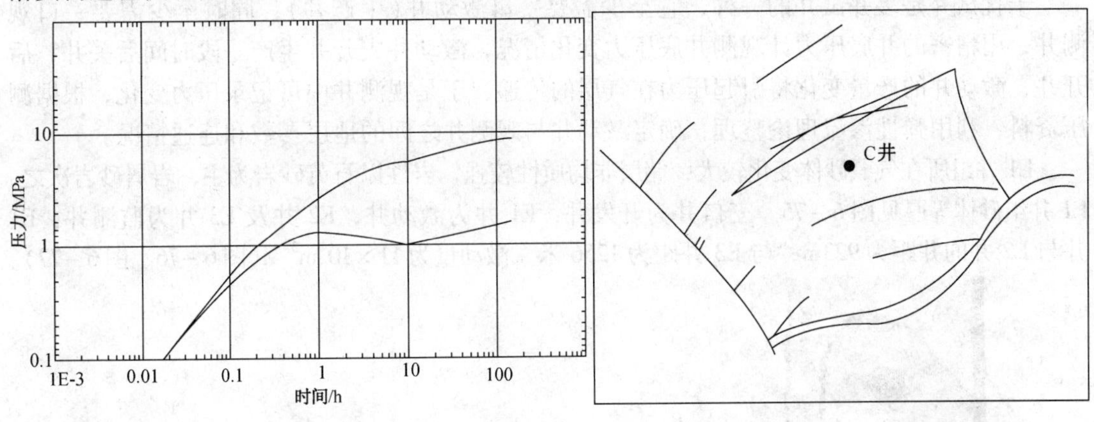

图 6-71　C 井双对数拟合图（双对数曲线）　　　　图 6-72　C 井构造图

（2）夹角断层。D 井为注水井，注水井段 2808.4 ~ 2911.9 m。于 2006 年 3 月 26 日 ~ 4 月 5 日进行探边测试，落实储层构造。

该井双对数曲线早期段结束后出现径向流，后期导数曲线向上攀升，为交叉断层反应。分析选用井储 + 表皮 + 均质油藏 + 交叉断层，解释有效渗透率 $0.365\times10^{-3}\mu m^2$，表皮系数为 -5.21；该井到断层的距离分别为 45.4m、109.1m，断层夹角大约 60°。原构造认为该井处于南倾的主断层与西倾的小断层夹角处，且两条断层不封闭，通过探边测试，解释曲线反映两条断层相交(图6-73、图6-74)。

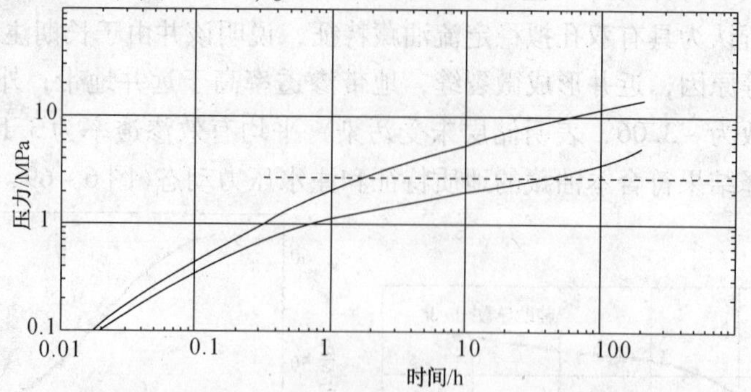

图6-73　D井双对数拟合图(双对数曲线)

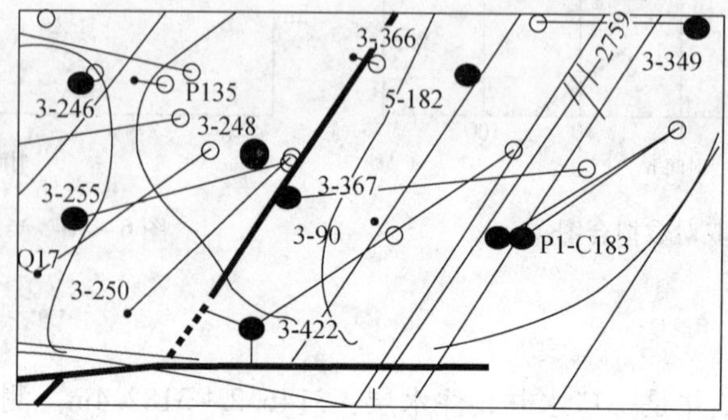

图6-74　D井构造图

6.5.3　井间的连通性

1. 干扰试井

干扰试井是多井试井的一种，它至少需要一口激动井(生产井)，同时至少需要一口观测井，用精密的井底压力计观测井底压力变化情况，激动井先开井生产一段时间后关井，后开井，激动井的产量变化将引起压力在气层的传递，于是观测井中可记录压力变化，根据测压资料，利用弹性渗流理论整理，确定激动井与观测井之间的地层参数和连通情况。

E1井组所在气藏砂体变化较大，储层非均质性较强，岩性以石英砂岩为主，岩屑砂岩次之，E1井组砂体等厚见图6-75。三口井为开发井，E1井为激动井，E2井及E3井为监测井，E1井与E2井的井距为923m，与E3井距为1256米。激动量为$11\times10^4m^3/d$(图6-76、图6-77)。

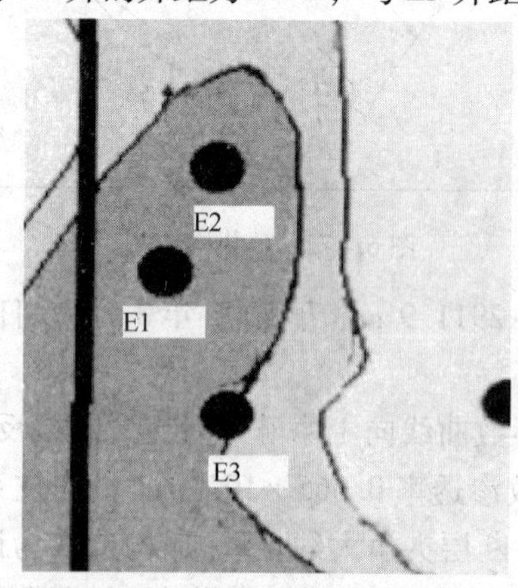

图6-75　E1井组砂体等厚图

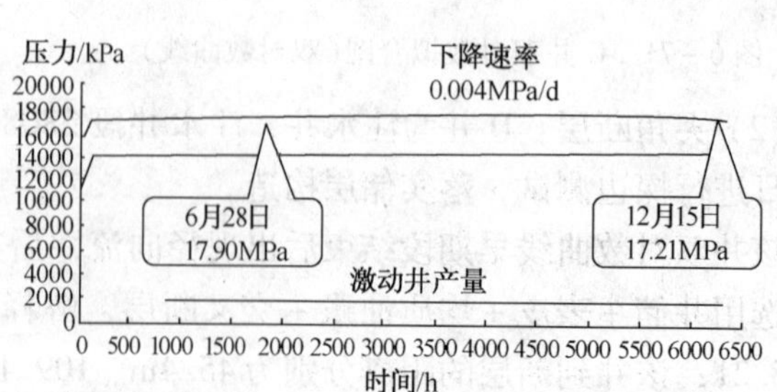

图6-76　E2井录取数据

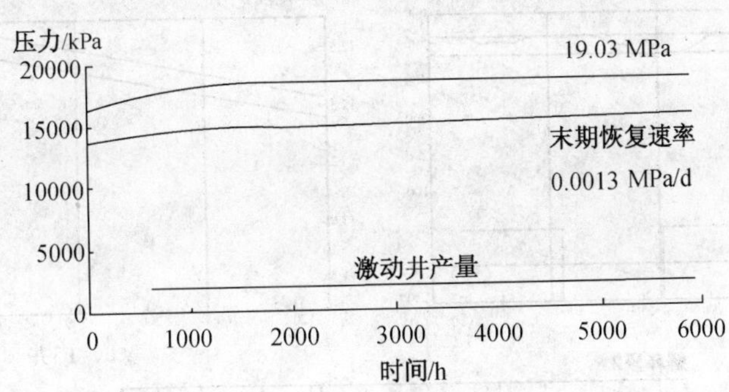

图 6－77　E3 井录取数据

当激动井 E1 井开井生产 61d 后，榆 E2 井压力恢复到最高值 17.90MPa，并开始缓慢下降，而 E3 井压力一直在恢复，末期恢复速率为 0.0013MPa/d，未见明显干扰。说明榆 E1 井与 E2 井具有明确的地层联通关系，而与 E3 井之间可能存在储层隔断。

利用 E2 井测取的井下干扰资料进行干扰试井解释，解释模型选取井储＋表皮、均质油藏、无限大边界模型，解释效果较好。在两口井控制同一封闭砂体、相互联通的情况下，压力历史曲线拟合较好，设置模型较为合理。验证了两口井井间联通的正确性（图 6－78、图 6－79）。

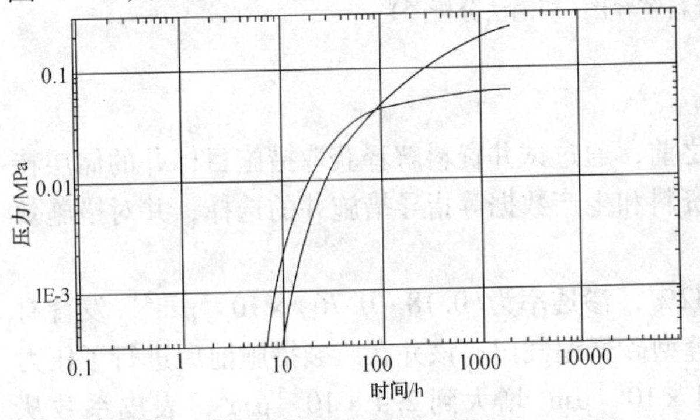

图 6－78　E1－E2 干扰试井双对数图

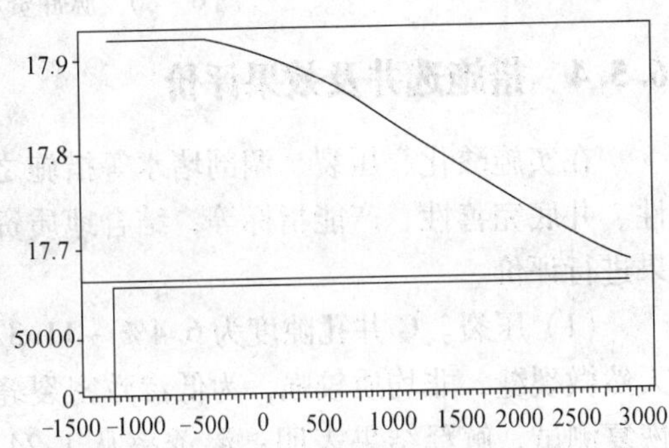

图 6－79　E1－E2 干扰试井压力史拟合图

2. 脉冲试井

脉冲试井是多井条件下不稳定试井的一种特殊形式。在地层压力稳定的情况下，在激动井上进行交替定产量的开井（注入）和关井，从而构成一系列流量的周期变化。

为了搞清层间连通性，选择 F1 井组进行脉冲试井，其中 F1 井为激动井，F2 井、F3 井、F4 井为监测。脉冲周期为 6d，脉冲长度为 3d，测 2 个脉冲周期。解释结果表明 F1 井与 F2 井、F3 井、F4 井均连通。脉冲试井解释结果见表 6－4。图 6－80 为反应井单井脉冲试井成果图。

表 6－4　解释结果

井号	压力响应幅度/MPa	时滞/h	流动系数/（$\mu m^2\cdot m/mPa\cdot s$）	导压系数	连通性判断
F1	0.1312	74.96	0.0159	12.93	连通
F2	0.0741	75.18	0.0280	19.05	连通
F3	0.0186	74.32	01164	11.51	连通

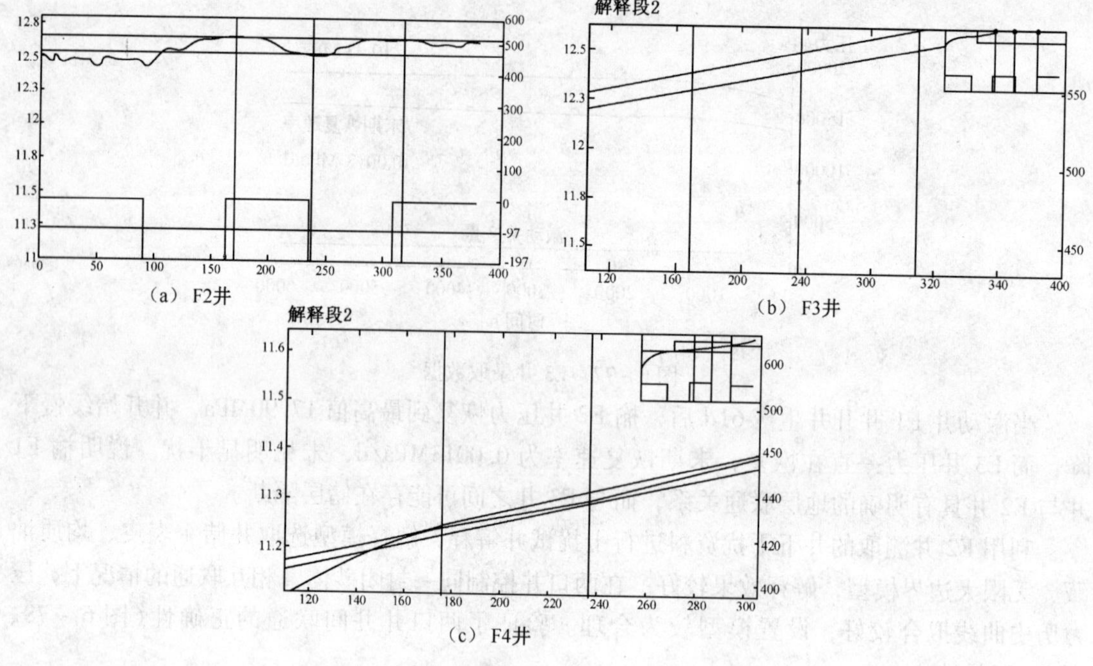

图6-80 脉冲资料解释图(切割法分析图)

6.5.4 措施选井及效果评价

在实施酸化、压裂、调剖堵水等措施之前，通过试井资料解释获取措施目标井的储层特性、井底完善性、产能指标等，结合地质资料和生产数据等指导措施井的选择，并对措施效果进行评价。

(1) 压裂。G井孔隙度为6.4%~11.32%，渗透率为$(0.18\sim0.76)\times10^{-3}\mu m^2$，发育有天然微裂缝，非均质较强，为低渗致密裂缝型砂岩湿气田。该井在压裂措施前后进行了压力恢复测试，解释结果表明：渗透率从$1.24\times10^{-3}\mu m^2$增大到$2.4\times10^{-3}\mu m^2$，表皮系数从5.97下降至-6.7，日产气量从$1.6\times10^4m^3$上升至$6.2\times10^4m^3$，压裂措施有效。压裂后一年进行测试，曲线特征反应裂缝开始闭合，缝面产生污染，开口变大。G井压裂效果对比实例见图6-81。

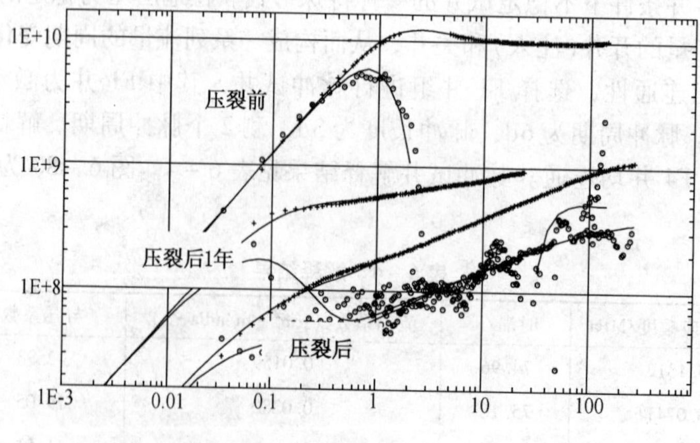

图6-81 G井压裂效果对比实例

(2) 酸化。H 井是一口油井，为弄清清了该井产量递减的原因，于 2008 年 2 月进行测试，试井解释地层压力为 35.27MPa，表明开地层能量较充足，表皮系数为 632，表明井筒附近地层污染较严重，地层有效渗透率为 $6.43\times10^{-3}\mu m^2$，说明地层的渗透性较好（图 6－82）。

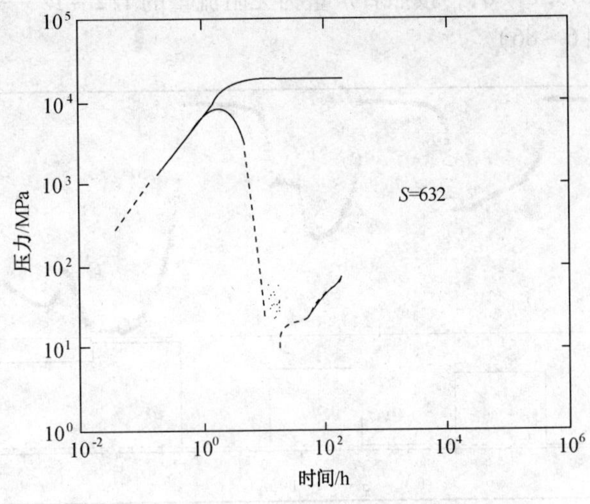

图 6－82 双对数拟合图

通过测试说明 H 井产量递减不是由于地层能量不足造成的，而是由于井底严重污染引起的，据此制定酸化解堵措施。

酸化后，地层有效渗透率为 $11.29\times10^{-3}\mu m^2$，地层的渗透性较好，表皮系数为－2.72，酸化效果显著(图 6－83)。

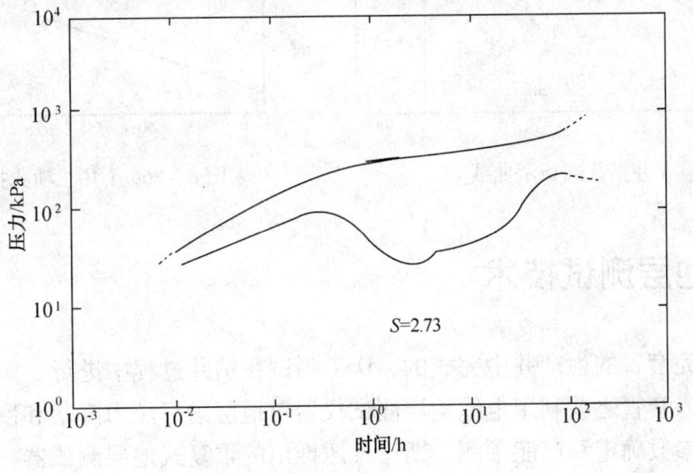

图 6－83 酸化前后注水曲线

6.5.5 产能认识

产能试井的目的是弄清井的生产能力，通过产能试井获得产能方程，确定井的无阻流量、预测不同压力下的产量，为油气井开发过程中不断合理调整工作制度提供科学依据。

I井是一口气井，所在的区块储层物性差，孔隙度为6.4%~11.32%，渗透率为$(0.18 \sim 0.76)\times10^{-3}\mu m^2$，发育有天然微裂缝，非均质较强，为低渗致密裂缝型砂岩湿气田。对该井进行了修正等时试井以求取指数式、二项式产能方程和无阻流量。求取该井的二项式无阻流量为$8.277\times10^4 m^3/d$，指数式无阻流量为$7.899\times10^4 m^3/d$，两者接近，而该井油压7.8MPa，稳定产量$68755m^3/d$,，按照日产量为无阻流量的1/2~1/3来配产，可保持目前产量状况(图6-84~图6-86)。

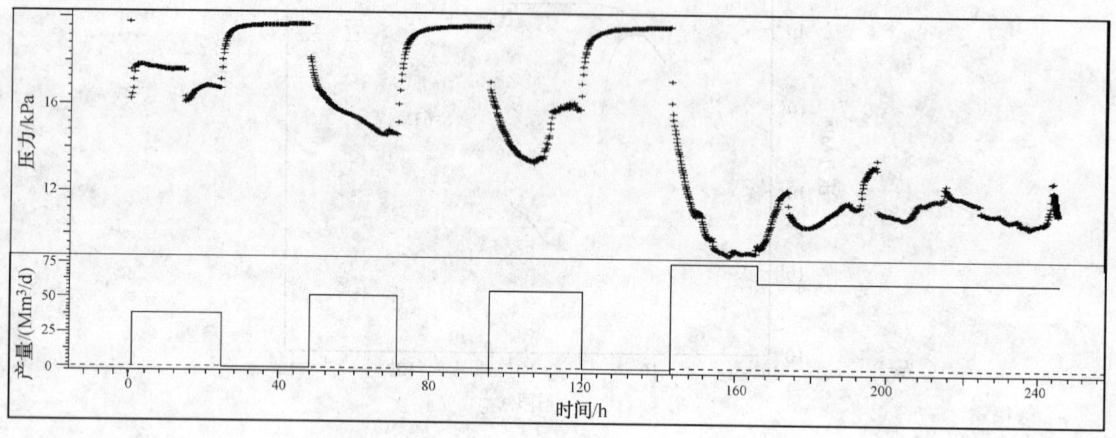

图6-84 I井实测压力(产量)-时间图

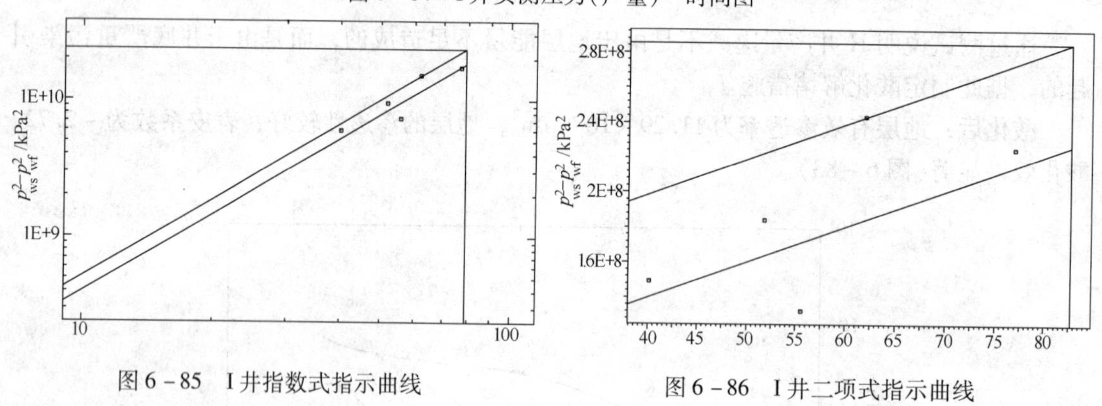

图6-85 I井指数式指示曲线

图6-86 I井二项式指示曲线

6.6 电缆地层测试技术

试井是在下完套管的生产井中完成的，DST测试在钻井过程中进行。而电缆地层测试是在完钻后，未下入套管之前利用电缆地层测试仪器对地层进行压力降落和恢复测试，主要用于多层油藏地层参数确定和产能预测。斯伦贝谢推出的重复式地层测试器，称作RFT；贝克阿特拉斯公司生产的与RFT功能类似的仪器，称为FMT。RFT和FMT均在下套管前的裸眼井中进行测试，测试原理以压力扩散方程的特定解为基础。与试井和DST相比，电缆地层测试相当于一种微型试井，本节主要以RFT为基础，介绍这种仪器的原理、测试过程及资料处理方法。利用RFT资料可以确定油层渗透率的纵向分布、压力纵向剖面、确定油水界面及地层的连通性。同时也可作为取样抽取地层流体。从经济角度讲，RFT测试比试井施工要便宜得多。图6-87是RFT工作原理示意图。

电缆地层测试是一种测井作业，但所测取的资料是储层的动态特性资料(如地层静止压力和流体样品)，其资料解释分析属于压力动态分析。对于确定储层内流体的分布，判断产层水动力系统的特性具有独特的作用，所取流体样品对测井解释有重要的辅助诊断作用。

6.6.1 电缆地层测试器结构及工作原理

电缆地层测试器由三大部分构成：

(1) 地面控制和记录系统，它们与系列化组合化的测井地面仪器一起配用，使用模拟记录和数字磁带记录。能处理和记录自然电位(SP)或自然伽马(GR)曲线；能处理和记录地层压力变化曲线；能作压力测试的时间记录。

(2) 井下仪器。

(3) 转样、样品分析和仪器维修等附属设备。电缆地层测试器的结构如图6-88所示。

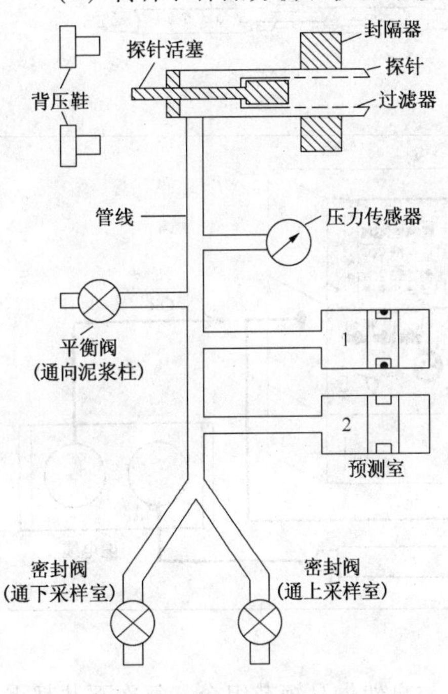

图6-87 RFT的工作原理图

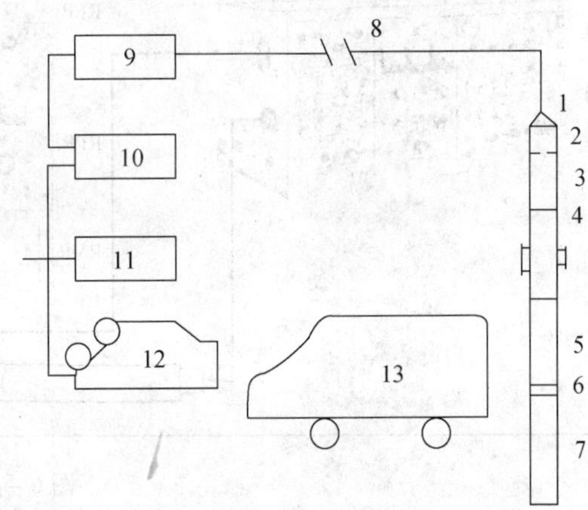

图6-88 电缆地层测试器的结构框图

1—马笼头；2—自然伽马；3—电气短节；4—机械单元；5，7—上下取样筒；6—接筒；8—电缆；9—控制面版；10—测量面板；11—电源；12—记录；13—附属设备

1. 重复式地层测试器结构

(1) FRT的井下仪器可耐高温高压，外壳用特殊钢材制造。

(2) 仪器下部有两个取样筒，一个容积为3780cm^3，一个容积为10409cm^3。在裸眼井内测试，一次下井可以根据需要无数次地测取地层压力，并可以采集两支地层流体样品。在套管井内测试，一般每次下井可测多次地层压力和取两支流体样品。

(3) RFT有两个预测室，容积均为10mL，而流量不同：两个预测室活塞运动速度恒定，即抽吸流量恒定，第一预测室抽吸流量约为50cm^3/min，需要12~14s，其活塞才能到达其行程终点；第二预测室抽吸量约为 125cm³/min，大约需要 7s，其活塞才能到达其行程终点。

(4) 机械动作全部用封闭式的液压系统驱动，由电磁阀控制，在地面操作。

目前重复式地层测试器在电缆地层测试器中使用最为广泛，在重复式地层测试器中 RFT 的性能最好。

2. RFT 的结构

(1) 地面设备：RFT 测井时使用三块专用面版。一块是控制面版(RFP)；一块是地面电源面版(RPP)；另一块是电压面版(RVP)(图 6－89)。

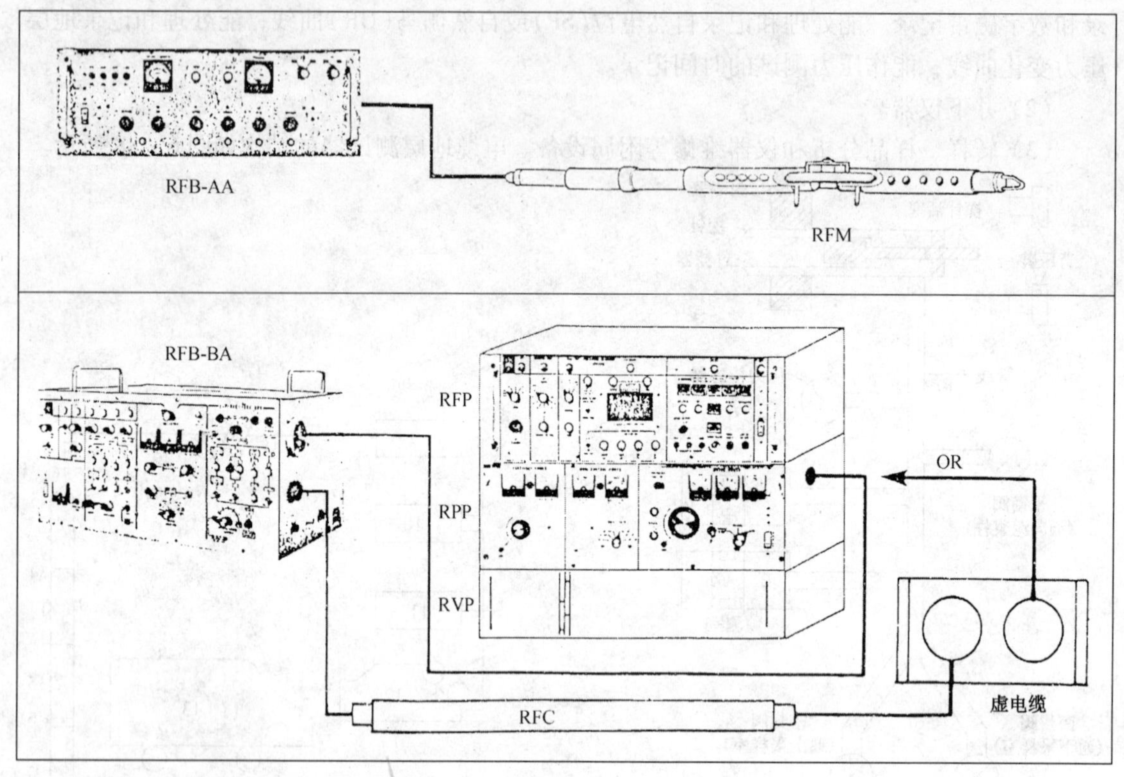

图 6－89　RFT 面版

(2) 井下仪器：一般地，电缆地层测试器测井时只与自然伽马短节组合。每次下井都需要：电子线路单元短节，机械单元，压力计及 HP 压力计，底锥短节。取样桶一般带两个，还有一个水垫桶。电缆地层测试器结构见图 6－90。

3. RFT 的工作原理

RFT 的井下仪器可耐高温高压，外壳用特殊钢材制造。仪器下部有两个取样筒，一个容积为 3780cm³，另一个容积为 10409cm³。需要采集流体时，将相应密封阀打开，使抽取到的流体样品进入取样筒。由于这两个取样筒中的流体要保存拿回到地面进行分析，所以一次下井要么在同一深度处取满两筒，要么在两个深度处各取一筒。取样时可以使用水垫及阻流器控制流速。

RFT 液压系统的压力由地面控制的电动泵提供，所以 RFT 可放到任何深度测试，与泥浆柱压力无关。即使在很浅的地层处，仍有足够的压力使封隔器与地层密封良好。

当仪器下到指定深度的地层后，封隔器向井壁的一侧伸出，同时推靠臂向井筒的另一边

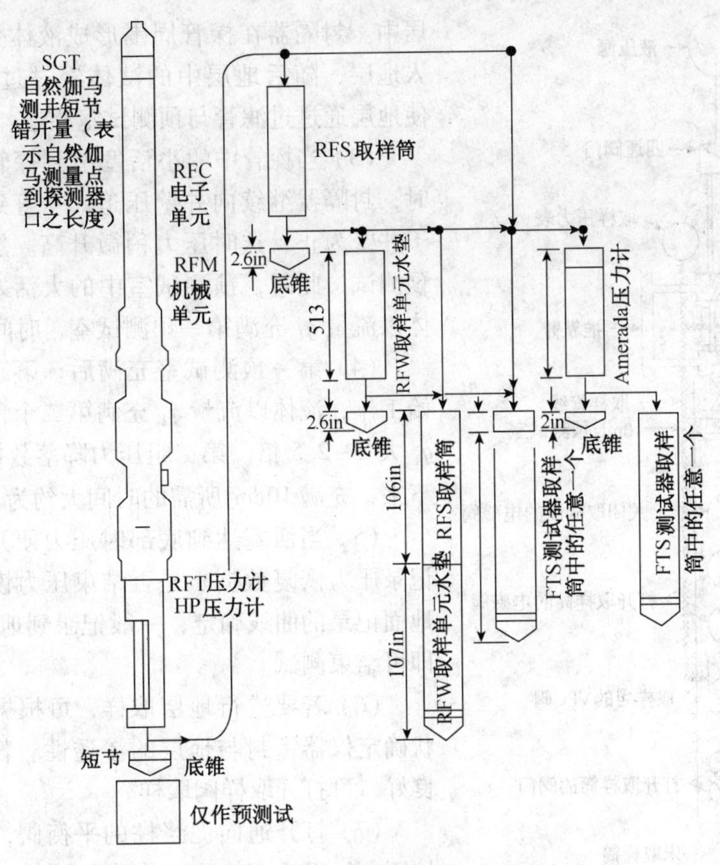

图 6-90　电缆地层测试器

伸出，仪器主体与井壁不接触，以免遇卡。探头部分包括探管、过滤器、封隔器、活塞及流管。探管是一个外径为 2cm，直径为 1cm 的钢管，位于封隔器中央。探管内有过滤器及活塞，过滤器可防止地层中固体物质的进入而堵塞探管。当完成一次抽吸预测试后，活塞复位时把过滤器清洗干净。图中的平衡阀门与泥浆相连通，测量时关闭，使地层与泥浆隔绝，压力计记录地层流动压力；测量完毕后，平衡阀打开；压力计记录的是泥浆柱的静压力，同时保持仪器的压力平衡。

密封阀上部有两个预测试室，体积均为 $10cm^3$，每次两个预测试室可抽取总量为 $20cm^3$，且第二个预测试室的抽取速度比第一个预测试室的速度快 2 ~ 2.5 倍。预测试过程中，记录探头内压力的变化，为测试分析作准备。由于这两个预测试室的流体是不保存的，因此一次下井可以沿井筒纵向进行多次测量。在这两个预测试室和探头之间的流动管道上装有一个压力计（石英晶体压力计或应变式压力计），记录预测过程中的压力降落和压力恢复。

FMT 与 RFT 的设计相类似，但只有一个预测试室，如图 6-91 所示，图中液压和控制电路位于仪器上部，探头位于仪器中部，取样筒安装在仪器下部。取样筒的体积有 $3875cm^3$、$4000cm^3$、$10000cm^3$ 和 $20000cm^3$，可根据不同的地层情况进行选择。仪器的具体测量过程如下：

（1）根据自然电位（SP）和自然伽马（GR）曲线并参考其他测井曲线选定放置仪器的深度。

（2）封隔器在弹簧压力作用下，压在地层上，同时推靠臂推靠在相反的井壁上，使仪器

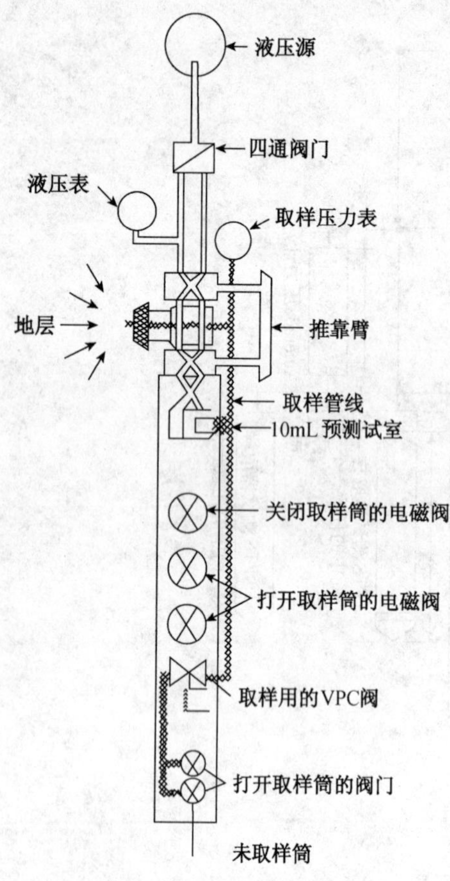

图 6－91　井下仪器结构示意图

居中。封隔器在探管周围形成液体分隔，探管被压入地层，随后地层中的液体经过过滤器进入管线，使地层通过过滤管与预测试室相连。

（3）当探管中的小活塞滑到探管根部停止运动时，封隔器继续向井壁压迫，一直到仪器完全固定于井壁为止，这时压力稍微升高。然后进行第一次预测试，此时，预测试室中的大活塞开始运动，流体以流量 q_1 充满第一预测试室，时间大约为 15min。

（4）第一预测试室充满后，第二个预测试室开始工作，流体以流量 q_2 充满第二个预测试室，q_2 比 q_1 大 2～2.5 倍。第二组压力降落数据也同时被记录下来，充满 $10cm^3$ 所需的时间大约为 7s。

（5）当活塞达到底部时压力便开始恢复，同时记录压力恢复数据。是否结束压力恢复测试可根据地面记录的曲线确定，一般记录到地层压力数据后，即可结束测试。

（6）若要进行地层取样，可根据曲线显示的形状确定仪器密封与地层的渗透性。若密封和渗透性良好，可打开取样阀取样。

（7）打开通向泥浆柱的平衡阀，再测一次泥浆柱压力。用活塞推出探头内的液体，过滤管同时被清洗干净；随后收回推靠臂、探管和封隔器，并使仪器移到下一个目的层进行测量。

对于低渗透率地层，测试前要选用口径较大的探管和封隔器。对于砂岩胶结很差，容易吸入砂粒的地层，测试前可使用抽吸液体较快的探管。图 6－92 是整个测试过程的模拟压力记录曲线（地层渗透率中等，约为 $1\times10^{-3}\ \mu m^2$）。图中 a 段表示仪器下到目的层，打开平衡阀后记录的静液压（泥浆柱）曲线；b 段表示推靠臂（推力 1362kg）推向井壁，封隔器压向井

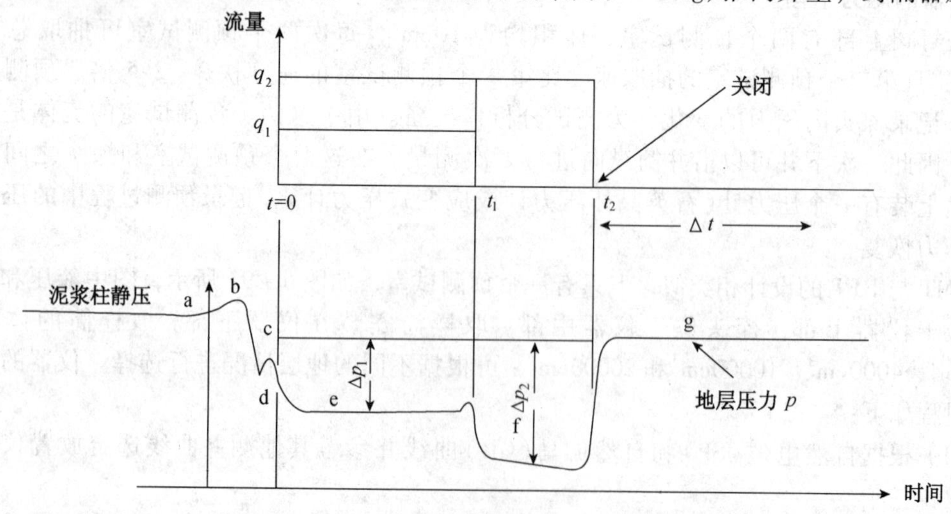

图 6－92　渗透率中等时理想的压力与流量关系曲线

壁及泥饼、探管进入地层表面时的压力记录曲线，这时压力有一些增加；c 段表示探管中的小活塞抽吸，测试空间经过滤器与地层相连通时压力记录曲线，此时流压下降、探头继续压迫井壁。d 段表示探管内的小活塞完成抽吸并停止运动时的压力记录，此时压力稍微回升，这是封隔器向井壁继续施压造成的。e 段表示第一个预测试室大活塞工作时的压力记录，开始时间为 t_0，结束时间为 t_1，流量为 q_1，此时压力下降一小段，尔后基本保持稳定(ΔP_1)，ΔP_1 等于地层压力减去第一预测试阶段的稳定压力，活塞 1 达到终点时，压力有一个小尖峰，尔后开始下降。f 段表示第二个预测试室工作时的压力记录，开始于 t_1，结束于 t_2，流量为 q_2，由于第二预测试室的抽液速度为第一预测试室的抽液速度的两倍以上，因此压力下降幅度更大。当第二个预测试室的活塞到达终点时，压力开始恢复，经过时间 Δt 后，恢复到原始地层压力。这段恢复曲线在图中用 g 表示，它从 f 结束开始先快速上升，尔后平稳增大，以至达到地层压力，所用时间 Δt 主要取决于地层渗透率。

(1) 仪器准确定位，井下仪器依靠自然电位(SP)曲线或自然伽马(GR)曲线来定位，按测井任务书将仪器探测器对准目的层。

(2) 仪器推靠井壁，仪器探测器周围是橡胶密封垫，密封垫的另一侧是支撑板。在液压系统的推动下，支撑板和密封垫分别紧贴井壁一侧，探测器顶破井壁泥饼，伸入地层，密封垫中心的探测器口只和测试目的层流体相通，为测试作好了准备。

(3) 预测试，所谓预测试，就是在预测试室内抽液，引起地层流体流动，然后观察和记录压力降落与恢复过程。RFT 有两个预测试室，容量各为 $10cm^3$。

① 抽液。封隔器坐封后，由于仪器取样通道内只有 1 个大气压，所以在地层压力作用下，地层流体(主要是泥浆滤液)流入预测试室，首先进入第一预测试室。预测试室的活塞以大约 $50cm^3/min$ 的恒定速度抽吸，充满第一预测试室，该室称为低流量测试室。当活塞到达行程终点，第一预测试室充满液体，这时第二测试室的活塞开始以 $125cm^3/min$ 的恒定抽液速度移动，流体进入第二预测试室，该室称为高流量测试室。在地面上记录上述流动时的压力剖面。

② 压力恢复。当第二抽液活塞到达行程终点时，第二预测试室也充满液体。此时停止抽液，针对周围地层压力开始恢复，经一定时间最后达到静止。由于预测试期只抽了 $20cm^3$ 的地层流体，地层内压降漏斗很小，压力恢复时间很短，一般为几十秒到几分钟。与此同时，下井仪器的测试短节中压力计的压力响应(地层压力传感器)以曲线和数字两种形式显示，由地面自动记录测试全过程整个过程的管线内的压力变化(图 6-93)。

(4) 取样。如果要获取地层流体样品，就打开一个(上或下)取样筒阀，地层流体沿取样管线进入取样筒，由地面压力曲线观察到已经充满时，将其关闭、密封好，同时也得到一条取样测试的压力曲线。如果泥浆滤液侵入太深，考虑到第一筒样品无代表性时，还可以用第二个取样筒在同一点取样。

(5) 仪器脱离井壁。每完成一个测点后，操作人员按回缩按键，仪器的支撑板和密封垫即可缩回，仪器重又悬在井中。每按一次回缩按键，仪器在液压系统的推动下都会将预测试室清洗干净、恢复到推靠前的位置。

(6) 井口取样及计量。仪器上提到井口后，在钻井平台上进行转样，分离油、气、水，分别计量体积。如有必要，可以转样到高压物性装置中，拿回实验室分析。

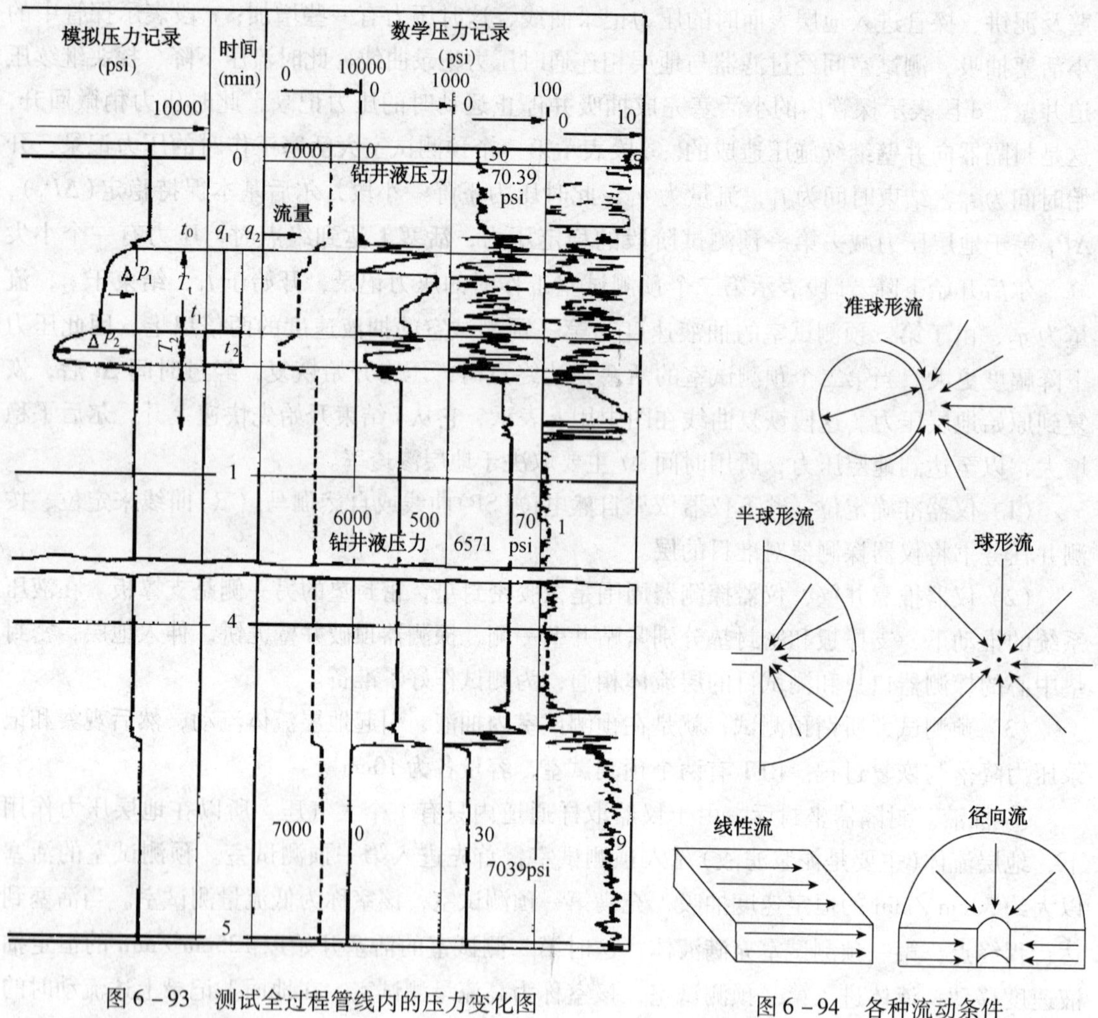

图 6－93　测试全过程管线内的压力变化图

图 6－94　各种流动条件

6.6.2 计算渗透率的必要参数

根据上述计算渗透率的基本公式，需要预先计算以下参数：

（1）压力。包括流动压力、预测试室关闭后的恢复压力、最后关井压力（地层静止压力）和刚关闭时的压力。

（2）流量 q。单位时间流入预测试室流体的量。即预测试室体积 V 除以流动时间，$q = V/t$。

（3）压缩系数 C_t。表示岩石和流体总的压缩系数。

（4）黏度 μ。通常情况下，测试器在油层中取得的是油、气、水的混合物，总黏度是每一种流体黏度与其相对体积的乘积之和。实际条件下，测试器所吸取的流体基本上为泥浆滤液，泥浆滤液的黏度主要受泥浆滤液矿化度和温度的影响。因此对于水基泥浆，斯伦贝谢公司利用下面的经验公式计算 μ 值，即

$$\mu = (1 + 2.0833Cl \times 10^{-6})\mathrm{e}^{0.55 - 0.0243T + 0.642 \times 10^{-4}T^2} \tag{6-33}$$

式中　Cl——钻井液滤液的总矿化度，mg/L；

T——温度，°F；

6.6.3 确定渗透率方法的对比

由压降分析、球形压力恢复分析、柱形压力恢复分析三种方法分别提供三种不同渗透率的值。通常来说，压力恢复法所求的渗透率更为可靠。但压力恢复法在渗透率较高的地层中(大于几个毫达西)，由于压力恢复太快以致不能进行定量分析。另外计算渗透率，需要知道孔隙度、压缩系数和有效地层厚度，这些参数也影响计算精度。此外，前面提到的续流现象、表皮效应等都影响到所计算渗透率的精度。压降分析的探测半径大约为几厘米，压力恢复的探测半径约在一米至几米的距离，因此所测的渗透率只反映了探测范围内的岩石的有效渗透能力。

除了电缆地层测试外，从岩心分析、试井分析和裸眼井测井分析中都可以得到渗透率值。

从实验室内的岩心分析结果可以得到所取岩心的绝对渗透率，在同一口井中，可以分辨井筒方向上的地层渗透特性。岩心分析成本较高，不可能每一口井都进行岩心分析实验，且探测范围有限，这是其不足之处。

用裸眼井测井资料可以确定地层的绝对渗透率，其优势是：进行过测井的井，都可以确定其渗透率纵向和横向分布。不足之处是：确定方法及结果依赖岩心分析结果，另外也受测井仪器探测范围及表皮效应的影响。因此用测井分析确定渗透率的误差较大。

试井分析、DST 测试探测范围较大，确定的是较大范围内地层的有效渗透率。目前其测试结果相对较为可靠，不足之处是纵向分辨能力较差，目前还不能完全解决多层油藏渗透率的确定问题。

6.6.4 RFT 测试的其他应用

除了确定地层的有效渗透率之外，利用测试所得的静液柱压力(泥浆柱压力)、地层压力，也可以确定油藏中油、气、水界面，了解油藏的纵向和横向连通性，研究油层的生产特性等。

1. 静液柱压力分析(泥浆柱压力)

在测试前后都记录井筒内的泥浆柱压力，用于检查仪器的稳定性，尤其是温度的稳定性。当测试前后的压力差值不超过 1 ~ 2psi 时表示仪器工作正常。

以深度为纵坐标，以泥浆压力为横坐标作图，这样作出的图能反映出对应于泥浆密度的压力梯度变化。

$$\rho_m = \frac{\text{压力梯度}}{1.422}$$

计算压力梯度时，应使用垂直深度，不使用测井深度，因为井筒可能不是完全垂直的。井筒内泥浆柱的压力不稳定会导致梯度发生变化。井筒下部压力梯度逐渐增大是由钻井液中的重粒子沉淀到井底造成的。

2. 确定油气水界面及地层连通性

渗透率较高时，压力恢复很快，最后的恢复压力与地层压力相同。对于低渗透层，压力恢复较慢，需要用恢复曲线外推求地层静压力。把所有测点处的地层压力沿深度连线，即可确定地层的流体性质及界面位置。

地层压力实际上指孔隙中流体的压力，地层测试反映的是地层中可流动的流体的压力。

地层压力梯度与地层中的流体压力梯度相同。流体密度与地层压力梯度的关系为：

$$\rho = \frac{C(p_1 - p_2)}{(d_1 - d_2)\cos\theta} \tag{6-34}$$

式中 d_1、d_2——测井深度，m；

p_1、p_2——对应于深度 d_1、d_2 的地层压力，psi；

θ——井斜角；

C——换算系数。

若 p 用 psi，d 用 m，则 $C = 0.7032$；若 p 用 psi，d 用 ft，则 $C = 2.3072$；若 p 用 MPa，d 用 m，则 $C = 101.97$。

3. 分析油藏生产动态

对不同时期的地层测试压力剖面与原始地层压力剖面比较，可以预测产层的流体性质变化，分析油层的递减或动态变化，估计井内层间干扰。对两口井之间压力变化进行比较，可以确定地层的连通性或不连续性。如果油藏开采过程中压力递减是均匀的，则所得的压力分布平行于原始流体梯度线，相反若递减不均匀，这时压力不再是单一的压力梯度，油藏开采一段时间后，油藏压力已衰减，气油界面下移，油水界面上升，含水区段的不渗透层可能限制自然水驱或注水水驱的效率。

若一口井采用多层合采方式生产，且各层具有独立的压力系统，那么油井的生产特性会受压力分布的影响(图 6-95)。该井中上层压力比下层压力递减大，上层已衰竭，电缆地层测试求得的地层压力低于井筒内的流动压力，生产时该层不仅不会产油，而且会吸入下层产出的流体，这一现象称为“倒灌”。

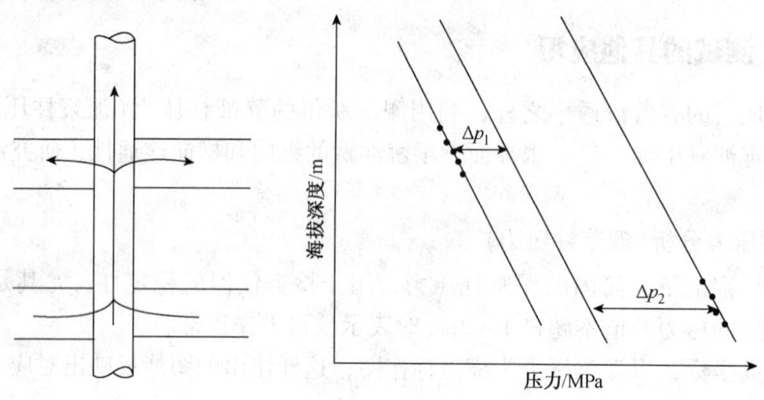

图 6-95　一口油井内产层的压力分布图

4. 裂缝性储层的生产特征

裂缝性储层由渗透性的裂缝系统和低渗透性的岩块组成。岩块尺寸大小由裂缝密度控制，若岩石破碎构成网状裂缝，则近似砂岩的储层特征。但就一般裂缝性储层而言，裂缝孔隙度虽小但渗透率很高，控制着储层的生产特征。普通裸眼井资料主要是对岩块中流体的响应，因而可能对储层中实际的流体性质作出错误的判断，尤其是在初期生产阶段。地层测试反映了裂缝性储层中可动流体的响应，包括裂缝内的流体和岩块内的可动流体，因而可能对储层的生产机理作深一步了解。

对于自然裂缝性储层而言，当岩块的尺寸足够大时，其饱和度分布由毛细管压力所控制。油在通过裂缝系统运移的过程中，首先驱走裂缝内的水，然后替代岩块内的水，直到重力－毛管压力平衡为止，因此岩块的底部往往全含水后，上部才可能含油，中间存在一个过渡带。在生产过程中，含水层水的膨胀或注入水不断进入裂缝系统，因而裂缝系统的油气界面和油水界面以及岩块的含水饱和度将不断变化。由于每一岩块的底层水的压力和裂缝系统内同一深度的流体压力相等，因此电缆地层测试得到的总的压力梯度对应于裂缝系统内的流体的压力梯度。如果测得的压力梯度按式(6－34)计算出的是油的密度，则裂缝系统内含油，储层将产油；若计算出的是水的密度，那么裂缝系统内含水，储层将产水。若能够测出基块内的压力分布，则基块下部的压力梯度对应于基块内水的密度。由于大部分自然裂缝性储层的岩石基块渗透率较低，预测试的压力恢复能够有效地观察，因此对压力恢复响应进行分析将增强对储层生产机理的评价，除了可以确定岩石基本的渗透率之外，在有利条件下还可以估计岩块尺寸大小。

6.6.5 流体取样分析

除了压力分析之外，对地层测试器所取得的流体样品进行分析可以确定流体的性质参数，预测产能和地层产液性质。

1. 确定地层流体性质参数

流体取到地面后，首先准确计量油、水和气的体积，然后采用分析仪器测定地层流体的黏度和油的密度。当所取样品超过 $1000cm^3$ 时，便能够进行准确的定量分析。

根据取样筒中回收的天然气的体积 V_g 和原油的体积 V_o 可以计算出气油比 GOR。

若取样时地层中无游离气，则此时的 GOR 值表示溶解气油比 R_s。同理，可计算出气水比 GWR。

地层测试器回收的水一般是钻井液滤液和地层水的混合物。若回收的数量很小，则几乎是钻井液滤液；若回收水的数量较大，则需要准确确定其中地层水的体积 V_{wf}。方法是对回收的混合水测量电阻率 R_z 或分析确定总矿化度后换算出 R_z，根据测井资料或邻井测试资料确定地层水电阻率 R_w，钻井液滤液电阻率 R_{mf} 一般已知，假定混合水的电阻由地层水和钻井液滤液两部分电阻并联构成，则

$$\frac{1}{R_z}=\frac{W}{R_w}+\frac{1-W}{R_{mf}} \tag{6-35}$$

式中，$W=W_{wf}/V_w$ 表示地层水占混合水的相对体积，由式(6－35)知

$$W=\frac{\dfrac{R_{mf}}{R_z}-1}{\dfrac{R_{mf}}{R_w}-1} \tag{6-36}$$

由此可得

$$V_{wf}=W\cdot V_w \tag{6-37}$$

计算过程中需要注意，R_z、R_w、R_{mf} 应该换算到同一温度下。由于流体的体积是温度、压力的函数，所以地面条件下计量的体积并不代表地层条件下的体积。特别是回收的气体，在地层条件下可能是自由气，也可能是油中和水中的溶解气，必须考虑泡点压力和气体溶解性的影响。因此，要确定地层条件下的流体性质参数，需采用第一章油气水物性参数计算一节中给出的计算方法。

2. 判断地层流体性质

根据地层测试器取样得到的流体类型和体积可以判断地层的生产特性，判断方法分以下

几种情况：

（1）回收到的只有油和气，显然地层是油气层。若地层压力低于油的泡点压力，则地层内有自由气，若地层压力大于泡点压力，回收的则是溶解气。

（2）回收的是油和水，此时需要区分水中钻井液滤液和地层水的多少。若全是钻井液滤液，则地层产纯油；若有地层水，且其含量超过回收流体体积的15%时，则地层产油和水，可按下式估算产水率

$$F_w = \frac{V_{wf}}{V_{wf} + V_o} \tag{6-38}$$

这种判断对于高、中渗透性地层来说，一般是准确的。但对低渗透地层，可能钻井液侵入特别深，回收的可能全是泥浆滤液，但地层也可能产水；此时产水率无法估算。

（3）回收到的是气和水，若气量很少而地层水体积很大时，地层将产水，这时的气只是水中的溶解气；若回收的气的体积较大而只有少量的泥浆滤液，则地层可能只产气，并且可能需要采取增产措施提高产气量；当回收到的气体体积较大且地层水的体积超过回收流体体积的15%时，地层可能产气和水。

（4）回收到的既有油，又有水和气，地层产出的流体将主要取决于回收到的流体的数量。当用2.75gal的取样筒回收油的体积小于1000cm^{3}时，产液类型取决于回收气量和关闭压力。

6.6.6 套管井电缆地层测试器

RFT和FMT仪器在裸眼井中完成压力测量。哈里伯顿公司生产套管井地层测试器可以在套管井中完成压力测量，该仪器简称CWFT。测量结果可以用于确定地层压力、渗透率和流体参数等。工作原理与RFT和FMT仪器相似。不同点是一旦将仪器定位且推靠以后，就可以进行多次抽取与注入的地层测试，预测的体积可以从地面选择，从1～22cm^{3}利用压力恢复分析技术，可以确定井壁堵塞层位，也可以指示产砂部位。

1. CWFT仪器概况

CWFT的探头极板上装有射孔弹，射孔弹的任务是打通仪器与地层之间的连通渠道。仪器借助于液压的推力推靠在套管壁上使井下仪器内腔与地层连通且与井筒内的静液柱隔开。根据预测试抽取获得的压降测试曲线的形状，可以判断仪器的工作状况。压降幅度大，说明射孔可能没有穿透水泥环，仪器孔腔与地层不连通，这时应释放掉液压并使仪器重新定位、推靠、射孔和测量。测量时CWFT与自然伽马测井和套管接箍定位仪器组合下井以保证测试深度的准确性。准确定位后，即可开始射孔使仪器与地层建立连通关系。射孔前，射孔弹周围的压力近似大气压，射孔后地层流体携带岩屑迅速冲入井筒，保证了连通通道内无堵塞现象发生。地层、射孔通道和仪器内腔三者之间连通后，即可进行测试，测试时可根据地层条件（渗透率、压力、流体类型）在地面面板上选择预测室的大小，每次选择的增量为1mL。测试记录完成后，打开取样阀让流体流到取样筒并带到地面进行分析。套管井地层测试器的特点是取样较为顺利，套管直径为13.97cm时，取样室选取体积为2～5gal（1gal＝3785mL）的取样筒，直径大于13.97cm时，可以选取体积更大的取样筒。

在进行CWFT测试时，应了解一下套管、水泥、地层三者之间的胶结及套管腐蚀情况。通常情况下，在测试之前要进行必要的生产测井。

2. CWFT下井仪器

套管地层测试器是从裸眼井电缆地层测试器（哈里伯顿公司的SFT）发展起来的，在原探

头上加装射孔装置即构成新的仪器，如图6-96所示。当封隔器对着套管封隔后，射孔装置进行射孔。这种设计使用可靠，并且经过现场证实很有应用价值。封隔器处的仪器直径为10.72cm，其他部位的直径是8.89cm(3.5in)。仪器可在直径为13.97～23.5cm(5.5～9.625in)的套管中进行操作。

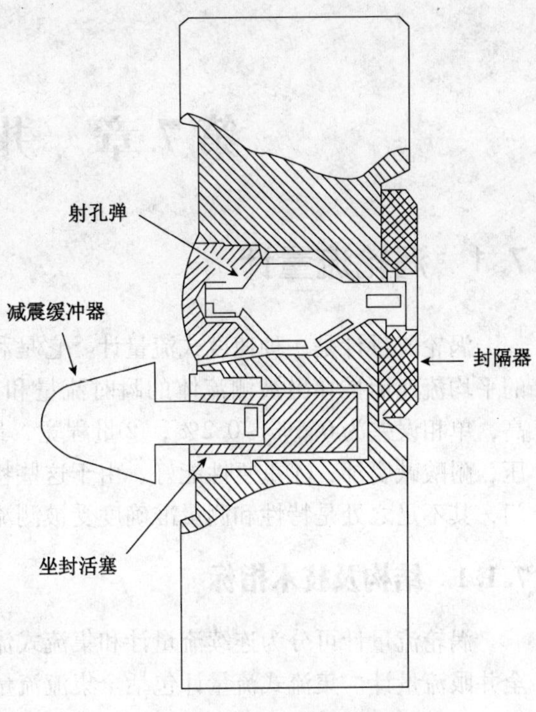

图6-96　套管电缆地层测试器的探头部分示意图

预测试室的体积可由地面控制，增量为1mL，最大体积为22mL。这种仪器可以通过预测试室把流体注入地层。仪器使用的是应变压力计，其精度为5psi，分辨率为1psi，应变压力计也可更换为石英晶体压力计(精度为0.5psi，分辨率为0.1psi)。

CWFT使用一个3g射孔弹，该弹头放在直径为0.61cm的套管小孔中，穿透深度可达15cm左右，射孔栓用耐高温材料制作。仪器测试结束时，平衡阀自动打开，液压回到泥浆柱压力。

使用CWFT时应该注意以下事项：

(1)射孔枪使用的点火器对流体很敏感，若仪器提出泥浆暴露在空气中，则会发生短路现象，无法启暴。

(2)启暴的另一个条件是仪器必须推靠在井壁上，否则无法射孔。点火控制在地面完成。

6.6.7　电缆地层测试在油气田勘探开发中的作用

(1)是测井技术中唯一获取油层动态特性资料的仪器品种。

(2)测出的地层有效渗透率资料具有权威价值。

得到的地层有效渗透率定量解释资料是在动态条件下直接测量的结果。虽然探测范围较小，只能代表近井地带的测量结果，但在同一口井或同一地区，具有对比价值，可以判断高、中、低渗透层。

(3)由各测点压力梯度数据可以准确判断油、气、水层。

(4)由各测点压力梯度数据可以准确测定油、气、水两相界面位置。

第7章　井下流量测试

7.1　涡轮流量计

涡轮流量计是一种速度式流量计。它是利用悬置于流体中带叶片的转子或叶轮感受流体的平均流速而推导出被测流体的瞬时流量和累积流量。涡轮流量计的主要特点是：①精度高，单相误差为0.5%～0.2%；②量程宽，最高流量与最低流量比约为10:1；③耐高温高压，耐酸碱腐蚀；④重复性能好。由于这些特点，涡轮流量计被广泛应用于工业生产的各部门，其不足之处是特性和测量准确度受被测流体的黏度、密度影响较大。

7.1.1　结构及技术指标

涡轮流量计可分为连续流量计和集流式流量计两类。连续流量计包括普通连续流量计和全井眼流量计。集流式流量计包括全集流流量计和半集流流量计。连续流量计扶正下井，可以用稳定速度连续地进行测量，仅测量流道中心部分的流体，图7－1涡轮由两个低摩阻的枢轴支撑，涡轮上装有一块很小的磁铁，流体使涡轮转动时，附近的耦合线圈中便产生交流信号，通过电缆送到地面，地面仪器可以记录脉冲频率，得到涡轮每分钟的转数。全井眼流量计与普通型流量计不同的是它可以伸缩的涡轮转子叶片，通过套管时，转子叶片收缩，到达套管下部的目的测量井段时，叶片可以张开。如图7－2所示全井眼流量计的叶片可以覆盖60%左右的套管截面。因此可以有效校正多相流动中油、气、水速度剖面分布不均的影响。

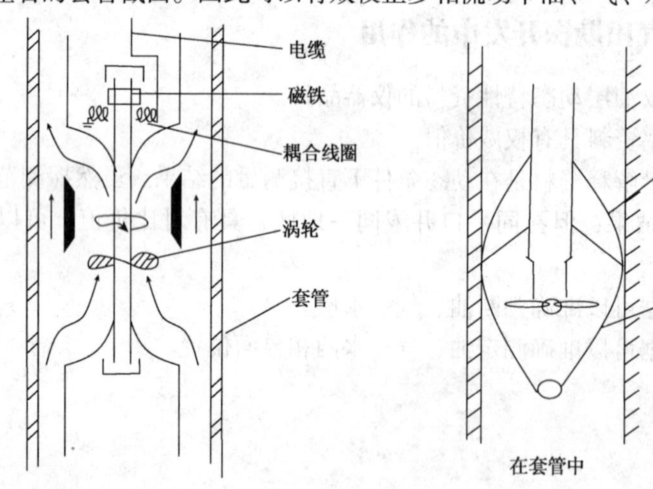

图7－1　连续流量计示意图　　　图7－2　全井眼转子流量计示意图

连续流量计适用于中高产井，对低产井应采用集流式流量计，这是由于流量低时，流体除了冲击叶片之外，另一部分没有对响应作出贡献。集流式流量计如图7－3所示，测量时封隔器皮囊将套管套面封堵，迫使流体进入集流通道。

在低流量层段采用集流式流量计，可以较为有效地消除黏度变化的影响，提高测量精度。图7－3为封隔式流量计，其集流皮囊是由橡胶制成的，下井时容易损坏。另外，封隔器内充满的流体来自井下，若封隔器充液泵出现故障，容易出现漏失现象，由于这些原因，斯伦贝谢公司研制了一种可膨胀式集流流量计，如图7－4所示。这种流量计使用带有可膨胀的橡胶集流装置，集流器装在金属罩内，仪器下井时金属罩关闭，对集流器起保护作用，金属罩打开时它使仪器居中并使集流器张开，同时，仪器自带的液体由泵压入可膨胀环，密封仪器和套管之间的环形空间。表7－1是涡轮流量计技术指标。

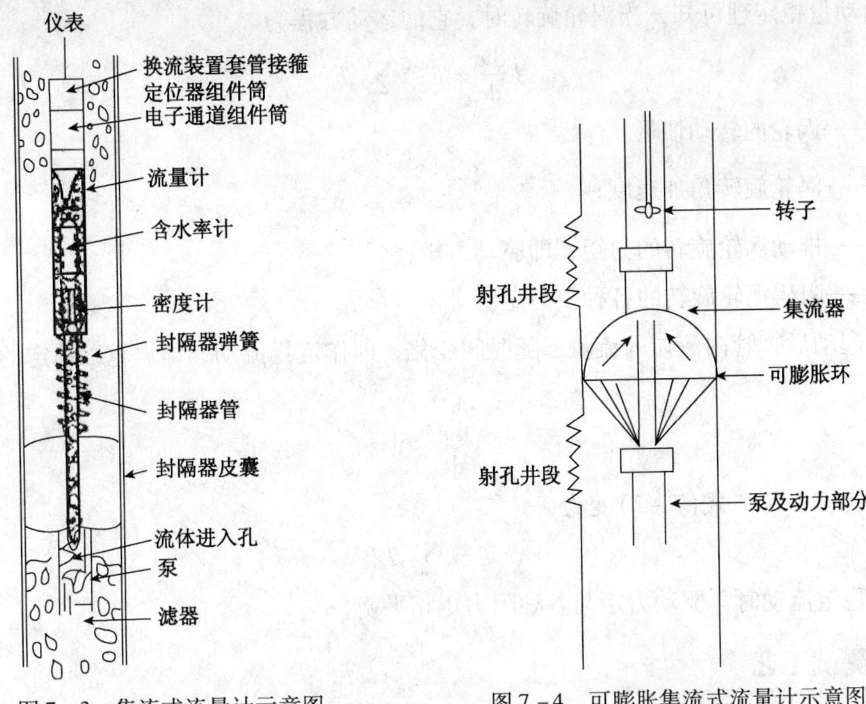

图7－3　集流式流量计示意图　　图7－4　可膨胀集流式流量计示意图

表7－1　涡轮流量计技术指标

仪表口径及连接方式	4、6、10、15、20、25、32、40采用螺纹连接；(15、20、25、32、40)50、65、80、100、125、150、200采用法兰连接
精度等级	±1%R、±0.5%R、±0.2%R(需特制)
量程比	1:10、1:15、1:20
仪表材质	304不锈钢、316(L)不锈钢等
被测介质温度/℃	－20～110℃
环境条件	温度－10～55℃，相对湿度5%～90%，大气压力86～106kPa
输出信号	传感器：脉冲频率信号，低电平≤0.8V，高电平≥8V；变送器：两线制4～20mADC电流信号
供电电源	传感器：＋12VDC、＋24VDC(可选)
	变送器：＋24VDC
	现场显示型：仪表自带3.2V埋电池
信号传输线	STVPV3×0.3(三线制)，2×0.3(二线制)
传输距离	≤1000m
信号线接口	基本型：豪斯曼接头；防爆型：内螺纹M20×1.5
防爆等级	基本型：非防爆产品；防爆型：ExdⅡBT6
防护等级	IP65

7.1.2 工作原理

涡轮流量计的传感器由装在低摩阻枢轴扶持的轴上叶片组成。轴上装有磁键或不透光键，使转速能被检流线圈或光电管测出来。当流体的流量超过某一数值后，涡轮的转速同流速成线性关系。记录涡轮的转速，便可推算流体的流量。是应用流体动量矩原理实现流量测量的。由动量钜定理可知，当涡轮旋转时，它的运动方程为

$$J\frac{\mathrm{d}w}{\mathrm{d}t}=T-\sum T_i \tag{7-1}$$

式中 J——涡轮的转动惯量；

$\frac{\mathrm{d}w}{\mathrm{d}t}$——涡轮旋转角加速度；

T——推动涡轮旋转的力矩，即驱动力矩；

$\sum T_i$——阻碍涡轮旋转的各种阻力矩。

涡轮起动后，管内流体的流量不随时间变化，即作定量流动，即涡轮以稳定的角速度旋转，此时

$$\frac{\mathrm{d}w}{\mathrm{d}t}=0 \tag{7-2}$$

联合式(7-1)、式(7-2)变为

$$T=\sum T_i \tag{7-3}$$

因此稳定流动时，驱动力矩与各种阻力矩相平衡。

7.1.3 测试工艺

涡轮流量计是一种机械式传感流量计，在井下工作时，霍尔传感器产生与涡轮转速同步的脉冲信号传入单片机内，单片机则根据下井前计算机设置的延时时间、采样间隔定时工作，然后将数据送入数据存储器保存。仪器测试完返回地面后，通过转换器与计算机串行口相连。仪器接收到计算机发送的回放指令后，将存储的数据送入计算机中，根据流量计标定文件进行数据处理，得到井下实际流量值。

7.2 核流量计

核流量计又称放射性示踪流量计，适用于中低流量井，一般在注水井中使用，在生产井中使用时由于流型变化会使分辨率显著下降。在不能用涡轮流量计测量的井中，一般使用这种流量计。

7.2.1 结构及技术指标

其结构是由放射性示踪剂喷射器和伽马探测器组成。喷射器可以有1~2个，两个喷射器的仪器可以同时携带水溶和油溶的示踪剂，适用于井下油、水多相流测量。伽马探测器可以有1~3个，两个探测器可以克服单探测器对喷射时间难以精确记录造成的问题。三个探测器和喷射器组成的仪器，其中一个探测器装在喷射器的上流方向，记录本底自然伽马放射性，作为基线，另外两个探测器装在下流方向，记录两条示踪曲线。喷射器与邻近探测器的

间距约0.5m，两个探测器的间距一般为2m左右，具体位置可以根据测井内流量大小预先选择配置。图7－5所示为一个喷射器和两个探测器构成的示踪流量计示意图。表7－2是核流量计技术指标。

表7－2　核流量计技术指标

最大工作温度	175℃
最大工作压力	100MPa
工作电压电流	35VDC±2V；50mA±10mA
示喷电压	吸：－35VDC±2V；喷：－75VDC±2V
测量范围	(0.3～40)m/min
测量精度	0.12m/min(5.5in 套管：$2m^3/d$)
仪器长度	2.79m
仪器外径	ϕ26mm

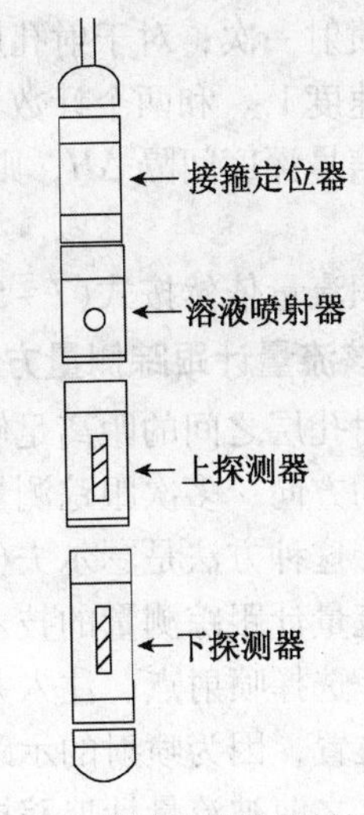

图7－5　放射性示踪流量计示意图

7.2.2　工作原理

放射性同位素具有较强的伽马放射性，利用携带放射性同位素的载体，可以人为地提高井内被研究对象的伽马射线强度，用伽马探测器测量并记录这种异常，便可以推断与引起异常有关的问题。

7.2.3　测试工艺

1. 核流量计定点测井方法

核流量计测注水剖面，当井内流体速度较快时，选用定点测量的方式。

该方法是在稳定注水条件下，自下而上，依次将仪器停在每个测点，喷射示踪剂后，记录放射性液团流经两个伽马探测器的时间，由于两个伽马探测器的间距L一定，从记录图上读出两个伽马异常峰值的间隔时间Δt，便可由式(7－4)求出记录点(两个伽马探测器的中点)的流速：

$$V_{\mathrm{f}}=L/\Delta t \tag{7-4}$$

此时，流体在套管和仪器之间的环空流动，则体积流量的计算公式为：

$$Q=C_{\mathrm{p}}\times V_{\mathrm{f}} \tag{7-5}$$

式中　C_{p}——称为流量系数，与套管内径、仪器尺寸、流速分布及单位换算有关。

若记录点流速V_{f}用m/s表示，流量Q用m^3/d表示，则C_{p}可按下式计算：

$$C_{\mathrm{p}}=\frac{\pi}{4}(d_{\mathrm{c}}^2-d_{\mathrm{t}}^2)\times C_{\mathrm{v}}\times 86400\times 10^{-4}=6.786C_{\mathrm{v}}(d_{\mathrm{c}}^2-d_{\mathrm{t}}^2) \tag{7-6}$$

式中　d_{c}——套管内径，cm；

d_{t}——仪器外径，cm；

C_{v}——速度剖面校正系数，与雷诺数有关。

2. 核流量计连续测量方法

连续测量应用在流速很低时，也是自下而上进行的，与定点测量不同的是仪器以稳定的速度一边上提一边测量，依次在各选定深度喷射示踪剂，连续记录每个探测器接收的伽马射线强度随井深的变化情况。为了求得分层流量，射孔井段的底部、顶部以及每个射孔层间必须至少喷射一次；对于射孔厚层，层内也可以喷射数次，以检查层内吸水非均质性。由于仪器上提速度 V_t。和两个计数器间距 L 已知，由图上读出每次喷射示踪剂后两个计数器记录到的异常信号深度间隔 ΔH，则两个峰值中点处的流速为：

$$V_f = V_t \times \Delta H/(L - \Delta H) \tag{7-7}$$

体积流量依然按式(7-5)计算，分层吸水量由递减法求得。

3. 核流量计跟踪侧量方法

当射孔层之间的距离足够大时，可以用单探测器的核流量计，喷射放射性示踪剂后，沿流体流动方向，多次跟踪测量记录示踪剂造成的钟形伽马曲线，然后求出相应位置管道中心的流速。这种方法是瑟尔夫(Charles Self，1967)最先提出来的，所以又称“瑟尔夫法”。

核流量计跟踪测量的技术要点包括：

(1) 选择喷射点。注入井自下而上逐层测量，喷射点选在两射孔层之间以及相连井段靠近上方位置，因为喷射的示踪剂将随注入流体向下移动，需要留有足够长距离，在被下部射孔层吸入之前被流量计追踪探测到。生产井内则需自上而下测量，喷射点应选在两射孔层之间以及相连井段靠近下方位置。

(2) 测量参考曲线。选定喷射点后，可启动马达向井内流体喷射少量示踪剂，并以某一合适恒定速度沿流体流动方向移动仪器，记录伽马曲线 J_{r0}，探测器在示踪液团所在位置将出现高放射性异常，记下峰值出现的时间，作为参考零时刻。

(3) 测量跟踪曲线。测出参考曲线后，仪器依然移动到原测点位置，再以参考曲线的同一恒定速度追踪放射性液团，并测量记录伽马曲线 J_{r1}，标出峰值相对于零时刻出现的滞后时间。并仿此测出 J_{r2}、J_{r3}……，直到放射性液团监测不到为止。

放射性示踪流量计跟踪测井解释方法是，从测井图上读出相邻两条曲线峰值的间距 Δh_1、Δh_2、Δh_3……，与对应的时间间隔 Δt_1、Δt_2、Δt_3……相除，得到各个视流速，即：

$$V_{ai} = \Delta h_i/\Delta t_i \tag{7-8}$$

然后，将各个视流速加权平均，作为该测量段内管道中心流体的流速，即：

$$v_f = \frac{1}{n}\sum_{i}^{n} v_{ai} \tag{7-9}$$

计算时 Δh_i 用 m 表示，Δt_i 用 s 表示，V_f 的单位为 m/s。体积流量计算依然按式(7-5)进行。

7.3 电磁流量计

电磁流量计广泛应用于水井的分层注水量的测量中，其仪器按结构、测量方式、工作方式、规格尺寸、上限工作温度五项特性进行分类，见表7-3。

表7-3 仪器分类表

仪器特性	分类	仪器特性	分类
结构	缺省—单独流量计； Ⅱ—流量计与温度测量装置组合； Ⅲ—流量计与温度和压力测量装置组合	工作方式	N—集流式；W—外流式；Z—中心流速式
		规格尺寸/mm	Φ29、Φ35、Φ36、Φ38、Φ41、Φ43
测量方式	S—直读式；C—存储式	上限工作温度/℃	90、125、150

7.3.1 结构及技术指标

以 ZDLⅢ-C35/###WP 型外流式流量计为例介绍结构，仪器整体为不锈钢全密封结构，主要由探测段、电路电池段和保护帽等若干段组成(图7－6)。

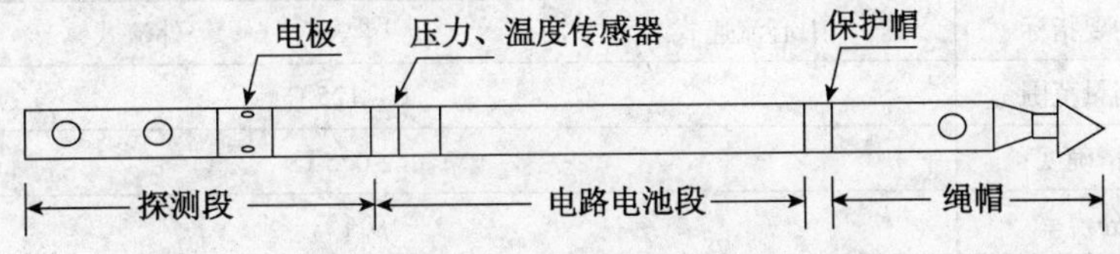

图7－6　ZDLⅢ－C电磁流量计结构示意图

探测段：由磁激励线圈、外露的测量电极和压力传感器等部件组成，该段为注油密封腔体，结构复杂，是整个电磁流量计的核心。探测段在使用时必须保证内流道干净通畅。探测段不能分解，否则将使仪器损坏！测量电极是仪器的关键部件，使用时请注意保护。

电路电池段：内含电路板、温度传感器和带回放头的可抽取式电池仓。

保护帽：回放时拧下保护帽、可露出回放头。

中心流速式电磁流量计与外流式电磁流量计的电路电池段结构相同，探测段和下扶正段不同，如图7－7所示。

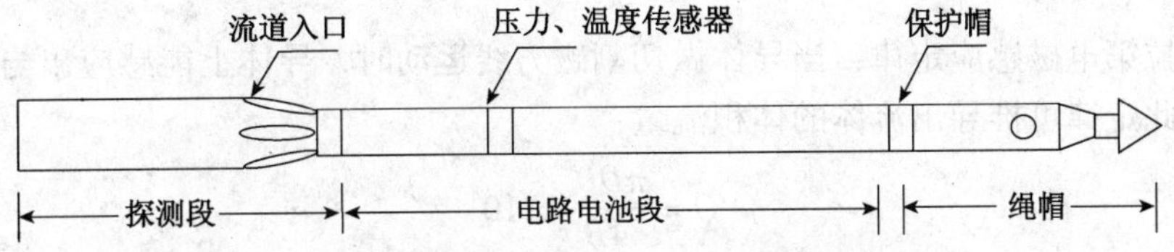

图7－7　中心流速式结构示意图

探测段：由磁激励线圈、测量电极(在内流道中)和压力传感器等部件组成，该段为注油密封腔体，结构复杂，是整个电磁流量计的核心。探测段在使用时必须保证内流道干净通畅。

电路电池段：内含电路板、温度传感器和带回放头的可抽取式电池仓。

保护帽：回放时拧下保护帽、可露出回放头。

表7－4是存储电磁式流量计技术指标。

表7－4　存储电磁式流量计技术指标

		主要指标	中心流速式	外流式	
Ⅲ型基本功能	流量测量	型号	ZDLⅢ－C41/###Z	ZDLⅢ－C35/###W	ZDLⅢ－C29/###W
		外径×长度	Φ41×860mm	Φ35×860mm	Φ29×860mm
		质量	约2.8kg		约2.1kg
		供电电压	6V		
		自检工作电流	<50mA		
		稳定工作电流	约35mA		
		主要用途	分层注水测量、检漏		
		工作温度	0～90℃、0～125℃、0～150℃(需定制)		
		工作压力	普通型≤50MPa、高温型≤60MPa		
		连续测量时间	由电池容量决定，高温锂电池可达22h，充电电池组可达8h		
		采样周期	10s		
		测量范围	0～200m^3/d或0～700m^3/d		
		精确度	示值的±1%或满量程的±0.2%取最大值		
		零点温飘	<0.005%/℃(F.S)		
		始动流量	≤1m^3/d(反向流量指标：≤－50m^3/d)		
		分辨率	0.1m^3/d		

续表

		主要指标	中心流速式	外流式
Ⅲ型基本功能	井温测量	测量范围	0～125℃	
		精确度	±0.5℃	
		分辨率	0.1℃	
		采样周期	20s	
	井压测量	测量范围	0～60MPa	
		非线性	<0.05%（F.S）	
		精确度	±0.2%	
		分辨率	0.01MPa	
		采样周期	20s	

7.3.2 工作原理

根据法拉第电磁感应定律，当导体做切割磁力线运动时，导体上能感应出与速度成正比的电压，由此定律可推导出流体的体积流量：

$$Q=\frac{\pi D U_{e}}{4B}\times 10^{4} \tag{7-10}$$

式中 B——磁场强度，T；

U_e——感应电压，V；

D——管道内径，cm；

π——圆周率。

由上式可知，只要测得感应电压就可以得到相应的流速，并换算出流量。被测流体的温度、压力、密度和电导率等参数的变化不影响流量的测量，所以电磁流量计具有其他流量计无可比拟的优点。

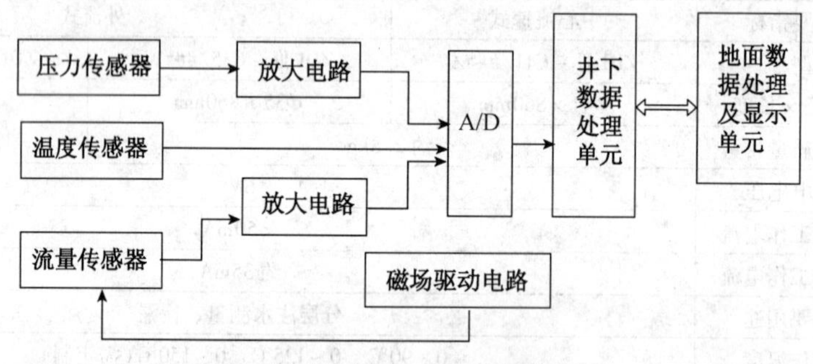

图7-8 电磁式流量计电原理框图

7.3.3 测试工艺

存储式流量计需配接上下扶正器，采用钢丝连接下井。电磁流量计分为集流式和非集流式两种方式。其中非集流式方式按照测试工艺不同又可以分为中心流速式和外流式两种。

1. 集流式流量计测试技术

是在电磁流量计的下方配以聚流式密封段，它既可以应用于偏心分注管柱的井下流量测试，也可以应用于空心分注管柱的井下流量测试。在偏心分注井中应用时可以用一个聚流式密封段从下到上坐在偏心配水器定位台阶上，逐层测取流量；在空心分注井中应用时，每测一层需要更换一次密封段。集流式流量计测试示意图见图 7－9。

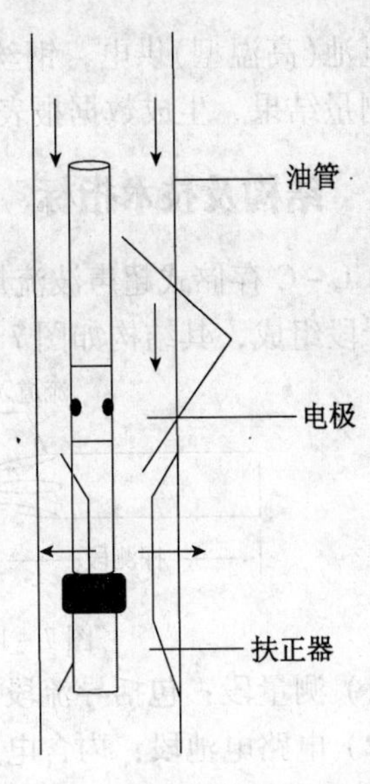

图 7－9　集流式流量计测试示意图

2. 非集流式流量计

非集流式流量计在整个测试过程中无需坐封集流，不会增加所测层段的水阻产生节流现象，仪器可在油管内任意位置进行测量，测量时的状况与实际注水时的状况基本相同，当保持井口压力不变时，通过改变仪器在井下的深度位置，即可测出该压力点下的各层流量，这种方法即为一点多层测试法，如改变井口压力，仪器保持一定测试深度不变，即可测出不同压力点下的分层流量。

（1）中心流速式流量计。流量计的流量探头安装在仪器主体的内部，管道内的注入水一部分进入流量计探头内部，大部分从流量计外部流过，探头内的流速与整个管道内流速成对应关系，测定探头内部的流速即可推算出被测管道流量。图 7－10 是中心流速式流量计测试示意图。

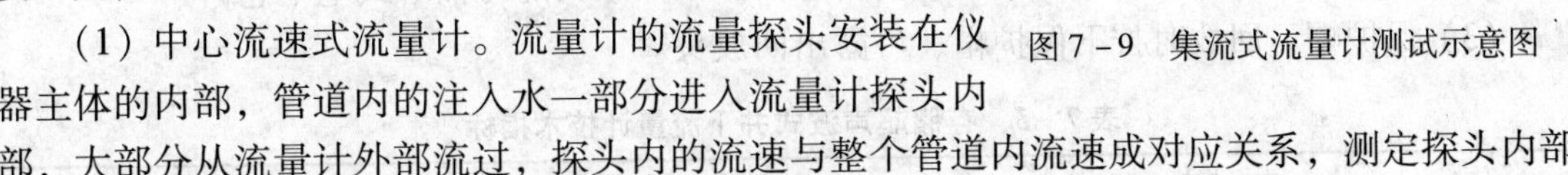

（2）外流式流量计。流量计的流量探头安装在仪器主体的外部，油管内的注入水由流量计和油管之间的环形空间流过。测量时扶正器将仪器扶正居中，通过测量流体流速，即可得出被测管段的流量。图 7－11 是外流式流量计测试示意图。

油管
电磁流量计
电极
扶正器

图 7－10　中心流速式流量计测试示意图

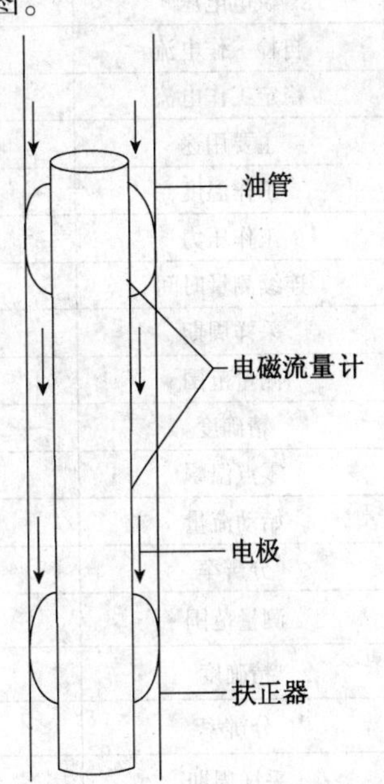

图 7－11　外流式流量计测试示意图

7.4　超声波流量计

超声波流量计由井下流量计和处理软件两部分组成。流量计采用充电电池（普通型）或高温电池(高温型)供电，钢丝下井；测量结束后，用计算机回放测量数据，经软件处理后，显示测量结果、生成数据报表，并完成测试资料的保存和打印。

7.4.1 结构及技术指标

ZCL－C 存储式超声波流量计整体为不锈钢结构，主要由探测段、电路电池段和保护帽等若干段组成，其结构如图 7－12 所示。其技术指标见表 7－5。

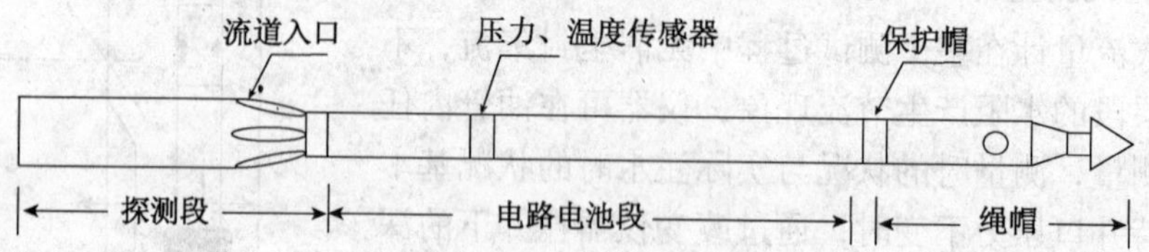

图 7－12 ZCL－C 存储式超声波流量计结构示意图

(1) 测量段：包括导流段、两个超声波换能器、压力传感器、是流量计的核心。

(2) 电路电池段：内含电路板、温度传感器和带回放头的可抽取式电池仓。

(3) 保护帽：回放时拧下保护帽、可露出回放头。

表 7－5 存储超声波式井下流量计技术指标

		主要指标	存储超声波式井下流量计
超声波式基本功能	流量测量	型号	ZCL－C35/###Z
		外径×长度	Φ35×900mm
		质量	仪器主体约 3.3kg
		供电电压	6V
		自检工作电流	<50mA
		稳定工作电流	约 15mA
		主要用途	分层注水测量、检漏
		工作温度	0～90℃
		工作压力	≤60MPa
		连续测量时间	由电池容量决定，高温锂电池可达 22h，充电电池组可达 8h
		采样周期	10s
		测量范围	0～700m^3/d
		精确度	示值的±1%或满量程的±0.2%取最大值
		零点温飘	<0.01%/℃(F.S)
		始动流量	≤1m^3/d(反向流量指标：≤－50m^3/d)
		分辨率	0.1m^3/d
	井温测量	测量范围	0～125℃
		精确度	±1℃
		分辨率	0.1℃
		采样周期	20s
	井压测量	测量范围	0～60MPa
		非线性	<0.05%(F.S)
		精确度	±0.2%
		分辨率	0.01MPa
		采样周期	20s

7.4.2 工作原理

仪器的流量感应部分(即探测段)由流道段以及流道上、下两端各安装的一个超声波换能器组成。当超声波换能器被施加一定频率的电压脉冲时，即发出一定频率的超声波，该超声波通过流体传播时被对应的超声波换能器接收。超声波在流体中传播时载上流速的信息，利用接收到的超声波信号即可以获得流体的流量。图 7－13 是超声波流量计电原理框图。

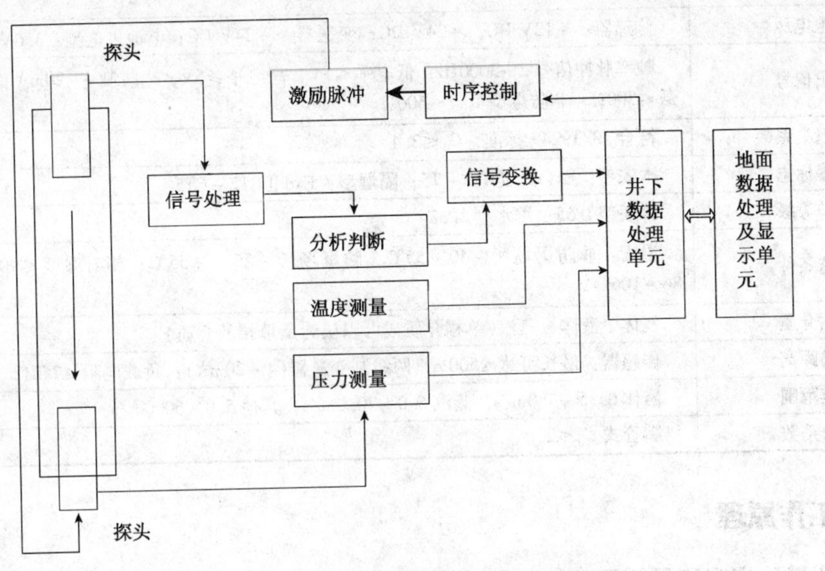

图 7－13　超声波流量计电原理框图

7.4.3 测试工艺

与电磁式流量计相同，存储式超声波流量计同样适用于偏心分注井工艺井和空心分注井工艺井，请参见 7.3.3 部分。

7.5 涡街流量计

涡街流量计是利用流体流过阻碍物时产生稳定的漩涡，通过测量其漩涡产生频率而实现流量测量的。它是 20 世纪 70 年代发展起来的一种流量计，与其他流量计相比，具有如下优点：仪器内无可动部件，构造简单，使用寿命长；线性测量范围宽达 30:1；在一定的雷诺数下，漩涡产生的频率只与流体流速有关，几乎不受被测流体参数(如温度、压力、密度、成分及黏度等)变化的影响。因此不需单独标定即可用于流量测量，适用于液体、气体、蒸汽、低温介质和各种腐蚀性、放射性介质等。涡街流量计的不足之处主要是流体流速分布情况和脉动流将影响测量的准确度。

7.5.1 技术指标

涡街流量计技术指标见表 7－6。

表 7-6　涡街流量计技术指标

公称通径	满管式 DN15 ~ DN300mm　插入式 DN200 ~ DN1500mm(超过 DN1500mm 协议定货)
公称压力	1.6MPa，2.5MPa，4.0MPa，≥4.0MPa
介质温度	-40 ~ 350℃
本体材料	304(其他材料协议供货)
允许振动加速度	压电式：≤0.2g；电容式：1.0 ~ 2.0g
精确度	1.0 级。1.5 级，2.5 级
范围度	1:6 ~ 1:15
供电电压	传感器：+12V DC，+24V DC；变送器：+24V DC；电池供电型：3.6V 电池
输出信号	频率脉冲信号 2 ~ 3000Hz，低电平≤1V，高电平≥5V，二线制 4 ~ 20mA 信号，防爆型负载≤300Ω，非防爆型负载≤500Ω
压力损失系数	符合 JB/T9249 标准，C_d≤2.4
防爆标志	本安型：Ex(ia)ⅡCT2 - T5；隔爆型：ExdⅡBT2 - CT5
防护等级	普通型 IP65；潜水型 IP68
环境条件	温度：非防爆场所 -40 ~ 55℃，防爆场所 -25 ~ +55℃；相对湿度≤90%；大气压力 86 ~ 106kPa
适用介质	气体、液体、蒸汽(单相介质或可以认为是单相的介质)
传输距离	传感器：最长可达≤500m，两线制变送器(4 ~ 20mA)：负载电阻≤750Ω
流速范围	液体 0.35 ~ 7.0m/s，蒸汽 6.0 ~ 70.0m/s，其他 5.0 ~ 60.0m/s
阻力系数	满管式 C_d≤2.6

7.5.2　工作原理

涡街流量计实现流量测量的理论基础是“卡门涡街”原理。在流动的流体中放置一根其轴线与流向垂直的非线性柱形体(如三角柱、圆柱等)称之为漩涡发生体，如图 7-14 所示。当流体沿漩涡发生体绕流时，会在漩涡发生体下游产生如图所示的两列不对称但有规律的交替漩涡列，这就是所谓的卡门涡街。

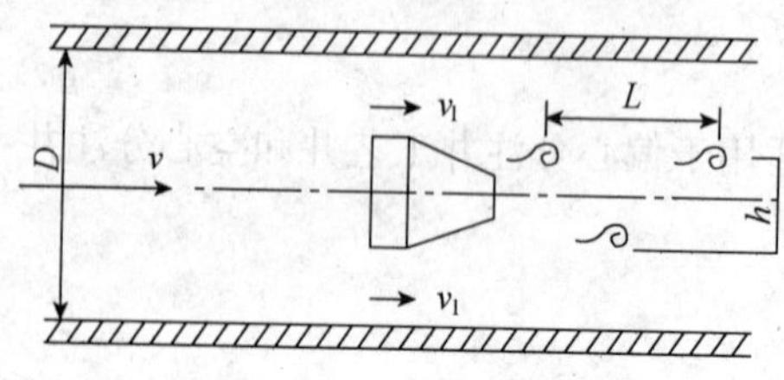

图 7-14　卡门涡街示意图

漩涡列在漩涡发生体下游非对称地排列。设漩涡的发生频率为 f，被测介质来流的平均速度为 v，漩涡发生体流面宽度为 d，表体通径为 D，根据卡曼涡街原理，有如下关系式：

$$f = S_t v/d \tag{7-11}$$

式中 f——发生体一侧产生的卡门旋涡频率；

S_t——斯特罗哈尔数(无量纲数)；

v——流体的平均流速；

d——旋涡发生体的宽度。

由此可见，通过测量卡门涡街分离频率便可算出瞬时流量。其中，斯特罗哈尔数(S_t)是无因次未知数。斯特罗哈尔数(S_t)与雷诺数(Re)的关系见图 7-15。

在曲线表中 S_t = 0.17 的平直部分，漩涡的释放频率与流速成正比，即为涡街流量传感器测量范围度。只要检测出频率 f 就可以求得管内流体的流速，由流速 V 求出体积流量。所测得的脉冲数与体积量之比，称为仪表常数(K)，见式(7-12)。

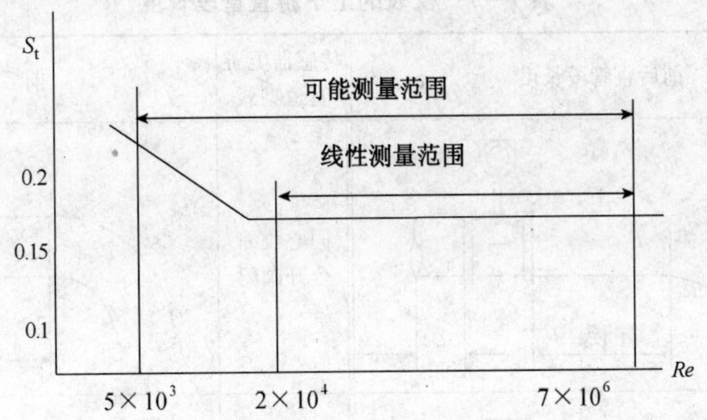

图 7-15　斯特罗哈尔数(S_t)与雷诺数(Re)的关系

$$K=\frac{N}{Q} \tag{7-12}$$

式中　K——仪表常数，$1/m^3$；

N——脉冲个数；

Q——体积流量，m^3。

7.5.3　测试工艺

1. 适用范围

适用于液体和气体的测量。

2. 安装要求

仪表的正确安装是保障仪表正常运行的重要环节，若安装不当，轻则影响仪表的使用精度，重则会影响仪表的使用寿命，甚至会损坏仪表。

1）安装环境要求

(1) 尽可能避开强电设备、高频设备、强开关电源设备。仪表的供电电源尽可能与这些设备分离。

(2) 避开高温热源和辐射源的直接影响。若必须安装，须有隔热通风措施。

(3) 避开高湿环境和强腐蚀气体环境。若必须安装，须有通风措施。

(4) 涡街流量仪表应尽量避免安装在振动较强的管道上。若必须安装，须在其上下游 $2D$ 处加设管道紧固装置，并加防振垫，加强抗振效果。

(5) 仪表最好安装在室内，安装在室外应注意防水，特别注意在电气接口处应将电缆线弯成 U 形，避免水顺着电缆线进入放大器壳内。

(6) 仪表安装点周围应该留有较充裕的空间，以便安装接线和定期维护。

2）仪表管道安装要求

(1) 涡街流量仪表对安装点的上下游直管段有一定要求，否则会影响介质在管道中的流场，影响仪表的测量精度。仪表的上下游直管段长度要求见表 7-7。

(2) 上、下游配管内径应相同。如有差异，则配管内径 D_p 与涡街仪表表体内径 D_b，应满足以下关系：

$$0.98D_b \leqslant D_p \leqslant 1.05D_b$$

上、下游配管应与流量仪表表体内径同心，它们之间的不同轴度应小于 $0.05D_b$。

表 7-7　仪表的上下游直管段长度　　单位：mm

传感器上游管道型式	前后直管段长度	传感器上游管道型式	前后直管段长度
同心收缩全开阀门	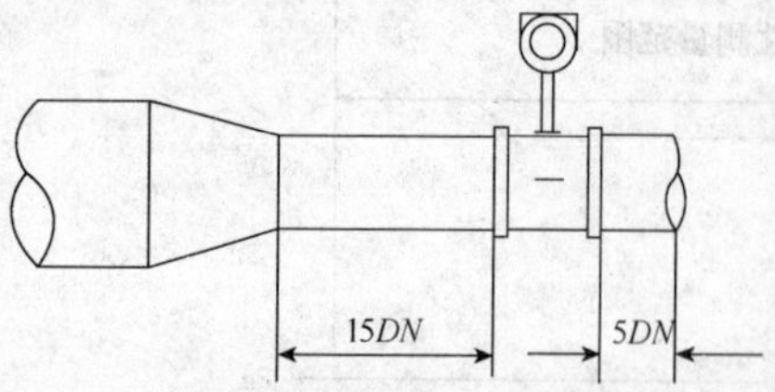 15*DN*　5*DN*	同心收缩全开阀门	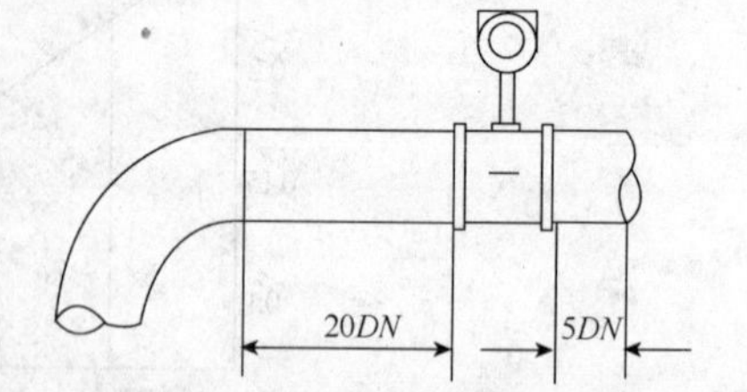 20*DN*　5*DN*
同一平面两个 90°弯头	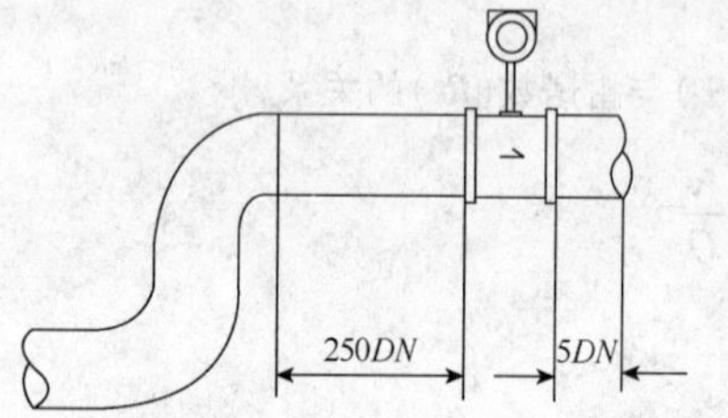 250*DN*　5*DN*	不同平面两个 90°弯头	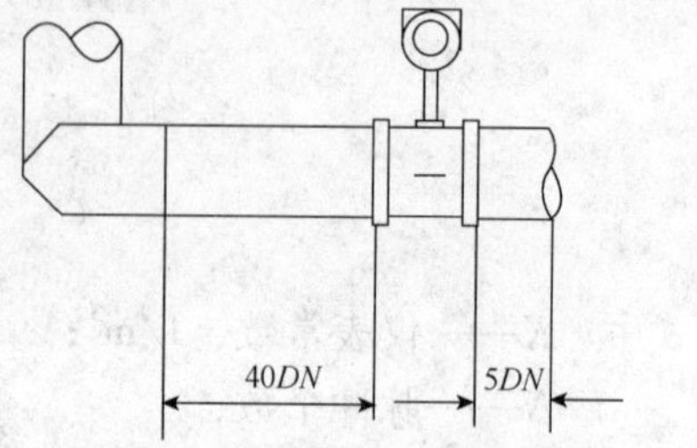 40*DN*　5*DN*
同心扩管	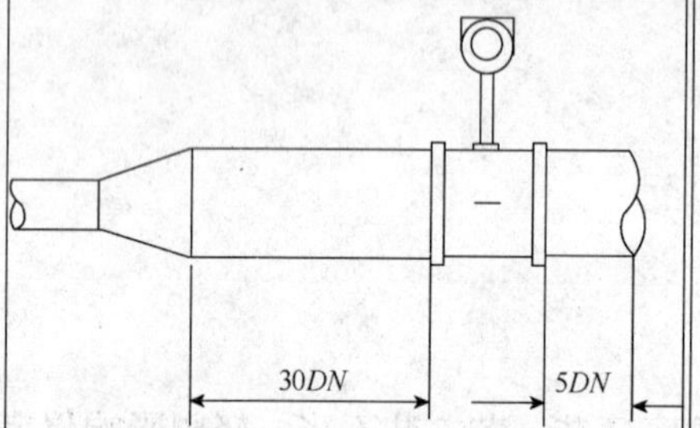 30*DN*　5*DN*	调节阀半开阀门（不推荐）	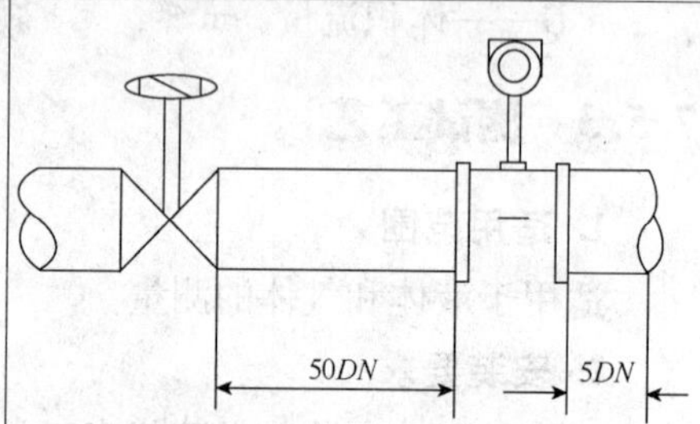 50*DN*　5*DN*

注：调节阀尽可能不要安装在涡街流量仪表的上游，而应安装在涡街流量仪表的下游 10*D* 处。*DN* 为管道口径。

（3）仪表与法兰之间的密封垫，在安装时不能凸入管内，其内径应比表体内径大1~2mm。

（4）测压孔和测温孔的安装设计。被测管道需要安装温度和压力变送器时，测压孔应设置在下游 3*D*~5*D* 处，测温孔应设置在下游 6*D*~8*D* 处，见图 7-19。*D* 为仪表工称口径，单位：mm。

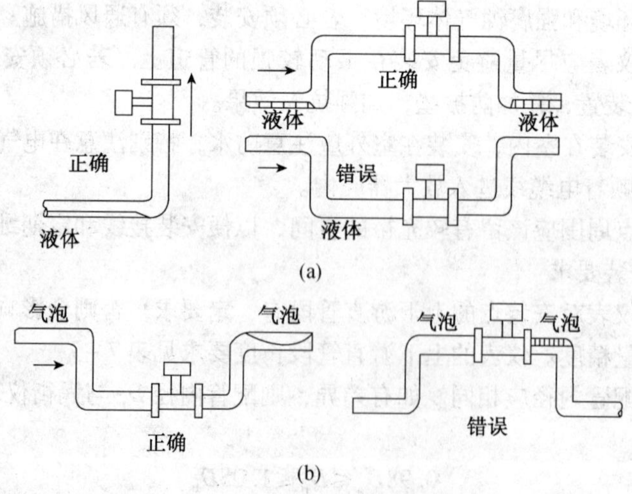

图 7-16　垂直管道安装仪表示意图

（5）仪表在在管道上可以水平、垂直或倾斜安装。

（6）测量气体时，在垂直管道安装仪表，气体流向不限。但若管道内含少量液体，为了防止液体进入仪表测量管，气流应自下而上流动，如图7－16(a)所示。

（7）测量液体时，为了保证管内充满液体，所以在垂直或倾斜管道安装仪表时，应该保证液体流动方向从下而上。若管道内含少量气体，为了防止气体进入仪表测量管，仪表应安装在管线的较低处，如图7－16(b)所示

3）仪表的安装外形尺寸

参考图7－17～图7－19和表7－8、表7－9。

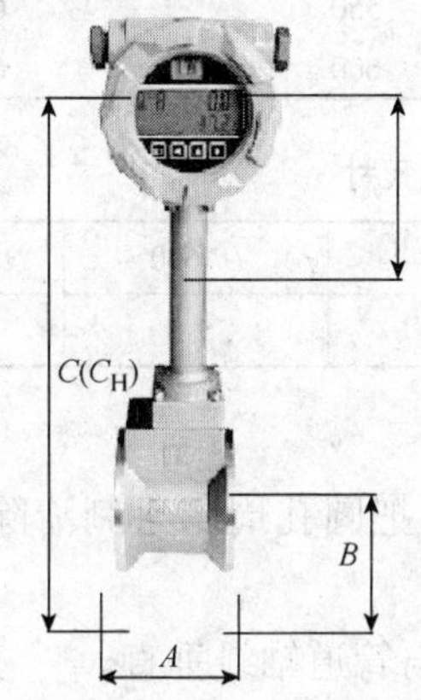

图7－17　安装外形尺寸图

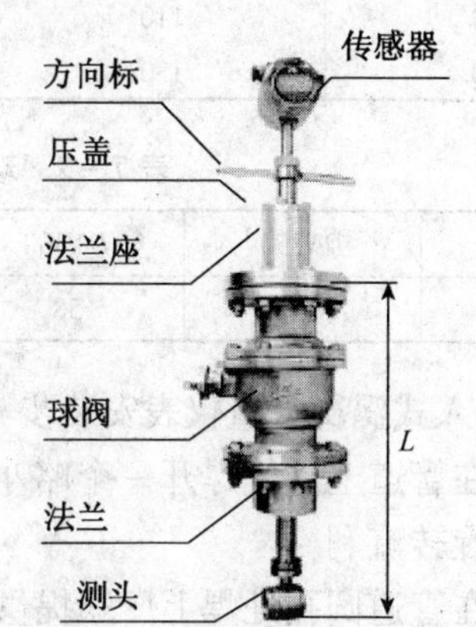

图7－18　球阀插入式涡街仪表安装

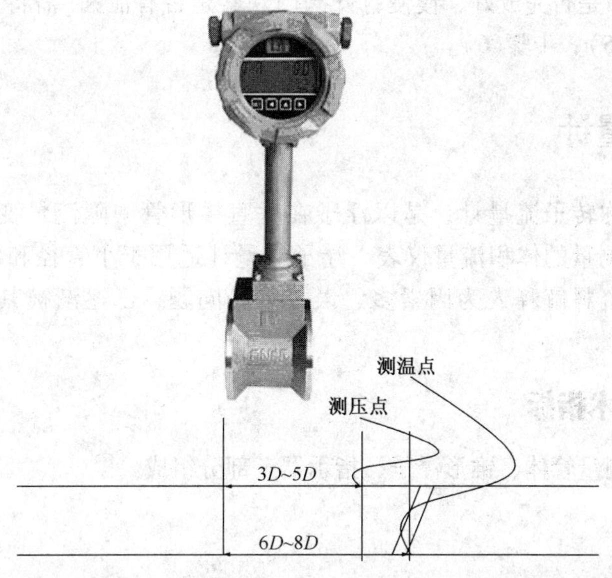

图7－19　测压孔和测温孔的安装设计

表 7－8　安装外形尺寸表

口径/mm	A	B	C	C_H
25	69	55	305	355
40	85	80	330	380
50	86	90	340	390
65	85	105	355	405
80	89	120	370	420
100	92	140	390	440
125	93	168	418	468
150	98	194	445	494
200	103	248	498	548
250	110	300	550	600
300	130	350	600	650

表 7－9　球阀插入式涡街仪表安装定位尺寸

口径/mm	DN250	DN300	DN400	DN500	DN600	DN800～2000
L	60.5	58	65.5	60.5	55.5	45.5

4）插入式涡街流量仪表安装步骤

（1）在管道上用气焊开一个略小于 Φ100mm 的圆孔，并把圆孔周围毛刺清除干净，以保证测头旋转流利。

（2）在管道圆孔处焊上厂家提供的法兰，要求法兰轴线与管道轴线垂直。

（3）将球阀及传感器安装在焊接好的法兰上。

（4）调节丝杠，使插入深度符合要求（从表 7－9 中查得所需尺寸），流体流向必须与方向标上的指示箭头保持一致。

（5）均匀拧紧压盖上的螺丝（注：压盖的松紧程度决定仪表的密封程度和丝杠能否旋动）。

（6）检查各环节是否完成好，慢慢打开阀门观察是否有泄漏（需特别注意人身安全）若有泄露请重复步骤（5）、步骤（6）。

7.6　浮子流量计

浮子流量计又称转子流量计，是以浮子在垂直锥形管中随流量变化而升降，从而改变流通面积来进行测量的体积流量仪表。浮子流量计适用于小管径和低流速，结构简单，缺点是：精度低、资料解释人为因素多、误差大等问题，已逐渐被其他先进测试仪器所取代。

7.6.1　结构及技术指标

流量计主要由测量管体、锥形浮子、指示器三部分组成。

7.6.2　工作原理

LZ 型系列金属管浮子流量计，是采用可变面积式测量原理，应用现代高技术手段及元器件，生产的金属管浮子流量计。浮子的位移量与流量的大小成比例，通过磁耦合系统，以不接触方式，将浮子位移量传给指示器指示出流量的大小。也可配装不同的转换器，将流量值转换成标准如 4 ~20mA 电远传信号，实现远距离显示、记录、积算和控制等功能。表 7 -10 是浮子流量计技术指标。

表 7 -10　浮子流量计技术指标

<table>
<tr><td>仪表型号</td><td colspan="4">LZ 系列金属管浮子流量计　DN15 ~ DN150≤250mPa · s</td></tr>
<tr><td rowspan="6">测量范围</td><td colspan="4">(100%点值)从流量表选择</td></tr>
<tr><td rowspan="3">介质温度</td><td colspan="3">-80 ~200℃标准型</td></tr>
<tr><td colspan="3">0 ~85℃防腐性</td></tr>
<tr><td colspan="3">-80 ~300℃高温型</td></tr>
<tr><td>水</td><td colspan="3">20℃，2.5 ~150000L/h</td></tr>
<tr><td>空气</td><td colspan="3">1.013bar abs　20℃　0.07 ~3000m³/h</td></tr>
<tr><td>量程比</td><td>10:1　5:1</td><td>环境温度</td><td colspan="2">-25 ~60℃</td></tr>
<tr><td>精度等级</td><td>1.5　2.5</td><td>防护等级</td><td colspan="2">IP65</td></tr>
<tr><td>电信号输出</td><td colspan="2">输出信号 4 ~20mA(两线制)</td><td>线性度</td><td>1%</td></tr>
<tr><td>测量管</td><td colspan="2">锥形测量管　孔板测量管</td><td>温度影响</td><td>0.5%/10℃</td></tr>
<tr><td>刻度盘分度</td><td colspan="2">依据流量单位划分</td><td>电气接口</td><td>M20X1.5 标准型</td></tr>
<tr><td>仪表口径</td><td colspan="2">DN15 ~ DN150 其他口径协商制造</td><td>供电电源</td><td>24V DC 标准型</td></tr>
<tr><td>法兰连接</td><td colspan="2">DN15 ~ DN50/PN4.0DN80 ~ DN150/PN1.6</td><td>电源消耗</td><td>≤3W；触点容量：5A/220V</td></tr>
<tr><td>法兰标准</td><td colspan="4">GB/T 9119.10 -88 也可按用户提供法兰标准制造，如 ANSI B 16.5</td></tr>
<tr><td>保温夹套法兰</td><td colspan="2">DN15 DN25/PN4.0　1/2</td><td>保温夹套管</td><td>Φ12mm</td></tr>
<tr><td>特殊类型</td><td colspan="4">高压型、螺纹型和其他特殊型可根据用户要求提供</td></tr>
<tr><td>防爆等级</td><td colspan="2">Exib ⅡCT5　Exd ⅡBT5</td><td>介质黏度</td><td>DN15≤5mPa · s</td></tr>
<tr><td>防爆关联设备</td><td colspan="4">本安型安全栅 LB906</td></tr>
</table>

7.6.3　测试工艺

1. 适用范围

LZ 型系列金属管转子流量计，适用于测量液体和气体。在测量管的设计上针对不同的管道条件、特殊流体的测量要求，配置了多种结构型式的测量管，如保温夹套型、带阻尼器型等。除了标准的可选外，还可以根据用户要求进行高温高压等特殊设计。LZ 型系列金属管转子流量计，以其结构简单，使用寿命长、线性刻度、可用于测量液体和气体等优点而得到广泛应用。

2. 安装及修正

1）安装与维护

特别提示：仪表安装操作之前，必须将管道内的焊渣清洗干净！

流量计安装垂直要小于 5°，为了保证测量精度，推荐在流量计上游安装 SDN 的入口直管段，下游安装 250mm 出口直管段。

若介质中含有固体杂质，应在阀门和直管段间加装过滤器；若介质中含有铁磁物质，应在流量计的上游安装磁过滤器。

为便于清洗和维护，保证生产正常运行，建议设旁通管路。图 7 -20 为流量计安装示意图。

安装管路的轴线必须与仪表同轴，并适当地支撑管道以避免振动和减小仪表所受应力，测量系统控阀应安装在仪表下游。

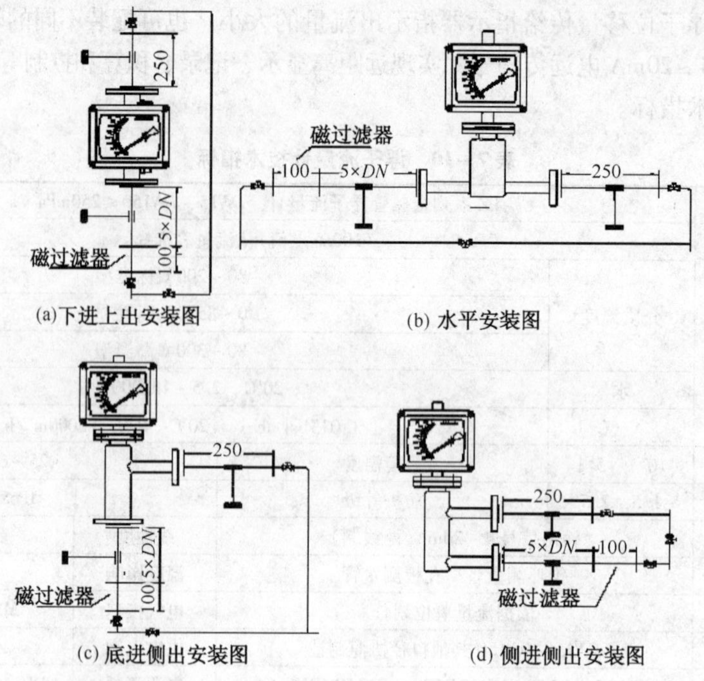

图 7－20　浮子流量计安装示意图

由于金属管浮子流量计安装了一个磁远传系统，以确保周围其他设备产生的磁场不影响测量结果。

用于气体测量时，应保证管道压力不小于 5 倍仪表压力损失，以确保浮子工作稳定。

安装内衬聚四氟乙烯（PTFE）的浮子流量计时，紧固法兰螺栓时应对称紧固且勿过紧，以防 PTFE 变形。

流量计通常不需进行维修。但测量管或浮子被介质污染时，就有必要进行清洗。清洗时必须将流量计从管道上卸下来。

注意：仪表使用时应缓慢开启和关闭阀门，以免仪表损坏。

2）修正

流量计用于测量液体流量时，制造厂是用常温下清洁的水作为校验流体标尺分度，若被测流体的密度与水不同，应对流量示值读数进行换算。换算公式如下：

$$Q_1 = Q_0\sqrt{\frac{(\rho_f - \rho_1)\rho_o}{(\rho_f - \rho_o)\rho_1}} \tag{7-13}$$

式中　Q_1——工作状态下流量；

Q_0——流量计示值流量或输出信号所对应的流量；

ρ_f——浮子的平均密度；

ρ_1——被测液体在工作状态下的密度；

ρ_o——20℃时水的密度，为 998.2kg/m^3。

流量计用于气体流量时，制造厂以标准状态（20℃，101.325kPa）下的干空气作为气体标尺分度的。若被测气体的工作状态与制造厂规定不同时，应对流量计示值读进行换算，换算公式如下：

$$Q_1 = Q_0\sqrt{\frac{\rho_0 p_1 T_0}{\rho_1 p_0 T_1}} \tag{7-14}$$

式中 Q_1——工作状态下的气体流量换算到标准状态下的流量；

Q_0——流量计示值流量；

ρ_1——工作状态下被测干气体的密度；

ρ_0——标准状态下的干空气的密度，为 1.205kg/m^3；

p_1——工作状态下被测干气体的压力(即表压与大气压之和)，kPa；

p_0——标准状态时的压力，为 101.325kPa；

T_1——工作状态下被测干气体的热力学温度，K；

T_0——标准状态时的热力学温度，为 293.15K。

井下流量测试广泛应用于测井试井的各个领域。在正常注水分注井中，分层流量值与对应压力值结合可以绘制分层指示曲线，了解各层吸水指数和启动压力，通过分析指数曲线形态及前后变化，可以了解注水层段吸水能力变化情况及其变化原因，从而采取相应对策。非集流式流量计还可以对注水井油管进行找漏测试。在测井领域，注入剖面、产出剖面、找水、找漏，井下流量测试资料均是重要的判断依据。

第 8 章　温度测试

8.1　温度测井原理

表征物体冷热程度在热平衡状态时的物理量叫温度。自 1597 年意大利的伽利略发明温度计以来，温度测量技术和温标发生了较大变化。所谓温标就是为定量表示物体的温度，根据标准温度、标准温度计和内插公式所确定的温度计的标度。

常用的温标有华氏温度、摄氏温度、兰氏温度、热力学温度和列氏温度。生产测井中常用的温度计量单位是摄氏温度和华氏温度。

井下测量温度的仪器，根据测量环境温度的要求有多种，常用的有电阻传感器和热电偶式两种。

8.1.1　电阻式温度仪

电阻式温度仪是利用金属丝的电阻与温度的函数关系测量井筒温度的，一般情况下是温度上升，金属的电阻增加。仪器的结构如图 8－1 所示，热敏电阻随温度的变化通过电桥电路转成电压信号、频率信号传至地面。电阻式温度计所测温度的绝对精度为 ±2.5℃，分辨率较高，约为 0.025℃，温度仪可以和流量计、持水率计、密度计组合同时下井。

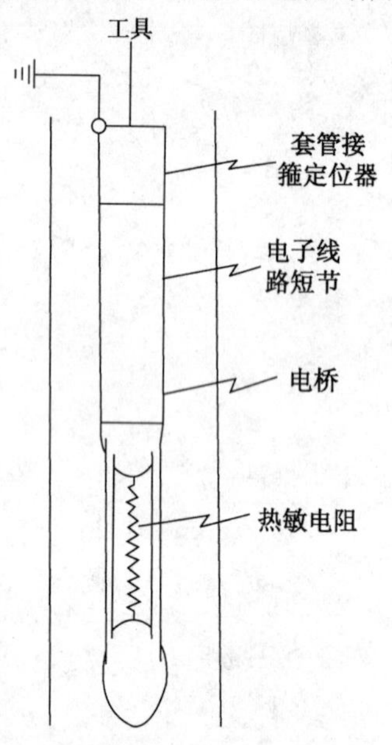

图 8－1　温度测井仪结构示意图

8.1.2　热电偶温度仪

电阻式温度仪主要用于中低温测量。为了在注蒸汽井和高温井中进行测量，人们研制了热电偶温度仪。热电偶是由两种不同的金属丝在其两端形成一个回路，两接点的温度不同，在回路中将产生随温度而变化的电流，由此测量温度的变化。通常把两种不同的偶丝组合起来的测温传感器叫热电偶。常用的热电偶，低温可测到－50℃，高温可以达到 1600℃左右。配用特殊材料的热电偶，最低测到－180℃，高温可达 2800℃。热电偶温度仪的特点是构造简单，测量范围广，有良好的灵敏度。

1. 热电效应

在热电偶回路中，当两接点温度不同时，产生电流的原因是热电效应引起的。图 8－2 示出的是两种导体（或半导体）A、B 组成的一个闭合回路。1、2 两点的温度不同时，回路中就会产生热电势，因而就有电流产生，电流表就会发生偏转。这一现象称为热电效应（塞贝克效应），热电势、热电流导体 A、B 叫热电极。测量时，结点 1 置于被测温度场中，称为测量端；结点 2 处在某一恒定温度，称为参考端。

热电势 $E_{AB}(T, T_0)$ 是由两种导体的接触电势和单一导体的温差电势组成。

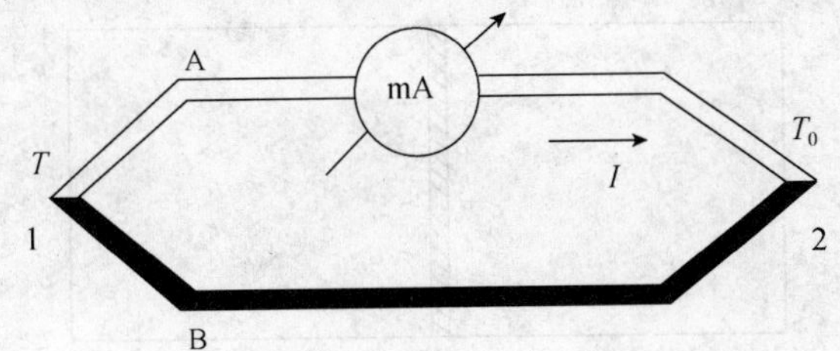

图 8－2　热电效应示意图

2. 接触电势

接触电势是由两种金属导体内自由电子的密度不同造成的。导体 A、B 接触时，接触处会发生电子扩散，扩散速率与自由电子的密度及金属所处的温度成正比。设金属 A、B 中自由电子密度分别为 N_A，N_B，且 $N_A > N_B$，单位时间内由金属 A 扩散到金属 B 的电子数要比由 B 扩散到 A 的电子数多。因此，金属 A 失去电子带正电，金属 B 则带负电。所以，接触处便形成了电位差，即接触电势，这个电势会阻碍电子进一步扩散，一直到平衡为止（图 8－3）。接触电势由式（8－1）表示：

$$E_{AB}^{x}(T) = \frac{KT}{e}\ln\frac{N_A}{N_B} \tag{8-1}$$

式中　K——波尔兹曼常数，为 1.38×10^{-16}；

T——接触处的绝对温度；

e——电子电荷量，为 4.802×10^{-10}；

N_A、N_B——分别为金属 A、B 的自由电子密度。

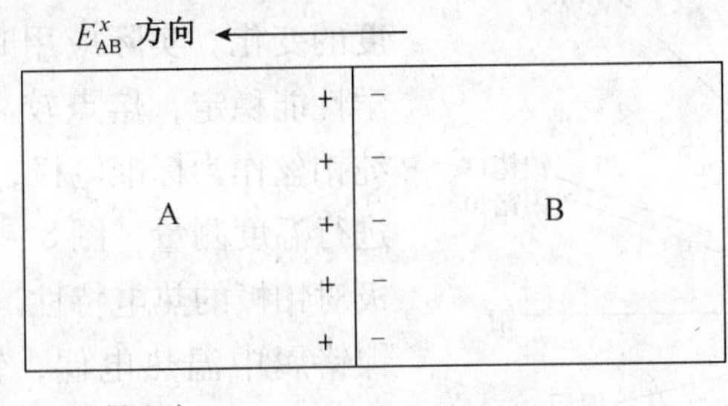

图 8－3　接触电势示意图

图 8－2 中 T_0 端的电势为

$$E_{AB}^{x}(T_0) = \frac{KT_0}{e}\ln\frac{N_A}{N_A} \tag{8-2}$$

其方向与 E_{AB}^{x}(T) 相反，回路的总电势为

$$E_{AB}^{x}(T) - E_{AB}^{x}(T_0) = \frac{K}{e}(T - T_0)\ln\frac{N_A}{N_B} \tag{8-3}$$

3. 温差电势

均质导体中，如果两端的温度不同，导体内部也会产生电势，这种电势称为温差电势（图 8－4）。

温差电势的形成是由于导体内高温度端自由电子的动能比低温端自由电子的动能大，因

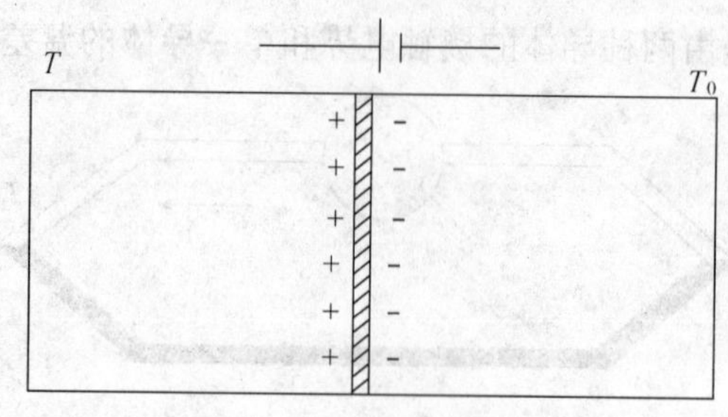

图 8-4　温差电势示意图

此高温端失去电子带正电，温度较低的一边因得到电子带负电，从而形成了电位差。温差电势由式(8-4)表示

$$E_{\mathrm{A}}^{e}(T,T_0) = \int_{T_0}^{T} \delta_{\mathrm{A}} \mathrm{d}T \tag{8-4}$$

式中，δ_A表示 A 导体的汤姆逊系数。对于两种导体 A，B 组成的热电偶回路，温差电势为

$$E_{\mathrm{AB}}^{e}(T,T_0) = \int_{T_0}^{T} (\delta_{\mathrm{A}} - \delta_{\mathrm{B}}) \mathrm{d}T \tag{8-5}$$

式(8-5)表明，温差电势只与 A、B 的组成材料及两点的温度 T、T_0有关，而与几何尺寸无关。如果两点间的温度相同，则总的温差电势为零。

综上所述，对于均质导体组成的热电偶，其总电势为接触电势与温差电势之

$$E_{\mathrm{AB}}(T,T_0) = E_{\mathrm{AB}}^{x}(T) - E_{\mathrm{AB}}^{x}(T_0) + \int_{T_0}^{T} (\delta_{\mathrm{A}} - \delta_{\mathrm{B}}) \mathrm{d}T \tag{8-6}$$

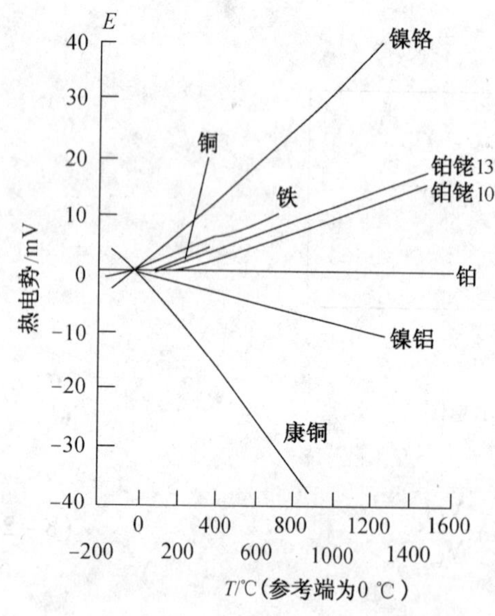

图 8-5　常用热电极对铂丝的热电特性

因此我们测出电压变化，即可确定井筒温度的变化。实际应用时，由于纯铂丝的物理化学性能稳定，熔点较高易提纯，所以目前常用纯铂丝作为标准电极，与其他电极构成热电偶，进行温度测量。图 8-5 所示的是几种常用热电极对铂极的热电特性。其中铂铑属高温热电偶，镍铬属中温热电偶，铜、康铜属低温热电偶。这些热电偶在相应的温度范围内有较好的热电特性。

实际应用热电偶测量温度时，需要在回路中引入连接导线。中间导体定律指出，只要中间连线两端的温度相同，连入回路中对总的热电势无影响。

4. 热电偶的测量线路

图 8-2 是最简单的线路图，适用于测温精度要求不高的场合。当要求测温精度较高时，常采用自动电位差计线路与热电偶配接，图 8-6是常用的热电偶的测量线路。图中 R_W 为调零电位器，测量前调节它使仪表位于零点。R_H为精密合成膜测量电位器，用来调节电桥输出的补偿电压。R_w 和 R_H组成的桥路由一稳定的参考电压源 U_r 供电，R_c 为限流电阻。为了降低滑线电阻 R_H的滑动触头在运动中所产生的

热电势的影响，以及提高仪表的动态性能和考虑量程切换的需要，桥路输出采用分压形式。图中的滤波器可以提高仪表抗干扰能力，一般对50Hz的工作频率干扰电压可衰减100倍以上。

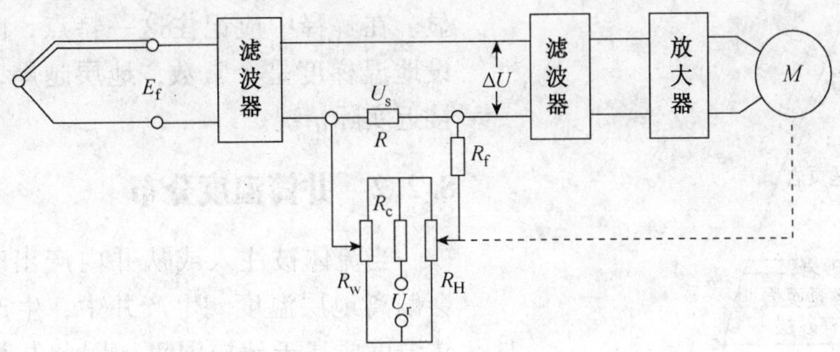

图8-6　自动电位差计线路图

图8-6的工作原理如下：由热电偶输出的被测直流电势E_X经过滤波单元加于桥路，与桥路的输出分压电阻R两端的直流电压U_s(也称补偿电压)相比较，比较后的差值电压ΔU(不平衡电压)经滤波放大后，输出足够的功率以驱动可逆电动机M。可逆电动机M通过一组传动系统带动测量桥路中滑线电阻R_H的滑动触头，从而改变滑动触头与滑线电阻的接触位置，同时带动仪表指针移动，直到测量桥路输出的补偿电压与被测的直流电压信号相平衡为止，此时差值电压等于零，放大器无输出，可逆电动机停止转动，桥路处于平衡状态。因此根据滑动触头的平衡位置，在标度尺上读出相应的被测温度。如被测电动势改变，则产生新的不平衡，然后再经过上述的自功凋节过程，达到新的平衡位置，同时又读出新的被测温度值。

8.2　井筒地层温度分布规律

8.2.1　地热温度剖面

地球内部的热流从内部指向地表，地下温度随深度的增加而升高。温度随深度的变化规律称为地温剖面，地温剖面上的温度值称为地热温度，井筒中的温度如果没有受到干扰，温度曲线即与地温剖面相同。钻井、注水、产液过程都会对地温剖面产生影响。因此，关井很长一段时间后进行测井，才能得到地温剖面。

地层中每个区块间由于岩性不一样温度分布不同，同一口井中不同深度上的温度梯度也不相同。地热温度梯度主要取决于岩石的导热性能，导热性能越高，热量通过岩石的传导就越容易，其温度梯度就越小(单位深度上温度的变化量叫温度梯度或地温梯度)。定量关系由式(8-7)表示(傅立叶定律)：

$$u = \lambda \frac{\mathrm{d}T}{\mathrm{d}D} \tag{8-7}$$

式中，u表示热流量；λ表示热传导系数，液体的λ为0.09~0.7W/(m·℃)，气体为0.006~0.6W/(m·℃)，水泥为0.025~3W/(m·℃)，金属值较高。$\mathrm{d}T/\mathrm{d}D$表示地温梯度(g_G)。该式说明地温梯度与岩石的导热系数成反比。

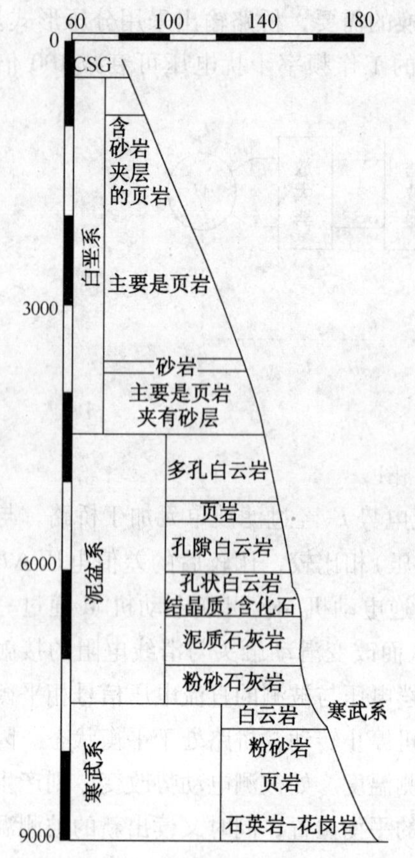

图 8-7 加拿大 Leduc 区块地热温度剖面图

图 8-7 是一口井与周围地层达到热平衡后的温度测井曲线，显示了地温梯度随岩性变化的情况，图中显示地温梯度随地层的变化较明显。在解释中应记住这一特点，因为解释都假设地温梯度是个常数，地层越厚，这一假设越接近实际情况。

8.2.2 井筒温度分布

当流体被注入或从井内产出时，井筒温度会偏离地层温度。生产井中，生产层上部的流体温度要高于地层温度，因此井筒温度大于相应地层温度。由于注入水温度通常低于地层温度，因此井筒温度就比相应深度的地层温度低。图 8-8 是注入井或生产井的测井曲线示意图。井筒的温度是动态变化的，变化快慢取决于流量、完井方式、流体和地层导热特性等。

Ramey 根据图 8-9 建立了井筒生产或注入条件下的温度分布特性。条件是井筒流动，地层不流动，流体具有不可压缩性。令从体积为 $\pi r_1^2 dD$ 的流体体积单元内得到的热交换量为 dQ，则

$$dQ = wC_{Pf}dT_W \tag{8-8}$$

式中 w——质量流量，且 $w = Q\rho_f$；

C_{Pf}——流体的热容；

T_W——流体的井眼温度。

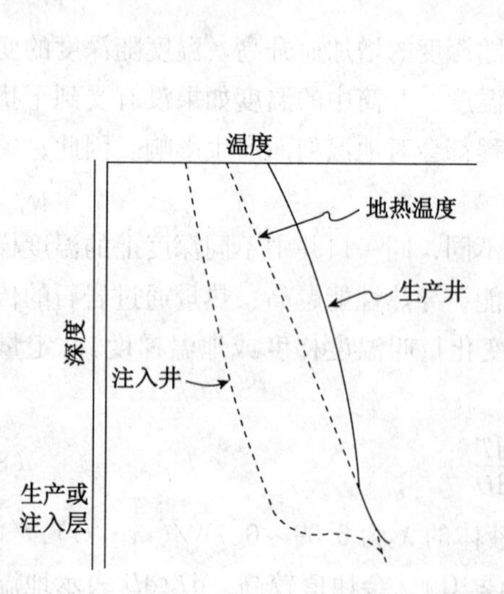

图 8-8 注入井或生产井的温度特性曲线图

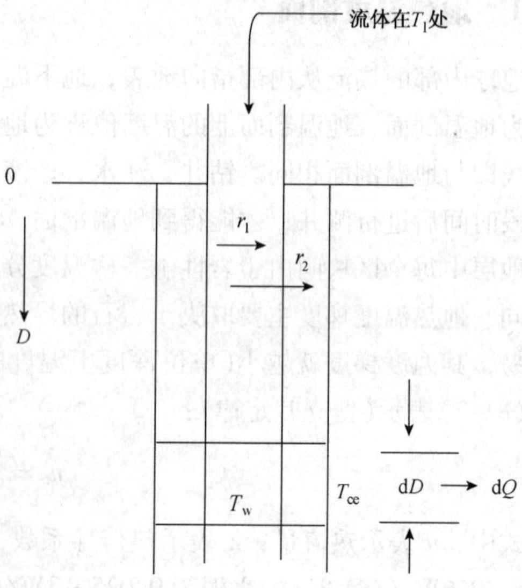

图 8-9 井眼内的热交换问题

假定流体在套管外 r_2 处热损失全部以热辐射形式进行，则

$$dQ = -wC_{\mathrm{Pf}}\mathrm{d}T_{\mathrm{W}} = 2r_1u(T_{\mathrm{W}} - T_{\mathrm{ce}})\mathrm{d}D \tag{8-9}$$

式中 u——综合热交换系数；

T_{ce}——套管外部温度。

在套管外，若热量径向穿过地层向外扩散，即可得到下面的公式：

$$\mathrm{d}Q = -wC_{\mathrm{Pf}}\mathrm{d}T_{\mathrm{W}} = \frac{2\pi(T_{\mathrm{ce}} - T_{\mathrm{G}})\mathrm{d}D}{f(t)} \tag{8-10}$$

式中 T——地热温度；

$f(t)$——取决于边界条件的时间函数。

合并式(8-9)和式(8-10)，并消去 T_{ce} 得

$$\frac{\mathrm{d}T_{\mathrm{W}}}{\mathrm{d}D} = -\frac{T_{\mathrm{W}} - T_{\mathrm{G}}}{Z} = -\frac{T_{\mathrm{W}}}{Z} + \frac{T_{\mathrm{G}}}{Z} \tag{8-11}$$

式中

$$Z = \frac{wC_{\mathrm{Pf}}[\lambda + f(t)r_1u]}{2\pi\lambda r_1u} \tag{8-12}$$

如果地温剖面已知，则由式(8-11)可求得井眼温度 T_{w}，T_{w} 是时间和深度的函数。假设地温梯度是常数，即地层温度与深度的关系为线性，即

$$T_{\mathrm{G}} = g_{\mathrm{G}}D + T_{\mathrm{b}}$$

式中 g_{G}——地温梯度；

T_{b}——$D=0$ 时的地热温度。

在 $D=0$ 时，$T_{\mathrm{W}} = T$(流体地面温度)为边界条件，对式(9-11)进行积分可得

$$T_{\mathrm{W}}(D,\ t) = g_{\mathrm{G}}D + T_{\mathrm{b}} - g_{\mathrm{G}}Z + [T_{\mathrm{i}}(t) + g_{\mathrm{G}}Z - T_{\mathrm{b}}]e^{-\frac{D}{Z}} \tag{8-13}$$

当 $t \gg 7d$ 时(如大于 $100d$)

$$f(t) = -\ln\frac{r_2}{2\sqrt{t\alpha}} = -0.29 \tag{8-14}$$

式中，α 表示岩石的热扩散系数，r_2 表示套管的外半径。α 的定义为：

$$\alpha = \frac{\lambda}{\rho C_{\mathrm{P}}} \tag{8-15}$$

式中，ρ，C_{P} 分别表示岩石的密度和热容量。α 的物理意义是指岩石自身导热能力和储存热量的能力之比。

由式(8-13)可知，当 D 大于 Z 达到一定量时。$e^{-\frac{D}{Z}}$ 趋近于0，该式变为

$$T_{\mathrm{W}}(D,\ t) = g_{\mathrm{G}}D + T_{\mathrm{b}} - g_{\mathrm{G}}Z = T_{\mathrm{G}} - g_{\mathrm{G}}Z \tag{8-16}$$

这样当 D 较深时，井眼温度剖面是一条平行于地热温度的直线。通常，要得到套管井的井眼温度剖面，必须计算总传热系数 Z，这就需要计算井筒周围岩石及从油管内壁到套管外壁以及水泥环的综合热交换系数。这一内容在后面注蒸汽剖

面一节中要详细分析。

式(8-13)是在注入井状态导出的，对于生产井式(8-13)可以写为

$$T_{\mathrm{W}}(D,\ t) = T_{\mathrm{b1}} - g_{\mathrm{G}}\mathrm{D} + g_{\mathrm{G}}Z + [T_{\mathrm{i1}} - g_{\mathrm{G}}Z - T_{\mathrm{b1}}]e^{-\frac{D}{Z}} \tag{8-17}$$

式中 T_{b1}——流体产出深度处的地热温度；

T_{i1}——产出点上部的流体温度；

Z——弛豫距离，ft；

g_G——地温梯度，℉/ft；

T_i、T_{i1}——初始点处的地热温度，℉；

T_b、T_{b1}——初始点处的流体温度，℉；

D——深度，ft；

Z——系统总的热传导系数；Btu/(d·ft·℉)；

Q——流体体积流量，bbl/d；

ρ_f——流体密度，lb/bbl；

c_f——注入流体的比热，Btu/(d·ft·℉)；

λ——地层导热率，Btu/(d·ft·℉)；

α——地层热扩散系数，ft^2/d；

t——注入或生产时间，d；

r_1、r_2——套管内、外半径，ft。

式(8-13)和(8-17)即是Ramey方程，适用于计算射孔层之间稳定层段的井筒温度剖面。通常情况下，$T_{b1}=T_{i1}$、$T_b=T_i$，当有流体进入或产出时，温度场发生变化，二者具有较大差异，尤其是有气体产出时，T_{b1}远高于T_{i1}。

当注入量或产出量很高(大于几百桶/d)，且注入或产出时间大于几天时，式(8-12)中，u值很大，分子上括号中的第一项可以忽略，取λ为33.6Btu/(d·ft·℉)，此时

$$Z = 1.66wC_{Pf}f(t) = 1.66(Q\rho_f)C_{Pf}f(t) \tag{8-18}$$

在Z、ρ_f、C_{Pf}和$f(t)$已知时，用式(8-18)可以计算相应井段流体的体积流量。C_{Pt}为1.0，烃类流体的C_{Pf}略小于1.0，计算$f(t)$时要用到地层的热扩散系数α，通常取0.96ft^2/d。式(8-18)是用井温资料计算两个射孔层间流体流量的基础，当$t\geqslant 100d$时效果较好。该方法通常只用于估算所在层段的总流量，而不用于确定注入层的注入量或生产层的产出量。

应用式(8-18)时，首先要计算弛豫距离Z。该式说明，Z与质量流量和时间函数成正比。式(8-13)中，前两项是地热温度，括号中的前两项是注入流体初始温度与地表温度的差值，指数$e^{-\frac{D}{Z}}$表示随D的增加，括号中三项对井筒温度的贡献是以指数方式衰减的，衰减量与深度D和弛豫距离相关。分析式(8-13)和式(8-17)可知，Z和地温梯度g_G的乘积与温度曲线渐近线到地温梯度线的距离成正比(图8-10、图8-11)，即

$$Zg_G = x \tag{8-19}$$

式中x表示渐近线到地温梯度线间的距离。渐近线的温度特性约要经过三个弛豫距离才能达到。式(8-18)和式(8-19)说明，对于相同的时间t，注入或产出的质量流量越高，温度渐近线与地温梯度线的分离距离就越大，达到温度渐近线所需的弛豫距离也越大。同样，对于相同的注入量或产出量，时间越长，井内达到温度特性的垂直距离越大，温度渐近线与地温梯度线的分开距离也会增大。

整理式(8-11)可以得到利用温度测井曲线和地温梯度值确定Z值的方法

$$Z = \frac{T_G - T_W}{\frac{dT_W}{dD}} \tag{8-20}$$

这就是1969年Romero-Juarez给出的公式。实际使用时，若出现负数，则采用绝对值。也可以通过式(8-17)导出式(8-20)，具体方法是对式(8-17)微分得：

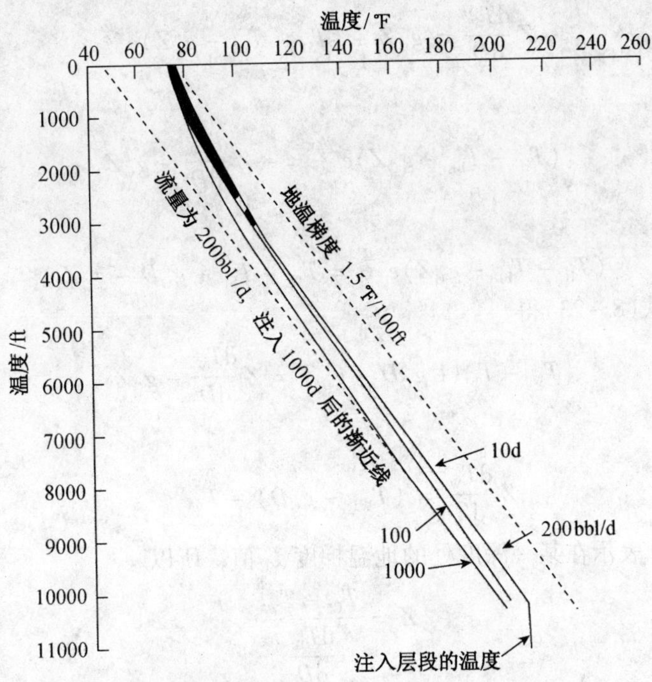

图 8-10 注入井中典型的流动温度曲线图

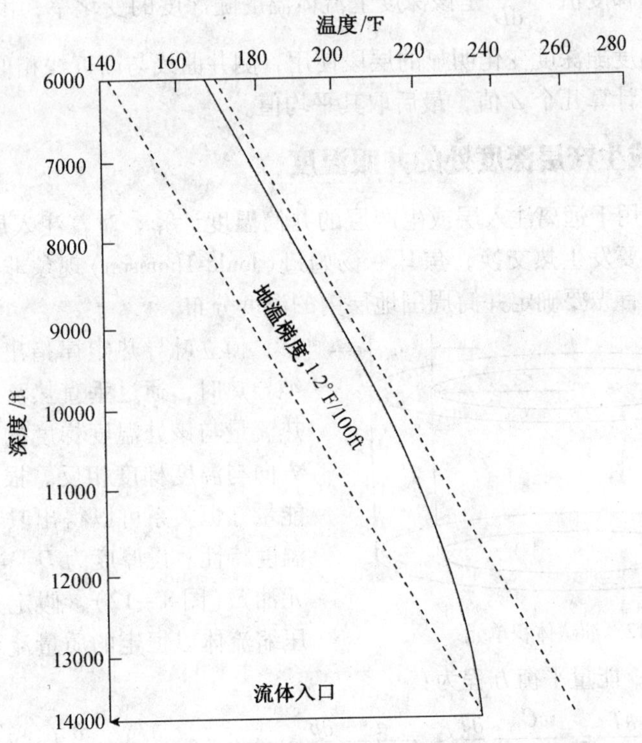

图 8-11 生产井中典型的流动温度曲线图

$$\frac{\mathrm{d}T_{\mathrm{W}}}{\mathrm{d}D} = -g_{\mathrm{G}} + (T_{\mathrm{i1}} - T_{\mathrm{b1}} - g_{\mathrm{G}}Z)e^{-\frac{D}{Z}}\left(-\frac{1}{Z}\right) \tag{8-21}$$

$$-Z\frac{\mathrm{d}T_{\mathrm{W}}}{\mathrm{d}D}=g_{\mathrm{G}}Z+(T_{\mathrm{i1}}-T_{\mathrm{b1}}-g_{\mathrm{G}}Z)e^{-\frac{D}{Z}} \tag{8-22}$$

于是

$$(T_{\mathrm{i1}}-T_{\mathrm{b1}}-g_{\mathrm{G}}Z)e^{-\frac{D}{Z}}=-Z\frac{\mathrm{d}T_{\mathrm{W}}}{\mathrm{d}D}-g_{\mathrm{G}}Z \tag{8-23}$$

由式(8－17)知

$$(T_{\mathrm{i1}}-T_{\mathrm{b1}}-g_{\mathrm{G}}Z)e^{-\frac{D}{Z}}=T_{\mathrm{W}}-T_{\mathrm{b1}}+g_{\mathrm{G}}D-g_{\mathrm{G}}Z \tag{8-24}$$

将式(8－24)代入式(8－23)得

$$T_{\mathrm{W}}-T_{\mathrm{b1}}+g_{\mathrm{G}}D-g_{\mathrm{G}}Z=Z\frac{\mathrm{d}T_{\mathrm{W}}}{\mathrm{d}D}-g_{\mathrm{G}}Z$$

整理得

$$Z\frac{\mathrm{d}T_{\mathrm{W}}}{\mathrm{d}Z}=(T_{\mathrm{W1}}-g_{\mathrm{G}}D)-T_{\mathrm{W}} \tag{8-25}$$

由于 $T_{\mathrm{W1}}-g_{\mathrm{G}}D$ 表示在某一深度处的地温梯度 T_{G} 值，所以

$$Z=\frac{T_{\mathrm{G}}-T_{\mathrm{W}}}{\frac{\mathrm{d}T_{\mathrm{W}}}{\mathrm{d}D}} \tag{8-26}$$

由于 Z 是一个距离，因此可以取绝对值。T_{W} 从两个射孔层间的温度曲线上读取，T_{G} 是同一深度处的地温梯度值。$\frac{\mathrm{d}T_{\mathrm{W}}}{\mathrm{d}D}$ 是该深度上流体温度随深度的变化率，由温度测井曲线上读取。该方法可在温度随深度变化明显的层段使用，测井曲线与渐近线相似时，不宜应用，可以在同一解释层多计算几个 Z 值，最后取其平均值。

8.2.3　注入层或生产层深度处的井眼温度

Ramey 方程适用于远离注入层或生产层的井筒温度计算。对着注入层或生产层的地方，由于有流动存在，要发生热交换，焦耳－汤姆逊(Joule-Thomson)现象非常明显。要计算相应井筒内的温度，首先要确定井筒周围地层内的温度分布。

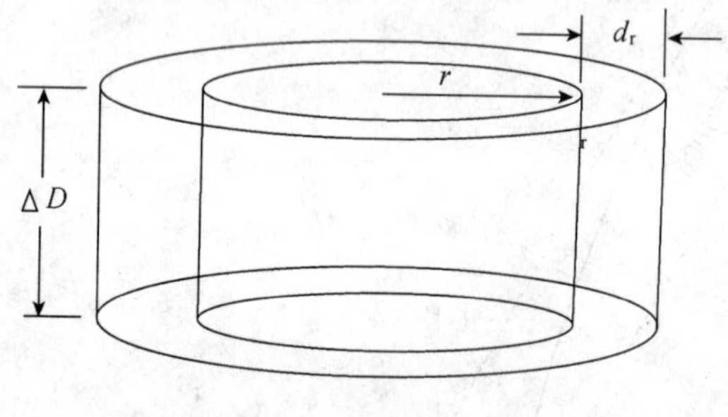

图 8－12　油藏体积单元

傅立叶导热定律指出，当导热体中进行纯导热时，通过垂直热流方向上某一面积的热流量与该处温度梯度的绝对值成正比，其方向与温度梯度相反。根据这一定律，结合能量守恒关系可以得出具有流体运移油藏的温度特性。设厚度为 D、半径为 $\mathrm{d}r$ 的圆形单元油藏(图 8－12)，假定是单相流动，不可压缩流体以恒定的质量流量 w 水平、径向流动，忽略动能变化，能量平衡方程为：

$$\overline{C}_{\mathrm{PP}}\frac{\partial T}{\partial t}=\frac{wC_{\mathrm{Pf}}}{2\pi r\Delta D}\frac{\partial T}{\partial r}+\frac{a}{2\pi r\Delta D}\frac{\partial p}{\partial r}+\frac{1}{r}\frac{\partial}{\partial r}\left(\lambda r\frac{\partial T}{\partial r}\right)+\frac{\partial}{\partial D}\left(\lambda\frac{\partial T}{\partial D}\right) \tag{8-27}$$

式中　$\overline{C}_{\mathrm{PP}}$——岩石和流体的平均密度和热容量；

λ——油藏的热传导系数；

a——体积流量。

式(8－27)中右边的第一项是由流体传给单元油藏的热量，第二项是流动过程中机械能损失产生的热能(摩擦热)，第三项是辐射热能，第四项是垂直热传导。对方程(8－27)求解可以得到对应于注入层或生产层的井眼温度，一般需要数值解。由于摩擦项与流体性质相关，因此需要与描述油藏的压力扩散方程同时求解。

对于不可压缩流体单相径向流动，压力场与温度场无关，压力梯度可直接用达西定律计算：

$$\frac{\mathrm{d}p}{\mathrm{d}r}=\frac{\mu q}{2\pi r\Delta DK} \tag{8-28}$$

式中 μ——流体黏度，mPa·s；

K——渗透率，$10^{-3}\mu\mathrm{m}^2$。

式(8－28)代入式(8－27)中得到单位体积的摩擦热量 Q_{fr}：

$$Q_{\mathrm{fr}}=\frac{q}{2\pi r\Delta D}\left(\frac{\mu q}{2\pi r\Delta DK}\right) \tag{8-29}$$

对式(8－29)从内半径 r_1 到外半径进行积分可得厚度为 ΔD 体积单元内因摩擦产生的热量

$$Q_{\mathrm{fr}}=q\left[\frac{\mu q\ln(r_2/r_1)}{2\pi\Delta DK}\right] \tag{8-30}$$

由达西定律知

$$p_1-p_2=\frac{\mu q\ln(r_2/r_1)}{2\pi\Delta DK} \tag{8-31}$$

因此式(8－30)变为

$$Q_{\mathrm{fr}}=q(p_1-p_2) \tag{8-32}$$

式中 p_1、p_2——分别表示 r_1、r_2处的压力。

式(8－32)说明，压差越大，由摩擦引起的热量也越大，假设流量为3.2m^3/d的水进入厚度为0.3m、径深为0.3m、渗透率为$10\times10^{-3}\mu\mathrm{m}^2$，距井眼0.08m的体积单元。此时$r_1=0.08\mathrm{m}$，$r_2=0.38\mathrm{m}$，$\mu=1\mathrm{mPa\cdot s}$，由式(8－30)解得$Q_{\mathrm{fr}}=0.109\mathrm{Btu/s}$(1.589873Btu＝1kJ)。如果这一热量被流体全部吸收，用质量流量 w 除 Q_{fr}就可得到单位质量流量所吸收的热量，结果是3.12kJ/kg，对于水，则可导致温度上升0.74℃。由式(8－27)知，有一部分热量被传递给油藏，因此温度上升应小于0.74℃。这一分析主要适用于稳定、径向单相不可压缩流体的平面径向流动。图8－13是只有一个注入层的注入井温度测井曲线，温度曲线穿过注入层时是稳定的，在注入层下部温度随深度增加缓慢上升至地热温度。关井后，整个温度开始恢复，注入层内由于吸入了冷的流体，所以温度恢复时间较长，注入段出现温度异常。生产井中，温度分布较为复杂。流体以地热温度进入井筒，此后与下部流上来的流体混合，生产层上部流体温度高于相应深度的地热温度。

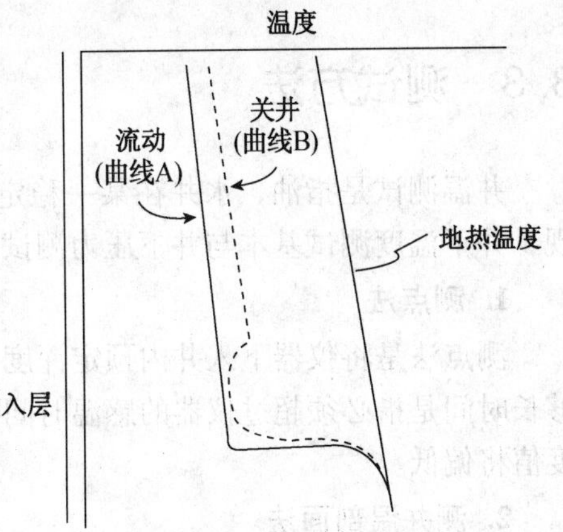

图8－13 注入井中流动和关井温度测井曲线图

8.2.4 产气层位处的井眼温度

产气层中，气体进入井眼吸热膨胀，由于焦耳－汤姆逊现象，井筒温度下降。气体流过井眼附近的孔隙地层时，其焓值基本不变，气体的温度变化可用焦耳－汤姆逊系数 K_{JT} 来定义：

$$K_{JT} = \left(\frac{\partial T}{\partial p}\right)_H \qquad (8-33)$$

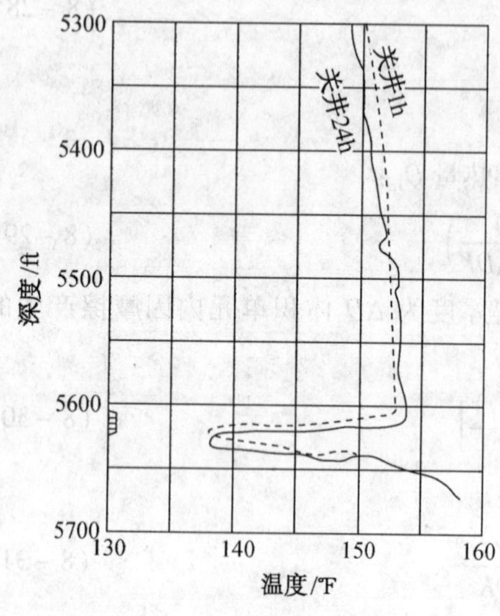

图 8－14　气体流动造成的低温异常

通常温度下，K_{JT} 在压力不太高时（＜450atm）是正值，如温度为 370K，压力为 120atm 时，甲烷的 K_{JT} = 0.192K/atm。这说明气体流至井眼中，温度和压力都会下降，气体进入井眼的位置可用温度测井的低温异常确定。图 8－14 是一口产气井的温度测井实例。

K_{JT} 是正值表明气体随压力下降逐渐冷却，随着压力上升 K_{JT} 逐渐降低最后到零，压力为零时称为反转点，此后 K_{JT} 变为负值，说明压力很高时，如果压力降低，气体的温度会升高，即气体通过节流孔时会变热。通常油藏温度下，气体反转点为 500atm，在这个压力以上时，气体进入时井眼温度会上升，温度测井曲线上看不到低温异常现象。

对于不同组分的气体，K_{JT} 不同，可采用热力学数据或下列状态方程计算

$$K_{JT} = \frac{1}{C_P}\left[T\left(\frac{\partial V}{\partial T}\right)_P - V\right] \qquad (8-34)$$

式中　C_P——热容量；

T——温度；

V——比容。

8.3 测试方法

井温测试是指油、水井在某一稳定状态下的井温测试，测试主要通过井下温度计来实现，井下温度测试基本与井下压力测试方法相同。传统测试方法有两种。

1. 测点法

测点法是将仪器下入井内预定深度，停留足移时间后，取出仪器得到该点温度。所谓足够长时间是指必须超过仪器的感温时间，若仪器在所测点停留时间少于感温时间，测得的温度值将偏低。

2. 测井温剖面法

此种方法是在测点法基础上发展而来的。它在井筒中某深度开始，每隔一定间隔测若干点，现场间隔一般选 100m，在测第一点时，停留时间必须大于感温时间，以后各点因温差变小，可以适当缩短，测得各点温度后，将其整理在深度－温度直角坐标上，并将各点连成

折线。这条折线显示了温度在井筒中各测点深度上的变化，所以称为井温剖面。

测注水井的吸水剖面、油井的水淹层位及确定压裂、调整吸水剖面、封堵水层等措施的效果时，是通过测得井温温度的变化来推断的。它的实质是测温度的变化，在这里温度的绝对值不是主要的，主要是温度的变化情况。

8.4 井温资料的解释和应用

温度测井的解释有定量、定性两种方法。定量方法是利用 Ramey 方程计算井内各点的流量；定性方法是从温度曲线的形状推断井剖面的一般性质。

8.4.1 定量分析

把式(8－18)和式(8－26)重写如下

$$Z = 1.66(Q\rho_{\mathrm{f}})C_{\mathrm{Pf}}f(t) \tag{8-35}$$

$$Z = \frac{T_{\mathrm{G}} - T_{\mathrm{W}}}{\dfrac{\mathrm{d}T_{\mathrm{W}}}{\mathrm{d}D}} \tag{8-36}$$

这两式合并即可计算出相应层的流量。图 8－15 是这一方法的实例。如果地层特性在整个测井通过区不发生大的变化，由上述两式可知，图 8－15 中 5820ft 和 5890ft(1774m 和 1795m)两个位置应有

$$\frac{Z_2}{Z_1} = \frac{(T_{\mathrm{W}} - T_{\mathrm{G}})_2}{(T_{\mathrm{W}} - T_{\mathrm{G}})_1} = \frac{Q_{\mathrm{f2}}}{Q_{\mathrm{f1}}} \tag{8-37}$$

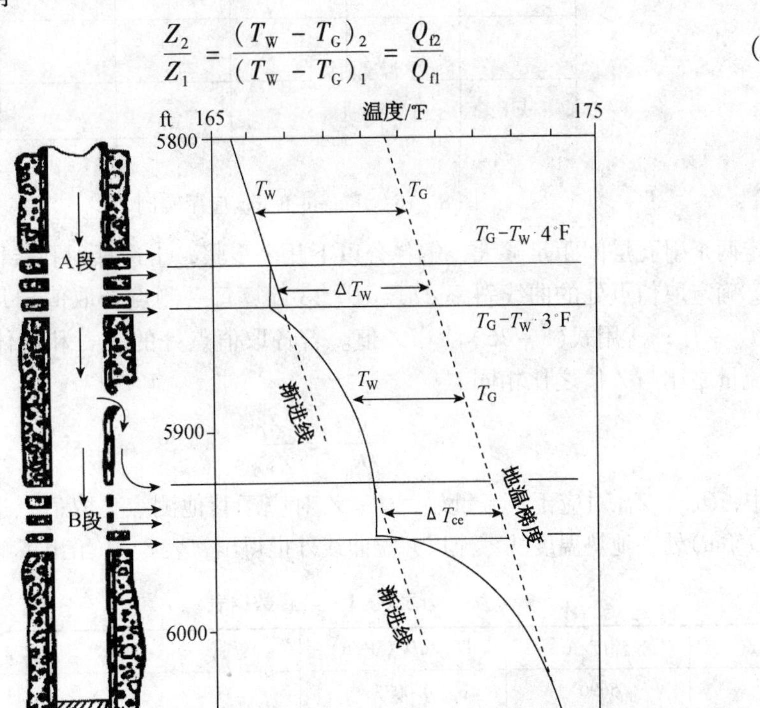

图 8－15　测井解释实例(Witterholt-Tixier 温度测井解释)

说明压差与流量成正比。对该实例来说，A 层段吸收 25% 的注入流体，其余的则进入 B 层。注意采用这一方法时，要求深度 D 充分大于 Z，且主要为单相流动，如果两相混和的较

为均匀时，也近似适用。

图 8 - 16 是一口生产井的温度测井曲线，产层从 5712 ~ 5764ft(1741 ~ 1757m)共有 3 个射孔层段，含水率为 78%，含油率为 22%。

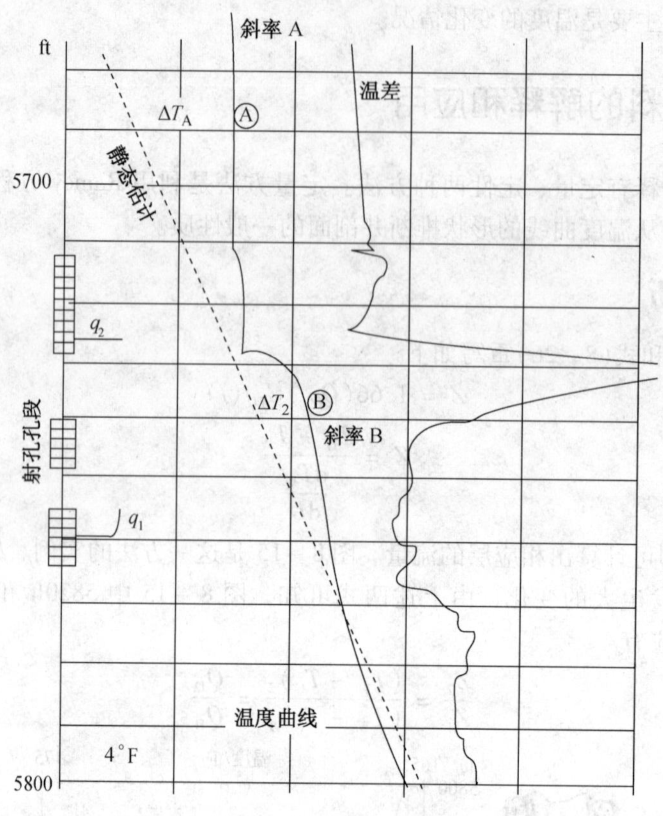

图 8 - 16 Romero-Juarez 应用实例

假定两个射孔层间距足够大，解释分以下几个步骤，①选择射孔层段之间的中间点为取值点；②确定取值点处的曲线斜率 $\mathrm{d}T_W/\mathrm{d}D$；③计算每一测点处取值，井温与地热温度之间的差值 $T_W - T_G$；④用式(8 - 26)计算 Z 值。若各取值点处的岩石和流体性质相近，则每个测点处流量之比与 Z 值之比相同。

$$\frac{Q_i}{Q_{100}} = \frac{Z_i}{Z_{100}} \tag{8-38}$$

式中，Q_{100}、Z_{100}对应于全流量层，Q_i、Z_i对应于其他测点。取值点选在 5690ft(1734m)，5740ft(1750m)处，地热温度从零流层井温曲线外推得出，表 8 - 1 给出了解释数据。

表 8 - 1 解释数据表

取值点	深度/ft	$\mathrm{d}T_W/\mathrm{d}D$/(℉/ft)	$T_W \sim T_G$	Z/ft	Q/%
A	5690	0.0033	1.1	333	100
B	5740	0.008	0.4	50	15

结果表明，85% 的流量来自顶部层段，15% 来自底部层段。温度曲线的斜率对解释结果影响较大，这一方法对温度曲线的精度要求较高。

除了应用上述方法之外，还可以用 Mckinley 提出的混合温度分析方法。井眼中流体 1 从油藏中径向进入井筒，与从下部流上来的流体 2 在井筒中混合，流体 2 的温度高于流体 1。由能量平衡可知，流体 1 得到的热量与流体 2 放出热量相同，即

$$w_1 C_{P1}(T_0 - T_1) = w_2 C_{P2}(T_2 - T_0) \tag{8-39}$$

式中 w_1、w_2——分别为流体 1、流体 2 的质量流量(图 8－17)；

C_{P1}、C_{P2}——分别为相应流体的热容；

T_1、T_2——分别为流体 1、流体 2 的温度；

T_0——混合后的温度。

若 $C_{P1} \approx C_{P2}$，则式(8－39)变为

$$\frac{w_1}{w_2} = -\frac{T_0 - T_2}{T_0 - T_1} \tag{8-40}$$

由于混合后的总流量 w_0 满足

$$w_0 = w_1 + w_2 \tag{8-41}$$

因此，式(8－40)变为

$$\frac{w_1}{w_0} = \frac{T_0 - T_2}{T_1 - T_2} \tag{8-42}$$

用式(8－42)计算出上述例子中层段 A 的流量相当于总流量的 80%，与用 Romero－Juarez 计算结果较为接近。计算时，w_1是层段 1 的产出量，w_0是总产量，T_1 从温度曲线上的转折点读取，如图 8－18 所示。

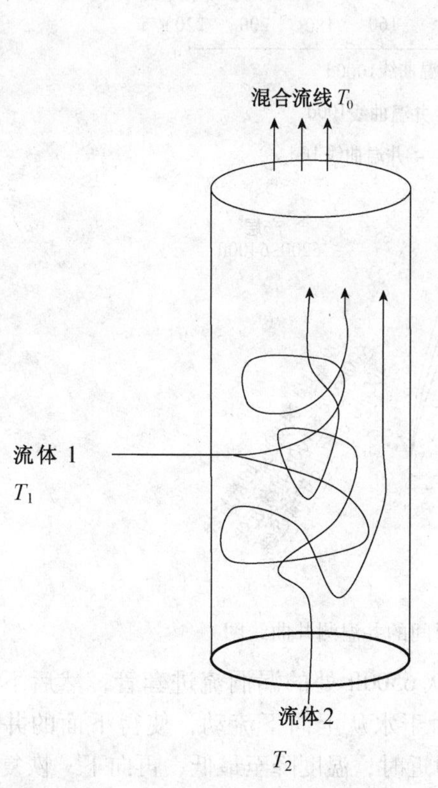

图 8－17　井筒内两条流线混合示意图

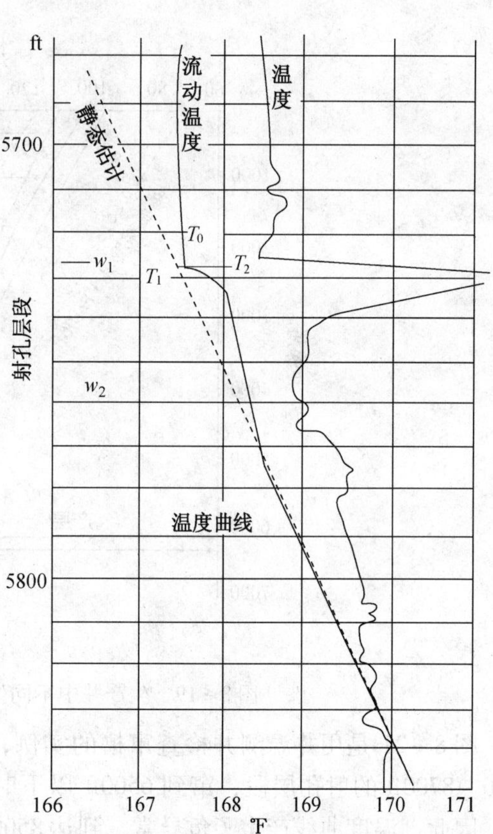

图 8－18　混合法解释

8.4.2 温度测试定性解释

除了定量资料应用之外，温度测井的主要应用途径是定性分析。

在注入井中，注入流体通常使井筒冷却，因此井温通常低于地热温度，在注入层的最底部，温度测井曲线明显上升至地热温度。有时，测井仪器不能下到最底部，此时可用关井温度确定注入层段的注入情况。在注入井中进行温度测井能确定窜槽，当流动温度测井曲线和关井温度曲线在达到底界下部之前仍未回到地热温度，可以认为这是下行窜槽。若关井温度测井曲线在射孔层段上部很长一段的距离仍显示低温异常，则可以认为发生了上行窜槽。

在生产井中，产出流体的井温曲线在产出层上部出现正异常，即井温高于地热温度，若产气时，由于气体膨胀吸热，产生了冷却，使温度下降，测井曲线通常产生负异常，但在压力较高时，气体可能不变冷，甚至具有一定的热量，或者气体在流动中由于摩擦作用而产生的热比它膨胀时吸收的热要多。

图 8－19 表示注入量为 400bbl/d 时，生产时间分别为 10d、100d 和 1000d 时的三条井温测井曲线。图 8－20 是产量分别为 200bbl/d、400bbl/d 和 800bbl/d，生产时间都为 15d 时的三条井温测井曲线。以上两个生产井的例子中，进入井筒内流体的温度与同一深度处的地热温度相同。在这个孔层以下若没有射孔层，温度测井曲线与地热温度曲线重合。

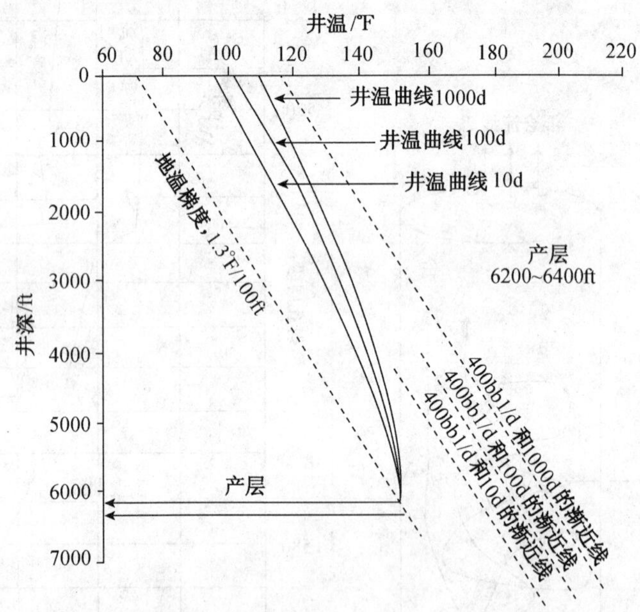

图 8－19　生产井中不同生产时间的井温测井曲线图

图 8－21 是用井温测井检查窜槽的实例，水从 6500ft 处的漏洞流进套管，然后下窜到 8500～8700ft 的射孔层段，窜到 6500ft 以下时，由于水从上向下流动，使得下面的井筒冷却，因此，温度曲线产生了负异常，到达 8500ft 附近时，温度降至最低，再向下，恢复到地层温度。

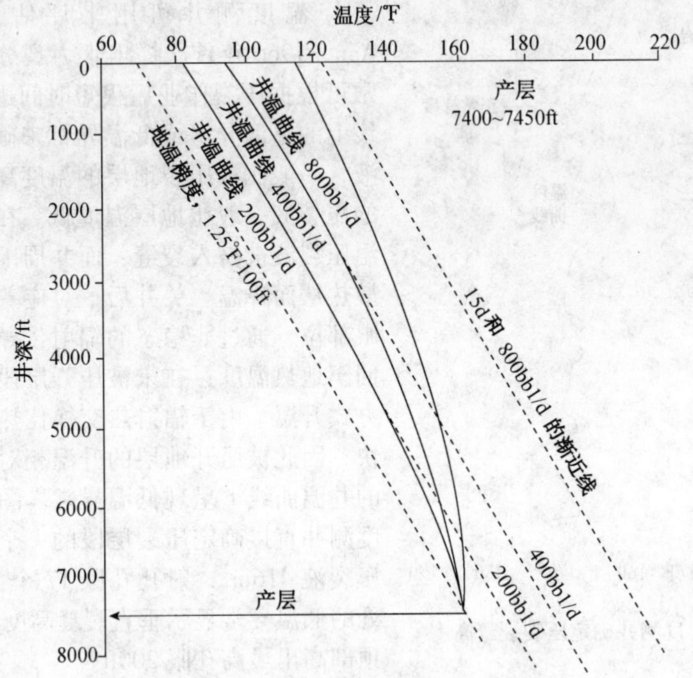

图 8－20　生产井中各种流量的井温测井曲线图

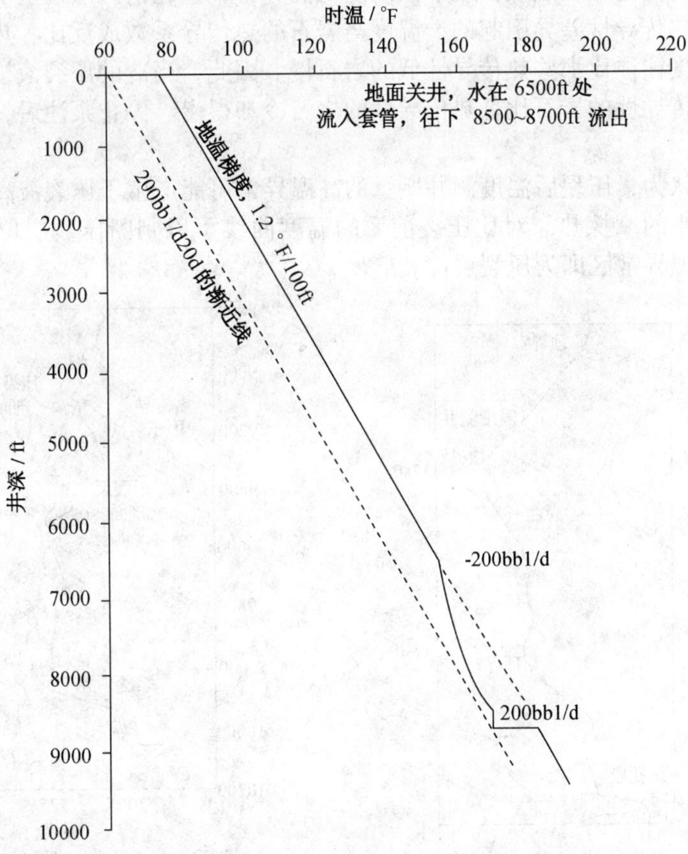

图 8－21　井温曲线反映出关井条件下的井下液流

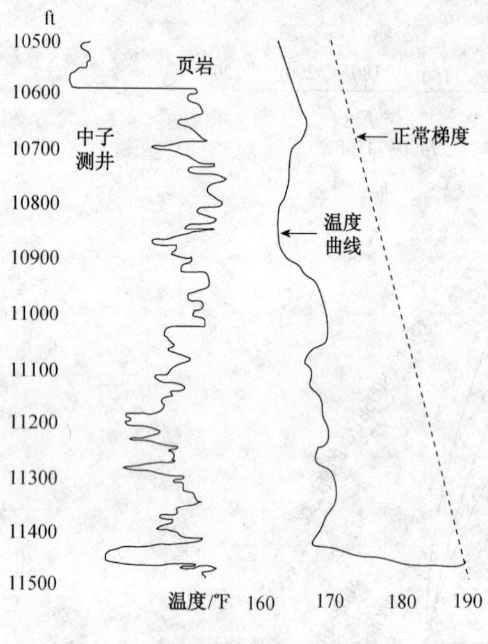

图 8－22　用温度测井确定压裂裂缝高度

温度测井可用来评估水力裂缝高度，Agnew1966 年首次提出水力裂缝的垂直高度，通常可根据压裂作业后很短时间进行的关井测井曲线上的高温异常或低温异常来确定。挤入的压裂液，一般比被压裂地层的温度高或低，目前使用的压裂液一般比地层温度低。在压裂过程中，低温压裂液被挤入裂缝，而井周围未被压裂的地层散热从而降温。关井后，对应着未压开地层的井眼部位，通过非稳态的辐射传导方式温度逐渐转回至地热温度；在未被压开层段，主要以热传导方式升温。由于辐射热交换比热传导交换的速度快，因此被压开地层的升温相对慢，所以在相应的井温曲线上呈现低温异常。图 8－22 是利用温度测井直接确定压裂层段的一个例子，该井注入压裂液 416m^3，射孔孔眼 17 个，10650～11450ft 处的低温异常显示垂直裂缝高度为 800ft，裂缝的顶部高出最高孔眼 200ft。

用温度测井确定裂缝高度，有时会出现异常情况。图 8－23 是一个异常的例子，关井所测的井温曲线在对应的压裂层段出现了预期的低温异常，但在射孔层位上部出现了明显的高温异常。这是由热传导性差异引起的，温度与岩石的热传导系数成反比，热传导性高的岩石改变周围温度速度往往比那些热传导性低的岩石慢。因此，当冷的压裂液被泵入一个较热的井眼内时，高热传导性的岩石比低热传导性的岩石冷却得慢。停止泵注后，热传导性大的地层温度相对较高。

有的研究者认为，压裂后温度测井所示的高温异常可能产生于压裂液高流量穿过射孔孔眼进入裂缝时产生的摩擦热。对比压裂前后的温度曲线可以判断压裂层位，如图 8－24 所示，压裂后的低温异常区即为压裂层位。

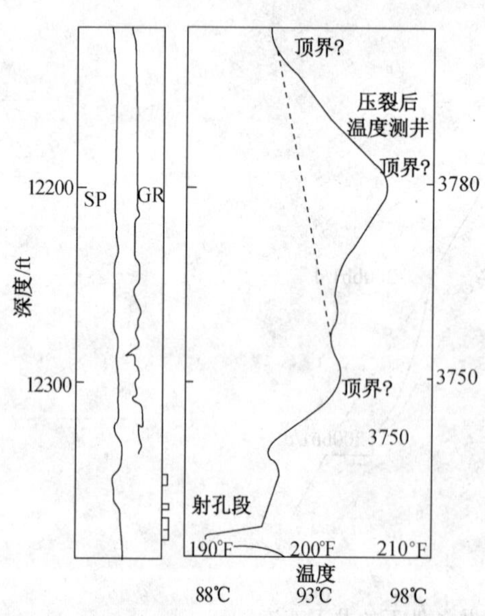

图 8－23　温度测井压裂后出现的高温异常

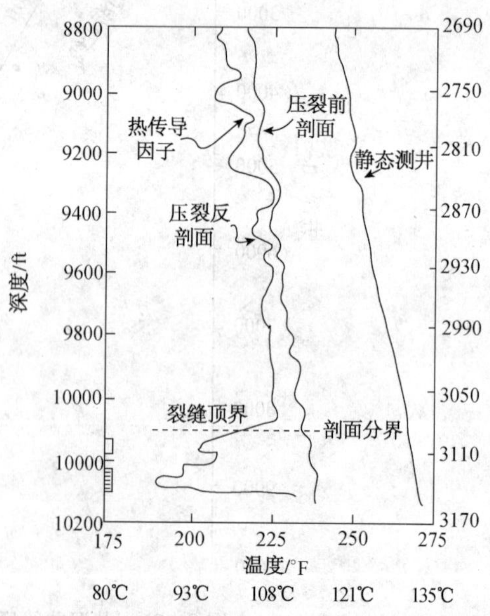

图 8－24　压裂前后的温度测井曲线对比图

8.4.3 井温测试检查窜槽

套管外的窜槽、封隔器的泄漏以及其他故障可以通过井温测井检查出来。

如图 8－25 所示，有一个流量较大的气流在射孔层 A 的底部涌入套管，通常气体入口在一个气层的顶部附近，由于气体从下部涌入，因此判断在 A 层下部可能有窜槽发生。压差密度测井曲线显示，A 层以下已被水充满。气体在①处离开产气层，在②处进入井筒发生膨胀，后来检查电测井资料显示在 A 层下部的位置①处有一个薄的高电阻率夹层。

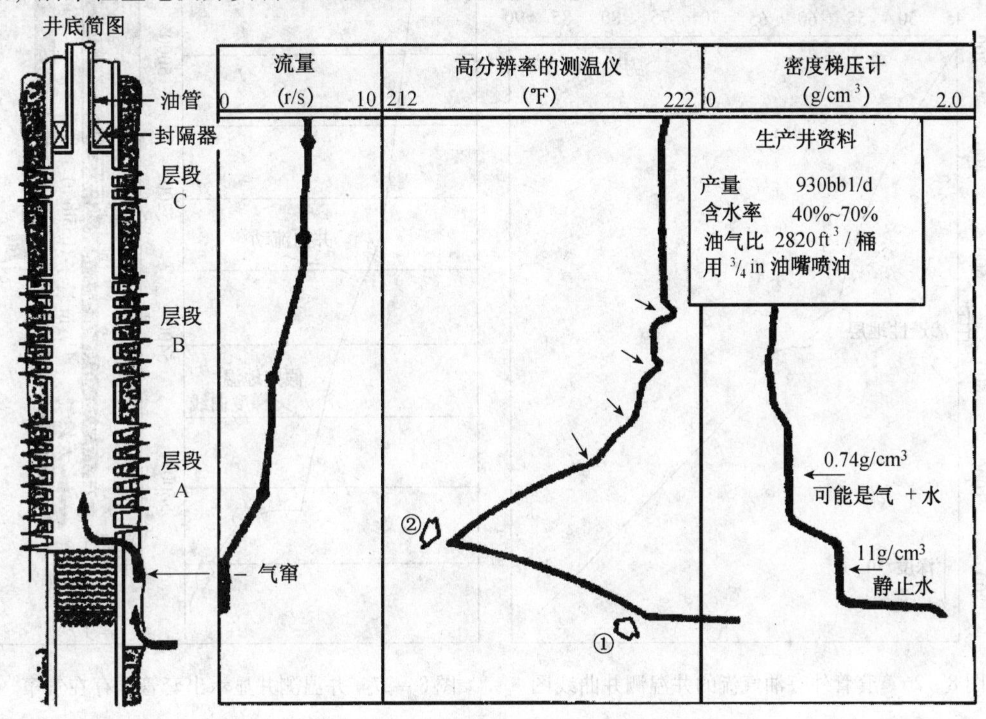

图 8－25 窜槽气井中的生产测井图

图 8－26 是一口刚固井的生产井，固井时间大约是 20h，套管外径为 7in，产层（渗透地层）层位是裸眼井测井分析给出的。该井在 800m 井深处射孔，上面部分固井良好，井温显示套管外有窜槽发生，窜槽层位是从 675～800m。

图 8－27 是一口裸眼井段发生气窜的例子，气从上部产层沿套管地层间的水泥环中向下窜进井筒，这一现象可从井温曲线斜率在气顶发生变化反映出来。对这一窜槽层段的补救办法是对下部套管进行补挤水泥进行二次固井。

8.4.4 检查井底热洗措施效果

在油层结蜡或套管严重结蜡的抽井中，常采取热洗措施。在热洗前后进行井温测量，可以判断可能结蜡层位，即蜡析出点温度以上井段可能结蜡，以下一般不结蜡。

8.4.5 确定压裂效果

油水井压裂后，通常是压开层进入压裂液最多，压裂液挤入油层后势必加热或降低油层温度，从而引起压开层温度异常。

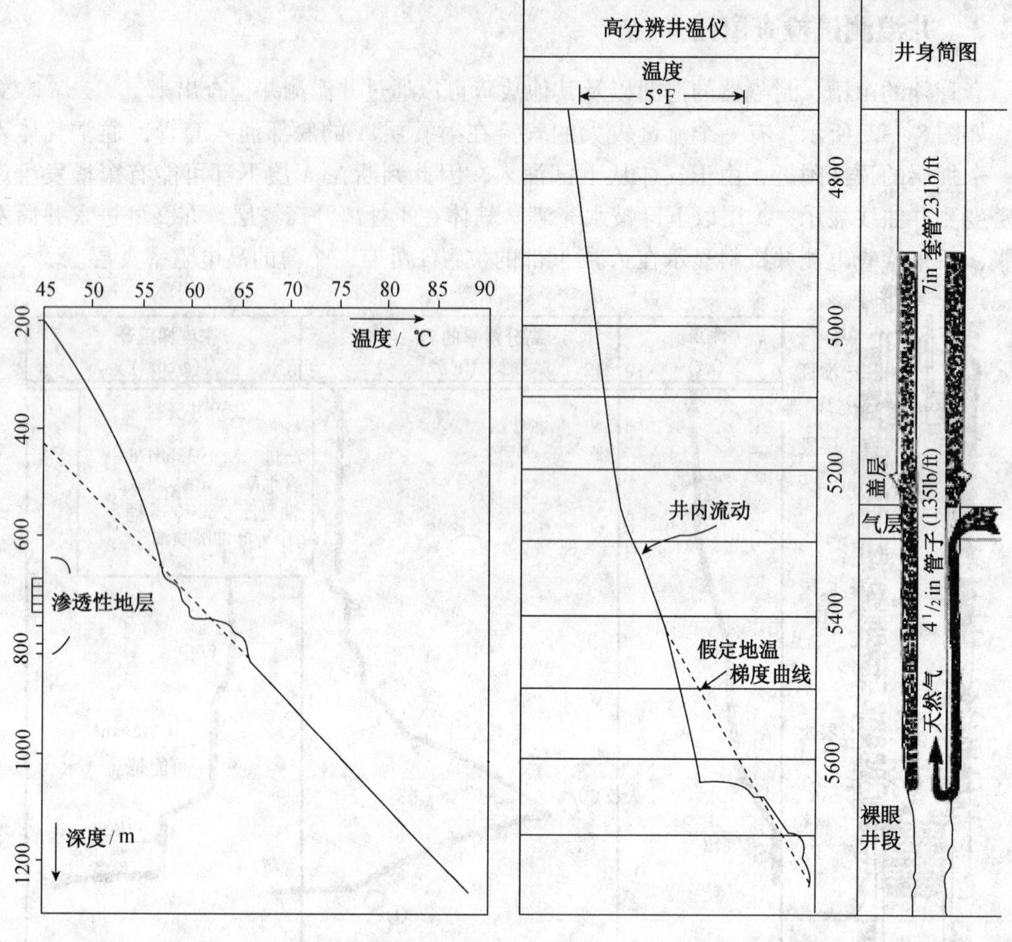

图 8-26　套管外有油气流的井温测井曲线图　　　图 8-27　井温测井显示出套管外存在气窜

8.4.6　用井温剖面曲线判断油井出水层位

在注水开发油田中，油井某一层段水淹是注入水推进到油井的结果。油层见水，温度有异常；而未见水层温度如常。只要在井温曲线上找出温度异常点，就可判定见水层。

第9章　流体识别测井

9.1　流体密度测量

流体密度的测量主要有两种方法，一种是测量特定深度段两端流体压力的差异，估算流体的密度；另一种是利用伽马刻度计直接测量取样室内的流体密度。前者被称为压差密度计，后者叫做伽马密度计或放射性密度计。

9.1.1　压差密度计测井

压差密度计又称密度梯压计，其功能是测量井筒内流体两点间的压力差值。对于摩阻损失不大的井眼，测出的压力梯度正比于流体密度。测量结果对于识别井内流体的类型以及流动状态都有重要应用。

应变式压差密度计的结构如图9－1所示。压敏箱和伸缩腔内充满密度为ρ_o的煤油，当仪器置于密度为ρ的流体内时，流体便对压敏箱产生一个作用力使浮动连管及与其相连的磁性插棒一起移动，从而使换能器的线圈内输出一个同井内流体密度ρ有关的信号。

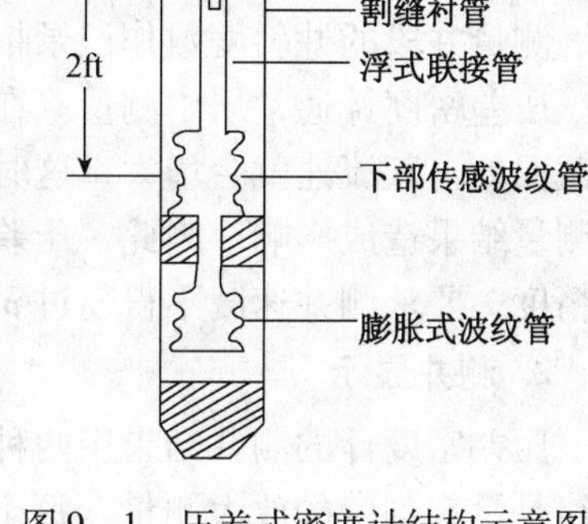

图9－1　压差式密度计结构示意图

在静流柱中，标准压差的关系式是：

$$\Delta p = \rho g \Delta h = \rho g d \cos\theta \qquad (9-1)$$

式中　d——压敏箱间距；

θ——井斜角度；

Δh——压敏箱之间的垂直高差；

g——重力加速度。

根据伯努利方程式，井内流道中压力梯度的完整表达式应为：

$$\frac{\mathrm{d}p}{\mathrm{d}z} = \rho g \cos\theta + \frac{f\rho v^2}{2\mathrm{d}} + \frac{\rho v \mathrm{d}v}{\mathrm{d}z} \qquad (9-2)$$

用文字表述为：

总压力梯度＝重力梯度＋摩阻梯度＋加速梯度

加速梯度项一般情况下可忽略不计，其原因是压敏箱间距只有2ft，通常速度变化很小。摩阻梯度是指流体和管壁以及仪器外表之间摩擦引起的压力损失，并概括了流体的黏滞影响。许多情况下摩阻梯度一项可以忽略。

一般情况下，当流速低于60m/min时，便可以认为压差密度计测值仅与静压梯度有关，反映流体密度值的大小。为了实用，测出的压力梯度用密度值表示。斯仑贝谢公司的压差密度汁GMS－B，动态测量范围为0.0～1.6g/cm³，重复误差为0.005/cm³，测量精度为4%。

1. 仪器测量

压差密度计测井需要进行精确的仪器刻度和严格的质量控制。根据仪器工作原理，流体的密度是磁棒位移的函数，正比于换能器的输出电压。根据力的平衡条件，当被测流体的密度从ρ变化为ρ_1时，有

$$\rho = \rho_1 - \frac{A}{gSL}e_1 + \frac{A}{gSL}e \tag{9-3}$$

式中 g——重力加速度；

S——压敏箱的有效面积；

L——两个压敏箱的间距；

A——转换系数；

e_1——ρ_1密度下对应的电压；

e——换能器输入信号。

这些均为已知常数。因此，如果能够通过刻度确定ρ_1和对应的电压e_1，则由换能器的输入信号e，便可按线性关系确定ρ，灵敏度为$A/(gSL)$。通常刻度是在空气中确定ρ_1和e_1的。室内刻度是为了检验换能器的线性关系。

压差密度计测井前、后都要进行井场刻度，其方法是在地面先将仪器置于空气中，调节线路灵敏度，使仪器读数$\rho_{air}=0.0g/cm^3$。然后将仪器置于自来水池内，调线路灵敏度，使仪器读数为$\rho_w=1.0g/cm^3$。这样刻度后仪器的灵敏度便为$(\rho_w-\rho_{air})/(e_w-e_{air})$。

测井过程中的质量控制还包括对井下情况的了解、正确操作、控制和完整的资料记录，要了解井内出砂情况，以免妨碍仪器测量。同时要了解井斜、井底温度和压力，检查立管压力，了解油管内油气界面深度以及油管上部30m处油的密度。仪器上测和下测必须保证有良好的重复性。在井底静液柱和高于产液口6m以上的交连井段内，至少以恒定速度进行一次上测和一次下测，观察测井读数是否相同。测量过程还需注意观察电缆张力和套管接箍显示、测量井段的井斜度数作记录报告，但不能改变仪器刻度作井斜校正。

压差密度计通常居中测量。在测井过程中，井内流体一旦进入仪器和套管之间变小的环形截面处，其流速就会增大，这时流体绕着移动的测量仪器还会产生一个附加的速度增量，对测量结果造成影响。因此，压差密度计必须在下井仪器平稳起落时测量和记录，以提高测量精度，要求测井速度不得超过3000m/h。

2. 测井显示

压差密度计的测井结果用两种曲线显示、如图9-2所示，实测曲线是用g/cm^3刻度的；虚线是没有刻度的放大测量。每个测井图格表示$0.2g/cm^3$。其灵敏度是实线的5倍。如果放大压差密度的每一个读数能够与一种特殊的流体密度对应的话，则整个放大曲线由那些读数用g/cm^3来刻度。因此，一般在已知密度的含水层进行这种刻度。

由前所述，压差密度计测井读数ρ_{Gr}不单是流体密度ρ_f的函数，其完整的关系可以表示为

$$\rho_{Gr}=\rho_f(1.0+K+F) \tag{9-4}$$

式中 K——速度项；

F——摩阻项。

一般情况下速度项K的影响可以忽略，但当仪器上部与下部的流速明显不同时，速度项就可观了，可能造成测量曲线上的明显异常。一般在仪器从套管进入油管的地方会看到这个现象，如图9-3所示。其原因是仪器上部油管内的流速显著大于下部套管内的流速，所以造成一个上升尖峰。如果仪器下部流速明显高于上部，则会造成一个下降异常，在流体进

入井筒的地方或裸眼井内井径明显变化的地方，也会看到速度项造成的曲线跳跃。

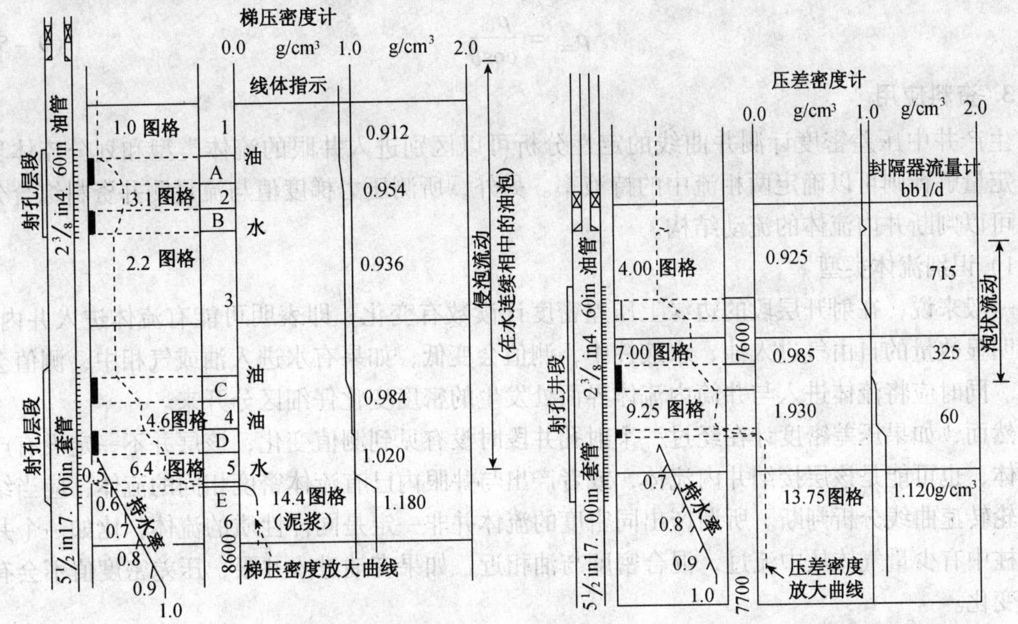
图 9-2　压差式密度计测井图　　　图 9-3　生产井中压差式密度计流量计测井图

至于摩阻项 F，它总是造成压差密度计读数的增加，与大流量以及小尺寸套管、油管或裸眼井等条件下形成的很高流速直接相关。图 9-4 给出大范围内近似的摩阻校正系数。一般在流量小于 $300m^3/d$ 时，摩阻项便可忽略不计。

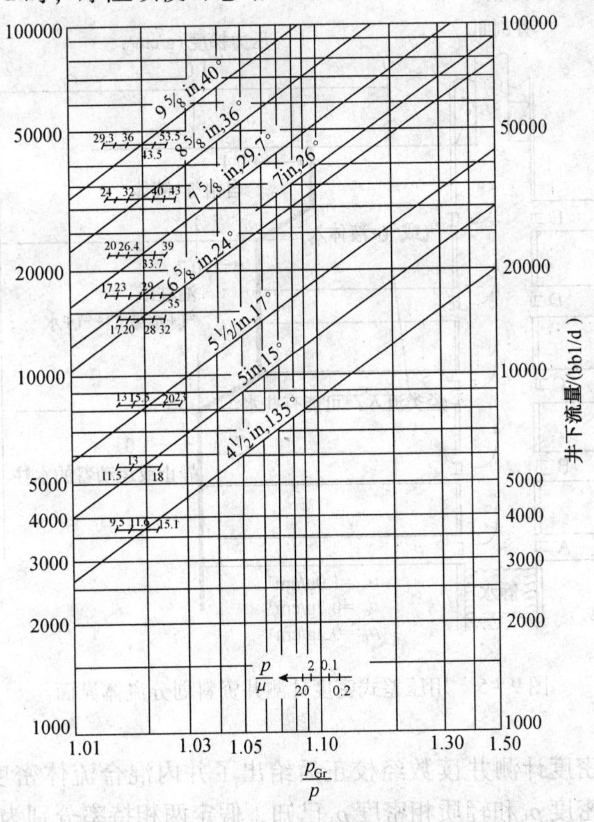

图 9-4　压差式密度计摩阻校正图版

在井斜较大情况下，压敏箱间距 d 井不代表 2ft 的垂直高差，此时应对测值作井斜校正：

$$\rho_{ax} = \frac{\rho_{Gr}}{\cos\theta} \tag{9-5}$$

3. 资料应用

生产井中压差密度计测井曲线的定性分析可以区别进入井眼的流体类型和划分流体界面，定量解释则可以确定两相流中的持液率。另外，所测压力梯度值与流量测井资料综合分析，可以判断井内流体的流动结构。

1）识别流体类型

一般来说，在射开层段的边缘上压差密度计读数有变化，即表明可能有流体进入井内；若有明显数量的自由气进入油、水液柱中，测值会变低；如果有水进入油或气相中，测值会变高。同时应将流体进入与井筒内流体界面处发生的密度变化仔细区分开来。

然而，如果压差密度计在经过一个射孔井段时没有见到测值变化，该层并不一定没有产出流体，也可能是该层接纳井内流体，或者产出与井眼内已有流体密度相同的流体，应当结合涡轮转速曲线分析判断。所谓产出同密度的流体并非一定是同样性质的流体，比如一个井内水柱中有少量气体从中流过，混合密度与油相近，如果有油进入井眼，压差密度值不会有什么变化。

2）划分流体界面

在停产井中，气、油、水会按重度分离，压差密度曲线可以准确划分流体界面。如图 9-5所示，气油界面和油水界面都非常明显。但在生产井中，由于流体产出和流动影响，流体界面处的显示可能不太明显。

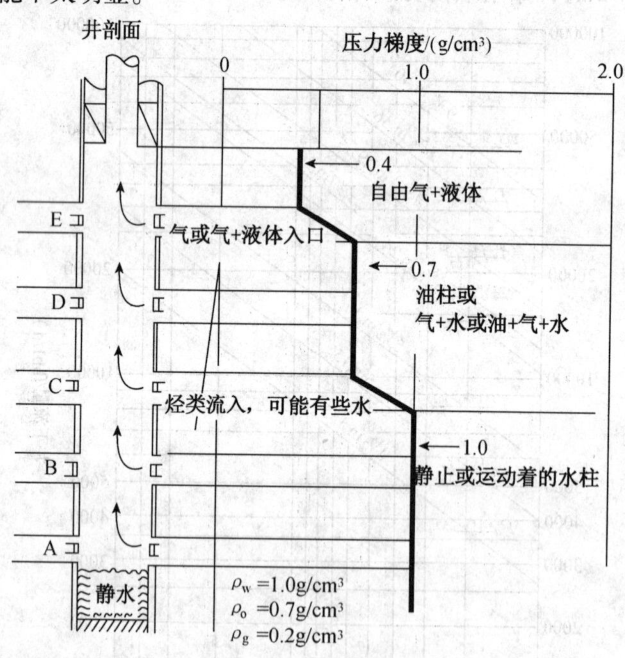

图 9-5 用压差式密度计测井资料划分流体界面

3）确定持液率

生产井中，压差密度计测井读数经校正后给出了井内混合流体密度 ρ_f。对两相流动情况，如果井下重质相密度 ρ_h 和轻质相密度 ρ_L 已知，假定两相持率分别为 Y_h 和 Y_L，则由

$$\begin{cases}\rho_f = Y_h\rho_h + Y_L\rho_L \\ Y_h + Y_L = 1\end{cases}$$

可得

$$Y_h = (\rho_f - \rho_L)/(\rho_h - \rho_L) \tag{9-6}$$

按式(9-6)计算持液率时，首先需要确定ρ_h和ρ_L，一般取自PVT资料或由井口数据换算到井底条件下求得。ρ_h和ρ_L的数值也可以通过在井场对压差密度刻度确定，刻度方法是在稳定流动条件下测井之后接着关井，待井下流体按重度分离后，再次测量压差密度资料，读出各相流体密度值。此种方法不但消除了求井下流体密度的误差，而且克服了仪器刻度方面的误差。

在测井图上对高灵敏度的放大压差密度图刻度，也可由图解确定持水率。如图9-3所示，$Y_w = 1.0$时，$\rho_{Gr} = 9.25$图格；$Y_w = 0.85$时，$\rho_{Gr} = 7$图格。

9.1.2 伽马流体密度计测井

伽马流体密度计测井利用流体对伽马射线的吸收特性测定流体密度，测井资料的应用与压差密度计相同。

1. 方法原理

伽马流体密度计的测井原理与地层岩石密度测井仪类似。当窄束伽马射线穿过物质时，与物质发生光电效应、康普顿效应和电子对效应，射线强度衰减，并服从下式

$$I = I_0 e^{-\mu\rho L} \tag{9-7}$$

式中 I_0——穿过物质前伽马射线的强度；

I——穿过物质后伽马射线的强度；

L——穿过物质的厚度，cm；

μ——所测物质的质量吸收系数，cm^2/g；

ρ——所测物质的体积密度，g/cm^3。

将ρ表示为其他参量的函数，则有

$$\rho = \frac{\ln I_0 - \ln I}{\mu L} \tag{9-8}$$

由式(9-8)可知，当I_0、μ、L确定后，$\rho - \ln I$在半对数坐标上是直线关系。只要测到I便可求得流体的密度ρ。L是油道的长度，I_0可以事先测知，两者可视为常量。物质的质量吸收系数μ与γ射线的能量和物质的成分有关，当$E_e > 60$keV时，对于原子序数$Z < 8$的轻元素，μ主要与元素的Z/A(A为原子量)有关；在能量单一的γ射线照射下，油、气、水的μ差别很小，近似为一常量。于是，通过实验建立$\rho - \ln I$的关系图版。测出I后转换为ρ显示。

2. 仪器测量

伽马流体密度计的结构如图9-6所示，主要由伽马源、记数管及测量油道组成。γ源一般选用^{137}Cs，它具有半衰期长(33年)、能量适中(0.661MeV)的特点、γ源固定在测量油道中央，它与探头之间的距离可以调节，以保证仪器的灵敏度和较高计数率，一般取$L=$ 40cm。测量时，井内流体由γ源四周流入油道，从另一端液孔流出，γ射线经过被测流体及铍片照射到探头上，由闪烁探头或盖革管记录每秒脉冲数量，并按给定的$\rho - \ln I$关系转换为密度值记录。记录图的格式如图9-7所示。

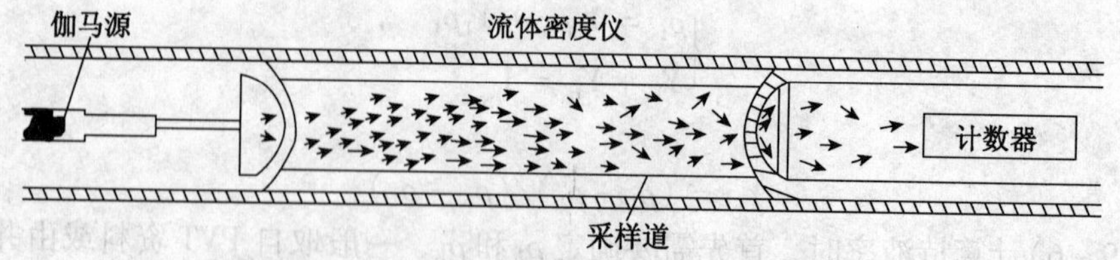

图 9－6　伽马流体密度计结构示意图

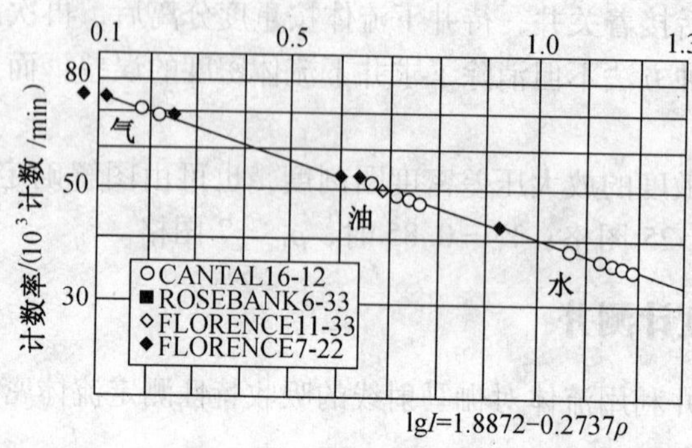

图 9－7　伽马流体密度计刻度图

伽马流体密度计测井前后需在井场作刻度检验，用一个刻度器检查仪器的灵敏度和分辨率，并记录在测井图尾，作为质量控制数据。

伽马密度计下井后由扶正器确保其居中测量。测量时应注意限制测井速度，以避免时间常数 τ 的影响。由于轻质相流体趋向于在管道中央流动，测井值可能与管内实际存在的流体平均密度有一定差异。因此，读测井值时，一方面要注意消除放射性统计误差影响，另外最好能选取有代表性的流动截面读数。

3. 测井实例

伽马密度计测井资料的解释应用与压差密度计相同，此处不再赘述，仅用 1 个测井实例说明分析方法。

图 9－8 是一口自喷井的伽马密度计测井曲线。从测井曲线图上可以看出在 6159.0m 井段以下流密曲线（图中蓝线）均为盐水的刻度值1.2g/cm³。在 6159.0m 以上井段流密曲线数值为 0.9g/cm³，且较为稳定，说明主产层位于 6154.0～6162.0m 井段。

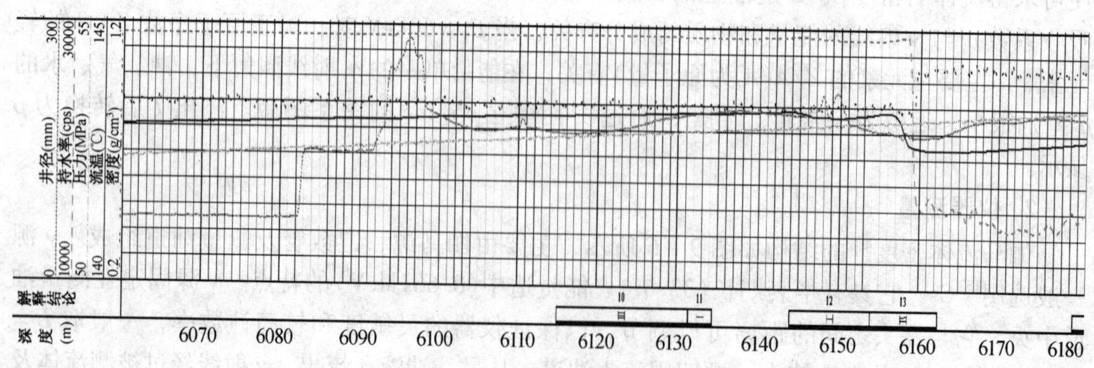

图 9－8　伽马流体密度计测井图

9.2 电容法持水率计测井

电容法持水率计测井是测量生产井内流体持水率的一种重要方法。按其传感器的测量方式可分为环空式和取样式两种，环空式用于连续测量或点测。取样式用于点测。测井资料主要用于识别流体类型和求解各相流量。

9.2.1 电容法持水率计的基本原理

电容法持水率测井是利用油气与水的介电特性差异测定水的含量。由于碳氢化合物与水具有显著不同的介电常数，水的相对介质常数约为60～80，油气的相对介电常数为1.0～4.0。因而，当测井方法得当时，可以具有较高分辨能力。

电容法持水率计的结构如图9－9所示。其轴心电极和仪器外壳组成一个同轴圆柱形电容器，流过其间的流体相当于电介质。当油、气、水以不同的比例混合时，电介质的介电常数也不同，从而电容器有不同的电容量。测量同电容量有关的信息，便可推知混合流体中水的含量。柱状电容器的结构如图9－10所示。设电容器中心电极半径为r，包裹电极的绝缘层半径为R_1，绝缘材料的相对介电常数为ε_{r_1}；电容器外电极内表面半径为R_2，高为H；绝缘层与外电极之间介电质的相对电介常数为ε_{r_2}。若电极均匀带电量Q，其电荷线密度为$\tau=Q/H$，设L为电介质内任一点到轴线的距离，根据场强分布理论，第一层电介质中的场强为

$$E_1=\frac{\tau}{2\pi L\varepsilon_0\varepsilon_{r_1}}(r<L<R_1)$$

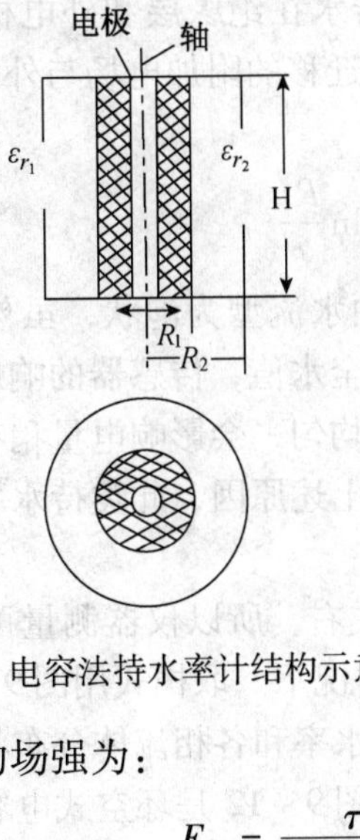

图9－9 电容法持水率计结构示意图

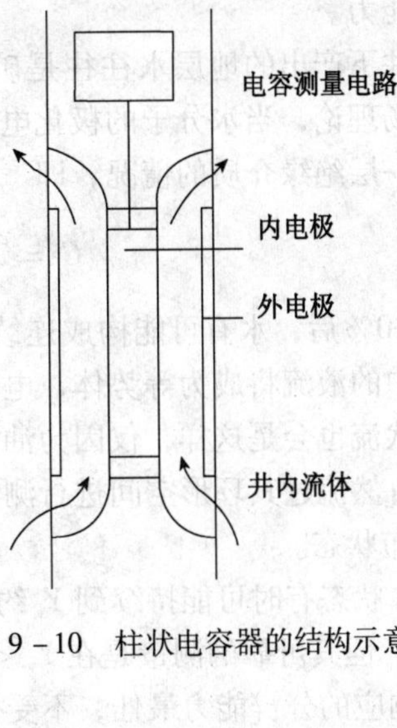

图9－10 柱状电容器的结构示意图

第二层电介质的场强为：

$$E_2=\frac{\tau}{2\pi L\varepsilon_0\varepsilon_{r_2}}(R_1<L<R_2)$$

则内外介质的电势差为

$$U=\int_r^{R_1}E_1\mathrm{d}L+\int_{R_1}^{R_2}E_2\mathrm{d}L=\frac{\tau}{2\pi\varepsilon_0\varepsilon_{r_1}}\ln\frac{R_1}{r}+\frac{\tau}{2\pi\varepsilon_0\varepsilon_{r_2}}\ln\frac{R_2}{R_1}=\frac{Q}{2\pi\varepsilon_0H}$$

从而电容的电容量为

$$C=\frac{Q}{U}=\frac{2\pi\varepsilon_0\varepsilon_{r_1}\varepsilon_{r_2}H}{\varepsilon_{r_2}\ln\frac{R_1}{r}+\varepsilon_{r_1}\ln\frac{R_2}{R_1}} \tag{9-9}$$

式(9－9)为两层电介质同轴柱状电容的理论方程。显然，电容量取决于电容器的结构参数和电介质的相对介电常数。若结构参数 ε_{r_1} 一定，第二层介质为油和水的混合液，则电容量与混合液的关系决定着电容法传感器响应的分辨能力。

若水为纯水，把油和水的混合均匀程度用状态系数 α 表示，持水率用 Y_w 表示，则混合液的等效相对介电常数

$$\varepsilon_{效}^{\alpha}=Y_w\varepsilon_{水}^{\alpha}+(1-Y_w)\varepsilon_{油}^{\alpha} \tag{9-10}$$

式中，$\alpha=1$，当油和水按重度分离时(相当于电容并联)；$\alpha=-1$，当油和水同轴层状分布时(相当于电容串联)；$\alpha=0$，当油和水均匀混合，即在乳状流时。

代入式(10－9)得电容量与持水率和状态系数的关系式：

$$C=\frac{2\pi\varepsilon_0\varepsilon_{r_1}H\left[Y_w\varepsilon_{水}^{\alpha}+(1-Y_w)\varepsilon_{油}^{\alpha}\right]^{\frac{1}{\alpha}}}{\left[Y_w\varepsilon_{水}^{\alpha}+(1-Y_w)\varepsilon_{油}^{\alpha}\right]^{\frac{1}{\alpha}}\ln\frac{R_1}{r}+\varepsilon_{r_1}\ln\frac{R_2}{R_1}} \tag{9-11}$$

若取 $H=96.5\text{mm}$，$r=7.2\text{mm}$，$R_1=8.7\text{mm}$，$R_2=15.9\text{mrn}$，$\varepsilon_{r_1}=3$，$\varepsilon_{油}=2.0$，$\varepsilon_{水}=80$，$\varepsilon_v=8.85\times10^{-12}\text{F/m}$，根据式(9－11)可作出图9－11所示的关系曲线。由图可见，电容量在 $\alpha=1$ 和 $\alpha=-1$ 两条曲线包围的区域内变化，全油时值最小，全水时值最大。因混合状态不同，同一个电容值可能对应不同的持水率；实际上井内流动测量不可能出现串联或并联，仪器结构若有促使油水均匀混合的系统，则可缩小状态系数和变化范围，提高传感器响应对持水率的分辨能力。

实际上，井下产出的地层水往往是矿化水。若水在绝缘层和外电极环形空间构成连续相，根据静电场理论，当水分子的极化电场、离子迁移的附加电场与外电场平衡时，则电容量相当于只有一层绝缘介质的情况，即

$$C=2\pi\varepsilon_0\varepsilon_{r_1}H/\ln\frac{R_1}{r} \tag{9-12}$$

由于 $Y_w>30\%$ 后，水有可能构成连续相，若油水流型为泡状，虽然油泡会引起电场畸变，但电容器中的液流将成为等势体，电容量接近全水值，传感器的响应失去分辨能力。对于段塞流和沫状流也会是这样，仅因为油水分布不均匀，会影响电量稍有波动。环空式传感器让井内液流自然流过其环形空间进行测量，鉴于上述原因，此类持水率仪应用的有利条件是“油包水”分布状态。

由于油包水状态有时可能持续到 Y_w 约为60%左右，所以仪器测量可能识别的持水率上限为 $Y_w=60\%$，但其可靠的测量是在 $Y_w<30\%$ 的井况下。取样式用图9－11中 $\alpha=1$ 的特性曲线，传感器响应的分辨能力最佳，不受井筒内持水率和各相流体分布状况的局限。

实验研究结果与上述理论分析基本是一致的。图9－12是环空式电容持水率计响应与水相就地体积分数之间的实验刻度关系。对于水和柴油层状混合的情况，测量响应与水相就地体积分数的关系(图中的圆点)，同图9－11中 $\alpha=-1$ 状态下的理论曲线非常相近。对于油水乳浊液，当水相就地体积分数大于60%以后，测量响应(图中的方点)不再随之变化。仪器丧失分辨能力。

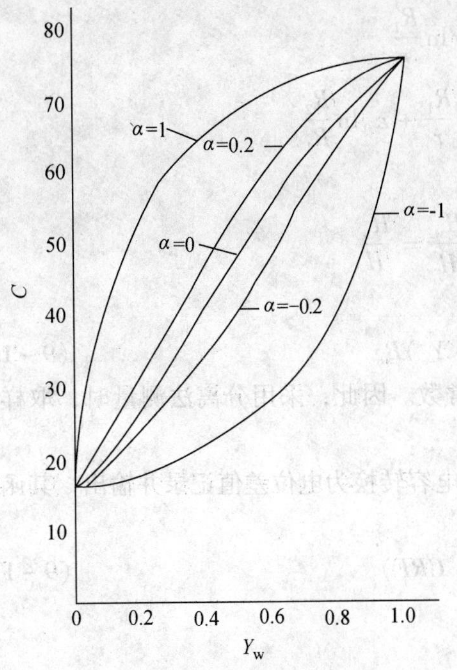

图 9-11　电容量与状态系数和持水率的关系

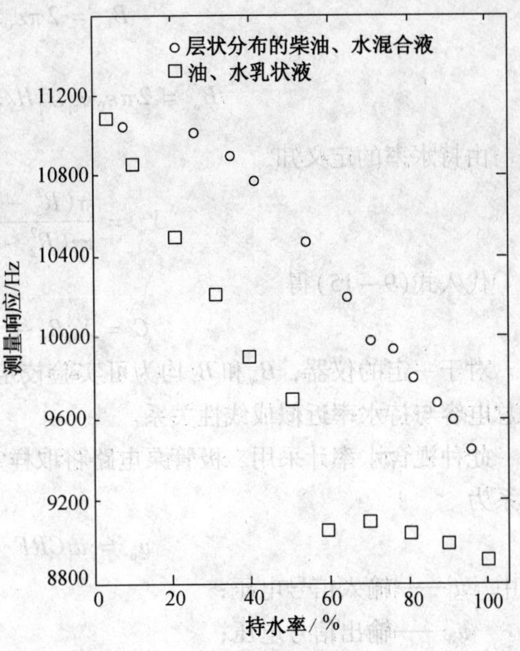

图 9-12　电容法持水率计刻度曲线

9.2.2　取样式持水率计

大庆油田研制的 73 型找水仪上所带的视含水率计，其结构仍为一个柱状电容器，但在进液口和出液口分别加了一个球阀和单流阀。测量时仪器停在预定深度上，取样断电器断电，弹簧带动球阀密封进液口，上部单流阀自动关闭，实现对集流后经环形空间的流体取样；然后静置一定时间，让油水按重度分离后测量记录与电容量有关的电位差值，完成一次测量。此后，断电器通电，衔铁拉开球阀，新的液流进入取样室把原有样品冲洗干净，移动其他位置继续测量。

当取样室中油和水完全分离时(见图 9-13)，若水柱高为 H_w，则油柱高为 $H-H_w$。此时，取样室的电容 C 等于水介质电容 C_w 和油介质电容 C_o 之和。C_w 相当于只有绝缘层一层电介质的情况，即：

$$C_w = \frac{2\pi\varepsilon_0\varepsilon_{r_1}H_w}{\ln\frac{R_1}{r}} \qquad (9-13)$$

C_o 可根据式(10-9)导出：

$$C_o = \frac{2\pi\varepsilon_0\varepsilon_{r_1}\varepsilon_{r_o}(H-H_w)}{\varepsilon_{r_o}\ln\frac{R_1}{r}+\varepsilon_{r_1}\ln\frac{R_2}{R_1}} \qquad (9-14)$$

从而

$$C = C_w + C_o = \frac{H_w}{H}B_w + \left(1-\frac{H_w}{H}\right)B_o \qquad (9-15)$$

式中

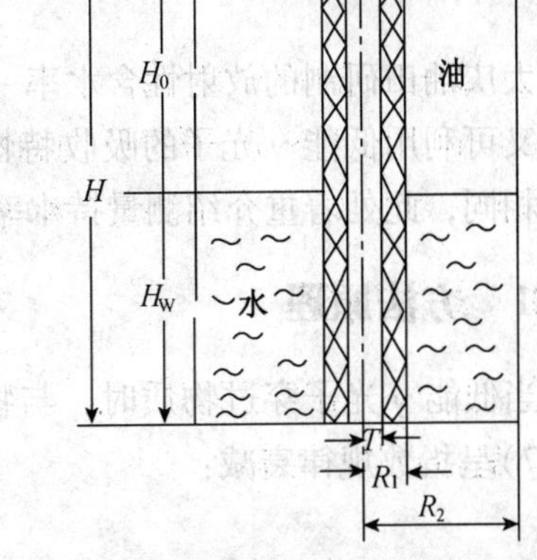

图 9-13　油水按重度分布的柱状电容

$$B_w = 2\pi\varepsilon_0\varepsilon_{r_1}H/\ln\frac{R_1}{r}$$

$$B_o = 2\pi\varepsilon_0\varepsilon_{r_1}\varepsilon_{r_o}H/\varepsilon_{r_o}\ln\frac{R_1}{r} + \varepsilon_{r1}\ln\frac{R_2}{R_1}$$

由持水率的定义知

$$Y_w = \frac{\pi(R_2^2 - R_1^2)H_w}{\pi(R_2^2 - R_1^2)H} = \frac{H_w}{H}$$

代入式(9－15)得

$$C = Y_w B_w + (1 - Y_w)B_o \tag{9-16}$$

对于一定的仪器，B_w和B_o均为可实验校定的常数。因此，采用分离法测量时，取样室的总电容与持水率近似成线性关系。

此种视含水率计采用二极管泵电路将取样室总电容转换为电位差值记录并输出．其函数关系为

$$u_o = u_i CRF/(1 + CRF) \tag{9-17}$$

式中 u_i——输入信号电压；

u_o——输出信号电压；

F——输入信号频率；

R——放电支路电阻。

解释时由测井图上读出电位差值u_o，根据式(9－17)，求出电容量C，再由地面校验的B_w、B_o，按式(9－16)求出持水率值Y_w亦可由实验建立的u_o-Y_w的关系图版，直接将u_o换算为Y_w。然后根据需要，利用持水率与含水率的关系图版，还可将Y_w换算为含水率值。

华北油田采油工艺研究所研制的GFC－Ⅱ高分辨持水率计，根据压差平衡原理设计出一种取样室，利用井筒中一定高度不同油、水比例的混合流体产生的压力差，控制取样室内的油和水以不同比例自动分离，然后采用电容法进行测量。不难理解，取样室的总电容与持水率的理论关系满足式(9－16)。其独特之处在于，取样室内的油和水可以在连续测量过程中实现动态分离，因此不仅可以点测，而且可以连续测量。

9.3 放射性持水率计测井

大庆油田研制的放射性含水率－密度计，利用低能γ光子的吸收特性测量井底持水率，同时又可利用低能γ光子的吸收特性测量混合流体的密度。测量密度的方法与伽马流体密度计相同，此处着重介绍测量持水率的方法。

9.3.1 方法原理

当低能γ光子穿过物质时，与物质发生光电效应、康普顿效应和电子对效应，并按式(9－7)呈指数规律衰减：

$$I = I_0 e^{-\mu\rho L}$$

质量吸收系数μ与射线的能量E_r以及吸收物质的种类有关。

当 $E_r < 30\text{keV}$ 时，低能光子主要由于光电效应而被吸收，μ 与组成该物质的元素的原子序数有极大关系。油气是碳氢化合物，水是氢氧化合物，虽然 ^{12}C 和 ^{16}O 的原子序数只差 2，对于低能量光子，它们的 μ 差别还是比较大的。用低能量光子探测油气水混合物的视含水率，正是利用了这一特性。当吸收物质是三相均匀混合时，可以用气、油、水呈层状分布(图 9－14)计算射线的减弱强度。若用 L_g、L_o、L_w 分别表示气、油、水的折合厚度，且有 $L = L_g + L_o + L_w$，根据式(9－7)可以写出：

$$I = I_0 e^{-(\mu_g \rho_g L_g + \mu_o \rho_o L_o + \mu_w \rho_w L_w)} \tag{9-18}$$

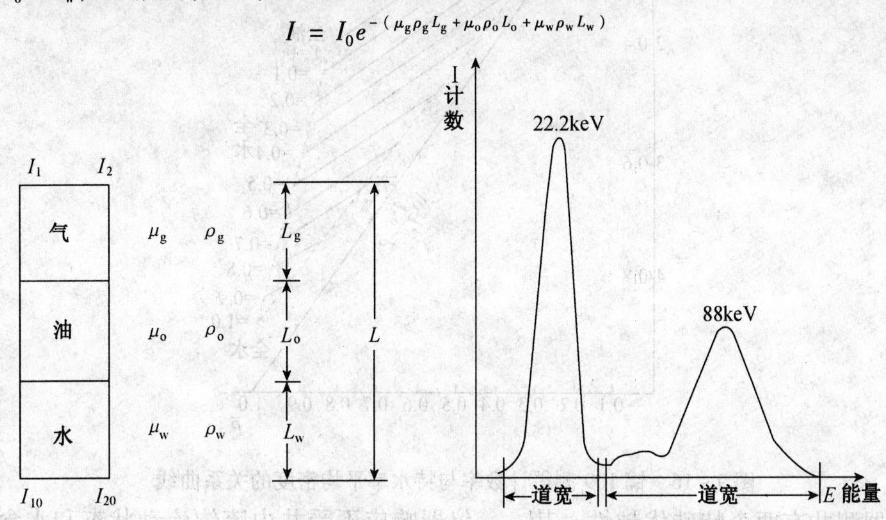

图 9－14　油水层状分布示意图　　图 9－15　镉 109 的能谱分布示意图

考虑到 $E_r = 22\text{keV}$ 时，$\mu_g = \mu_o$(图 9－15)，平均密度为

$$\rho = \frac{1}{L}(L_g \rho_g + L_o \rho_o + L_w \rho_w)$$

故将式(9－18)改写为

$$I = I_0 e^{-\mu_o \rho L - (\mu_w - \mu_o)\rho_w L_w}$$

两边取对数，得

$$\ln \frac{I}{I_0} = -\mu_o \rho L - (\mu_w - \mu_o)\rho_w \mathrm{L}_w$$

从而：

$$Y_w = \frac{L_w}{L} = \frac{\ln \frac{I}{I_0} + \mu_o \rho L}{(\mu_o - \mu_w)\rho_w L_w} \tag{9-19}$$

式(9－19)中，按流体伽马密度计的原理可测定 ρ、ρ_w 以及 L、I_o、μ_o、μ_w 先确定，因而测量记录 I 便可求得持水率 Y_w(又称视含水率)。

放射性含水率－密度计选用 ^{109}镉作为放射源。^{109}Cd 的半衰期 435d，可以放出 22keV 的 X 射线和 88keV 的 γ 射线，后者数量大约只是前者的 4%，而且 γ 射线的逃逸峰明显远离 X 射线峰(图 9－15)。仪器用 γ 射线记录 I_{10} 和 I_1；按式(9－18)求出混合流体的平均密度 ρ；而用 X 射线记录 I_{20} 和 I_2，根据式(9－19)求出 Y_w，同时获得两个参数。实验关系见图 9－16。

9.3.2　资料应用

放射性含水率－密度计所测 ρ 和 Y_w 两个参数的应用分别与流体密度计和持水率计相同，

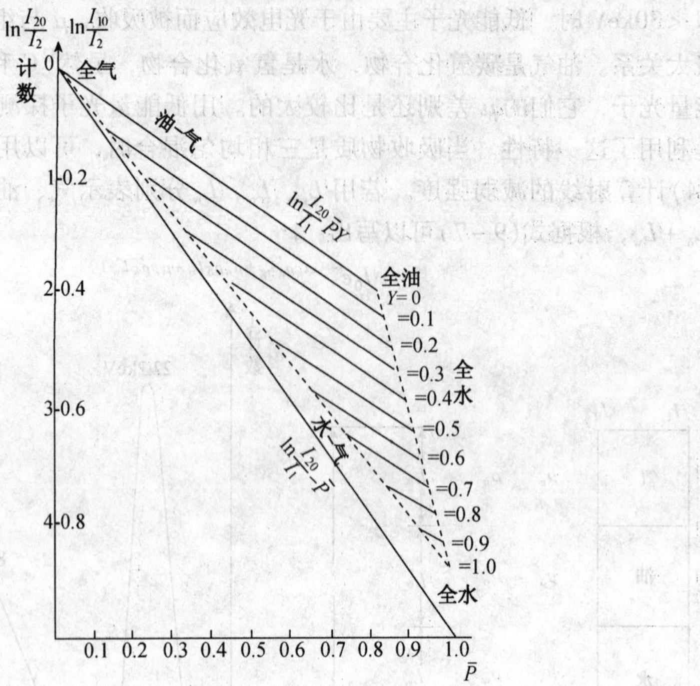

图 9-16 镉 109 测得计数率与持水率平均密度的关系曲线

但此种仪器测井有两个特殊优越性。其一，仪器响应不受井内流体流动状态和水含量的影响。由于能够连续测量，因此比电容法持水率计有更好的探测特性。其二，测量结果不仅使得两相流动分析中可以更好地识别流体流型，求解两相流量，而且在三相流动分析中特别有用，对于确定各相流体持水率提供了重要资料。

在油、气、水三相流动条件下，若由放射性含水率-密度计测出流体的平均密度 ρ 和持水率 Y_w，则由下式

$$\begin{cases} Y_g\rho_g + Y_o\rho_o + Y_w\rho_w = \rho \\ Y_g + Y_o + Y_w = 1 \end{cases}$$

如果已知气、油、水的密度 ρ_g、ρ_o、ρ_w，便可确定持油率 Y_o 和持气率 Y_g；ρ_g、ρ_o、ρ_w 不难由井口数据换算求出或关井测量获得。

9.4 流体识别测试工艺技术及应用

9.4.1 持水率测井工艺技术及资料应用

持水率计一般与流量、井温、压力、伽马、磁定位、流体密度等仪器形成测井组合一起下井测量井下流体产出剖面，仪器采用过流式结构设计。用于自喷井和过环空测试的仪器原理是一样的，两者只有外径的差别，一般前者外径大于后者。持水率资料主要是用来识别流体相、估算各井段流体成份构成。

图 9-17、图 9-18 是一口过环空产液面剖测试的实测电容式持水率计曲线，图中的绿虚线是持水率测量曲线。图 9-17(a)中在 711~712m 井段持水率的计数从 26000Hz 减小为 21000Hz，说明 712m 处是动液面。图 9-17(b)是利用持水率测量的油水界面的应用。在

1203～1208m 井段，持水率计数从 21000Hz(纯油值)变为 11000(接近纯水值)Hz 左右，结合该井高含水的实际情况，可以判定 1204m 处是该井的油水界面。

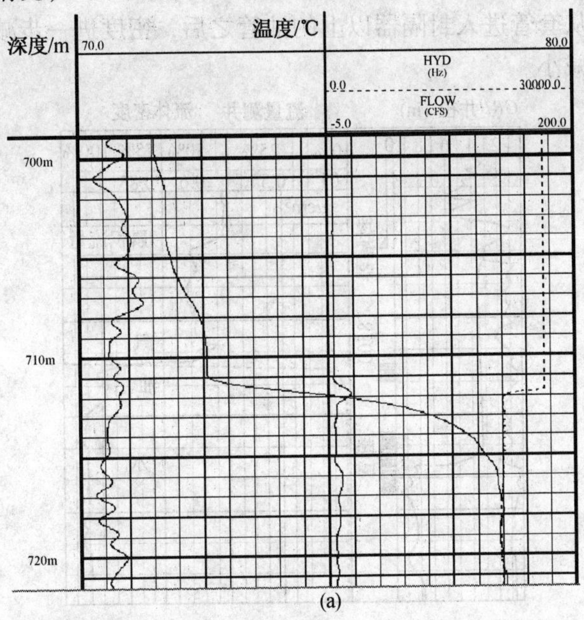

(a)

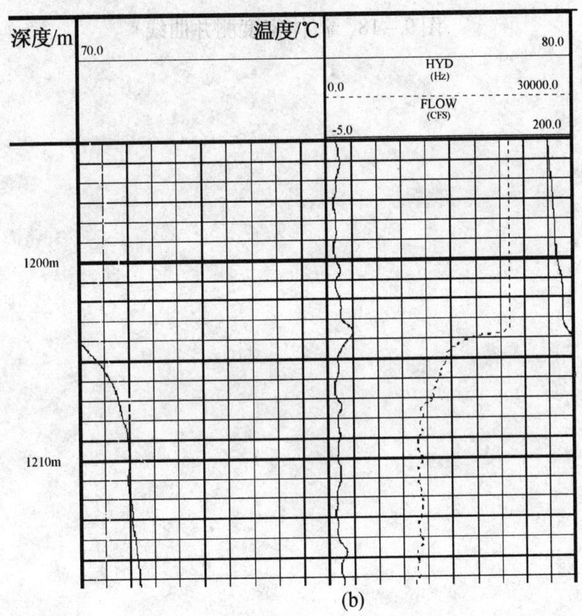

(b)

图 9－17　持水率实测曲线

9.4.2　流体密度测井工艺技术及资料应用

流体密度测井工艺和持水率完全相同，测井资料主要用来计算井筒中的持水率和判断各井段的流体成分构成。

图 9－18 是在一口生产井中由放射性密度测井所得到的曲线，图中第 2 道实线是密度测井结果，虚线是流量测井结果。流体密度测井显示井底有底水存在，且密度值略大于 1.0g/cm³，说明井底沉有微砂粒或其他较重的悬浮物，或者是地底水的矿化度较高。流量曲

线显示下部流体基本不流动，证实了静水柱的存在。同时也说明这一层段的射孔是无效的。密度曲线显示，流体主要从上部射孔层段产出，由于伴有气体产出，流体密度明显减小，井下为三相流动。流体从套管进入封隔器以上的油管之后，密度进一步减小，说明油管中气相比例上升、重相比例减小。

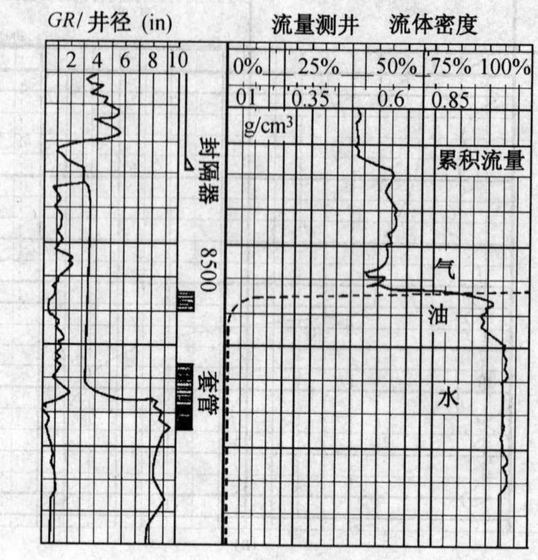

图 9－18　流体密度测井曲线

第 10 章　注入、产出剖面测试

10.1　注水剖面测试

在油田开发生产过程中，为保持地层压力，向地层注水、注汽(气)或注聚合物等，是提高开发效果的常用方法。而注入的流体是否达到开发设计目的，就需要用注水剖面测试方法来进行检验评价。注水剖面测试能了解注水条件下地层的吸水能力，检查配注效果，评价分层注水调剖效果，掌握注水动态。采油工程技术人员利用这些测试方法和技术所提供井身状况和生产动态的信息来实施措施和制订开发方案。

10.1.1　工艺原理及仪器技术性能

注水剖面测试最早是采用温度法定性测注水剖面，之后采用涡轮流量计和放射性同位素示踪法，实践证明放射性同位素示踪测井是确定注水剖面的有效方法。注水剖面测试从单一的温度法测试到简单的同位素三参数(井温、磁定位、同位素示踪)法测试又发展到现在五参数注入剖面组合(同位素示踪、电磁流量计、井温、压力、磁定位)测试。现在使用的五参数组合测试法既可用于注水剖面测井又可以用于注聚、注 CO_2、注 N_2 等剖面测试。

1. 工艺原理

注水剖面测试原理是在注水井正常注水的情况下，将放射性同位素示踪剂注入到井内，随着注入水的流入，示踪剂滤积在注水层的岩石表面上，然后用自然伽马测井仪测取示踪曲线，曲线上显示在注水层岩石表面上的放射性强度的差异，通过对比注入示踪剂前后测得的自然伽马曲线差异，再结合井温、流量计、压力、磁定位的测井曲线进行综合解释，即可确定各注水层的注水量。

2. 仪器技术性能

目前注水剖面测试使用井下仪器有：磁定位、伽马仪、温度仪、压力仪(应变压力仪、石英压力仪)、流量计(电磁流量计、超声波流量计、涡轮流量计)。仪器外径有 Φ43mm、Φ38mm、Φ35mm、Φ29mm、Φ26mm 等。现介绍常用的 Φ38mm 井下仪。

1）遥传/磁定位/伽马一体化测井仪

结构如图 10－1 所示，其技术指标：

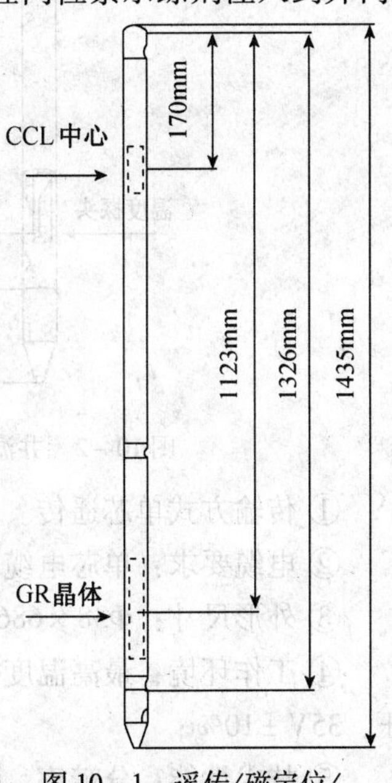

图 10－1　遥传/磁定位/伽马一体化测井仪

（1）传输方式：单芯遥测。

（2）电缆要求：单芯电缆。

（3）外形尺寸：38 × 1435mm。

（4）工作环境：耐温：WGC14，150℃，J38—WCGIV，175℃；耐压：WGC14，60MPa，J38—WCGIV，80MPa；工作电流，68mA ± 3；工作电压，35V；*GR* 信号分辨率，1CPS；动态范围，1 ~ 10000CPS；精度，WGC14：≤ ±7%。

（5）CCL 测速要求：≥400m/h。

（6）使用范围：仪器应用于 2.5 ~ 7in 油套管井中。

2）温度仪

结构如图 10 – 2 所示，其主要技术指标：

（1）传输方式：单芯遥传。

（2）电缆要求：单芯电缆。

（3）外形尺寸：Φ38 × 688mm。

（4）工作环境：最高温度，150℃；最大压力，60MPa；工作电流，40mA；工作电压，35V。

（5）技术性能：井温分辨率，0.1℃；动态范围，0 ~ 150℃；精度，±2℃；响应时间，0.5s。

（6）使用范围：仪器应用于 2.5 ~ 7in 油套管井中

3）压力仪

（1）应变压力仪如图 10 – 3 所示，其主要技术指标：

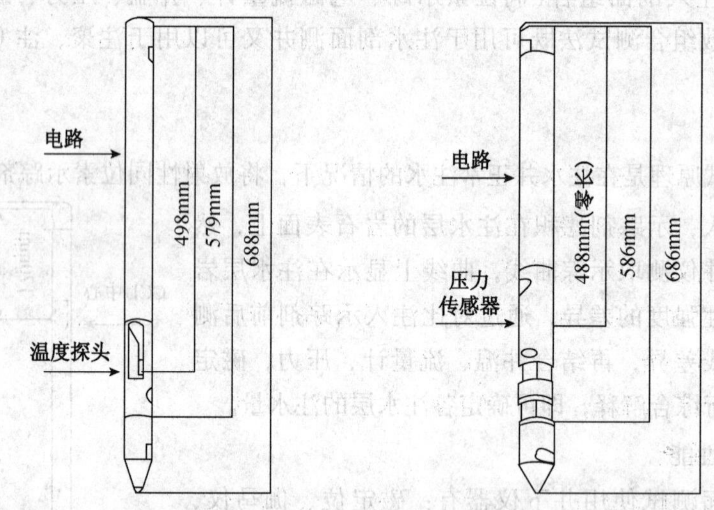

图 10 – 2　井温仪示意图　　图 10 – 3　应变压力仪示意图

① 传输方式单芯遥传。

② 电缆要求：单芯电缆。

③ 外形尺寸：Φ38 × 686mm。

④ 工作环境：最高温度，150℃；最大压力，60MPa；工作电流，28mA ± 3mA；工作电压，35V ± 10%；

⑤ 技术性能：分辨率，0.01psi；精度，0.5‰；使用范围，仪器应用于 2.5 ~ 7in 油套管井中。

（2）石英压力测井结构如图 10－4 所示，其主要技术指标：

① 传输方式：单芯遥传。

② 电缆要求：单芯电缆。

③ 外形尺寸：Φ38×695mm。

④ 工作环境：最高温度，175℃；最大压力，100MPa；工作电流，28mA；工作电压，35V。

⑤ 技术性能：分辨率，0.05‰；测量范围，0～100MPa；测量精度，0.5‰。

⑥ 使用范围：该仪器应用于 2.5～7in 油套管井中。

4）流量计

（1）电磁流量计如图 10－5 所示，其主要技术指标：

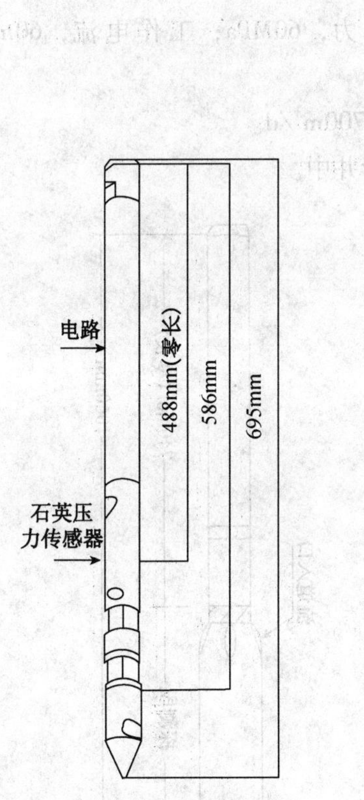

图 10－4　石英压力仪示意图

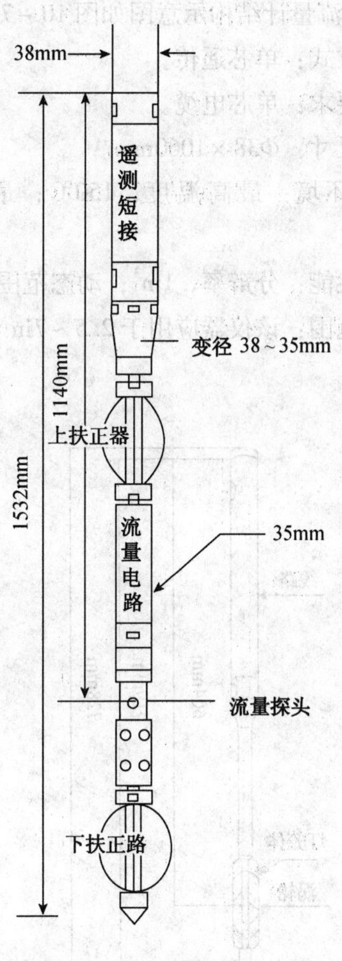

图 10－5　电磁流量示意图

① 传输方式：单芯遥传。

② 电缆要求：单芯电缆。

③ 外形尺寸：Φ38×1532mm。

④ 工作环境：最高温度，150℃；最大压力，60MPa；工作电流，60mA；工作电压，35V。

⑤ 技术性能：分辨率，$1m^3$；动态范围，$0 \sim 700m^3/d$。

⑥ 使用范围：该仪器应用于2.5 ~7in 油套管井中。

（2）涡轮流量计结构如图10－6所示，其主要技术指标：

① 传输方式：单芯遥传。

② 电缆要求：单芯电缆。

③ 外形尺寸：Φ38 ×728mm。

④ 工作环境：最高工作温度，175℃；最高工作压力，80MPa；额定工作电流，32mA；额定工作电压，35V。

⑤ 技术性能：起动排量，$6m^3/d$；动态范围，$0 \sim 600m^3/d$。

⑥ 使用范围：该仪器应用于2.5 ~7in 油套管井中。

（3）超声流量计结构示意图如图10－7所示，其主要技术指标：

① 传输方式：单芯遥传。

② 电缆要求：单芯电缆。

③ 外形尺寸：Φ38 ×1060mm。

④ 工作环境：最高温度，150℃；最大压力，60MPa；工作电流，60mA；工作电压，35V。

⑤ 技术性能：分辨率，$1m^3$；动态范围，$0 \sim 700m^3/d$。

⑥ 使用范围：该仪器应用于2.5 ~7in 油套管井中。

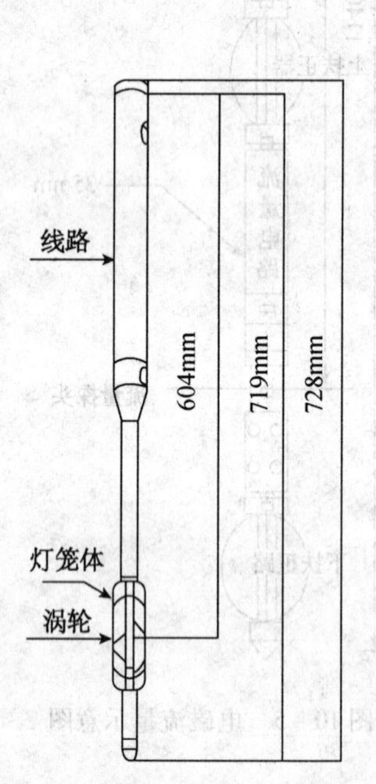

图10－6　涡轮流量计结构示意图

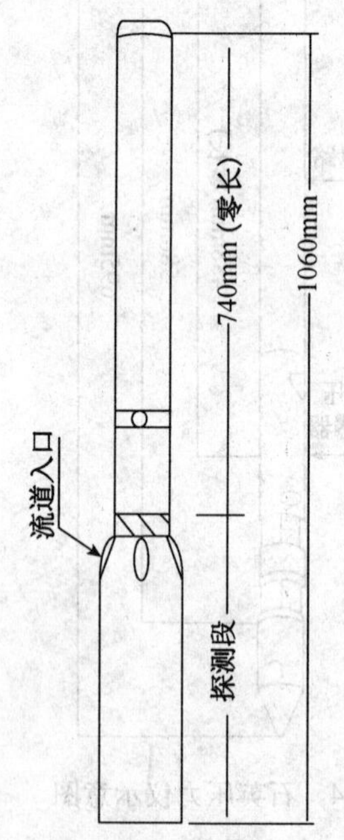

图10－7　超声流量计结构示意图

10.1.2　注水剖面测试工艺

注水剖面测试是利用专业仪器对注入井内流体进行动态监测的技术。主要监测同位素释放、运移直至同位素在目的层完成分布的全过程。同位素注水剖面测试需要严格的施工过程来实现，它包括施工前的施工设计、高压井口安装、仪器的选择、资料的录取等工作。不同注水管柱类型对测试的工艺要求有所不同。

10.1.2.1 管柱类型

注水通常采用笼统注水和分层注水两种方式，不同的注水方式配以不同的注水管柱。注水施工分正注和反注两种，正注是将水从油管中注入，反注是将水从油套环形空间注入，注入过程中示踪剂随注入水进入井内，滤积在注水层表面，通过测示踪剂的放射性强度确定注入剖面，因此示踪剂测井可分为正施工和反施工两种。

1. 笼统注水管柱

笼统注水是注水井各层在同一井口注水压力下，不细分层段，光油管注水。这种注水管柱的结构比较简单，如图10－8、图10－9所示。

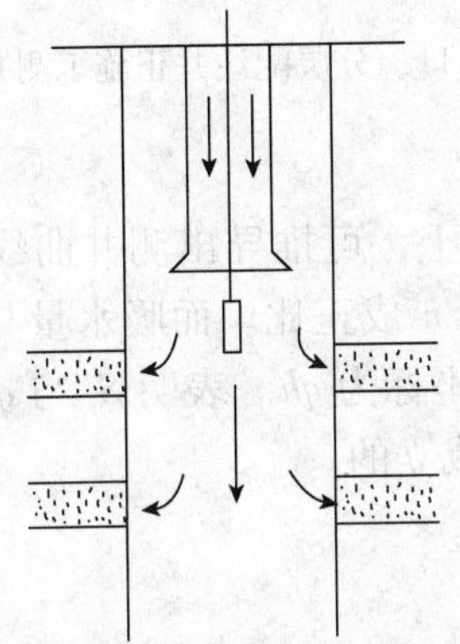

图10－8 笼统注水正施工测井示意图

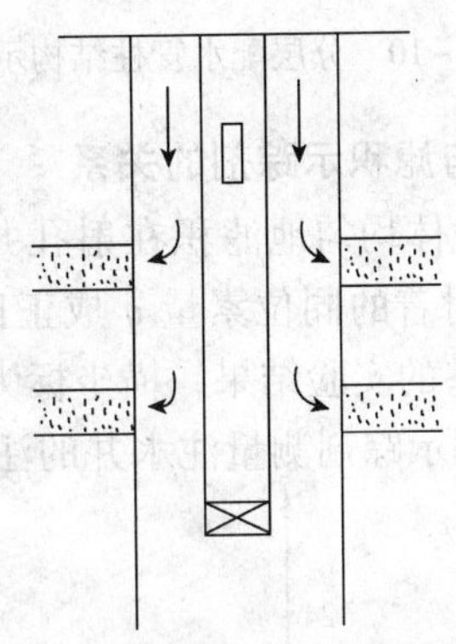

图10－9 笼统注水反施工法测井示意图

笼统注水时，油管可下到油层顶部或油层底部，这要根据注水井主力注水层的位置而定。一般情况下，主力注水层位于射孔井段顶部，则油管下到射孔井段底部，反之则下到射孔井段顶部。

另外，如果渗透性和连通性好，则厚层注水量大。而渗透性差的层则注水量小，甚至注不进水。因此，长期对多个油层进行笼统注水，就会加剧层间矛盾，影响注水效果。目前，各油田大部分注水井已改为分层配注方式注水。

2. 分层注水管柱

分层注水，就是把注水井各性质和特征(地层压力、渗透率及原油性质等)相近的注水层合为一个注水层段，用封隔器把所需分的层段隔开，在同一层段，各层注水量不同而需要控制时，在各层位装上配水器，用不同直径的水嘴来控制各层的注入量。

分层配水管柱主要由油管、封隔器、配水器、阀门、撞击筒、球座、筛管及丝堵等组成，如图10－10、图10－11所示。

10.1.2.2 放射性同位素载体与示踪剂

在介绍放射性同位素载体与示踪剂前，先了解一下注水量与滤积示踪剂及清水驱替剂量的关系。

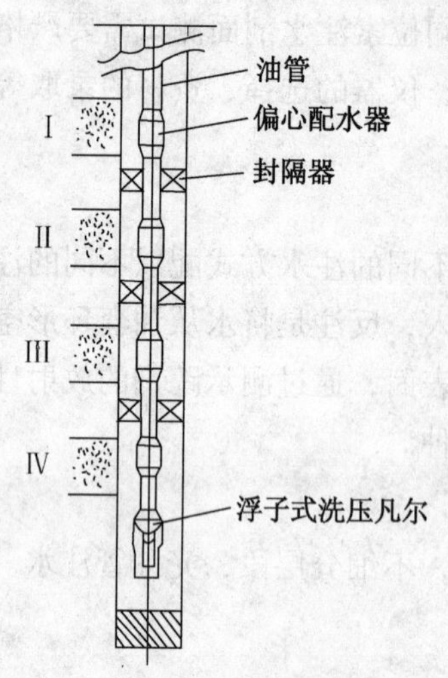

图 10－10　分层配水管柱结构示意图

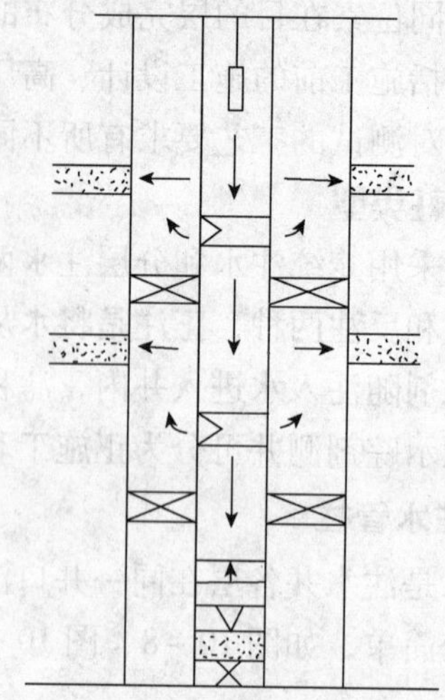

图 10－11　分层配注井正施工测井示意图

1. 注水量与滤积示踪剂的关系

若示踪剂载体均匀地滤积在射孔井段的地层表面上，可推导出测井曲线上的面积增量 S_r 与单位面积附着的同位素量 q 成正比，与地层厚度 h 成正比。而吸水量与 q 成正比。图 10－12 是实验室的实验结果，横坐标为异常面积，纵坐标为 qh。表明 S_r 与 q 和 h 的乘积成正比。这表明用示踪剂测量注水井的注水剖面原理是成立的。

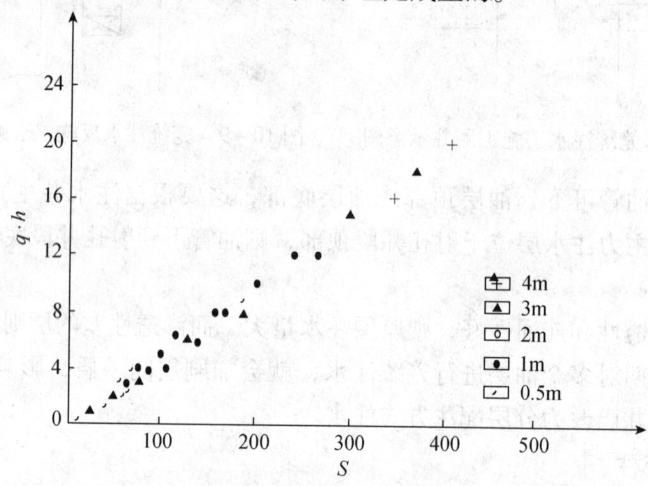

图 10－12　异常面积与地层厚度、强度的关系

2. 清水驱替剂量

(1) 笼统套注清水驱替剂量。放射性同位素示踪剂以紊流状态在油套环形空间水里混合均匀，由后续的注入水推向地层。由于所选示踪剂的粒度等于或大于地层的孔隙直径而被滤积于地层表面(图 10－13)，将全部示踪悬浮液挤入地层后所需的注水量。

(2) 正注清水驱替剂量。油管内注入同位素示踪剂由井口注水管道加入或由井下释放器释放，与水混合成悬浮液，由后续注入水推向油套环形空间(图 10－14)，将全部悬浮液挤入地层所需的后续注水量。

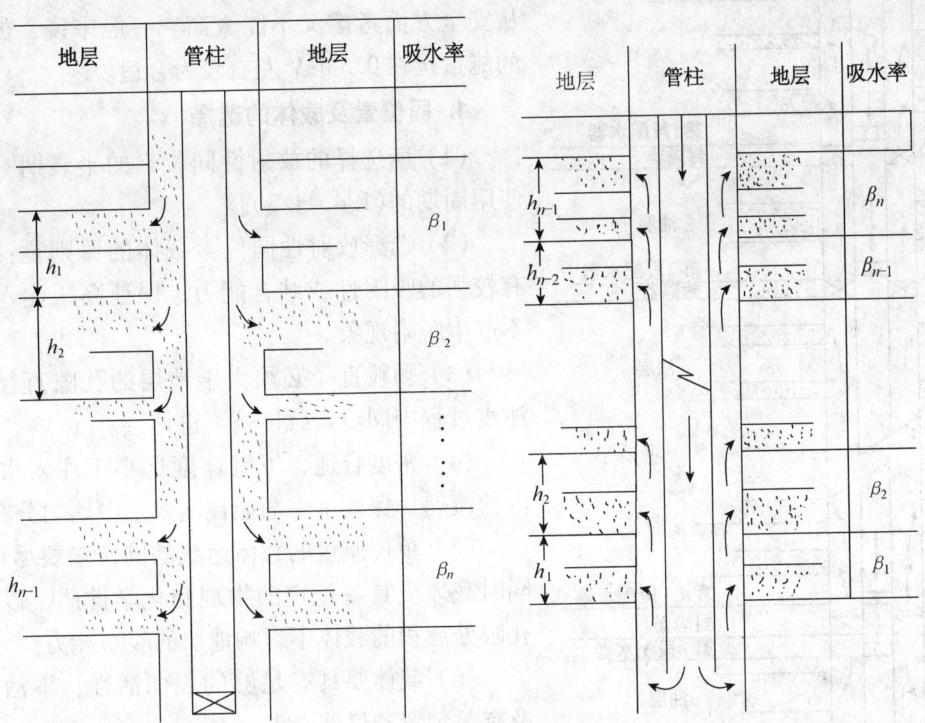

图 10－13　笼统配注时放射性示踪剂推进及在地层形成示踪示意图

图 10－14　正注状态下同位素示踪图

（3）分层配注管柱清水驱替剂量。注入同位素示踪剂进入分层配注油管内，与以紊流方式流动的注入水形成悬浮液。在后续注入水的推进下，进入配注层段，首先按配注层段配水嘴的大小，进行第一次分配，进入油管与套管环形空间；相继开始第二次按配注层段中各层的吸水能力分配吸水量，将悬浮液推向地层。悬浮液挤入地层所需的清水由三部分组成（图 10－15）：①把示踪剂从释放点推到分层配水管柱中第一个偏心配水器之间的水量；②把示踪剂悬浮液全部推出配注管柱进入油套环形空间的水量；③将配注段油管套管环形空间的示踪剂悬浮液推向注水地层的水量。

3. 放射性同位素的选择

（1）放射性同位素的毒性。放射性同位素示踪注水剖面测井属于开放型放射性物质的操作，放射性同位素毒性愈高，对人体造成的伤害愈大。因此，在选择同位素时应尽可能选择中、低毒性的放射性同位素。

（2）放射性同位素的半衰期。①半衰期不宜过短。放射性生产与使用不在同一地区，运输到存放需要一定的时间，半衰期过短会造成浪费且使用不方便。②半衰期不宜过长。半衰期过长同位素的污水（物）处理比较困难。因此，在选择同位素时应选择半衰期适当的同位素。目前使用的同位素半衰期为 11.5d。

（3）放射性同位素放射的射线能量。每一种放射性同位素放射的射线都有特定的能量。对注水剖面测井而言，主要考虑的是伽马射线能量。示踪剖面测井时，放射性同位素示踪剂被滤积到地层表面，可以在射孔层位，部分进入地层。它放射出的伽马射线需要穿过部分地层、水泥环、套管、油管井筒内的介质及仪器外壳。因此，选用的伽马射线能量不宜太低。

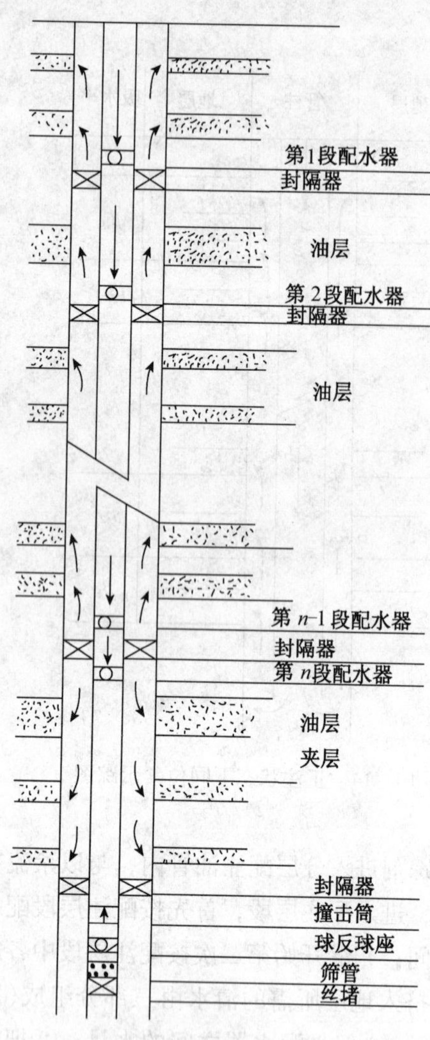

图 10－15　配注管柱内同位素示踪图

从安全方面考虑又不能太高。一般来说，伽马射线的能量选在 0.5MeV 左右较为合适。

4. 同位素及载体的选择

（1）所选择的放射性同位素的半衰期一般为其使用周期的(1/4～1/3)倍。

（2）选择放射性同位素载体的原则是：载体要有较强的吸附性或结合能力，保证高压注入水冲洗不产生脱附现象。

（3）颗粒直径必须大于地层的孔隙直径，保证注水过程中同位素载体挤不进地层。

（4）密度合适，下沉速度远小于注入水在井筒内的流速，保证示踪剂能在注入水中均匀分布。

（5）单位质量的载体运载的同位素要尽可能多，同时载体应具备稳定的物理和化学性质，以使射孔孔眼处滤积的载体不影响地层的吸水能力。

（6）载体要具有足够的表面活性，不沾污井筒及有关装置和仪器。

5. ^{131}Ba－GTP 微球示踪粒径的选择

目前使用的同位素示踪剂是^{131}Ba－GTP 微球示踪剂，通常情况下，示踪剂的颗粒密度为 1.01～1.04g/cm^3。直径为 100～300μm 的^{131}Ba－GTP 微球下沉速度为 1.03cm/s。除了直径为 100～300μm 的微球外，还有 400～700μm，600～900μm，1000～1500μm 的微球。根据注水层孔径大小，选择不同直径的微球，对于中低渗透率的地层，粒径一般选用 100～300μm；对于中高渗透层，粒径一般选用 400～700μm，对于长期注水的地层，孔径更大，可选用更大直径的微球。

^{131}Ba－GTP 微球在水中的沉降速度与颗粒直径大小有关。颗粒半径越大，注入流体对其携带能力越差，较大粒径的颗粒只能在较大水流速度下携带到目的层。粒径越大，自由沉降速度越快，造成沾污的几率越大。一般情况下，同位素粒径选择要按照如下方法：

（1）同位素示踪剂颗粒直径必须大于注水层孔隙直径。

（2）不同特性注水层选择不同粒径的同位素，选择示踪剂的粒径要考虑注水层孔隙情况，对于胶结疏松易吐砂地层，由于长期受注入水的冲刷，井筒周围会出现冲刷带，这种情况要选择大粒径的同位素。

（3）示踪剂粒径的选择要考虑注水压力和注水量。注水压力低，注水指数高，单层突进严重的注水层，要选择大粒径的示踪剂。

（4）选择示踪剂粒径要充分考虑地层的非均质性，既要考虑物性好的注水层，也要考虑物性差的注水层。对于非均质严重的注水层，示踪剂粒径范围要大一些。

（5）示踪剂粒径要根据长期注水的情况，不断进行改进。

6. 示踪剂用量的计算

（1）测井时示踪剂的放射性核素计算：

按放射性衰落变规律公式

$$I = I_0 e^{-\frac{0.693}{T}t} \tag{10-1}$$

式中 I——使用时放射性核素活度，Bq；

I_0——出厂时放射性核素活度，Bq；

t——从出厂到期使用时所经历的时间，d 或 h；

T——放射性核素的半衰期，d 或 h。

（2）使用时示踪剂放射性比活度计算：

$$N = I/W \tag{10-2}$$

式中 N——使用时示踪剂放射性比活度，Bq/mL 或 Bq/g；

I——使用时放射性核素活度，Bq；

W——示踪剂量，mL 或 g。

（3）单井示踪剂用量计算：

$$M = I_d/N \tag{10-3}$$

式中 M——单井示踪剂的用量，mL 或 g；

I_d——单井设计的放射性核素的活度，Bq；

N——使用时示踪剂放射性比活度，Bq/mL 或 Bq/g。

不同的注水井，由于地质条件、注入条件、示踪剂比强度不同，施工过程中同位素用量有很大差别。

每米注水厚度所需同位素强度不仅与地区构造、孔隙度、渗透率和孔隙结构等地质条件有关，而且与注水压力、注水量、注水指数等因素有关。根据经验，河南油田示踪剂放射性强度用量指标为：1.85 ~ 5.55MBq/m；大庆油田：1.5 ~ 3.7MBq/m；辽河油田：1.11 ~ 4.44MBq/m；中原油田：0.925 ~ 3.7MBq/m。

10.1.2.3 放射性同位素示踪注水剖面测试

放射性同位素连续示踪剖面测井能同时测量伽马、井温、磁定位曲线，并运用释放器在井内释放同位素示踪剂的方法来实现。它是基于自然伽马测井曲线与示踪测井曲线叠合后所包围面积计算注水量的。

根据注入方式和井况的不同，注入剖面放射性同位素示踪测井施工工艺不尽相同，但施工过程基本相似。在此简单地介绍下井下释放同位素吸水剖面的密闭测井施工过程（详细施工工艺在 10.1.2.4 节描述）。

（1）关闭井口测试阀门，拆除压力表安装井口防喷装置。

（2）井口防喷装置与井口连接后，缓慢打开测试阀门然后下放仪器。

（3）仪器下放至遇阻位置后，上提仪器按要求测量基线。（地层自然伽马）。

（4）基线测量完毕后，将仪器上提到测量井段上部 100m 左右。

（5）给井下同位素释放器供电，使同位素微球在井内释放。

（6）待替注水量达到设计值后，将仪器下放到测量井段底部然后上提测量完整同位素曲线。

（7）曲线测量完毕后，将电缆起到距井口 20m 时停车，由操作人员将仪器拉进防喷管内。

（8）确认仪器进入防喷管后，关闭井口测试阀门，起出仪器。

（9）安装上原井的装置。

10.1.2.4 五参数组合示踪注水剖面测试工艺

由于受地层条件、套管技术状况、井眼状况、示踪剂特性及井下管柱结构等因素的影响，单靠示踪注水剖面测井难免有局限性，有时不能完全反映注水层的状况。现在采用五参数组合示踪法来综合判断注水层的实际情况。

1. 五参数组合示踪剖面测井曲线用途

五参数组合示踪剖面测井是在井中一次下井的情况下，同时测量磁定位、伽马、井温、压力、流量曲线，并运用释放器在井内释放同位素示踪剂的测井方法。通过这种方法，可以有效地从多方面综合评价注水井各层位的实际吸水能力、确定注水管柱结构、确定封隔器密封效果、分析目的层吸水变化情况。

在现场根据测试曲线初步定性分析地层的注水情况：

① 伽马曲线：测量地层自然伽马曲线做为本底基线，确定电磁流量点测位置。在井内释放同位素，并等待同位素随注入水均匀注入地层。测量注入同位素后的同位素曲线。在注水层位，伽马幅度有正异常，且幅度值与注水量成正比趋势。比较基线与同位素示踪曲线，定性分析地层的注水情况。

② 井温曲线：上、下测量注水井温曲线。由于注入的水与地温存在温差，注入层位井温曲线有异常。若条件允许，可测关井井温。比较注水井温与关井井温，定性分析地层吸入情况。

③ 流量曲线：在各配水器间点测流量曲线，在所有射孔层上、下部点测流量曲线，根据流量曲线，定量分析各层位的吸入情况。也可测连续流量曲线判断吸水段的位置和吸水量的多少。

④ 磁定位曲线：根据磁定位曲线，初步了解井下油管、套管结构，从而有助于消除上述曲线的假异常点。

⑤ 压力曲线：探测井底压力，获得压力曲线。根据压力曲线可定性判断配水器和射孔层的吸入情况。可根据连续压力曲线判断注入流体的密度。也可进行注入压力与井内压力互相推算。

2. 五参数组合示踪剖面测井施工方法

（1）正施工方法广泛应用于分层配注井的施工。施工时，将仪器串下过测量井段，上提录取曲线，需要定点测量的完成点测数据，完成后继续上提至测量井段上部适当深度，给仪器串供电，打开释放器，释放示踪剂。这样，示踪剂随注入水在油管中向下运行，至各级配水器，通过水嘴进入油套环形空间，最后滤积在注水层表面上。待注水量达到设计要求后，下放仪器串到油层底部，上提测井，即可得到释放同位素后的伽马测井曲线。

对于油管下至油层顶部的笼统注水井，也可以采用正施工方法进行测井。只是注入水经喇叭口进入套管，最后被注入地层。那么，整个测井过程要在套管中进行和完成。

（2）反施工方法虽然工艺简单，但注水开发效果不好，目前很少应用。它要求油管必须下至油层底部，然后用丝堵密封油管底部，在油套空间注水。施工时，首先在油管中测基线，然后将放射性同位素示踪剂从水表接口倒入，开注水阀门，示踪剂随注入水进入油套环形空间，最后滤积在注水层表面上，按照验收标准，测到合格测井曲线为止。

3. 同位素沾污控制

在同位素释放后，由于部分井井内同位素沾污严重，使得测井曲线不能真实、准确地反映地层注水情况，导致很多测井资料不合格，不能应用，更重要的是无法取得准确、可靠的动态监测资料。因此，控制并消除示踪剂对井筒的沾污有着重要的意义。

（1）不同类型的沾污：①吸附沾污：在井下管柱和配水工具上常附着有原油及注入水杂质等污垢，它们能吸附^{131}Ba－GTP 微球；②沉淀沾污：示踪剂的密度在 1.03～1.09g/cm^{3}之间，略大于注入水密度，形成沉淀沾污。

（2）控制沾污的测井工艺：①污垢处或锈蚀处吸附放射性^{131}Ba－GTP 微球的能力是一定的，在总强度保持不变的条件下，增加其用量可控制沾污；②注入"冷球"：测井前先投放一定量的"冷球"（即没有放射性的 GTP 微球），污垢和锈蚀管柱必然要吸附这种微球。如果与注入水接触的污垢和锈蚀处都吸附满了这种微球，在测井时，它们将没有能力再去吸附^{131}Ba－GTP 微球了，因此就有可能消除或降低吸附沾污

4. 五参数组合示踪注水剖面测井仪器

五参数组合示踪注水剖面测井仪器包括地面数控测井系统和井下仪两部分组成。地面数控测井系统实现数据的采集、处理、记录及实时显作用。井下仪是把传感器响应的原始信号进行采集、处理、编码后通过电缆传输到地面。

（1）五参数组合示踪注水剖面测井下井仪器串由磁定位仪、伽马仪、井温仪、压力仪、流量计仪组成。

（2）注水剖面是带压测井，只能用 Φ5.6mm 单芯电缆。带压测井时，在井口无溢流的情况下，测井仪器较轻，为保证仪器串从防喷管内顺利的下放到井中，则要求为下井仪器串连接加重杆。

$$W_{杆} > F_{摩} + F_{浮} + F_{上} - W_{仪} \tag{10-4}$$

式中 $W_{杆}$——加重杆重量；

$W_{仪}$——仪器串重量；

$F_{摩}$——电缆与阻流管之间的摩擦力；

$F_{浮}$——井下流体对仪器串和加重杆的浮力；

$F_{上}$——井口压力在防喷管入口处对电缆向上的推力，其中 $F_{上}=PS$（P 为井中的压力；S 为电缆横截面积）。 (10－5)

5. 测井前的准备

1）施工条件准备

（1）放射性同位素示踪注水剖面测井要求井场清洁、平整、无杂物堆放，能同时摆放井架车（或吊车）、测试车（仪器车和绞车一体化）、源车。其中井架车（或吊车）要靠近井口，测试车摆放要距井口 15m 以上，以保证电缆能正常起下。

（2）在放射性同位素示踪注水剖面测井施工中，升降仪器串和井口防喷装置应使用井架车，其提升高度必须大于 10m，悬物质量必须大于 6t。目前，各油田在施工中多使用 5～8t 吊车代替井架车。为了充分利用这台吊车，还可以将井口防喷装置加高压注脂泵、防喷管等安装在吊车上。

（3）为了保证测井资料可靠，要求注水井井口的各种压力表齐全、完好，注水量稳定。

（4）对于油井转注水井时间不久的井，在测井前必须进行洗井作业，清除油、套管管内油污，确保井内干净、无沾污。

（5）为了保证测井资料准确，地面仪器工作正常，井下仪器性能良好，必要时要进行室内刻度。

2）测井施工设计的测井通知单

（1）测井通知单的内容不仅是测井施工单位进行施工设计的依据，而且还是测井资料解释的基础参数和信息，它是由用户提出的，基本内容如下：

① 井下基础数据。井下基础数据主要是井身结构方面的数据，包括套管规范、下入深度、固井质量、水泥返高、人工井底、砂面（或落物鱼顶位置）、油补距或套补距等。

② 注水情况。包括投注时间、累积注水量、注水方式、注水压力（泵压、油压、套压）、日注水量，如果是分层注水，还应包括注水层、层段深度、配水嘴直径、分层计划注水量和实际注水量。

③ 射孔层位数据。包括注水井段每个射孔层的完井解释序号、层位、深度、射开厚度、有效厚度、渗透率等。

④ 注水管柱结构。包括注水管柱下入日期、油管规范、封隔器和配水器型号、规范及下入深度、撞击筒深度（或喇叭口深度）、井下管柱结构示意图。若有卡、堵、停注段，必须加以说明。

⑤ 对应油井生产情况。包括对应油井的生产层位、工作制度、日产油量、日产水量、见水日期等。

⑥ 特殊情况的说明和提示。注水井是否进行过压裂、酸化、化堵等作业；用户对该井测井条件和施工方法有无特殊要求，井下特殊情况的提示等。

（2）填写放射性同位素示踪注水剖面施工单。填写内容包括：

① 基本数据。包括人工井底、套管规范及深度、撞击筒深度、套补距、射孔井段及射孔总深度。

② 注水情况。包括水井最近的注水状况、笼统注水还是配注、日注水量及注水压力。

③ 测井要求。深度比为 1∶200 录取注水剖面测井资料；测速：600m/h。

④ 测量井段。测量井段的设计应参考射孔井段，顶部比射孔井段多测 10～20m，底部测到比撞击筒浅 3～5m，最少 3m。如果是笼统注水，底部必须比射孔井段多测 10m。

6. 现场施工步骤

1）调查井场情况

（1）井场平整，井台前 30m 不得有障碍物，有良好的进场道路。

（2）夜间有足够的照明。

（3）采油厂有专人配合施工。

（4）井口配件齐全、完好、各阀门转动灵活，不渗漏，井口装置如图 10－16 所示。

2）调查注水情况

测井通知单数据齐全、准确无误、并要注明近期注水有无异常变化。包括施工当日的各种动态资料，包括井口油套压、井口温度、测井有关的动态数据。

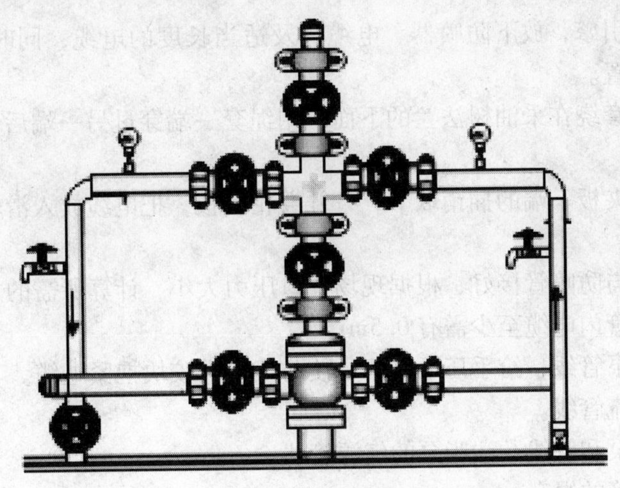

图 10－16　注水井井口装置(采油树)

3）井场车辆摆放

井场车辆摆放如图 10－17 所示。

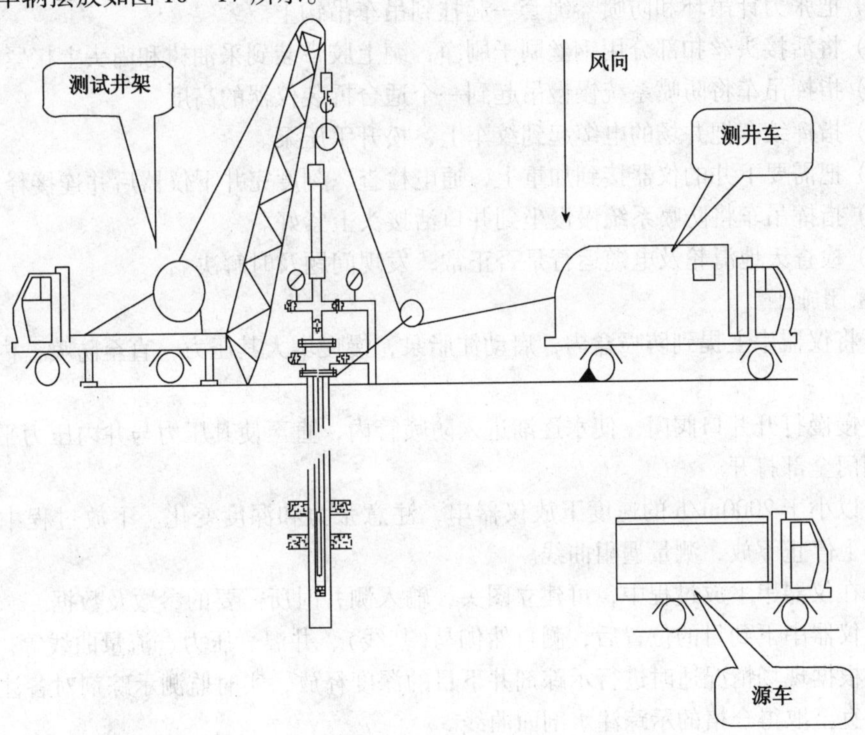

图 10－17　井场车辆摆放图

(1) 测试车对准井口，后轮打上三棱掩木。

(2) 井架车和测试车的摆放以不影响正常测井、安全、使用方便及紧急情况下能迅速离开井场为宜。

4）井口装置的安装

(1) 将井口滑轮、滑轮绳套、滑轮支架、张力计、防喷管、井口活接头(活接头又称井口短节、井口三通)、注脂泵、注脂泵管线、手压泵及管线、液流管线、井口工具及井口连接线搬至井口安全位置。

（2）发动绞车引擎，放下防喷器、电缆头及适当长度的电缆，同时将电缆绕成“∞”字形置于井场安全位置。

（3）将滑轮绳套绕在采油树法兰的下面，用绳套一端穿过另一端后锁死，另外一端锁到地滑轮弹簧销内。

（4）将滑轮侧夹板一端的插销取下，打开滑轮侧板，把电缆放入滑轮槽内，然后合上夹板，插上弹簧销。

（5）把防喷器与防喷管接好，根据现场井口压力大小，计算所需的加重杆接到电缆头上拉入防喷管，防喷管内电缆至少需有0.5m。

（6）接上手压泵管线，给手压泵打压，使防喷器内胶块抱紧电缆。

（7）接好放液流管线。

（8）接好注脂泵和管线及注脂泵的气源管线。

（9）接好防喷管的绳套。

（10）将天滑轮侧板打开，放入电缆后上好侧板。

（11）把张力计连接到天滑轮上，并连接好张力线。

（12）把张力计吊环和防喷器绳套一起挂到吊车吊钩上。

（13）将活接头丝扣部分用钢丝刷子刷净，缠上胶带装到采油树和尚头上接紧。

（14）指挥吊车将防喷系统慢慢吊起到一个适合拆装仪器的高度。

（15）指挥绞车把井场的电缆起到绞车上，松升手压泵。

（16）把需要下井的仪器接到加重上，通电检查、刻度完井下仪器后并连接释放器。

（17）指挥吊车将防喷系统慢慢坐到井口活接头上紧好。

（18）检查天地滑轮及电缆运行是否正常，发现问题及时解决。

5）密闭施工

（1）将仪器串上提到防喷盒内，启动注脂泵，慢慢增大其压力，直至防喷盒内充满高压密封脂。

（2）慢慢打开井口阀门，使水逐渐进入防喷管内，直至使其压力与井内压力平衡，然后将井口阀门全部打开。

（3）以小于2000m/h的速度下放仪器串，注意张力和深度变化。下放过程中，如发现遇阻，马上停止下放，测量遇阻曲线。

（4）在仪器串下放过程中，可建立图头，输入测井时所需要的参数及数据。

（5）仪器串下到目的位置后，测自然伽马（基线）、井温、压力、流量曲线等。

（6）根据现场情况适时进行示踪剂井下目的深度释放，实时监测示踪剂对各注水层的分配情况，直至取得合格的示踪注水剖面曲线。

（7）完成测井后上提仪器串，当提至距井口200m处时减速，当提至距井口50m处时应人工拉电缆，将仪器串拉进防喷管内。

6）井口装置的拆除

（1）探闸板确认仪器串全部拉进防喷管内，关闭井口阀门，关闭注脂泵，打开防喷管泄压。

（2）松开井口活接头，指挥吊车放下防喷系统。

（3）天地滑轮、滑轮绳套、滑轮支架、井口活接头、防喷管、仪器串等按安装时的次序先装后拆。

（4）最后完成放射性同位素示踪注水剖面测井现场施工。

7）施工过程注意事项

通常施工时要进行班前班后会议，使每位施工人员了解井场状况、施工内容、现场施工操作安全事项。为保证施工顺利特别要做到：

（1）拉起警戒线、放置危险标志牌。

（2）进入井场必须穿戴好劳保用品。

（3）绞车停放平稳，且位置合理，拉紧手刹，打好掩木。

（4）进入井场严禁吸烟和动用明火。

（5）井口安装时，各连接销要销好锁牢，并进行复查。

（6）吊车起降时吊臂下严禁站人。

（7）用通井机或钻机吊钩吊天滑轮后，必须打死刹车。

（8）防喷系统要检查“O”形橡胶密封圈是否良好。

（9）在打开测试阀门时，严禁身体的任何部位对着测试阀门。

8）井场放射性同素示踪剂测井施工

配制同位素时，为了减少放射性同位素示踪剂对人的照射量，尽可能做好时间防护、距离防护、控源防护和屏蔽防护。严格执行 SY5131 石油放射性测井辐射防护安全规定。

（1）地面释放同位素：① 操作人员需穿戴安全防护劳保用品（包括铅背心、铅眼睛、乳胶手套、口罩等）；② 检查地面释放器各配件的密封面，丝扣、密封圈等是否处于良好状态；③ 安装释放器及注水释放管线；④ 打开注入释放阀门，对安装好的地面释放器进行试压，检查密封效果。如果有渗漏，马上关闭各阀门泄压整改；⑤ 将放射性同位素示踪剂罐从源车提至井口附近，取出示踪剂，倒入地面释放器中，拧紧密封盖，打开释放阀门，再打开注水阀门；⑥ 将示踪剂罐送回源车，固定好，加锁保护；⑦ 用探测器监测放射性同位素示踪剂是否注入井内，对比自然本底，如有污染，马上进行安全处理，并对污染的物品按规定进行回收处理，做到安全环保。

（2）井内释放同位素：

① 井下释放器。随着注水剖面测井工艺的发展，要求测井时不停注，井口无溢流。同时为减少对环境的污染及提高同位素注水剖面测井资料的质量，目前已普遍使用同位素释放器在井下释放同位素，替代以往从井口投放的方法。同位素释放器尽管类型各异，但其工作原理基本相同，即在某种动力作用下（如压力、电磁力、爆炸力等）将示踪剂装载舱门打开，或是驱动活塞将示踪剂推出贮藏筒，最终达到在现场操作人员的控制下，实现井下定点释放示踪剂的目的。常见的同位素释放器有切割式释放器、爆炸式释放器和电动式释放器。上述释放器一般均能与放磁组合仪组合下井，实现一次下井完成多项任务。

② 同位素示踪剂释放深度计算。要求同位素载体在管柱内运移 15min 到达吸水层位来计算释放深度：

$$H = H_0 - TM_0/S \tag{10-6}$$

式中 H——释放深度，m；

H_0——射孔井段顶界深度，m；

T——同位素示踪剂在井内运移时间，min；

M_0——注水量，m^3/min；

S——管柱截面积，m^2。

7. 测井曲线要求

1）测井曲线原始资料质量验收标准

（1）按测井通知单和施工设计要求，取全取准全部测井资料。原图、磁盘等现场测井资料必须符合 SYT6547 原始资料质量验收标准。

（2）测井原图必须连续完整，图头数据准确无误，标明仪器串组合情况并附有测前、测后刻度数据或刻度曲线。

（3）深度记号齐全准确，测井原图上至少有一个特殊记号，纵横线垂直、无大小格，符合质量标准。

（4）现场收集测井资料解释所需的有关数据信息，包括注水压力及注入量等。

（5）曲线边界和横向比例合适，曲线位置摆放合理，曲线清晰、交叉可辨，幅度变化明显，起始补偿和中途补偿标注清楚。

（6）测量井段出现异常，必须重复测量。

（7）因井下遇阻而未达到测量要求时，应测出遇阻曲线。

2）对单条曲线的质量要求

（1）自然伽马曲线：①自然伽马曲线包括深度对比曲线和示踪基线，应在释放示踪剂之前进行测量。测井速度一般不超过 800m/h；②自然伽马曲线必须记录统计起伏 1.5min 以上。统计起伏相对误差应符合质量标准，其数值一般小于 10%；③重复曲线测量应超过 30m 井段，曲线形状一致，相对误差小于 15%；④根据设计要求所测曲线，如果无法进行深度校正，必须在该井段的上部或下部加长测量段，直到测出明显的深度校正曲线为止；⑤示踪曲线横向比例要合适。

（2）放射性同位素示踪曲线：①必须恢复到正常注水压力和注入量条件下，或在用户要求条件下倒入示踪剂或井下释放出示踪剂。将仪器停放在测量段上部，观察示踪剂运行情况，并及时测取示踪曲线，在放射性示踪剂分配的过程中，不得进行套管溢流或停注；②放射性同位素示踪曲线横向比例和基线一致，幅度差明显，以便划分注水层；③测量整条放射性同位素示踪的重复曲线；④为了便于浓度对比，每条示踪曲线必须带有磁定位测井曲线。

（3）磁定位曲线：磁定位曲线上应在接箍、配水器、封隔器等处有明显显示，曲线信噪比应大于 3:1。

（4）井温曲线：在需要和允许条件下加测井温曲线，其要求如下：

① 在正常注水条件下先测一条井温曲线，待完成示踪曲线测取后，关井 2 ~ 4h，测短时关井温度曲线。关井时间的长短视井的条件和井温曲线的显示而定，应以关井井温在注水层位上有明显变化为准。②为了便于对注水层进行分析和计算，在条件允许的情况下，将测量段以原设计为准，上、下各延长 50m。③对于某种介质，仪器读值与实际温度值之误差应在规定范围内。④每条井温曲线应带有自然伽马曲线或磁定位曲线，以便进行深度校正。⑤特殊情况造成曲线异常应标注清楚。⑥起始温度，中间补偿、最终温度值必须在原图上标注清楚。⑦测井速度小于 600m/h。

（5）压力曲线：①每条压力曲线梯度变化必须和井内流体密度相对应（水柱每 100m 变化 1MPa）。②压力曲线的异常处应与吸水层或配水器相对应。若异常处没对应吸水层和配水器，应查明是否注水压力变化或漏失处。③测井速度：400~800m/h。

(6) 流量曲线：①连续流量曲线在同一管柱下，曲线无起伏。应在配水器、封隔器等处有明显显示，若异常处没对应吸水层和配水器，应查明是否是注水量变化或管柱变化引起。②点测流量曲线在吸水层上、下部变化明显。

10.1.3 资料解释与应用

录取完整同位素示踪注水剖面测井资料后，为了提高解释符合率，就要对现场资料进行整理，并结合完井测井曲线，生产动态资料和其他有关的井史资料进行综合分析，然后对示踪注水剖面测井资料进行综合精细解释，得到准确可靠的分层注水量。

10.1.3.1 放射性同位素示踪注水剖面测井资料解释

以前注水剖面资料的处理和解释多采用手工方法。随着计算机的推广和应用，手工解释逐渐被计算机解释所取代。本章将介绍手工解释和计算机解释两种方法。

1. 示踪注水剖面测井资料的收集

进行示踪注水剖面测井资料解释时，需要收集施工任务书、现场施工记录卡、完井测井图等各种有关的动、静态资料，为正确分析、解释注水层位和其他复杂情况打下基础。

(1) 测井施工任务书。应包括以下内容：

① 测井施工目的。如测量注水井分层注水状况、找窜、检查封堵和调剖效果，检查酸化、压裂等增产增注措施效果和测注水井分层指示曲线等，根据施工目的对资料进行解释。

② 施工条件。注水井固井情况，人工井底、目前砂面或灰塞、桥塞深度等情况有助于全面分析放射性同位素示踪注水剖面测井资料的解释。射孔情况包括射孔弹型号、孔密和射孔井段与层位。另外注水管柱结构，如封隔器位置、偏心配水器位置、喇叭口深度和配水嘴尺寸等资料不仅是进行放射性同位素示踪剂沾污校正时沾污分类和归位的基础数据，而且也有助于正确分析注水层情况。

(2) 现场施工记录。注水剖面测井属于动态测井。不同的动态条件，会产生不同的测井结果，所以不仅要严格控制施工条件和工艺，而且应对现场施工情况作详细的真实的记录。记录内容如下：

① 放射性同位素及其示踪剂的选用。包括所用放射性同位素的名称、出厂日期、强度，示踪剂的密度、颗粒直径、使用强度和体积等。

② 放射性同位素示踪剂的注入情况。包括注入方式（正注还是反注），从井口倒入还是井下释放，井下释放深度，放射性同位素示踪剂的注入时间，注入同位素示踪剂后注入水的替水量以及测量示踪曲线的时间。对测井过程中出现的异常现象及处理措施也应祥细记录，供资料解释时参考。

③ 注水井注水情况。包括施工时泵压、油压，套压和日注水量及该井总注入量。为了使测井资料符合正常注水条件，必须在正常注水，密闭情况下进行测井。注水剖面测井解释结果是在一定注入压力下的分层注水量大小、压力变化，分层注水状况也将发生变化，因此必须严格控制注水压力，禁止井口放溢流泄压。如有压力监控曲线，应进行详细分析。另外，如果有关井井温曲线，要注明关井的时间和各条井温曲线的测量

时间。

(3) 注水井对应受益井情况。包括对应油井生产层位、井段、产油、气、水情况和整个注采井组的连通情况等，供划分注水层时参考。

(4) 测井资料：

① 完井测井成果图包括组合测井曲线、固井质量图、射孔校深曲线等。注水剖面测井图不仅要以综合图深度为准进行深度校正，而且要正确分析注水井段和注水层的物性情况，它是正确划分各注水层的基础。

② 历次注入剖面测井图。一口注水井的多次注水剖面测井资料之间有区别，也有联系。历史地、全面地分析资料，有助于消除同位素示踪剂的沾污、正确划分注水层。

2. 示踪注水剖面测井资料预处理

(1) 示踪注水剖面测井曲线的选择。在示踪注水剖面测井施工中，采用时间推移测井技术，即在注入^{131}Ba－GPT 微球示踪剂之后，在不同时间测量多条放射性同位素示踪曲线。要求测井原始资料重复性好，分层明显。但由于注水量、注水压力、测量时间、注水层位地质以及注水井井况恶化引起示踪剂沾污等因素的影响，常常使示踪曲线出现各种异常情况。所以在测井资料定量解释时，选用合理的示踪曲线至关重要。选用原则如下：

① 当有多条示踪曲线时，应选用射孔层位对应示踪曲线异常、重复性较好的示踪曲线，此条曲线在非射孔层位应与自然伽马基线重合较好。

② 当示踪曲线重复性较差时，可视情况而定。对于大注水量、高注水强度的注水井、注水井段较短时，可选用先测量的示踪曲线。当注水量大，注水井段较长时，有时可能出现注入水先流经的井段分配好之后，后流经的井段还未分配好，等后流经的井段分配好之后，先分配井段示踪剂可能进入冲刷带推进到离井筒较远的部位，影响示踪曲线的真实性。当用一条示踪曲线难以上下兼顾解释时，可酌情使用两条曲线进行解释。对于流量小、注水井段较长的井，注入水从管柱底部上返到油套环形空间进行分配时，常常因为示踪剂不到位、沾污严重，造成示踪曲线重复性差，在这种情况下，一般选用推移时间长的示踪曲线。

③ 不能使用示踪剂沾污严重的曲线。应选用注水井段内沾污较轻的测井曲线，并要进行曲线沾污校正。

④ 当有套管漏失，管外窜槽等特殊情况时，要注意测全漏失井段示踪曲线，把特殊情况显示包括在内。

(2) 示踪注水剖面测井曲线的深度校正。完井之后，首先要进行裸眼井完井组合测井，确定地层岩性剖面和油层深度，无论其深度精度如何，都是油田确认的深度。以后进行的射孔、井下作业、动态测井等都要统一到这个深度上。示踪注水剖面测井和裸眼井完井测井相比，示踪注水剖面测井是在不同时间、使用不同电缆，在下有套管和油管的井中进行的，因此与完井测井之间存在深度误差。另外，由于放射性测井仪使用 RC 线路产生的滞后现象也会造成深度误差。所以必须对示踪测井曲线进行深度校正，使其和钻井完井测井深度统一起来，达到正确解释注水层位的目的。深度校正的方法：

① 利用自然伽马测井曲线校正深度：

下套管前后所测的自然伽马曲线均能反映地层的岩性剖面，所以两次所测自然伽马曲线进行相关对比，可以用来进行示踪曲线的深度校正。另外也可以使用自然电位、微电极、井径或中子伽马曲线进行对比，达到校深的目的。

深度对比井段最好选在注水井段内，但有的油区多年注水后，注入水中微量放射性物质滤积在注水层位，造成注水层自然伽马曲线高幅度异常，这时可选用注水井段上部或下部未发生污染的自然伽马测井曲线段进行对比。

示踪曲线尝试校正值的计算公式如下：

$$\Delta H_1 = H_1 - H_2 \tag{10-7}$$

式中 ΔH_1——示踪曲线深度校正值，m；

H_1——钻井完井测井曲线上某一标志层界面深度，m；

H_2——注水剖面测井自然伽马曲线上相对应标志层界深度，m。

在进行深度对比时，如果未用钻井完井自然伽马测井曲线，那么在计算系统误差时，还要考虑由自然伽马测井仪滞后造成的地层界面深度误差。

为了在深度校正时有明显的标志层，注示踪剂前测得自然伽马曲线(基线)需要多测出射孔井段之上50m。如果曲线相对变化幅度小，没有明显的标志层显示，还要向上测量更长的井段。

深度校正值 ΔH_1 可能是正值，或是负值。在本次示踪测井图所标深度加上校正值 ΔH_1，这样就将示踪曲线深度统一到钻井完井时的测井曲线深度上了。

根据某些油田的经验，还提出如下值得注意的问题。上面讲到的深度校正方法是注入示踪剂前的自然伽马测井曲线。如果没有特殊情况，本次测井的每条曲线都可以使用这个校正值。但在某些情况下，由于测井过程中注水压力的变化，会使电缆伸长或缩短得不一致，所测自然伽马基线与示踪测井曲线之间的深度误差，这时还需要对示踪曲线进行二次校深。根据经验其校正方法如下：

将基线和示踪曲线进行对比，使其射孔层附近的泥岩层对上，如果管柱结构也完全重合，而电缆深度记号错开，即两条曲线深度不重合，是由于电缆的伸长或缩短造成的，这时必须对示踪曲线深度进行二次校正，其计算公式为：

$$\Delta H = H_1 + H_2 \tag{10-8}$$

式中 ΔH——示踪曲线深度校正值，m；

H_1——自然伽马基线的深度校正值，m；

H_2——示踪曲线对自然伽马基线的深度校正值，m。

如果基线和示踪曲线在泥岩井段作相关对比时，地层完全重合，电缆深度记号也重合，而管柱结构位置错开，那是管柱的伸长或缩短所致，示踪曲线不必再作第二次深度校正，使用基线的校正值即可，只是在注水剖面图上画管柱结构时，注意使用正常注水压力下的井下工具的位置。

② 磁定位曲线校深法：

这种方法其实也是自然伽马曲线校深。一口完井下套管固井后，为了对油层准确射孔，都要进行放射性-磁定位测井(以下简称“放磁测井)。放射性测井(一般指自然伽马或中子伽马测井)测了岩性剖面曲线，磁定位测井曲线显示出套管节箍深度。这样就能将套管节箍的深度准确地校正到测井曲线深度上去。

有些注水井，油管管柱喇叭口位于注水井段顶部或中部时，都可以测出一段套管节箍显示的磁定位曲线。这种情况下，当注水井段自然伽马基线发生异常不易进行深度校正时，可以用套管节箍曲线进行深度校正，用这种方法还可以检验自然伽马曲线深度校正值的准确性。其校正方法如下：

$$\Delta H_c = H_1 - H_2 \tag{10-9}$$

式中 ΔH_c——本次测井示踪曲线深度校正值，m；

H_1——放磁曲线上某一标志接箍的准确深度，m；

H_2——示踪曲线上的磁定位曲线和放磁曲线上标志接箍相对应接箍的深度，m。

示踪注水剖面测井时，示踪曲线和磁定位曲线记录在一张图纸上，使用一个深度道，所以磁定位曲线深度校正值即为本次示踪曲线深度校正值。

使用标准短套管接箍进行深度校正是最理想的，然而当测量井段中没有标准短接箍时，可以使用长度有显著区别的"单根"或几根套管的接箍位置进行校正。在套管长度相差无几的井段，应防止造成整根套管长度的深度误差。

③ 深度比例误差校正：

一般情况下，深度系统误差和比例误差可能同时存在。比例误差多采用线性比例变换法进行校正。

3. 示踪注水剖面资料的解释基础

1）分层注水强度

单位有效厚度的日注水量叫注水强度。对于每个注水层，其计算公式为：

$$分层注水强度 = \frac{单层绝对吸水量}{单层有效厚度}[m^3/(d \cdot m)] \tag{10-10}$$

注水强度的大小，一方面可以用来检验是否达到配注指标，另一方面用于注采对应分析，分析各层注水推进速度、突进情况、油层压力保持或恢复情况以及分析油井含水上升速度，以便及时调节含水上升率。

2）分层注水指数

注水井在单位压差下的注水量叫注水指数，其计算方法如下：

$$注水指数 = \frac{日注水量}{流压 - 静压}[m^3/(d \cdot MPa)] \tag{10-11}$$

因为正常注水时，不可能经常关井测静压，可用测指示曲线的办法，求出在不同流压时的注水量后，按下列方法计算注水指数。

$$注水指数 = \frac{a\,工作制度下注水量 - b\,工作制度下注水量}{a\,工作制度下流压 - b\,工作制度下流压}[m^3/(d \cdot MPa)] \tag{10-12}$$

4. 示踪测井曲线的影响因素

测井速度 V 和 RC 电路时间常数 τ 对测井曲线的影响：

RC 积分电路时间常数：由于伽马仪器中具有 RC 积分电路，所以仪器的输出要受到时间常数的影响。

积分电路的时间常数：

$$\tau = RC \tag{10-13}$$

如在某一时刻停止记录，积分电路由于电容 C 上剩余电荷通过电阻 R 放电，输出电压不可能立即为零，而是以指数形式下降。所以仪器的输出电压不像一般测井那样迅速反映地层的变化。由于积分电路惰性的存在，其输出电压相应于输入电压要滞后一段时间。时间常数 t 越大，输出值接近地层真实值的时间越长。

在进行放射性测井时，仪器在井中向上提升。当测井速度 V 很小时，或时间常数 τ 为零，那么在均匀放射性地层中测得的自然伽马曲线的形状对称于地层中点。但当测井速度快或时间常数大时，实际测得的自然伽马曲线就不对称了。与理论曲线相比，曲线沿仪器运动的方向发生了偏移，薄层的峰值幅度读数也受到影响。测量中面临的是测量精度和地层分辨率的矛盾。通常采用测井速度和时间常数的积来全面考虑影响结果。

$V\tau \neq 0$ 的曲线与 $V\tau = 0$ 的曲线不重合；

$V\tau$ 越大，曲线幅度下移越多，地层厚度越小影响越大；

$V\tau$ 越大，曲线越不对称，在仪器移动方向上，曲线的极大值和上下半幅点位置分别对地层中点及上下边界点向仪器移动方向移动了一段距离。

$V\tau$ 越大，曲线的半幅宽度越大，由半幅确定的视厚度大于地层真厚度。

由于有上述因素的影响，就要进行相应的地层厚度校正、地层界面移动校正和曲线幅度校正。

5. 示踪注水剖面测井资料解释中示踪剂的沾污分析与消除

1）沾污类型及消除沾污校正

井下示踪剂沾污可分为吸附沾污和沉淀沾污。油套管接箍、配水器、套管内壁或油管外壁等沾污均属吸附沾污，封隔器及井底沾污则属于示踪剂沉淀沾污。

测井解释过程中，为求得不同沾污类型校正系数，需建立相应的模型。

根据理论推导和实验结果以及长期的测井经验，总结出了一些沾污类型的识别与消除沾污的方法。

（1）油管和套管接箍沾污：油管接箍沾污在示踪曲线上表现形态是，曲线的幅度由低值突然变为高峰，形如尖峰，其曲线的峰尖正对应着磁定位曲线中的接箍位置。这可根据示踪曲线及磁定位曲线中油管接箍的对应位置来识别。接箍沾污一般都认为是油管接箍外台阶沾污，沾污消除的校正系数为 0.13。

（2）偏心配水器沾污：偏心配水器处的沾污在示踪曲线上的表现与油管接箍沾污相似，曲线的幅度突然上升，达到峰值又立即落下，其位置与偏心配水器对应，幅度较大。消除沾污校正系数为 0.13。

（3）封隔器沾污：这是由于示踪剂沉淀造成，示踪剂分布于油套之间。沾污形式在曲线上的显示与接箍沾污类似，其位置对应于封隔器的顶部位置，消除沾污的校正系数为 0.2。

（4）管壁沾污：管壁沾污主要是由于油管外壁或套管内壁存在腐蚀及不光洁或油污沾染示踪造成的。油管外壁沾污—油管内壁沾污不易分辨，一般认为套管内壁腐蚀程度比油管外壁腐蚀程度严重。所以在示踪曲线上，凡是示踪曲线幅度出现大段缓慢抬高，时间推移示踪曲线上、幅度下降缓慢，则认为是套管内壁沾污、消除沾污校正系数为 0.32。由于这种情况对解释结果影响较大，所以在解释时应慎重使用。

（5）沾污校正见表 10 – 1。

表 10-1 沾污校正表

沾污类型	消除沾污校正系数	沾污类型	消除沾污校正系数
油管内壁	0.07	封隔器	0.20
油管外壁	0.13	套管内壁	0.32
偏心配水器	0.13	其他	0.23

在解释叠合图上，只要把注水层位的基线与示踪曲线包络的沾污面积乘以相应的校正系数等效于注水层位的校正面积。

2）沾污面积归位

将沾污面积换算成校正面积之后，必须按各层真实的注水能力，将其分配到各注水层位上。示踪剂在井下注水开始分配之前的沾污并不影响资料解释结果，只有在注水开始分配后示踪的沾污才影响分层相对注水量的解释精度。开始分配后，注水管柱及工具处存在的沾污，破坏了地层注水量、同位素滤积量及放射性强度三者之间的关系。要提高解释精度，就必须对校正过的面积再进行归位(高渗层和大孔道地层在此不做讨论)。

(1) 笼统注水消除沾污的解释步骤：①绘制自然伽马基线－示踪测井曲线叠合图。②划分注水层位并计算异常面积。③划分示踪曲线沾污井段，分段计算沾污面积。④判断沾污类型，进行消除沾污面积的校正。⑤计算注水面积。注水总面积等于各注水层异常面积之和加上校正后的沾污面积之和。⑥对各段消除沾污后的面积进行归位，计算出校正后的分层注水面积。⑦计算分层相对注水量及绝对注水量。

(2) 分层配注井消除沾污的解释步骤：由于井下注水管柱带有配水器和封隔器，使得示踪剂在井下的沾污比笼统注水井多了配水器和封隔器处的沉淀沾污。应根据配水器在井下与注水层所处的相对位置进行消除沾污：①首先按照笼统注水条件下解释步骤中的①～④进行。②按照分层注水消除沾污校正原则进行沾污校正，并将沾污校正面积归位。再依次计算各注水层面积，求出各注水层异常面积。③计算全注水层段各注水层注水面积之和，求各注水层相对注水量和注水强度。

6. 注水剖面资料的手工解释

1）绘图

(1) 确定绘图井段。通常把绘图井段定为最上目的层顶界以上 20m 开始(如有特殊情况再向上延长)。下到遇阻深度为止，或者到其他曲线(如井温等)能证明为死水区的深度为止，以防遗漏层位。

(2) 参考曲线绘制。为了便于分析和解释，要把完井图上反映岩性、物性的(如自然伽马、自然电位、井径或微侧向等)曲线绘制在注水剖面图的左边，并把射孔层的完井解释序号、深度、所属层位等标注在图上。一般情况下，图上不能只有生产测井绘解人员自己另行编排的序号，而没有完井解释序号。

(3) 绘制自然伽马测井和示踪注水剖面测井叠合曲线。把经过深度校正的自然伽马基线和示踪注水剖面测井曲线叠合在透明图上。叠合要注意几个问题：①描图中需要进行深度平差时，两个记号间的深度和透明纸间的误差需进行三次以上的平差。一般在泥岩隔层井段进行平差。②一般情况下，尽量采用相同横向比例的曲线进行叠合，如果大部分注水层示踪曲线的异常幅度比较适中而个别层因幅度较高需要换横向比例时，在更换的起始位置要重新标注横向坐标。如果因为幅度太高或已超出原图边界，需要在注水层上更换成缺少基线的示踪曲线时，则更换的曲线异常面积的根部宽度要和被更换的曲线异常面积的顶部宽度相等，才便于计算面积。③如有沾污时，按以下方法作沾污消除曲线：注水层段以上和以下井段的沾污。当其示踪曲线幅度值随深度呈直线增大时，简易方法是用直线叠合线。在测量井段中，沾污的幅度值随深度呈斜线或折线增大，选择斜线或折线叠合。

（4）绘制施工管柱曲线。用测量的磁定位曲线，在解释成果图上绘制出油(套)管接箍、配水器、封隔器的位置，并标注出工具的类型及型号。笼统注水井要标注出油管喇叭口的位置。

2）注水层位的划分

（1）划分注水层方法是在对应射开层段的叠合曲线图上，示踪注水剖面测井曲线有异常的部位划分为注水层。有些油田把异常值超过泥岩段基线值的 1.5 倍时定为注水层，实际上可根据整个示踪曲线异常幅度的高低而定。

（2）在未射孔层井段，正对渗透层示踪曲线出现的高幅度异常，要注意区分是示踪剂沾污还是管外窜槽。

（3）注水层的顶底界以示踪曲线异常的半幅点划分，薄层应作厚度校正。

（4）注水层示踪曲线异常面积包含两个或两个以上的层位，且层间差异大时要确定分层线。

（5）同一个层内，尤其是厚度大的注水层，层内注水差异较大时，层内应细分，分段解释相对注水量。

（6）在注水层示踪曲线异常的面积内要划 45°斜线，相邻两个异常面积的斜线必须方向相反。

3）划分窜槽位置

窜槽的存在，直接影响注水剖面的解释结果，所以在划分注水层时，必须判断出窜槽位置。

示踪法判断两个射孔层之间的窜槽，因示踪法有时受管壁沾污影响，存在一定程度上的不确定性，只有在套管内下封隔器隔开两个射孔层再用示踪法确定窜槽才是可靠的。

4）计算示踪注水剖面测井曲线异常面积

（1）用求积仪求出注水层的示踪注水剖面测井曲线异常面积，要求正向、反向各求积一次，并取其两次求积值的平均值求出该层的注水面积。

（2）窜槽面积计算：当只有两个层间窜通时(都是射开层)，其折算方法如下：

$$S_2 = S_{12} + KS \tag{10-14}$$

式中 S_2——折算后第二层(按水流方向)的吸水面积；

S_{12}——第二层吸水异常面积；

S——窜槽造成的异常面积；

K——校正系数。

（3）射开层与非射开层之间的窜槽，窜槽异常面积都计入相邻射开层的吸水面积。

（4）由于沾污引起的面积，依据沾污处理办法进行处理。

5）计算相对注水量

计算相对注水量的公式为：

$$\beta_i = \frac{S_i}{\sum_{i=1}^{n} S_i} \times 100\% \qquad (10-15)$$

式中 β_i——某层相对注水量，%；

S_i——某层注水面积。

6）测井资料解释

测井资料解释包括示踪注水剖面测井解释图和表：

（1）示踪注水剖面测井图。示踪注水剖面测井图中除应标注注水部位及其相对注水量之外，在图头中还应有正常注水条件、施工条件、^{131}Ba－GTP微球示踪剂用量以及有关井眼条件等，供分析使用。在图上还应标注出封隔器、配水器位置、配水嘴大小和停注段卡堵等情况。表10－2是×××井图头数据表。

表10－2　×××井注水剖面资料图头数据

<table>
<tr><td colspan="2">地区：　　YYY
测井日期：2011年8月3日8:35
注同位素日期：2011年8月3日9:45
测量井段：1434～1490m
测速时间常数：500m/h×3s</td><td colspan="2">测井管柱：配注管柱
注入介质：水
日注水量：100m^3
替清水量：2.1m^3
施工排量：4.17m^3/h</td></tr>
<tr><td colspan="2">同位素名称：131Ba
同位素强度：1.85×107Bq
同位素粒径：600～1200μm
施工方式：　正注施工</td><td>施工压力</td><td>泵压：14.3MPa
套压：9.2MPa
油压：10.5MPa</td></tr>
<tr><td colspan="4">比例尺1:200</td></tr>
</table>

（2）表10－3是YYY油田×××井五参数示踪注水剖面计算解释结果表。表中不仅列出了射孔层的注水情况，而且计算了各小层的注水强度。另外在表中还有对注水状况的分析、井下工具不到位情况与工作状况异常和其他特殊情况说明等。

表10－3　×××井注水剖面解释表

解释层号	地质层号	起始深度/m	终止深度/m	厚度/m	相对吸水量/%	每米相对吸水量/%	吸水强度/[m^3/(m·d)]	解释结果
1	$H_3I_2^{1\sim2}$	1460.2	1463.0	2.8	28.9	10.3	6.3	吸水好
2	$H_3I_2^{3}$	1467.8	1471.1	3.3	60.2	18.3	11.1	吸水好
3	$H_3I_2^{4}$	1480.4	1483.4	3.0	10.8	3.6	2.2	吸水差

注：解释说明：封隔器位置在1469.8～1471m处(注水层上)，封隔器失效。

7. 计算机处理解释

近几年，计算机处理解释方法得到了广泛应用，并越来越显示其优越性。示踪注水剖面测井的计算机解释系统包括测井资料预处理、解释计算和输出三部分。

（1）测井资料预处理。包括示踪注水剖面测井曲线的选择和示踪注水剖面测井曲线的深度校正。

（2）计算机解释处理程序如图 10 – 18 所示。图 10 – 19 为示踪注水剖面测井消除沾污校正子程序框图。

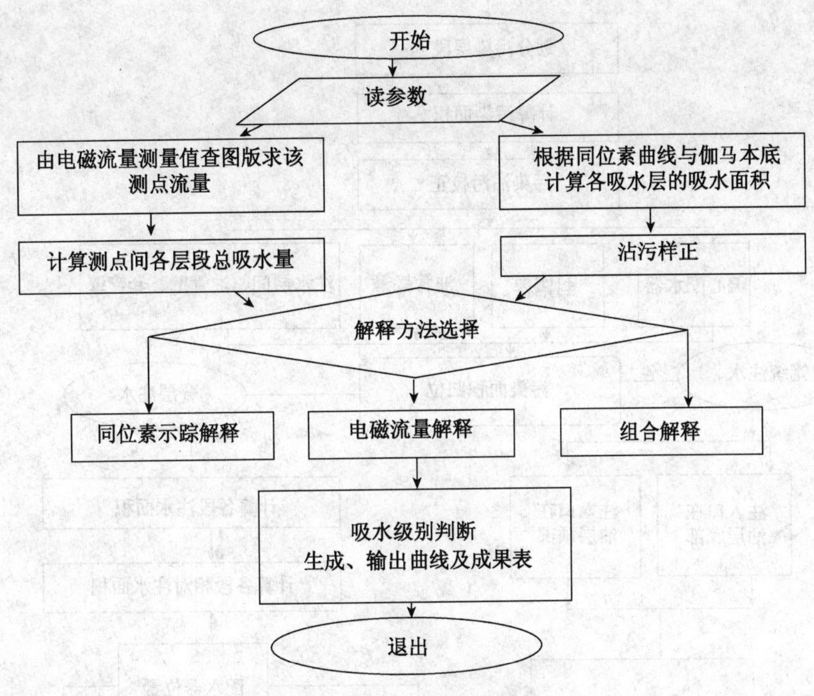

图 10 – 18　计算机资料解释步骤

在叠合处理中，可以利用斜线、折线或平行移动的方式，排除那些认为和吸水层无关的示踪剂的沾污。处理时要慎重，不要把窜槽层的曲线异常处理丢失。并且当有消除沾污校正时，应尽量滗用折线、斜线或平行移动的方法处理示踪测井基线，因为大部分示踪注水剖面测井曲线异常都和吸水层有关，都可以用消除沾污校正法加以处理。通过屏幕演示，可检查叠合图是否达到了要求。

在划分吸水层时，要进行综合分析。一方面要注意不要把示踪剂沾污当成吸水显示，另一方面也要注意那些吸水能力强的无测井曲线异常或异常幅度很低的大孔道地层。对于这些异常幅度很低的大孔道地层，在求出异常面积后，应根据情况把层上的异常面积乘上一个大于 1 的系数后再进行计算，以便突出主吸水层，搞清注入水的流动大方向，并注意把窜槽吸水层划分了来。

在进行消除沾污校正时，首先要搞清沾污类型即沾污处在井内什么地方，要结合管柱结构、井眼状况和曲线显示等情况进行综合判断。这样才能确定出和吸水层有关的沾污面积，并把这部分面积校正到和吸水层同等井眼条件下的值。

其次要搞清水流方向，这主要是对井眼状况不好或分层注水工具工作状况不正常而提出的问题。因为种种原因，封隔器底部阀门和卡堵停注段的水嘴常有漏失情况发生，并也可能窜槽，这些情况可能使注入水的流动方向发生变化。如果判断错误，将影响沾污面积的正确归位，该向下面归位的却归到了上面，影响计算结果。

（3）输出结果。输出的结果包括图和表。

8. 示踪注水剖面测井资料综合解释

每一种测井方法都有一定的局限性，放射性同位素示踪法也不例外。由于受地层条件、

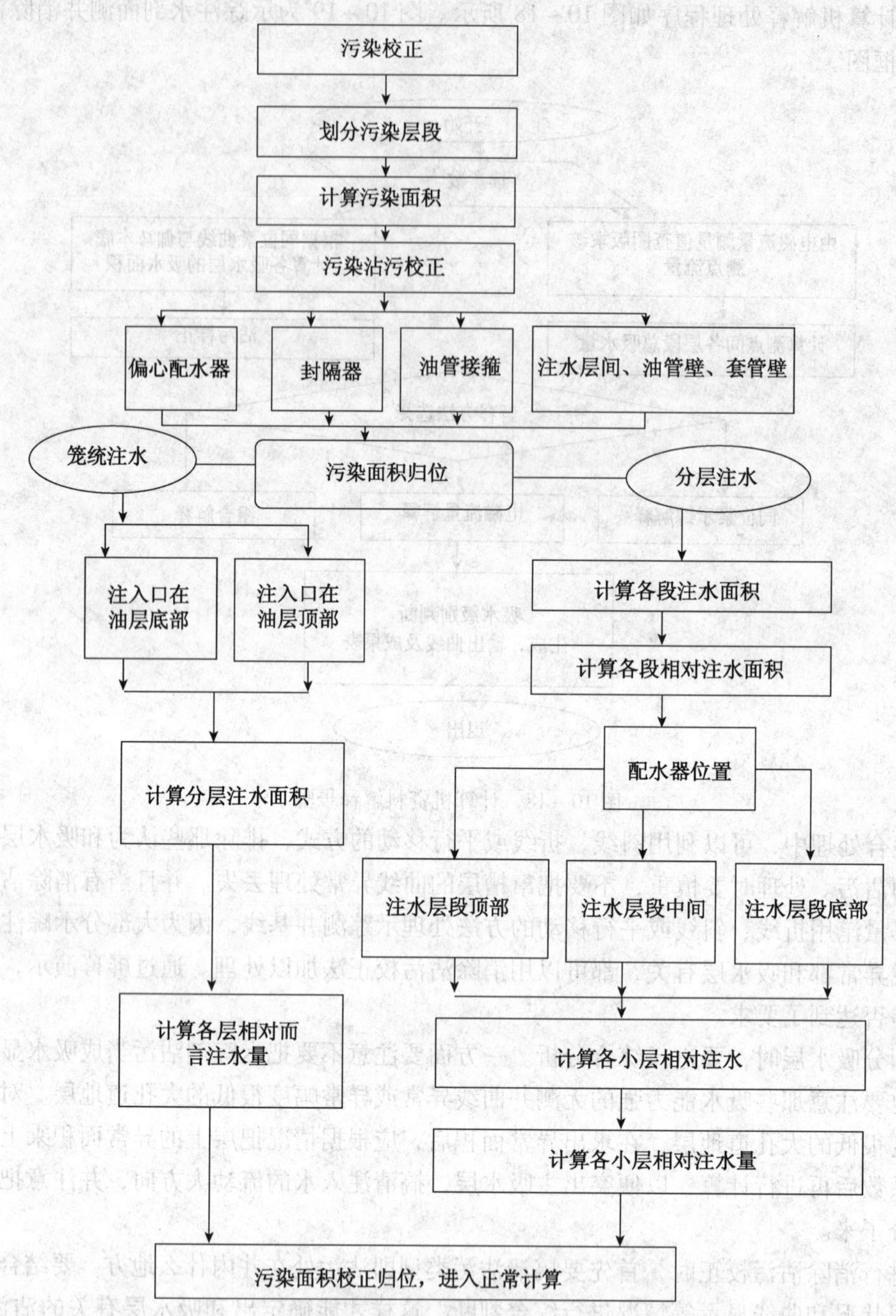

图 10－19　沾污校正

套管技术状况、井眼状况、示踪剂特性及井下管柱结构等因素的影响，单靠示踪注水剖面测井曲线解释注水层难免有局限性和片面性，只有与其他测井资料、油藏动态资料和井史等结合起来综合分析射孔层位测井曲线幅度异常的原因处理，才能排除示踪注水剖面测井曲线中的某些多解性，比较客观地反映出实际情况，真正搞清注入水的去向和各小层的相对注水量。

进行综合解释的目的就是要把各种有关的资料综合起来分析，把放射性同位素示踪测井曲线的异常显示加以去伪存真，既不漏掉吸水层，也不会把示踪剂的沾污当成吸水层，真正搞清注水部位和注水量。

(1) 在进行注水层划分时，不要只注意到已射开层的显示，要结合裸眼测井资料进行综合分析。因为在邻近射孔层的上下，常常有未射孔的油层、水层或水淹层，固井不好或长期受注水压力的影响，都有可能使这些未射孔的渗透层吸水，尤其是那些自然电位测井曲线幅度不明显的水淹层，绘图人员可能误为泥岩来处理示踪测井曲线的偏移。所以解释人员一定要结合裸眼井测井解释资料进行注水层划分。

(2) 结合多次示踪注水剖面测井资料划分注水层，有很多注水井从投注以来都已有了多次示踪注水剖面测井资料。同一口井在不同时间的测井资料因受到岩性、连通性等地质条件的影响，以及注水压力、注水量等条件的限制，既有联系，又有区别，不可能完全相同。又结合各次测井的具体条件，系统地、历史地分析对比，可以达到去伪存真的目的。这对于正确区分注水层和提高分析注水层示踪测井曲线幅度异常的可靠性是有帮助的。

(3) 完善测井系列，多条曲线综合分析。随着测井技术的发展，各油田都在进行示踪注水剖面测井系列的完善和改进，现就井温测井和连续流量计测井在资料解释中的综合应用加以说明。

① 井温测井资料解释及分析。在注水井中，由于注水层位的温度长期受低温注入水温度场的影响，注水层与不注水层在温度上存在明显差异，根据注水井井温曲线与停注后的井温恢复曲线对比，能有效地把注水层与非注水层区分开来。由于井温资料受诸多因素的影响，在定量解释上还比较困难，这里只作定性解释。

a. 注水井井温曲线的一般变化规律。

正常注水时的井温曲线称为注水井温或流温曲线。目的段以上一般近似为一条受水温影响的梯度曲线，梯度的大小与注入水温度、注水速度及注水层位的深度有关，在注水层或喇叭口(在目的段底部)以下，井温曲线较明显地朝着正常地温梯度曲线偏移。

停注后，不同时间所测得的井温曲线称关井井温或静态井温曲线。在长期注冷水过程中，热传导作用使非吸水井段的井筒周围形成一个有一定半径范围的降温区，由于水泥和地层的热传导率都很小，决定了这个降温区的半径也很小，致使在井筒附近的地层里仍然保留着原来的地层温度。在径向上，非吸水井段的温度要比长期受注入水影响的吸水层段的温度高得多。因此，非吸水层段的温度向正常地温恢复的速度也就要比吸水层段的温度恢复得快。在停注后一个相当长的(一般在15h左右)时间里，注水层段的温度仍然维持在正常注水时的温度值附近。而非吸水层段的温度明显地向正常地温恢复。在停注后的井温曲线上比较明显地显示出吸水层段为低温异常，与非注水层段比较有明显的差异。

在注热水的井中，曲线的一般规律与注冷水相同。不同的是，在注入水温度与地温相同的深度上，形成一个温度交叉点。该点以上的水温高于地温，注水层位在静态曲线上显示高的温度异常；该点以下水温低于地温，注水层位显示与注冷水相同。

b. 井温测井资料的解释。

注水井井温资料解释主要采用叠合差异法。

以目的层段上下的静温曲线为标准，将动态井温与不同时间的静态井温曲线叠合，根据叠合曲线差异综合分析，能定性地判断吸水层位。在叠合曲线对比时，要同时考虑静态井温曲线在吸水层位上、下的对比。

利用静态井温曲线在吸水层位与其上、下非吸水层段的差异及叠合曲线的差异，可定性判断吸水级别。吸水层位与上、下温度差异大，吸水量就大；温度差异小，吸水量就小。

c. 井温测井解释中的问题。

处在温度交叉点附近的地温与水温较接近，地层的吸水层位较难判断。停注时间长短对应用静态井温曲线判断吸水层位有影响。

② 流量曲线。在同位素示踪注水剖面测井中，由于裂缝、大通道、高渗层的存在，示踪测井曲线不能反映吸水层真实状况。在解释中流量参与定量计算。

10.1.3.2 注水剖面测井资料的应用

利用同位素示踪测井资料，可以划分注水井的注水剖面，认识笼统注水条件下地层的注水能力；检查分层配注效果；评价分层注水调剖效果。采用时间推移技术对同一口井不同时间多次测量，要检查注水后的封堵情况，掌握注水动态，为注水调剖提供依据。

1. 确定注水剖面

注水方式分为笼统注水和分层注水。笼统注水是指注水井的各个注水层，在同一压力条件下只存在油管注水，正常情况下，高渗层、连通好的低压油层大量吸水，而低渗透，连通差的高压油层吸水少或不吸水。

笼统注水条件下，同位素示踪测井资料，反映了某一压力注水条件下，地层的自然注水状况，显示出各个注水层段间的层间矛盾，并可以揭示出注水层段的内部矛盾，反映地层纵向上注水的非均匀性。

2. 检查分层配注效果

利用流量、同位素示踪测井可有效地检查分注井的分层配注效果。评价套管技术状况；检查井下配注管柱技术状况，检查封隔器是否漏失或失效，判断停注段死嘴是否漏失；检查油、水井的压裂改造效果等。

3. 识别大孔道地层

在实际工作中，示踪注水剖面测井资料有时与井温测井资料或试井分析资料相矛盾。这时，根据示踪注水剖面测井资料确定的不吸水层，往往对应的是高渗层。由于大孔道的存在，使层间、层内矛盾更加突出。在示踪注水剖面测井时，由于示踪剂所用载体的粒径较小，使示踪剂不能均匀地滤积于地层表面，随注入水部分地或全部地流向地层深处，而探测不到示踪剂。在测井曲线上显示为低幅度异常或没有幅度，而那些注水能力差的层位则出现了幅度相对较高的异常，不能正确反映注水井的注水剖面。如果改用较大粒径的载体，测井中就能均匀地滤积注水层表面，正确反映注水剖面。经验表明，当地层存在大孔道时，用小粒径载体测井不能正确反映地层的注水情况，依据单一的示踪测井资料有时会得出与实际情况相差很大的结论，这就需要用其他测井资料综合解释。

4. 监测注水动态

时间推移测井就是在不同的时间，对同一口井进行定期测井，监测注水动态，掌握注水变化规律，适时调整，检查调剖效果，为改善注采矛盾提供依据。

5. 揭示层间、层内矛盾，调整注水剖面

(1) 层间矛盾突出的笼统注水井，可以利用注水剖面测井结果分层调剖，提高注水效率。

(2) 对层内矛盾，根据示踪剖面测井结果，进行堵水作业，改善注水剖面，使注入水更多地波及中、低渗透带。

（3）对于注水层段出现的堵塞情况，可依据示踪注水剖面测井资料，确定堵塞层段，进行酸化解堵，调整注水剖面。

（4）依据示踪注水剖面测井资料反映的层间注水矛盾，对注水少或不吸水的层段进行压裂改造，调整注水剖面，措施实施后，还可以利用示踪注水剖面测井资料检查评价压裂改造效果。

（5）分析注、采动态对应关系。利用示踪剖面测井资料和同期产液剖面测井资料可分析连通井的注采关系；另外还可应用注水剖面测井资料进行油层水淹状况的研究。

（6）示踪剖面测井是检查油、水井管外窜槽的重要手段之一。用示踪注水剖面测井资料检查验证管外窜槽，就是利用同位素作为示踪剂，人为地提高窜槽井段的伽马射线强度。在注入示踪剂前先进行伽马测井；充分洗井后，注入同位素进行示踪测井；把第一次测井曲线作为基线，与第二次测得的同位素示踪曲线对比分析，以确定管外窜槽井段。

应用实例：

（1）表10－4是调整注水前×××23井（注水70m^3、油压12MPa、套压11.1MPa）和注采对应连通井×××27油井（产液76m^3含水率87%）、与措施后×××23井（对层段2366～2370.6m停注、注水30m^3、油压13.2MPa、套压12.6MPa）和注采对应连通井×××27油井（产液35m^3、含水率降为28.5%）成果对比表。

表10－4　×××23井调整注水前后注入剖面和对应连通油井×××27产出剖面成果对比表

（a）×××23井措施前注水70m^3

解释层号	地质层号	起始深度/m	终止深度/m	厚度/m	相对吸水量/%	解释结果
1	H三Ⅳ1	2357.8	2360.4	2.6	0.0	不吸水
2	H三Ⅳ2～1	2366	2370.6	4.4	73.1	吸水好
3	H三Ⅳ2～3	2380.8	2383	2.2	20.1	吸水中
4	H三Ⅳ2～3	2383	2385.8	2.8	6.8	吸水中

（b）×××27油井措施前产液76m^3含水率87%

序号	地质层号	射孔井段/m	日产油	日产水	含水率
1	H三Ⅳ2～1	2360.1～2364.2	0.3	61	99%
2	H三Ⅳ2～3	2375.6～2377.7	6	3	33.3%
3	H三Ⅳ2～3	2377.7～2380.3	3.6	2	35.7%
合计			9.9	66	87%

（c）×××23井措施后注水30m^3
对层段2366～2370.6m停注

解释层号	地质层号	起始深度/m	终止深度/m	厚度/m	相对吸水量/%	解释结果
1	H三Ⅳ1	2357.8	2360.4	2.6	0.0	不吸水
2	H三Ⅳ2～1	2366	2370.6	4.4	0.0	不吸水
3	H三Ⅳ2～3	2380.8	2383	2.2	59.6	吸水好
4	H三Ⅳ2～3	2383	2385.8	2.8	40.0	吸水好

（d）×××27井措施后产液35m^3
含水28.5%

序号	地质层号	射孔井段/m	日产油	日产水	含水率
1	H三Ⅳ2～1	2360.1～2364.2	0.0	0.0	0%
2	H三Ⅳ2～3	2375.6～2377.7	16.9	6	26.2%
3	H三Ⅳ2～3	2377.7～2380.3	8.1	4	33.0%
合计			25.0	10	28.5%

（2）图10－20为×××1井2008～2010年目的层吸水变化情况。

（3）五参数注入剖面测井能准确判断注水工具是否正常。图10－21为×××2井油管穿孔判断示意图。本井分层配注，1473m处油管穿孔，温度、流量、磁定位有异常。

图10－22为×××3井，本井分层配注，配水器被堵判断示意图。P_1处温度、流量无变化，P_1处被堵。

图10－23为×××4井封隔器失效判断示意图。本井分层配注，注水150m^3、P_4停注。F_3失效。配水器P_4处点测流量无变化、温度无异常。同位素从P_3进入经F_3进入下部1644.5～1658m吸水层段，吸水层段温度、同位素、有异常显示。

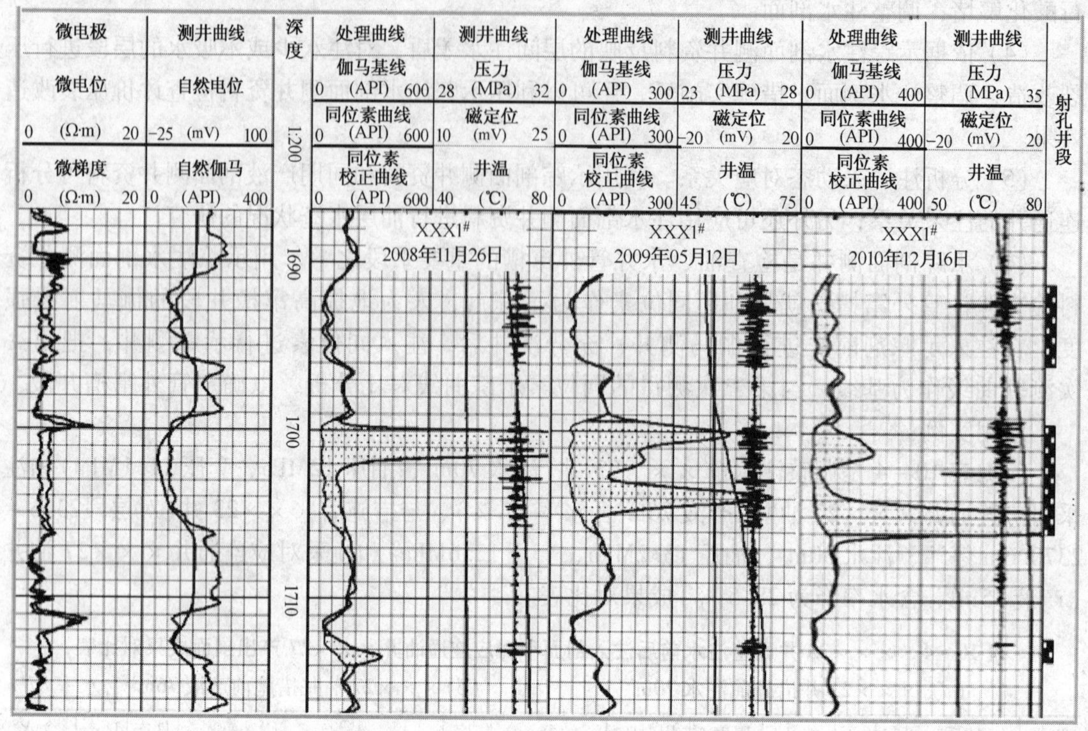

图 10－20　×××1 井目的层吸水变化情况

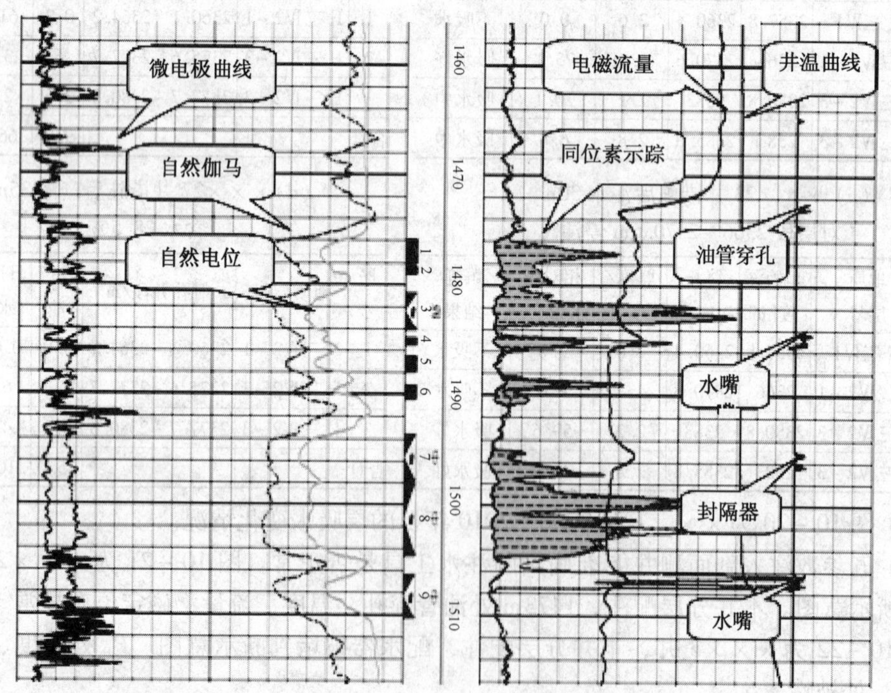

图 10－21　×××2 井利用五参数注入剖面判定井下工具

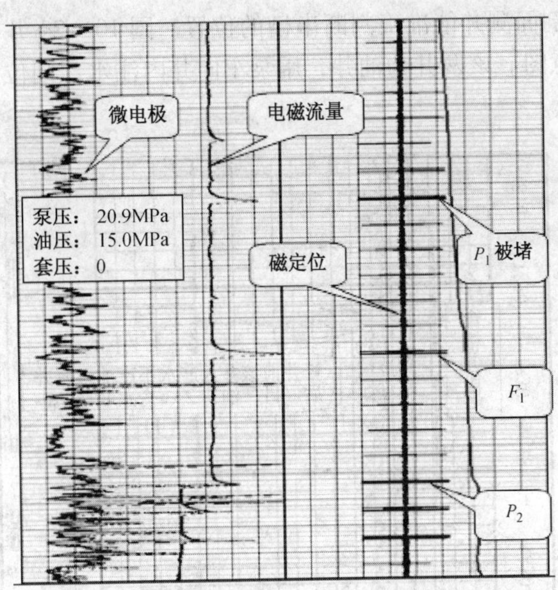

图 10－22　×××3 井利用五参数注入剖面判定井下工具

XXX4#电磁流量测井结果(外磁定点测量)						
深度/m	50	1366	1400	1615	1665	1676
测量值/cps	440	432	210	180	124	124

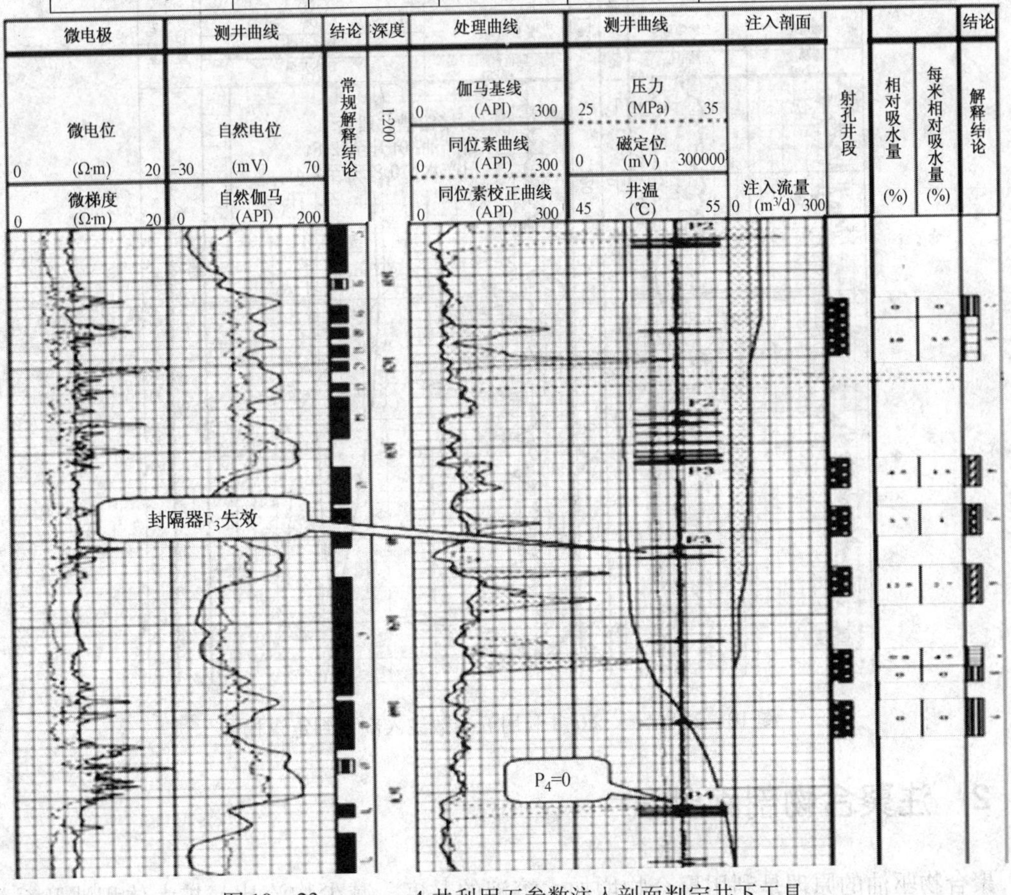

图 10－23　×××4 井利用五参数注入剖面判定井下工具

（4）五参数注入剖面测井能准确判断串槽的位置。图 10－24 井和图 10－25 为×××5 与×××6 井串槽示意图。该两井为油井，用泵车向井内注水，同位素示踪剖面测井曲线显示有窜槽现象。

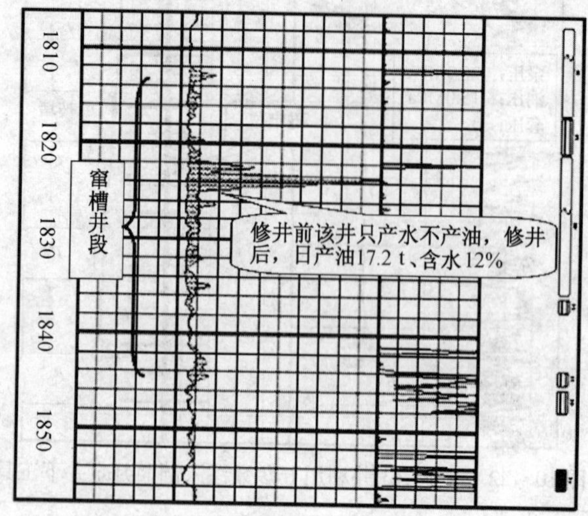

图 10－24　×××5 井利用五参数注入剖面判定窜槽

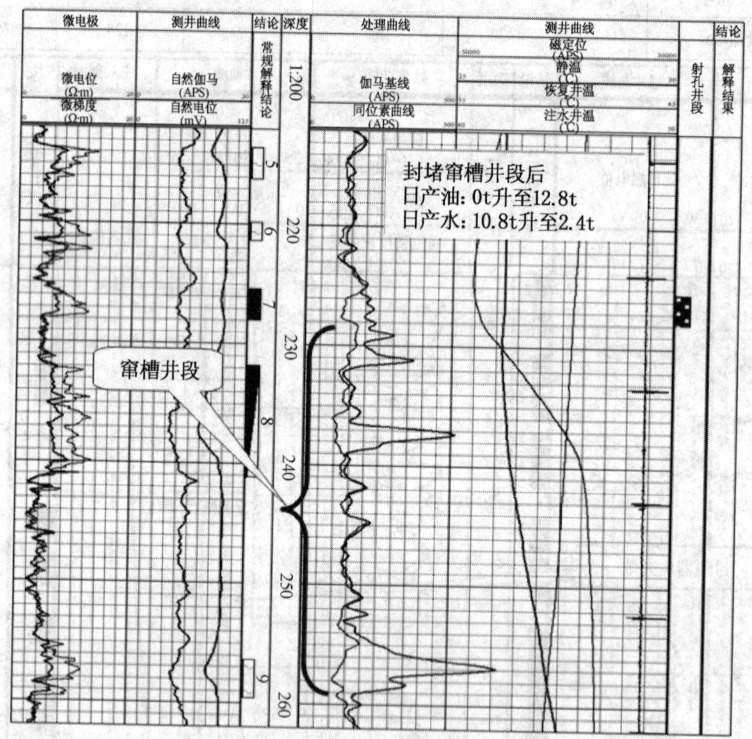

图 10－25　×××6 井利用五参数注入剖面判定窜槽

10.2　注聚合物剖面测试

聚合物驱油的原理是利用聚合物增加水溶液的黏度，减少物流比，扩大体积波及系数，达到提高原油采收率的目的。采收率与驱替效率及体积波及系数的关系为：采收率 = 驱替效率 × 体积波及系数。随着油田注聚开发范围的扩大，注聚井越来越多，由于这些流体介质黏度高，同位素示踪剂不能与聚合物形成均匀混合的悬浮液；同时同位素吸水剖面测井也受到同位素沾污、沉降、大孔道漏失等因素的影响；特别是油套同注井用同位素测井效果很差；而电磁流量计以及超声波流量计又不能测量管外水流量，使用条件受到限制；因此一些井采用同位素示踪法进行注聚剖面测井不理想。而氧活化仪器可在油管内测量注液剖面，还可测量油 - 套环空水流，甚至还可测量套管外水流。具有以下显著优点：①测井曲线不受放射性物质沾污、大通道和自然伽马基值升高等影响；②由于该方法直接测得水流速度，因此可直接得到各层绝对吸水量；③测井解释时，采用曲线叠加方法，有效消除随机因素的影响。

10.2.1　工艺原理及技术性能

脉冲氧活化是一种新型的氧活化技术，用于探测垂直水流量、提供水流速度及流量的定量结果。该方法通过使用短的活化时间，然后用较长的采集时间来探测流动的活化水；当活化水经过探测器时，可测量到它的特征峰；用源到探测器的间距和活化水通过探测器所用的时间计算出水的流速。新技术的一个主要特点是，直接测量计数率流动剖面，即在已知距离上测量流动时间。合理地选择源距及活化时间后，使用一个探测器就可以满足较大的测量范围。

1. 工艺原理

（1）氧活化反应原理。快中子射入地层后，与地层物质发生相互作用，从而发生非弹性散射、弹性散射、俘获辐射和活化反应等见图 10 - 26。氧活化测井就是探测地层中的氧被活化后所放出的活化伽马射线，如果用能量大于 10MeV 的快中子轰击氧原子，就会发生下列反应：

$$160 + n = 16\mathrm{N} + \mathrm{P} \tag{10-16}$$

$$16\mathrm{N} = 160 + r + 6.13\mathrm{MeV} \tag{10-17}$$

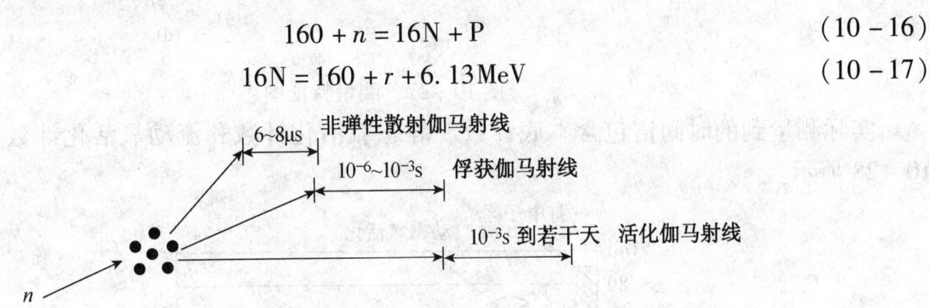

图 10 - 26　氧活化反应原理图

氧核被激化后，产生放射性氮同位素，氮处于激发态，经 β 衰变后还原成氧，其半衰期为 7.13s，同时释放出能量为 6.13MeV 的特征伽马射线。这些高能的伽马射线能够穿透几英寸厚的井中流体、油管、套管和水泥环

氧活化反应的实质是氧原子吸收高能脉冲中子（大于 10.2MeV），产生放射性同位素 N16，并引发一系列原子核反应，最后激发态的氧原子释放出高能伽马射线，通过对伽马射线时间谱的测量来反映油管内、环型空间、套管外含氧物质特别是水的流动状况。

（2）测量特征图。图 10 - 27 中（c）、（d）为远探测器的测量特征图，（a）、（b）为近探测器的测量特征图，由图可以清楚地看出，近探测器总的计数率包括恒定的背景氧分量（即本底），按指数规律衰减的静态氧分量（即静止水），以及流动氧分量（即流动水）；而远探测器总的计数率仅包括恒定的背景分量和流动氧分量。

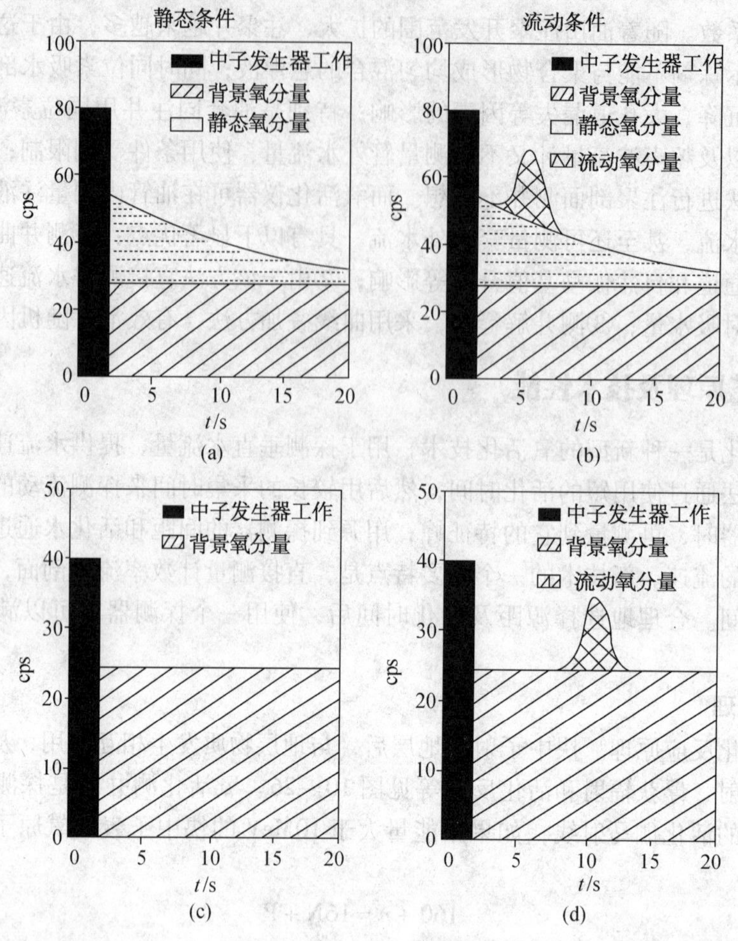

图 10－27　测量特征图

实际测量到的时间谱包含本底计数、静态氧活化计数和流动氧活化计数三部分，如图 10－28 所示。

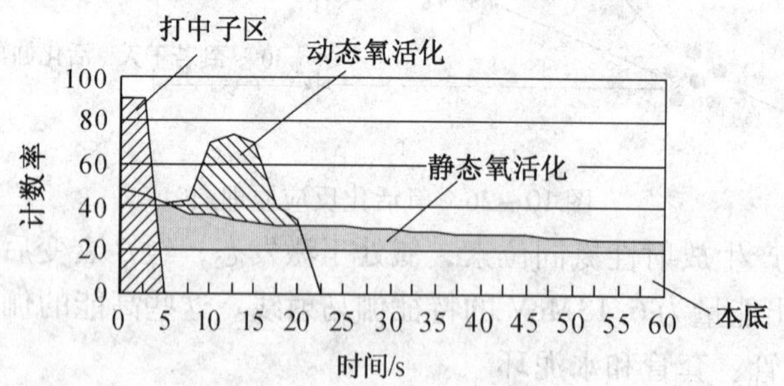

图 10－28　时间谱脉冲测量模式

（3）氧活化反应的基本描述如图 10－29 所示。

$$\text{反应式：}{}^{16}O(n,\ p){}^{16}N \xrightarrow{\beta^-} {}^{16}O + \gamma^1 \qquad (10-18)$$

发生$(n,\ p)$反应的中子能量阈值：$E_n = 10.2\text{MeV}$

氧活化反应的截面：$\sigma_b = 45\text{mb}$

N 衰变反应的半衰期：7.13s

衰变规律：$n = n_0 e^{-\lambda t}$

衰变常数：$\lambda = 5.83\text{min}^{-1}$

衰变产生的伽马射线能量：$E_r = 6.13\text{MeV}$

衰变几率：69%

6.13MeV γ 射线产生几率：97%

中子发生器中子能量：$E_n = 14\text{MeV}$

氧活化测井的基本原理是依据脉冲中子活化氧原子，使活化的氧原子产生特征伽马射线。它通过把探测器和中子发生器放置在所测层位，流动的具有伽马射线活化水流经四个探测器，各个探测器连续记录计数率随时间推移变化的时间谱，并根据时间谱计算出谱峰的渡越时间，由各个探测器的源距和计算出的时间谱的渡越时间得到活化水的流速，并根据实际测量的空间截面积和一天24h的时间长度计算得到该测量点一天的流量。

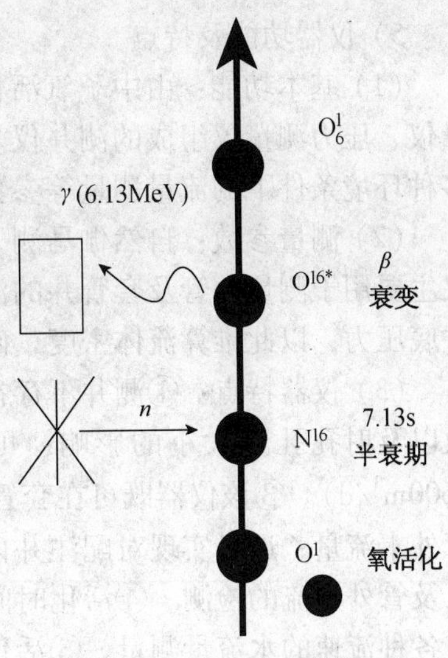

图 10－29　氧活化反应图

2. 技术性能

目前氧活化仪器有多种，其测量原理一样，现以双中子发生器＋四个采集探头的仪器为例加以说明

1）仪器构成

如图 10－30 所示，结构为 CCL 短节＋遥测短节＋转接头＋中子发生器＋采集短节＋中子发生器。

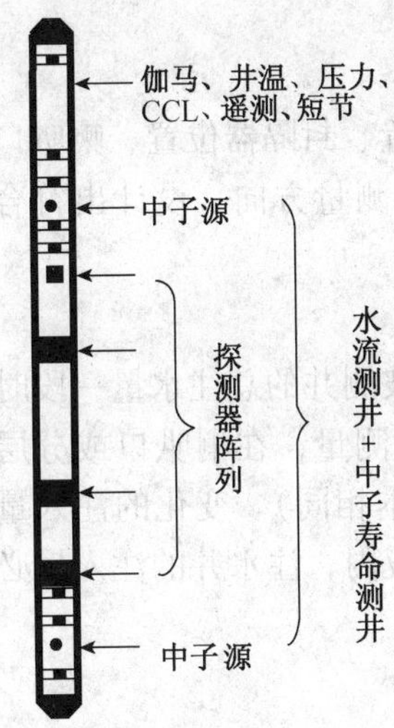

图 10－30　仪器构成图

2）整体技术指标

仪器最大耐压：80MPa，仪器最高耐温：135℃，仪器最大外径：43mm，仪器长度：6.84m。

3）各单支仪器技术指标

自然伽马测井仪：测量范围 0～5000cps 允许测量误差 ±7%；压力测量仪：测量范围 0～80MPa；测量允许误差 ±0.5MPa；温度测量仪：测量范围 0～135℃，测量允许误差 ±1℃；套管接箍：测量范围定性显示油/套管接箍。

水流测井仪测量范围：

油管 3～20m³/d，允许测量误差：≤ ±8%；

套管8～20m³/d，允许测量误差：≤ ±8%；

20～400m³/d，允许测量误差：≤ ±5%；

400～600m³/d，允许测量误差：≤ ±10%。

4）流量计算方法

流速：$$V = L_{1\sim4}/T_m \tag{10-19}$$

管柱截面积：$$S = \pi(R^2_{套管} - r^2_{仪器}) \tag{10-20}$$

$$S = \pi(R^2_{油管} - r^2_{仪器}) \tag{10-21}$$

$$S = \pi(R^2_{套管} - r^2_{油管}) \tag{10-22}$$

流量：$$Q = 3600 \times 24VS(\text{m}^3/\text{d}) \tag{10-23}$$

5）仪器功能及特点

(1) 基本功能：由中子氧活化测井仪、自然伽马测量仪、套管节箍磁性定位器、温度测量仪、压力测量仪组成的测井仪。一次下井可以完成井温、压力、节箍(CCL)、自然伽马、多种环境条件下的流量测量等参数的测量。

(2) 测量参数：自然伽马测井仪用于探测生产井中自然伽马射线，用于校深；温度测量仪主要用于测量油管及套管井的温度，可以间接反映流体的动态变化；压力测量仪用于测量井底压力，以此推算流体密度；磁性定位器是用来探测井下套管、油管接箍的仪器。

(3) 仪器特点：①测井不存在沾污、沉降、污染等问题；②测井结果不受岩性和孔渗参数以及射孔孔道大小的影响；可以判断管内/管外水流的极低流量($3m^3/d$)和极高流量($600m^3/d$)。③该仪器既可在套管内测注液剖面，又可测量油－套环空水流量，还可测量套管外水流量；还可实现对配注井内的管柱工具(水嘴和封隔器)是否堵死、泄漏、油套变径以及管外窜流的检测。④活化时间有0.8s、1s、1.6s、2s、4s、6s、8s、10s共8档可选，适应各种流速的水流量测量。⑤活化周期有10s、20s、40s、60s共4档可选，适应各种流速的水流量测量。⑥使用范围。

仪器应用于2.5～7in套管井中。主要用于注水、聚合物和三元复合剂的注入剖面测量。

10.2.2　注聚合物剖面测试工艺

注聚合物剖面测试必须做到现场施工安全和测试质量控制。在带高压密闭注入剖面井作业，测试前的准备工作尤为重要，在施工时必须安全操作。在测试时要根据管柱类型、井下工具位置及射孔层位置来确定测量点位置，来提高测井质量。

10.2.2.1　现场测试质量控制

1. 测井前设计测量方案

根据测井通知单了解测量井的管柱结构、井口压力、射孔层位置、封隔器位置、喇叭口位置、配水器位置、总注水量、注水方式等，确定测量点以及水流测量方向，设计出符合SYT6545标准的测量方案。

2. 测量要求

总注入量稳定：由于采用点测方式，因此要求在水站连续监测被测井的总注水量一段时间，确认注入量稳定(实际测量时，在200m处进行第一点的总流量测量，在喇叭口或分层配注之上测量第二点总流量，两个测量结果进行对比，总流量应基本相同)。变化的注入量将导致氧活化测量资料产生误差，甚至无法解释。所以要求测量时段内，注水井的注入量必须稳定。

3. 仪器安装

根据井口压力给仪器配接加重，仪器接头的密封圈上硅油，根据测井方案组合安装仪器，连接处用小管钳和专用勾头扳手上紧，不要留缝隙。

(1) 测下水流时仪器安装：地面系统＋电缆＋马笼头＋加重＋$\Phi43\sim\Phi38$转换头＋CCL短节＋遥测短节＋转接头＋中子发生器＋采集短节。

(2) 测上水流：地面系统＋电缆＋马笼头＋加重＋$\Phi43\sim\Phi38$转换头＋CCL短节＋遥测短节＋转接头＋采集短节＋中子发生器。

(3) 测上、下水流：地面系统＋电缆＋马笼头＋加重＋$\Phi43\sim\Phi38$转换头＋CCL短节＋遥测短节＋转接头＋中子发生器＋采集短节＋中子发生器

4. 现场施工

(1) 仪器装入防喷管，将防喷管堵头安装好，以防起吊时仪器滑出防喷管。

(2) 安装井口防喷装置。

(3) 将井口防喷装置与井口连接后，慢慢打开总闸门，直至总闸门完全打开后缓慢下放仪器。

(4) 此时仪器完全承压，给井下仪器供电，调整电压到 8V，观察显示电流的数码管，电流变化正常，无大电流产生(表明仪器没有短路现象)，仪器正常，将电压调回零电压，仪器下放。

(5) 仪器上提/下放速度控制在 2500m/h 内。上提/下放过程中，每走 500m 给井下仪器供电一次，调整电压到 8V，观察显示电流的数码管是否有大电流出现。若出现大电流，仪器应快速上提到井口检查。

(6) 对于长期未测的井以及内径小于 55mm 管柱的井，应先进行通井以免遇卡。

(7) 注意：仪器必须在井下 50m 之下方能加靶压，以确保安全。停止打靶后 20min 装卸仪器。

5. 现场质量控制

1) 深度校正

在测井时，首先用远探测器(DNDR)进行自然伽马曲线测量，测速不得超过 800m/h，测完伽马曲线后，与横向图伽马曲线或微电极曲线对比进行深度校正(3 个伽马探测器应该在 2 级刻度井里进行刻度，单位为标准的 API 值)。

2)测量点的选择(分层配注井)

(1) 测量水嘴进液量：须使用下水流测量方式。①总流量的测量：仪器停在该井第一个封隔器上方约 5m 位置进行测量。②水嘴进液量：仪器在水嘴上方测量一点，然后在水嘴下方测量一点，其差值即是该水嘴进液量。中子源和探头(当前选用的探头)要尽量避开“封隔器”和“水嘴”。

(2) 测量地层吸液量：①让中子源和当前流量的有效探头均在夹层内，空间不够时，让探头尽量接近下一个目的层上界；②如果地层厚度大于 3m，地层内部要加测一个点，点位选在岩性有变化的地方；③如果地层厚度大于 6m，地层要每 2m 加测一个点。

3) 时间谱的质量控制

在测井过程中要适时进行控制，针对不同的流量选用不同的探测器进行测量，下面的要求是针对当前流量所选用的探测器而言。如果中子产额低，谱累计次数适当增加。

(1) 强峰：(适合于笼统正注)时间谱的累计次数要达 5 张以上。

(2) 弱峰：(倒注和配注)时间谱的累计次数要达 8 张以上。

(3) 零流量：(近探测器，10s)时间谱的累计次数要达 10 张以上。

总的要求：水流的峰位显著，谱形饱满，统计涨落小，本底区段平缓。如若谱峰质量不好、油管峰与环空峰不易区分、流量计算结果不合理等情况应采取补测、加密测量、追踪谱峰异常的变化点，以及复测正常时间谱测量点的方式，找出异常点的变化原因，为测后处理提供足够的解释信息。

4) 活化时间的选择

活化时间(阳极脉冲宽度)规定使用 3 个，即 1s，2s 和 10s，对应的测量范围分别为“大、中、小”，一般测井时首选 2s，在 2s 活化期远探测器峰位不全时，选用 1s 活化时间；在 10s 活化期近探测器峰位不全时，选用 2s 活化时间。

5）探测器的选择

仪器共有 n 个探测器，对流量的适用范围是由小到大，选择探测器时原则是“就高不就低”，在流量变化允许的条件下尽量选用同一个探测器进行测量。

6）测量的要求

测井过程中要按照从大流量到小流量的顺序进行测量，沿着水流动方向定点测量，如果水流有分支则要将各个分支测量追踪到流量为零，如果有明显流量增加，须重复测量来证实。发射器和接收器要尽量避开油管节箍。

(1) 流量在小层(层厚小于 1m)或渗透性较差的阶段，吸液量发生大变化(吸水强度达到 $100m^3/d$)时，应马上重复上一个测量点，确认流量是否稳定，如流量稳定应在变化的层段进行密集点测，寻找异常点位。如果流量发生变化，必须把流量调整到正常状态，再继续测量，否则要全井进行重复测量。

(2) 层段外流量不消失情况处理：首先检查校深曲线，如果深度无误采取以下措施。

① 笼统注入井：可以大跨度地继续跟踪，但必须保证每一个点的测井质量，如果相邻两点的流量一致，可继续向下跟踪，否则要在变化的两点之间插点，寻找流量发生变化的层位。

② 配注井：一个上下封隔的层段内发生流量不消失的情况，一般是封隔器发生漏失，此时应在封隔器的两侧，非射孔层段范围内各加侧一个点，确认流量发生漏失，然后继续跟踪漏失的流量去向。

③ 零流量的确定：必须用 10s 活化期，阳极脉冲周期为 60s，累计 10 张以上，方可准确判断，至少测量两个零流量点。

10.2.2.2 测量方法

1. 油管注水，测量套管内下水流的流量

(1) 管柱及注水方式如图 10－31 所示。

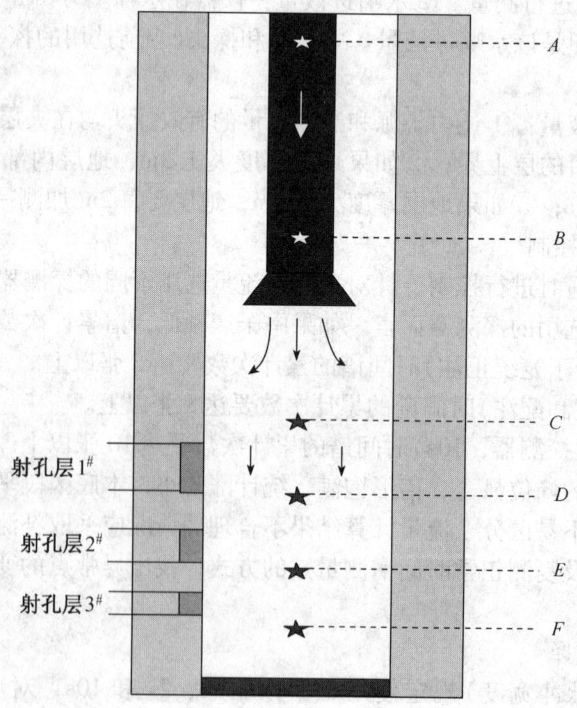

图 10－31　油管注水测量套管内下水流的流量示意图

（2）测试工艺：①在油管的上部选择一深度点 A 点（200m），测量油管的总流量（下）；②在油管的下部，油管喇叭口附近选择一深度点 B，测量油管的总流量；③在射孔层 1# 上部，第一个射孔层之上选择一深度点 C，测量套管的总流量；④在射孔层 1# 下部，第一个射孔层之下选择一深度点 D，测量流量；⑤在射孔层 2# 下部，第二个射孔层之下选择一深度点 E，测量流量；⑥在射孔层 3# 下部，第三个射孔层之下选择一深度点 F，测量流量；正常情况下，在射孔层 3# 下部，应该测量到零流量；⑦在射孔层 1# 上部，第一个射孔层之上选择一深度点 C，重复测量套管的总流量，与前次同一测量点的测量结果进行对比，检测总流量是否发生变化。注意：完成每个点的测量后，应该及时对时间谱进行计算，得到流量结果。

2. 油管、套管笼统注水，测量套管内/环空内下水流的流量

（1）管柱及注水方式如图 10－32 所示。

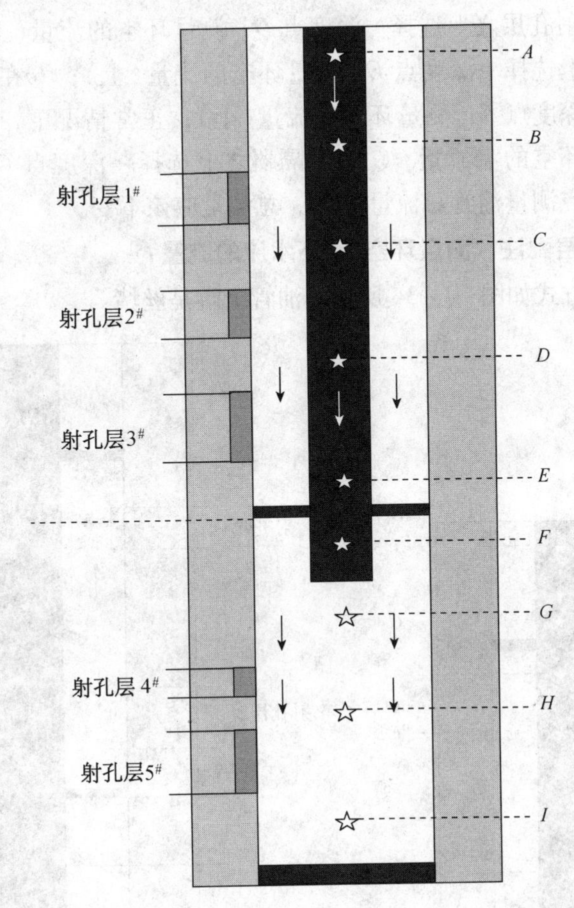

图 10－32　油管、套管笼统注水测量套管内/环空内下水流的流量示意图

（2）测试工艺：① 在油管的上部选择一深度点 A 点（200m），测量油管/环空的总流量（下）；②在射孔层 1# 上部，第一个射孔层之上选择一深度点 B，测量环空总流量；③在射孔层 1# 下部，第一个射孔层之下选择一深度点 C，测量环空流量；④在射孔层 2# 下部，第二个射孔层之下选择一深度点 D，测量环空流量；⑤在射孔层 3# 下部，第三个射孔层之下，封隔器之上选择一深度点 E，测量环空流量；正常情况下，在射孔层 3# 下部，应该测量到环空

的零流量；⑥封隔器之下，喇叭口之上选择一深度点 F，测量油管总流量，应该与 A 点处油管总流量相同；⑦在喇叭口之下，射孔层 4# 上部选择一深度点 G，测量套管的总流量，应该与 F 点处油管总流量相同；⑧在射孔层 4# 下部，第四个射孔层之下选择一深度点测量套管的流量；⑨在射孔层 5# 下部，第五个射孔层之下选择一深度点测量套管的流量；正常情况下，在射孔层 5# 下部，应该测量到套管的零流量；⑩仪器上提到 A 点测量油管总流量(下)，总流量应该不变。

3. 油管注水，测量环空上水流的流量

（1）管柱及注水方式如图 10－33 所示，油管下端是丝堵。

（2）测量步骤：①在油管的上部选择一深度点 A 点(200m)，测量油管的总流量(下)；②在筛管之上，在射孔层 3# 下部选择一深度点 B，测量油管的总流量(下)；③在筛管之上，在射孔层 3# 下部选择一深度点 C，测量环空的总流量(上)；与油管的总流量相同；④在射孔层 3# 上部，第三个射孔层之上选择一深度点 D，测量环空的流量(上)；⑤在射孔层 2# 上部，第二个射孔层之上选择一深度点 E，测量环空的流量(上)；⑥在射孔层 1# 上部，第一个射孔层之上选择一深度点 F，测量环空的流量(上)；正常情况下，在射孔层 1# 上部，封隔器之下应该测量到环空的零流量。⑦在封隔器之上选择一深度点 G，测量上水流可以验封；⑧仪器上提到 A 点测量油管总流量(下)，总流量应该不变。

4. 油管注水，分层配注，测量环空上/下水流的流量

（1）管柱及注水方式如图 10－34 所示，油管下端是丝堵。

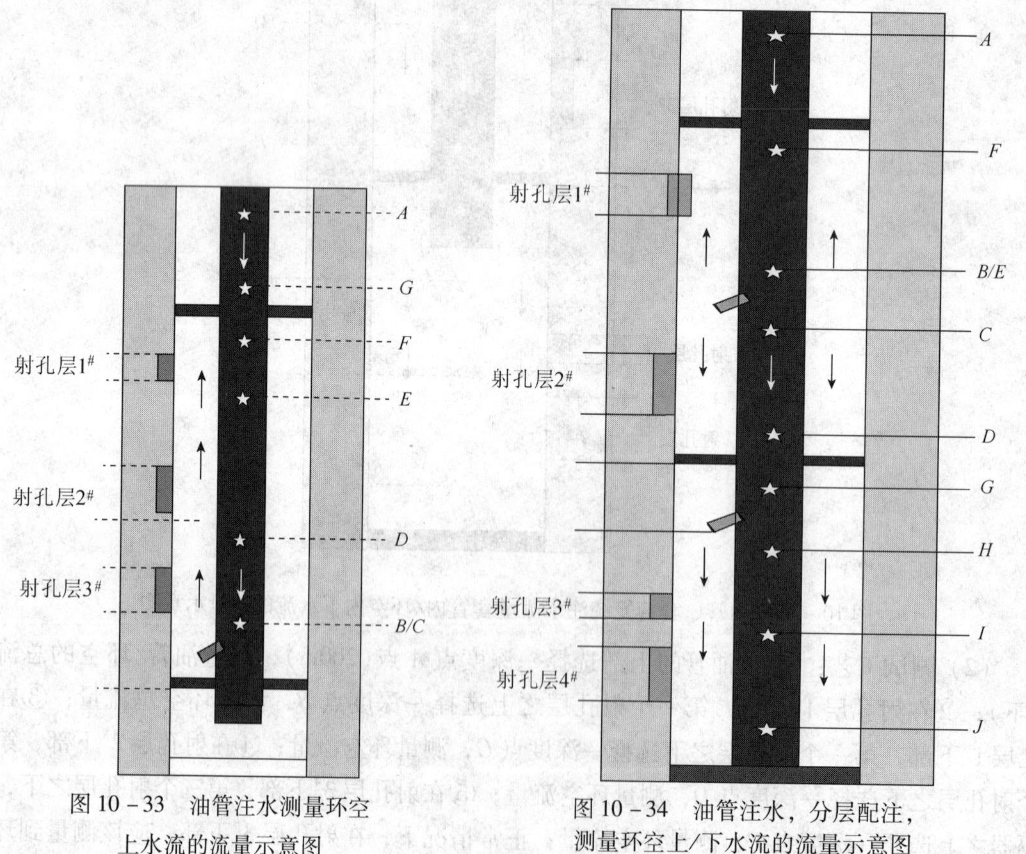

图 10－33　油管注水测量环空上水流的流量示意图

图 10－34　油管注水，分层配注，测量环空上/下水流的流量示意图

(2) 测量步骤：①在油管的上部选择一深度点 A 点(200m)，测量油管的总流量(下)；②在筛管之上，在射孔层 $1^{\#}$下部选择一深度点 B，测量油管的总流量(下)，应该与 A 点测量的油管流量相同；③在筛管之下，在射孔层 $2^{\#}$上部选择一深度点 C 测量环空的流量(下)；④在射孔层 $2^{\#}$上部，封隔器之上选择一深度点 D 测量环空的流量(下)；正常情况应该测量到环空下水流的零流量；⑤在筛管之上，在射孔层 $1^{\#}$下部选择一深度点 E，测量环空的流量(上)；⑥在射孔层 $1^{\#}$上部，封隔器下部选择一深度点 F，测量环空的流量(上)；正常情况应该测量到环空上水流的零流量；⑦在 $2^{\#}$封隔器之下，2#筛管之上选择一深度点 G，测量油管的流量(下)；⑧在 $2^{\#}$筛管之下，射孔层 $3^{\#}$上部选择一深度点 H，测量环空的流量(下)；⑨射孔层 $3^{\#}$下部，射孔层 $4^{\#}$上部，选择一深度点 I，测量环空的流量(下)；⑩射孔层 $4^{\#}$下部，选择一深度点 J，测量环空的流量(下)；正常情况应该测量到环空及油管下水流的零流量；注意：仪器上提到 A 点测量油管总流量(下)，总流量应该不变。

完成测井曲线的录取后，将仪器上提到距井口 50m 处停车，用人力将仪器拉入防喷管内，确认仪器串全部拉进防喷管内，然后关闭井口测试闸门，防喷管泄压，将测试防喷装置从井口拆下，取出仪器，恢复原井口死堵等装置。

10.2.2.3 氧活化水流谱线

对时间谱进行计算，得到流量结果，直观快速准确地确定吸水层的吸水量。油管套管注水下水流，环空上水流，及油管环空同向下水流谱线如图 10－35～图 10－37 所示。

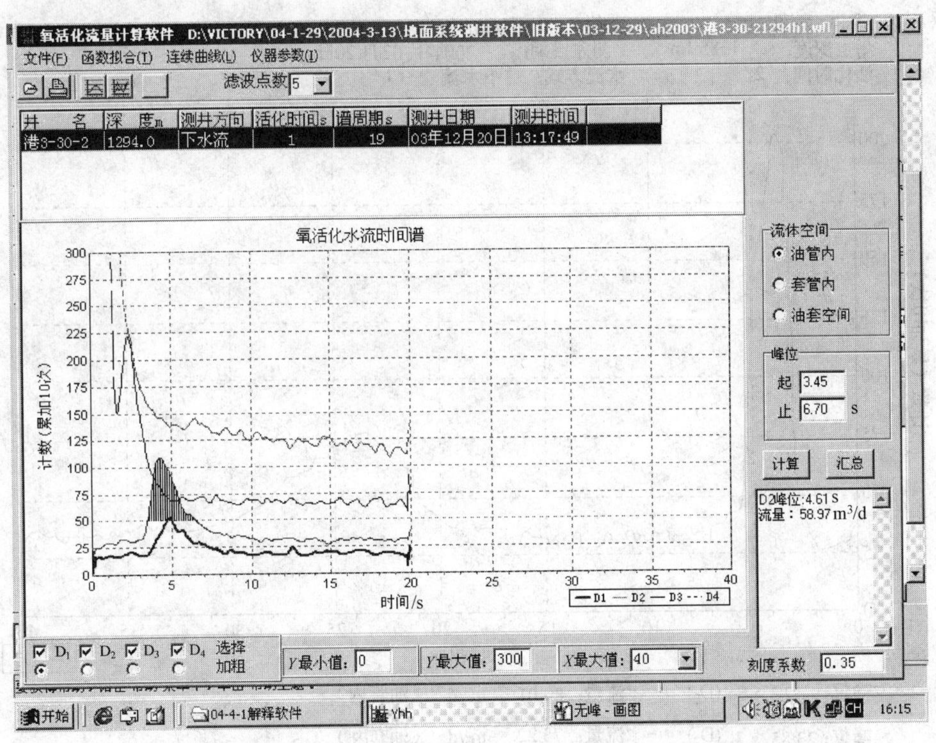

图 10－35 油管下水流实测谱线

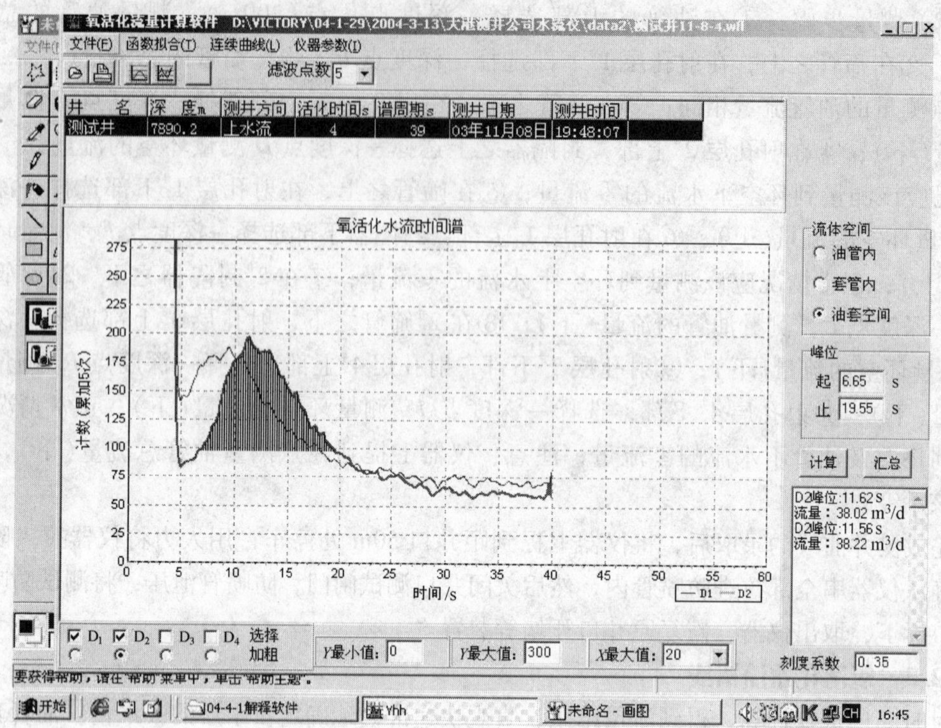

图 10－36 环空上水流实测谱线

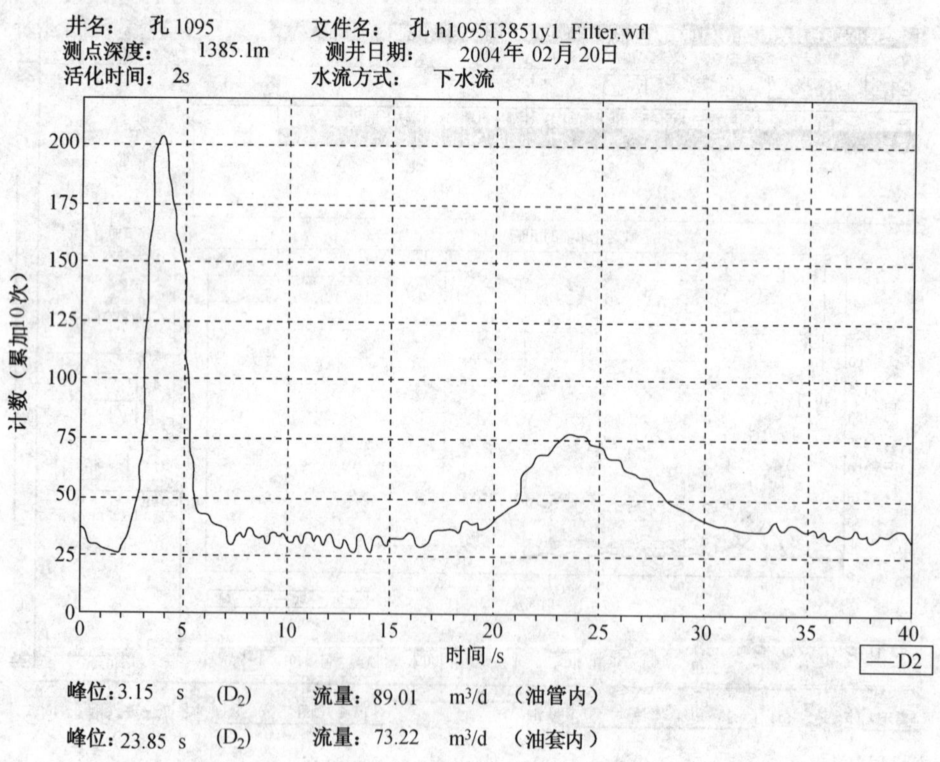

图 10－37 油、套同注下水流实测谱线

10.2.3 资料解释与应用

通过对原始测井数据的整理和井眼数据的收集，资料解释变得简单多了。按照氧活化测井解释标准对各点氧活化水流谱线进行计算、汇总并输出结果，得出目的层的吸水状况。它还能准确地判断井下管柱，工具是否正常、套管是否漏失、管外是否窜槽等。

10.2.3.1 资料解释

1. 浏览和计算原始测井数据

打开文件，主画面上显示该测点的水流时间谱，上面有4条曲线，分别是 $D_1 \sim D_4$ 四个探头的时间谱曲线，在曲线上面的表格中显示该测点的信息，有井名、测点深度、水流方向、活化时间、谱周期、测井日期和时间，如图10－38所示。

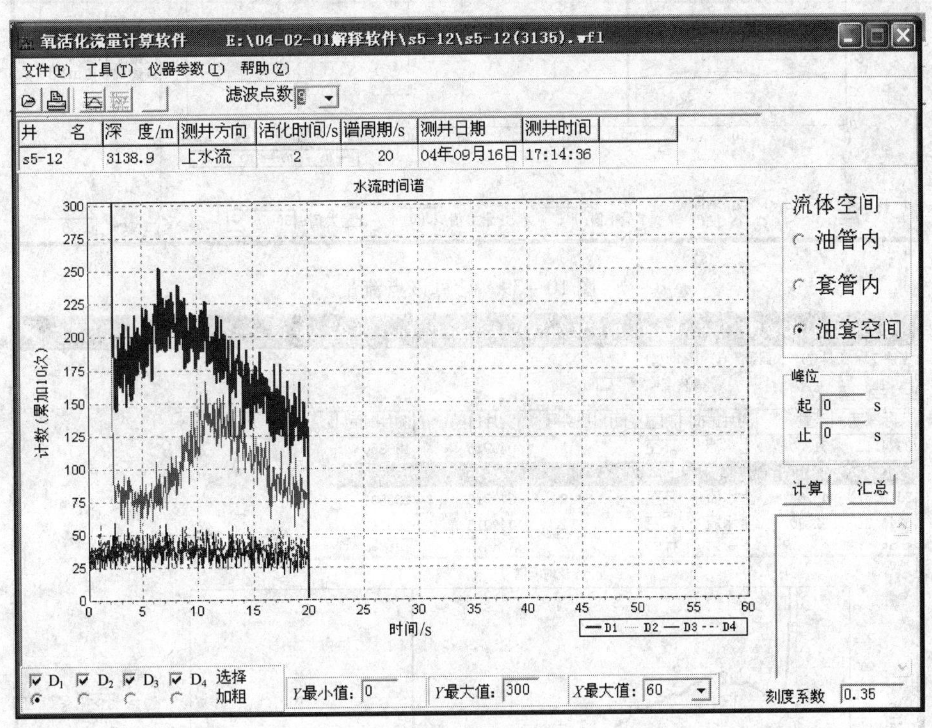

图10－38 谱曲线

计算该点流量，先点主菜单中“仪器参数”，确认源距和油套管及仪器直径是否准确，不准的话则修改，使之准确，否则影响计算结果。再点主画面右边的流体空间选择按钮，选择所要计算的流体所在空间。然后，选择4条曲线中峰位最明显且波峰完全的一条，点击波峰的右边线，则该处以上的波峰出现阴影，表明了计算所用的起始和终止时间，且在画面右边“峰位”处，显示出峰位的起始和终止时间，并在画面右下角处显示出计算结果，如图10－39所示。计算完成后，可以打印该图，并可以进行汇总。

2. 汇总

浏览汇总文件计算后，点击“汇总”，出现汇总文件，表格中显示所含测点的信息，显示其曲线和计算结果，如图10－40所示。

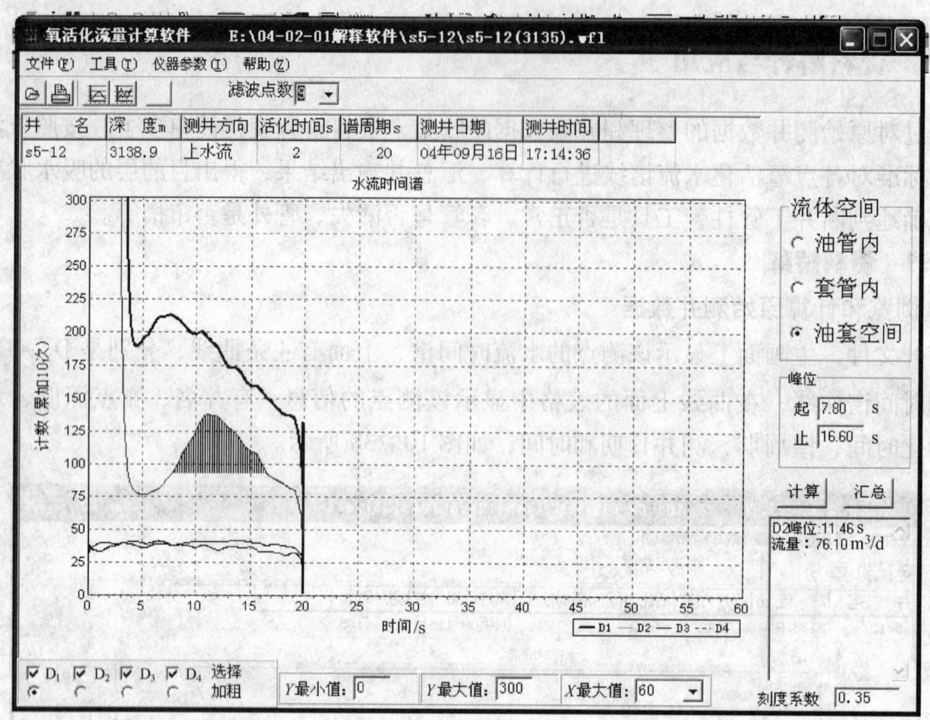

图 10－39 计算该点流量

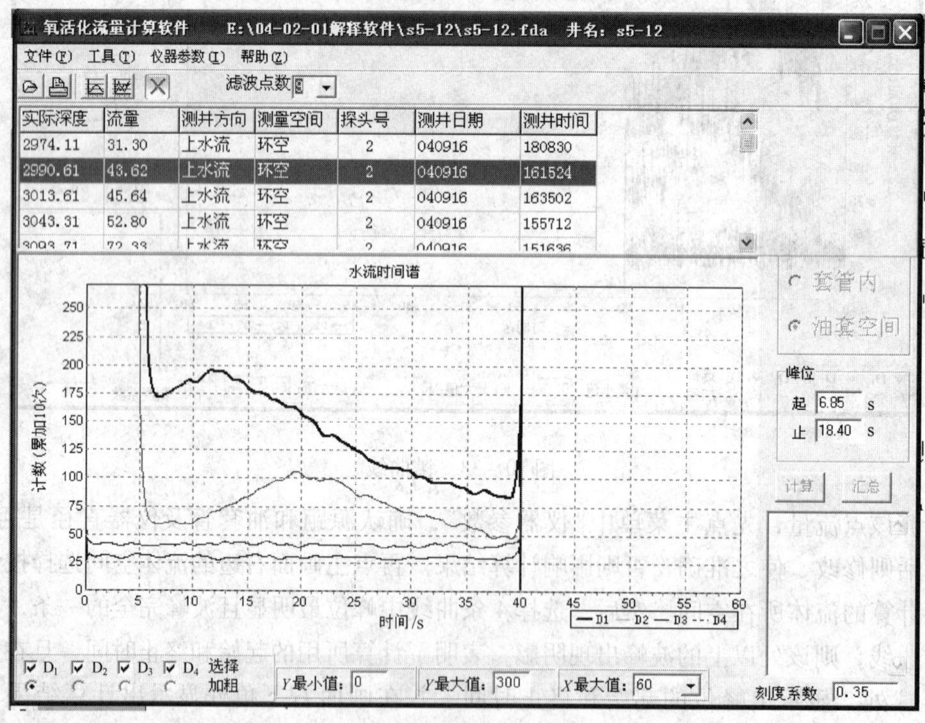

图 10－40 汇总文件

3. 生成剖面解释成果

打开汇总文件后，点击“工具”中“生成流量剖面”可以产生剖面解释成果表和数据文件，如图 10－41 所示。

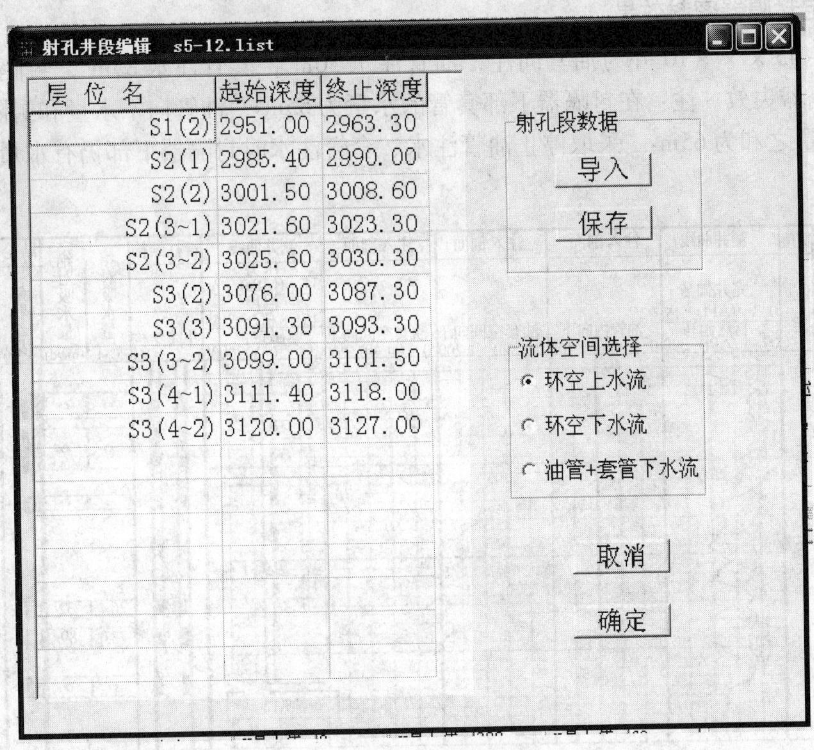

图 10－41　解释成果图和数据文件

点击后，先出现上面“射孔数据编辑”窗口，可以修改和填入新的数据，点“保存”，可以保存射孔数据到文件。然后选择要解释流量的空间，点“确定”，出现文件选择窗口，选择文件名后，点“确定”，则生成流量剖面曲线文件，内含 6 条流量曲线，曲线名是：FRLW(YD)，FRLW(YDX)，FRLW(HD)，FRLW(HDX)，FRLW(HU)，FRLW(HUX)，分别是油管(含套管)下水流流量、油管(含套管)下水流吸入流量、环空下水流流量、环空下水流吸入流量、环空上水流流量，环空上水流吸入流量。同时将各层吸入流量数据写入射孔数据文件中，生成剖面解释成果并打印解释成果。

10.2.3.2　资料应用

1. 笼统注(聚合物)液氧活化测井资料应用

图 10－42 ×××7 井笼统注(聚合物)液氧活化测井解释成果图，油管注(聚合物)液 100m^3、泵压 11MPa、油压 9.1MPa、套压 9.0MPa、1693.9～1695.7m 吸液 26.4%、1696.9～1699m 吸液 73.6%。

2. 油、套同注氧活化测井应用

图 10－43 为×××8 井油套同注氧活化测井解释成果图、油管注(聚合物)液 65m^3、套管注(聚合物)液 65m^3、泵压 18MPa、油压 13.8MPa、套压 12.0MPa。

3. 氧活化测井找漏应用

图 10－44 ×××9 井油管注水 96m^3、泵压 10MPa、油压 3.2MPa、套压 3.1MPa，在 705～715m 段有漏失(注：本井原注水层段为 2101～2123m 原注水油压 8.7MPa、套压 8.6MPa 后来因油套压突然降低怀疑井内有漏失)。后经试压证实结果正确。

4. 确定封隔器密封效果

图 10－45 ×××10 井为油套同注，油管注水 30m³，套管注水 85m³，封隔器漏失水量 35m³，封隔器失效。注：在封隔器下部套管的水量为 65m³，油管向下水量和封隔器漏失（油套向下）水量之和为 65m³。采取停止油管注水、套管注水时封隔器下部仍有水量，确认封隔器失效。

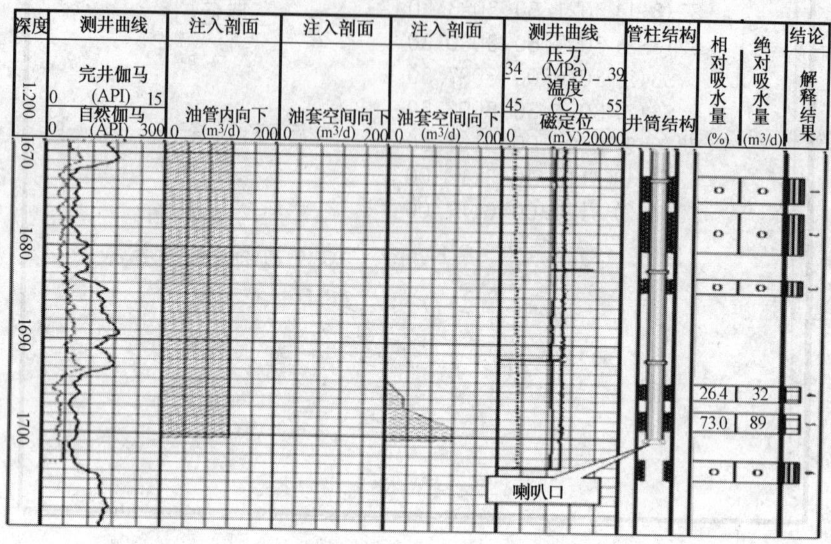

图 10－42　×××7 井笼统注（聚合物）液氧活化测井解释成果图

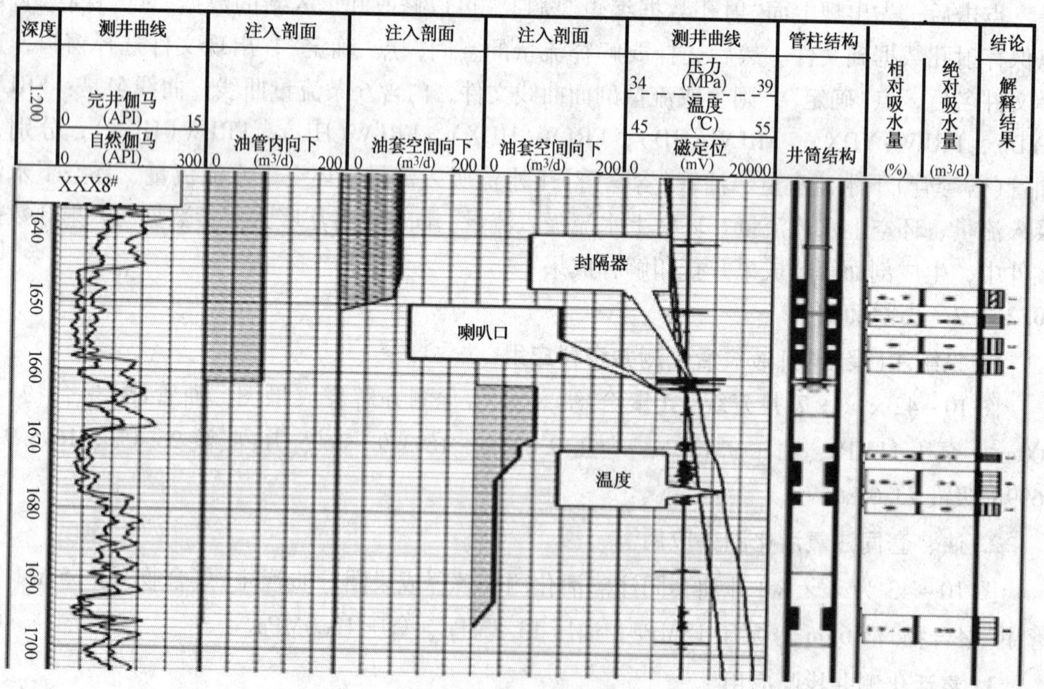

图 10－43　×××8 井氧活化测井解释成果图

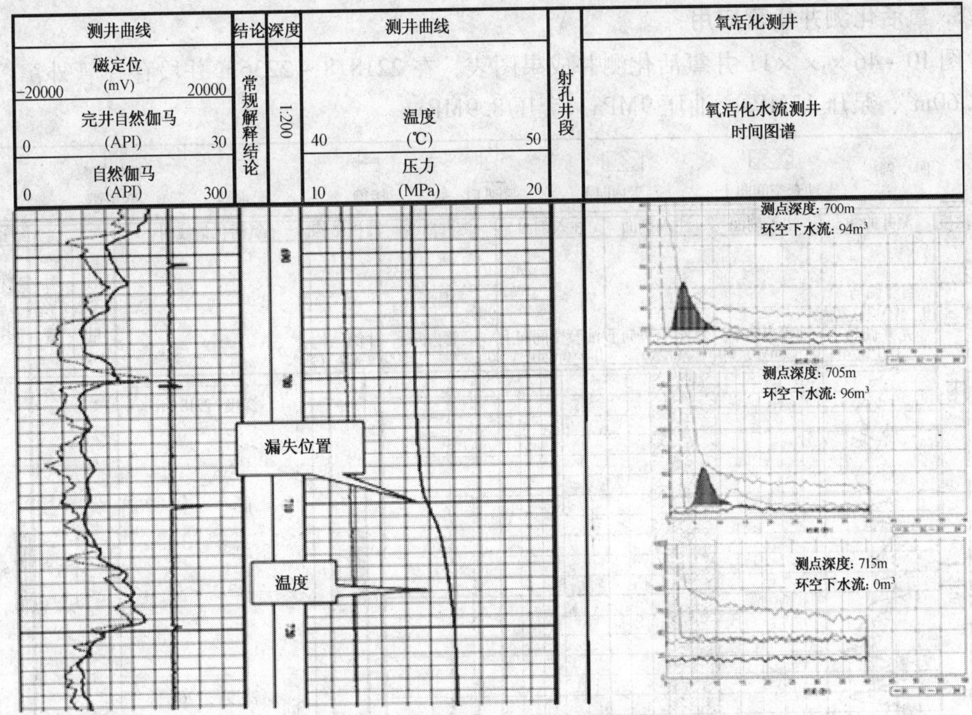

图 10-44　×××9 井氧活化测井解释成果图

解释结论：氧活化测井显示注入流体在706~715m井段漏失，流动井温曲线显示，温度在710m突变，因此，706~715m井段套管有破损。

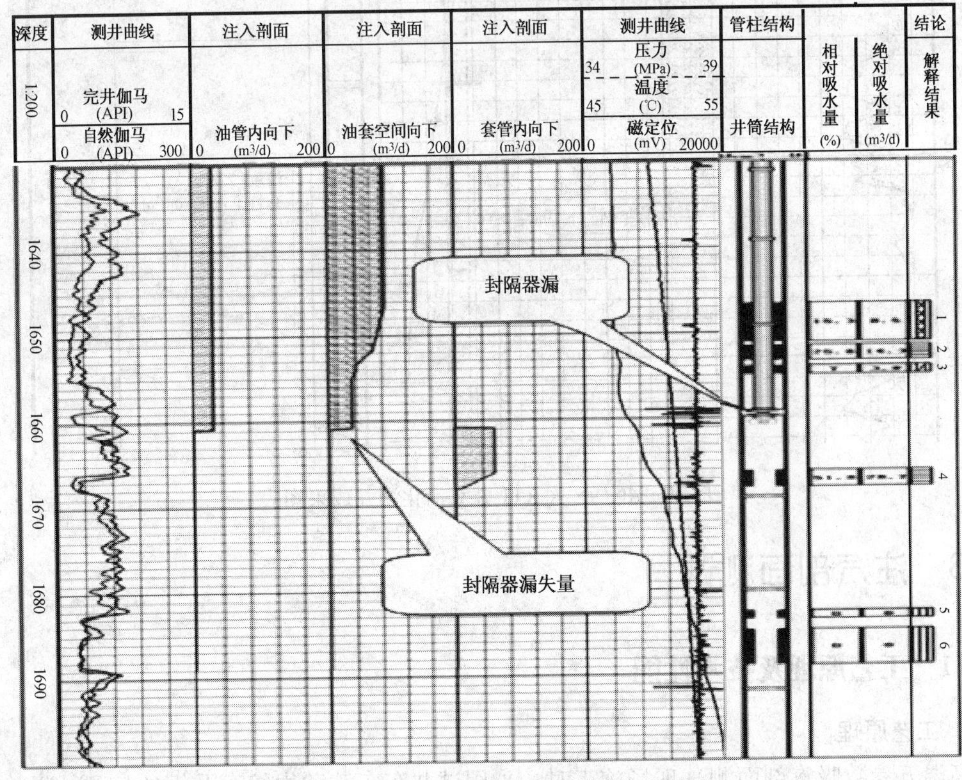

图 10-45　×××10 井氧活化测井成果图

5. 氧活化测井找窜应用

图 10－46 ×××11 井氧活化测井成果图表，在 2218.8～2236m 井段存在管外窜。油管注水 60m^3、泵压 13MPa、油压 9MPa、套压 8.9MPa。

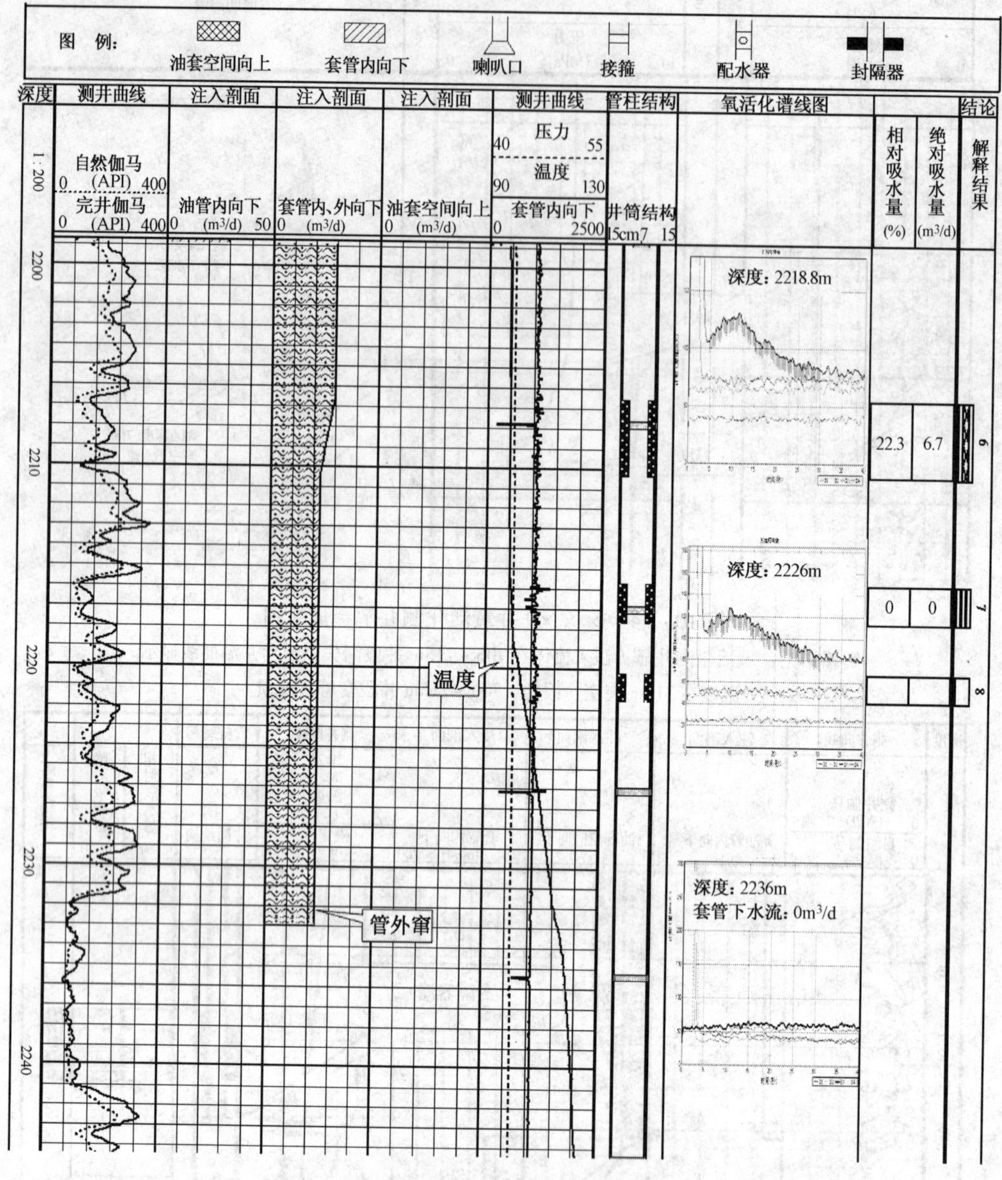

图 10－46　×××11 井氧活化测井成果图表

10.3　注汽剖面测试

10.3.1　工艺原理及技术性能

1. 工艺原理

高温五参数吸汽剖面测试现场施工时，采用试井车车载动力绞车及钢丝起下。测试前设定仪器采样参数并上电启动、密封后与绳帽连接，装入防喷管，按测试方案下放测试仪，仪器从井口一直下放(测量)至油层底部，在测量井段(一般为油层段)内，自下而上以600m/h的上提测速，连续测量五项参数，测试结束后，地面计算机回放测试数据。

2. 技术性能

集高温绝热技术、高温传感器技术、高温高压密封技术、高温数据采集技术于一体的高温五参数参数，通过蒸汽流量测试数据计算得到各射孔层的吸汽量以及油井的吸汽剖面。

10.3.2 注汽剖面测试

1. 仪器结构

由于稠油注汽高温高压特性及井下复杂工况限制，高温五参数测试仪在设计上采用存储测试工艺以及金属隔热技术。高温五参数仪器结构如图10-47所示。

2. 技术参数

长度：2100mm；

外径：Φ42mm；

温度测量范围：0~400℃；

精度：±0.5℃；

压力测量范围：0~60MPa；

精度：0.05%F·S；

深度校正误差：0.3m；

流量测量精度：±5%。

10.3.3 资料解释与应用

1. 水蒸汽的性质图

水蒸汽是在锅炉内定压加热产生的。水蒸汽的 PV 关系图如图10-48。饱和水线和饱和蒸汽线将 PV 图分成三个区域：饱和水线 kb 以左为不饱和水；干饱和蒸汽线 kc 以右为过热蒸汽区；kb 与 kc 之间为水与蒸汽共存的区域，即湿蒸汽区。湿蒸汽是饱和水与饱和蒸汽的混合物，其温度为相应压力下的饱和温度。

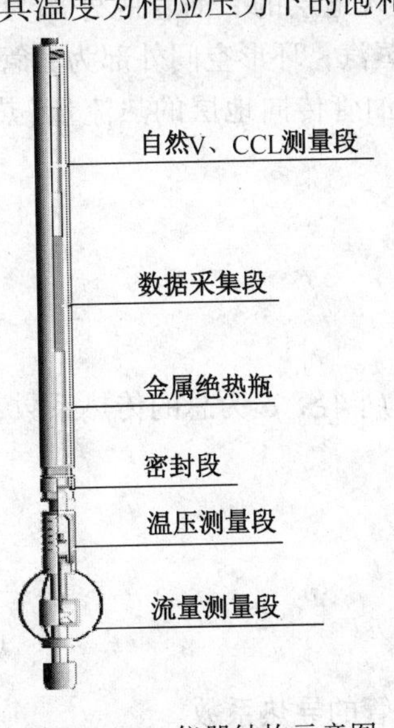

图10-47 仪器结构示意图

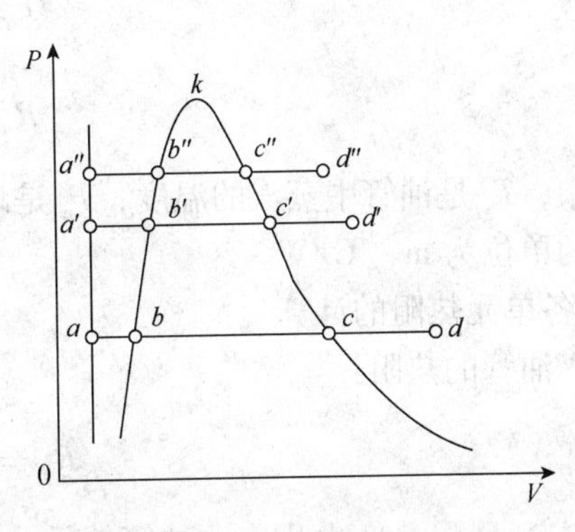

图10-48 水蒸汽的 PV 图

2. 水蒸汽性质的计算

水蒸汽的状态参数通常包括蒸汽压 P、比容 V、蒸汽温度 t、焓 h、熵 S_0、内能 $m(m=h-PV)$。

（1）饱和水与干饱和蒸汽状态参数的确定是在定压下把 1kg 水从 0℃加热到饱和水状态所需的热量。

$$a' = h' - h'_0 = h'_0 \tag{10-24}$$

在定压下由 0℃升高到饱和温度时，熵的变化为：

$$S' = S' - S'_o = \int_{273}^{T_s} \frac{C_p dT}{T} = C_p \ln \frac{T_s}{273} \approx \ln \frac{T_s}{273} \tag{10-25}$$

干饱和蒸汽的焓和熵分别为：

$$h'' = h' + r \tag{10-26}$$

$$S'' = S' + \frac{r}{T_s} \tag{10-27}$$

式中，T 是热量传递时蒸汽的绝对温度，C_P是蒸汽的定压比热系数，r 是汽化潜热。

（2）湿蒸汽状态参数的确定。湿蒸汽部分为饱和水，部分为饱和蒸汽，因此令 x 为湿蒸汽干度。

$$x = \frac{m_{汽}}{m_{汽} + m_{水}} \tag{10-28}$$

式中　$m_{汽}$、$m_{水}$——分别表示湿蒸汽中干饱和蒸汽的质量和水的质量，kg。

由于湿蒸汽是一种混合物，因此 1kg 湿蒸汽的体积(比容)就是 $x$kg 干饱和蒸汽的体积与 $(1-x)$饱和水的体积之和：

$$h_x = xh'' + (1-x)h' = h' + x(h'' - h') \tag{10-29}$$

$$S_x = xS'' + (1-x)S' = S' + x(S'' - S') \tag{10-30}$$

$$\mu_x = h_x - PV_x \tag{10-31}$$

式中，S''、S'、h''、h'分别为干饱和蒸汽、饱和水的比熵和比焓。

3. 蒸汽在井筒中的热损失

实际注蒸汽时，蒸汽是通过油管进入井底，然后进入地层的。油管的外部为隔热绝缘层，绝缘层的外部为环形空间，空间中充满饱和水或湿蒸汽，环形空间外部为套管，套管外面为水泥环，水泥环外面为地层。因此，单位长度上从油管传向地层的热流量(热损失)应是通过各层热流量上热流的串联，即

$$Q = \frac{T_s - T_a}{R_n} \tag{10-32}$$

$$R_n = \frac{1}{2\pi r\mu} \tag{10-33}$$

式中，T_s 是油管中蒸汽的温度，T_a 是地层温度，r 为半径，μ 为总的传热系数，R_n 是总的热阻的单位为 m · ℃/W。

1）各单元热阻的计算

（1）油管的热阻：

$$R_a = \frac{\ln(r_0/r_i)}{2\pi\lambda_p} \tag{10-34}$$

式中，r_0、r_i、λ_p 分别表示油管外径、油管内径、油管的导热系数。

(2) 水泥环热阻：

$$R_c = \frac{\ln(D_0 + 2D_c)/D_0}{2\pi\lambda_c} \tag{10-35}$$

式中，D_0、D_c、λ_c分别是套管直径、水泥环厚度、水泥环的导热系数。

(3) 地层热阻：

$$R_f = \frac{f(t_d)}{\lambda_e} \tag{10-36}$$

式中，t_d、λ_e 分别是注蒸汽时间、地层的导热系数。

(4) 环形空间热阻：

$$R_{a1} = \frac{0.1713 \times 10^{-8}\pi D_0}{12} \times \frac{1}{\dfrac{1}{\varepsilon_{t0} + \dfrac{D_0}{D_1}\left(\dfrac{1}{\varepsilon_{ci}} - 1\right)}} \tag{10-37}$$

式中，D_0、D_1、ε_{t0}、ε_{ci}分别为油管外直径、套管外直径、油管黑度、套管黑度。

2) 套管温度的计算(油管外不加隔热层)

(1) 油套环形空间为液体时：

$$T_c = \frac{T_s C + T_e}{C + 1} \tag{10-38}$$

(2) 油套环形空间为气体时：

$$\frac{T_c - T_e}{R_c + R_f} - \frac{T_s - T_c}{R_a} = R_{a1}[(T_s + 460)^4 - (T_c + 460)^4] \tag{10-39}$$

(3) 油套环形空间为蒸汽时油套环形空间为蒸汽时：

$$T_c = T_s \tag{10-40}$$

式中，T_c、T_s、T_e分别为套管温度、油管中蒸汽的温度、地层温度。

3) 热损失计算

(1) 选取 20 个左右的深度点，对每一个点计算单位长度上的热损失：

$$Q_{ht} = \frac{T_e - T_c}{R_c + R_f} \tag{10-41}$$

式中，R_c、R_f分别是水泥环热阻、地层热阻。

(2) 计算累计热损失：

$$Q_{t1} = D(1)Q_{hi}$$

$$Q_{ti} = Q_{hi}D(i-1) + \frac{1}{2}[d(i) - d(i-1)](Q_{hi} + Q_{hi-1}) \tag{10-42}$$

式中 $i=1, 2, \cdots\cdots, N$(N 为资料点数)

4. 计算蒸汽干度变化

$$x_i = \frac{x_1 h_1(l) + h_w(l) - Q_q(i) - h_w(i)}{h_1(i)} \tag{10-43}$$

式中，x_1、x_i分别为井口、第 i 点的蒸汽干度；$h_1(l)$、$h_1(i)$分别为井口、第 i 点的蒸汽潜热；$h_w(l)$、$h_w(i)$分别为井口及第 i 点的饱和水的焓。则进入地层的总热量为：

$$Q_t = x_n Q_f h_r + (1 - x_n) Q_f h_w \tag{10-44}$$

式中，Q_t、Q_f、x_n分别为进入地层总的湿蒸汽量，质量流量，紧邻射孔层上取一点处的湿蒸汽干度。

5. 应用实例

通过测试得到注汽井管柱及油层按深度分布的温度、压力、流量参数，通过解释得到蒸汽干度、热损失数据以及各小层吸汽量和吸汽剖面(图10－49)。

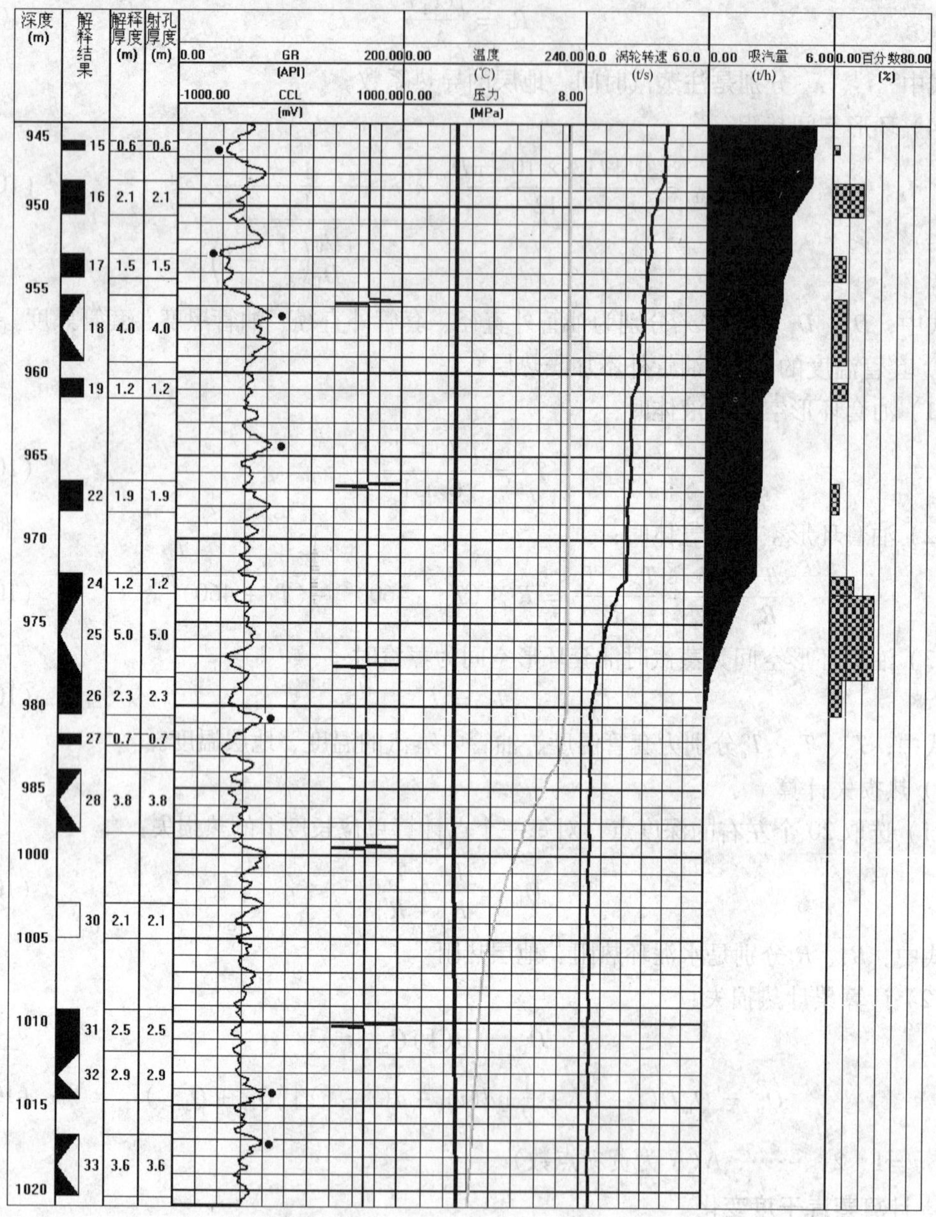

图10－49　×××井注汽剖面测试成果图

10.4　产出剖面测试

产出剖面测井主要是通过测量井筒内流体的流量、持水率、密度、井温、压力等参数，确定生产井的生产剖面，即分层产油、产气、产水情况。主要包括抽油机井过环空产液剖面测井和自喷井产出剖面测井。近些年还有气举井产液剖面测井。无论是过环空产液剖面测井，还是自喷井产出剖面测井，都要采用不同的仪器组合，去了解井下各生产层产多少，产什么，这是产出剖面测井的目的。不同类型的条件下具体采用什么样的仪器组合，什么样的施工工艺和选择哪些测井参数就是本章所要讨论的内容。

10.4.1 工艺原理及技术性能

围绕产出剖面测井两个核心内容，一是产多少，二是产什么，流量和含水这两个测量参数是最重要的两个测井参数。产出剖面测井参数还包括磁定位、井温、自然伽马、压力、流体密度等测井参数。多年来，与其他测井参数相比较，人们在产出剖面测井方面研究最多的就是流量和含水，流量仪器和含水仪器所开发的种类也比较多，如流量仪器有涡轮流量计、集流涡轮流量、全井眼流量等。环空测井仪器是从油管和套管之间的环形下井，它的外径最大只能做到26mm，这也限制了过环空测井仪的发展。自喷井(包括气井)测井仪器基本是从油管下入井内，外径一般都做到38mm，仪器种类更丰富一些。本节将介绍不同产出剖面测井仪器的工作原理和技术性能。

10.4.1.1 工艺原理

1. 流量

目前使用几种流量计如图10－50所示。

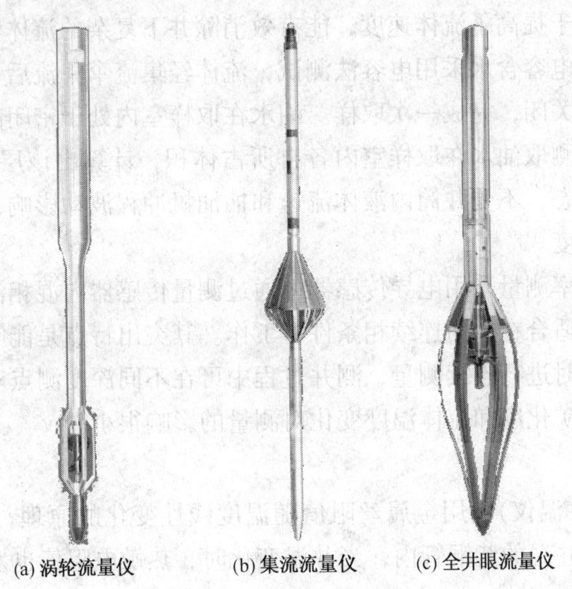

(a) 涡轮流量仪　(b) 集流流量仪　(c) 全井眼流量仪

图10－50　三种流量计示意图

(1) 涡轮流量仪器工作时井内流体推动涡轮旋转，涡轮转速与井内流体的流速基本成线性关系。由于井径已知，可以计算出分层产液量和全井产液量。涡轮流量仪器采用高灵敏度的磁敏元件和涡轮作为传感器，在涡轮轴端上装有一块磁铁，当流体流动带动涡轮转动，磁铁转动正对传感器时，磁铁转动与磁敏元件产生电磁感应效应，磁敏元件将涡轮的转数变成脉冲数。非集流的涡轮流量因为测井时不居中，并且大部分流体没有经过涡轮，导致涡轮启动排量大，只能在中高排量井测量。

(2) 集流流量计采用涡轮流量和集流伞配合，流体经集流伞集流后再通过涡轮，相应提高了流体对涡轮的贡献，提高测井精度，降低了仪器所需的启动排量尤其适合于低排量生产井。

(3) 全井眼流量计也是涡轮流量，但是它的涡轮叶片是一种可收缩的叶片，张开时比普通涡轮流量的叶片大得多。下井时收缩起来，下至套管段自动打开，涡轮能覆盖井眼的很大面积，涡轮的转数更能反映流体流动情况。

(4) 示踪流量(或称作放射性示踪流量)不是一种单独的仪器，而是由电动示喷器，一支类似于注射器的仪器和一支或两支自然伽马仪器组成的，电动示喷器有一个腔体能吸入大约 30mL 的液态同位素，在井下测井时，地面控制电动示喷器喷出 0.5～1mL，然后用自然伽马仪器测量同位素随流体移动的速度，从而计算出产层流量。可选用的同位素有铟同位素、碘同位素等等。

2. 含水

(1) 电容持水率计含水率仪主要利用井中流体的介电常数随含水百分比变化而变化来测量持水率。一般水的介电常数为 60～80，天然气的介电常数为 1～2，石油的介电常数为 2～6。电容法持水率计的轴心电极和仪器外壳组成一个同轴圆柱形电容器，流经其间的流体相当于电介质。流体中油、气、水的混合比例不同，测量的电容量也不同，通过电路将电容变化转化为频率变化。仪器经过刻度，不同的仪器计数对应不同的含水。

(2) 集流过流式电容含水测量时和集流伞配合，集流伞张开，流体集流后流经电容含水仪器的过流腔，相当于提高了流体速度，能有效消除井下复杂的流体型态对测量值的影响。

(3) 集流取样式电容含水采用电容法测试，流体经集流伞集流后，流经取样室，电路控制取样室上下盖同时关闭，完成一次取样。油水在取样室内处于密闭静止状态，油水重力分离，通过测量电容值测取油水在取样室内各自所占体积，计算出该层位流体含水。测量时，取样室内处于封闭状态，不受井筒内液体流速和抽油机冲程波动影响，从而提高了集流取样式电容含水的测量精度。

(4) 阻抗式含水率测量采用电导传感器，通过测量传感器内混相油水介质的阻抗变化来确定含水率。该技术适合在水为连续相条件下工作。其突出特点是能够实现在时间轴上对流量和含水两个参数同时进行连续测量，测井过程中可在不同深度测点对地层水电导率进行实地校正，因此产出水矿化度和流体温度变化对测量的影响很小。

3. 井温

井温仪(电阻式井温仪)利用金属丝阻值随温度线性变化的原理，温度传感器选用铂金电阻，它们装在感受井温的紫铜管内，当井温变化时，热敏电阻值也发生变化。

4. 流体密度

(1) 光电倍增管密度仪测量流体密度的基本原理是伽马射线在介质中的衰减程度与介质的密度有一定的关系，井内介质不同，探头接收到的伽马射线的强度也不同，通过地面刻度，从而建立起伽马射线强度与井内流体密度的关系曲线，进而求出流体密度。仪器装有一个 17mCi 的 137Cs(铯)源，在放射性源和探头之间，流体可以自由填充。因此，探头测得的伽马射线的强度较好地反映出流体密度的大小。

(2) FDR(流体密度仪)Sondex 所生产的新型流体密度仪采用一个 150mCi 镅－241 放射

源发出低能量伽马射线。一个带有晶体的闪烁伽马射线检测器，专门用于检测仅从该放射源中发出的伽马射线。在源与接收晶体之间有一个窗体，流体可以穿过。被检测器检测到的伽马射线的数量与流体的平均密度(光电吸收)有关。因此，低密度流体被检测到的伽马射线数量较多，而高密度流体的伽马射线数量较少。可根据计数率计算出流体的密度。

5. 压力

(1) 应变压力计传感器是一个应变电阻，它是组成电桥电路的其中一个电阻. 当外界压力变化时，应变电阻 R 变化，电位差也相应地变化，此信号经差分放大器和电压频率转换器后，使压力的变化变成频率的变化，其频率直接反映压力的变化。

(2) 晶体压力仪传感器是一种石英晶体压力传感器，它是把压力变化转变为频率变化的关键元件，压力晶体振荡器与参考晶体振荡器的输出信号进行混频滤波，输出所需较低的差频信号，再经过放大和电平转换后输出方波信号，其频率直接反映压力的变化。

6. 磁定位

两块磁铁同极相对，中间放置线圈，装在非磁性材料的仪器外壳内。由于接箍处套管加厚，改变了磁铁周围的磁场，使穿过线圈的磁通量变化，线圈中产生感应电动势，该信号传送至地面仪器，使磁性定位曲线产生异常，显示出套管接箍的位置。

7. 自然伽马仪

自然伽马仪由光电倍增管作为传感器。光电倍增管由晶体、光电阴极、阳极与若干附加的打拿极的电极组成，当入射光辐射晶体上引起晶体原子电离，释放出的光电子产生闪烁光，光电倍增管的光阴极将闪烁光转换成电子被加速，然后在光电倍增管的阳极产生与入射光相应的电脉冲。

8. 持气率计——GHT

Sondex 持气率计(GHT)提供一个跨井身持气测量。这在密度测量工具分辨率不足或受高流速影响的高地层气油比井中非常有用。低能量的 Co57 释放出伽马射线，与钻井液相互作用后，部分反射到工具的伽马射线检测器上。具有高分子密度的流体(例如油和水)产生高计数率；而具有低分子密度的气体产生低计数率。钨盘用于防止伽马射线直接穿过检测器。

10.4.1.2 技术性能

产出剖面测井仪器的生产厂家国内国外的都有，技术性能也不一样，可大致分为：

(1) 根据所在油田的测井井下温度和压力不同，对仪器整体耐温耐压大致可分为耐温125℃、150℃、175℃，耐压 40MPa、60MPa、80MPa；

(2) 过环空测井仪器外径一般在 26～21mm，自喷井(包括气井)外径一般都做到 35～43mm。长度越短越好。

下面是仪器技术性能的一般要求：

(1) 仪器整体耐温 150℃，耐压 60MPa，传输方式为单芯曼彻斯特码传输。工作电压为 34V。

(2) 磁定位：在套管中无漏测信号。

(3) 伽马：最小灵敏度，≥0.5CPS/API；精度，10s 统计起伏 ≤7%；测量范围，1～10000cps。

（4）温度：分辨率，0.1℃；精度，±1.0℃；响应时间，<0.8s；测量范围，0~150℃。

（5）压力：分辨率，0.1kg/cm²；精度，±0.7kg/cm²；测量范围，1~600kg/cm²。

（6）持水率：分辨率，3%；精度，±5%；测量范围，0~98%。

（7）流量：精度，1m³/d；启动排量，2m³/d；测量范围，2~60m³/d。

（8）金属集流伞：工作电压，收伞-70VDC，开伞+70VDC；工作电流，<80mA；收伞后外径，<Φ26mm；开伞后外径：>Φ130mm或>Φ160mm(5.5in和7in可调)。

（9）示喷器：工作电压，喷出-70VDC，吸入+70VDC；工作电流，<70mA。

10.4.2 产出剖面测试工艺

根据抽油井与自喷井的采油方式、井下管柱类型、流体型态、产量高低选取不同，制定不同的施工工艺，以达到最好的测井效果。

10.4.2.1 管柱类型及施工工艺方法

1. 管柱类型(图10-51、图10-52)

（1）抽油机井过环空测井。①井口：抽油机井井口必须安装可转动偏心井口。②管柱：5.5in套管井中油管直径不能超过2.5in，油套之间不能加封隔器，油管头不能安装喇叭口，油管头距离最上部油层10m以上。③测井必须在抽油机井正常生产情况下进行。

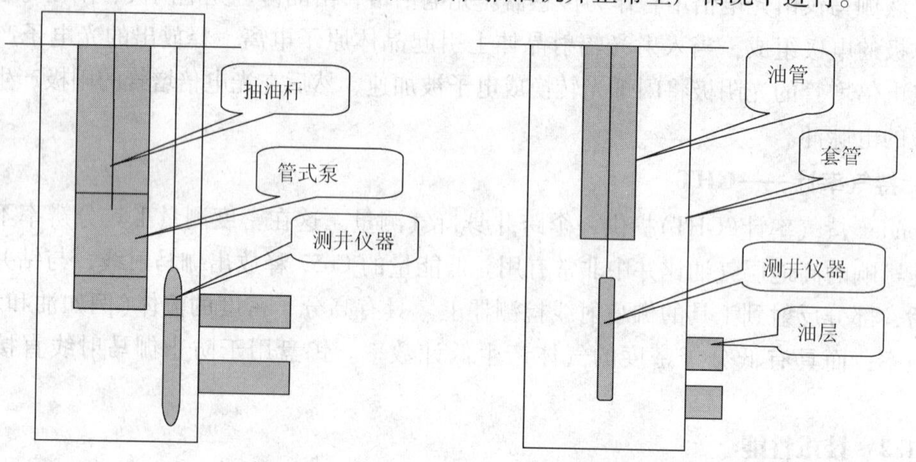

图10-51 环空测井管柱示意图　　图10-52 自喷井测井管柱示意图

（2）自喷井的安装。自喷井井口必须安装采油树，并且具备安装防喷装置的油管丝扣或法兰，测试阀门等，井下油管头部尽量安装喇叭口，喇叭口距油层10m以上。

2. 施工工艺

1）测井系列的选取

由于仪器要通过油套环形空间下入产层，因此抽油井要选择外径小于1in的仪器。抽油井一般为低产井，且为油水两相流动，基本不含气或产气量很小，应选用集流式流量计和集流式持水率计，温度计、压力计，若油水密度差较大可选用密度计。

自喷井中，对于高产井可以选用连续流量计(流量通常应大于50m³/d)，小于这一数值时，应选用集流式流量计。若为油水两相流动，可选用流量、密度、压力、温度，若油水密度相差较小，则应用持水率计取代密度计。若为油气水三相流动，则必须选用全部参数(流量、密度、持水率、温度、压力)，此外要测量自然伽马和套管接箍两个深度控制参数。

气井大都为自喷井，且井下一般为气水两相流动。一般选用七参数组合测井，Sondex 持气率计(GHT)是一种新型的气井测量仪器，在流体密度仪器分辨率不足或受高流速影响的高地层气油比井中非常有用。

稠油井测井时，高黏度的原油会对涡轮流量计的涡轮转动产生极大影响，经常导致涡轮不转，因此在稠油井中测量流量一般还是选用放射性示踪流量。

2）过环空集流式持水流量组合测井工艺

磁定位、自然伽马、温度、压力测量连续曲线，依据磁定位、自然伽马显示的套管接箍和射孔层校准测井深度，使测井深度与完井电测深度完全一致。

根据温度、压力曲线变化定性判断主产层。压力也可以根据要求进行点测。

集流式流量计和集流式持水率计采用点测方式测量。每个射孔层夹层都要进行点测。测井时，先给集流伞供开伞电压(+70VDC)，根据电压电流的变化判断是否完全张开，然后给集流式流量计和集流式持水率计供工作电压(+34VDC)，待计数稳定或规律变化后开始记录，测量该点流量和含水数据，要求记录时间 100s 左右，测完后，给集流伞供收伞电压(-70VDC)，待伞收完，继续下一个点的测量。

3）含水率仪器工作方式

集流式取样持水流量组合测井与集流式持水流量组台仪唯一不同是含水率仪器工作方式不一样。取样含水测量时，打开电容器上下通道，当油水流过时，关闭上下阀门，完成对当前流体一次取样。由于重力分异作用，油水在取样室内逐渐分离。读出仪器计数。

测量时，先给集流伞供开伞电压(+70VDC)，与集流伞张开同时，电容器顶盖也在打开，使经集流后的油水混合液从电容器的环形空间通过，等待几分钟，供集流伞供收伞电压(-70VDC)，此时，继电器首先把取样电容器上下盖关闭，液流即被电容器取样，仪器静止，待油水在重力作用下完全分离后，给仪器供工作电压(+34VDC)进行测量。测量后供收伞电压(-70Vdc)将伞收完，继续下一个点的测量。

测量过程中应注意:

(1) 取样后，顶盖和底盖必须密封，不能有泄漏，才能保证油水分离，否则测量电容值将降低。

(2) 在待测点打开顶、底盖，为了克服原液样中残留部分及生产层段静水柱的影响，须让流体从电容器环形空间流过一段时间再取样，从打开顶、底盖开始到关闭取样，这段时间叫取样时间。一般情况下流量越大取样时间就越短。为了防止测量出现假象，应根据仪器的规格和产液情况摸索出合适的取样时间。

(3) 从取样到测量这段时间叫分离时间，因为井筒中的流体是经过集流才进入电容器中，所以混合较为均匀。对于高流量、高含水油井，分离的时间较长，乳状流分离时间最长。一般分离时间在 15 ~ 30min。

(4) 自喷井井口必须安装封井器和高压密闭装置。测井仪器接好拉入防喷管内，缓慢打开井口测试阀门，待密闭管内流体充满后将测井仪器下入井内。

磁定位、自然伽马、温度、压力、流体密度、持水率测量连续曲线，用磁定位、自然伽马曲线校准测井深度，使测井深度与完井电测深度完全一致。压力也可以根据要求进行点测。

涡轮非集流流量用四种测速(8m/min、12m/min、16m/min、20m/min)分别进行上测和下测，最大测井速度应高于流体流动速度。

气举井是利用地面设备将高压气体从环空注入井下，经油管上的气举阀进入油管，以降低流体密度和液柱压力，将原油举升到井口。与自喷井测井工艺基本相同，测井气举管柱下深要在油层上 15m 左右，如井下出砂较多影响涡轮转动可采用放射性示踪流量。

10.4.2.2 产出剖面测井步骤

1. 测井准备

(1) 井口装置：①环空测井偏心井口装置为呈偏心状态的抽油机井井口装置；②可倾斜式井口防喷器可带压进行下井仪器测试。通过转动偏心轴套活接头，使防喷管避开抽油机驴头，具有不停产测井性能；③采油井口装置齐全、合格，符合采油井口安装要求；④环空测试抽油机井口符合 SY/T5812 的要求。

(2) 井场：①有适合于摆放测井车辆的位置及空间；②通向井场的道路良好。

(3) 井下技术状况：①油气井生产连续、稳定；②结蜡严重的井，测井前 72h 清蜡或热洗井。

2. 测井井场布置和井口安装

(1) 绞车滚筒对正井口。井架车的停放保证在施工过程中，天滑轮对准测试口。

(2) 天滑轮上部距吊钩不小于 0.5m，下部距防喷盒不小于 1.0m。

(3) 地滑轮牢固固定在法兰盘上。

(4) 正确连接下井仪器。

(5) 防喷装置连接牢固、不泄漏。

(6) 抽油机井过环空测井作业，先停抽油机，后连接防喷装置。

(7) 抽油机井过环空测井施工中，电缆下至 200m 后方可倾斜防喷管，启动抽油机。

3. 刻度、校验下井仪器

下井仪器的刻度、校验应符合 SY/T 5132 的要求。

4. 测井

(1) 自喷井测井的下井仪器起下速度不超过 3000m/h，抽油机井过环空测井起下仪器速度不超过 2000m/h。

(2) 按作业设计(或测井通知单)要求进行测井。

(3) 测井资料质量应符合 SY/T 5132 的要求。

(4) 抽油机井过环空测井施工中，当下井仪器起至距井口 200m 停止上提，同时停止抽油机工作。使用可倾斜井口装置时，将防喷管竖直后继续起电缆，起速不超过 200m/h。

(5) 下井仪器起至距井口 50m 以上时，绞车动力改为人力牵引，使下井仪器进入防喷管内。

(6) 确认仪器进入防喷管后，关闭井口阀门，将防喷管内压力降至常压后，打开活接头拆卸防喷装置，取出下井仪器。

5. 恢复井口装置

测井作业完毕，恢复油气井井口装置的初始状态。抽油机井过环空测井作业完毕要启动抽油机，恢复油气井正常生产状态。

6. 测井 HSE 安全作业技术要求

(1) 在测井过程中，应执行 SY 5726 的规定。

(2) 在使用放射性物质时，应严格执行 SY 5131 的规定。

(3) 下井仪器在井内遇阻时，遇阻后下放电缆长度不允许超过10m。

(4) 下井仪器在上提时，当电缆张力大于仪器与电缆质量的2倍时，及时停车查明原因。

(5) 防止井内流体泄漏。

(6) 在测井过程中，不允许关闭油气井生产流程。抽油机井过环空测井作业应尽可能缩短抽油机停抽时间。

(7) 抽油机井过环空测井作业发生仪器缠绕油管时，及时通知现场有关技术人员，共同分析原因，正确解缠。

10.4.3 资料解释与应用

产出剖面测井包括油水两相、气水两相、油气两相和油气水三相流动，无论是自喷井、气举井，还是抽油井或电泵井，流量、持水率、密度、温度、压力五个或其中几个参数的综合处理过程如下：

10.4.3.1 定性评价与读值

产出剖面测井的目的主要是了解注采井网中采油生产井每个小层的产出情况，是产水还是产油或气，产水量有多高，高渗透层是否发生了注入水或气体突进，注入的水是否到达了生产井，是否起到了驱油的作用等。在解释之前首先要了解所测井可能的井下生产状况，要了解所解释的井在井网构造上的部位和该井的生产史、相应构造上原始的油气分布状态，生产井的完井参数、地面油气水的产量、生产和射孔层位、喇叭口位置、管柱结构、套管尺寸等。

掌握以上信息后，对测井曲线综合图进行分析，初步掌握油水产出部位，产出量，油水含量，若有气产出，曲线的振动幅度较大，了解井下是油水两相流动，还是三相流动。有的井上部解释层为三相流动，下部解释层为两相流动。通过定性分析，可以对该井产出剖面有个初步了解，做到心中有数，对进一步定量解释有较强的辅助作用。可以控制定量解释的结果，提高分层产量及各相含量的精度。

若为定点测量，可通过各参数的定点记录值了解各层的产出情况。

生产测井定量解释的解释层段与裸眼井的解释层段划分不同。裸眼井是逐点解释的。套管井的读值解释层段是分段进行的，一般来说在生产着的射孔层之间为解释层段，该段可以是几米，也可以是十几米，取决于两个生产层的间隔，同一解释上，流量、密度、持水、压力、温度等各参数基本不变或变化幅度很小。通常情况下有几个生产层也就选几个解释层，解释层位于相应生产层的上方，同一生产层中可包含一个或几个射孔层，若射孔层间的距离较小不容易识别(入口效应)，则划分解释层时同一生产层可包括两个或两个以上的射孔层。

以上读值方法是对自喷井或气举井而言的，气举井和自喷井在测井过程中的产量和压力相对稳定。对于抽油机井，仪器通过油套环形空间下入油管鞋以下的生产层段进行测井时，抽油泵在运动。由于常用的泵为单作用泵(上冲程抽液)，所以通常将上冲程作为有效冲程，抽油泵工作时的瞬时流量 q 和活塞运动的速度 V_c 成正比：

$$q = KAV_c \tag{10-45}$$

式中，K 为单位换算系数，A 为活塞面积。

由上式可知，q 的变化和抽油泵活塞运动变化规律一样。活塞下冲程不抽液、故抽汲流量为零，但由于续流影响，井下流量不为零，而是逐渐减小，所以井下流量是随着抽油泵工作呈周期性变化的，如图 10 - 53 所示。实际测得的振荡曲线表明，其周期与抽油泵一个冲次的时间完全吻合，流量曲线的波峰在上冲程时出现。在下冲程时，抽油泵虽停止工作，但动液面没有发生变化(生产压差没有变化)，所以油井仍在生产，因此流量曲线不为零。实际应用表明，抽油泵工作过程中压力也存在一定的波动、波动幅度为 0.03 ~ 0.07MPa。

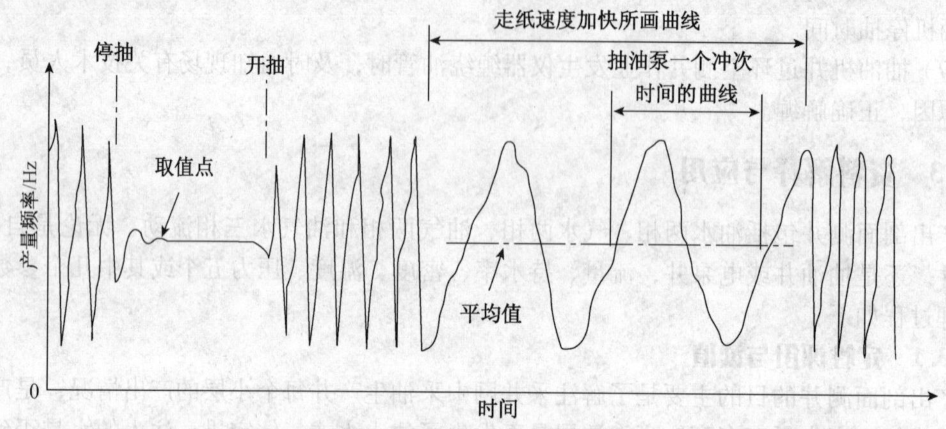

图 10 - 53　涡轮流量计测井曲线图

在以上情况下，涡轮流量计曲线的读值方法通常分为三种：停抽法、面积法、平均取值法。

停抽法：测井时，抽机泵突然停止，由于动液面尚未恢复，所以此时压差仍为生产压差，因此认为停抽瞬间的油井产量与正常生产时基本相同，即瞬间停抽取得的流量就为抽油时的流量，如图 10 - 54 所示。具体方法是抽油机停止工作后，在波动到平滑的拐点处取流量计的测量值。停抽法适用于生产压差大采油指数小的井。这类井停抽后曲线下降较缓慢，开始振荡，使其稳定后再取值产生较大误差。图 10 - 55 中停抽 30min 后，流量计的读数从 42Hz 下降到 40Hz，下降幅度很小，相对误差为 5%。

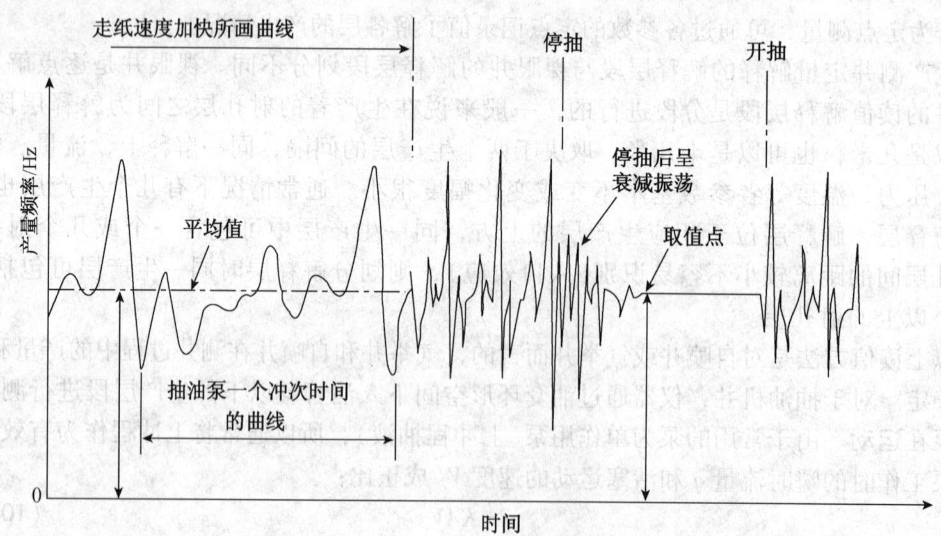

图 10 - 54　生产压差大、采液指数小的井涡轮流量计测井曲线图

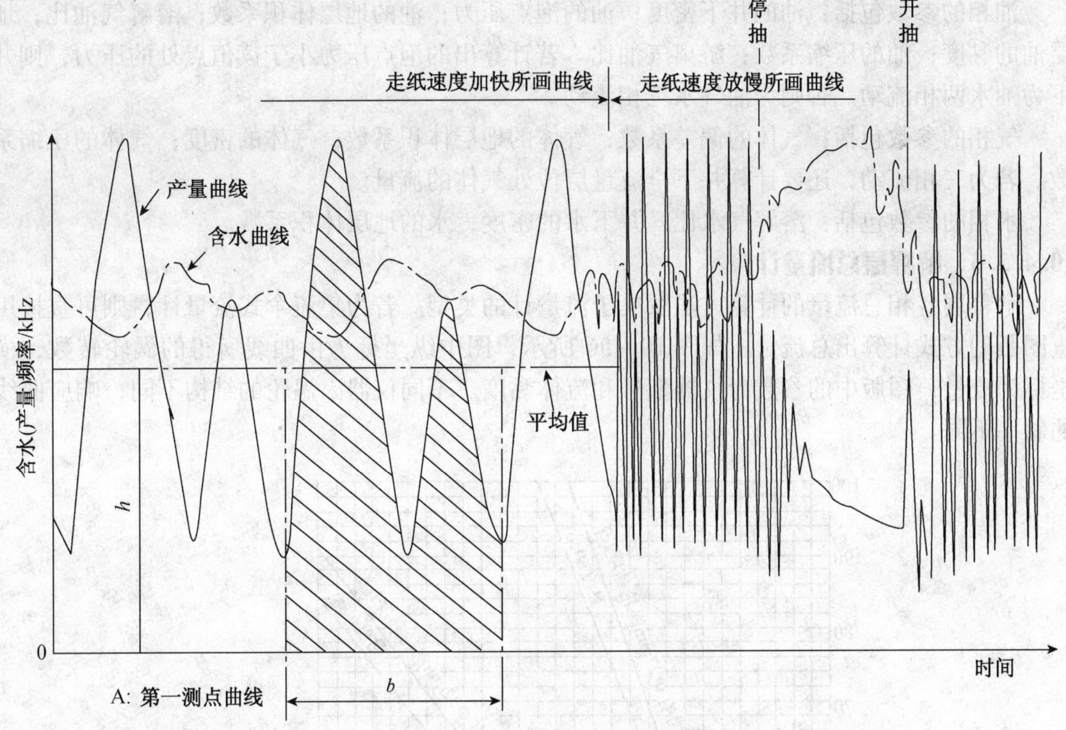

图 10－55　伞式流量计原始测井曲线图

面积法：对于生产压差小、采油指数大的井停抽后曲线下降很快，取值很困难，不适宜用“停抽法”取值。面积法是取曲线上相间的两个波谷低点横坐标轴作垂线，计算该段曲线与横轴围成的面积，然后用该段的面积除以两垂线间时间长度，将得到等面积矩形的高度，此高度对应的读数即为涡轮流量计的读数

$$h = \frac{A}{b} \tag{10-46}$$

式中，h 为读数，A 为阴影面积，b 为时间长度。

平均取值法：该方法与面积法类似，在一定时间内记录总频率累计频数，除以取值时间即可得到相应的涡轮流量计读数。由于波形曲线是不对称变化，因此要求取值时间是单个冲次的倍数。

10.4.3.2　油气水物性参数计算

在计算流量、持水率、滑脱速度、地表和井下流量换算解释过程中，需要油气水的高温高压物性参数。由于每个解释层的温度和压力不同，因此严格讲每一层都应对这些参数进行计算，实践表明，由于产层通常分布在沿井筒几十米的层段上，所以实际计算时，通常选择这些产层分布的中点为目的进行压力、温度取值与计算，即若最上部射孔层位的上端深度为1000m，最下部射孔层下端的深度为1040m，则中点的深度为1020m，计算时以1020m深度处的压力、温度读值为依据进行计算，计算结果为该深度处的物性参数。应用时可在整个生产层段使用计算结果。

需要已知的参数为：地面油、气、水的产量；地层水的矿化度；地面油的相对密度(API)；地面天然气的相对密度(r_g)，射孔层段中点处的流体温度和流体压力。

计算结果包括：油气水的高压物性参数。

油相的参数包括：油的井下密度；油的泡点压力；油的地层体积系数；溶解气油比；地层油的黏度；油的压缩系数；游离气油比。若计算出的泡点压力小于读值点处的压力，则井下为油水两相流动。否则为油气水三相流动。

气相的参数包括：气体的偏差系数；气体的地层体积系数；气体的密度；气体的压缩系数。若为三相流动，还要计算井下全流量层位处气体的流量。

水相的参数包括：溶解气水比；井下水的密度；水的地层体积系数。

10.4.3.3 解释层总流量计算

解释层各相总流量的计算方法取决于流量计的类型。若为集流伞式流量计，则可直接用查图版的方式计算出总流量。如图 10－56 所示，图中纵坐标为由曲线所得的涡轮转数，横坐标为流量，图版中的参数为仪器型号和流体黏度。不同仪器因涡轮的结构不同，响应曲线的斜率不同。

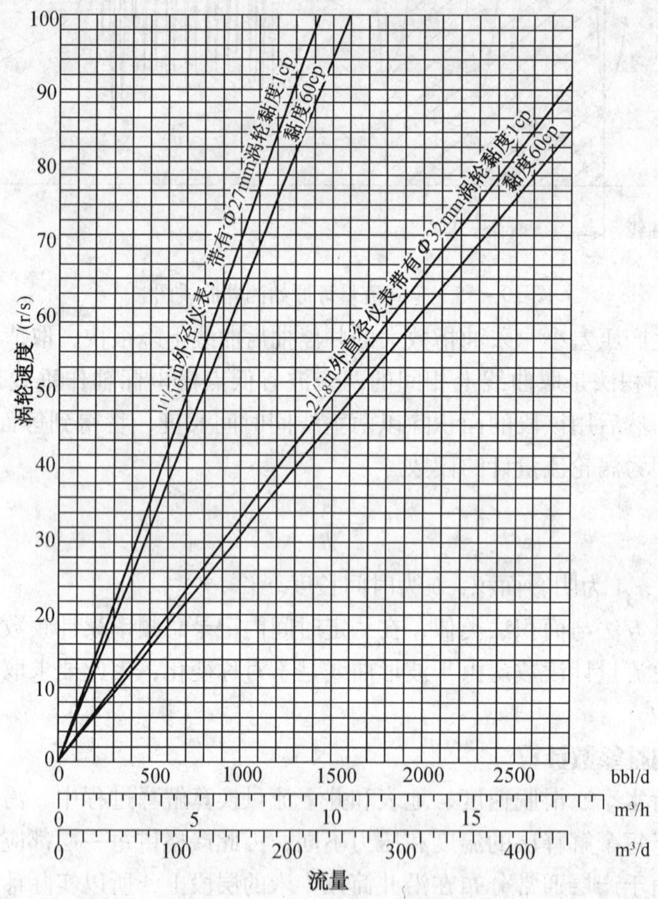

图 10－56 集流式流量计响应曲线

若为示踪流量计或连续流量计，首先要计算视流体速度，然后计算速度剖面校正系数，最后计算流量。

$$
\begin{aligned}
Q &= \frac{1}{4}\pi(D-d)^2 C_v V_a \\
&= P_c C_v V_a
\end{aligned}
\tag{10-47}
$$

式中，Q 表示某解释层的总图流量；D 表示套管内径；d 表示仪器外径；C_v 表示速度剖面校正系数；V_a 表示视流体速。P_c 表示管子常数，可表示为

$$P_c = \frac{1}{4}\pi(D-d)^2 \tag{10-48}$$

对于示踪流量计

$$V_a = \frac{\Delta H}{\Delta t} \tag{10-49}$$

式中，ΔH 表示示踪峰间的距离；Δt 表示峰值间的时间差。对于连续涡轮流量计的测井曲线(图 10－57)，划分解释层后，图中划分了六个解释层($Z_0 \sim Z_5$)，作如图 10－58 所示的交会图。作交会图所用的记录数据如表 10－5 所示。表中列出了 6 个层的涡轮转数和电缆速度。该实例是用斯伦贝谢公司的 CUS 全井眼流量计测得的，所以分别对正转和反转数据分开拟合回归求取流体速度 V_a。

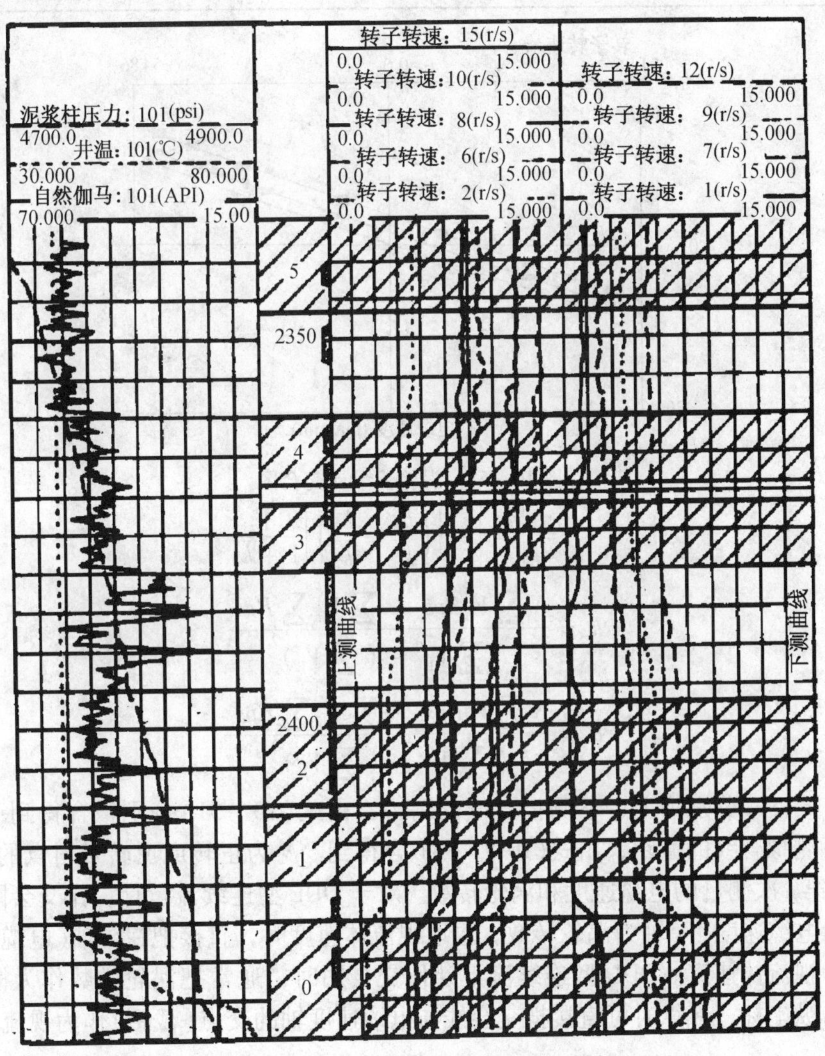

图 10－57　×××井不同速度测量曲线图

表 10-5　应用实例

测量次数 \ 解释层	电缆速度 CVEL	零流量层 Z_0	第一层 Z_1	第二层 Z_2	第三层 Z_3	第四层 Z_4	第五层 Z_5
顶部深度	0.0	2435.00	2419.00	2410.00	2378.00	2366.00	2345.00
底部深度	0.0	2427.00	2412.00	2400.00	2373.00	2361.00	2335.00
第一次测量	10.3293	-1.7329	-0.8762	-0.29530	0.682899	1.04657	1.25068
第二次测量	30.4213	-5.2036	-3.8985	-3.8179	-2.7886	-2.3846	-2.1866
第三次测量	39.6117	-6.7324	-5.4003	-5.2905	-4.0502	-3.7985	-3.6392
第四次测量	48.0437	-8.3302	-6.9724	-6.8538	-5.8335	-5.3930	-5.3328
第五次测量	-10.362	1.87269	3.41894	3.49838	4.74751	5.13757	5.42146
第六次测量	-42.514	8.39814	9.82338	9.94436	11.1259	11.5534	12.0689
第七次测量	-49.512	9.81686	11.1931	11.2503	12.5871	13.1071	13.4489
第八次测量	-25.936	5.10795	6.56242	6.67007	7.85086	8.31250	8.68762
第九次测量	-30.990	6.16331	7.62067	7.73179	8.78457	9.24537	9.55162

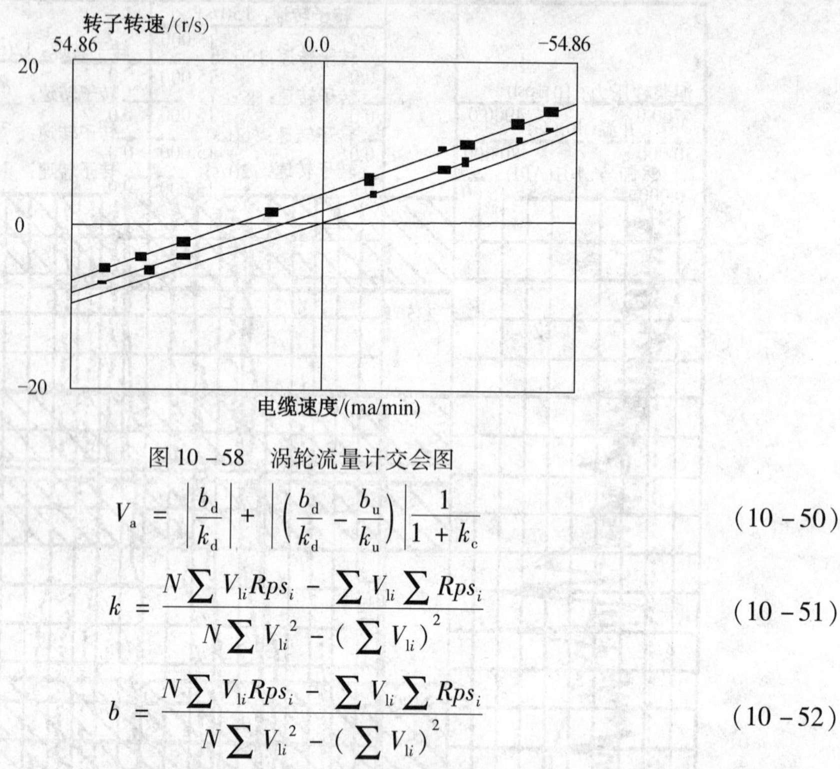

图 10-58　涡轮流量计交会图

$$V_a = \left|\frac{b_d}{k_d}\right| + \left|\left(\frac{b_d}{k_d} - \frac{b_u}{k_u}\right)\right| \frac{1}{1 + k_c} \tag{10-50}$$

$$k = \frac{N\sum V_{1i}Rps_i - \sum V_{1i}\sum Rps_i}{N\sum V_{1i}^2 - \left(\sum V_{1i}\right)^2} \tag{10-51}$$

$$b = \frac{N\sum V_{1i}Rps_i - \sum V_{1i}\sum Rps_i}{N\sum V_{1i}^2 - \left(\sum V_{1i}\right)^2} \tag{10-52}$$

式中，k_u、k_d 分别为上、下测拟合线的斜率，由式(10-51)分别拟合得到；b_u、b_d 分别为上、下测拟合线的截距，由式(10-52)拟合得到。N 为正转或反转资料点的个数；V_{1i}、Rps_i分别为第 i 次测量的电缆速度和涡轮转数。对于 DDL 型连续流量计，作交会图时，通常把 x 轴作为电缆速度，y 轴为涡轮转数，求取视流体速度时，直接把在 x 轴(电缆速度轴)上的截距作为视流体速度。DDL 型连续流量计作交会图时，通常把涡轮转数作为横坐标，电缆速度作为纵坐标，计算时可直接把交会线与电缆速度轴的交点(截距)作为视流体速度(两相流动)

$$V_a = \frac{\sum V_{1i}\sum Rps_i^2 - \sum V_{1i}\sum Rps_i}{N\sum Rps_i^2 - \left(\sum Rps_i\right)^2} \tag{10-53}$$

对于 DDL 型连续流量计，在单相流动中视流体速度 V_a 表示为

$$V_a = V'_a + V_t \tag{10-54}$$

$$V_t = 10^{\left(\frac{|k|-15.5}{14.5}\right)} \tag{10-55}$$

式中，V'_a 由式(10－53)计算，V_t 为起动速度，k 为交会线的斜率。

视流体速度计算出后，要乘上一校正系数 C_v 才可得到一平均流速，单相流动中计算 C_v 章中的图版。当为层流时，C_v值为 0.5，紊流时；C_v值分布在 0.78～0.82 之间。DDL 型高灵敏度流量计计算 C_v的公式为

$$C_v = \frac{1}{1+0.7344e^{-0.14175V_a}} \text{（3in 内径套管）}$$

$$\text{或 } C_v = \frac{1}{1+1.037e^{-0.1V_a}} \text{（5in 内径套管）}$$

多相流中，油气水在套管横截面上的分布不均，因此速度分布带有较大的随机性，图 10－59 是气水两相流动中 $V_a/V_m(1/C_v)$与持水率 y_w及水的表观速度的实验关系(DDL 型高灵敏度流量计)。纵坐标为持水率 y_w，横坐标为 $1/C_v$，0cm/s、7.2cm/s 为水的表观速度(平均流速)，图中 C_v的变化范围为 0.1～1.44 之间，出现了 C_v大于 1 的现象。说明套管中间流速小于平均流速，也说明流速分布的复杂性。把套管截面分成如图 10－60 中 A、B 两个区域，A 表示涡轮叶片覆盖区，对于不同的流型来说，这两个区域中油气水的浓度分布不同。对于段塞状流动，区域 A 中为气塞或油气水塞体，区域 B 中为油气水混合物；对于过渡流动，区域 A 和区域 B 中为不稳定的混合体；对于雾状流动，区域 A 和区域 B 的油气水分布相同。实际测量时，叶片落在区域 A 中，所测流速为区域 A 中心附近的平均速度。图 10－59 实验用的叶片覆盖面积为 9.2cm^2，套管截面面积为 126.6cm^2。叶片覆盖面积占套管面积的 7.3%，因此所测流速只反映套管截面上这一区域的视流速，根据图示，把 C_v与 y_w关系列于表 10－6 中。

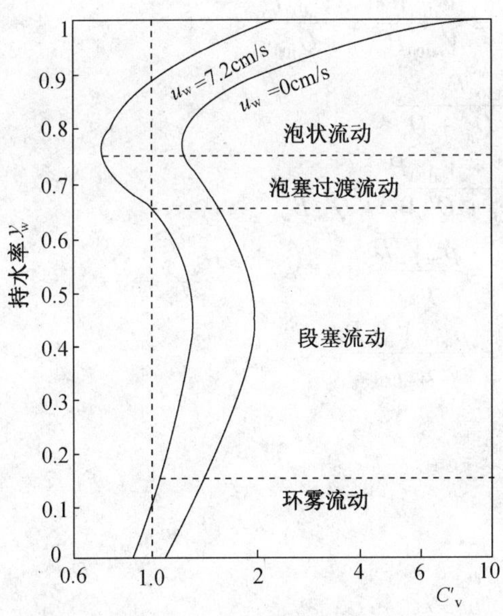

图 10－59　C'_v 与持水率和水表观速度的实验曲线

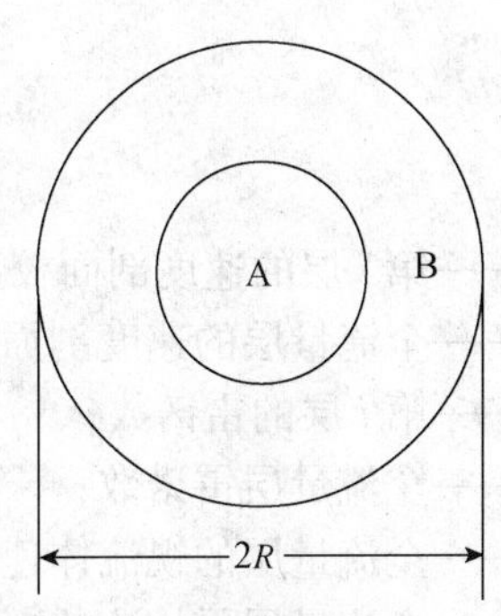

图 10－60　油气水在套管横截面上的区域分布示意图

表 10-6 不同流型的持水率值和 C_v 的值

流型	持水率 y_w	C_v
泡状流动	0.75	0.1～1.39
泡塞过渡流动	0.65～0.75	1～1.39
段塞流动	0.15～0.65	1～1.5
环雾流动	0.15	1～1.1

由表可知，对于不同的流型，C_v 值不同。C_v 值大于 1，说明中心流速小于平均流速，用单相流动理论无法解释，这一现象主要发生在泡状流动向段塞状流动转变的区域，由液塞下落造成。

对于集流式涡轮流计，由于涡轮的叶片覆盖了整个通道，所以可以认为 C_v 为 1.0。在多相流动中，考虑到油气水速度分布的不均匀性和电缆速度、叶片面积、流量波动(图 10-61)及含水波动等诸多因素的影响(环境影响)，江汉石油学院的研究人员提出了用井下刻度确定速度剖面的计算方法：

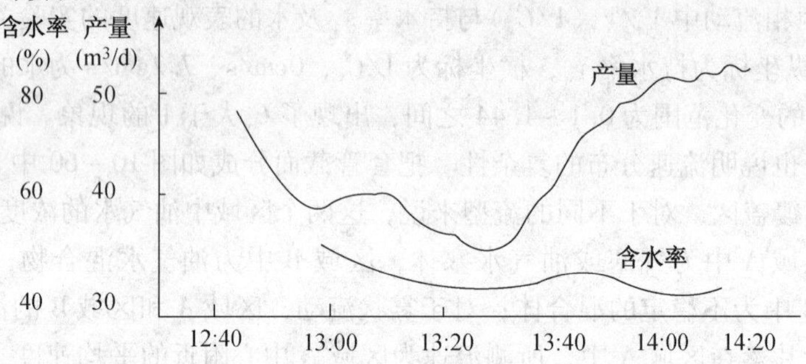

图 10-61 产液、含水波动曲线

$$C_{vi} = \frac{R_{ei}}{R_{e100}} \times C_{v100} \tag{10-56}$$

$$C_{v100} = \frac{V_{a100}}{V_{m100}} = \frac{V_{a100}P_c}{V_{m100}P_c} = \frac{V_{a100}P_c}{Q_{100}} \tag{10-57}$$

$$= \frac{V_{a100}P_c}{Q_o + Q_g + Q_w}$$

$$= \frac{V_{a100}P_c}{Q'_oB_o + Q'_g\mathrm{B}_g + Q'_wB_w}$$

$$Re_i = \frac{\rho_{mi}V_{ai}D}{\mu_{mi}} \tag{10-58}$$

$$Re_{100} = \frac{\rho_{m100}V_{a100}D}{\mu_{m100}} \tag{10-59}$$

式中 C_{vi}——第 i 层的速度剖面校正系数；

C_{v100}——全流量层的速度剖面校正系数；

R_{ei}——第 i 层的雷诺数；

R_{e100}——全流量层雷诺数；

V_{a100}——全流量层的视流体速度；

V_{m100}——全流量层平均流速；

Q_{100}——全流量层的总流量；

Q_g——全流量层游离气的流量；

Q_w——全流量层水的流量；

Q_o——全流量层油的流量；

Q'_g——地面游离气的产量；

Q'_w——地面水的产量；

Q'_o——地面油的产量；

ρ_{mi}——第 i 层的油气水混合密度，由密度曲线取得；

ρ_{m100}——全流量层的混合密度，由密度曲线确定；

V_{ai}——第 i 层的视流体速度；

μ_{mi}——第 i 层的混合黏度；

D——套管内径；

P_c——管子常数。

在利用上述公式计算时，要把各参数的单位进行统一，计算混合黏度的常用公式为：

$$\mu_m = \mu_w y_w + \mu_o y_o + \mu_g y_g \tag{10-60}$$

式中，μ_o、μ_w、μ_g、y_o、y_w、y_g 分别表示油气水的黏度和持率。

实际应用表明，利用上述方法计算 C_v 可以对测井环境的影响进行有效校正。若为两相流动，则上述计算中的一项计算时为零。若为油水两相流动，则 Q_g、y_g 为零。在油气水三相流动中，由于地面产出的气包括游离气，溶解在油中的气及溶解在水中的气。所以计算 Q'_g 时应采用以下公式：

$$Q'_g = Q'_o(R_p - R_s - R_{sw}Q'_w/Q'_o) \tag{10-61}$$

即把游离气从地面产气的总量中单独分离出来。

10.4.3.4 油气水持率的计算

对于油水、气水、油气两相流动，采用密度计算持率时，可采用以下公式：

油水两相流动

$$y_w = \frac{\rho_m - \rho_o}{\rho_w - \rho_o} \tag{10-62}$$

$$y_o = 1 - y_w \tag{10-63}$$

气水两相流动

$$y_w = \frac{\rho_m - \rho_g}{\rho_w - \rho_g} \tag{10-64}$$

$$y_g = 1 - y_w \tag{10-65}$$

油气两相流动

$$y_o = \frac{\rho_m - \rho_g}{\rho_o - \rho_g} \tag{10-66}$$

$$y_g = 1 - y_o \tag{10-67}$$

气水、油气两相流动中，气水或油气之间的密度差较大，因此利用式(10－64)～式(10－67)之间的公式计算出的 y_w、y_g、y_o 值可靠性较高，对于油水两相流动，由于 ρ_o、ρ_w 差别较小，因此利用式(10－62)和式(10－63)计算出的 y_w 和 y_o 值误差较大，因此对于油水两相流动，常采用持水率计测井方法确定持水率和持油率。由于常用持水率计有电容持水率计、低能源持水率计等，因此可因仪器不同采用不同方法计算持水率。若把电容持水率计的输出频率看作与持水率计呈线性关系，则：

$$y_w = \frac{Cps - Cps_o}{Cps_w - Cps_o} = \frac{Cps - Cps_o}{0.86(Cps_w - Cps_g)} \tag{10-68}$$

$$y_o = 1 - y_w \tag{10-69}$$

式中，Cps_w、Cps_o 分别表示仪器在全水、全油中的刻度值，由于气的介电常数与油相似，应用时常用空气的 Cps_g 代替 Cps_o，但要加一系数0.86。Cps 表示测井响应值，这些参数在计算前要作压力、温度校正(见持水率测量一节)。由于当持水率从0变化到100%时，流型将从乳状变化到泡状流动，所以输出频率与持水率间呈非线性响应。图10－62是一国产电容持水率计的刻度曲线，纵坐标为仪器响应的输出(电压或频率)，横坐标为持水率，图中显示持水率为35%时为流型的过渡点，即从油连续向水连续的过渡点，在该过渡点的两侧，响应为线性。在这种情况下，可直接用查图版的方法确定持水率。或者在持水率为35%的两侧用线性方法计算持水率，但此时 Cps_w 和 Cps_o 值应发生变化，

当 $y_w < 35\%$ 时，

$$y_w = \frac{Cps - Cps_o}{Cps_{35} - Cps_o} \times 0.35 \tag{10-70}$$

$$y_o = 1 - y_w$$

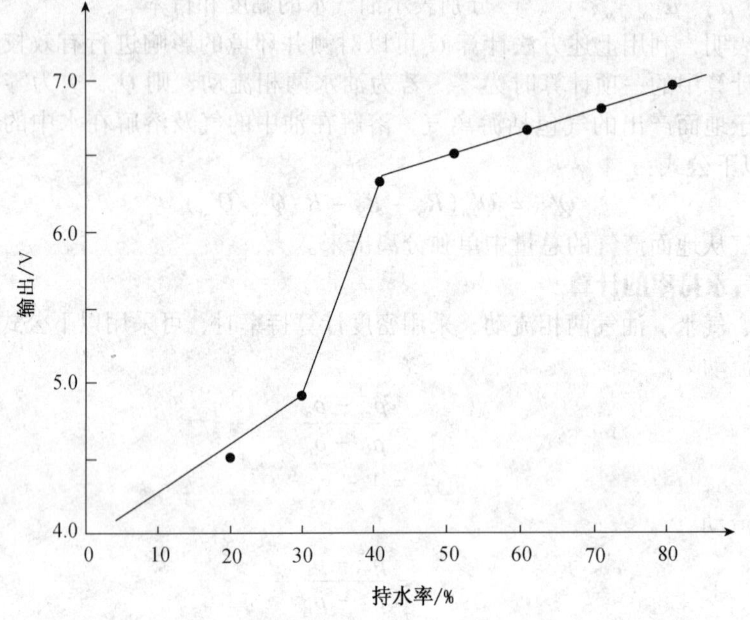

图10－62　标定曲线

当 $y_w \geqslant 35\%$ 时，

$$y_w = \frac{Cps - Cps_{35}}{Cps_w - Cps_{35}} \times 0.65 + 0.35 \tag{10-71}$$

$$y_o = 1 - y_w$$

式中，Cps_{35} 表示持水率为35%时的响应值。由上式分析知，式(10－68)只能作为近似计算 y_w 的计算公式，推荐应用式(10－70)和式(10－71)计算持水率，对于不同的仪器，若知道其他相关的响应值，可以用该值取代 Cps_{35}，此时式(10－70)式(10－71)中的0.35、0.65两个数值要变为相应已知点的数值。江汉石油学院的研究人员提出用井下刻度方法计算取代 $y_w=0.35$ 拐点的方法，主要原因是不同厂家生产的仪器拐点不同，计算方法如下：

$$y_w = \frac{Cps - Cps_{100}}{Cps_w - Cps_{100}}(1 - y_{w100}) + y_{w100} \tag{10-72}$$

$$y_{w100} = 1 - \frac{1}{2}\left[1 + \frac{V_m}{V_s} - \sqrt{\left(1 + \frac{V_m}{V_s}\right)^2 - \frac{4V_{so}}{V_s}}\right] \quad (10-73)$$

$$V_s = 1.53 y_{w100}^n \left[\frac{g\delta(\rho_w - \rho_o)}{\rho_w^2}\right]^{0.25} \quad \text{(Nicolas 公式)(n 取 1.0 ~2.0)} \quad (10-74)$$

式中，y_{w100} 表示全流量层的持水率，式(10－73)是由滑脱速度模型得到的，即

$$V_{so} = y_o V_m + y_o(1 - y_o) V_s \quad (10-75)$$

$$V_s y_0^2 - (V_m + V_s) y_o + V_{so} = 0 \quad (10-76)$$

对一元二次方程(10－76)求解，即可得式(10－77)，也可以采用漂移流动模型求 y_{w100}。

$$y_{w100} = 1 - \frac{V_{so}}{1.53 y_w^2 \left[\frac{g\delta(\rho_w - \rho_o)}{\rho_w^2}\right]^{0.25} + 1.2V_m} \quad (10-77)$$

以上计算的是泡状流动情况，对于乳状流动，$V_s = 0$，持水率与全含水率相等，此时

$$y_w = \frac{Cps - Cps_o}{Cps_{100} - Cps_o} \times y_{w100} \quad (10-78)$$

$$y_o = 1 - y_w$$

$$y_{w100} = C_{w100} \quad (10-79)$$

式中，C_{w100} 表示全流量层的含水率。

对于油气水三相流动，要同时使用密度和持水率资料才能得到各相的持水率，由均流模型知，

$$\begin{cases} y_o + y_g + y_w = 1 \\ \rho_o y_o + \rho_g y_g + \rho_w y_w = \rho_m \end{cases} \quad (10-80)$$

$$y_g = \frac{y_w(\rho_w - \rho_o) + (\rho_o - \rho_m)}{\rho_o - \rho_g} \quad (10-81)$$

$$y_o = 1 - y_w - y_g \quad (10-82)$$

式中的持水率 y_w 用式(10－78)近似求取。

若采用低能源放射性持水率计，则

$$y_w = \frac{\ln\frac{I}{I_0} + \mu_o\rho_m L}{(\mu_o - \mu_w)\rho_w L} \quad (10-83)$$

式中，I、I_0 表示源外和探头处的放射性强度度计数率，L 为探头长度，μ_o、μ_w 为油、水的伽马射线质量吸收系数，ρ_w 为水的密度，ρ_m 为混合密度，由放射性低能源密度计测得

$$\rho_m = \frac{\ln(I_{10}/I_1)}{\mu L} \quad (10-84)$$

式中，I_{10}、I_1 为伽马射线能量在 60keV 以上时，源和探头处的伽马射线强度计数率，μ 为相应的质量吸收系数，此时油气水三者的质量吸收系数相等。

10.4.3.5 流型判断

判断是油水两相流动还是油气水三相流动的主要标准是看流动压力是否大于泡点压力。在一口井中通常可能是两相流动或者三相流动。地面产油气水井在泡点压力小于井下流动压力时，井下为油水两相流动，反之井下呈油气水三相流动。一口井中的目的层段，若压力变化较大，则可能存在下部为油水两相流动，上部为油气水三相流动的复杂现象。若井口只产油水，则井下只可能为油水两相流动。若井口产气水，则井下也只可能是气水两相流动。若

井口产油和气，则由于可能存在静水柱，因此井下可能是油水两相流动，或者为油气水三相流动。若井口只产油，则井下通常为存在静水柱的油水两相流动；对于井口产气和水的气井，则井下通常为气水两相流动，有的井会出现下部产水，上部产气的单相、气水两相流动情况，可以从密度曲线中识别是否为这一流动现象；若气井的井口只产气，由于静水柱存在，井下一般为气水两相流动；若井口只产水，由于水的密度比油和气的密度大，所以井下只可能是单相水流动。

由上述分析可知，井下是单相流动、两相流动还是三相流动，要根据井口产出流动性质、泡点压力和密度等测井资料综合分析确定。

生产井中常见的流动是油水、气水及油气水三相流动。对于油水两相流动，用测井资料判断其流型的主要方法是用持水率资料。

$y_w \geqslant 0.4$　　泡状流动

$y_w = 0.25 \sim 0.4$　　段塞状流动

$y_w < 0.25$　　乳状流动(雾状流)

泡状流动中油水存在滑脱速度，水为连续相；乳状流动中，油为连续相，水为分散相，滑脱速度为零，持水率与含水率相等，实际应用时，可把 $y_w = 0.3$ 作为泡状与乳状流动的边界，段塞状流动不太明显(图 10-63)。

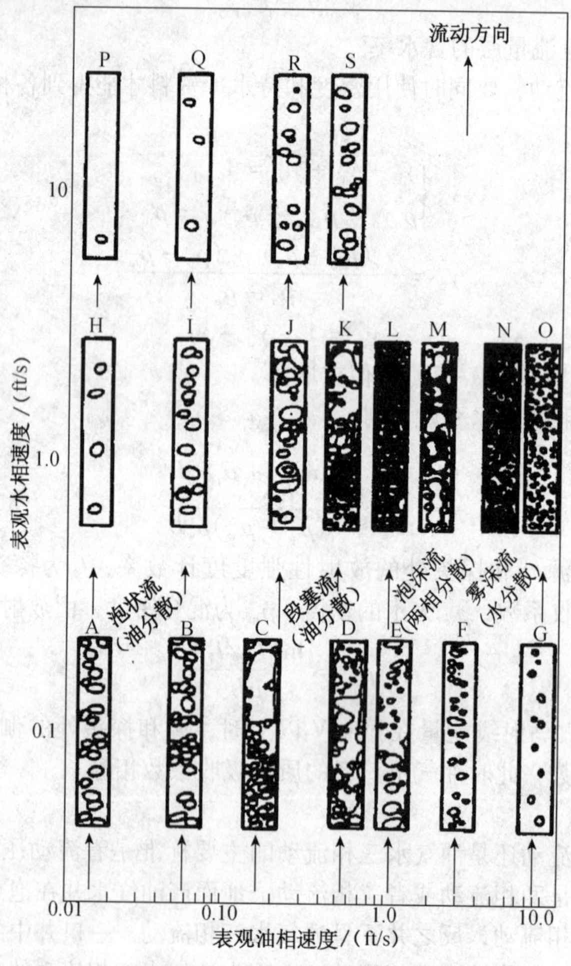

图 10-63　垂直流道中油水两相流型

对于气水两相流动，用测井资料判断流型的方法主要是利用持气率资料。

$y_w < 0.25$　　泡状流动

$y_w = 0.25 \sim 0.85$　　段塞状流动

$y_w > 0.85$　　沫状流动

或用密度测井资料判断

$\rho_m \geqslant 0.692\ g/cm^3$　　泡状流动

$\rho_m = 0.692 \sim 0.5074 g/cm^3$　　段塞状流动

$\rho_m < 0.5074\ g/cm^3$　　沫状流动

各流型流动形态如图 10－64 所示。气的流量发生变化后，流型从泡状流动逐步过渡到环雾状流动。实际应用中，可采用全流量层的气液流量判断气水井全流量层的流型，对 ROS 方程取 $\rho_w = 1 g/cm^3$，$\delta = 30 dyn/cm$，$D = 15 cm$，得：

$Q_g \leqslant 202 + 0.175 Q_w$　　泡状流动

$Q_g \leqslant 9938 + 5.7 Q_w$　　段塞流

$Q_g \geqslant 14708 + 23 Q_w$　　雾状流

式中，Q_g、Q_w 的单位为 m^3/d。计算结果介于段塞流和雾状流之间时为过渡状流动。

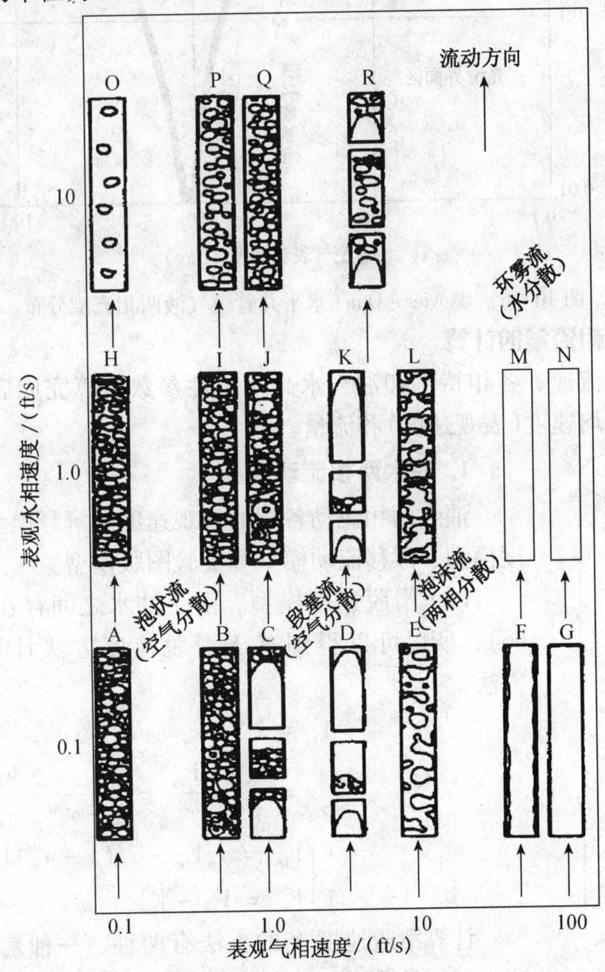

图 10－64　垂直流道气液两相流型

对于油气水三相流动，传统的计算方法是把油水看作是液相，用类似于气水两相流动的方法判断。对于水平井中气水两相流动的流型，可按图10-65中Govier-Omer的流型图进行判断。图10-65中的横坐标为气体的表观速度，纵坐标为水相表观速度。由于采用了气水两相的表观速度，所以在产出剖面解释中只能用于判断全流量层的流型。其他解释层的流型可近似参照全流量层的流型。

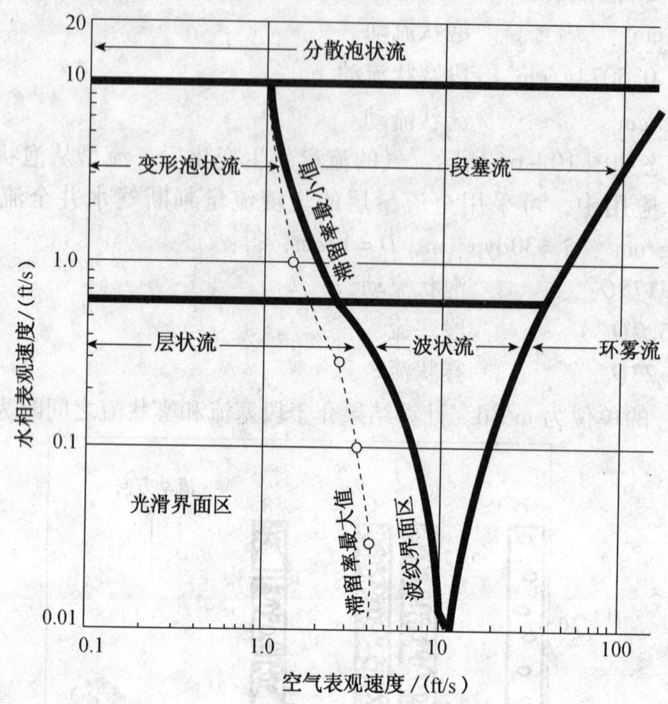

图10-65　Govier-Omer水平井管道气液两相流型分布

10.4.3.6　油气水各相流量的计算

在解释层的平均流速、各相持率和油气水高压物性参数计算完成后，下一步就是计算油、气、水各相的平均速度(表观速度)和流量。

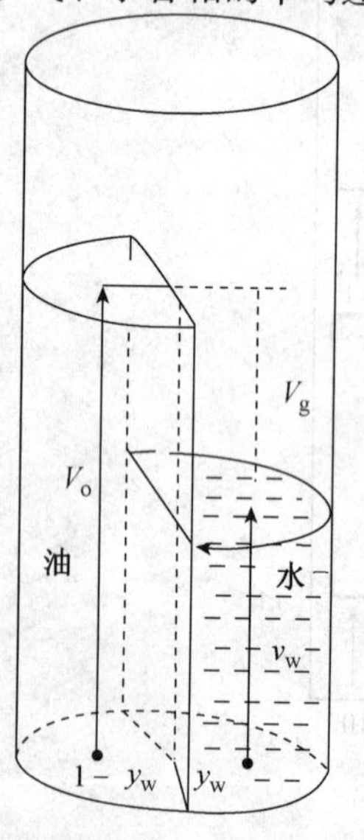

图10-66　滑动模型示意图

1. 油水两相流动计算

油水两相流动各相的表观速度的解释模型有三种：即滑脱速度模型、漂移流动模型和实验图版模型。

(1) 滑脱速度模型。由于油水之间存在滑脱速度(图10-66)，所以可以得到基于滑脱速度方法计算油水平均速度的方法。

$$V_s = V_o - V_w = \frac{V_{so}}{y_o} - \frac{V_{sw}}{y_w} = \frac{V_{so}}{1-y_w} - \frac{V_{sw}}{y_w} = \frac{V_m - V_{sw}}{1-y_w} - \frac{V_s}{y_w}$$

$$\begin{cases} V_{sw} = y_w V_m - y_w(1-y_w)V_s \\ V_{so} = V_m - V_{sw} \end{cases} \tag{10-85}$$

计算滑脱速度V_s的方法有两种，一种是采用实验结果的方法；另一种是半经验方法。下式是根据实验结果拟合得到的计算公式

$$V_s = \begin{cases} 19.01\,(\rho_w - \rho_o)^{0.25}\exp[-0.788(1-y_w)]\ln\dfrac{1.85}{\rho_w - \rho_o} & y_w \geqslant 0.3\ \text{泡状流动} \\ 0 & y_w \leqslant 0.3\ \text{乳状流动} \end{cases} \tag{10-86}$$

式中，V_s的单位为 m/min。

半经验方法是 Nicolas 提出的，适用于泡状流动：

$$V_s = 1.53y_w^n\left[\frac{g\delta(\rho_w - \rho_o)}{\rho_w^{\ 2}}\right]^{0.25} \quad (n = 2 \sim 0.5) \tag{10-87}$$

乳状流动中，油水的滑脱速度为零，持水率与含水率相同，即 $C_w = y_w$，$V_{sw} = y_w V_m$，$V_{so} = y_o V_m$。

（2）漂移流动模型。漂移流动模型认为油泡在水中以一定的速度向上移动，泡状流动中计算油相的表观速度的方法为：

$$V_{so} = y_o(1.2V_m + V_t) \tag{10-88}$$

$$V_{sw} = V_m - V_{so} \tag{10-89}$$

$$V_t = 1.53y_w^2\left[\frac{g\delta(\rho_w - \rho_o)}{\rho_w^{\ 2}}\right]^{0.25} \tag{10-90}$$

（3）实验图版法。利用模拟井制作如图 10－67 所示的解释图版，即可从图中求出解释层的含水率。图中横坐标为总流量，由流量计资料取得。纵坐标为持水率（含水指数），由电容持水率计资料取得。

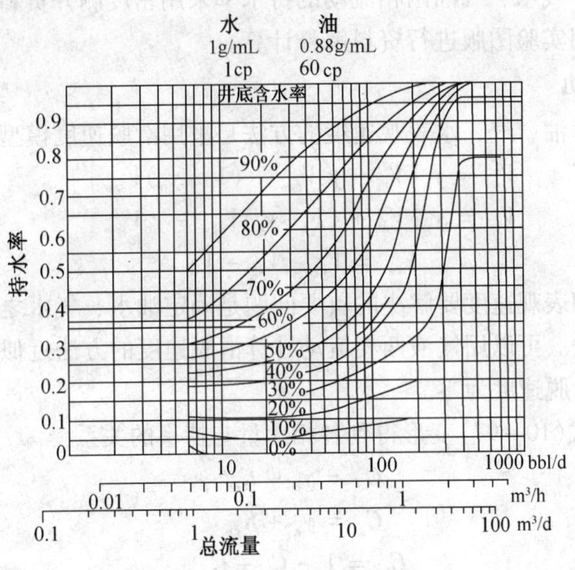

图 10－67 持水率与井底含水率的关系图

这两个数据代入图中后，即可得到该解释层的含水率（C_w），所以油、水的流量分别表示为：

$$Q_w = C_w Q_m \tag{10-91}$$

$$Q_o = Q_m - Q_w \tag{10-92}$$

图中对应的仪器是斯伦贝谢公司的集流型持水率计，对于不同的仪器，其曲线的形状不同。由图中可知，持水率总大于含水率，这与理论分析相符合(滑脱速度模型)。

$$C_w = y_w - \frac{y_w(1-y_w)V_s}{V_m} \tag{10-93}$$

利用这一结论可以监测测井资料的质量。由图可知，总流量大于40m³/d，持水率大于0.3之后，曲线分辨率降低并最后汇敛，这是由于泡状流动中，电容法持水率计失去分辨能力后导致的。

实验图版法既适用于集流型仪器，也适用于连续型综合仪，目前国内集流型仪器主要采用这一种解释方法。

2. 气水两相流动

气水两相流动中气、水表观速度的计算主要采用漂移流动模型。

$$V_{sw} = y_g(CV_m + V_t)\ (C=1.2\sim2，通常取1.2) \tag{10-94}$$

$$V_{sg} = V_m - V_{sw} \tag{10-95}$$

$$V_t = 1.53\left[\frac{\delta_{gw}(\rho_w-\rho_g)g}{\rho_w{}^2}\right]^{0.25} \quad (泡状流动)$$

$$V_t = 0.345\left[\frac{gD(\rho_w-\rho_g)}{\rho_w{}^2}\right]^{0.5} \quad (段塞流动)$$

式中，C为气体分布系数，V_t为气泡在静水中的浮升速度，δ_{gw}为气水界面张力系数，D为套管内径。对于油气两相流动，可采用式(10－78)、式(10－79)计算，计算时用油的参数替代水的参数即可。气水、气油两相流动的持水率采用密度测井资料计算。对于气水、气油两相流动，也可采用实验图版进行资料解释计算。

3. 油气水三相流动

三相流动中，计算油、气、水表观速度的方法是采用滑脱速度模型：

$$V_{so} = y_o[V_m - y_gV_{sgw} + (1-y_o)V_{sow}] \tag{10-96}$$

$$V_{sg} = y_g[V_m + (1-y_g)V_{sgw} - y_oV_{sow}] \tag{10-97}$$

$$V_{sw} = V_m - V_{sg} - V_{so} \tag{10-98}$$

采用上式确定各相表观速度要解决的首要问题是确定油水、气水之间的滑脱速度，目前还没有可靠的确定方法。可以用气液两相流动计算滑脱速度的方法近似估计气水间的滑脱速度，并以为油水间的滑脱速度为零。

对式(10－96)、式(10－97)变形得到各相含量与持率的关系：

$$C_o = y_o + K_{ox} \tag{10-99}$$

$$C_g = y_g + K_{gx} \tag{10-100}$$

$$C_w = 1 - C_o - C_g \tag{10-101}$$

$$K_{ox} = \frac{(1-y_o)V_{sow} - y_oV_{sgw}}{V_m} \tag{10-102}$$

$$K_{gx} = \frac{(1-y_g)V_{sgw} - y_oV_{sow}}{V_m} \tag{10-103}$$

式中，C_o、C_g、C_w为解释层的含油率、含气率和含水率，K_{ox}、K_{gx}为滑脱速度校正系数。采用集流式流量计后，由于V_m值比原来增大20倍以上，所以K_{ox}、K_{gx}值大幅度减小，

此时近似认为 $K_{ox} \approx K_{gx} \approx 0$，所以：

$$C_w \approx y_w$$
$$C_o \approx y_o$$
$$C_g \approx y_g$$

即采用集流式仪器时，可以认为油气水含量与油气水持率近似相等。

10.4.3.7 产层各相产量计算

油气水的表观速度计算后，即可得到该解释层油气水各相的流量，即：

$$Q_o = P_c V_{so}$$
$$Q_g = P_c V_{sg}$$
$$Q_w = P_c V_{sw}$$

若有 N 个解释层（从上至下），则相邻两个解释层各相的产量表示为：

$$P_{oi} = Q_{oi} - Q_{o(i+1)}$$
$$P_{gi} = Q_{gi} - Q_{g(i+1)}$$
$$P_{wi} = Q_{wi} - Q_{w(i+1)} \ (i=1, \cdots, N)$$

式中，Q_{oi}、Q_{gi}、Q_{wi}表示各解释层油、气、水的流量；P_{oi}、P_{gi}、P_{wi}分别表示第 i 个解释层与第 $i+1$ 个解释层之间油、气、水的产量。各产层各相的产率表示为：

$$C_{poi} = \frac{P_{oi}}{P_{oi} + P_{gi} + P_{wi}} \tag{10-104}$$

$$C_{pgi} = \frac{P_{gi}}{P_{oi} + P_{gi} + P_{wi}} \tag{10-105}$$

$$C_{pwi} = \frac{P_{wi}}{P_{oi} + P_{gi} + P_{wi}} \tag{10-106}$$

式中，C_{poi}、C_{pgi}、C_{pwi}分别表示第 i 个解释层与第 $i+1$ 个解释层之间油、气、水的含量。

C_{poi}、C_{pgi}、C_{pwi}与 C_o、C_g、C_w 的主要差别为，前者是产层中的油气水含量，反映了地层中的油气水含量分布，后者为各解释层中的油气水含量，反映套管中各相的分布情况。

若为两相流动，只计算三相中的两相即可，计算结束后，利用 Q_{oi}、Q_{gi}、Q_{wi}；P_{oi}、P_{gi}、P_{wi}可绘制出如图 10－68 所示的成果图。

另外阿特拉斯公司生产的产出剖面测井仪器，流量计为集流型涡轮测量方法，持水率计采用电容法测量。该仪器主要在自喷井中测量，主要应用井下刻度方法。

10.5 注入、产出剖面测试工艺技术应用

10.5.1 注入剖面测试工艺技术在垂直井生产测井应用

1. 五参数组合示踪注入剖面测井在注 CO_2 井的应用

施工方法同同位素注水剖面施工方法相同，只是下井仪器有些区别。所测注气剖面资料能很好地反映注气层的吸入状况。如表 10－7 ×××12 井 CO_2 注气剖面测井解释成果表。图 10－69 为×××12 井 CO_2 注气剖面测井解释成果图。

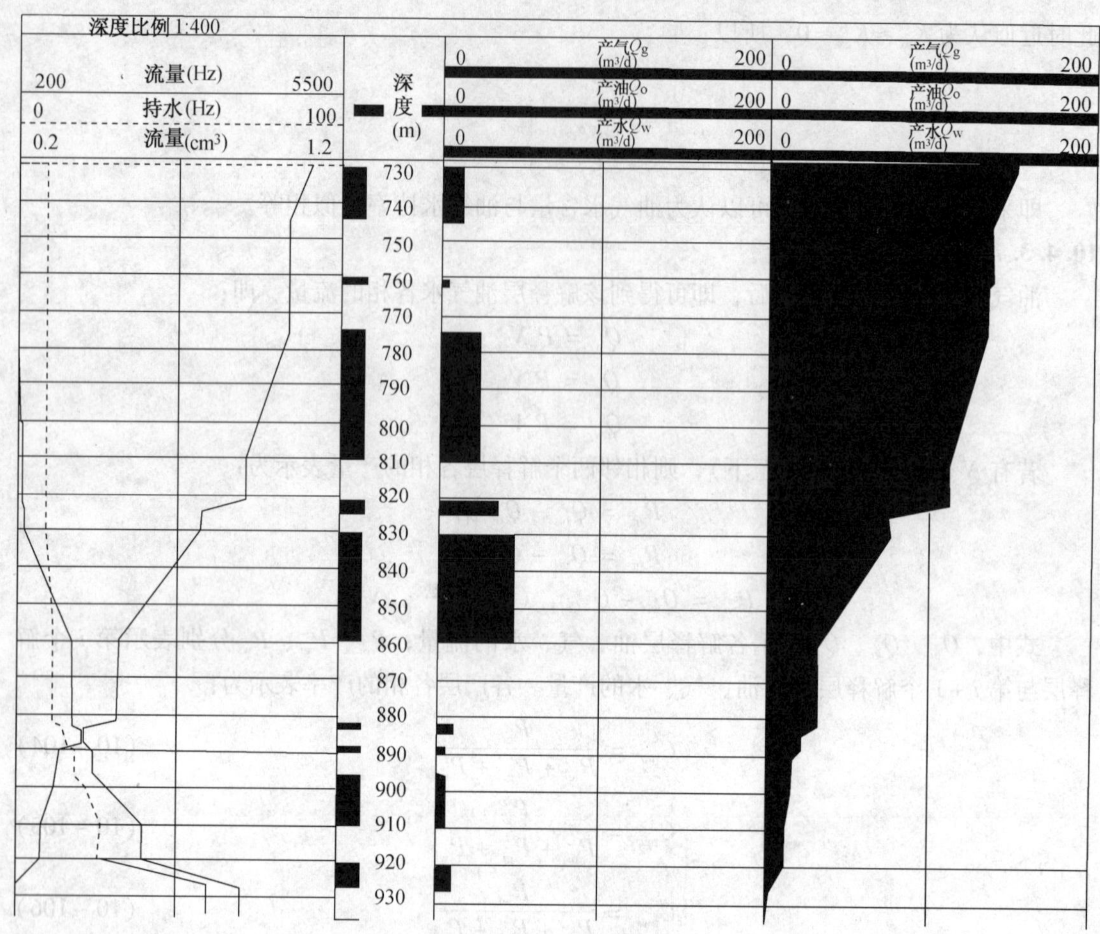

图 10－68　三相流成果图

表 10－7　×××12 井 CO_2 注入剖面解释成果表

序号	射孔井段/m	射孔厚度	相对吸入量/%	每米相对吸入量/%
1	3122. 3 ~3126. 2	3. 9	80. 1	20. 5
2	3135. 4 ~3139. 0	3. 6	0. 0	0. 0
3	3146. 1 ~3149. 2	3. 1	19. 9	6. 4
4	3151. 8 ~3157. 3	5. 5		
5	3160. 5 ~3167. 5	7. 0		
6	3170. 0 ~3179. 1	9. 1		

(1) 技术说明：①本次测井采用伽马、井温、磁定位、压力和涡轮流量测井仪进行测井，一次录取的参数有温度、磁性定位、压力、放射性同位素示踪及连续涡轮流量曲线。②该井资料是在密闭条件下录取的；测井时仪器工作正常，重复性良好。反映了正常注入条件下各层的吸二氧化碳状况。③该井解释深度组合测井自然伽马为准进行深度校正。

(2) 资料分析：①本次测井实测喇叭口深度为 3102. 6m；②从井口压力判断，封隔器不密封；③测井结果显示，3122. 3 ~3126. 2m 井段为主吸入层，吸入量占全井吸二氧化碳量的 80. 1%，3146. 1 ~3149. 2m 井段为次吸入层，吸入量占全井吸二氧化碳量的 19. 9%。

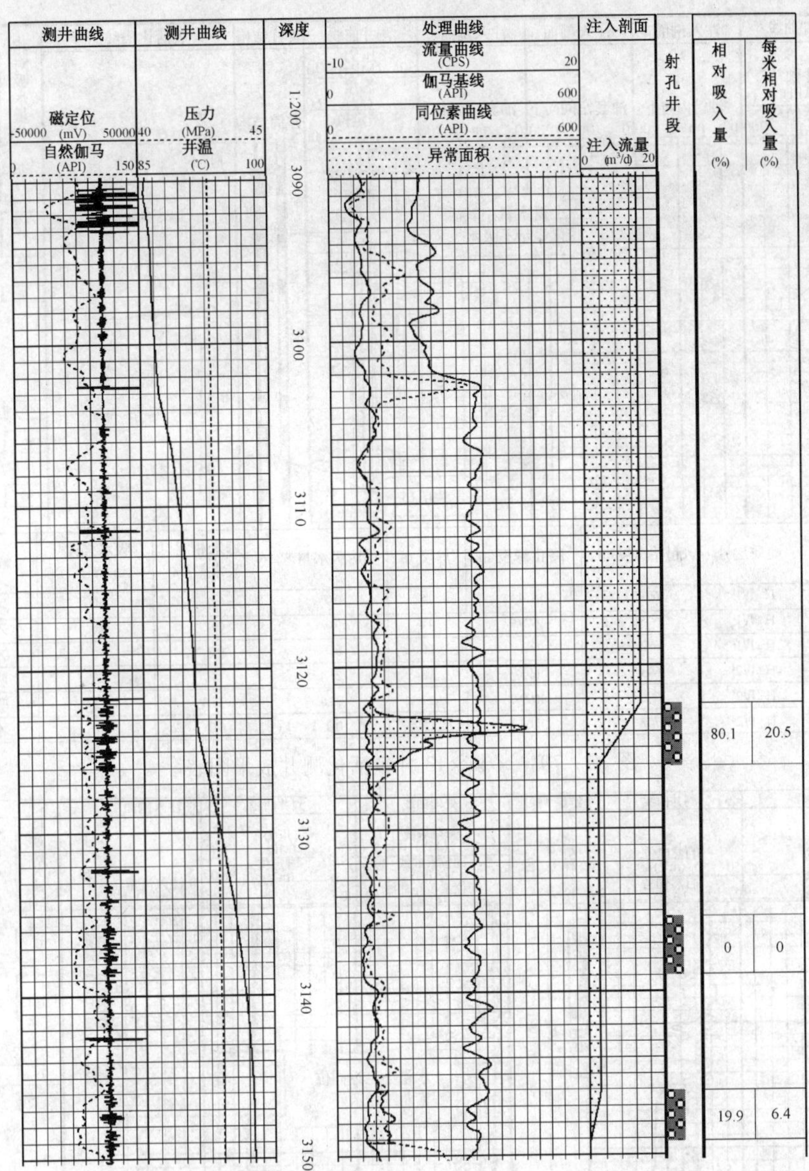

图 10－69 ×××12 井 CO_2 井注气剖面测井解释成果图

2. 注入剖面测井在实际测井遇到的问题

由于同位素示踪测井受到的影响因素较多，进行同位素示踪测井时虽然采用多参数组合，并对资料进行综合解释，仍然会出现较大误差，同位素测井有时不能完全反映大通道、大裂缝的实际情况；而氧活化测井能很好地测试大通道、大裂缝具体情况。氧活化测井方法虽然应用比较广泛，但在注聚合物剖面测试中也存在一些问题，不同情况下影响因素也多。如①黏度大的流体活化峰有托尾现象；②低流量无法测到谱峰；③取值计算中人为误差大。氧活化测井无放射性污染而得到大力推广应用。由于这两种方法有各自的特点和适用条件，互相弥补。因此它们都是目前注入剖面测井的重要方法。如×××13 井氧活化与同位素测的同一口井资料。在层段 1675.5～1680m，因水量小而氧活化曲线无显示，而同位素在层段 1675.5～1680m 显示很好(图 10－71)。

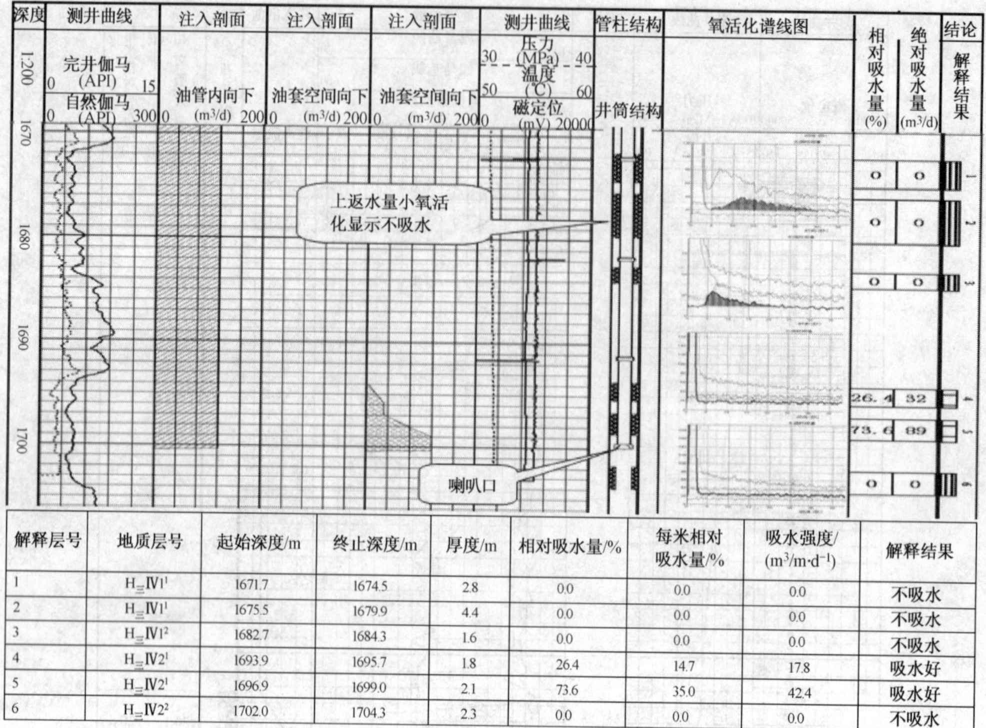

解释层号	地质层号	起始深度/m	终止深度/m	厚度/m	相对吸水量/%	每米相对吸水量/%	吸水强度/($m^3/m\cdot d^{-1}$)	解释结果
1	$H_{Ⅲ}Ⅳ^1$	1671.7	1674.5	2.8	0.0	0.0	0.0	不吸水
2	$H_{Ⅲ}Ⅳ^1$	1675.5	1679.9	4.4	0.0	0.0	0.0	不吸水
3	$H_{Ⅲ}Ⅳ1^2$	1682.7	1684.3	1.6	0.0	0.0	0.0	不吸水
4	$H_{Ⅲ}Ⅳ2^1$	1693.9	1695.7	1.8	26.4	14.7	17.8	吸水好
5	$H_{Ⅲ}Ⅳ2^1$	1696.9	1699.0	2.1	73.6	35.0	42.4	吸水好
6	$H_{Ⅲ}Ⅳ2^2$	1702.0	1704.3	2.3	0.0	0.0	0.0	不吸水

图 10－70　×××13 井氧活化测井成果图表

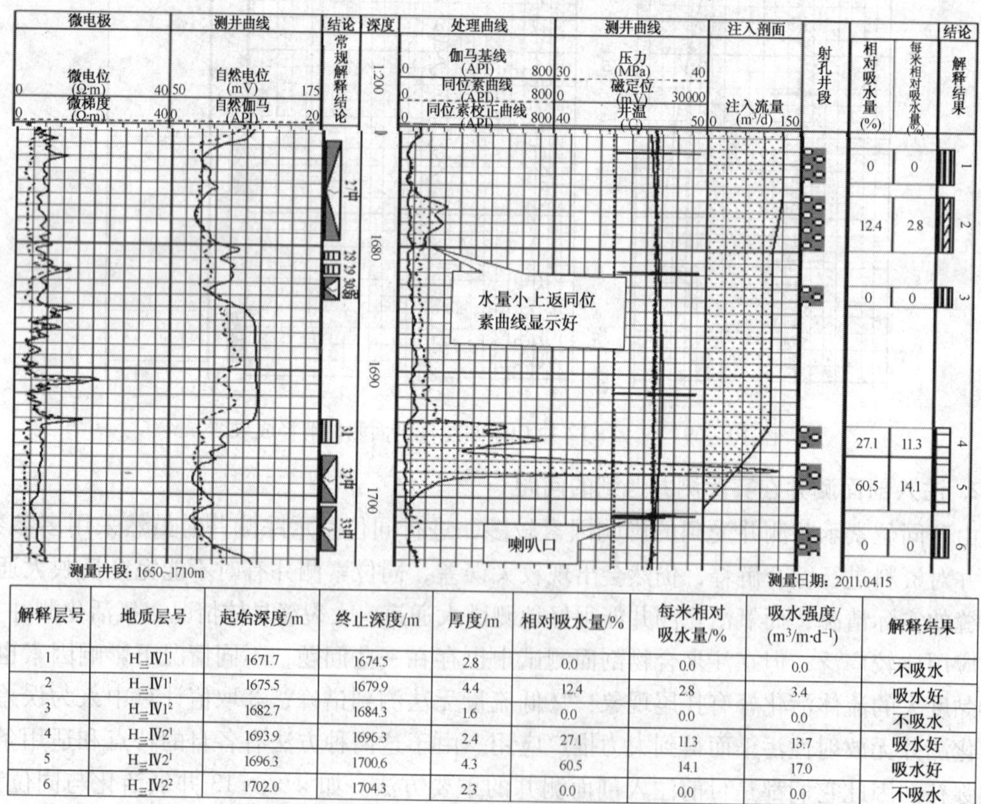

解释层号	地质层号	起始深度/m	终止深度/m	厚度/m	相对吸水量/%	每米相对吸水量/%	吸水强度/($m^3/m\cdot d^{-1}$)	解释结果
1	$H_{Ⅲ}Ⅳ^1$	1671.7	1674.5	2.8	0.0	0.0	0.0	不吸水
2	$H_{Ⅲ}Ⅳ^1$	1675.5	1679.9	4.4	12.4	2.8	3.4	吸水好
3	$H_{Ⅲ}Ⅳ1^2$	1682.7	1684.3	1.6	0.0	0.0	0.0	不吸水
4	$H_{Ⅲ}Ⅳ2^1$	1693.9	1696.3	2.4	27.1	11.3	13.7	吸水好
5	$H_{Ⅲ}Ⅳ2^1$	1696.3	1700.6	4.3	60.5	14.1	17.0	吸水好
6	$H_{Ⅲ}Ⅳ2^2$	1702.0	1704.3	2.3	0.0	0.0	0.0	不吸水

图 10－71　×××13 井同位素测井成果图表

10.5.2 识别注入水突进层

根据产出剖面的测试情况识别注入水突进层。×××14 井产液剖面测井实例图（图 10－72），×××14 井措施前后的产量对比见表 10－8。

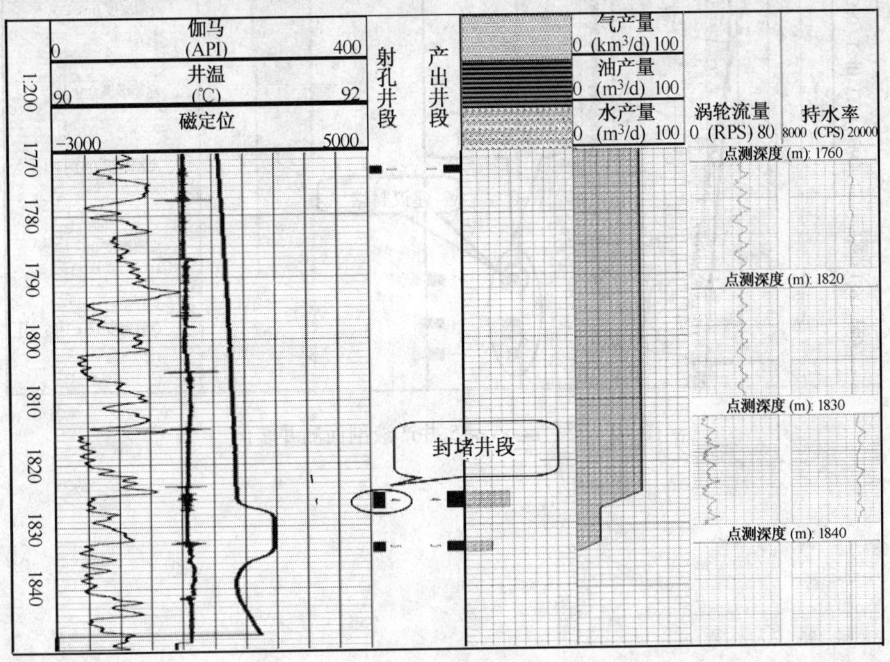

图 10－72　×××14 井产液剖面测井实例图

表 10－8　×××14 井措施前后产出情况对比

	日产油/t	日产水/m^3
措施前	1.5	84.5
措施后	5.6	41.6

10.5.3 分析确定潜力层

根据产出剖面的测试情况分析确定潜力层。×××15 井剖面测试（图 10－73），×××15 措施前后的产量对比见表 10－9。

表 10－9　×××15 井措施前后产出情况对比

	日产油/t	日产水/m^3
措施前	0.3	26.9
措施后	2.0	0.3

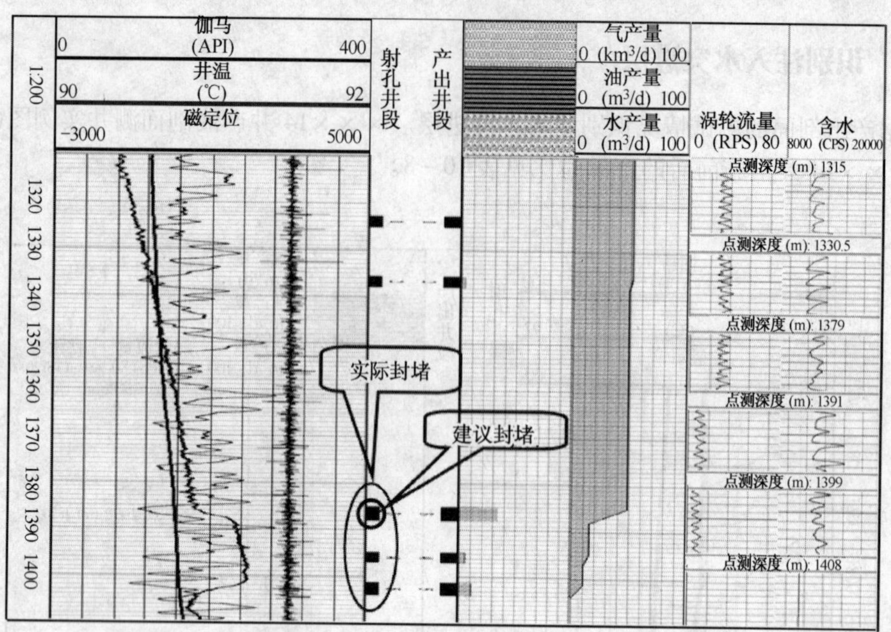

图 10－73　×××15 井产液剖面测井实例

第 11 章　产层评价测井

11.1　脉冲中子测井的核物理基础

中子的静止质量为1.00866520g，原子质量单位(即1.674920×10^{-24}g)，不带电，当它射入物质时，和核外电子几乎没有库仑力的作用。主要与原子核发生作用，因此中子和核作用的反应几率主要取决于核的性质。由于中子不需要克服库仑力的作用，因此能量很低的中子也能进入原子核内，引起核反应，反应几率往往很大。能量较高的中子(快中子)具有很强的穿透能力，它能射穿测井仪器的钢外壳、套管、水泥环、并能射入数十厘米深的地层，引起各种核反应，这一特性对中子测井非常重要。

中子与地层的相互作用是中子测井的基础。加速器中子源发射中子的能量为14MeV，同位素中子源发射的中子能量为几百万电子伏特，与地层会发生一系列反应，下面分别论述。

11.1.1　快中子非弹性散射

快中子与地层中的靶核发生反应，被靶核吸收形成复核，而后再发射出一个能量较低的中子，靶核仍处于激发态，即处于较高的能级。这种作用过程叫非弹性散射，或称(n, n')核反应。这些处于激发态的核，常常以发射伽马射线的方式放出激发能而回到基态。由此产生的伽马射线称为非弹性散射伽马射线。以中子的非弹性散射为基础的测井方法，叫快中子非弹性散射伽马法，如碳氧比测井就是测定快中子与C^{12}及O^{16}核经非弹性散射而放出的伽马射线。中子的能量必须大于靶核的最低激发能级才能发生非弹性散射。非弹性散射的阈值为

$$E_0 = E_r \frac{M + m}{M} \tag{11-1}$$

式中，E_r是放出的伽马光子的最低能量，M是反冲原子核的质量，m是中子的质量。

一个快中子与一个靶核发生非弹性散射的几率叫非弹性散射截面，单位是“巴”，即$10^{-24}cm^2$。非弹性散射截面随着中子能量增大及靶核质量数的增大而增大。同位素中子源发射的中子能量低，超过阈能的中子所占的比例很小，引起非弹性散射核反应的几率小，所以总的来说这种核反应的效果可以忽略不计。但中子发生器发射的14MeV的中子射入地层后，在最初的$10^{-8}\sim10^{-7}$s的时间间隔里，中子的非弹性散射占支配地位，发射的伽马射线几乎全部为非弹性散射伽马射线。如果在中子发射后$10^{-8}\sim10^{-7}$s的时间间隔里选择记录由C^{12}、O^{16}和中子非弹性散射造成的4.43MeV及6.13MeV的伽马射线，就能记录到反映井剖面中含碳量和含氧量的测井曲线，根据反映碳和氧的一定能谱段计数率的比值来区分油水层的测井方法叫碳氧比测井。

11.1.2　快中子的弹性散射及其减速过程

高能中子在发射后的极短时间内，经过一、二次非弹性碰撞损失掉大量的能量。此后，

中子已没有足够的能量再发生非弹性散射或(n, P)核反应，只能经弹性散射而继续减速。所谓弹性散射，是指中子和原子核发生碰撞后，系统的总动能不变，中子所损失的动能全部转变成反冲核的动能，而反冲核仍处于基态。弹性散射一般发生在14MeV的中子进入地层以后$10^{-6}\sim10^{-3}$s之间。至于同位素中子源发射的中子，因其能量只有几个百万电子伏，所以其减速过程一开始就是以弹性散射为主。每次弹性碰撞后，快中子损失的能量与靶核的质量数A、入射中子的初始能量E_0以及散射角ϕ有关。当ϕ为180°时，即发生正碰撞时，中子损失的能量最大。

中子从初始能量减速为热中子(0.025MeV)所需平均碰撞次数叫热化碰撞次数。计算公式为：

$$\text{热化碰撞次数} = \frac{\ln(E_0/0.025)}{\lambda} \tag{11-2}$$

式中，λ表示每次碰撞前后中子能量自然对数差的平均值。

$$\lambda = \overline{\ln E_0 - \ln E} = \overline{\ln \frac{E_0}{E}} \tag{11-3}$$

式中，E为碰撞后的能量。如果$E_0 = 2\text{MeV} = 2\times10^6\text{eV}$，则

$$\text{热化碰撞次数} = \frac{\ln(2\times10^6/0.025)}{\lambda} = \frac{18.2}{\lambda} \tag{11-4}$$

当靶核分别为C、O时，λ分别为0.158和0.12，计算结果为114次和150次的撞碰即与C和O分别作用时，经过大约114次和150次的撞碰即变为热中子。

通常情况下，靶核的质量数A越大，对快中子的减速能力越差。氢核的A值最小，对快中子的减速能力最强。氢是所有元素中最强的中子减速剂，这是中子测井法测定地层含氢量及解决与含氢量有关的各种地质问题的依据。

水是地层中减速能力最强的物质，其宏观减速能力为$\beta = 1.53\text{cm}^{-1}$。由其他轻元素组成的物质，减速能力比水小1~2个数量级，如纯石灰岩骨架的减速能力为0.056cm^{-1}。由重元素组成的物质宏观减速能力更差，因而可以近似认为岩石的减速能力等于其孔隙中水或原油的减速能力(设骨架中不含氢)。

岩石中快中子从初始能量减速到0.025MeV热中子所需要的时间称为中子在岩石中的减速时间。中子在水中的减速时间为10^{-5}s。岩石中快中子减速到热中子所移动的直线称为中子的减速距离。淡水的减速距离为7.7cm，石英、方解石的减速能力分别为37cm和35cm。

11.1.3　快中子对原子核的活化

快中子除与原子核发生非弹性散射外，还能与某些元素的原子核发生(n, α)、(n, P)及(n, γ)核反应。其中，由快中子引起的(n, γ)反应截面非常小，在放射性测井中没有实际意义。而(n, α)和(n, P)的反应截面都比较大，并且中子的能量越高反应截面越大。由这些核反应产生的新原子核，有些是放射性核素，以一定的半衰期衰变，并发射β或γ粒子。活化核裂变时放出的伽马射线称为次生活化伽马射线。其中氧活化即属这一类型：

$$^{16}O + ^{1}_{0}n \rightarrow ^{16}N \xrightarrow[7.13s]{\beta^-} {}^{16}O + \gamma + ^{1}_{1}P \tag{11-5}$$

11.1.4　热中子在岩石中的扩散和俘获

快中子减速为热中子后，不再减速，温度为25℃时，标准热中子的能量为0.025MeV，

速度为 2.2×10^5cm/s。此后中子与物质的相互作用不再是减速。而是在地层中的扩散，热中子在介质中的扩散与气体分子的扩散相类似，即从热中子密度(单位体积中的热中子数)大的区域向密度小的区域扩散，直到被介质的原子核俘获为止。描述这个过程的主要参数有：岩石的宏观俘获截面、热中子扩散长度及寿命。

一个原子核俘获热中子的几率叫该种核的微观俘获截面，以巴(b)为单位(10^{-24}cm^2)。1cm^{3}的介质中所有原子核微观俘获截面的总和叫宏观俘获截面，单位为 cm^{-1}。岩石中俘获截面大的核素含量高时，其宏观俘获截面大，氯俘获热中子的截面是31.6b，比沉积岩中其他常见元素的俘获截面大得多，所以含有高矿化度水的岩石比含油的同类岩石宏观俘获截面大。显然，岩盐的宏观截面特别大。当泥质含量增加时，铝、铁、钛、锂、锰等俘获截面大的核素增多，岩石的宏观俘获截面也相应增大。硼的俘获截面特别大，所以岩石中只要有微量的硼，它的宏观俘获截面就会显著增大。

中子在岩石中从变为热中子的时刻起到被吸收的时刻止，所经过的平均时间叫热中子寿命，也叫扩散时间。在无限均匀介质中，热中子的寿命在数值上等于该介质中热中子的平均扩散自由程 S 和热中子的平均速度 V 的比值，即

$$\tau_t = \frac{S}{V} \tag{11-6}$$

式中，τ_t 表示热中子寿命，$V=2.2\times10^5$cm/s。S 是热中子从产生到被吸收为止的自由行程的平均值，并且 $S=\frac{1}{\sum a}$($\sum a$ 为岩石的宏观俘获截面)。把 S 代入上式得

$$\tau_t = \frac{1}{V\sum a} \tag{11-7}$$

由此可知，热中子寿命与岩石的宏观俘获截面成反比。水中含有氯离子时，因为矿化水地层中，热中子寿命比油层要小，所以热中子寿命测井可区分油水层。

靶核俘获一个热中子而变为激发态的复核，然后复核放出一个或几个伽马光子，放出激发能而回到基态。这种反应叫辐射俘获核反应，或称(n, γ)反应。在(n, γ)核反应中放出的伽马射线叫俘获伽马射线，测井中习惯上称为中子伽马射线。以这一反应为基础的测井方法叫中子伽马测井。不同的原子核具有不同的能级，因而各种原子核放出的伽马射线能量也不相同。这就是中子伽马能谱测井的物理基础。在(n, γ)核反应中，氢核和其他的原子核相比已不像在减速过程中起决定性作用，此时由于氯的俘获截面大且能放出能量很高的伽马射线，因而记录热中子寿命及俘获截面$\sum a$ 可以反映含氯量的变化。根据这些参数可以区分高矿化度油水层。

11.2 中子寿命测井

11.2.1 中子寿命测井原理

中子寿命测井(NLL)也叫热中子衰减时间测井(TDT)，是脉冲中子测井中最常用的一种，记录的是热中子在地层中的寿命。热中子寿命是指热中子从产生到被俘获吸收为止所经过的平均时间。计算可知，平均时间等于63.2%的热中子被俘获所经过的时间，通常情况与介质中的含氯量相关。

热中子速度 V 与地层的绝对温度关系如下

$$V = 1.28 \times 10^4 \sqrt{T}\ (\mathrm{cm/s}) \tag{11-8}$$

T 等于摄氏温度加上 273。当温度为 25℃时 $V = 2.2 \times 10^5 \mathrm{cm/s}$。

若 τ 以微秒（μs）为单位，并将 25℃时 V 值代入可得

$$\tau = \frac{4.55}{\sum}(\mu s) \tag{11-9}$$

式中，介质宏观俘获截面的单位是（$\mathrm{cm^2/cm^3}$）或 $\mathrm{cm^{-1}}$。

也有在测井中使用热中子的半衰期 L，即热中子在介质中有一半被俘获时所经过的时间，作为地层对中子俘获能力的指标。L 与 τ 的关系是

$$L = 0.693\tau \tag{11-10}$$

$$L = \frac{3.15}{\sum} \tag{11-11}$$

测井中常选用 $10^{-3}\mathrm{cm^{-1}}$（$10^{21}\mathrm{b/cm^3}$）作为宏观俘获截面的单位，叫俘获单位，记作 c. u.。于是式（11－9）、式（11－10）可写为

$$\tau = \frac{4550}{\sum} \tag{11-12}$$

$$L = \frac{3150}{\sum} \tag{11-13}$$

因此计算热中子寿命的关键在于确定介质的宏观俘获截面。物质的热中子俘获截面是 $1\mathrm{cm^3}$ 体积中该物质所有原子核的微观俘获截面之和。

若矿物骨架或孔隙流体由一种化合物组成，则其热中子宏观俘获截面为

$$\sum = \rho \frac{602}{M}(C_1\delta_1 + \cdots + C_i\delta_i) \tag{11-14}$$

式中 $\sum$——以 c. u. 为单位（$10^{-3}\mathrm{cm^{-1}}$）表示的宏观俘获截面；

ρ——物质的密度，$\mathrm{g/cm^3}$；

M——物质的克分子量；

C_i——每个分子中第 i 种核的个数；

δ_i——第 i 种原子核的热中子微观俘获截面，b（即 $10^{-24}\mathrm{cm^2}$）；

n——该物质的分子由几种原子核组成。

由式（11－14）计算出的纯水的宏观俘获截面为 22.1c. u.，SiO_2 的 $\sum$ 值为 4.25c. u.。由式（11－12）可以计算出纯水、SiO_2 的热中子寿命分别为 205μs 和 1070μs。

对于由多种化合物组成的混合物。计算这类混合物的 $\sum$ 值的方法有两种：

(1) 已知混合物的矿物成分，则可根据各种矿物的 $\sum$ 值和体积含量求出总的宏观俘获截面；

(2) 已知 $1\mathrm{cm^3}$ 体积中各种元素的含量，则可由各种核的微观俘获截面求 $\sum$ 值。斯伦贝谢公司计算出的几种物质的俘获截面分别为：石英砂岩 8c. u.，次长石砂岩 10c. u.，石灰岩 12c. u.，白云岩为 8c. u.。

对于纯地层水，其 $\sum$ 值为 22c. u.。当地层水中有 Cl、B、Li 等强热中子吸收剂的离子时，其热中子的俘获截面与纯水的 $\sum$ 值相差很大，常温下每微克的 Cl、B、Li 的热中子俘获截面分别为 540c. u.、416c. u. 和 60.9c. u.。对含有这些离子的水求 $\sum$ 值时，首先将它的离子转变为 NaCl 热中子俘获截面相等的等效浓度。然后按等效的 NaCl 含量与水的 $\sum$ 值的关系

计算出地层水的∑值。求出等效氯化钠浓度后，用相应的图版可求出地层的热中子寿命 τ 和宏观俘获截面∑。原油的宏观热中子俘获截面与油气有关，脱气原油的∑值为 22c. u.，与淡水基本相同。原油中溶解的气越多∑值越小。通常油的∑值在 18 ~22c. u. 之间。但有些重质油的∑值可能大于 22c. u.，天然气的∑值及其组分、地层压力和温度有关。确定干气（甲烷）的∑值可采用图 11 －1 的关系曲线。天然气∑的近似关系式为

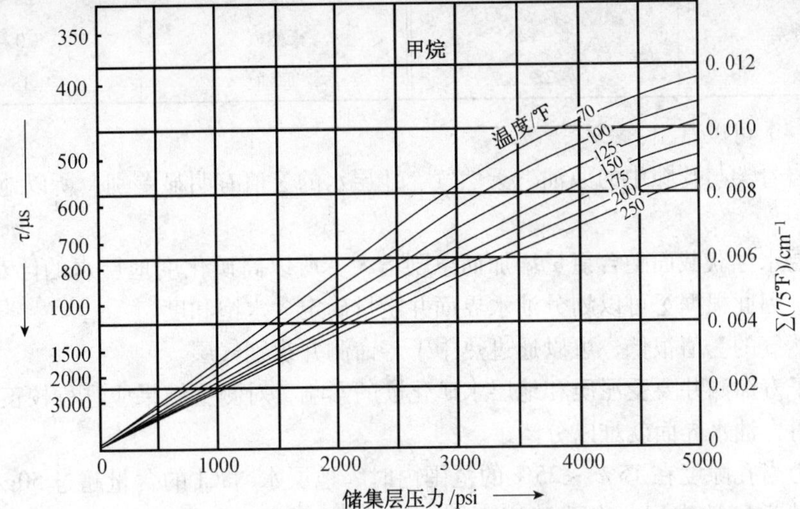

图 11 －1　甲烷的 τ 和∑与压力和温度的关系曲线

$$\sum_{g} = \sum_{CH_4} \times (0.23 + 1.4 r_g) \qquad (11-15)$$

若地层孔隙流体为地层水、原油和天然气的混合物，则按其体积比可以计算∑值。泥质的俘获截面主要是由硼造成的，由于泥质成分复杂，∑的变化范围很大，从 25.2c. u. 变化到 66.2c. u.，但常见的典型数值为 35 ~55c. u.。

对于纯地层来说，其总的宏观俘获截面∑为

$$\sum = \sum_{ma}(1-\phi) + \sum_{w} S_w \phi + \sum_{h}(1-S_w)\phi \qquad (11-16)$$

式中　$\sum_{ma}$——岩石骨架的宏观热中子俘获截面；

$\sum_{w}$——地层水的宏观俘获截面；

$\sum_{h}$——油或气的宏观热中子俘获截面；

ϕ——孔隙度；

S_w——含水饱和度。

当地层含有泥质时式(11 －16)变为

$$\sum = \sum_{ma}(1-\phi-V_{sh}) + \sum_{w} S_w \phi + \sum_{h}(1-S_w)\phi + \sum_{sh} V_{sh} \qquad (11-17)$$

式中　V_{sh}——泥质体积含量；

$\sum_{sh}$——泥质的宏观俘获截面。

式(11 －17)可以改写为

$$S_w = \frac{(\sum - \sum_{ma}) - \phi(\sum_{h} - \sum_{ma}) - V_{sh}(\sum_{sh} - \sum_{ma})}{\phi(\sum_{w} - \sum_{h})} \qquad (11-18)$$

式中的∑值可从测井曲线上读出。

表 11－1 给出了常用到的泥质、砂岩骨架、淡水、地层水、天然气和原油热中子宏观俘获截面的典型数据。

表 11－1　几种物质的典型 Σ 值

物质	宏观俘获截面值/c. u.	物质	宏观俘获截面值/c. u.
泥质	35～55	地层水	22～120
砂岩骨架	8～12	天然气	0～12
淡水	22	原油	18～22

由表 11－1 可以看出：

（1）砂岩骨架与孔隙中的原油、天然气、地层水的 Σ 值有明显差别，所以地层的 Σ 值与孔隙度有关。

（2）地层水俘获截面随含氯量增加而急剧增大，所以高矿化度地层水的俘获截面比油、气要高很多，因此根据 Σ 可以划分油水界面并定量确定含水饱和度。

（3）天然气的 Σ 值很低，可以通过热中子寿命测井辨别气层。

（4）中子寿命测井要受泥质和地层水矿化度的影响，对测量结果应进行校正，当地层水矿化度很低时，油水界面就难以分清了。

一般认为当孔隙度在 15%～25% 的范围内时，地层水 NaCl 的含量超过 50g/L，即可用中子寿命测井识别油水层。当孔隙度更大，NaCl 的含量只有 20～50g/L 时，也可识别油水层。

11.2.2　τ 和 Σ 的测量方法

根据中子守恒定律可得到中子密度随时间的变化率为：

$$\frac{\partial n}{\partial t}=\text{产生率}-\text{泄漏率}-\text{吸收率} \tag{11-19}$$

中子寿命测井采用中子发生器作为中子源。中子发生器发射的中子脉冲宽度一般为数十至一百微秒。中子在由轻核组成的介质中，减速时间 τ 为 10^{-5} 秒数量级，即几十微秒。中子脉冲结束后再经 2～3 倍的减速，绝大部分中子皆变为热中子。中子寿命测井要在脉冲结束后 200～300μs 才开始计数，此时所有的快中子早已变为热中子，中子产生率为零。

泄漏率是单位时间进入和离开单位体积相抵后的中子数。泄漏率是观察点位置的函数，即与源距有关。在脉冲中子发射后的某一时刻，在离中子源较近的区域内，热中子密度较大，热中子由这一区域向密度较小的区域扩散。显然在离源较近的区域内，进入单位体积的中子数要小于离开单位体积的中子数，即进得少出得多，即由扩散引起的热中子密度变化是正值。由上述两种情况可推断：在离源某一位置，在确定的时刻可使由扩散引起的热中子变化为零，即在基本延迟时间（开始测量时间对中子脉冲发射时间的延迟时间）确定后，选择适当的源距，可以使泄漏率为零。

此时中子密度随时间的变化率可写成：

$$\frac{\partial n}{\partial t}=-\text{吸收率} \tag{11-20}$$

即中子束的中子密度（即每立方厘米的中子数）为 n，则每秒每立方厘米中被俘获的热中子数为：

$$n_a = \sum Vn = \text{吸收率} \tag{11-21}$$

计算可得到热中子密度随时间变化表达式为：

$$n = n_0 e^{-\frac{t}{\tau}} \tag{11-22}$$

此式表示离源距某一位置处中子密度随时间变化的分布规律，也是中子寿命测井的理论基础。

设 n_1 和 n_2 分别为时刻 t_1 及 t_2 时的热中子密度，则有：

$$\tau = \frac{0.4343\Delta T}{\lg n_1 - \lg n_2} \tag{11-23}$$

式中，$\Delta T = t_2 - t_1$。实际测井时并不是直接测热中子的密度，而是测定与 n_1 及 n_2 成正比的由两道门测得的俘获伽马射线计数率 N_1 及 N_2。

$$N_1 = K\Delta t_1 f \overline{n_1} \tag{11-24}$$

$$N_2 = K\Delta t_2 f \overline{n_2} \tag{11-25}$$

式中，K 是与探测器计数效率有关的系数。Δt_1 和 Δt_2 分别是在时刻 t_1 和 t_2 附近，即门Ⅰ和门Ⅱ进行测量时采用的开门时间，即门宽。$\overline{n_1}$、$\overline{n_2}$ 分别为门Ⅰ及门Ⅱ时间间隔里观察点附近的平均热中子密度。当门宽不很大时 $\overline{n} = n_0$。f 为中子脉冲重复频率。

当 $\Delta t_1 = \Delta t_2$ 时，$\lg(N_1/N_2) = \lg(n_1/n_2)$，所以式(11-23)中的 n_1 和 n_2 可改为 N_1 及 N_2，即

$$\tau = \frac{0.4343\Delta T}{\lg N_1 - \lg N_2} \tag{11-26}$$

所以

$$\sum = \frac{1}{v\tau} = \frac{\lg N_1 - \lg N_2}{v \times 0.4343\Delta T} \tag{11-27}$$

将 $v = 2.2 \times 10^5 \mathrm{cm/s}$ 代入得

$$\sum = \frac{10466(\lg N_1 - \lg N_2)}{\Delta t} \tag{11-28}$$

若 Δt 采用 300μs，则

$$\sum = 35\lg \frac{N_1}{N_2} \tag{11-29}$$

式中的 N_1 和 N_2 表示在均匀介质中，在脉冲间隔中时刻 t_1 和 t_2 附近由热中子俘获造成的计数率，不包含本底计数。

11.2.3 施工工艺

1. 中子寿命测井的影响因素

中子寿命测井得到的原始数据，不仅与地层的热中子寿命有关，而且往往会受到其他因素的影响。主要的影响有：井的影响，侵入带的影响，地层厚度的影响，背景值(本底值)的影响，地层温度和压力的影响以及涨落误差的影响等。

2. 仪器介绍

斯仑贝谢公司：20 世纪 70 年代的仪器是 TDT－K(热中子时间衰减仪器－K 型)；80 年代初以后有了 TDT－M，该仪器广泛投入工业应用至今。它们均为双源距小直径仪器。80 年代后期，试制出 TDT－P 双发射时间衰减测井仪，进一步减小了井眼的影响。

阿特拉斯公司：早期为 NLL（中子寿命测井），后有 DNLL（双源距中子寿命测井），80 年代为 PDK－100。

哈里伯顿公司：80 年代有 TMD（热中子多门衰减测井）。

西安石油勘探仪器总厂生产的 SMJ－D 型中子寿命测井仪，由 4 个短节组成，即 CCL 及 GR 短节（AO1）、脉冲编码短节（AO2）、离子源控制及近、远伽马探测器短节（AO3）以及中子发生器短节（AO4），主要技术指标如下：

（1）外形尺寸：①下井仪器：外径 45mm，总长 7589mm；②地面仪器：480mm×482mm×177mm（深×宽×高）。

（2）质量：①下井仪器：45kg（1 支）；②地面仪器：15kg。

（3）下井仪器环境条件：①工作温度：－25～135℃；②外壳耐压：80MPa；③振动试验：垂直水平方向 $30m/s^2$，10～55Hz，扫频三次。

（4）中子发生器中子产额：$\geqslant 1.5\times10^8 n/s$。

（5）可输出：Σ_F、Σ_N、N、F、Σ_F/Σ_N、τ_N、τ_F、$N_{1\Sigma}$、$F_{1\Sigma}$、R_{NF}、GR 及 CCL 十二个参数。常用参数是 Σ_F、N、F、R_NF、GR 及 CCL。

（6）Σ 测量范围：7.6～91c.u.。

（7）测量精度：在 3 口标准水井中点测，Σ_F 及 Σ_N 的相对标准差小于 3%，相对系统误差小于 ±3%。

（8）推荐测井速度：360m/h。

SMJ－D 型中子寿命测井仪还有以下特点：

（1）作为放射性仪器，能用于裸眼井，更经常用于套管井。当前的小直径仪器，还可穿越油管、或在油管中测井，是开发测井的重要手段之一。

（2）所使用的脉冲中子源为可控源，快中子由中子发生器中的中子管产生。当不加高压时，没有中子。

（3）测量精度高。

11.2.4 中子寿命测井的技术应用

11.2.4.1 定性解释

在孔隙度较高，矿化度高的地层中，可以用中子寿命测井所得的门Ⅰ和门Ⅱ曲线、寿命 τ 或宏观俘获截面 Σ 曲线的变化情况快速分辨油气水层及其变化，不考虑孔隙度数值定性估算含水饱和度。

1. 监测油水或气水界面的移动

用固定门方式测出的门Ⅰ及门Ⅱ曲线与电阻率测井曲线能很好地进行对比。在泥岩部分两条曲线计数率都低，且门Ⅰ计数率大致为门Ⅱ的 6 倍；盐水储集层计数率低，油层计数率较高，气层更高。用 Σ 或 τ 曲线也可定性划分岩性和区分油、气、水层。

油井生产一段时间后，侵入带消失测得中子寿命曲线作为参考曲线，用以和数月或数年后测得的资料进行对比。将随后测得的曲线与参考曲线对比确定油气水界面的移动。这一方法称为 TDT 时间推移测井。利用式（11－30）可以估算含水饱和度的变化

$$\Delta S_w = \frac{\Delta\Sigma_{lg}}{\Phi(\Sigma_w - \Sigma_h)} \qquad (11-30)$$

式中 ΔS_w——含水饱和度的变化；

$\Delta\sum_{lg}$——后测Σ值与参考曲线Σ值之差；

Φ——孔隙度，用声波测井资料估算；

Σ_w、Σ_h——地层水及油的热中子宏观俘获截面。

2. 检查注水剖面和管外窜槽

先测一条中子寿命测井参考线，后把与注入水俘获截面不同的流体压入目的层段。若注入水为淡水，则检查时注入含盐量很高的水；当注入水为盐水时，检查时可注入淡水，水被替换后再测一次中子寿命测井。比较这两条曲线就可知剖面中的吸水层位，还可用式(11－31)计算被第二种流体占据的孔隙空间。

$$\Phi S_{w2}=\frac{\sum_1-\sum_2}{\sum_{w1}-\sum_{w2}} \tag{11－31}$$

用同样的方法还可以测定注入水的洗油效率，可动油及残余油饱和度，可动水及束缚水饱和度，发现窜槽等。为增大替换液与原有孔隙流体热中子俘获截面的差别，在替换液中还可加入硼酸等强热中子吸收剂。

11.2.4.2 定量解释

1. 求地层的含水饱和度

定量解释的目的，主要是确定地层的含水饱和度。若孔隙度大，且地层水矿化度高，则由中子寿命测井求出的Σ_w可靠性也高。实验表明，孔隙度为15%时，只有当$\Sigma_w>60$c.u.时求出的S_w可靠度较高；对于含泥质为20%的地层，孔隙度为15%，$\Sigma_w>90$c.u.时，求出的S_w可信度才较高。地层含水饱和度公式：

$$S_w=\frac{(\sum-\sum_{ma})-\phi(\sum_h-\sum_{ma})-V_{sh}(\sum_{sh}-\sum_{ma})}{\phi(\sum_w-\sum_h)} \tag{11－32}$$

式中 Σ——宏观俘获截面测量值；

Σ_{ma}、Σ_h和Σ_{sh}——为骨架、烃和泥质的宏观俘获截面；

Σ_w——地层水的宏观俘获截面，对于原状地层Σ_w是常数，而对于注水开发油田它是变量；

V_{sh}——泥质体积含量；

ϕ——孔隙度。

由此式可见，为求得含水饱和度，除测量值Σ外还需要获得ϕ、V_{sh}、Σ_{ma}、Σ_h、Σ_{sh}和Σ_w六个参数。V_{sh}可由自然伽马测井求得；ϕ可由声波、密度或中子测井求得。

Z214井是1972年开始生产的一口采油井，生产井段1278.0～1300.0m，厚22.0m，孔隙度平均24%，油田水矿化度29×10^4mg/L，到1994年，该井日产油2.2t，水40.9m^3，含水率从生产初期的0上升至95%。为此，对该井曾进行过多次作业措施，均未达到预期效果。从地层条件看，完全达到了常规中子寿命测井评价剩余油的条件，可以用常规中子寿命测井工艺进行测井及解释评价。2005年10月，进行中子寿命测井，资料分析认为1282～1293m的B井段水驱后的含油饱和度较高(S_o为65%)，仅1286m点(S_o为45%)偏低，因此解释为油层，有挖潜能力。1278～1282m的A井段为低水淹(S_o为50%)，1293～1295m的C井段为高水淹(S_o为30%)，是出水严重井段。1295～1300m的C井段为中水淹(S_o为40%)。

根据此结果，该井进行化学堵水后，在B井段重新射开1282～1289m，求产结果，初期日产6.5t，水3.9m^3，最高达32.8t/d，生产一段时间后，日产油稳定在13～16t，水降为0.1995年当年累计增产原油3000多吨，取得了明显的地质效果。

2. 评价开发调整效果

GX614井所在地区，储层矿化度平均达到25×10^4mg/L以上，孔隙度平均达到20%以上，满足常规中子寿命测井及解释评价条件。由于该井在钻井过程中出现井下落物事故，使得目的层浸泡时间达一月之久，电阻率数值按地区标准，1号层为高水淹，2、3号层为中－低水淹。进行邻井对比发现，这几个层水淹的可能性较小，为此在固井之后加测了中子寿命及中子伽马等测井项目。中子寿命测井资料对这三个层都有油层反映，尤其是2、3号层计算的含油饱和度更高，因此解释油层4.6m/3层。为慎重起见，首先射开1号层。该层射开后出纯油，日产纯油8.0t，后补开2、3号层，均产纯油。中子寿命测井及资料解释评价在评价储层水淹与否方面见到良好的地质效果。

3. 确定油水界面

LN2－22－4井TⅠ油组(4733.0～4761.0m)为油层，中子寿命资料显示目前该油组已水淹，油水界面变化到4753.0m，TⅡ油组的油水界面变化：完井解释TⅡ油组4797.0～4816.0m整段为油层，中子寿命资料显示，目前该油层已水淹至4809.0m，4837.0～4842.5m油水界面未变化；TⅢ油组的油水界面变化：完井解释TⅢ油组的油水界面为4893.5m，目前中子寿命资料显示TⅢ油组已水淹至4880.5m，油水界面上升了13.0m。

11.3 注硼（钆）中子寿命测井

对于高矿化度地层水油田，中子寿命常规测井取得的资料与完井测井曲线组合在一起，当油、气、水层的岩性、孔隙度等条件都相近时，可为水淹层解释提供更确切的信息，供了解凝析油气田的油水界面，油气界面及其变化。由于国内绝大多数油田尤其是许多大油田属于淡水油田或低矿化度地层水油田，采用常规的中子寿命测井和解释方法不能解决地质学家们所关心的地质问题。为了更好地运用中子寿命测井技术，目前国内外普遍采用测－注－测技术，通过对比注硼(钆)前后的中子寿命测井曲线，可以研究注水剖面，监测剩余油饱和度变化等，收到了很好的应用效果。

11.3.1 测井原理

注前先测一条中子寿命曲线，设测得的地层宏观俘获截面为Σ_{t1}，原生地层水宏观俘获截面为Σ_{w1}。向井中产层注入与地层水矿化度相差较大的盐水，设注入盐水的俘获截面为Σ_{w2}，注入后进行第二次测井，此时测得的产层宏观俘获截面为Σ_{t2}。两次测井的响应方程为

$$\Sigma_{t1}=(1-\phi-V_{sh})\Sigma_{ma}+\phi S_w\Sigma_{w1}+\phi(1-S_w)\Sigma_h+V_{sh}\Sigma_{sh} \tag{11-33}$$

$$\Sigma_{t2}=(1-\phi-V_{sh})\Sigma_{ma}+\phi S_w\Sigma_{w2}+\phi(1-S_w)\Sigma_h+V_{sh}\Sigma_{sh} \tag{11-34}$$

两式相减得

$$\Sigma_{t2}-\Sigma_{t1}=\phi S_w(\Sigma_{w2}-\Sigma_{w1}) \tag{11-35}$$

$$S_w = \frac{\Sigma_{t2} - \Sigma_{t1}}{\phi(\Sigma_{w2} - \Sigma_{w1})} \tag{11-36}$$

因此剩余油饱和度为

$$S_{or} = 1 - \frac{\Sigma_{t2} - \Sigma_{t1}}{\phi(\Sigma_{w2} - \Sigma_{w1})} \tag{11-37}$$

式中孔隙度 ϕ 由岩心分析资料或其他测井方法确定。实践表明，当孔隙度 ϕ 较高时，注入的盐水与原生地层水矿化度差别较大，原生地层水被注入盐水100%置换情况下，这种方法能够获得精度较高的 S_{or}。油田目前采用的硼中子"测－注－测"技术基本原理也是如此。

11.3.1.1 用化学剂驱油的测－注－测技术

注盐水驱油后，孔隙中仍有剩余油和注入的盐水，此时将化学剂注入产层，把井筒周围的油100%地驱走，然后重新注入宏观俘获截面为 Σ_{w2} 的盐水，再进行第三次中子寿命测井，设测得的宏观俘获截面为 Σ_{t4}，接下来再向地层注入宏观俘获截面与原生地层水宏观俘获截面 Σ_{w1} 相同的水，并进行第四次测井，得 Σ_{t3}。根据四次测得的地层宏观俘获截面和 Σ_{w1}、Σ_{w2} 值，利用式(11－38)可确定地层孔隙度

$$\phi = \frac{\Sigma_{t4} - \Sigma_{t3}}{\Sigma_{w2} - \Sigma_{w1}} \tag{11-38}$$

和剩余油饱和度

$$S_{or} = 1 - \frac{\Sigma_{t2} - \Sigma_{t1}}{\Sigma_{t4} - \Sigma_{t3}} \tag{11-39}$$

如果使用宏观俘获截面为 Σ_{w1} 的氯化烃把油从井周围驱离，这时就不用再用 Σ_{w1} 的水进行冲洗，这样可以省去一些步骤。如果注入水的俘获截面 Σ_{w2} 与剩余油的俘获截面 Σ_h 相等，此时计算剩余油饱和度的公式可写成

$$S_{or} = \frac{\Sigma_{t3} - \Sigma_{t1}}{\Sigma_{t3} - \Sigma_{t2}}$$

11.3.1.2 用测－注－测技术测定可动流体相对体积

测－注－测技术的施工过程包括：①测：在原状或注入水低矿化度水后测一条曲线参照曲线 Σ_1；②注：注入高矿化度水，或含硼水；③测：再测一条对比曲线 Σ_2。对比这两条曲线就可研究注水剖面，在有利条件下还可估算剩余油饱和度。

$$\Sigma_1 = \Sigma_{ma}(1-\phi-V_{sh}) + \Sigma_{w1}S_w\phi + \Sigma_h(1-S_w)\phi + \Sigma_{sh}V_{sh} \tag{11-40}$$

$$\Sigma_2 = \Sigma_{ma}(1-\phi-V_{sh}) + \Sigma_{w2}S_w\phi + \Sigma_h(1-S_w)\phi + \Sigma_{sh}V_{sh} \tag{11-41}$$

对注水或强水淹层，式中右边第二项是可变的，其余各项都是常数。第二项还能分成两部分，即束缚水和可动水。并考虑到施工时间较短，束缚水的含盐量尚未有明显变化，使

$$\Sigma_{w1}\phi S_w = \Sigma_{w1}\phi S_{iw} + \Sigma_{w1}\phi S_{mw} \tag{11-42}$$

$$\Sigma_{w2}\phi S_w = \Sigma_{w2}\phi S_{iw} + \Sigma_{w2}\phi S_{mw} \tag{11-43}$$

令式(11－41)和式(11－40)相减，并利用式(11－42)和式(11－43)的关系，得

$$\sum_2 - \sum_1 = \phi S_{mw}(\sum_{w2} - \sum_{w1}) \quad (11-44)$$

式中 S_{mw}——可动水饱和度；

ϕS_{mw}——可动水相对体积。

在上述条件下，当前的可动水相对体积也就是原状地层时的可动油相对体积。改写上式，得可动水或可动油相对体积

$$\phi S_{mw} = \frac{\Delta\sum}{\Delta\sum_w} \quad (11-45)$$

这一参数对研究注水剖面中地层的相对吸水量、注水开发油田的可动油和剩余油饱和度都很有用。

11.3.1.3 监测含油饱和度的变化

在地层水矿化度不改变的条件下，若先后两次测到的热中子宏观截面分别为Σ_1和Σ_2，则含水饱和度的改变量为：

$$\Delta S_w = \frac{\sum_2 - \sum_1}{\phi(\sum_w - \sum_h)} \quad (11-46)$$

11.3.2 施工工艺及要求

中子寿命测-注-测方法确定剩余油饱和度与注入条件及方式有很大关系，包括注水井选择和施工工艺两方面。

1. 施工条件

（1）钻井时泥浆颗粒直径小于孔隙喉道支撑剂的1/3，失水低于5mL。

（2）油井的套管和固井质量良好。

（3）油水关系比较清楚，属同一开采层系，岩性均匀，油层总厚不超过40m，孔隙度大于11%，渗透率在$50\times10^{-3}\mu m^2$以上。

（4）测井前有较精确的孔隙度资料。

（5）知道产液层的含水量、水质类型、矿化度及地层压力、邻近注水井的压力和每天的注水量、该地层的地层破裂压力等数据，作为施工时注入压力和注入液体速度的参考；

（6）已经过压裂使个别层有较发育的裂缝，能使注入液沿个别裂缝突进的井，不宜再作测-注-测现场施工井。

（7）不适用于已进行同位素施工的井。

2. 施工工艺

（1）先用蒸汽清洗容器罐，所有地面设备都用淡水清洗，以免污染。

（2）注入液要通过5μm的过滤器，防止固体颗粒污染堵塞孔隙空间。

（3）注水时要用除氧剂除去氧，以防氧化铁沉淀，除氧剂不能含有影响岩石俘获能力的元素。

（4）注水矿化度与NaCl加入量的关系是每注入$1m^3$的液体，要取样进行俘获截面测量以保证注入液的均匀性。

（5）注入液矿化度与地层孔隙度之间满足经验公式

$$\phi C_w \geq 7 \quad (11-47)$$

式中，ϕ表示地层孔隙度，C_w表示注入液矿化度，$10^3kg/m^3$；

(6) 注入的液体应保证充满中子测井的整个探测范围。要驱走所有的流体，需要有比孔隙空间大几倍的注入液才能完成；

(7) 注入速度、压力必须小于地层破裂压力；

(8) 井口要有防喷装置，边注边测，直到所测的Σ值不变时，才开始取资料；

(9) 为了消除扩散效应，中子寿命测井仪的源距要大于60cm，为了测准俘获截面，在目的层段测速不应超过60m/h，并在测前测后进行刻度。

11.3.3 技术应用

CZCW472 井是一口严重水淹的采油井，目的层 1913.8～1933.0m，厚 19.2m。该井关井前夕，产液情况是：油 1.3t/d，水 17.3m^3/d，含水率 93%，矿化度 13.6×10^4mg/L。为了解本井的含油情况，进行了中子寿命"测－注－测－注－测"工作，也就是说，先测出目的层处于水淹状态下的中子寿命基线→注淡水→测井(第二次曲线)→注盐水→测井(第三次曲线)。对该井的解释结果是该层平均残余油饱和度为 22.5%，但在底部 1929.6～1933.0m，厚 3.4m，S_{or}为 40%，说明该处仍有一定的生产能力。这个结果与关井前的产液情况相吻合.

大港油田 CZCg466 井，完井日期：1992 年 5 月 20 日，射孔井段 1393.4～1652.2m，共射开 6 层，累计厚度 20 余米。该井生产到 1998 年 5 月，平均日产油 1.3t，水 38.6m^3，月累计产油 36t，水 1038m^3，油田水矿化度 2×10^4mg/L，含水率从生产初产期 0 上升到 97%，该井被定为三类井。1998 年 5 月 30 日进行注硼"测－注－测"中子寿命施工，测井资料全部全格。测井解释在 4 号层 1650.0～1652.2m 井段，厚 2.2m，曲线离差明显，为高水淹层，下部另外两个层的特征与此类似，均出水严重。1 号层 1393.4～1395.4m，含油饱和度为 56.3%，解释油层厚度 2m；2 号层 1405.4～1410.4m，含油饱和度分别为 64.7%、52%、48%，解释 5m 厚水淹层；3 号层 1416.6～1418.4m，含油饱和度为 59%，解释 1.8m 厚油层. 封堵 4 号层及以下各高水淹出水层后，对其余三层进行措施后采油，至 1998 年 6 月 9 日自喷原油，最高 38.1t，含水 34.5%，取得了变三类井为高产井的效果。

11.4 碳氧比能谱测井

11.4.1 碳氧比能谱测井原理

能量为 14.1MeV 的快中子轰击地层，与地层中的各种元素发生非弹性散射后减速，受轰击的原子核处于激发态，之后放出具有一定能量的伽马射线。因此分析所测得的伽马射线能量与计数率组成的能谱即可确定地层所含元素的种类和数量。这里关注的元素是碳和氧，因为石油中碳的含量多，水中氧的含量较多。碳原子非弹性散射伽马射线能谱最突出的峰在 4.43MeV。

氧原子最突出的峰则在 6.13MeV，如图 11－2 所示，两者的能量差较大，是进行碳氧比能谱测井的基础。若测量出 4.43MeV 和 6.13MeV 附近的伽马射线的强度(计数率)，即可确定出地层中碳和氧的含量，从而可导出油和水含量(饱和度)。实际测量时，采用比值法测量的是上述两个数的比值，简写成 C/O。这样做，可以消除仪器中子产额不稳定造成的影响。

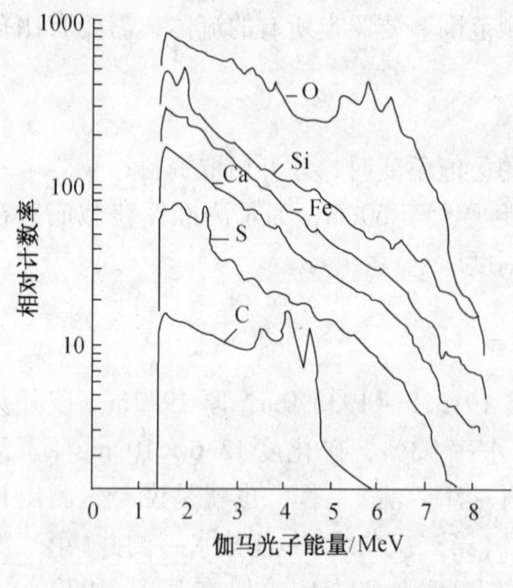

图 11-2 标准的非弹性散射谱

C/O 比能谱测井是在快中子非弹性散射基础之上建立的，因此不受氯离子即矿化度的影响，可以克服 TDT 测井的局限，由于伽马射线穿透能力很强，因此既可在裸眼井中测量，又可在套管井中测量。

实际地层中所含的元素远不只碳和氧两种，因此测井中所得到的地层中的伽马射线能谱肯定会变得更加复杂。实际情况下，所测得的伽马射线能谱几乎看不到任何明显的峰。这是由于除了与碳和氧发生碰撞外，还会与其他许多元素产生反应，从时间上讲这些反应产生的伽马射线无法分开。这一因素给 C/O 比能谱测井数据分析带来了困难。因此在利用碳氧比测井方法对地层进行分析时，取碳的三个峰值和氧的三个峰值进行总计数之比进行处理，碳的三个峰为 4.43MeV、3.92MeV 和 3.41MeV，氧的三个峰为 6.13MeV，5.62MeV 和 5.11MeV，分别称为碳能窗和氧能窗。

C/O 测井的深度只有 8.5in 左右，受侵入带的影响一般不在裸眼井中使用。该仪器的分辨率在 2~5ft 左右。不受高矿化度及硼等其他一些具有较大俘获截面元素的影响。但这些对 TDT 测量的影响很大，这正是 C/O 测井与 TDT 测井的重要区别。

C/O 比测井所依据的基本理论是快中子非弹性散射，它所要测量的主要伽马射线是非弹性散射伽马射线。

C/O 测井仪器中的中子源是一种可控的加速器式的中子源，它是利用氘-氚(D-T)反应来产生高能中子的，其反应式为：

$$D + T = \alpha + n + 17.6\text{MeV} \tag{11-48}$$

当加速器工作时，通过氘-氚反应，而发射出适合测井需要的能量为 14MeV 的脉冲中子束流。这些能量为 14MeV 的高能快中子射入地层后，它除了与地层中元素的原子核发生非弹性散射反应外，还要发生俘获辐射反应和活化反应。非弹性散射伽马射线基本上仅在高能中子源存在时能存在，而在中子源停止发射后只能延续极短的时间，因此只要适当的采用与中子脉冲同步的测量技术，就可以有效地把非弹性散射伽马射线与其他反应产生的伽马射线区分开来。中子轰击地层时所诱发的伽马射线的时间序列如图 11-3 所示。

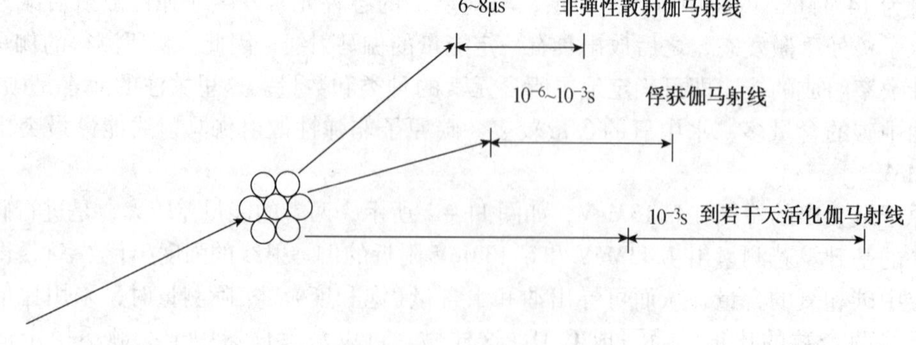

图 11-3 中子轰击时所诱发的伽马射线的时间机理

为了确定油层、水层和油水含量，在 C/O 测井中，分别选取碳和氧元素为油和水的指示元素，这是从核物理和地质两方面来考虑的。从地质上看，含油砂岩中碳的含量比含水砂岩中碳的含量多得多；而含水砂岩中氧的含量却多于含油砂岩；从核物理的角度考虑，当碳元素和氧元素与快中子发生反应时，都有较大的非弹性散射截面，且放出较高能量的伽马射线，而且两者的能量差 ΔE 较大($\Delta E = 1.70$MeV)，这个能量差别为进行伽马射线能谱分析提供了极为有利的条件。

在利用碳氧比测井方法对地层进行分析时，通常总是取碳的三个峰(4.43MeV、3.92MeV 和 3.41MeV)范围内所包含的伽马射线总计数(又称碳能窗)与氧的三个峰(6.13MeV、5.62MeV 和 5.11MeV)范围内所包含的伽马射线总计数(又称氧能窗)之比来估价储集层中的含油量或其他地质参数。碳能窗与氧能窗中计数的比值称为碳氧比(或 C/O)，碳氧比能谱测井也由此得名。利用碳氧比来评价地层中的含油量有两个优点：①可以消除中子产额不稳定所造成的影响；②可以提高区别地层的灵敏度。

实际测量表明，碳氧比测井对地层中碳元素的变化确定是灵敏的。然而，在含碳酸盐岩的砂岩地层中，如果单独使用碳氧比参数，通常无法区分孔隙流体中的碳和岩石骨架中的碳，故需引出一个新的参数来指示地层的岩性。经研究发现，中子与钙的非弹性反应所诱发的伽马射线及中子与硅的非弹性散射反应所诱发的伽马射线的比值是碳酸盐岩地层的一种良好的指示。因为钙硅比(Ca/Si)和碳氧比(C/O)都是利用非弹性散射测量得到的，所以它们均不受地层水矿化度影响。在地层水矿化度变化较大或矿化度未知的油田中，通常由俘获 Si/Ca 来指示地层的岩性。这时硅能窗和钙能窗的选取范围分别与非弹性散射伽马能谱中的碳能窗和氧能窗相同。

连续 C/O 比测井通常记录下列曲线：

1) Si 计数曲线

这是一条俘获伽马计数率的曲线，其能窗选在 2.35 ~ 5.08MeV 处，在缺少孔隙度资料的情况下，常常用它来代替其他孔隙度测井。在通过气层时，硅曲线有极高的计数率，对寻找潜在的含气层很有帮助。由于 Si 计数曲线受源强影响较大，一般采用俘获伽马计数/非弹性散射伽马计数的比值(C/I)。

2) 监视曲线

直接反映了中子源输出的稳定性。

3) Si/Ca 曲线

这是一条俘获伽马计数率比值曲线。这条曲线用来指示地层岩性。在矿化度变化不大的地层中，通常用它和反向的 C/O 曲线进行覆盖，在现场能快速地得出地层含油饱和度的定性解释。

4) C/O 曲线

这是一条非弹性散射伽马计数率比值曲线。在岩性变化不大的地层中，C/O 值的大小可以直接用来判断地层含油饱和度的高低；在岩性变化较大的地层中，通常需要和 Si/Ca (或 Ca/Si)曲线进行反向覆盖(或直接覆盖)来判断地层的含油饱和度。

5) Ca/Si 曲线

这是一条非弹性散射伽马计数率比值曲线。这条曲线的作用与 Si/Ca 曲线的作用相同。但由于该比值曲线不受地层水矿化度影响，所以在地层水矿化度变化较大的地层中，通常用它和 C/O 曲线覆盖来解释地层的含油饱和度。

6）套管接箍定位曲线

用于作深度校正。

7）其他可选曲线

近些年来的现场应用发现，记录的俘获 Fe/Si + Ca、H/Si + Ca 和俘获硅计数率及 Cl/H 等曲线也可为 C/O 测井的综合解释提供重要的地质依据。

（1）含铁指数比 Fe/(Si + Ca)，测量俘获伽马射线计数比。可用来指示套管和接箍的存在及地层中含铁矿物或泥质的含量。

（2）岩性指数比 Si/(Si + Ca)，测量俘获和非弹性散射伽马计数比。可以用来区分砂岩和碳酸盐岩地层，并估计砂岩地层中的碳酸盐岩含量，还可用来评价地层的孔隙度。

（3）孔隙度指数比 H/(Si + Ca)，测量俘获伽马计数比。可用来指示地层的孔隙度。

（4）含盐指数比 Cl/H，测量俘获伽马计数比。可指示高矿化度地层水饱和度及地层水矿化度的变化。

（5）硬石膏指数比 S/(Si + Ca)，测量俘获伽马计数比。可用来指示地层中硬石膏的含量。

（6）FCC(Formation Correlation Curve)曲线，测量俘获硅计数率。用以反映地层的岩性和孔隙度，并指示气层。

（7）CIM1(Ratio of Tota1 Captureto Total of Inelastic Deadtime Corrected)曲线，测量记录俘获谱总计数率与非弹性散射谱总计数率之比。用以反映地层岩性和孔隙度，并指示气层。

（8）CIM2[Ratio of Capture to Inelastic(3.2 ~ 6.6MeV)]在 3.2 ~ 6.6MeV 内俘获/非弹性散射曲线，CIM2 是很好的孔隙度指示曲线，受井眼和矿化度的影响较小，与 CIM1 曲线重叠，对了解套管的变化、井眼和可能存在的气层有利。

（9）MSID 曲线，热中子衰减曲线，是指示地层的热中子宏观俘获截面的曲线。在地层孔隙度和地层水矿化度较高时，可区分油层和水层。

通常为了对地层作出可靠的解释，在完成上述曲线的测量后，还要对目的层段作重复测量。此外，还需以邻近水层为基线，将 C/O 测井曲线和 Si/Ca(或 Ca/Si)曲线归一化，然后进行覆盖，对地层的含油饱和度作出定性解释。如果目的层附近没有标准水层，则可用邻近泥岩层或细砂岩层作基线进行覆盖。

上述测井曲线可用来区分油层、水层，确定地层的含油饱和度，俘获伽马射线的记录则可用以提供岩性、地层水矿化度和孔隙度等地质参数。例如，氯(^{35}Cl)的俘获伽马射线的测量能提供地层水矿化度变化的参数；而硅、钙、镁、硫的含量分析，则分别是砂岩、石灰岩、白云岩、石膏(或硬石膏)地层岩性的指示剂；氢和铁的俘获伽马射线的强度分析则可反映地层孔隙度的变化及套管、接箍的存在和地层中铁矿物的分布情况。

11.4.2 测试工艺

11.4.2.1 仪器介绍

目前国际上几家著名的测井仪器公司的过油管脉冲中子仪，有康谱乐公司的 PND - S 测井仪、阿特拉斯公司的 RPM 测井仪、斯仑贝谢公司的 RST 测井仪、哈里伯顿公司的 RMT 测井仪。这些仪器通过技术改进，在碳氧比能谱技术方面有了很大的提高。与常规碳氧比测井仪器比，它们除了具有常规碳氧比能谱测井仪器不受矿化度和井斜影响的优点外，还具有以下新的优点：

(1) 通过减小仪器直径，实现了过油管测量。

(2) 通过对伽马探测器(主要是光电倍增管和晶体)和中子发生器的技术改进，提高了计数率和分辨率，降低了统计误差，提高了测量精度，并改善了仪器对测井环境(主要是温度和压力)的赖受性。

(3) 测井速度普遍提高。

(4) 适用于中高孔隙度(一般可以大于10%)的任何地层。

以上几种碳氧比测井仪器性能对比情况见表11-2：

表11-2　碳氧比测井仪器性能对比

公司	斯仑贝谢	哈里伯顿	阿特拉斯	康谱乐	公司	斯仑贝谢	哈里伯顿	阿特拉斯	康谱乐
仪器	RST	RMT	RPM	PND-S	仪器	GST	PSG	MSI	
直径/mm	43/63	54	43	43	直径/mm	89	86	89	
晶体	GSO	BGO	NaI	NaI	晶体	BGO	BGO	NaI	
模式	3	3	5	2					

11.4.2.2　RMT测井仪器

RMT(Reservoir MonitoringTool——油藏监测仪)是一种以核物理理论为基础的脉冲中子测井装备。它由脉冲式的中子作发射源，使中子与介质作用后，经过非弹性散射和热中子俘获反应产生次生伽马射线。采用能谱测量技术，记录由碳、氧、硅、钙以及其他元素与中子作用产生的非弹性伽马射线和俘获伽马射线的强度，从而求出介质内碳氧相对含量比等一系列比值，通过对元素及元素的比值的分析来解决地质问题。

RMT是哈里伯顿能源服务公司1998年推出的双源距脉冲中子测井仪，它使用了新型的高密度、高探测效率的BGO(锗酸铋)闪烁体，采用创新的井下仪器结构和时序探测技术，具有较高的测速，并改进了测井资料处理方法。与同类仪器相比，它具有工作模式丰富、测量精度较高、耐温指标较高、质量控制严格等特点，是目前过套管(油管)地层评价测井仪器中分辨率、精度、准确度最好的仪器。RMT技术指标见表11-3。图11-4是RMT下井仪器结构示意图。

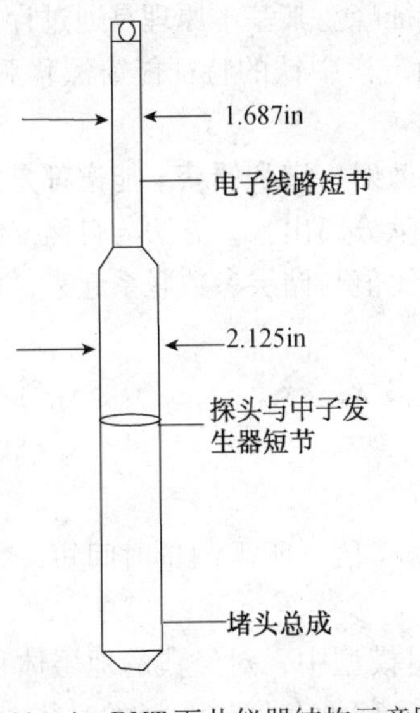

图11-4　RMT下井仪器结构示意图

表11-3　RMT技术指标

长度	27.0ft(8.4m)
外径	54mm
耐温	325℉(163℃)
耐压	15000psi
中子产额	$\geqslant 1.0\times10^{8}s^{-1}$
脉冲频率	非弹模式10kHz，俘获模式800Hz
非弹径向探测深度	5~10in
俘获径向探测深度	12~18in
探测晶体	1.4inBGO
垂直分辨率	0.5m
测井速度	C/O模式小于1.5m/min ∑模式5~8m/min

RMT 测井的测量条件如表 11 -4 所示：

表 11 -4　RMT 测井条件

项　目	条　件
	RMT
测量内径最小/最大	2⅜in / 9⅝in
测量时井筒内流体类型	咸水、淡水、油、空气
测量井深	≤5000m
连续测量时间	≤150h
储层孔隙度	≥8%
储层岩性	任意
地层水矿化度	任意
固井时间/质量	3d 后/任意
套管质量	任意
老井测量	过油管，独立评价

RMT 测井仪通过两种不同的工作模式工作，即碳氧比(C/O)测井模式和俘获模式。

RMT 测井同碳氧比能谱测井一样通过探测器测量次生伽马射线，目的在于从测量能谱中，提取地层含油饱和度和岩性信息。但是，在测井过程中由于环境温度和仪器的稳定性等因素的影响，不同时间测得的地层谱中由于增益的变化而导致谱峰漂移。另外，由于地层谱计数统计涨落的缘故，致使特征能窗法确定的碳氧比、硅钙比等曲线会有很大统计噪声，因此在解释之前，必须对这些测井数据进行谱漂移校正。在 RMT 测井能谱曲线中要控制氢峰在 52 道，铁峰在 200 道，因此在测井解释之前必须寻找氢峰和铁峰的位置并进行谱漂移校正。

鉴于氢峰在俘获谱中的特征(峰形对比明显且只有全能峰)，采用逐道比较法较适宜。经过处理，剔除假峰，保存真实峰。

在俘获谱的高能段，铁共有 3 个特征峰，即全能峰、第一逃逸峰和第二逃逸峰。通常不需要确定铁的某一峰的峰位，而是综合考虑铁的三个特征峰。其基本原理是通过计算谱中各段数据与已知的铁的特征能窗内铁谱的相关系数，来确定谱中铁的特征能窗漂移后的位置。确定氢峰和铁峰之后对原测井曲线实施谱漂移校正。

接下来进行伽马能谱解析。测井得到的中子非弹性散射 γ 谱和俘获 γ 能谱都是由多种核素生成的混合谱，解析就是从混合谱中将每种核素的贡献分离出来，方法与自然 γ 能谱处理类似。处理结果即得到碳氧比和钙硅比，而后在将这些比值与储层参数联系起来，以解决油田开发中的具体问题。

用同样的方法对俘获 γ 谱进行解析，可获得 x_H、x_{Cl}、x_{Si}、x_{Ca}、x_{Fe}、x_S、x_{Ti} 等参数，它们都是相应元素的俘获辐射产额系数。

1. RMT 测井资料解释模型

RMT 对油的敏感性是其他过油、套管碳氧比仪器的 3 倍，所需测量时间短，工作效率高，可同时进行非弹性散射和俘获模式的测量。

(1) 非弹性散射测量模式。在 RMT 非弹性散射测量模型中，对经典的地层体积模型进行了修改，将毛管束缚水与自由水统一称作自由水处理，将油和气作为烃类对待。岩石中，由基质和干黏土形成其固体部分；由黏土束缚水、自由水(包括毛管束缚水和自由水)以及

烃类(油、气)组成其流体部分。根据该体积模型可得地层中碳元素和氧元素的浓度为:

$$\frac{Y_C}{Y_O} \approx \frac{\phi S_o nc_h + (1-\phi) V_{Ca} nc_{Ca}}{\phi(1-S_o) no_w + (1-\phi) no_{ma}} \tag{11-49}$$

式中 Y_C——地层中碳原子的浓度;

Y_O——地层中氧原子的浓度;

S_o——含油饱和度;

nc_h——烃中碳原子核密度;

no_w——水中氧原子核密度;

no_{ma}——骨架中氧原子核密度;

nc_{Ca}——钙化合物中碳原子核密度;

ϕ——孔隙度。

对 RMT 仪器而言,C/O 和 Ca/Si 扇形图见图 11-5,根据实验刻度的仪器响应系数和数学内插法的方法得到仪器响应规律是:

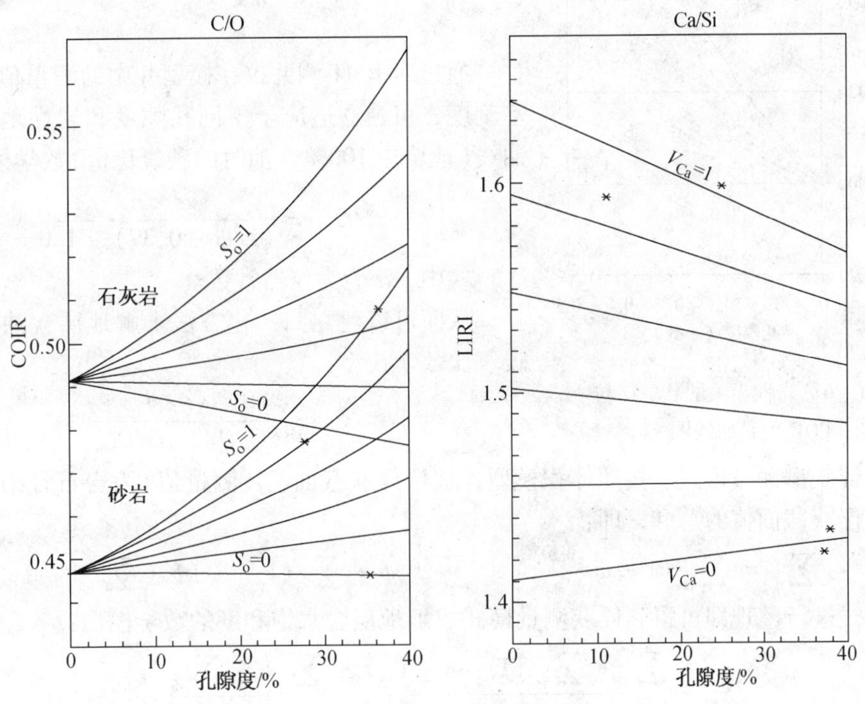

图 11-5 RMT 的 C/O 和 Ca/Si 扇形图

$$R_{C/O} = 0.132\frac{Y_C}{Y_O} + 0.003(1-\phi) + 0.444 \tag{11-50}$$

$$R_{Ca/Si} = (1-\phi)(0.23V_{Ca} - 0.05) + 1.46 \tag{11-51}$$

式中 $R_{C/O}$——非弹性散射碳氧比;

$R_{Ca/Si}$——非弹性散射钙硅比;

V_{Ca}——骨架中石灰岩的含量。

如果用 C/O_{wat} 表示地层 100% 含水时的碳氧比曲线,则从碳氧比水线到测井所得地层碳氧比值曲线的变化可用 $\Delta C/O$ 表示为:

$$\Delta C/O = R_{C/O} - C/O_{wat} \tag{11-52}$$

式中　C/O_{wat}——C/O 的水线值($S_o=0$)。

实验证明 C/O_{wat} 和 Ca/Si 值受岩性影响基本一致，都随着孔隙度的增加而线性地收敛于孔隙度为 100% 的水点，所以可以通过给 Ca/Si 加上一个与孔隙度有关的系数，使 Ca/Si 值变成也具有与 C/O 相同的岩性影响趋向，即可以将 Ca/Si 表示成关系式：

$$C/O_{wat} = 0.19R_{Ca/Si} - 0.013\phi + 0.178 + K \tag{11-53}$$

结合式(11－52)，可得到碳氧比变化值 $\Delta C/O$ 为：

$$\Delta C/O = R_{C/O} - 0.19R_{Ca/Si} + 0.013\phi - 0.178 + K \tag{11-52a}$$

其中 K 是可调整平移系数，可以通过调整 K 的值，消除环境的影响。

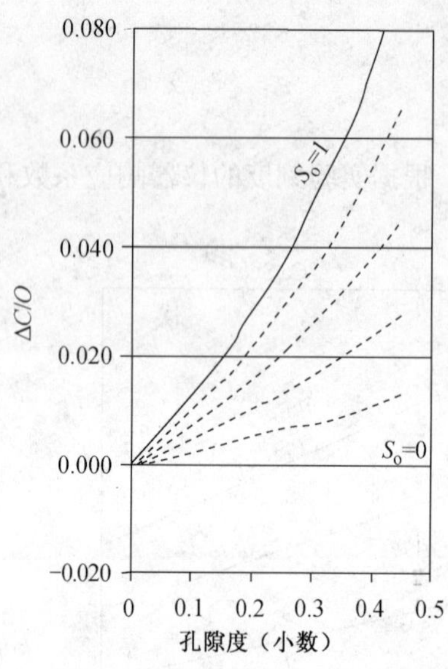

图 11－6　岩性无关的 $\Delta C/O$ 与 POR 关系曲线图

根据实验室测量数据及数学方法得到如图 11－6 所示与岩性无关的 $\Delta C/O$ 与孔隙度的关系曲线。

由此可建立求解地层含油饱和度的 Delta－C/O 模型如下：

$$S_o = 1.27 \times (1.0 - 0.37 \times Poro) \times \Delta C/O \times \beta \tag{11-54}$$

通过对 RMT 测井仪在模型井中的测量值进行实验室刻度，可建立适应于不同孔隙度和岩性地层的 C/O 油线(地层中 100% 含油时的碳氧比值)数学模型：

$$C/O_{oil} = \frac{\alpha \times \rho_h}{(1/\phi - 0.37) - 1.0} \tag{11-55}$$

式中，α 为为仪器常数。

从而可以建立归一化方法求解地层含油饱和度的碳氧比数学模型：

$$S_o = \frac{\Delta C/O}{(C/O_{oil} - C/O_{wat})} \tag{11-56}$$

(2) 俘获谱测量模式。按照体积模型，地层俘获截面 Σ_f(测量值)为岩石骨架、泥质和地层流体俘获截面值的总和，即：

$$\Sigma_f = \Sigma_{ma}(1 - \phi - V_{sh}) + \Sigma_w S_w \phi + \Sigma_h (1 - S_w)\phi + \Sigma_{sh} V_{sh} \tag{11-57}$$

对上式进行整理即可得到俘获测量模式求解地层含水饱和度的数学模型：

$$S_w = \frac{\Sigma_f - \Sigma_{ma}(1 - \phi - V_{sh}) - \Sigma_h \phi - \Sigma_{sh} V_{sh}}{\phi(\Sigma_w - \Sigma_h)} \tag{11-58}$$

式中　Σ_{ma}——岩石骨架的宏观热中子俘获截面；

Σ_w——地层水的宏观热中子俘获截面；

Σ_h——烃的宏观热中子俘获截面；

Σ_{sh}——泥质的宏观热中子俘获截面；

V_{sh}——泥质体积含量；

ϕ——孔隙度。

从而可求得地层的含油饱和度：

$$S_o = 1 - S_w \tag{11-59}$$

2. RMT 测井求持率

由地层体积模型可知，所有被仪器测量的总碳量是由含碳的岩石骨架、地层纯液(油)和井孔中流体(油与气)决定，通过下列式子给出：

$$C = K_1(1-\phi) + K_2\phi S_o + K_3 Y_o + K'_3 Y_g \tag{11-60}$$

式中，Y_o 和 Y_g 别表示井筒中油和气的持率，参数 K_1，K^2，K_3 和 K'_3 分别表示碳产额对地层岩石骨架、地层油、井孔中油和井内天然气中含碳量的灵敏度(可利用实验室刻度得到)。仪器中和井孔中少量的碳被并入岩层中。通常，井内单位体积天然气比油对碳产额的贡献小，按气中含碳的密度 ρ_g 与油含碳密度 ρ_o 缩小，我们能够简化公式(11－60)得到：

$$C = K_1(1-\phi) + K_2\phi S_o + K_3\left(Y_o + \frac{\rho_g}{\rho_o}Y_g\right) \tag{11-61}$$

类似，总氧产额 O 被表示为：

$$O = K_4(1-\phi) + K_5\phi S_w + K_6 Y_w \tag{11-62}$$

式中，ϕ 是骨架中的孔隙度，S_w表示地层中水的饱和度，Y_w表示井孔中水的持率。而参数 K_4、K_5和 K_6表示氧产额对岩石、地层水和井内水中含氧量的灵敏度。仪器、井眼工具和水泥中的氧也被并到岩石项中。油、水饱和度及油、气、水持率并不相互独立，假设地层中不存在游离气，有：

$$S_o + S_w = 1 \qquad Y_w + Y_o + Y_g = 1 \tag{11-63}$$

实际上，碳、氧产额已用非弹性散射总计数率作了归一化。这样一来消除了源强变化的影响，但引入了对元素相对变化的依赖。例如，尽管环境中碳、氧浓度保持不变，任何其他元素产额的增加都会减少归一化的氧、碳产额。如果用碳氧比(COR)计算，就可以克服这一缺点，且可为表征仪器响应特性提供更有效的手段。应用式(11－61)、式(11－62)可得到近、远探头的产额，然后计算 COR，得到近探测器处碳氧比：

$$COIR1 = \frac{N_1(1-\phi) + N_2\phi S_o + N_3\left(Y_o + \frac{\rho_g}{\rho_o}Y_g\right)}{N_4(1-\phi) + N_5\phi S_w + N_6 Y_w} \tag{11-64}$$

对于远的探测器：

$$COIR2 = \frac{F_1(1-\phi) + F_2\phi S_o + F_3\left(Y_o + \frac{\rho_g}{\rho_o}Y_g\right)}{F_4(1-\phi) + F_5\phi S_w + F_6 Y_w} \tag{11-65}$$

如果井内无天然气($Y_o=0$)，式中系数可通过实验刻度数据得到，这两个方程与方程式(11－63)组合，就足以确定地层饱和度及井内油、水持率。

3. RMT 测井现场质量控制

RMT 测井的影响因素主要有：孔隙度、井眼条件、岩性、测速、地层水矿化度及油的密度。

11.4.3 技术应用

RMT 测井主要有以下几个方面的应用：

(1) 在地层水矿化度未知及多种矿化度环境或岩性复杂的地区寻找油气层，确定油、气、水界面及储层饱和度，提供流体评价。

（2）测量地层孔隙度，确定岩性类型。

（3）在裸眼井测井资料不可用时，对地层进行过套管饱和度评价。

（4）可以不起油管不关井，仪器过油管测量。同时确定地层含油饱和度 S_o 和井眼滞油量 Y_o。

（5）动态监测油、气、水界面，监视二次、三次采油，确定剩余油饱和度。

（6）判断水淹层，确定水淹厚度及水淹程度。

（7）在补层和调层前使用 RMT 测井，以便寻找老井内未动用的油层。

（8）利用 RMT 测井可以评价水驱、蒸汽驱、化学驱、混合驱的驱油效果，监测储层的开采情况。

以下是 RMT 测井在一些油田应用实例：

1）判断岩性

图 11－7 为胜利油田商 8－××井部分井段 RMT 测井解释成果图。在 2063.0～2072.8m 之间，裸眼井测井解释结果为泥岩，可是 RMT 测井 *C/O* 和 *Ca/Si* 曲线的幅度较其他层段都高，指示着这一段地层含有灰质，而且泥岩中含有碳，因此该层段应是油页岩。*GR* 和 Σ 曲线的低值也说明该层段不是单纯泥岩。

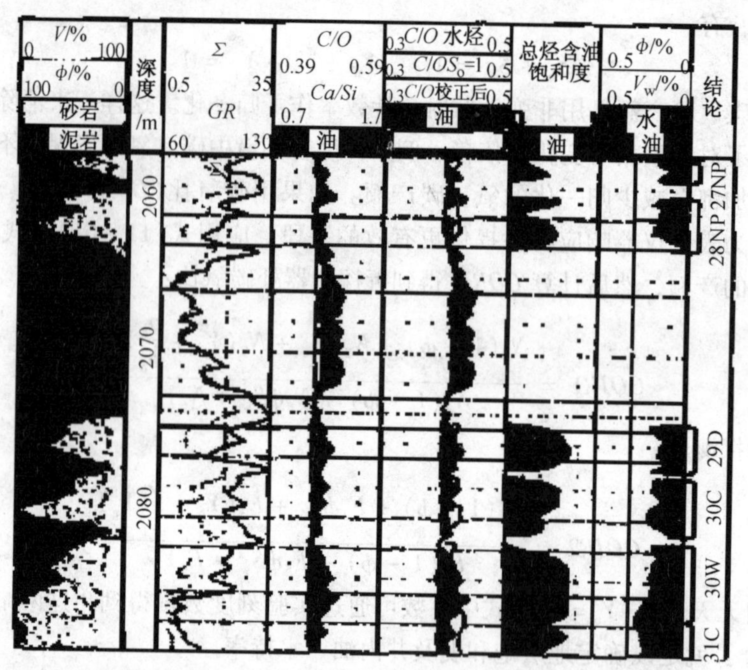

图 11－7　胜利油田商 8－××井部分井段 RMT 井解释成果图

2）反映层内水淹差异

胜 3－3－××井是胜利油田的 1 口油井，开发时油层已被水淹。为了挖潜，进行了 RMT 测井，测量井段为未射孔层段。根据该地区地层发育规律，18 号层应为正韵律沉积，而 30 号层为反韵律沉积。裸眼井测井资料显示，18 号层内底部孔隙度更大，而 30 号层内顶部孔隙度更大(图 11－8 第 1 轨)。自然电位曲线的基线也在这两个砂岩层段有明显偏移，

18 号层之下泥岩段自然电位曲线比 18 号层之上泥岩段自然电位曲线幅度更低，说明 18 号层下部渗透性更好，更容易被水淹；30 号层的情况则相反。RMT 测井资料显示，18 号层下部水淹，30 号层上部水淹(图 11－8 第 6 轨)。RMT 测井结果与裸眼井测井资料以及地质和开发规律相符。

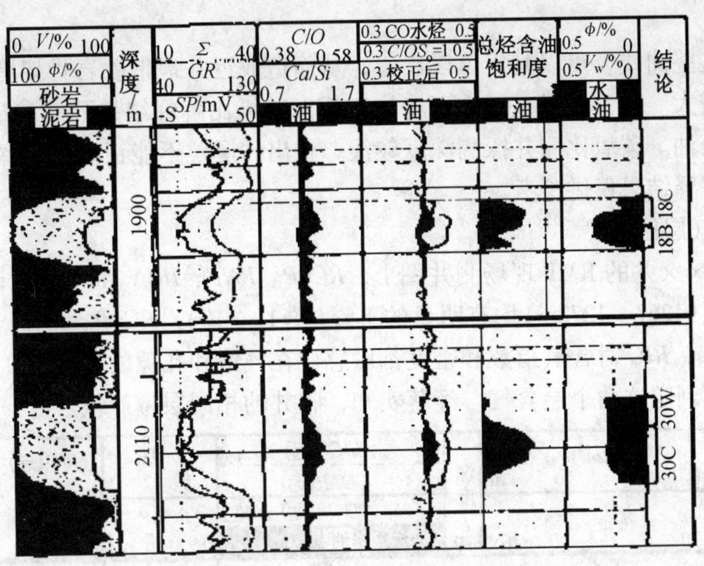

图 11－8　胜利油田胜 3－3－××井部分井段 RMT 测井解释成果图

3）指示产层出砂

大港油田港 5－新××井进行过两次 RMT 测井。第 1 次测井后，采油厂认为 1284.5～1296.5m 井段测井成果及其推测结果差别较大，可能是测前洗井时污染了地层，便动用临近水井注水 200m^3，希望将油驱到该井附近，以达到消除污染的目的，然后安排了第 2 次测井。第 2 次测井结果与第 1 次测井结果一致(图 11－9)。

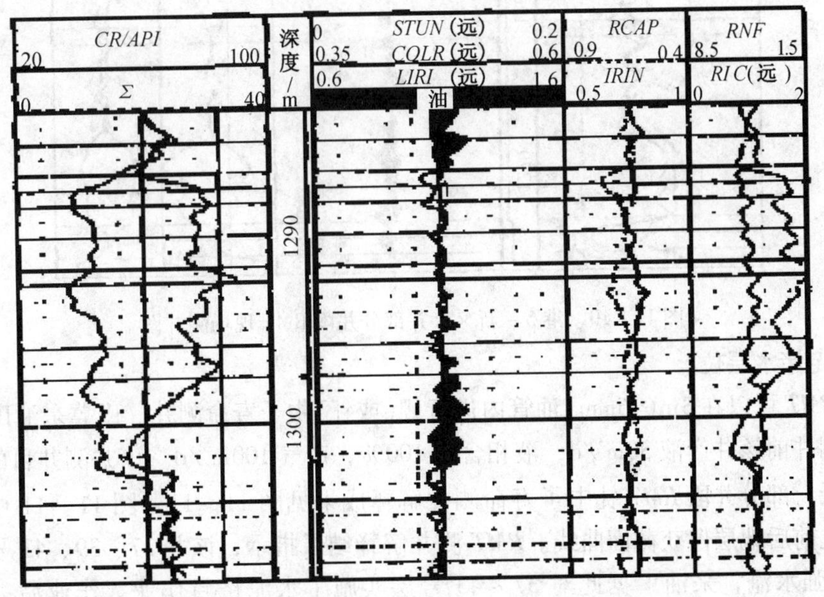

图 11－9　大港油田港 5－新××井部分井段 RMT 测井解释成果图

从图 11－9 可看到，1284.5～1296.5m 井段 *C/O* 值比较低，甚至比水线还低。第 1 轨 *GR* 曲线显示该段为砂岩且上部更纯净，Σ曲线在该段偏高，指示着地层俘获截面可能由于矿化水体积增大而增大。第 3 轨右半的 *RIC* 和 *RNF* 曲线在该段显示为大段的交叉覆盖，*RIC* 较正常砂岩段值偏大许多，揭示着该段含氢指数偏高。第 2 轨的曲线在该段偏高，揭示着含硅量降低。

综合分析这些曲线，可以判定该段出砂，从而造成近井地带砂岩骨架垮塌，含砂体积减小，含水体积增大。对该层段重新作环境校正后，碳氧比解释结果显示该砂岩段上部水淹，而下部还有剩余油。碳氧比测井探测深度较浅，在出砂层位不能正确指示深部地层含油饱和度状况，上述解释结果仅供参考。

4）识别含气层位

在港 5－新××井的 RMT 现场测井图上，*RCAP*、*RNF*、*IRIN* 和 *RCI* 值在 1 号层(1244～1251m)和 2 号层(1267～1272m)均有明显的下降(图 11－10)。*RCAP*、*RNF* 对含氢指数敏感，*IRIN* 对密度敏感，*RIC* 对含氢指数和密度都敏感。在气饱和孔隙的条件下，含氢指数及密度均下降，因而可判定这两个层含气。经落实知，临井的相同层位产气。

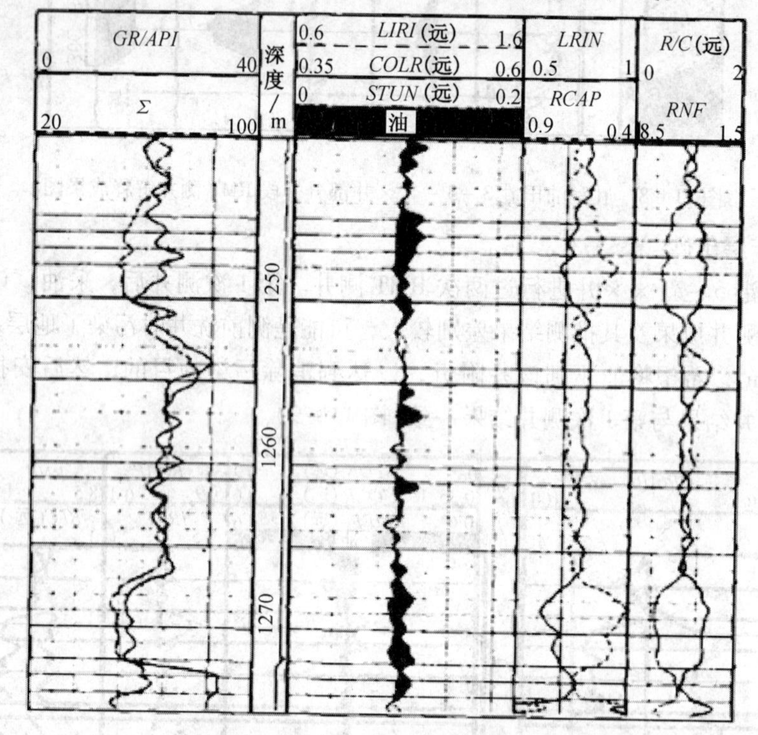

图 11－10　港 5－新××井部分井段 RMT 现场测井图

5）确定堵水层位

使用 *RMT* 可以在 3in(76mm)油管内进行硼(或钆)中子寿命测井。以冀东油田高 97－×井为例，测井前该井产液 30m³/d，液相含水 100%，产气 100m³/d。该井测井目的层较深且孔隙度较低，部分井段 *RMT* 钆中子寿命测井解释成果见图 11－11。图 11－11 中 Σ_1 和 Σ_2 分别是注钆前后地层俘获截面曲线。*RMT* 测井解释结果指示，该井 37、39、43 号层的层内上部 3.0m 强水淹，采油厂据此对 37～43 号层实施了水泥挤封作业。作业后，该井产液 11m³/d，液相含水 88.3%，产气 160m³/d。

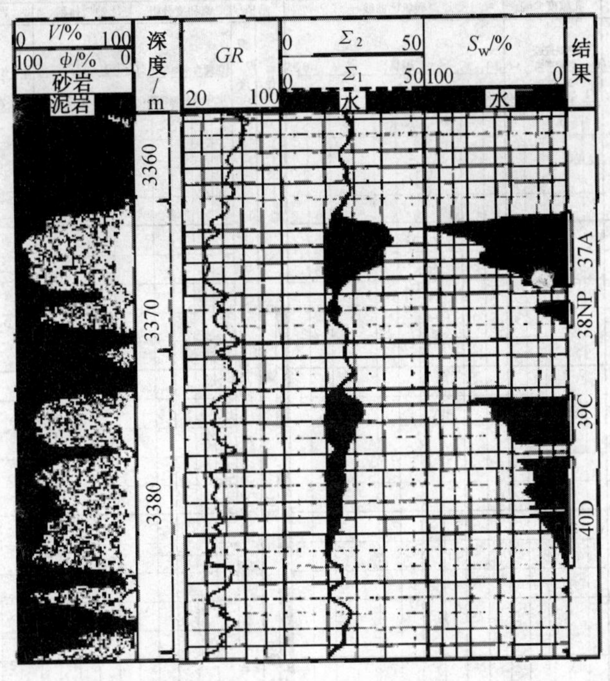

图 11 - 11　高 97 - ×井 RMT 钆中子寿命测井解释成果图

6）识别油水界面

大港油田港 4 - ××井裸眼井电法测井曲线解释各层均为油水同层，且上下层并没有太大差别，无清晰的油水界面。*RMT* 测井解释成果显示，17 号层下部为水层，上部为低水淹层，油水界面比较明显。当地地质学家认为 *RMT* 测井解释结果与地质资料综合分析结果不相符，且认为 17 号层下部应为低水淹层。采油厂相关人员先射开了 17 号层的下部，投产后含水率为 100%，遂又挤封射开层位，再射开 17 号层的上部 2.0m，投产后含水率为 40%，产油 $10m^3/d$。

7）老井挖潜

双××井是某油田一口高含水生产井，2006 年 3 月日产油 $0m^3$，产水 $70.3m^3$，一直关井。2011 年 4 月对该井进行 *RMT* 测井（图 11 - 12），从图中可以看出，17 号层重叠面积较大，碳氧比值高，显示剩余油饱和度高，经综合解释确定为潜力层。5 月下多级找堵水管柱补孔单采 17 号层，投产后日产油 $7.8m^3$，水 $31.5m^3$，收到了较好的效果。

11.5　过套管电阻率测井技术

11.5.1　工艺原理

要测量套管外地层电阻率，就必须通过下井仪器向地层发射一回路在地面的低频电流信号（一般频率选择在 0.001 ~ 10Hz 之间），尽管金属套管屏蔽了大部分电场信号，但仍有一小部分通过金属套管进入地层。所以仪器的测量电极和电源在地面的回路电极之间有一电位差，紧靠在金属套管壁上的测量仪器检测流入地层的电流，通过一差分放大器放大，然后由电缆传送到地面处理。

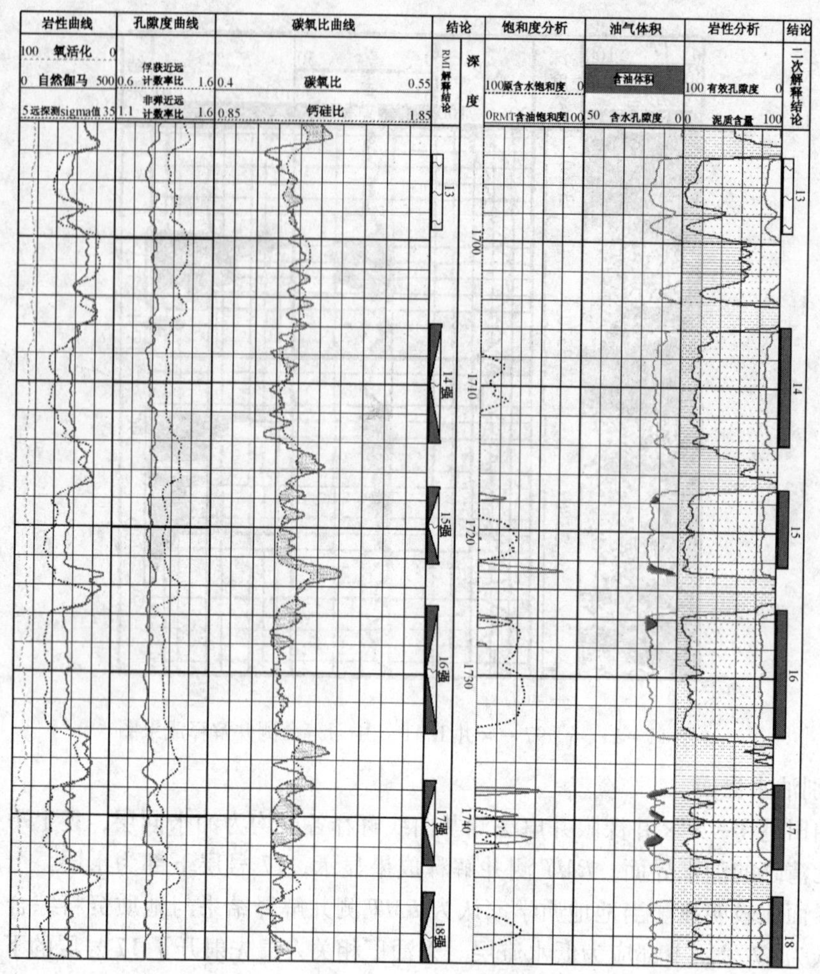

图 11-12　双××井 RMT 测井解释成果图

在图 11-13 中，地面上的电压放大器电路，一方面通过电源功放送到地下，作为供电电源(0.5～0.75Hz)，另一方面送到相敏检波电路作为参考信号：电压测量电路井下仪器有两个供电电极 A 和 F，三个测量电极 C、D、E。SW_1 开关打到图中上面位置，低频交流电

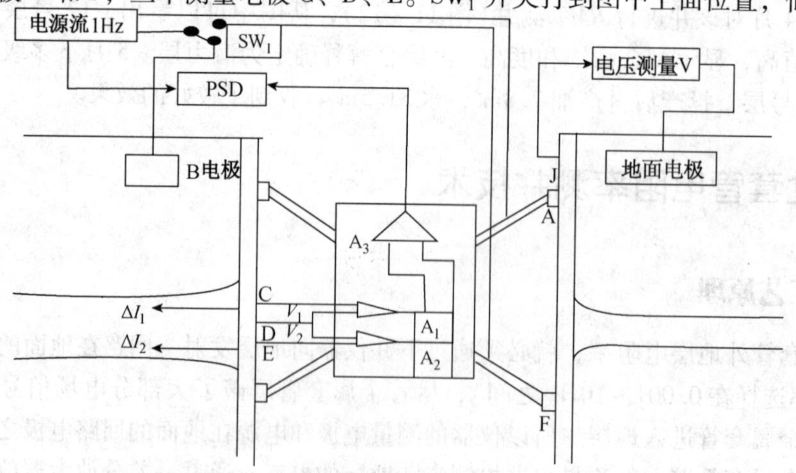

图 11-13　过套管电阻率测量原理示意图

沿套管由 A 极流向 F 极，此时几乎没有任何电流流向地层，假如 A 电极和 F 电极小于一定距离，则可以测出套管电流。CD 两电极之间的电压降由 A_1 差分放大器放大，DE 两电极之间的电压降由 A_2 差分放大器放大，A_1 和 A_2 的输出送到 A_3 放大器进行差放，这样可以调节 A_1 和 A_2 的增益，使得 A_3 的输出为零，即沿套管流动的任何电流使仪器指零。

然后 SW_1 开关至 B 电极，从 A 电极流出的低频交流电沿套管壁流入地层，C、D、E 电极之间沿套管流动而流入地层的电流经 A_3 放大器放大后产生零输出。测量电极 C、D 之间流入地层的电流是 ΔI_1，它由运算放大器 A_1 放大，产生一差动电压 V_1，同样电极 D、E 之间流入地层的电流是 ΔI_2，由运算放大器 A_1 放大，产生一差动电压 V_2。V_1 和 V_2 在差分放大器中相减，由此在 CE 电极之间产生一流进地层的净电流($\Delta I_1 + \Delta I_2$)，它就是流入地层的总电流 ΔI。

电压测量电极 J 靠在套管壁上，在三测量电极 C、D、E 的附近，电压参考电极 G 在地面“无穷远”处接地。G 和 J 之间测出的电压叫电位差 V_0，V_0和 ΔI 的比值记为：

$$R_0 = \frac{V_0}{\Delta I} \tag{11-66}$$

式中，R_0可视为地层的分段电阻，也就是 C、D、E 电极所在位置的套管与“无穷远”处电极 G 之间的电阻，再用刻度常数 K 来计算地层的视电阻率。

$$R_0 = KR_C \tag{11-67}$$

式中，K 是校正常数，近似等于电极距 S(即电极 C 和 D 之间的距离)。

过套管电阻率校正公式：

$$R_t = \beta_{(REFS)} \times \beta_{(CEMENT)} \times \beta_{(END)} \times R_0 \tag{11-68}$$

式中 $\beta_{(CEMENT)}$——厚层附近水泥影响校正常数，无量纲；

$\beta_{(END)}$——均匀介质中 TCR 仪器接近套管底段而进行的校正常数，无量纲；

$\beta_{(REFS)}$——TCR 仪器残余校正常数。

11.5.2 过套管电阻率测井实现方法

把金属套管视为一圆形长电极(图 11-14)。因为套管的电阻率要比井眼流体低得多，所以大部分电流在套管中流动，只有一小部分电流漏进地层，若能检测到流进地层的电流，则可以计算出地层的电阻率。

若电流 I_1和 I_2分别表示套管在 z 和 $z+\Delta z$ 处的电流，则两个电流之差为漏进地层的电流：

$$I(z+\Delta z) - I(z) = -I_r \cdot \Delta z \tag{11-69}$$

$$I_1 - I_2 = I_r \tag{11-70}$$

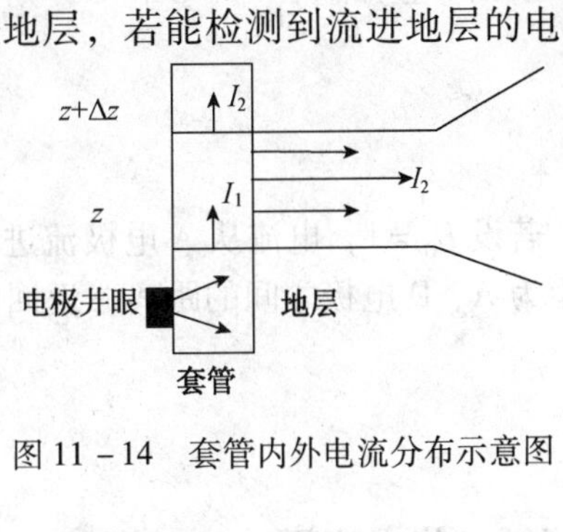

图 11-14 套管内外电流分布示意图

I_r为单位套管长度漏地层的电流，假设套管内外壁具有相同的电场，那么就可以将电流写成如下形式：

$$I_1 = S_1 \cdot E_1 \tag{11-71}$$

$$I_2 = S_2 \cdot E_2 \tag{11-72}$$

此处 E_1、E_2分别是套管在 z 和 $z+\Delta z$ 处的电场强度，S 是套管的电导率，由下式给出：

$$S = \frac{\sigma \cdot \pi \cdot (OD^2 - ID^2)}{4} \tag{11-73}$$

式中，ID、OD 分别是套管的内外径，把式代入：$S_1 \cdot E_1 - S_2 \cdot E_2 = I_r$

I_r也可以表示为：

$$I_r = \frac{U}{R_{tube}} \tag{11-74}$$

此处 U 是在套管在 z 和 $z+\Delta z$ 之间的电势，R_{tube} 是这个电流回路的总电阻，因此

$$R_{tube} = \frac{U}{S_1E_1 - S_2E_2} \tag{11-75}$$

在均匀介质地层中，电流回路的总电阻与地层的电阻率成正比，

$$R_{tube} = R_f L \tag{11-76}$$

此处 L 是地层系数，

$$R_f = \frac{U}{(S_1E_1 - S_2E_2)\cdot L} \tag{11-77}$$

由式(11－77)可知，对于均匀地层，若要测量地层的电阻率，那就必须测量电势 U、电场 E_1、E_2导电率 S_1和 S_2，并要知道地层因子 L。对于非均匀地层，式(11－77)可定义为视电阻率，前面的等式可变成：

$$-\frac{d}{dz}(SE) = \frac{U}{R_f\Delta zL} \tag{11-78}$$

11.5.3 施工工艺

对于均匀介质的金属套管可以写成：

$$\frac{d^2U}{dz^2} = \frac{U}{S\cdot R_f\cdot L_D} \tag{11-79}$$

比较式(11－79)、式(11－74)、式(11－77)，可以看出，在均匀介质的套管的(z，$z+\Delta z$)之间，漏进地层的电流为：

$$S\frac{d^2U}{dz_2}\Delta z$$

方程(11－79)就是著名的传输线等式方程。

所以一旦知道 $\frac{d^2U}{dz_2}$、S 和 U，则可以利用等式(11－79)来计算地层的视电阻率。

$$R_f = \frac{U}{SL_D\frac{d^2U}{dz^2}} \tag{11-80}$$

若设 $L_D=1$，电流从 A 电极流进套管并进入地层，测量电极为 C、D 和 E，仪器的测量间距为 A、D 电极之间的距离，返回电极在无穷远处的地面，所以地层的视电阻率为：

$$R_{opp} = \frac{U}{S\frac{d^2U}{dz^2}} \tag{11-81}$$

11.5.4 技术应用

（1）发现老井中有价值的油汽层；

（2）检测现有井和油区的采竭情况；

（3）在没有玻璃钢套管井中检测水淹剖面；

（4）确定剩余油饱和度；

（5）在断管和塌方的井中获得地层电阻率。

图 11－15 为一口裸眼井时的深侧向测量结果与套管井 *CHFR* 测量结果的比较，可以看出二者吻合良好。

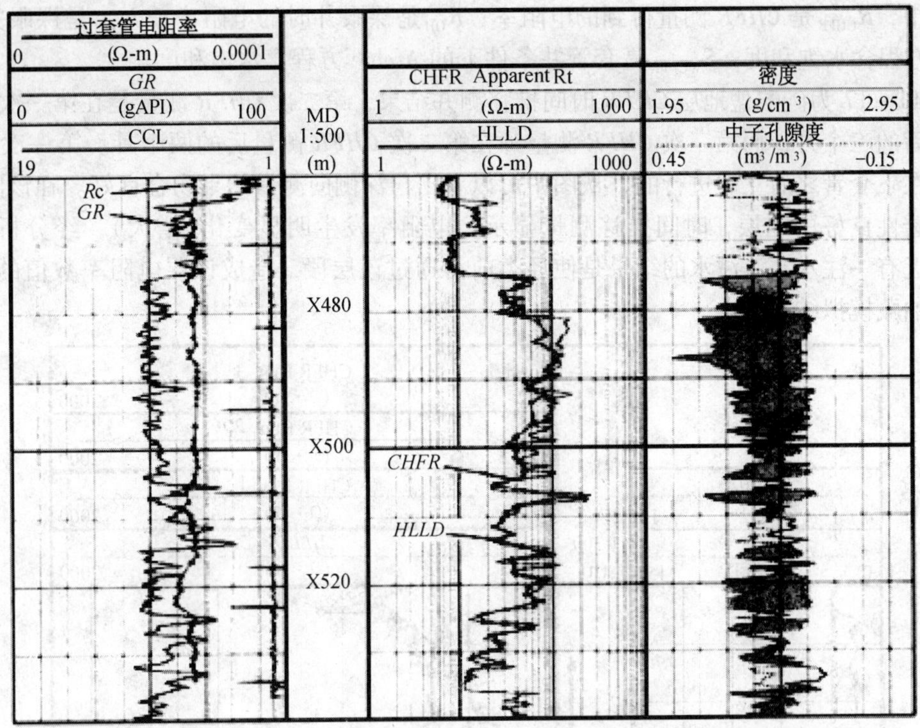

图 11－15 裸眼井深侧向测量结果与套管井 *CHFR* 测量结果的比较

图 11－16 为阿拉斯加一口老的生产井中的 *CHFR* 测量结果，同时给出深感应电阻率数值结果，结合最右边一道中的含水枯竭率，可称为 *CHFR* 枯竭指示，可以判断各层的生产情况。

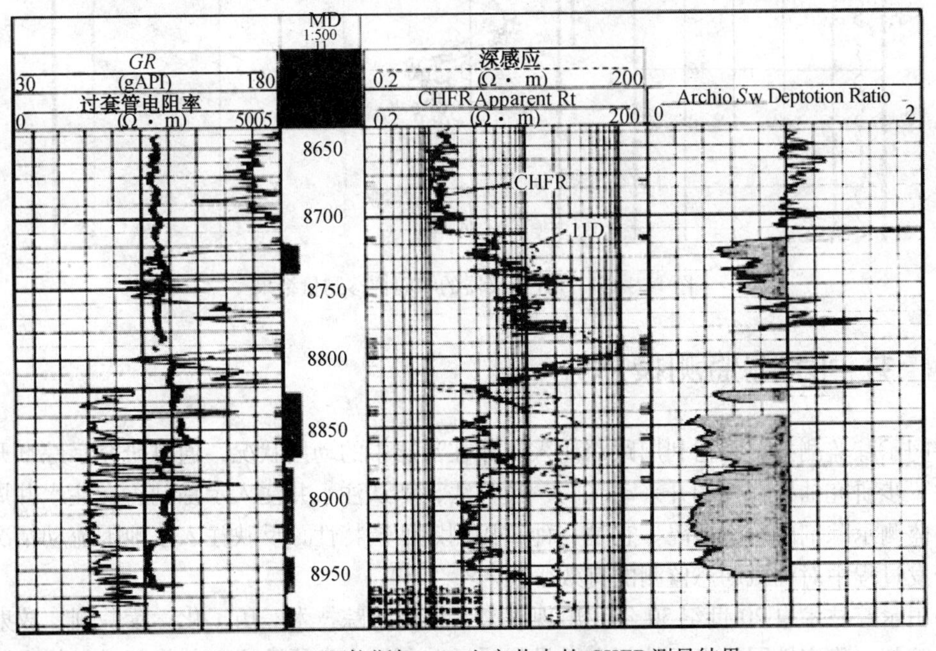

图 11－16 阿拉斯加一口生产井中的 *CHFR* 测量结果

（同时给出裸眼井深感应电阻率结果）

$$CHFR\text{ 枯竭指示} = \frac{S_{\text{WOH}}}{S_{\text{WCHFR}}} = \sqrt{\frac{R_{\text{CHFR}}}{R_{\text{OH}}}} \tag{11-82}$$

式中，R_{CHFR}是 *CHFR* 测量得到的电阻率；R_{OH}是裸眼井时的电阻率；S_{WOH}是裸眼井时的 Archie 方程含水饱和度；S_{WCHFR}是套管井条件下的 Archie 方程含水饱和度。

图 11－17 为碳酸盐地层 *CHFR* 时间推移测井结果，第二次 *CHFR* 测量是在第一次 *CHFR* 测量之后的三个月，而第三次 *CHFR* 测量师在第二次 *CHFR* 测量后的两个月。第一次 CHFR 测量是在下套管之后立即进行的，从图中可以看出与深侧向测量结果吻合良好。在该图上部为一渗透性良好的地层，时间推移测量显示，电阻率发生明显变化(增大)，经分析发现，该井附近有一注水井，注水的结果是使烃类前沿通过该层段，造成该层电阻率数值的增大，与实际油藏模拟结果吻合。

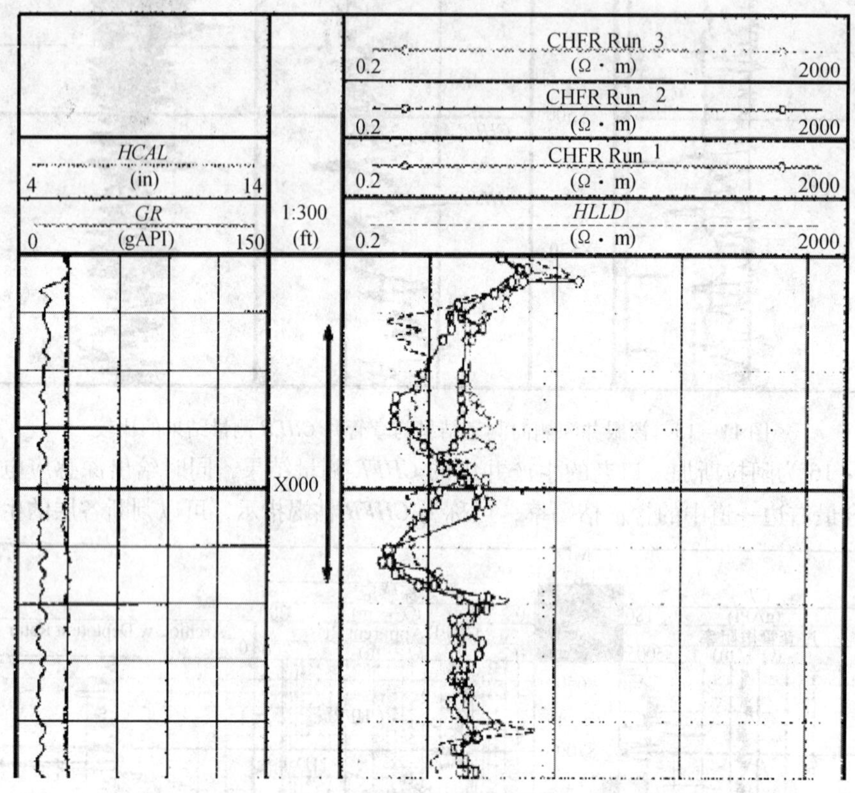

图 11－17 CHFR 仪器的时间推移测量结果

11.6 井间示踪监测技术

井间示踪监测技术是指利用跟踪注入流体在油层中的动用状况，通过研究示踪剂开采动态，进一步研究油层特性和开采动态的一种方法，即从注水井注入示踪剂，在注水井周围的生产井监测示踪剂的产出情况。它是一种直接测定油层特性，反映注入水地下流动情况并在油田开发过程中对油藏动态监测的有效手段。

油田示踪技术自 20 世纪 50 年代出现以来，油田示踪技术经历了化学示踪剂、放射性同位素示踪剂、稳定性同位素示踪剂和微量物质示踪剂 4 个发展阶段，并将朝微量物质油井捆绑技术方向发展。目前，微量物质示踪技术已逐步形成了一套较为完整的理论体系。

与前3种示踪剂相比，微量物质示踪剂具有无放射性、无污染、安全稳定性好、用量少、价格便宜、成本较低和分析精度高等优点。因此，很有必要加大对第四代微量物质示踪剂的研究开发和推广工作，而且开发和使用高质量的第四代微量物质示踪剂是新型油田示踪剂发展的趋势。

所谓定性描述：①注入流体的流动方向；②水线推进速度；③评价油层的连通性；④判定是否存在窜流通道。

所谓定量描述：①计算流体的平面分布状况及注入流体的波及体积；②确定油层的非均质特性及分布状况；③测定油层中的残余油饱和度。

另外还可通过井间示踪技术计算累计产量与示踪剂浓度之间的关系，计算各动用层段所占地层系数(地层系数指地层有效厚度与有效渗透率的乘积)的比例。通过生产井监测到的示踪剂浓度(取样得到)，绘制出示踪剂浓度产出曲线，从而反馈出油层特性和开采动态的信息。

井间示踪是一个系统工程包括：井间示踪测试从示踪剂的选择、用量设计、示踪剂的布局、示踪剂的注入、示踪剂的监测(采样频率、样品分析)，直到最终结果的解释(定量或定性解释)，构成了一个完整的井间示踪技术体系，任何一个环节出现问题，都会殃及井间示踪测试资料的可靠性。

11.6.1 工艺原理

示踪剂以高浓度段塞式经注水井注入地层后，在注入水的作用下向前运移，不断地被地层水稀释，导致示踪剂前缘的浓度比较低，随着时间的推移，浓度逐渐加大，达到最大值后又开始下降。

示踪剂产出曲线能够很好地反映地层这一特征，如果产出曲线只有一个峰，且成正态分布，持续时间长，说明储层的均质性较好，如果产出曲线有多个峰值，说明储层垂向上存在多个渗透层，各峰值之间相隔时间反映了各层渗透率的差异性，如果有尖峰出现，说明储层存在高渗透通道或裂缝。

通过对示踪剂产出曲线进行综合分析，了解注采井间油层的连通状况，注入水各方向的推进速度，高渗透水淹条带的分布方向、位置情况等，为注水井的调剖和封堵大孔道提供比较确切的地质依据。

示踪剂在地层中的流动机理：示踪剂在多孔介质中的运动主要受对流作用和水动力学弥散作用控制。

(1) 对流作用：受达西定律支配，由作用于该系统上的压力梯度而产生的流体运动。这种压力梯度由注采井间的压力差和流动着的流体浓度差而建立起来的，对流作用主要取决于井网的形状和操作条件。

(2) 水动力学弥散作用包括：①分子扩散：由两种流体之间的组分浓度梯度产生，与流速无关；②机械弥散：是流体质点在多孔介质中迂曲的孔道中运动的结果。微观来说，弥散是由示踪剂流过单一孔道并再次聚合而产生的速度变化而引起的。

11.6.2 测试工艺

1. 示踪剂的选择

化学示踪剂是指那些易溶、且在极低浓度下可以被检测，用以指示溶解它的液体在多孔介质中的存在、流动方向和渗流速度的化学物质。

2. 选择示踪剂的流程

（1）对油田采出水样品进行分析，确定油田水成分和细菌种类；

（2）选本体浓度低（或为零）和抗生物降解的示踪剂作为待选示踪剂；

（3）对待选示踪剂进行化学分析，选择毒性低、化学稳定性好、与原油性质有较大区别的示踪剂；

（4）对选择的示踪剂进行吸附试验；

（5）确定选用示踪剂。

注意：要根据井间示踪监测目的不同选用不同的示踪剂。如：以研究油层吸附特性为主要目的，则应选用有一定吸附能力的示踪剂；以研究剩余油分布为主要目的，则应选用一种能够与地层中原油相混溶，并向油中分配的示踪剂。

3. 示踪剂应满足的条件

（1）在地层中的背景浓度低；

（2）在地层表面吸附量少；

（3）与地层矿物不反应；

（4）与所指示的流体配伍；

（5）化学稳定性好和生物稳定性好；

（6）易检出，灵敏度高；

（7）无毒、安全，对测井无影响；

（8）来源广、成本低。

目前能在油田中应用的示踪剂的分类如下：

（1）放射性同位素。主要是含氚的化合物，如氚水、氚水乙醇等，其优点是用量少，检测浓度低，价格便宜；其缺点是需专业部门投放和检测。

（2）易检测的阴离子。主要是无机阴离子，如 SCN^-、NO_3^-、Cl^-、Br^-、I^-等。由于砂岩地层表面带负电，阴离子在地层表面不易吸附，所以消耗量很少。

（3）染料。主要是荧光染料，如荧光素钠。它的优点是检出浓度低，缺点是在地层表面吸附量大。

（4）低分子醇。可用的有甲醇、乙醇、正丙醇、异丙醇等。优点是水溶性好、易检出；缺点是生物稳定性差，因而必须与杀菌剂一起使用。

（5）微量物质。稀土元素等。

11.6.3 井间示踪的施工工艺

（1）检查井口情况是否完好，可否取样。①注水井各阀门要完好；②油井要能单独取液，保证后期取样都是每天刚抽出的液样；③凡是并罐的检测井都要在井口开一个取样阀门。

（2）取注水井水样 2L 左右。

（3）取对应检测油井水样，每个检测油井取样 500mL。

（4）对(2)、(3)条所取的液样做背景浓度分析。同时根据此分析和试验区块的地层物性参数计算所投示踪剂的种类和用量。

（5）估计示踪可能到达检测井的时间。

(6) 在注水井中注入示踪剂。

(7) 每天对示踪剂井组中的检测井取样，对浓度变化进行分析。

(8) 在检测井中发现注入注水井的示踪剂浓度对比出现峰值时，再坚持取液样5d左右(视情况而定)。当示踪剂浓度对比比较稳定时，停止取样。

(9) 做出书面报告。

11.6.4 注入设计

1. 注入要求

在配制溶液之后，应根据注入的正常日注入量，及油层中输入浓度不得超过4.0%的要求，确定井口注入量及示踪剂溶液注入量，日注入量之和应等于该井正常的日注入量。注入时间在1d比较合适，最短不能低于12h。

2. 注意事项

为了满足油藏工程研究的需要，示踪剂的注入工艺必须具备下列条件：①应该是连续、均匀的注入示踪剂，不得形成多段塞或注入浓度不均匀；②能够在高压下工作，并具备流量可调功能；③注入压力能够达到正常完成示踪剂注入压力；④能在所要求的时间内完成示踪剂的注入。

要有加热部分，是由于示踪剂在溶解过程中要吸热，水温度随之降低，从而降低了示踪剂的溶解度，冬天施工时候应该特别注意这个问题。应注意不能超过其变质的温度。一般应控制在30~40℃即可，而且应在投入示踪剂之前加热，防止在加热工程中，局部温度过高，导致示踪剂变质。

3. 施工要求

(1) 注入示踪剂之前，应该检测各生产井产出水及注入水中各种示踪剂的本底浓度，如发现已经存在该示踪剂，应立即更换示踪剂品种，或增大示踪剂用量。

(2) 尽量缩短连接示踪剂注入管线的关井时间，减少对地下压力场的干扰。

(3) 每次注入前，应充分清洗配制池，防止示踪剂之间相互混杂，以及油等杂物注入井中。

(4) 应保证配制示踪剂用水的质量，不得使用不符合水质标准的污水。

(5) 严格按要求配制示踪剂溶液，并用泵充分循环，保证示踪剂充分均匀地溶解于水中。

(6) 施工过程中要求平稳操作，均匀注入，不得出现时间间隔，确保日注入量在目前水平上，以保证示踪剂资料的代表性。

(7) 示踪剂的注入压力不得超过油层的破裂压力，防止油层产生裂缝。

(8) 示踪剂注入结束后，用清水清洗配制池，关闭管线来水，以该井日注入量折算，快速地将配制池内的剩余水注入井内。

(9) 拆卸管线后，立即开井恢复正常注水(保持原来的注水量)。

(10) 注入过程中，每2h记录一次注入压力，溶液注入量，管线水注入量。示踪剂溶液的配料过程、用量，以及操作过程中发生的各类事件的开始和结束时间。

4. 取样、检测

(1) 确定示踪剂监测范围。确定监测范围就是确定该示踪剂的采样井。除了按常规的水动力场确定注水井组内的生产井是必须监测的井外，还应该确定一些周围井(视具体情况来确定)作为监测井。

(2) 采样周期。到需要检测的井，进行取样；在注入示踪剂后，应立即采样分析，一般在注入当天每 4h 采样一次，1d 后每天采样一次，此后就应转为正常采样分析。

(3) 检测原理。若在注水井中注入 NH_4SCN，在油井上进行取样监测，含 SCN^- 离子的水样，加入 Fe^{3+} 能生成红色络合物：$Fe^{3+} + CNS^- \longrightarrow [FeSCN]^{2+}$(红色)。

用分光光度法测定：根据分光光度计上显示的数据，对照标准曲线，可直接查出产出浓度。若在注水井中注入 NH_4NO_3 作为示踪剂，硝酸根与氨基苯磺酸及 α－萘胺发生反应，最终生成物为红色络合物，同样采用分光光度法测定。

11.6.5 井间示踪监测的结果解释及应用

1. 井间示踪剂监测的目的

(1) 了解地层的分层情况；

(2) 了解油水井对应关系、连通状况及剩余油分布；

(3) 判断油层中是否存在高渗透层或大孔道，求出其厚度和渗透率等地层参数；

(4) 确定注入水的体积分配及在地层中各方向的推进速度，油井来水方向；

(5) 确定油层平面及纵向非均质性；

(6) 检测各层系之间有无窜流现象；

(7) 评价注入水波及参数及驱替状况；

(8) 评价地层的处理效果；

(9) 为油田开发方案的设计提供科学依据(布井、注水、调剖、堵水)。

2. 井间示踪剂监测的意义

(1) 通过井间示踪剂监测及其解释结果可为井网调整提供有效的实验依据；

(2) 根据测试结果有选择地控制和强化注水、增强有效注水、提高水驱动用程度，达到稳油控水的目的；

(3) 根据储层纵向上的非匀质性特点作分层调参，以深化对油藏的认识并对油藏进行动态精细描述；

(4)对更有效开发方案的制定、实施及措施的调整具有重要的参考价值。

第 12 章　工程测井

12.1　固井质量检测技术

固井质量的检查主要是水泥环胶结质量的检查，即检查套管与水泥环(第一界面)、水泥环与地层(第二界面)的胶结情况。无论是第一界面还是第二界面水泥胶结质量不好都很容易引起水层的上、下窜槽，给油井的试油、投产等工作带来很大的麻烦，因此评价固井质量是一项重要的工作。另外准确掌握油气水井固井质量状况，可以优化新井投产与老井增产增注措施。提高固井质量，延长油气水井使用寿命，对油田勘探开发有重要作用。

几十年来，人们开发研制了如声幅测井仪(CBL)、变密度测井仪(VDL)、超声脉冲反射法测井仪，贴井壁分扇形区水泥胶结评价测井仪等多种用于固井质量评价的测井仪器。目前国内的固井质量的测井评价方法主要是声波测井中的声幅变密度测井(CBL/VDL)、水泥胶结测井(SBT)。

12.1.1　CBL/VDL 声幅 - 声波变密度测井

声幅 - 声波变密度测井是借助于声波原理对套管井的水泥胶结状况进行检测的测井方法，已被广泛应用。

传统的声幅测井仪能监测水泥环与套管(第一界面)的胶结状况，不能全面反映井下技术状况，快地层的存在还会引起水泥胶结测井资料的错误解释。

声幅 - 声波变密度测井弥补了传统声幅测井的缺陷，能对固井的两个界面进行检测：

(1) 通过接收和处理首波幅度沿井深度的变化(声幅测井)来解释水泥与套管(第一界面)胶结的效果。

(2) 通过对后续波的接收和处理(变密度测井)来解释水泥环与地层(第二界面)胶结的效果，并可取得地层信息。

12.1.1.1　套管井中的声波传播

套管井中与测井相关的主要有四种波，传播路径见图 12 - 1，这四种波分别是套管波、水泥环波、地层波、泥浆波，各自成分及特点如下：

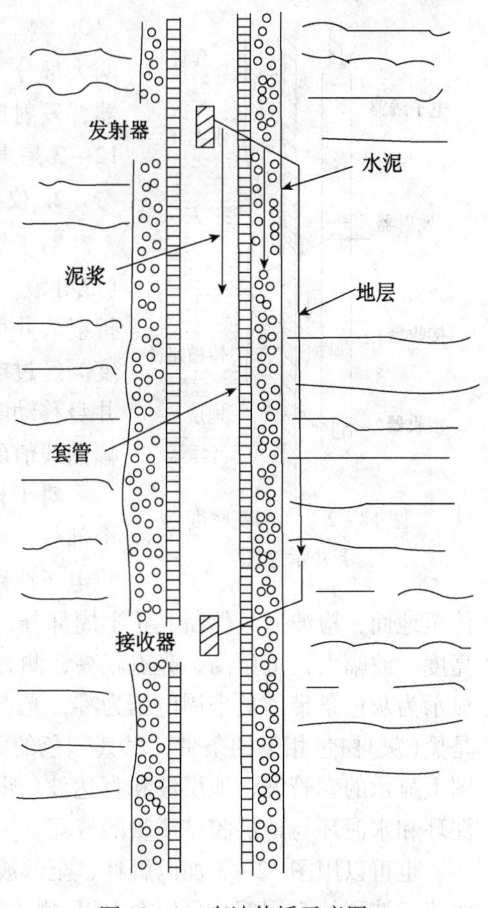

图 12 - 1　声波传播示意图

(1) 套管波。分为套管滑行波(还可以细化为滑行纵波、滑行横波)、套管 - 水泥界面一次反射波、多次反射波。其中多次反射波经多次反射后到达接收器时能量已经很弱，可以忽略不计，而一次反射波和套管滑行波只差 0.2μs，从变密度测井的角度可以认为是同时到达的。这两种波的声强与套管－水泥环的胶结好坏直接相关，胶结越好，声强越差。

（2）水泥环波。在波列上紧随套管波出现，当由于水泥环中存在微裂隙或胶结不致密，水泥环波衰减很快，而且水泥环波和套管波有相位差，容易发生干涉后被掩盖，识别相当困难，一般可以忽略不计。

（3）地层波。在水泥波之后出现，是沿井壁传播的滑行波，也分为滑行纵波和滑行横波，首先到达的是滑行纵波，纵波到达 1.5～1.8 倍时间范围内可以找到横波。只有水泥环与套管、地层都胶结良好的情况下才能出现较强的地层波，任一界面胶结不好，中间都会出现声耦合较差的环形流体层，造成很大的声阻抗，穿透流体层的声波很少，进入地层的就更少，造成地层波很弱。

（4）泥浆波。沿泥浆传播，在波列中最后到达，特点是到达仪器的时间不变，当地层为低速地层时常叠加在地层波上。

12.1.1.2 声幅－变密度测井仪器结构及工作原理

1. 仪器结构

声幅－变密度测井是由磁定位(CCL)、自然伽马仪(GR)和声幅－变密度仪(CBL－VDL)组成，能够实现一次下井，测出 CCL、GR、CBL－VDL 等多条组合曲线。

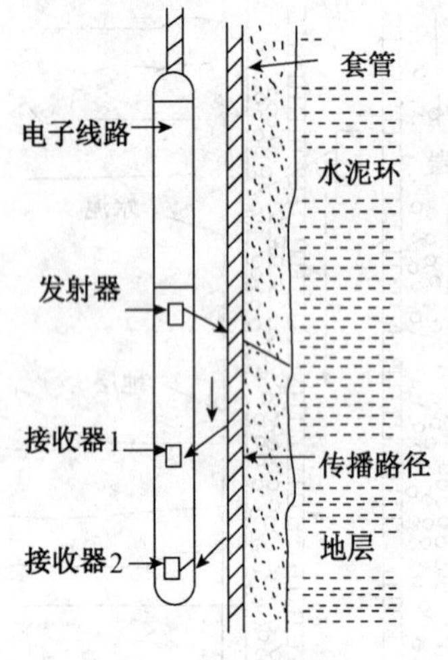

图 12－2 声幅变密度下井示意图

声幅－变密度(CBL－VDL)井下仪包括电子线路和声系两大部分，其中声系采用单发双收即一个发射器和两个接收器，发射探头发射 20kHz 的声波信号，长、短源距接收。图 12－2 是声幅变密度下井示意图。

2. 仪器工作原理

对于短源距接收器，声波发射器发射声脉冲，经过泥浆(或井液)折射入套管，产生套管波。套管波沿最短路径传播，折射入井里泥浆(或井液)。接收器接收声波波列中首波的幅度。经过电子线路转换为相应的电压值予以记录。当仪器沿井身移动时，就测出一条随井深变化的声幅曲线。并通过声幅曲线值的高低对比来确定套管与水泥环胶结的好坏。

对于长源距接收器，接受到的是声波的全波列，分为三个部分，即套管波、地层波、直达波(泥浆波和井液波)，接收电子线路把信号转换为与其幅度成正比的点信号，经电缆传至地面，检波后只保留其正半周部分，这部分电信号加到示波器或显像管上，调制其光点亮度。波幅大，电压高，光点就亮，测井图上显示条带为黑色。而光点亮度低时，测井图上显示为灰色条带。负半周电压为零，光点不亮，测井图上显示为白色条带。变密度测井图就是黑(灰)白色相见的条带，以其颜色的深浅表示接收到的信号的强弱，通过对变密度测井图上显示的套管波、地层波和直达波(泥浆波和井液波)的强弱程度分析，来确定套管与水泥环和水泥环与地层胶结质量的好坏。

也可以用图 12－3 加以解释，全部波列形成亮暗条纹显示在胶片上，对比度取决于正峰幅值。波列的不用部分可以在 VDL 测井图上被区分开来。套管波信号显示了很有规律的条纹，而地层波的条纹显得更为扭动。

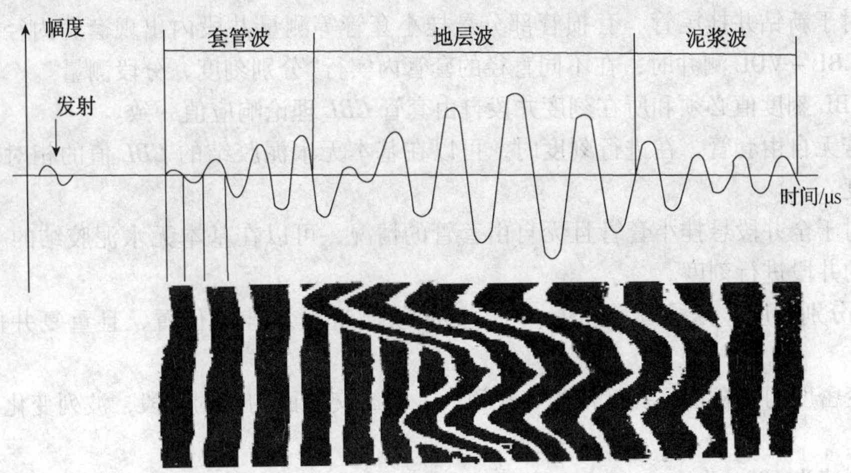

图 12－3　变密度测井工作原理意图

3. 测井资料的作用(排版)

(1) 变密度测井资料的作用：检查固井质量；检查压裂效果；判别管外出砂层位；识别横波。

(2) 固井声幅测井曲线的作用：确定水泥上返高度；评价固井质量；检查套管接箍及套管断裂位置；检查补挤水泥效果。

12.1.1.3　仪器技术指标

下井仪器：以新乡 22 所 SZS－3 型为例

最高耐压：100MPa

工作温度：－20～＋150℃

下井电源电压：AC 180V

最大工作电流：≤60mA

最高测速：600m/h

适应井径范围：118～254mm

仪器外径：Φ89mm

仪器长度：7.5m

地面测井系统：SKH－2000、SKD－3000 两种仪器为主。

12.1.1.4　测井工艺

1. 仪器刻度及现场质量控制

(1) 声幅曲线要根据套管外径尺寸的大小在自由套管处进行刻度检查，且有 30～50m 连续曲线，曲线变化平稳，符合质量要求，声幅重复曲线误差小于10%。不同套管外径刻度值如表 12－1 所示：

表 12－1　不同套管外径刻度值

套管外径/in	声幅值/mV	套管外径/in	声幅值/mV
4	89	7	62
4½	81	7⅝	59
5	76	9⅝	51
5½	69～72	10¾	48

（2）对于新钻井挂尾管、套损管部分悬挂小套管等测量井段内出现套管内径不同的情况，进行 CBL－VDL 测井时，在不同直径的套管内实行“分别刻度，分段测量”。

（3）CBL 刻度值必须和所在刻度井段自由套管 *CBL* 理论响应值一致。

（4）若无自由套管，在进行刻度时，可以在基本无水泥胶结的 *CBL* 值的相对较高的井段进行刻度。

（5）对于全井段悬挂小套管且无自由套管的情况，可以在基本无水泥胶结的 *CBL* 值的相对较高的井段进行刻度。

（6）“分别刻度，分段测量”时，两段都必须测量出悬挂器位置，且重复井段不得少于 50m。

（7）变密度门坎合适，灰度清晰，在第一、第二交接面均好的井段，波列变化与岩性具有相关性。

（8）测速为 600m/h。

（9）变密度曲线在自由套管处应反映出套管波信号，呈现一条条黑白相见的直条带。

（10）声幅－变密度测井时，必须带扶正器，以保证仪器居中。

（11）测井时间一般在固井后 36～48h 进行测量。

2. 测井资料的定量解释

（1）根据声幅曲线的幅度值，采用相对幅度法评价第一胶结面的固井质量。

即：

相对幅度(C)＝(目的层段的声幅值/自由套管井段的声幅值)×100%

当相对幅度≤20%时，确定为胶结良好；

当相对幅度＝20%～30%时，确定为胶结中等；

当相对幅度≥30%时，确定为胶结差。

（2）根据变密度图上套管波显示的强弱来确定第一胶结面的胶结级别，套管波信号微弱或缺失定为第一胶结面胶结良好；套管波显示清晰，曲线粗而黑，套管接箍明显，定为第一胶结面胶结差；套管波显示较弱时定为第一胶结面胶结中等。

（3）根据声幅－变密度测井资料解释规程，依据变密度图上显示的地层波的强弱来确定第二胶结面的胶结级别。

对同一口井的不同井段，变密度地层波显示强确定为胶结良好；地层波微弱或缺少，确定为胶结差；地层波可以辨认出，但地层波信息不清晰，确定为胶结中等。

3. 测井资料的定性解释

变密度资料与声幅测井相比，优势在于可以直观地反映套管－水泥环、水泥环－地层(即第一、第二界面)的胶结情况，劣势是难以进行精确定量分析。如果二者结合，可以更好地识别井周水泥胶结情况。下面是对不同胶结情况下声幅、变密度资料可能的测井响应特征进行的分析。固井质量检查图上增加 VDL 波形后，使用者借助变密度资料可以更直观地对水泥胶结情况进行定性评价。

（1）“自由套管”即未胶结的套管，这种情况出现的水泥返高以上的井段，大部分声能将通过套管传到接收器，而很少透射到地层中去。所以特征是：声幅曲线(CBL)幅度高且较稳定，套管接箍处幅度显示明显。变密度(VDL)记录的套管波很强，为黑白相间的直条带，黑白线条是平行的，如显现摆动则说明仪器居中不佳。几乎不出现地层波(甚至没有)，套管接箍处出现人字纹(图 12－4)。

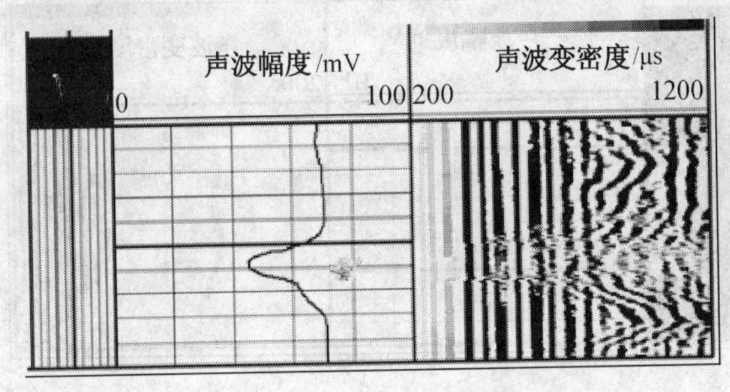

图 12－4　未胶结的套管

（2）套管与水泥、水泥与地层胶结都好（即第一、二胶结面都好），套管与水泥胶结良好，并且水泥与地层胶结也良好的情况下，声能将会极有效地由套管传到水泥环再传到地层。特征是：声幅曲线（CBL）幅度低，随深度有所变化。变密度（VDL）记录的套管波弱，为灰白条相间条带，有时甚至缺失；而地层波较强，呈现清晰的黑白相间的波状条带（图 12－5）。

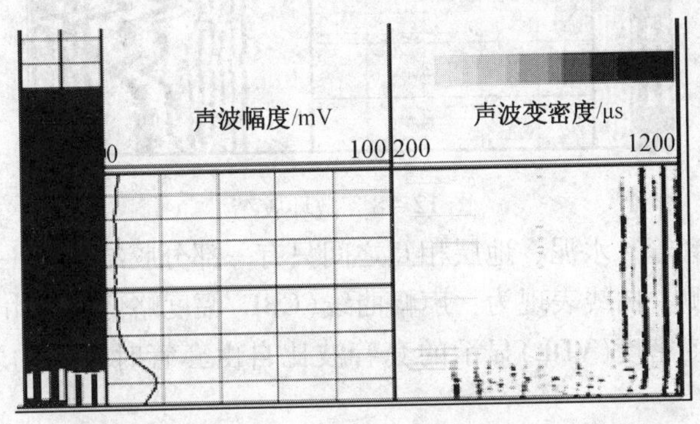

图 12－5　套管与水泥、水泥与地层胶结良好

（3）快速地层胶结，水泥与套管和地层胶结均好，只是地层波传播速度快。特征为：声幅曲线（CBL）幅度较高，这是由于管外的岩性致密引起的。变密度（VDL）显示为明显的波纹条带状的地层波，缺少套管波（图 12－6）。

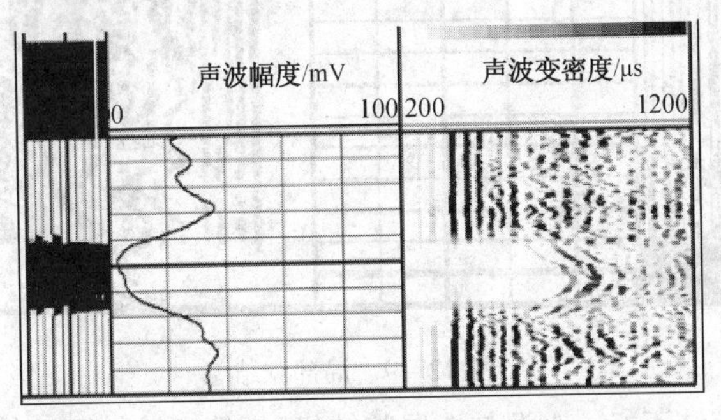

图 12－6　快速地层胶结

（4）套管与水泥胶结良好，而水泥与地层胶结不好（即第一界面胶面结好，第二界面胶结差），测井曲线表现为：声幅曲线（CBL）幅度低，变密度（VDL）记录的套管波微弱或缺失；记录的地层波极弱或根本没有，最右边出现直条带的泥浆直达波（12－7）。

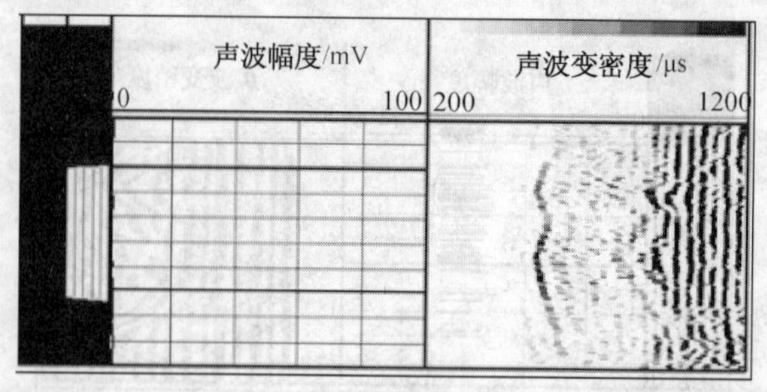

图 12－7　套管与水泥胶结良好而水泥与地层胶结不好

（5）微环胶结，水泥和地层胶结良好，套管和水泥之间存在微小空隙，但能封住液体运移，只有气体能通过。测井曲线表现为：声幅曲线的幅度较高（相当于胶结中等），变密度显示出套管波，同时地层波也较明显（图 12－8）。

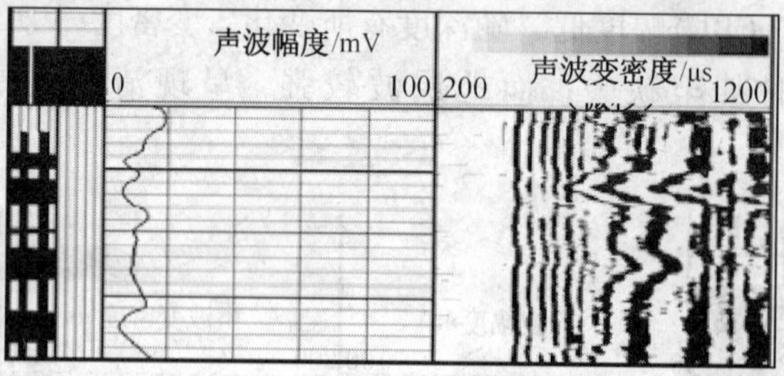

图 12－8　微环胶结

（6）局部胶结，套管、水泥、地层相互之间只有一部分胶结，而一部分没有胶结，在实际测井中常常遇到。测井曲线表现为：声幅曲线（CBL）幅度略低于自由套管幅度值，即幅度值较高，且不稳定。变密度（VDL）显示的套管波比自由套管时显示的弱，能显示出一些地层波信息（图 12－9）。

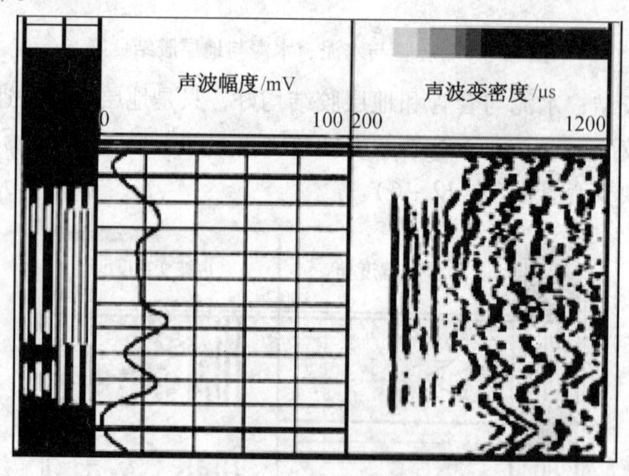

图 12－9　局部胶结

（7）套管与水泥胶结不好，水泥与地层胶结好（即第一胶结面胶结差，第二胶结面胶结好）。此种情况目前在测井资料上还很难解释分析清楚，因第一胶结面不好，大部分声能留在套管中，直接传到接收器，透射到地层的很少，这就给测井资料认识带来困难。实际中因为套管与水泥胶结不好，就已直接造成上下段窜通。测井曲线表现为：声幅曲线（CBL）幅度为高值。变密度（VDL）出现明显的套管波，而地层波呈现出较难辩认的现象（图 12－10）。

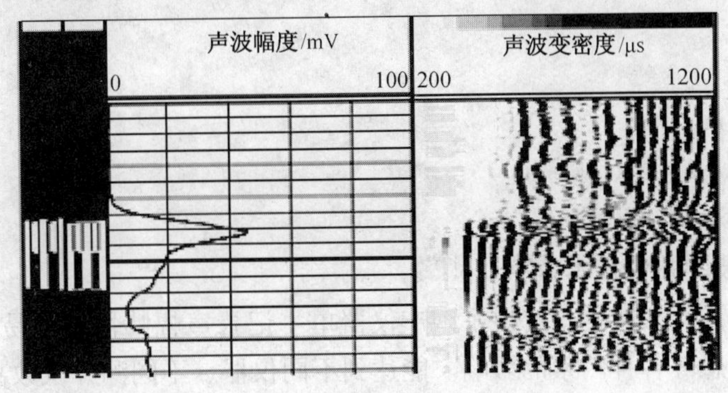

图 12－10　套管与水泥胶结不好，水泥与地层胶结好

12.1.2　声波－伽马密度测井

声波－伽马密度测井仪 MAK2－SGDT 是 20 世纪 90 年代末由俄罗斯开发的评价水泥胶结的组合测井仪器，由 MAK2 声波变密度水泥胶结测井仪器(MAK2)和伽马密度－套管厚度测井仪器(SGDT)两种测井仪器组成。MAK2－SGDT 测井仪，在斜井中具有较大的优势，MAK2 测井资料可以定量评价Ⅰ、Ⅱ界面胶结情况；SGDT 测井资料可以计算套管偏心、环空水泥环平均密度以及套管厚度，两种资料综合运用可以较为准确地评价出固井质量。

12.1.2.1　声波变密度测井仪(MAK－2)

1. 仪器结构及工作原理

与 CBL/VDL 测量原理、仪器结构基本相同，都是测量套管滑行波的首波，不同在于 MAK－2 测量套管滑行波的时间和衰减特征，而不是测量滑行波的首波幅度。测量的参数有两个接收器分别记录的首波传播时间 T_1、T_2(由此可计算出声波时差 ΔT)、首波到达第一、第二接收器的衰减 αk_1、αk_2(由此计算出衰减系数 αk 和声波变密度)，进而给出一、二界面的水泥固井质量评价结果。

MAK－2 测井仪采用单发双收结构(1m、1.5m 双源距)；接收器采用磁致声波信号发射/压电陶瓷；信号传输方式为：1 同步＋声波＋2 同步＋声波；仪器由井下供电产生主同步信号；仪器记录采用 2 道全波列记录形式；电缆传送采用缆心 1/缆心 2 变压器输送；仪器供电由缆心 1、2 的中心抽头对地 110VAC 电压；仪器记录曲线为：D_1(第一接收器声波信号首波衰减)、D_2(第二接收器声波信号首波衰减、ALFK－声波衰减率)、T_1(第一接收器声波信号首波到达时间)、T_2(第二接收器声波信号首波到达时间)、DT(第一、二接收器声波首波到达时间差)、WF_1(第一接收器声波全波列变密度曲线)、WF_2(第二接收器声波全波列变密度度曲线)、V(测井速度曲线)、MM(测井磁记号曲线)共 10 条曲线。其结构如图 12－11 所示。

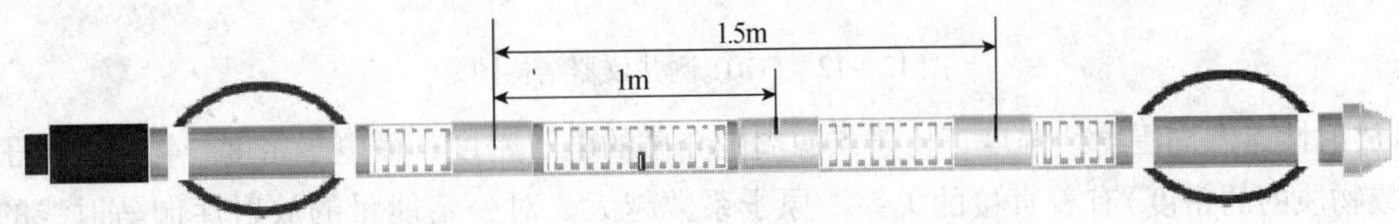

图 12－11　MAK－2 测井仪器结构图

2. MAK2 声波测井仪主要技术指标

外径：(不考虑扶正器)100mm、73mm

长度：385mm

耐温：120℃

耐压：80MPa

采样点：10p/m

时差测量范围：130～600μs/m

衰减系数测量范围：3～30dB/m

3. MAK2 声波测井仪技术特点

(1) 仪器记录声衰减特性，解决了国产仪器单一记录声幅特性，容易受仪器物理机制、系统误差、设计思想等各种因素的影响。能达到不同仪器、不同测井次数甚至不同测井地面系统的同一口井中获取相同的测井数据。

(2) 测井过程不进行仪器刻度，只在数据处理过程中输入标准的、统一的、理论标定数据。解决了国产仪器受井中刻度点不同，以及不同操作人员的人为误差影响。

(3) 解释条件充分、解释过程程序化，解决了国产仪器单一解释条件，处理过程人为因素的影响。

(4) 井下仪器声波发射器采用磁致发射器，与国产仪器相比具有声波能量大、反映地层信息真实的优点。

(5) 仪器稳定性好，维修率低，操作简便，可直接进行现场预解释，挂接国产系统简单的优点。

(6) SGDT－NV 伽马密度/厚度仪一起综合解释，可直接直观判断第一或第二界面窜槽，水泥空隙，套管与水泥脱落等水泥胶结中的问题。

12.1.2.2 伽马密度测井仪器(SGDT)

1. 仪器结构及测井原理

SGDT 由一个 250 毫居里的铯 137 源产生一个放射性伽马射线源场，在其周围附近的介质有井液、套管、水泥以及地层，在源距为 0.24m 位置设置套管壁厚探测器，在源距为 0.4m 位置设置了 6 个不同方位(以井轴中心为中点)均匀分布的水泥厚度探测器，还有 1 个自然伽马探测器，分别探测来自套管、水泥环、泥浆液介质产生非弹性碰撞的次生伽马射线记数，进而计算出水泥环平均密度、套管厚度、套管偏心。其结构如图 12－12 所示。

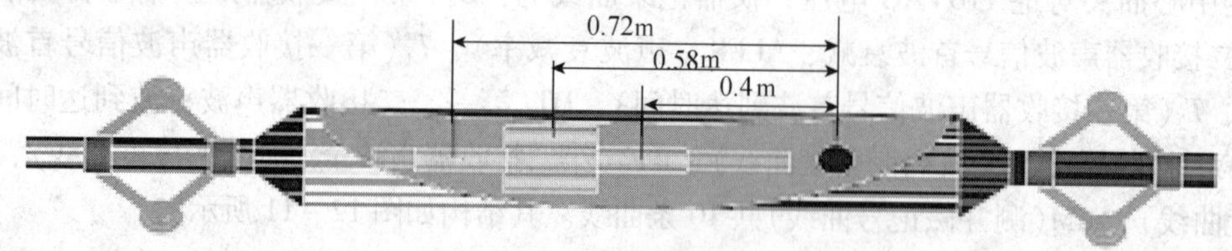

图 12－12　SGDT 测井仪器结构图

放射性点源周围射线强度正比于点源周围介质的电子密度，而电子密度与物质的原子系数(或物质的的密度)有着直接的关系。原子系数越大，对一定能量的放射性伽马射线的吸收就越大，即物质原子周围的低能轨道电子受高能伽马射线照射后，上升为高能轨道电子的概率就越高，散射的伽马射线就越少，因此探测器接收到的散射伽马射线就越少。

俄罗斯 SGDT 伽马密度厚度仪器就是利用此原理，通过建立套管井周围的不同介质(泥浆液、钢套管、水泥环等)物理模型，在源距为 0.24m 位置设置套管壁厚探测器，在源距为

0.4m 的位置设置了 6 个不同方位(以井轴中心为中点)均匀分布的水泥厚度探测器，可以通过不同源距探测器来测量散射伽马射线的响应计算出介质(套管、水泥环)的密度和厚度。计算公式如下：

近探测器对套管壁的响应公式：

$$\ln(I_s/I_{s,st}) = K_{s,k}(T_{k,st} - T_k) \tag{12-1}$$

式中 I_s——计数率；

I_{st}——标准条件下的计数率；

$K_{s,k}$——校验刻度系数；

$T_{k,st}$——标准条件下的厚度；

T_k——套管壁测量厚度，对于 146mm 外径套管：$K_{s,k}=0.137-1$(mm)；对于 168mm 外径套管：$K_{s,k}=0.117-1$(mm)

远探测器响应公式：

$$\ln(I_{L,avg}/I_{L,avg,st}) = K_{L,c}(\rho_{c,st} - \rho_c) \tag{12-2}$$

2. SGDT 伽马密度厚度测井仪主要技术指标

外径：(不考虑扶正器)110mm

长度：2.5m

耐温：120℃

耐压：60MPa

采样点：10p/m

水泥密度测量范围：1.0~2.0g/cm^3

套管壁厚度测量范围：<15mm

套管内径范围：120~196mm

扶正器直径：160mm

3. 技术特点

(1) SGDT 伽马密度厚度测井仪可以直接测量套管周围的水泥平均密度、套管厚度、套管偏心(相对于井眼)，经与声波变密度测井仪器解释结果进行综合解释，可更加准确地检查出水泥固井胶结质量。

(2) 仪器工作性能稳定，操作简便。

(3) 仪器无须进行套管刻度，可以对水泥返高到地面的固井进行测量。

(4) 仪器挂接国产系统简便。

12.1.2.3 声波-伽马密度测井技术应用

目前，根据 MAK2-SGDT 在国内测井情况看，应用效果较好，尤其是在斜井中。由于斜井中声幅-变密度受仪器偏心、套管偏心等影响因素较大，造成固井质量评价结果不能准确反映胶结质量；而 MAK2-SGDT 的套管偏心曲线配合声波变密度的Ⅰ、Ⅱ界面评价结果及环空水泥平均密度，可以较为准确地反映实际胶结情况。

1. 定性判断套管偏心

河南油田泌浅××为一口定向探井，普通的声幅-变密度测井反映较差，无法判定套管偏心情况；而利用 MAK2-SGDT 测井则可以直观判断套管偏心情况。图 12-13 为泌浅××

井的 MAK2－SGDT 测井图。从图中可以看出：在 430.0～449.0m 井段套管偏心比较严重。

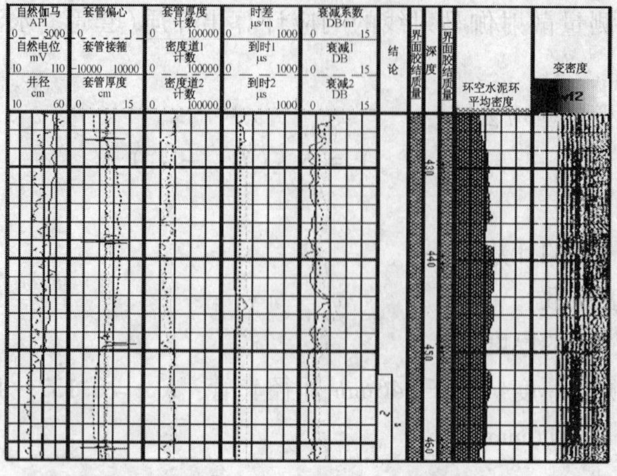

图 12－13　泌线××井的 MAK2－SGDT 测井图

2. 检查老井固井质量，找窜

双 J22××井为一口老采油井，井内窜槽，由 MAK2－SGDT 测井资料分析认为：窜槽井段可能在 1421～1429m 及 1447.8～1452.6m 层段内，如图 12－14 所示。

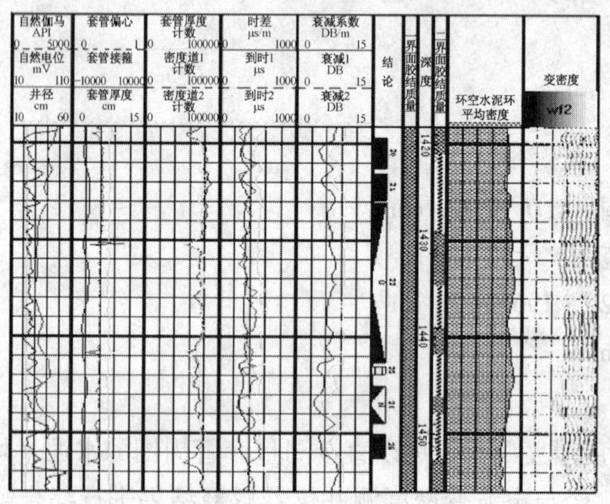

图 12－14　双 J22××井 MAK2－SGDT 处理

3. 利用 MAK2－SGDT 综合评价固井质量，指导试油

杨资×井为杨楼地区的一口资料井，CBL－VDL 测井资料显示，本井固井质量较差，图 3 为杨资 2 井的 MAK2－SGDT 固井质量评价图；参考 MAK2－SGDT 的Ⅰ、Ⅱ界面评价结果及环空水泥密度值，认为目的层段可用，通过在 923.1～927.5m 试油，产油 1.94m^3，不含水；在 861.2～863.2m 层段内试油，产油 4.86m^3，乳化水 0.45m^3，说明层间不窜，证明了 MAK2－SGDT 的评价结果更加准确可靠。图 12－15、图 12－16 为杨资×井的 MAK2－SGDT 固井质量评价图。

4. 判断水泥缺失，指导工程施工

下 D9－3××井为下二门深层系部署的一口采油井，全井段固井质量差，MAK2－SGDT 测井资料显示在 1460m 以上井段水泥缺失，由此确定射孔层位，挤水泥进行修井。图 12－17、图 12－18 为下 D9－3××井 MAK2－SGDT 测井资料处理图。

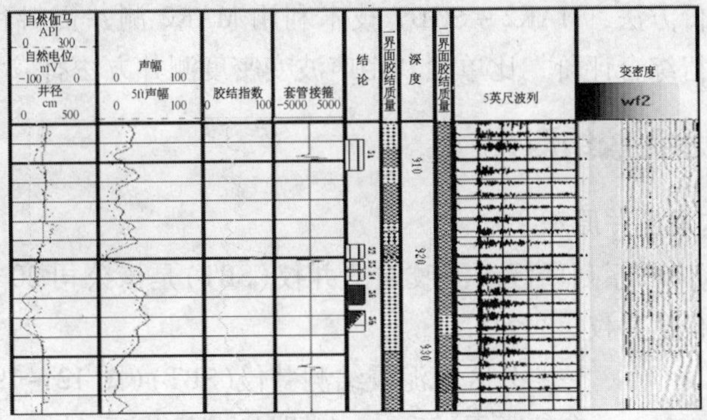

图 12－15 杨资×井 CBL－VDL 处理图

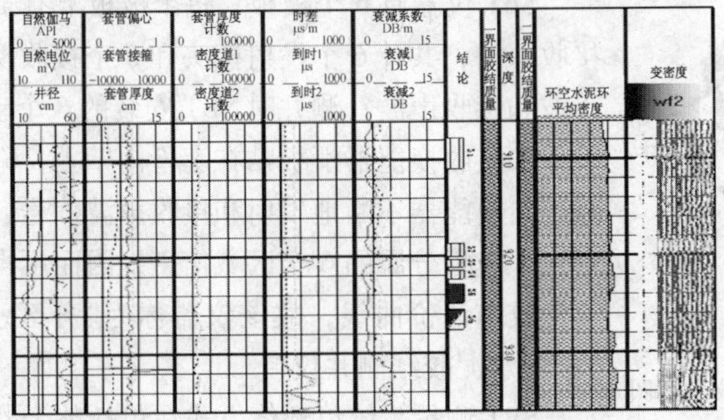

图 12－16 杨资×井 MAK2－SGDT 处理图

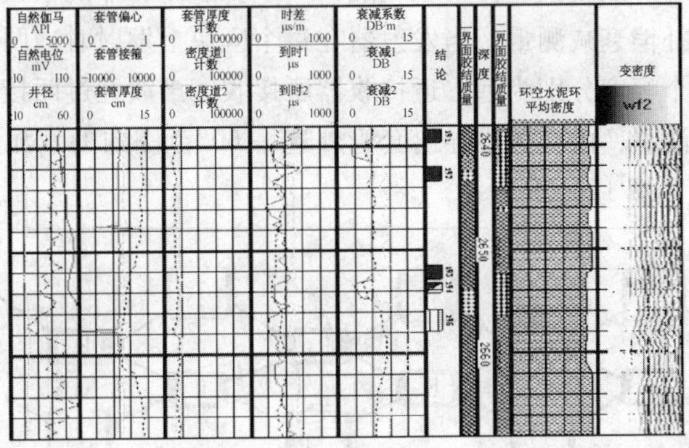

图 12－17 下 D9－3XX 井 MAK2－SGDT 处理图

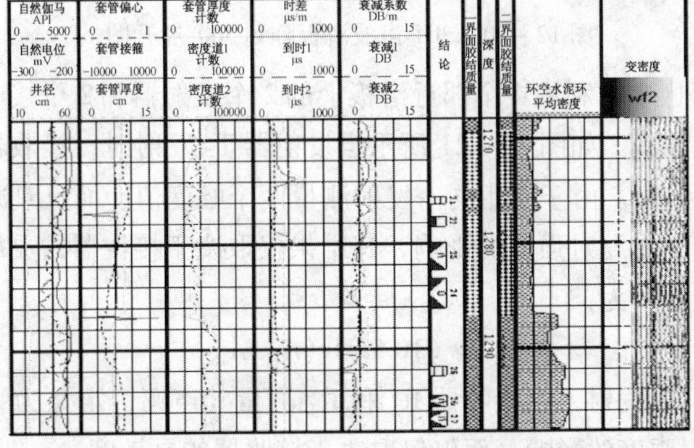

图 12－18 下 D9－3XX 井 MAK2－SGDT 处理图

作为固井质量评价方法，MAK2－SGDT 技术利用 MAK2 测井资料和伽马密度厚度测井资料对固井Ⅱ界面进行综合评价，比单独利用声波变密度测井方法有较大的优越性。

12.1.3 SBT 分区水泥胶结测井

1. SBT 仪器结构及测井原理

阿特拉斯公司的 5700 系列扇区水泥胶结测井仪（SBT）是该公司 20 世纪 90 年代推出的一种新式固井质量评价测井仪。

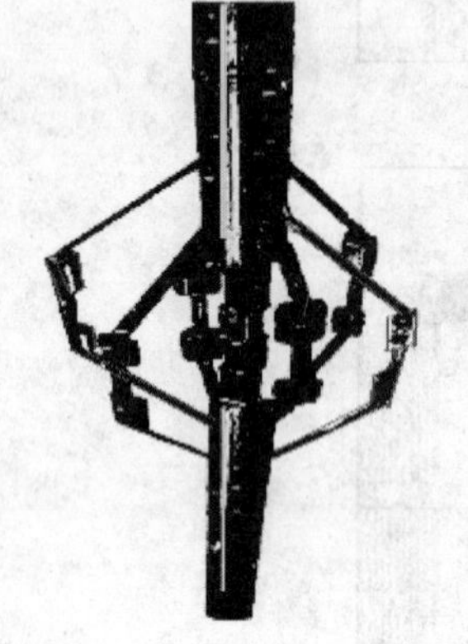

图 12－19 SBT 测井仪示意图

分区水泥胶结测井仪（SBT）（图 12－19）从纵向和横向（沿套管圆周）两个方向测量水泥胶结质量。

SBT 仪器有 6 个极板，每个极板上有 1 个发射探头和 1 个接收探头，共计 6 个发射探头和 6 个接收探头，分别用于发射声波和接收声波；测井时 SBT 安装的 6 个动力推靠臂各把一块发射和接收换能器滑板贴在套管内壁上，6 个极板上的 12 个高频定向换能器不断地发射和接收声波信号，由于测井时同时测量 6 个极板分属的 6 个区域信息，因而可得到 6 条分区的套管水泥胶结评价曲线，故该仪器称为“分区水泥胶结测井仪”或“扇区水泥胶结测井仪”。

SBT 测量系统以环绕方式在包括整个井眼的 6 个角度区块定量测量水泥胶结情况。声波换能器装在相隔 60°的称为 $T_1 \sim T_6$ 的极板上，支撑滑板与套管内壁接触，进行声波补偿衰减测量。当发射器在每个区块上发射时，两相邻极板上的接收器测量声波幅度，这两个幅度分别为远、近接收器所接收。声波经过两接收之间空间的能量损失，可直接作为衰减测量，由此可推导出套管外这一 60°范围内的水泥胶结质量。SBT 声波滑板阵列 360°展开图如图 12－20 所示。

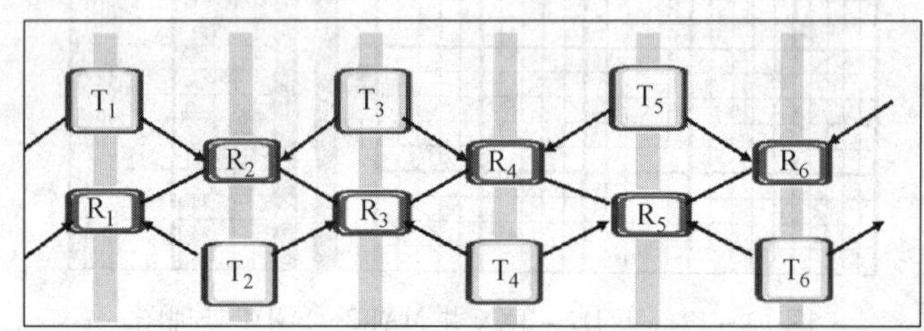

图 12－20 SBT 声波滑板阵列 360°展开图

在对应的 SBT 分区中，利用 4 个邻近滑板上的 2 个发射器和 2 个接收器组成的声系可从两个方向来测量声波衰减。如图 12－21 所示当发射器 T_1 发射时，接收器 R_2 和 R_3 测量其下行声幅，定义为 A_{12} 和 A_{13}。由于使用同一发射测量两个幅度值，而且衰减测量只取决于幅度比。因此，下行衰减不受发射强度的影响，其结果仅取决于接收器的灵敏度。

于是套管波的衰减率为：

$$\alpha_1 = (10/d)\lg(A_{12}/A_{13})$$

同理，当发射器 T_4 发射，由接收器 R_2 和 R_3 测量其声幅，定义为 A_{42} 和 A_{43}。同样，该衰减值也不受 T_4 发射强度的影响，而仅仅取决于接收器的灵敏度。

套管波的衰减率为：

$$\alpha_2 = (10/d)\lg(A_{43}/A_{42})$$

图 12－21、图 12－22 为 SBT 发射、接收原理图。

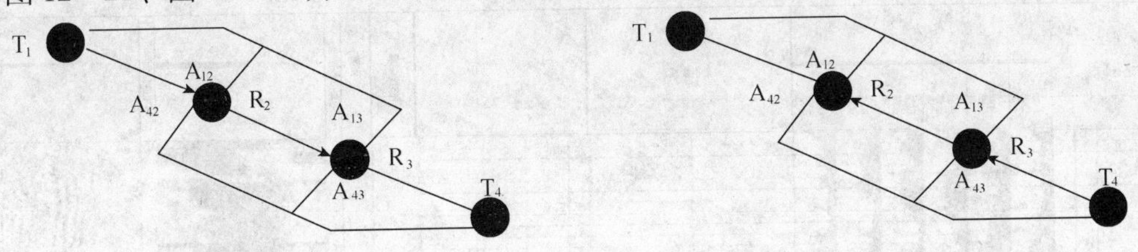

图 12－21　SBT 发射原理图　　　　图 12－22　SBT 接收原理图

两次测量结果组合在一起可求出补偿后的衰减值：

$$\begin{aligned} \text{ATC1} &= \alpha_1 + \alpha_2 \\ &= (10/d)\lg[(A_{12} \times A_{43})/(A_{13} \times A_{42})] \end{aligned}$$

因而所得结果消除了接收器灵敏度的影响。

这种测量过程在 6 个分区中的任何一个都进行着重复。这样，对于 6 个区块的每一个，在整个 25dB/ft 的范围内，衰减测量结果得到完全的补偿。发射器和接收器的排列也同时补偿了套管表面不平和套管内壁有残留水泥的影响。

由于该仪器从纵向、横向(沿套管周围)两个方向测量固井胶结质量，同时该仪器设计考虑的短源距补偿使衰减测量结果基本不受快地层的影响，因而该仪器能用于各种流体的井内，包括重泥浆和含气井液等。由于 SBT 是贴井壁测量，测井时只要保持滑板与套管内壁接触，一般的偏心不影响测量结果。

2. 仪器性能参数及技术指标

耐温：350 ℉(177℃)

耐压：20000psi(137. 9MPa)

最小套管直径：4½in

最大套管直径：16in

仪器直径：3. 38in

最大测井速度：10. 7m/min

套管斜度：60°

动态范围：0 ~ 25db/ft

衰减测量精度： ± 1. 0dB/ft

垂直分辨率：0. 25ft(7. 62cm)

探测深度：2in(5. 08cm)

电缆要求：单芯或 7 芯电缆

3. SBT 的测量内容、技术优势及其应用

(1) 测量内容：声波衰减率；最小衰减率；平均声幅；相对方位；5ft 源距的变密度。

(2) 技术优势：SBT 的刻度简易，灵活可靠，只需在测井之前将套管参数与水泥参数输入计算机即可；SBT 有 6 个推靠臂，每臂推靠力为 50 磅，仪器收臂，下井通畅；上提测量时张臂，可在内径为 4. 5 ~ 16in 套管中测量，而不存在偏心影响，在井斜达 45°时仍可取得合格资料；SBT 能够确定水泥窜槽的有无，大小和方位，有较高的周向分辨率；SBT 测井与井内泥浆性质无关；由于 SBT 的源距、间距小，在这个距离内地层波始终赶不上套管波，故首波总是套管波。所以，SBT 的测量结果不受快地层的影响。

（3）分区水泥胶结测井应用见图 12－23、图 12－24、图 12－25。

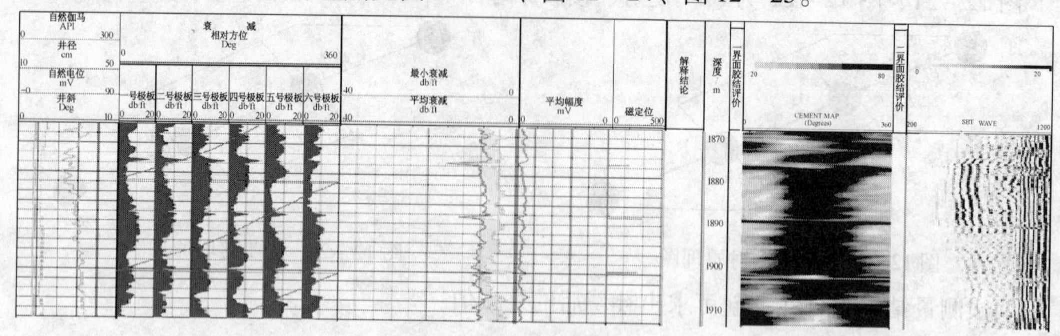

图 12－23　固井质量好的 SBT 图

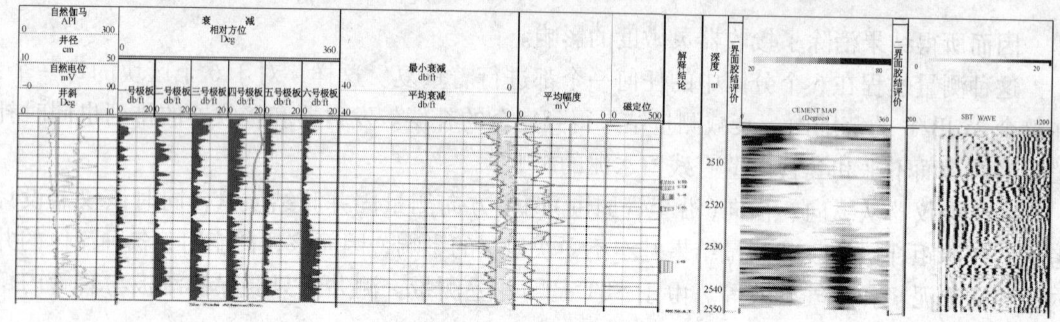

图 12－24　水平井固井质量 SBT 图

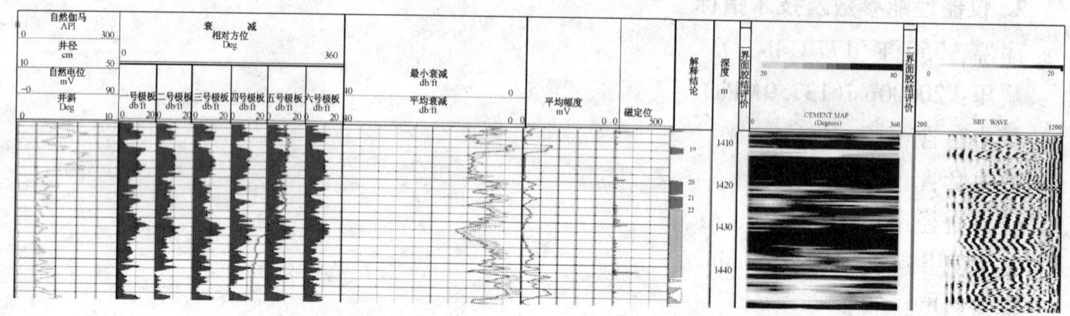

图 12－25　利用 SBT 测井进行窜槽分析

12.2　套管变形与腐蚀测井检测技术

随着油田的深入开发，受地下高温、高压、高矿化度等自然因素的影响，以及随增注、增产措施的实施，套管损坏井数逐年增多，套损、套腐程度也越来越严重，套管的损坏不仅影响了油水井的正常生产，同时也会影响到邻井甚至整个区块的开发效果，因此套管技术状况的监测工作日趋重要。

用于监测套管技术状况的测井技术有：

机械方法：井径仪（X－Y，12、16、18、36、40、60 臂等）；

声波方法：井壁超声波成像测井仪；

放射性方法：伽马－伽马测井仪；

光学方法：井下摄像电视测井仪；

电磁方法：接箍定位器、管子分析仪、电磁测厚仪、磁测井、电磁探伤测井仪等。

12.2.1 多臂井径测井仪

多臂井径测井仪是通过多条测量臂来实现对套管变形、弯曲、断裂、孔眼、内壁腐蚀等情况的检查。可测得套管内壁一个圆周内最大直径、最小直径、每臂轨迹，可以探测到套管不同方位上的形变。可以形成内径展开成像、圆周剖面成像、柱面立体成像来反映井下套管的受损情况。

多臂井径测井仪根据测量臂的个数可分为：8 臂、16 臂、24 臂、32 臂、40 臂等多种类型，但测量原理基本相同。

12.2.1.1 40 臂井径测井仪器结构及工作原理

早期的40 臂井径测井仪器下井一次，同时测量变形截面中最小和最大直径两条曲线，从而指出套管的剩余壁厚和最小通径；发展到现在的独立 40 臂测井仪一次下井同时测得 40 条以井轴为中心 360°的井径曲线，结合现代计算机技术三维呈现套管腐蚀情况以及套管变形、射孔情况。图 12－26 是 40 臂井径测井仪示意图。

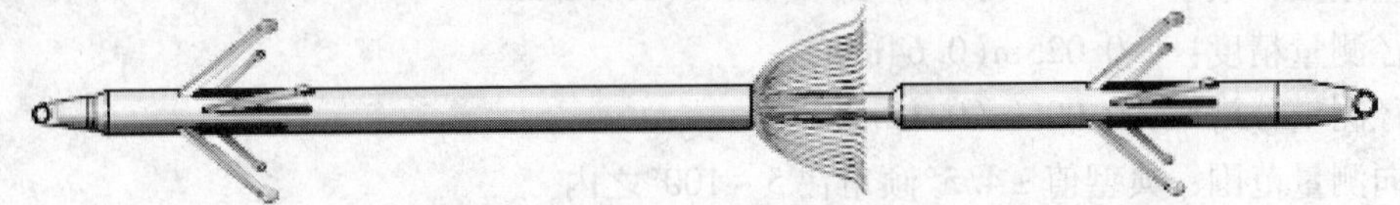

图 12－26 40 臂井径测井仪示意图

40 臂井径仪共有 40 个机械探测臂，每一个探测臂都连接一个位移传感器

40 个探测臂均匀分布于井径仪一周的平面上。当用仪器对套管内径进行测量时，每一个探测臂就会把其所感知到的套管内径变化通过一定的机械系统传递给位移传感器。将位移传感器的脉冲输出信号经过差动放大，整流滤波处理后，得到与套管内径有关的电压，将此电压通过 A/D 转换器转换为数字量并传输给地面数控系统，再由地面数控系统将所得到数据转换为套管的内径值。

1. 井径测井原理

电动机拖动测量臂扶正臂的打开与收拢，井径仪在居中情况下进行测量。仪器的测量臂由弹簧支撑，沿套管内壁运动，测量臂随套管内臂变化而变化。每支测臂都对应一支无触点移位传感器，每个测臂的位移变化直接反映到相应的传感器上。将这些位移量处理、编码、传送到地面，由地面将其还原成像。

2. 井温测量原理

当仪器内探头部分温度发生变化时，井温探头的阻值能产生相对应的变化，该变化量会改变放大器的输出电压，从而使 A/D 转换值发生变化。井温仪的温度传感探头采用铂金丝电阻，具有性能稳定、分辨率高、线性好、便于刻度、一致性好等特点。井温数据精确的反映出井径探头部分温度，用来补偿探头高温性能。

3. 倾角测量原理

当仪器倾角发生变化时，仪器的倾角探头内部的阻值发生变化，通过测量阻值的变化，来计算仪器发生的倾斜情况。

4. 方向测量原理

仪器发生旋转变化时，方向测量电位器的阻值发生相应变化，通过测量电位器阻值的变化，可以判断出仪器的转动情况。

12.2.1.2 MCT01 技术指标及配套测井软件

MCT01 型 40 臂井径仪短节在数控测井地面仪与成像软件的支持下，可完成井径的成像测井，成像软件可提供井臂立体图，井臂展开灰度图、40 条独立的测井曲线及最大、最小、平均井径曲线。主要技术指标：

传输方式：单芯遥传

外形尺寸：$\Phi 73 \times 1479$mm

工作温度：175℃

工作压力：100MPa

工作电压：18V

工作电流：<30mA

电机工作电流：<300mA

电机开关时间：<10mins

测量范围：最小 2.9in(73mm)，最大 7.5in(190.5mm)

半径测量精度：±0.025in(0.64mm)

半径测量分辨率：0.005in(0.127mm)

方向测量范围：典型值 ±4.5°倾角在 5～100°之内

倾角测量范围：典型值 ±4.5°倾角在 5～60°之内

测井速度：典型值 30ft/min(推荐)最大 60ft/min

最大井斜：水平(超过 60°要使用扶正器)

MCT 仪器用于对套管质量进行检测，在安装 CLIS 测井软件后选择 MCT 服务表，并在 WINDOWS98、WINDOW2000、WINDOWXP 下运行。

采集软件的特点：偏心校正，对斜井进行正常测量；全井段补偿，从机械和温度上进行全井段修正；精确的垂直方位测量；采用线性和拟合刻度方法，修正非线性误差。

12.2.1.3 (MCT01)40 臂井径仪的特点

(1) 可与伽马＋井温＋磁定位挂接同时测井。

(2) 三维成像，便于客户直观判断油套管受损状况。

(3) 三段式机械结构设计合理，仪器拆装方便，故障模式判别容易，内部主要零部件容易更换。

(4) 带有硬质合金测量更头的测量臂坚实耐磨，使用寿命长，并且易于拆装更换，测量臂弹力大，防砂卡，仪器不易产生误测。

(5) 可以挂接在高速遥传短节 WTC20。

12.2.1.4 多臂成像测井测井工艺

1. 施工条件

测前必须通井，如果井内稠油或内壁腐蚀严重导致铁屑较多，则测前必须作刮管处理。

2. 测井前的检查

(1) 每次使用前必须检查注油接头内是否亏油，若亏油较多应检查相关位置的 O 形圈并及时更换，更换后抽真空注油；若少量亏油则向内注油接头内注满100#硅油，具体方法如下：

① 用大号医用针管抽入一针管油，然后推出一小部分已排尽针管中的空气；②拆下护瓦，以便观察注油接头内地活塞；③拧开注油接头上的一个密封螺塞，将针管头插入孔中并旋紧；④然后推动针管活塞向注油接头内缓缓注油，同时可以听见轻微响声，此为注油接头注入的油推出活塞发出的声音；⑤所有活塞被推到注油接头一边可见时停止注油，拿掉针管；如果有活塞未被推到位可以用专用工具拧入活塞将活塞拉出；⑥最后将活塞稍稍往注油接头里推一点，拧上密封螺钉即可。

（2）清理护瓦内的脏油脂，在向注油接头内注满硅油后再涂满干净的油脂。

（3）检查所有密封圈，更换受损的密封圈，并在每个O形密封圈处涂一层硅脂。

（4）测量上下总线通断，电阻应小于0.5Ω。

（5）仪器配接在专用的遥传下方通电，地面系统才能正常解码。

3. 刻度

（1）测前刻度，MCT臂刻度有两种方法，一种是线性刻度，另一种是非线性拟合。由于MCT中采用电感线圈作为传感器，而这种方式有一定的非线性因素，如果采用线性刻度，就忽略了非线性因素的存在，因此当井下管柱有变径时采用非线性拟合较为合理，但这种方法要求刻度点多，下井刻度比较麻烦；如果井下管柱没有大的变径可采用线性刻度，刻度范围最好刚好覆盖井下管柱内径即可，范围过大会带入更多的非线性因素。

仪器下井前，应在井口对仪器进行测前刻度。在仪器收拢状态下，放置好刻度盘，张臂让测量臂落在对应的较小的直径中，进行刻度记录；调整刻度盘，张臂在较大的圆环中，进行第二次刻度记录；重复至此仪器刻度完毕生成刻度数据。图12－27是刻度盘示意图。

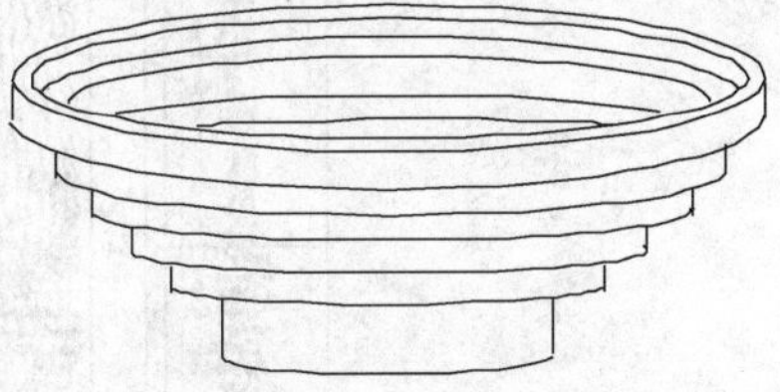

图12－27　刻度盘示意图

（2）测后验证，在井口地面，给仪器套上刻度盘（与刻度操作类似），进入测井程序，将读数与刻度盘标称值对比，若误差满足要求，则仪器测井资料合格。

12.2.1.5　40臂成像测井响应特征及解释应用

1. 典型响应特征

典型响应特征主要表现为变径、错断、腐蚀和扩径、孔眼及严重变形，见图12－28～图12－32。

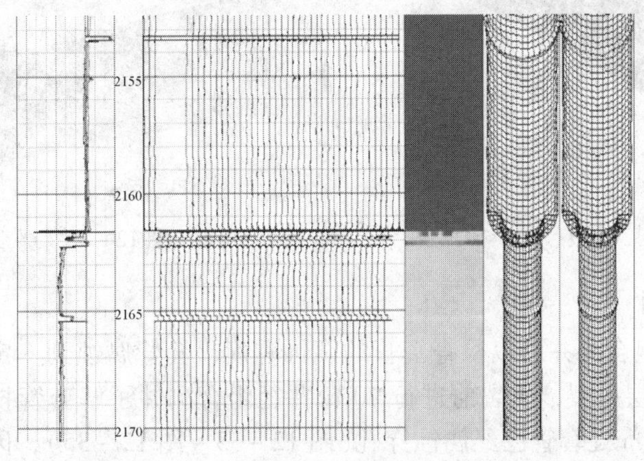

图12－28　变径

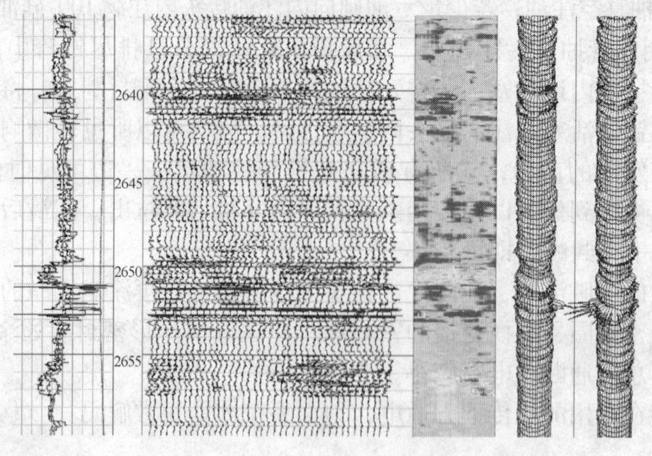

图 12－29　错断

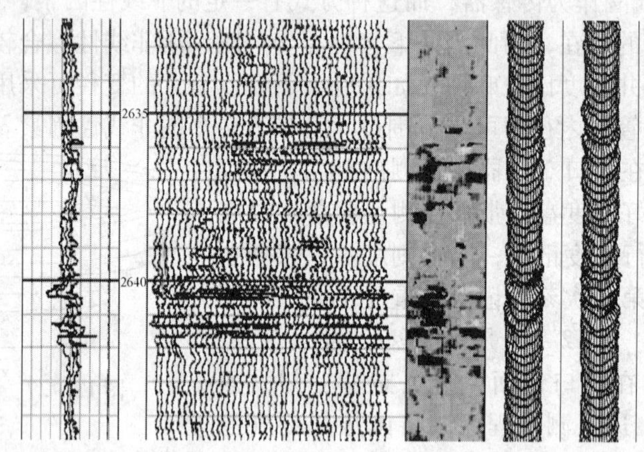

图 12－30　腐蚀、扩径

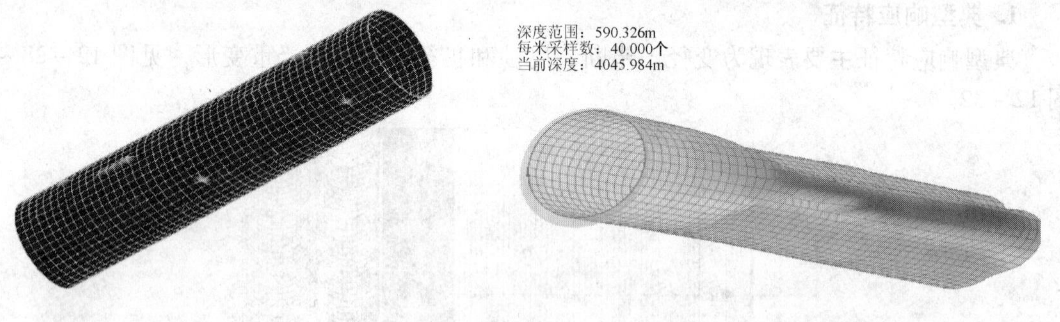

图 12－31　孔眼　　　　图 12－32　严重变形

2. 解释应用实例

利用 40 臂井径组合测井可以检查套管的腐蚀程度，套管腐蚀到一定程度就会穿孔，例如魏 21XX 井准备分层压裂，压裂前进行 40 臂井径组合测井了解套管技术状况，测井资料显示 1475.5～1479.5m 处套管已经腐蚀穿孔(图 12－33～图 12－35)，因此将原先的分层压裂计划改为笼统压裂。

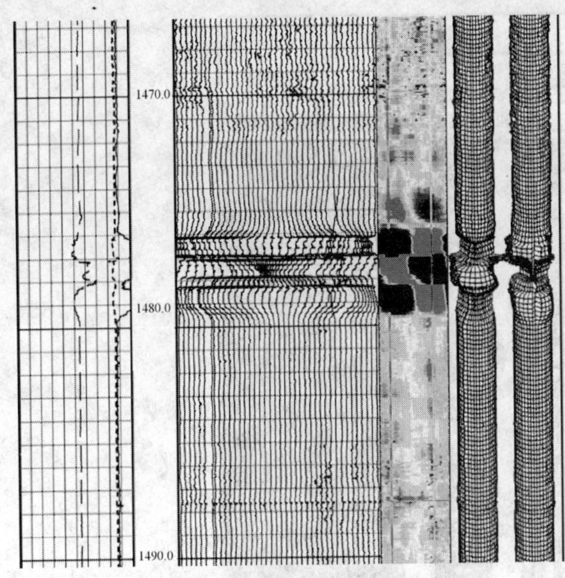

图 12－33　魏 21XX 井 40 臂井径解释图

图 12－34　1475m 处套管变形 3D 报告

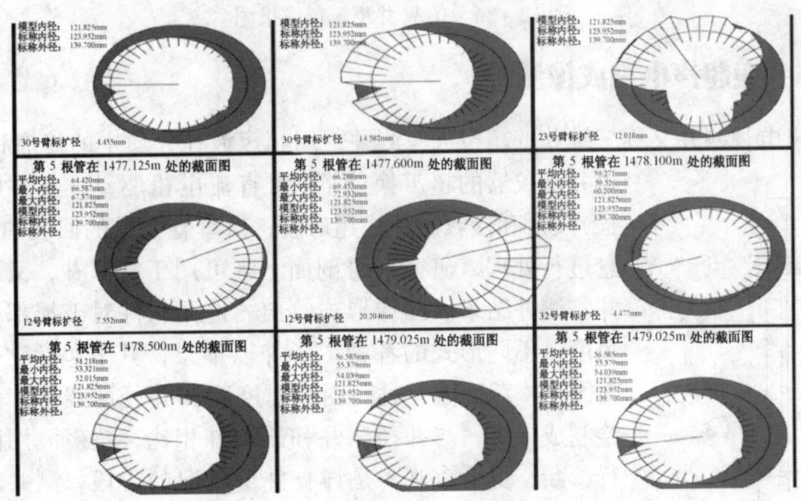

图 12－35　截面图

12.2.1.6　16 臂井径测井仪

通过 16 个独立测量臂与套管接触，将套管内壁的变化转换成电信号并传送到地面采集系统，经解释处理后，可显示 16 条井径曲线和最大井径、最小井径及平均井径曲线，同时可处理出套管三维立体图以及内壁彩色成像效果图，套管内壁状况在 360°范围内可视。其特点是仪器外径小，适用于变形管柱。

16 臂井径组合测井可以监测套管的变形情况，为油、水井措施的实施提供依据。例如：魏 18＊井，是一口笼统注水井，为了提高注水开发效果，准备重炮射孔后，实施分层注水措施。在射孔时 102 型枪身下不去，随即进行 16 臂井径测井，测井资料显示套管多处变形，且 930～940m 井段套管严重变形，最大内径为 163.8mm，最小内径仅为 90.2mm，（图 12－36），不利于下入带有封隔器和偏心水嘴的管柱实施分层注水，直接下油管又恢复了笼统注水。

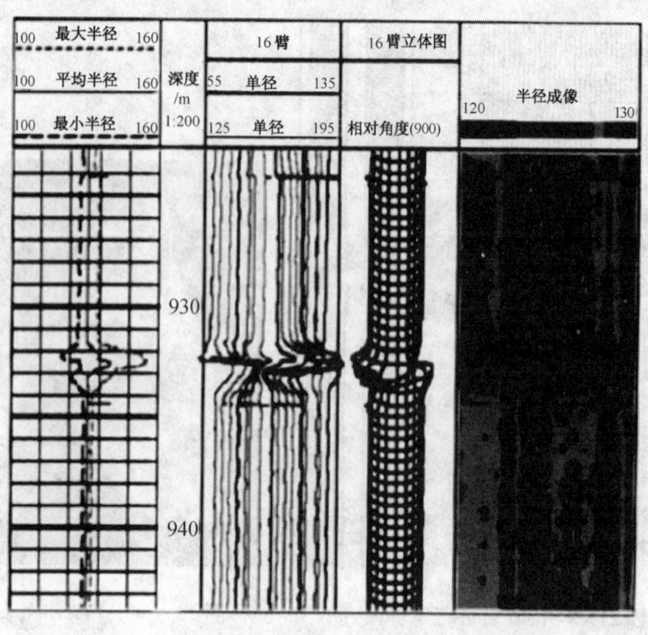

图 12-36　16 臂井径解释成果图

12.2.2　小井眼超声电视成像测井

井下超声电视测井又称三维井壁超声成像测井，用超声波在介质中的传播和反射特性，由井下仪器的超声换能器（由直流电机驱动，在井眼内旋转扫描）发射和接收脉冲式超声波，对套管井壁的回波幅度和时间信息进行处理，研究井身剖面。既可用于裸眼井，又可用于套管井。测井结果以图像形式给出。地面软件对破损部位使用不同角度、不同形式的各种图形加以描绘，其中包括立体图、纵截面图、横截面图、时间图、幅度图和井径曲线等，由出图设备绘制成果图。与井径测井和磁测井相比，超声波用图像方式进行诊断，更为直观，是详查井壁状况的手段。测井时由于测速较低，所以测量井段不宜过长，通常与磁测井等仪器配合使用。

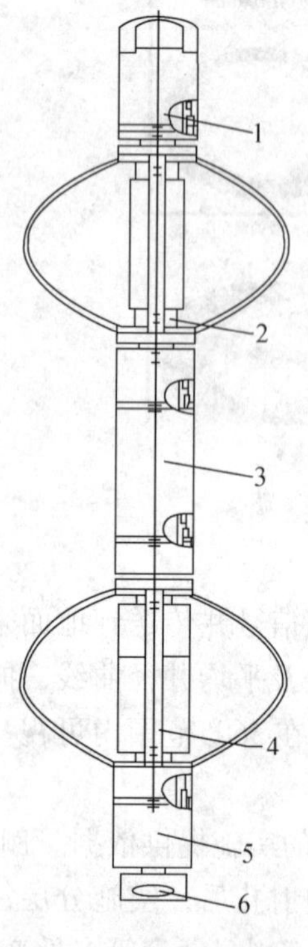

图 12-37　仪器结构图
1—仪器头；2—上扶正器；3—加重和电路；4—下扶正器；5—电机；6—换能器

12.2.2.1　仪器结构及工作原理

如图 12-37 所示，该仪器自上而下主要由以下几部分组成：仪器的核心是一个压电晶体换能器，测井时向井壁发射 2MHz 的超声波，同时接收套管反射的回波，同时探头沿井柱旋转扫描。测量时，将具有一定重复频率的电脉冲加在压电晶体换能器上，换能器产生频率为 2MHz 的超声波，当探头位于井轴中心时，发射声波垂直入射井壁并接收反射回波。反射回波强度取决于井壁和井内液体声阻抗的比值。声强反射系数为：

$$\beta = \left(\frac{\rho_1 V_1 - \rho_2 V_2}{\rho_1 V_1 + \rho_2 V_2}\right)^2 \tag{12-3}$$

式中，ρ_1、ρ_2 表示井内液体和井壁介质的密度；V_1、V_2 表示井中液体和井壁介质的声波传播速度。不同介质反射系数不同，井壁的粗糙程度及洞缝的存在都将影响反射系数的大小，即井壁状况控制回波信号的强弱，然后再用信号控制图像的对比度。

$$
\begin{aligned}
\beta &= \left(\frac{\rho_2 V_2 - \rho_1 V_1}{\rho_2 V_2 + \rho_1 V_1}\right)^2 \\
&= \left(\frac{5.8 \times 10^5 \times 7.8 - 1.5 \times 10^5 \times 1}{5.8 \times 10^5 \times 7.8 + 1.5 \times 10^5 \times 1}\right)^2 \\
&= 0.88
\end{aligned}
$$

旋转探头对井壁进行水平扫描，每转一周在图像上表示为一条线，井壁状况以明暗显示出来。移动探头在水平扫描的同时进行垂直扫描，得到反映井壁的图像。所得到的图像取决于井壁介质声阻抗的变化，变化较大时接收到的信号有明显的差别。例如，井壁为钢管，井内为纯水时，套管上声强的反射系数为：结果表示入射的声波在套管壁上有88%被反射回来。若套管壁上有孔洞时，孔洞内和流体的介质相同，此时不发生反射，反射系数明显降低，在图像上显示为暗区。若井内存在气泡，气泡与井内液体界面处的反射系数为1.0，此时声波不能到达套管，所以井内存在气泡时会严重影响测井结果。

超声成像测井是利用超声波作为信息载体，通过向井壁发射超声波，并接收其反射回波而成像(图12－38)。仪器的超声换能器(探头)由电机带动绕井轴旋转，对井壁进行扫描。仪器探头1s旋转5周，每周发射并接收512次超声波信号，通过对超声波信号进行处理，形成回波幅度和回波时间图象。由于回波幅度反映井壁的物理特性，回波时间反映井眼形态，因此根据超声电视图像就可直观地判断套管状况。

井下超声成像测井需要有足够均匀和密集的数据采样间隔，以保证测井数据能够较好地覆盖探测范围，从而达到较高的探测精度。井下仪测井时，换能器在井中一边匀速旋转一边匀速上移，很显然，换能器声束在井壁上的扫描线将是一条螺旋线(图12－39)。

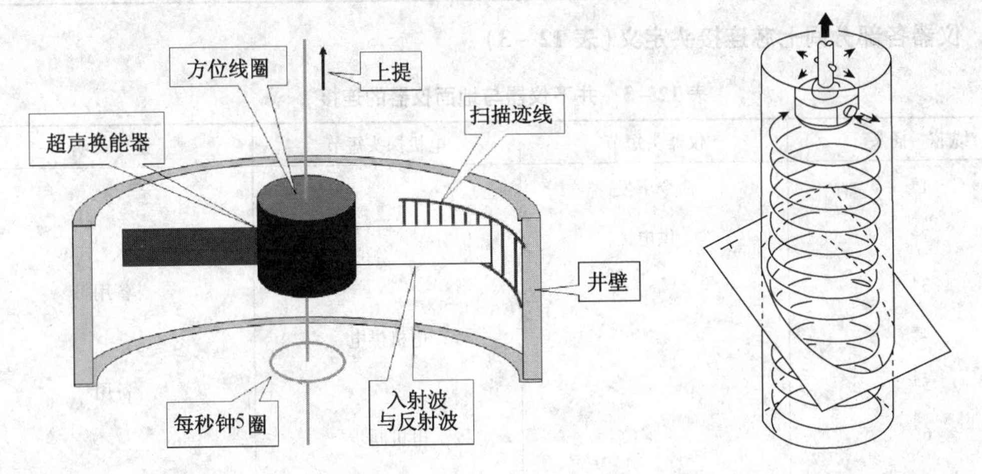

图12－38　超声成像测井原理示意图

图12－39　换能器声束在井壁上的扫描轨迹

12.2.2.2 技术指标及应用条件

1. 技术指标

外径：43mm

长度：2800mm

耐温：135℃

耐压：60MPa

测速：60m/s

对纵向裂缝的分辨能力：>2mm

对孔洞的分辨能力：>8mm

2. 适用条件

(1) 通道直径大于60mm。

(2) 测前洗井，以保证良好的测量效果。

(3) 井内介质密度小于1.41g/cm³。

(4) 测量井段内无游离气及大块死油。

12.2.2.3 测井工艺

1. 井下仪器与地面仪器的连接(表12-2)

表12-2 井下仪器与地面仪器的连接

采集箱外缆插头	七芯电缆	直流供正电	说　明
1#	1#		命令
2#	2#(阻值120Ω)	110~120V	经电缆供电
3#	3#(备用)		同步测量
7#	7#		信号
12#(地)	缆皮	地	地

2. 仪器各部分间七芯连接头定义(表12-3)

表12-3 井下仪器与地面仪器的连接

缆芯　插头	仪器头短节	电机探头短节	说　明
1#	命令下发		
2#	供电		
3#			备用
4#		电机供电	
5#			备用
6#		电机同步	
7#	数据上传	探头信号	

3. 井下仪器的维修及保养

(1) 仪器维修见表12-4。

表 12－4 仪器故障维修

故障现象	可能故障原因	排除方法
仪器无信号输出	电路板低压电源	更换低压电源
	指示灯不闪烁	更换电路板
	电路板 PCM 点无输出	更换电路板
仪器有信号但在刻度规中无法测出狭缝	电机部分有故障	维修或更换电机
	动滑环短路或断路	维修或更换动滑环
仪器有信号输出但无变化	探头或动滑环故障	更换探头
	电路板激励电路故障	更换电路板
成果图上“麻点”较多（提高仪器门槛应不能解决）	电机燥声引起	清洗或更换电机
	电缆匹配不好或地面板卡门槛不对	调节电缆匹配或调节板卡正、负门槛

（2）仪器的保养和防护：①仪器在运输过程中要将仪器固定好，路面不好时，仪器车要慢速行驶；②仪器在下井前，要将仪器带刻度规通电测试，看信号是否正常；要检查所有顶丝是否有松动，如有松动应用起子拧紧，尤其是扶正器两端的顶丝应更加注意；检查密封圈是否有磨损，如有磨损应立即更换；仪器护帽应保管好，不要让其进入砂子或泥土；③测井前后仪器中接头及与电缆头连接的密封圈处均应涂抹硅油，起到密封和保护密封圈的作用；④仪器起下速度不应超过 2000m/h；⑤测完井后，应用抹布将仪器外壳擦净；⑥直流电机使用超过 30h，需要维护或更换；⑦定期检查仪器电路，检查螺丝是否有松动，检查探头线绝缘及表面是否有损坏。

12.2.2.4 资料解释及应用

由于套管状况的不同，反映井筒的三维立体图像上的成像特征是不同的，因此可根据这些特征解释套管技术状况。

1. 射孔井段

在射孔井段套管变形或者缺损处，无回波，图像上呈圆形黑斑或条状黑影，如套管不变形，则在套管上显示排列整齐的黑斑。

2. 接箍

图像上显示一条水平的黑影，黑影宽度表示下套管时丝扣松紧的情况。如果产生水平环状腐蚀，图像特征类似接箍图像，这时，需要结合套管下入深度综合判断。

3. 腐蚀

套管内壁由于腐蚀产生深浅不同的色斑，反映在三维图像上是颜色的深浅，颜色深，表示腐蚀严重；其在套管横截面图上显示圆形不光滑，粗糙感强；在纵截面图上，纵线粗糙，有明显的腐蚀显示。

4. 孔洞、裂缝

孔洞在三维图像上显示明显黑斑，其在套管横截面图上显示圆形不连续，有断开处；在纵截面图上，纵线断开，不连续，有明显裂缝显示。

5. 套管状况良好

在三维图像上没有黑斑，颜色浅，光滑感强；在横截面图上圆形光滑连续；在纵截面图上纵线平行，光滑。

12.2.3　电磁探伤测井

电磁探伤测井在油管内检测油管和套管的损坏情况，以及在套管内检测套管和表层套管的损坏情况，节省了检查套管情况时起下油管的作业费用和时间，这一特点使得对油、水井井身结构进行普查成为可能。因此，它可作为油、水井井身结构“体检”的方法，及时发现井身结构的变形，控制损坏。

目前，许多老油田套管损伤井呈逐年增多趋势，并向区域性发展，这将严重影响油田的产量。利用电磁探伤测井技术进行普查，评价套管的损伤程度，认识和预防套损区域性的扩大，及时采取措施有重要意义。

12.2.3.1　电磁探伤仪的作用

（1）用于井下探伤和分别确定不同管子的壁厚。

（2）可以研究井身结构，其中包括：在两层内管中确定所有接箍的位置，获得所有管子沿井身位置的完整图像，套管鞋、封隔器、阀的分布位置的深度等。

（3）对资料解释处理后，两层内管的每一层管子可单独确定其厚度。

（4）发现裂缝型缺陷、破裂缺陷、管壁腐蚀和机械磨损井段、爆炸射孔段和筛管以及接箍处脱接。

（5）包括有高灵敏度井温测井组件，用于查明产出和吸收流体的位置。

（6）同可以获得深度电脉冲和磁性记号的测井站一起使用，存取遥测信息。

（7）可以在不停止开采的情况下进行油气生产井测井。

（8）包括自然伽马测井单元；可组合校深。

12.2.3.2　电磁探伤测井仪的结构及原理

1. 仪器结构

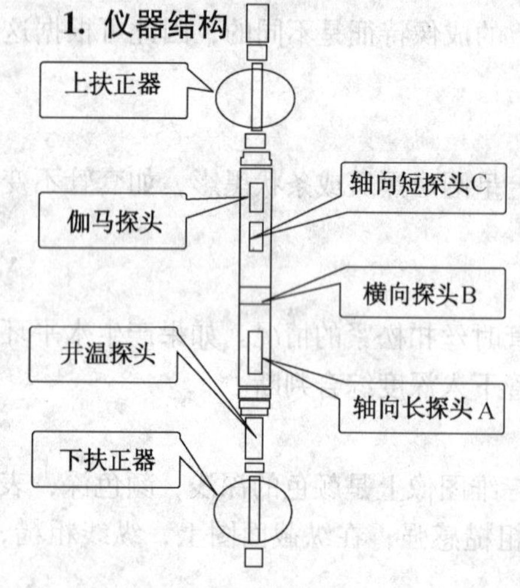

图 12－40　电磁探结构图

该仪器由多个探头和上、下扶正器及电路组成。上、下扶正器可以保证测井时仪器居中，以获得最佳测井效果。多个探头包括温度探头、自然伽马探头、纵向长轴探头 A、横向探头 B、纵向短轴探头 C。其结构图见 12－40。

其中温度探头用来检测井内流体温度场的变化，确定出液口的位置；自然伽马探头探测井身周围自然伽马强度，用于校深；探头 A、B、C 用来检测套管的损伤。

2. 电磁探伤测井的基本原理

电磁探伤仪的物理基础是法拉第电磁感应定律。给发射线圈供一电流，接收线圈产生随时间变化的感应电动势 ε。其原理如图 12－41 所示。

$$\varepsilon = -\frac{\mathrm{d}\Phi}{\mathrm{d}t} \tag{12-4}$$

$$\mathrm{d}\Phi = \mathrm{d}S \cdot B$$

式中，ε 为接收线圈的感应电动势；S 为接收线圈总面积（$S = KS_1N$，S_1 第一线圈面积、

N 为线圈匝数；K 为磁常数）；Φ 为磁通量；B 为磁场强度。

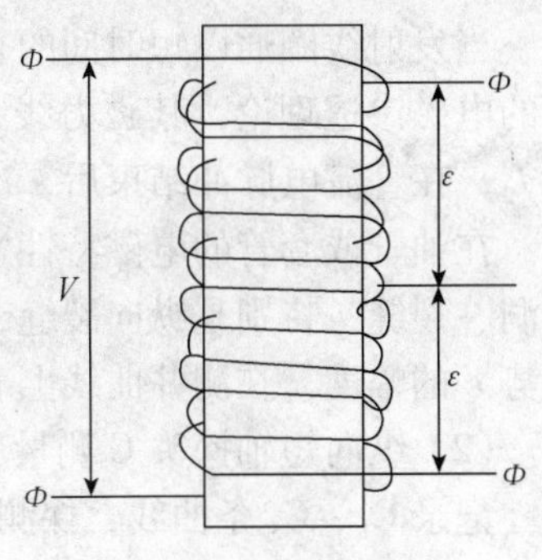

图 12-41　电磁探伤测井基本原理图

当钢管（油套管）厚度变化或存在缺陷时，感应电动势 ε 将发生变化，通过分析和计算，在单套、双套管柱结构下，可判断管柱的裂缝和孔洞，得到管柱的壁厚。当一个磁探头制作完成之后，参数 S 便成为仪器常数。给发射线圈提供一个恒定的正负直流脉冲，其幅度为 V，脉冲宽度和脉冲间隔都是 120ms，在脉冲间隔时间段，接收线圈完成对 ε 的测量。在直流时间段产生一定强度的磁场强度，在套管或油管中所产生感生电流的大小是由套管或油管的形状、位置及其材料的电磁参数决定的，而直流脉冲之后接收线圈中的磁场强度 B 和磁通量变化率 $\mathrm{d}\Phi$ 受感生电流大小的影响，因此，接受线圈中感生电动势 ε 是套管或油管的形状、位置及其材料电磁特性的函数。单层管柱结构，感应电动势 ε 函数表达式为

$$\varepsilon = f(T_1,\ \mu_1,\ \sigma_1,\ D_1,\ t_c) \tag{12-5}$$

式中，T_1 为套管厚度；μ_1 为套管磁导率；σ_1 为套管电导率；D_1 为套管外径；t_c 为井内温度。

套管因射孔、腐蚀、机械加工和撞击等原因造成套管磁导率 μ_1 和电导率 σ_1 等参数发生改变，ε 幅度值减小，由其计算的厚度值随之减小。套管存在裂缝、挫断和孔洞时，导磁介质缺损，发生在套管上的感生电流减小，ε 的幅度值减小，由其计算出的厚度值随之减小。根据其幅度值，可评价套管的破损程度，指出破损处是否还有铁磁介质存在。套管在缩径或扩径的情况下，套管壁相对探头在几何位置上发生了变化，ε 的幅度值相应地增加或减小，在没有损伤的情况下，套管厚度没有变化，反之套管厚度值小。双层管柱（如有油管和套管）结构时其函数表达式为

$$\varepsilon = f(T_1,\ T_2,\ \mu_1,\ \mu_2,\ \sigma_1,\ \sigma_2,\ D_1,\ D_2,\ t_c,\ EX) \tag{12-6}$$

式中，ε 为感生电动势；T_1、T_2 为油管、套管厚度；μ_1，μ_2 为油管、套管磁导率；σ_1，σ_2 为油管、套管电导率；D_1、D_2 为油管、套管外径；t_c 为井温；EX 为内、外管相对位置几何校正系数。

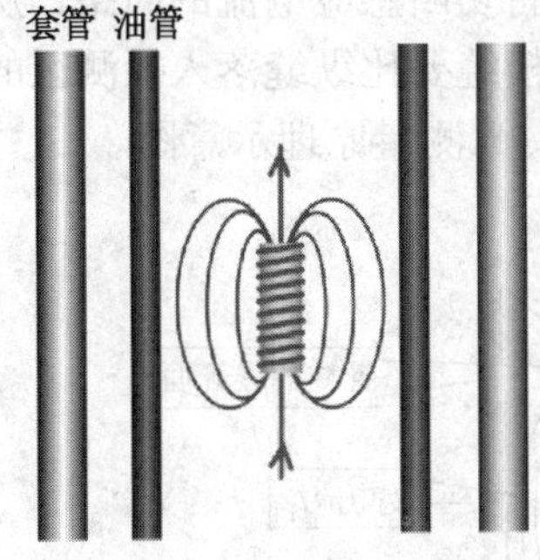

图 12-42　纵向探头示意图

在正常情况下，钢管磁导率 μ、电导率 σ、外径 D 和时间 t 都已知，只有钢管壁厚 T 未知。因此，测得感应电动势 ε_1、ε_2 时，就可以得到内、外管壁厚度 T_1、T_2，此时计算出管壁厚度，但这一结果是损坏部位的均匀壁厚（视厚度）。

3. A、B、C 探头的用途及测量原理

1）纵向探头

探头 A、C 线圈截面的法向方向和管柱的轴向方向（井轴方向）平行，故称之为纵向探头。其示意图见图 12-42。

（1）纵向长轴探头 A 测量原理。

纵向长轴探头 A 记录 $A_1 \sim A_9$ 条曲线，探测范围较大，有如下功能：①计算单层管柱厚度；②计算双层管柱厚度；③检测外管的纵向裂缝；④确定内管和外管的腐蚀。其测量原理见图 12-43。

当发射线圈通以短时间的直流脉冲电流时，在线圈周围产生很强的稳定磁场，根据导体中的电磁渗透理论，其磁力线穿过油管进入套管，在油管和套管壁上分别产生感应电流 I_1 和 I_2，在直流电脉冲结束后，次生磁场在接收线圈中产生感应电动势 ε。

在油管或套管的电磁特性发生变化时，感应电流 I_1 和 I_2 发生改变；当油管或套管出现孔洞、裂缝，特别是纵向裂缝，将切断感应电流 I_1 和 I_2 在管壁上的回路，这将改变感应电动势 ε 的幅度，在测井曲线上表现出异常。

(2) 纵向短轴探头 C 测量原理。

记录 $C_1 \sim C_5$ 条曲线，探测范围较小，有如下功能：①计算单层管柱厚度；②判断内管的纵向裂缝；③确定内管的腐蚀情况。其测量原理见图 12－44。

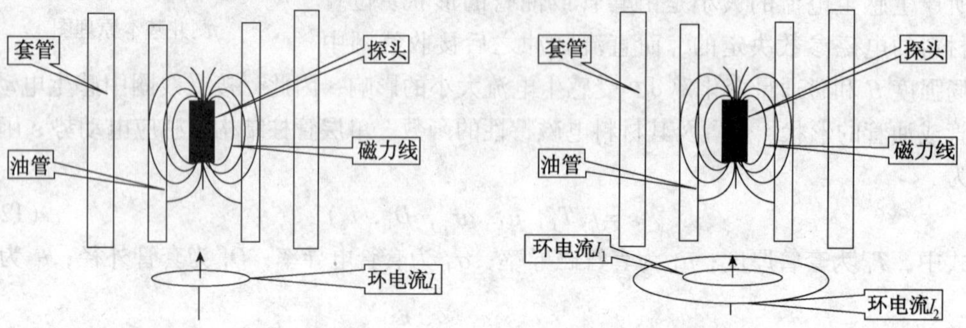

图 12－43　纵向长轴探头 A 测量原理图　　图 12－44　纵向短轴探头 C 测量原理图

由于发射线圈产生的磁场强度弱，主要探测第 1 层管柱，探测原理同探头 A。

A、C 探头结合可判断双层管柱的纵缝、腐蚀，并用于计算内外管的厚度。

2）横向探头

探头 B 的线圈轴线方向和管柱的轴线方向垂直，因此称为横向探头。图 12－45 是横向探头测量原理示意图。

(1) 记录 $B_1 \sim B_4$ 条曲线

判断内管的横向裂缝；判断内管的错断和变形情况；计算内管的壁厚。

(2) 横向探头 B 测量原理

发射线圈产生的磁场强度比较弱，其磁力线只能穿过第 1 层管柱，在管壁上感应出电流 I_1，接收线圈检测由 I_1 产生的感应电动势 ε。

当管壁上的损伤部位进入探头的探测区域时，特别是裂缝，将切断感应电流的回路，从而影响感应电动势的幅度。由于探头只能按某一固定方向扫描，横缝要比纵缝落入探测区的几率大，因此，探头 B 主要用来探测横缝。图 12－46 是横向探头 B 测量原理示意图。

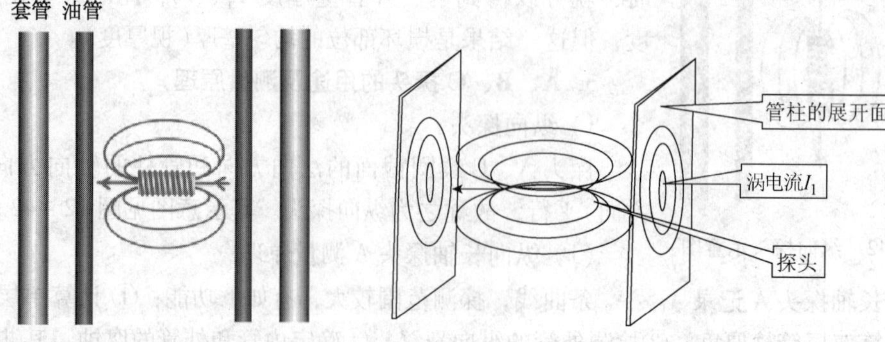

图 12－45　横向探头测量示意图　　图 12－46　横向探头 B 测量原理示意图

4. 电磁探伤仪信息采集方法

内管与外管对感应电动势的影响划分或确定如下：

(1) 常规的电磁测井仪是在通电的情况下连续记录的正弦波(图 12－47)。

(2) 电磁探伤测井中供给发射线圈的是直流脉冲电流，断电时测量(图 12－48)。

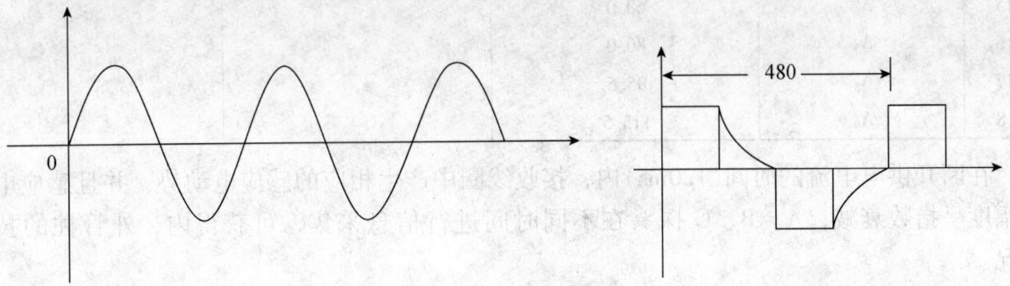

图 12－47　连续记录的正弦波　　　　图 12－48　断电测量示意图

图 12－49 是探头与对应记录图，表 12－5 表示曲线名称与线圈关系。

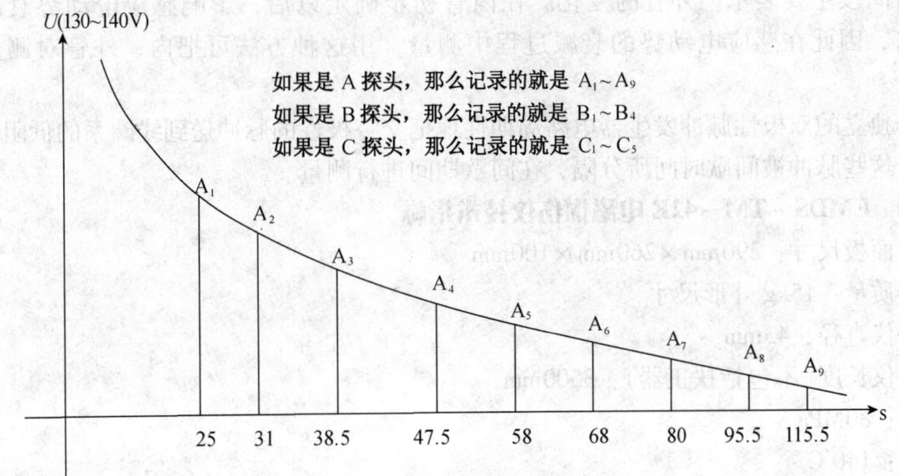

图 12－49　探头与对应记录图

表 12－5　曲线名称与线圈关系

编号	曲线名称	长轴向线圈系 A/ms	横向线圈系 B/ms	短轴向线圈系 C/ms
1	B_1		5.25	
2	C_1			6.25
3	C_2			8.5
4	B_2		10.0	
5	C_3			12.5
6	B_3		14.0	
7	C_4			17.0
8	B_4		19.5	
9	C_5			22.0
10	A_1	25.0		
11	A_2	31.0		
12	A_3	38.5		

续表

编号	曲线名称	长轴向线圈系 A/ms	横向线圈系 B/ms	短轴向线圈系 C/ms
13	A_4	47.5		
14	A_5	58.0		
15	A_6	68.0		
16	A_7	80.0		
17	A_8	95.5		
18	A_9	115.5		

在断开供电电流的时间(120ms)内，接收线圈中产生相应的感应电动势，并且感应电动势幅度呈指数衰减，A、B、C 探头在不同时间进行信息采集，可获得内、外管柱的技术状况。

理论分析表明，如果钢管的厚度(T_1+T_2 或 T_1)越大；感应电动势的衰减就缓慢，反之，感应电动势的衰减就较快。感应电动势衰减较快的时间段是表示内管的变化，衰减缓慢的时间段主要表示内外管的变化。在内管初步确定以后，影响感应电动势衰减因素就是外管，因此在感应电动势的衰减过程中测量，用这种方法可把内、外管对测量的影响区别开。

三个独立的双极性脉冲发生器电路周期性地把交替极性的脉冲送到线圈系的低阻发射线圈，并且这些脉冲被间歇时间所分隔，在间歇期间进行测量。

12.2.3.3 EMDS－TM－42E 电磁探伤仪技术指标

地面面板尺寸：290mm×260mm×100mm

仪器质量：15kg 外形尺寸

下井仪直径：43mm

下井仪长度(不包括扶正器)：3500mm

耐压：80MPa

耐温：140℃

电缆：单芯

测井速度：300m/h

管壁厚度探测范围：3～12mm

被探测管的直径：63～324mm

确定管壁厚度基本误差：

单管结构：0.5mm

多管结构：1.5mm

裂缝型缺陷最小长度：

沿管轴方向：40mm

(内)管轴横向：1/6 圆周长

孔洞型缺陷最小直径 30mm

Recordpr 测井操作程序指定运行于 WINDOWS 环境，计算机有 COM 端口，用于接收由地面控制面板到达的数据。记录 A_1～A_9、C_1～C_5、B_1～B_4、T、GK、SPEED 等 27 条曲线。

12.2.3.4 测井工艺

电磁探伤测井仪通过在模拟井中对变换管壁壁厚进行刻度测试(图 12－50)。

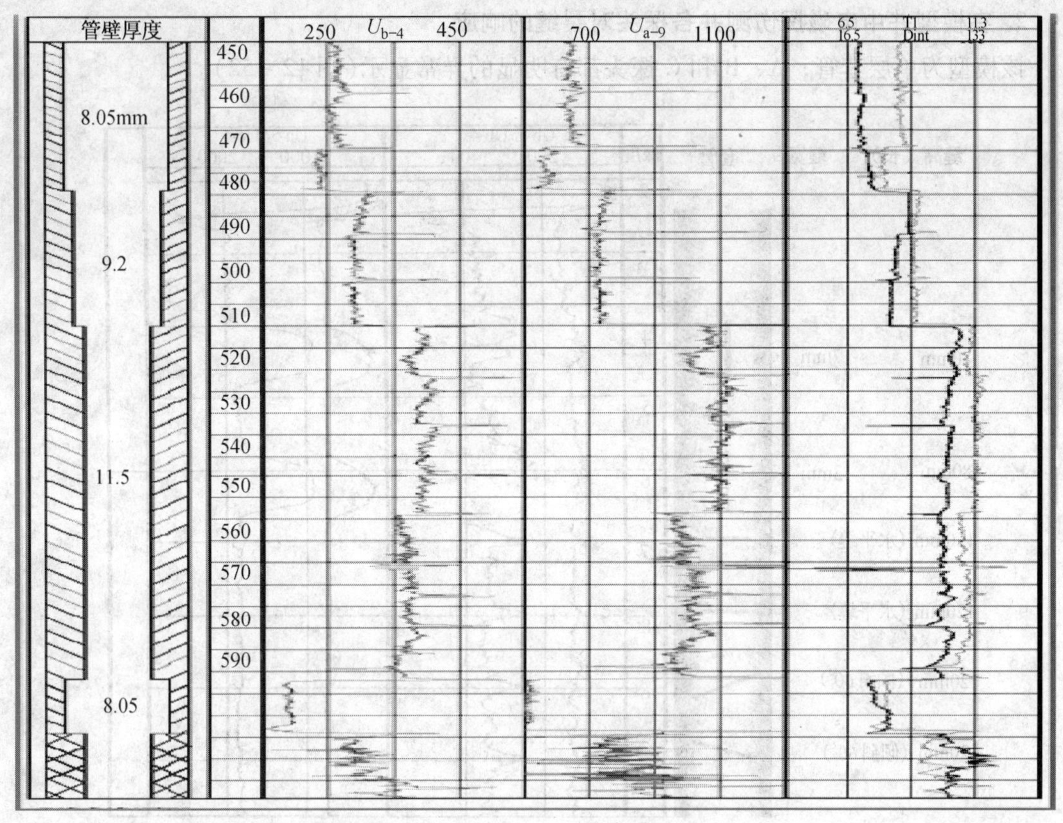

图 12－50　电磁探伤测井仪刻度

12.2.3.5　电磁探伤测井资料解释与应用

1. 电磁探伤测井响应特征

模型井中电磁探伤测井各探头对不同厚度管壁的响应。该模型为单套换壁厚，从曲线 TEXP 上看，壁厚有明显的变化(图 12－51)。

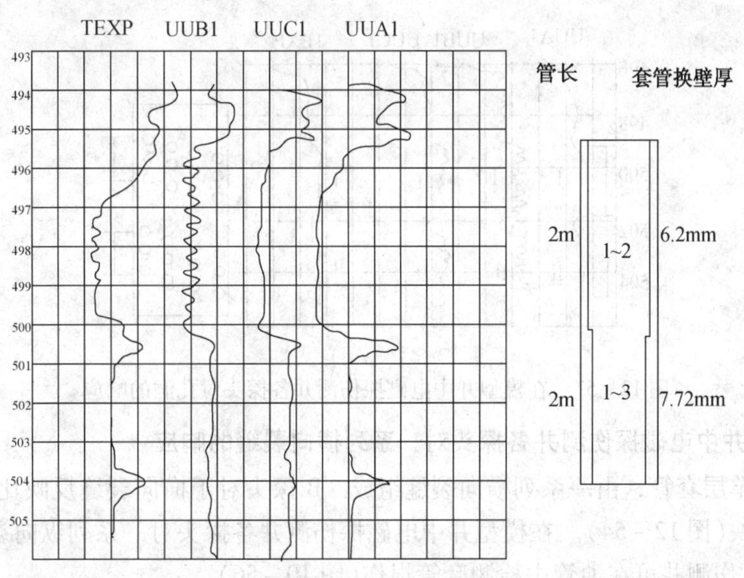

图 12－51　模型井中电磁探伤测井各探头对不同厚度管壁的响应

2. 在模型井中电磁探伤测井各探头对裂缝的响应

该模型为单层套管，A、B 和 C 探头都有明显的异常显示(图 12－52)。

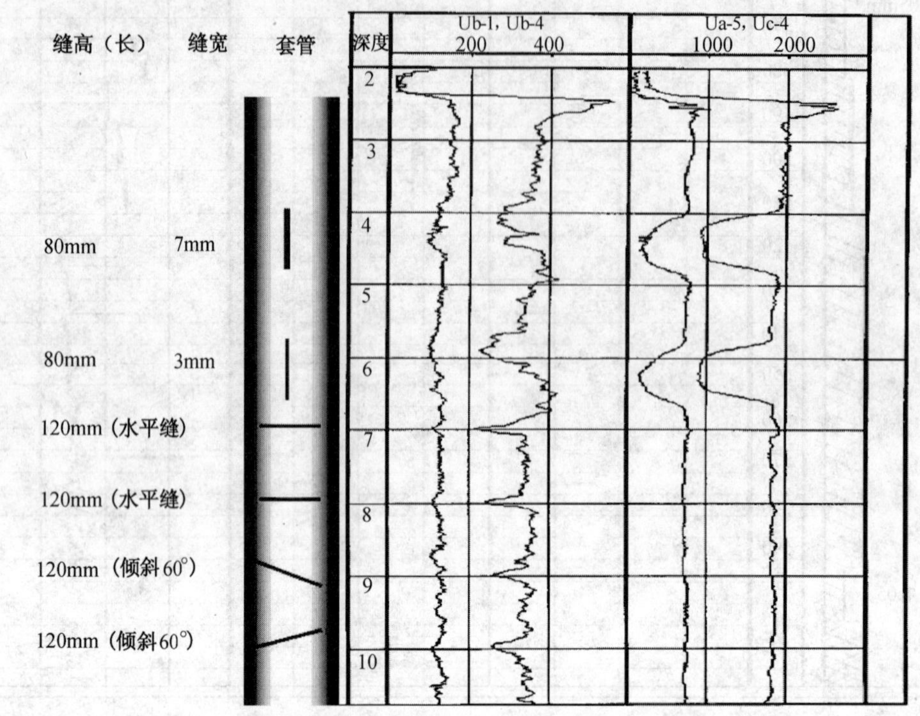

图 12－52　在模型井中电磁探伤测井各探头对裂缝的响应

3. 在模型井中电磁探伤测井各探头对孔洞的响应

该模型井有枪身射孔，在 A、B、C 三个探头上均有明显的反映。在壁厚 TEXP 曲线上表现为壁厚变小(图 12－53)。

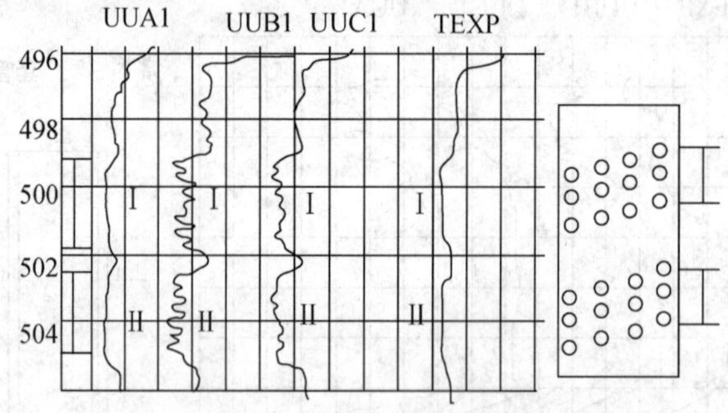

图 12－53　在模型井中电磁探伤测井各探头对孔洞的响应

4. 在模型井中电磁探伤测井各探头对一系列横向裂缝的响应

该模型为单层套管，由一系列横向裂缝组成。B 探头对于横向裂缝反映比较明显，C 探头也有一定反映(图 12－54)。在模型井中电磁探伤测井各探头对一系列纵向裂缝的响应(图 10－55)。电磁伤测井可在油管中检测套管损伤(图 10－56)

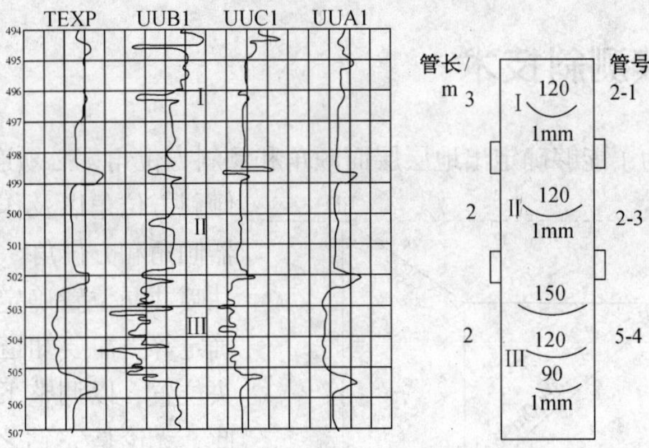

图 12－54　在模型井中电磁探伤测井各探头对一系列横向裂缝的响应

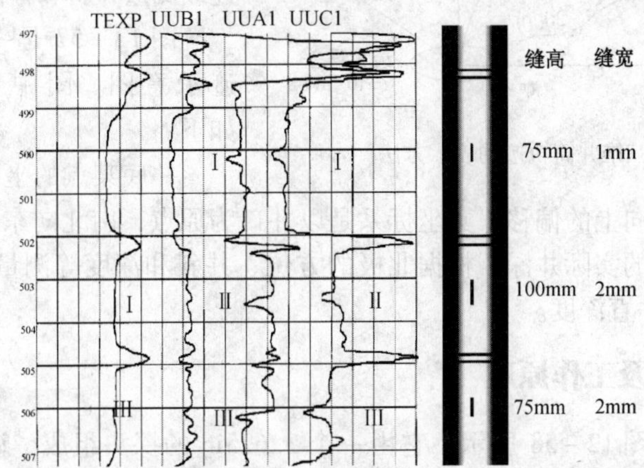

图 12－55　在模型井中电磁探伤测井各探头对一系列纵向裂缝的响应

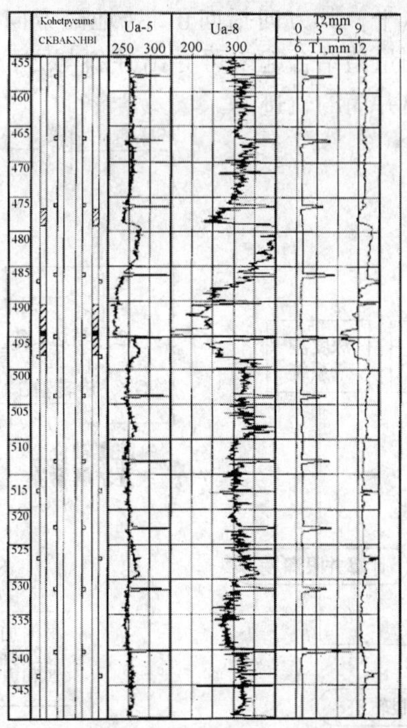

图 12－56　电磁探伤测井可在油管中检测套管损坏

12.3 井筒连续测斜技术

在地质勘探中，为了能够确定出地层层面倾角和倾斜方位角，必须连续测量井筒的倾角和倾斜方位角以及作为参考标志的井下仪器倾角和方位角。在斜井、水平井施工、井喷井漏位置确定、加密井准确的靶位确定等更需要知道准确的井筒轨迹和钻头位置，以调整下一步的钻进方向。因此，无论是完钻之后或是钻井过程中，连续测量井斜和方位都是十分必要的。

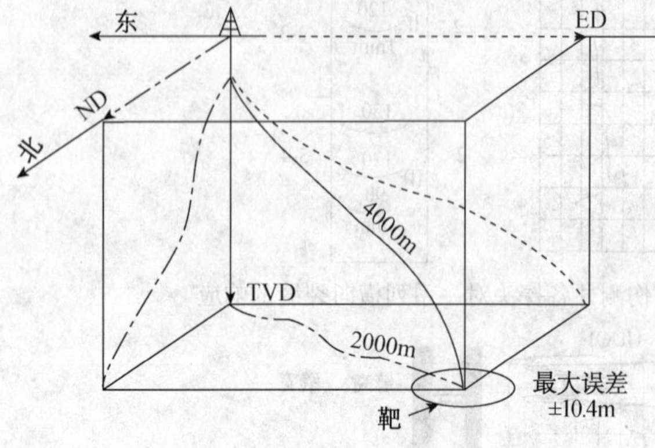

图 12－57　三维井筒轨迹的表示方法

图 12－57 是一口井的三维井筒轨迹示意图。图中目标靶的位置定义如下：

井底某点的坐标是该点在水平面上投影在东方向和北方向上的偏移，其坐标系是以井口为原点，南北向东西向为坐标轴。垂直深度是沿垂直轴测量的实际井深。根据北极的方位、井斜和深度等测量值可以计算出北/南偏移、东/西偏移及垂直深度。

12.3.1 仪器结构及工作原理

仪器测量原理如图 12－58 所示，它由一个 3.625in 的探头组成，该探头包括一个陀螺仪、一个电子线路短节、遥测电子线路短节、井下刻度固定装置及其他辅助装置组成。测量时，陀螺的旋转轴始终保持水平，其方向指向正北(地磁方向)。陀螺仪和一个两轴加速度计安装在固定的平架上，把测量值结合起来可导出井斜与方位值(图 12－59)。把井斜与方位数据结合起来就可以计算出井筒的轨迹。

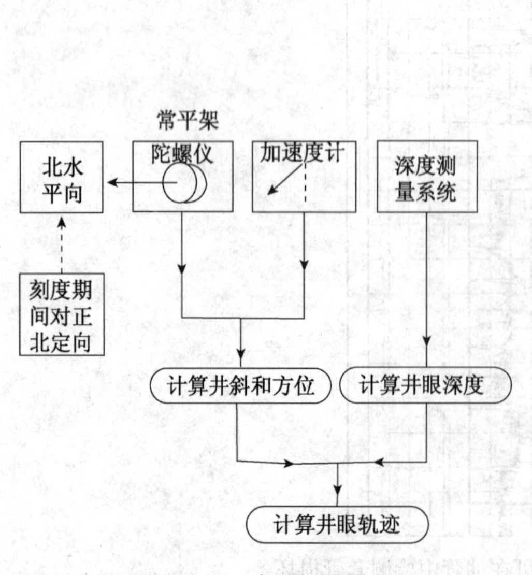

图 12－58　仪器测量原理

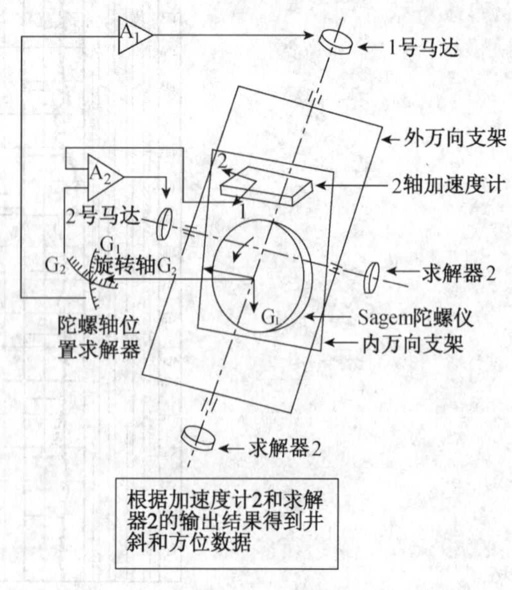

图 12－59　测量系统

测量过程中，用地磁的方向北、东和重力加速度的方向建立一个坐标系 NEV，用两个伺服加速度计的敏感轴以及探头中心轴线建立一个坐标系 XYZ，如图 12－60 所示。根据欧拉定理，可以把 XYZ 看作是由坐标系经三次转动而形成的。

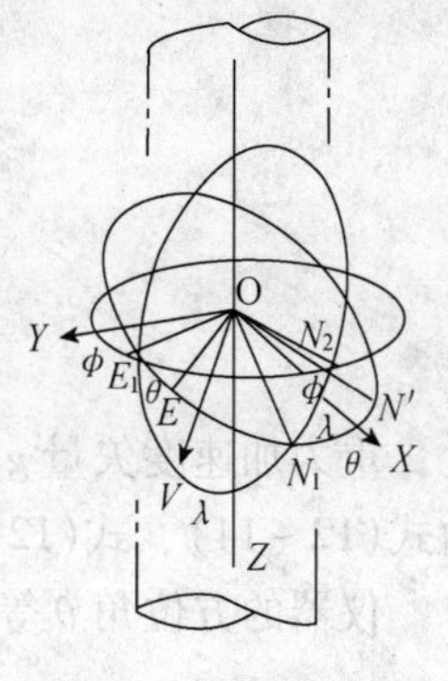

图 12－60 坐标变换图

第一次转动是坐标系 NEV 绕 OV 轴转动 θ 角，形成坐标系 $N1E1V$。

第二次转动是坐标系 $N1E1V$ 绕 OE 轴转动 λ 角，形成坐标系 $N2E2Z$。

第三次转动是坐标系 $N2E2Z$ 绕 OZ 轴转动 ϕ 角，形成坐标系 XYZ。

实际上 θ 角就是方位角，λ 角就是倾斜角，ϕ 为探头的自转角，从 NEV 坐标系到 XYZ 的矢量转换方程为：

$$u_{xyz} = [\phi][\lambda][\theta]V_{NEV}$$

其中第一次旋转后，

$$[\theta] = \begin{bmatrix} \cos\theta & \sin\theta & 0 \\ -\sin\theta & \cos\theta & 0 \\ 0 & 0 & 1 \end{bmatrix} \tag{12-7}$$

第二次旋转后，

$$[\lambda] = \begin{bmatrix} \cos\lambda & 0 & -\sin\lambda \\ 0 & 1 & 0 \\ \sin\lambda & 0 & \cos\lambda \end{bmatrix} \tag{12-8}$$

第三次旋转后，

$$[\phi] = \begin{bmatrix} \cos\phi & \sin\phi & 0 \\ -\sin\phi & \cos\phi & 0 \\ 0 & 0 & 1 \end{bmatrix} \tag{12-9}$$

重力加速度矢量 g 在 X、Y、Z 轴方向上的分量分别用 a_x、a_y、a_z 表示，则：

$$\begin{bmatrix} a_x \\ a_y \\ a_z \end{bmatrix} = [\theta][\lambda][\phi]\begin{bmatrix} 0 \\ 0 \\ g \end{bmatrix} \tag{12-10}$$

把式(12－7)、式(12－8)、式(12－9)代入式(12－10)得

$$\begin{bmatrix} a_x \\ a_y \\ a_z \end{bmatrix} = \begin{bmatrix} -g & \cos\phi & \sin\lambda \\ g & \sin\phi & \sin\lambda \\ & & \cos\lambda \end{bmatrix} \tag{12-11}$$

于是

$$a_x = -g\cos\phi\sin\lambda \tag{12-12}$$

$$a_y = g\sin\phi\sin\lambda \tag{12-13}$$

由式(12－12)、式(12－13)得

$$\frac{a_y}{a_x} = -\mathrm{tg}\phi$$

$$\phi = \mathrm{arctg}\left(-\frac{a_y}{a_x}\right) \tag{12-14}$$

$$a_x^2 + a_y^2 = g^2 \sin^2\lambda$$

$$\sin\lambda = \sqrt{\frac{a_x^2 + a_y^2}{g^2}}$$

$$\lambda = \arcsin\left(\frac{\sqrt{a_x^2 + a_y^2}}{g}\right) \tag{12-15}$$

重力加速度矢量 g 在 X 轴和 Y 轴上的分量 a_x、a_y 可由两个重力加速度计测得。因此，由式(12-14)、式(12-15)即可求得探头的自转角 ϕ 和倾斜角 λ。

仪器的方位角 θ 等于陀螺仪的相对旋转角 γ 减去探头的自转角 ϕ，即：

$$\theta = \gamma - \phi$$

相对旋转角 γ 为仪器相对起始方位偏转的方位角，起始方位在地面由罗盘确定，输入单片机记忆。γ 可直接通过陀螺仪输出，由计算机计算得出。因此，要测量仪器的方位角和倾斜角，就必须知道三个参数，即两个伺服加速度的输出及陀螺仪的输出。

12.3.2 连续测斜仪的关键单元——陀螺仪

三自由度陀螺仪是由一个陀螺电机及两个框架组成(图 12-61)。框架上的圆盘高速旋转，并可以在任意位置移动，但陀螺仪的旋转轴保持固定，中心圆盘的高速旋转能使陀螺仪轴指向一个固定的方向，该方向为连续测斜仪的参考方向。当外力(地球自转和机械不平衡)对陀螺仪的圆盘施加一个力矩时，陀螺仪圆盘沿与施加力矩成 90°的方向运动，并开始进行运动，通过测量运动速度确定该力距的大小。陀螺仪上有一个伺服机构，此伺服机构由两个定位传感器和两个转动马达组成，可用来抵消外力产生的力距，也用于平衡由陀螺仪的机械缺陷而引起的力矩以及测量由地球自转而产生的运动速度。此运动速度与地球自转在陀螺仪轴向上的分量成正比，并取决于北极与陀螺仪旋转轴之间的夹角。通过测量运动可计算出这个角度。

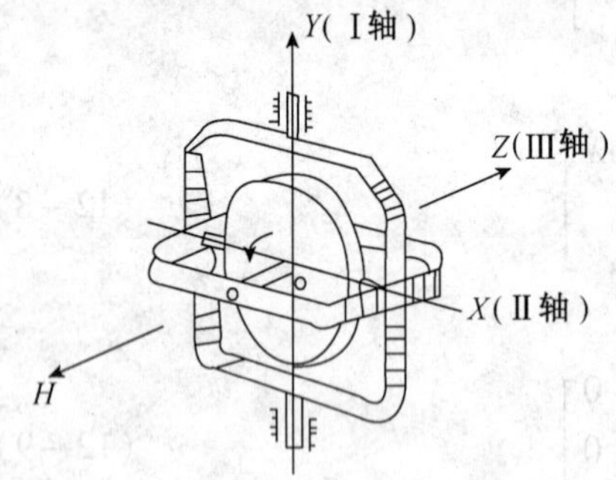

图 12-61　三自由度陀螺仪示意图

测斜仪的加速计是一种摆(图 12-62、图 12-63)，用它可探测任意加速度，摆的动程与产生这种运动的重力加速度成正比，两个加速度仪可在两个相互正交的方向上运动，因而可以测量两个正交的重力分量。

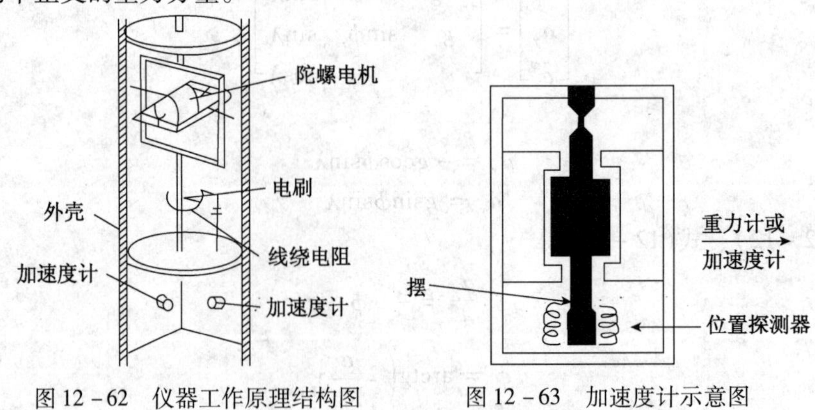

图 12-62　仪器工作原理结构图　　图 12-63　加速度计示意图

由图12－61可知，三自由度陀螺仪是由一个陀螺电机及两个框架组成，因此它有三个自由轴，即Ⅰ、Ⅱ、Ⅲ轴，陀螺电机绕Ⅲ轴以2150r/min逆时针高速旋转，同时内框架可绕Ⅱ轴转动。外框架也可绕Ⅰ轴转动，三个轴互相垂直并交于一点，这一点正是陀螺的重心，这样陀螺的自重就不至于在各轴上产生重力矩，

从而保证其定轴特性。高速旋转的三自由度陀螺仪有两个主要特性。

（1）定轴特性。处于三自由度的陀螺电机高速旋转层，其转子轴能在任何一个给定的方向上保持不变，即定轴性。这是三自由陀螺仪的主要特性，也正是利用这一特点测量方位的。

（2）进动特性。如果在旋转着的陀螺仪内框架轴（Ⅱ轴）上加一个力矩，则会使整个陀螺仪绕外框架旋转；相反，如果在外框架轴上加一个力矩，也会使陀螺仪绕内框架旋转。这种特性称为陀螺仪的进动特性。陀螺仪的进动方向与陀螺电机的旋转方向和外力矩的方向有关，它的进动角速度与加在内框架（或外框架）上力矩的大小成正比，力矩存在多长时间，进动就持续多长时间。

测量过程中，陀螺电机启动后，转子轴（Ⅲ轴）方向不变，连在陀螺仪外框架轴线的方位电刷也相对于Ⅲ轴方向不动，而固定在仪器外壳上的方位电位器随着仪器在井下方位的变动而变动，从而导致信号发生变化。

在测井过程中，仪器的运动会对Ⅰ轴产生干扰力矩，该力矩会使Ⅱ轴产生运动，但Ⅱ轴不是测量轴，它的少量运动并不影响测量，只是转角很大，直至Ⅲ轴和Ⅰ轴间夹角等于零时，才会失去定轴性。这样在Ⅰ轴干扰力矩的作用下会破坏Ⅲ轴的原定方向，使测量无法进行。为此利用它的进动特性设置了水平修正系统，即用伺服电机对Ⅰ轴施加一个力，这个力与使Ⅲ轴偏离水平的力方向相反，从而保证Ⅲ轴在水平位置。

同样在Ⅱ轴上有干扰力矩时Ⅰ轴也会产生进动，这就是漂移，因而出现方位误差，因此仪器设计时，也采用另外一个伺服电机加以修正。

12.3.3 测井工艺

1. 刻度及现场测量

连续测斜仪在测井前需要对陀螺仪和加速度计进行车间和现场刻度。车间刻度包括：

（1）测量加速计和陀螺仪的增益和截距，以便在仪器响应计算中使用；

（2）测量陀螺仪的质量不平衡、气体动力摩擦以及旋转轴与加速度计 X 轴之间的共线误差等陀螺仪的缺陷。

在测井现场进行的刻度包括：

（1）对陀螺轴定位并使它指向正北。

（2）在选定的方向上对陀螺轴定位。在寻找正北的过程中，陀螺仪的方位可能有所改变，对陀螺仪定位所选择的最好方位是井眼的平均方位。

（3）必须计算校正量以对地球自转效应进行补偿。通过伺服机构施加这一校正量。

现场刻度是固定在套管里完成的，这样相对地球来说是固定的。测井仪经刻度后，把仪器下井并开始测井，下测和上测过程中记录测井曲线，用闭合度对上下测曲线进行对比。闭合度定义为下测时井的顶部与上测时井的顶部之间的距离，测井误差是累积误差，因此闭合度小就说明测井质量好。闭合度好说明上测与下测的井筒轨迹、井斜以及井筒变化率的重复性好。

测井结果要求陀螺仪指向正北的精度要小于0.1°。在北、东方向上仪器测量水平误差的精度是：

$$[N](\text{或}[E]) = 0.4\% \frac{\cos 45^{\circ}}{\cos L}[H] + 0.06\%[D] \quad (12-16)$$

式中 $[N]$、$[E]$——北、东方向上的水平误差；

$[H]$——水平偏移；

$[D]$——仪器深度；

$[L]$——纬度。

利用过井顶部与底部的轴线及与这个轴线相垂直的另一轴线也可以定义这些误差。

$$\Delta(\text{过井顶部和底部的轴}) = 0.06\%[D] \quad (12-17)$$

$$\Delta(\text{正交轴}) = 0.4\%[H] + 0.06\%[D] \quad (12-18)$$

实际应用过程中，可以根据其他方向上的误差(0.4%[H])，方位误差只影响与井筒垂直方向上的读数。

在纬度高于70°时，偏移误差太大。这是因为在高纬度地区，陀螺仪难以找到正北方的缘故。陀螺仪应用了地球角速度的水平分量，但这一分量在地磁极附近非常小，使用光学仪器也许可克服这问题。

在井底，其精度要大于上下测曲线闭合度的1倍(图12-64)。闭合度的大小为：

$$\text{闭合度}(\Delta x, \Delta y) < 2\left(0.4\% \frac{\cos 45^{\circ}}{\cos L}[H] + 0.06\%[D]\right) \quad (12-19)$$

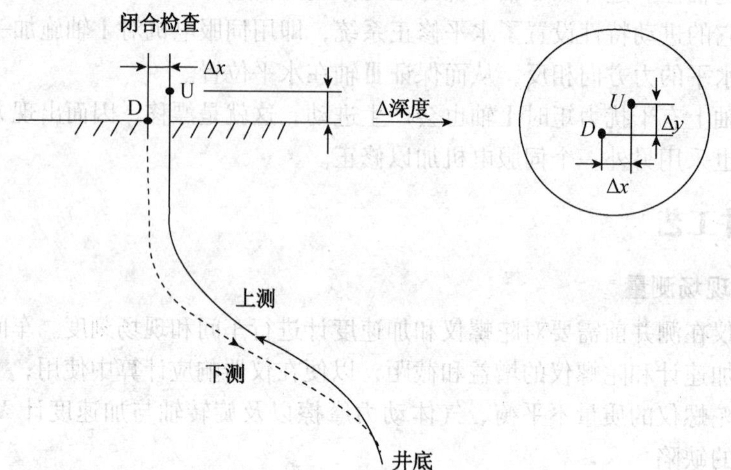

图12-64 闭合度检查的图示

测井结束后，再在套管内完成一次现场刻度，把测井前的现场刻度与测井后的现场刻度作比较，可以确定陀螺仪的方位误差。

现场测井完成后，下一步是对资料进行处理，实际处理时所用到的参数包括：①车间刻度数据；②井的纬度；③坐标角偏移，它是地理北极与用户北极间的夹角，在*NE*(北东)方向上为正；④如果坐标原点不为零，要考虑测井原点的坐标。处理计算顺序如下：

(1) 用刻度数据和纬度计算地球的自转分量，由此把陀螺仪保持在地球基准面的一个固定方向上。

(2) 使用上测和下测的张力值计算电缆的拉伸长度和校正后的深度。

（3）使用刻度数据校正机械缺陷。使用加速度计测井数据计算井斜、方位和深度数据，并由此给出井筒的轨迹。

12.4 噪声测井

噪声测井是在井内测定自然噪声的一种方法。当井内液体或气体运动时，由于摩擦作用可以产生具有特征频谱的声音。早在1973年前，噪声测量技术就已开始运用于管外窜槽监测，在其他测试手段有局限时，该仪器可探测到流量为$4ft^3/d$的气窜，说明在监测窜槽方面具有较高的灵敏度。因此，根据噪声测井可以在裸眼井中划分出产气层位、流体吸收层位，在套管井可以检测管外流体串槽位置、流体类型，以及管内流量和射孔眼的流量等。

12.4.1 测量原理

噪声测井仪的结构如图12－65所示。由压力平衡装置、探测器、电子线路和接箍定位器四部分组成，探测器部分的结构如图12－66所示。

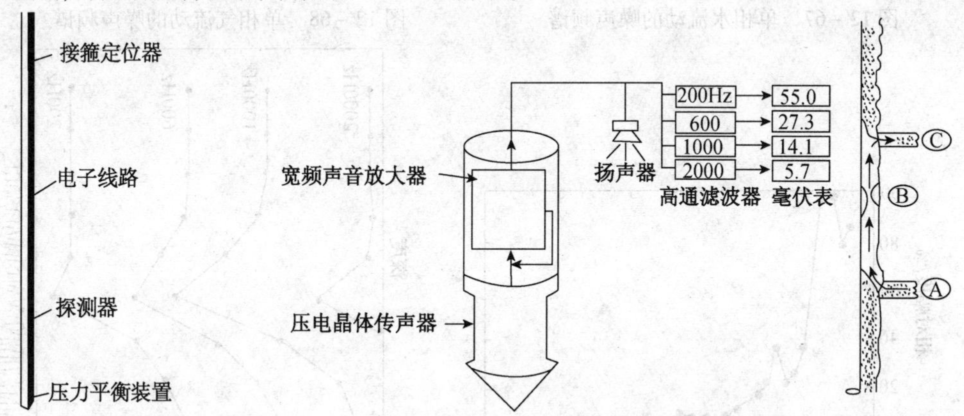

图12－65　噪声井下仪器结构　　图12－66　噪声测井仪探测器结构

下部为压电石英晶体声纳探测器，该声纳探测器装在油中，能分辨振幅为10^{-5}psi的压力振动。

电子线路部分包括低噪声的前置放大器，增益为50和增益为40的运算放大器。

测量时，声音信号经过压电石英声纳探测器被转换为电信号，然后经过宽频放大器后由单心电缆传到地面面板，然后经过高通滤波器把信号分为4个独立的分量，分别测量截止频率为200Hz、600Hz、1000Hz和2000Hz四个频段的幅度值，以毫伏或分贝为单位（1mV＝70dB）。同时由扬声器再现井下声波。测井时，选择一些测点进行定点测量，连接每一点的测值，即可得到截止值分别为200Hz、600Hz、1000Hz和2000Hz的噪声幅度曲线。由于井下在单相、两相流动中或流速不同时产生的噪声幅度不同，因此利用这一性质可以判断是单相流动还是多相流动及相应的流量。

12.4.2 流体的频谱特性

不同流体类型的频谱是不同的。图12－67、图12－68、图12－69分别是单相水、单相气和气－水两相流动的频谱特性实验曲线，实验由贝克阿特拉斯公司完成，由图显示，单相水和单相气的频谱相似，可以看出噪声最大幅度出现在1000～2000Hz范围内。实验时，图12－67的实验条件是压力为0.62MPa，水的流量为$70m^3/d$，噪声幅度主要分布在800～

2000Hz 的频带上。图 12－68 的实验压差为 0.069MPa，流量为 $107m^3/d$，噪声幅度近似分布在 800～2000Hz 之间，由于测量时，测的分别是大于 200Hz、大于 600Hz、大于 1000Hz 和大于 2000Hz 的四个截止值的噪声幅度曲线，所在测井曲线上四条曲线在噪声源处，除 2000Hz 的曲线外，其他 3 条曲线近似重合，由此也可以判断是否为单相或两相窜流。如图 12－70 和图 12－71 所示。

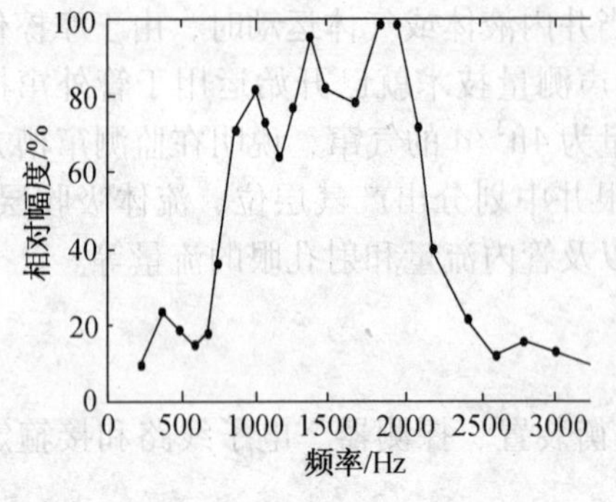

图 12－67　单相水流动的噪声频谱

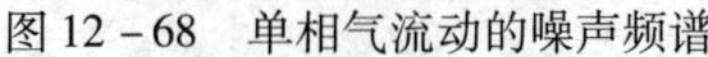

图 12－68　单相气流动的噪声频谱

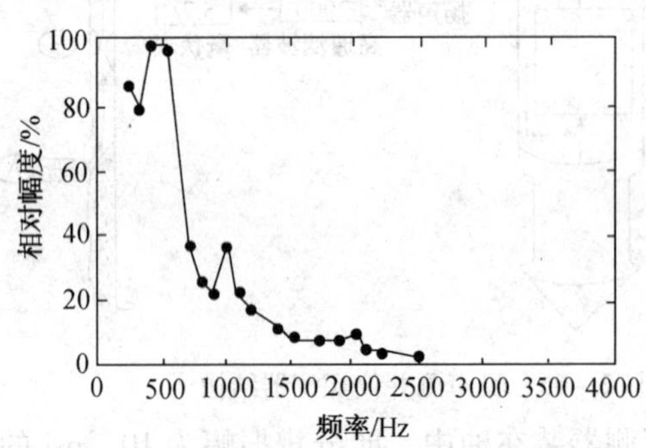

图 12－69　气在水中流动的噪声频谱

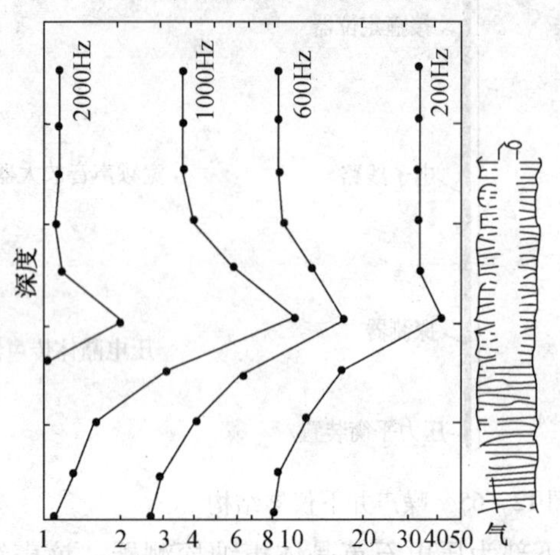

图 12－70　单相漏失的噪声曲线特征

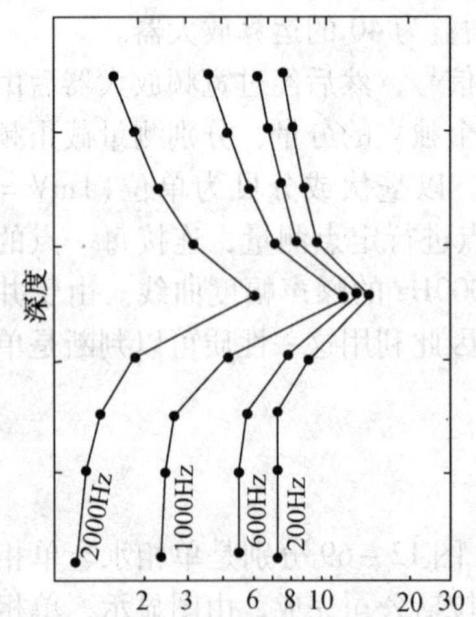

图 12－71　气液两相漏失的噪声曲线特征

图 12－69 中的气－水两相流动，噪声幅度主要分布在 200～600Hz 的频带上，是气体进入水中造成的噪声所致。由于大于 600Hz 之后噪声幅度递减较快，所以在测井曲线上截止值为 200Hz、600Hz、1000Hz、2000Hz 四条曲线分离程度较大，因此利用这一特征可以判断是单相窜槽还是两相窜槽。四条曲线中，200Hz 噪声幅度最大，因为它记录的是大于 200Hz 以上所有噪声频率幅度之和，600Hz 曲线记录的是大于 600Hz 的所有噪声幅度之和，2000Hz 曲线幅度最小，因为大于 2000Hz 之后，噪声频率的幅度衰减很大，近似为零。

从噪声源到噪声测井仪器之间，要发生幅度衰减，同一频率的声音在气体中的衰减速度大约是液体的 2 倍。图 12－72 是声音在水中衰减的实验曲线，横坐标为距源的距离，纵坐标为衰减度，实线为 8.625in 的套管，虚线为 4.5in。例如，2000Hz 的声音在 8.625in 的套管中传播 100ft 后，只剩原始幅度的 10%，即衰减了 90%。图 12-73 是气从油套环形空间自下而上流动时所测的曲线，在气水界面附近曲线发生了异常，这是由于声音在气中的衰减比水中衰减较快。

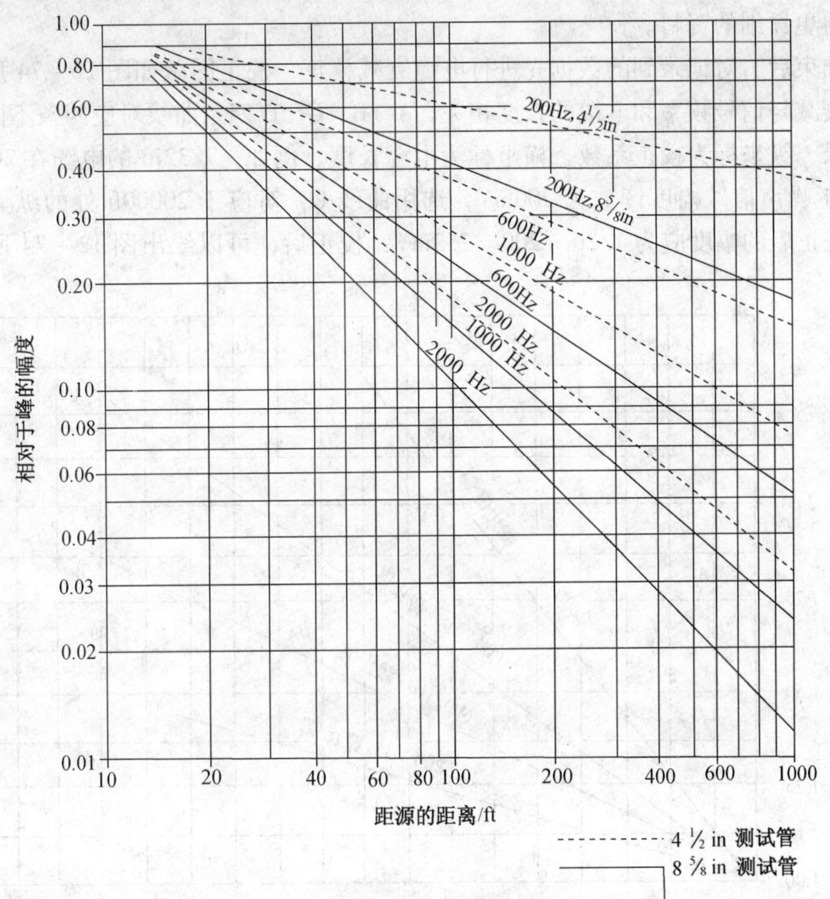

图 12-72　充水管内噪声峰值

图 12-73　传输介质变化后的波形图

12.4.3 噪声测井过程及应用

噪声测井时由于仪器移动会产生声音，因此都采用定点记录，在每个深度点上记录四个数据。两个测点的距离先选为3~6m，测量后对重要部位要使用0.3m左右间隔进行重新测量，以获得更详细的资料。

测井结束后，对记录到的数据先进行电缆衰减校正，校正图版如图12-74所示。电缆对信号的衰减与信号频率和电缆的长度相关。A、B、C、D四条曲线对应四条不同截止频率的噪声记录，纵坐标为校正系数，横坐标为电缆长度。例如，7/32in的电缆在20000ft测得1000Hz以上噪声信号幅度读数为200mV，选用曲线C，对应于20000ft处的纵坐标读数为1.26，则校正后的幅度应为1.26×200=252mV，校正后，可以绘出图12-74所示的测井曲线。

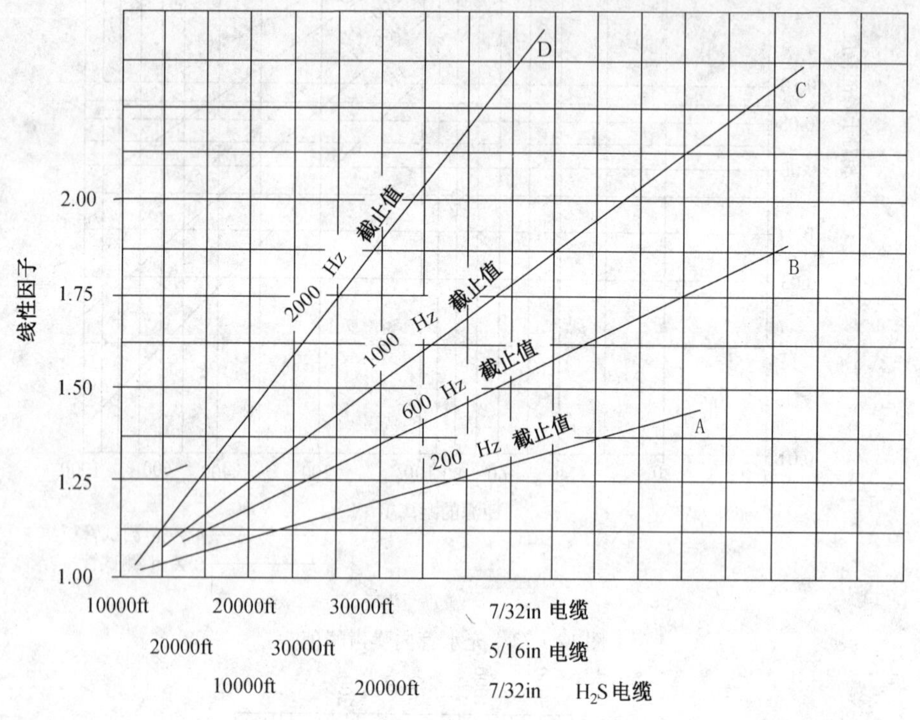

图12-74 电缆线性校正因子

图12-75中流体从砂层B经管外窜槽流入砂层A，在窜槽通道中缩径位置处，存在局部压力降，产生噪声，其幅度大于周围的噪声幅度。因此，除A、B处之外，在缩径处也出现了尖峰显示。

实验表明，截止值为1000Hz的记录曲线对单相水或单相气的窜槽流量较为敏感，实验关系为：

$$N_{1000} = C_1(\Delta P \times q) \qquad (12-20)$$

式中 q——引起噪声的体积流量，f^3/d；

ΔP——引起噪声的压力差；

C_1——仪器刻度常数；

N_{1000}——大于1000Hz噪声曲线的幅度读值，mV；

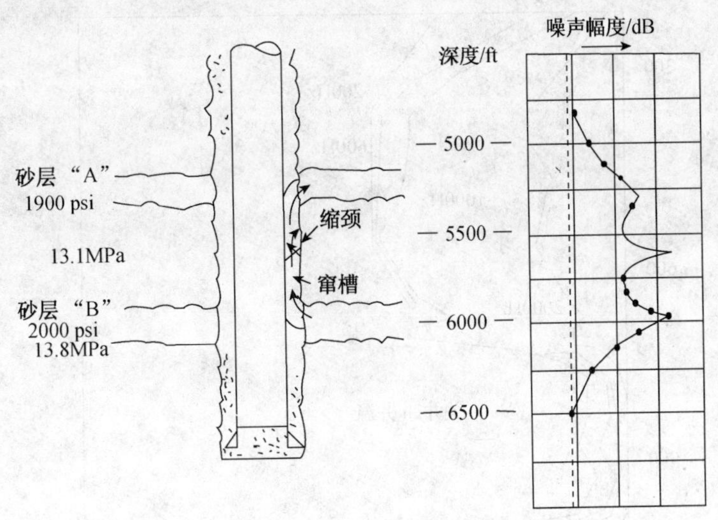

图 12－75　在出现局部压力降的各个深度流动流体产生的噪声

对于气液两相流动，气相窜流流量与 N_{600} 和 N_{200} 两条测井曲线峰值之差成正比关系。实验关系为：

$$N_{200} - N_{600} = C_2 q \tag{12-21}$$

式中，C_2 表示仪器刻度常数。

12.4.4　噪声测井工艺技术及资料应用

图 12－76 是一口气举井关井测量的噪声曲线和温度曲线。该井虽然举升成功，但产水过多，因此怀疑油管有泄漏。噪声曲线显示 700ft 和 1000ft 处有 2 个噪声源。根据声源的频谱特点，700ft 处显示为“单向扩展”，可以推断有气体流动；而在 1000ft 处显示为“双向扩展”，表明是气液两相流动。由温度曲线看出，700～1000ft 间曲线平滑，表明此段油管为水柱。在 300～700ft，油管内为乳浊液（气－水混合物）；而在 300ft 以上，噪声曲线明显衰减，表明为气袋。

综合分析后可以得出解释结论：气体从 700ft 处进入油管并经过乳浊液向上运移形成气袋，气袋不断膨胀。进入油管的水在 700ft 处漏失，跌落在油套管环空水面 1000ft 的积液内，由于该井的油管是 40 年以前下的，不能起出更换，因此可以在 700ft 处置一通道解决泄漏问题。

图 12－77 是一口自喷井的噪声－井温曲线，在稳定生产流动条件下测取。该井的主要出水口为 9825ft 处的射孔层。但由井温曲线可以看出，流动温度曲线在 10050ft 以下与地温梯度线分离并近于垂直向上变化，说明从该处开始产水。再由噪声曲线显示看，10100ft 以下噪声能量很低，而 10000ft 以上声能增大，说明射孔层段下面有一窜槽，有水克服阻力进入窜槽。在 9825ft 处，噪声曲线出现 1 陡峰，说明水从射孔层进入井内。

12.5　其他工程测井

12.5.1　磁性定位器

磁性定位器（CCL）属于磁测井系列，主要用于深度控制确定井下工具的下入深度，在定

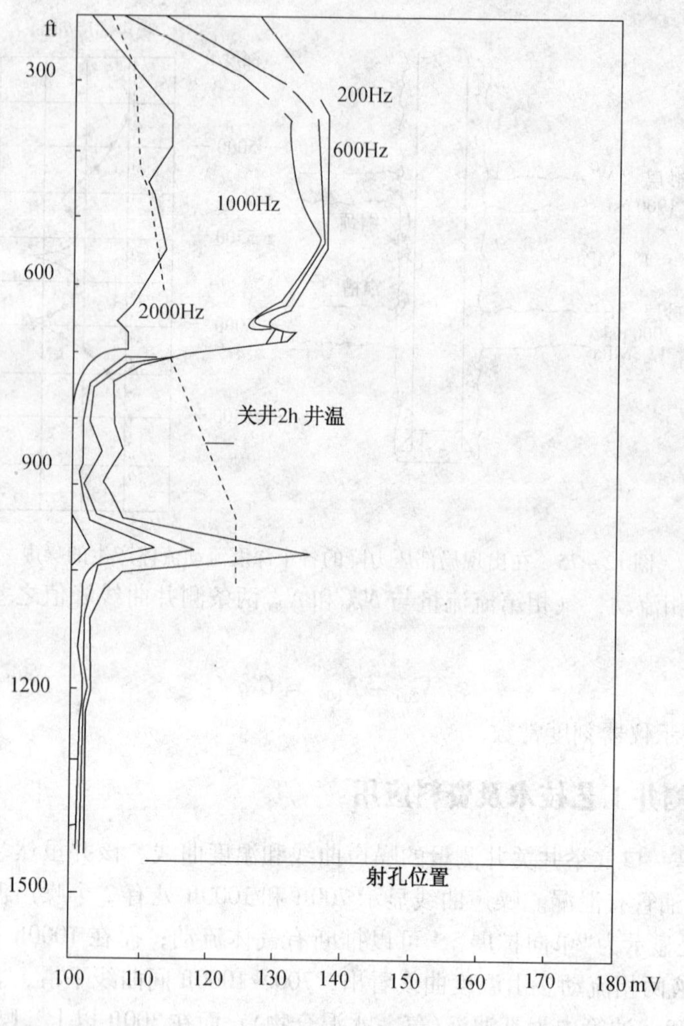

图 12－76　噪声曲线和温度曲线

位、射孔中应用广泛。CCL 仪器由线圈、磁钢及放大电路组成，其中感应线圈位于两个磁钢之间，当 CCL 仪器在套管中移动到接箍位置时，由于仪器周围铁磁性物质的分布发生了变化，因而感应线圈内的磁场强度也相应地变化，故此线圈中产生了感应电动势，该信号被放大器放大输出。

图 12－78 是磁性定位器的基本结构，核心是一对磁极相对的磁钢和线圈。测井时，仪器下入套管、油管或其他套柱内，此时磁力线分布稳定，当仪器沿管柱移动时，如遇接箍、封隔器或配水器等，磁力线的分布将发生变化，所以通过线圈的磁通量也会发生变化并在线圈中产生感生电动势，由电磁感应定律可知，电动势的大小由式(12－22)决定：

$$\varepsilon = -K\frac{\mathrm{d}\Phi}{\mathrm{d}t} \tag{12-22}$$

式中　ε——线圈两端产生的感应电势；

K——比例系数；

Φ——磁通量；

t——时间。

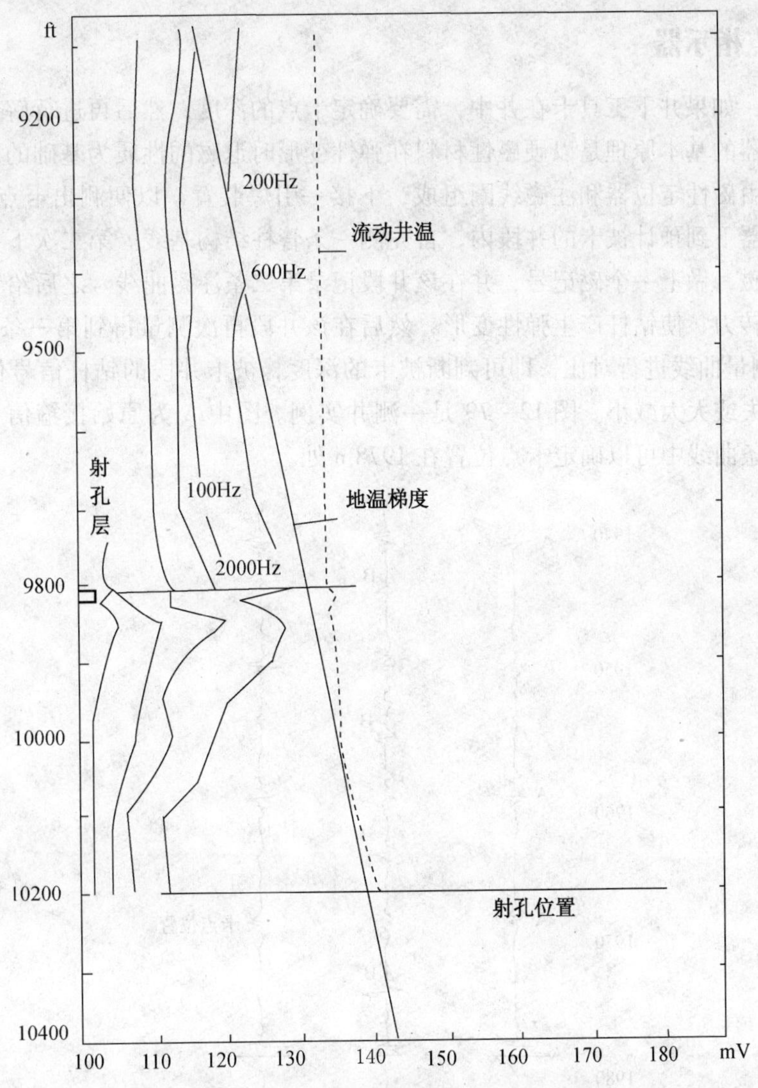

图 12－77　检查管外窜的噪声－井温测井曲线图

磁性定位器测得的信号如图 12－78 中所示(套管接箍)，磁定位器通常分为两种，一种是过油管定位器；另一种用于在套管中的测量。

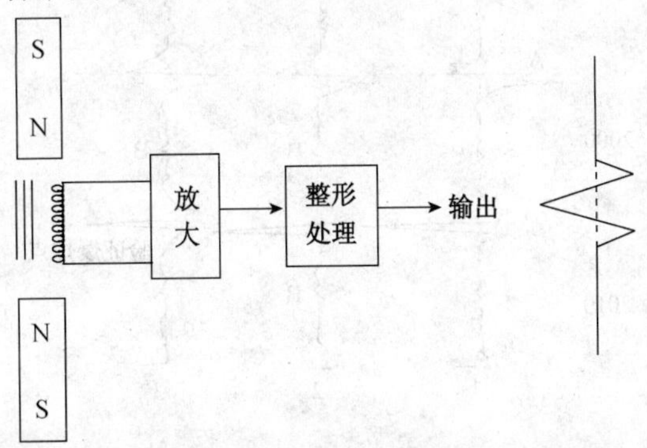

图 12－78　磁性定位器结构及工作示意图

12.5.2 卡点指示器

在施工中，如果井下工具卡在井中，需要确定卡点的深度，然后再进行解卡作业。

卡点指示器的基本原理是以硬磁性材料在弹性变形时退磁的性质为基础的。

井下仪器由磁性定位器和注磁线圈组成，下接一引爆装置，以便测出卡点后立即引爆。测井前，把仪器下到预计被卡的井段内，首先测一条管柱结构基线。第二次下井，在每根钻杆接箍之间注磁，做上一个磁记号，并在该井段记录第二条注磁曲线。之后给钻杆加以最大允许拉力或扭转力，使钻杆产生弹性变形，然后在该井段再次测量得到第三条曲线（消磁曲线）。将三次测量曲线进行对比，即可判断被卡的深度，被卡井段的钻杆信号保持不变，未卡井段信号消失或大大减小。图 12－79 是一测井实例。图中 A 为原始接箍信号，B 为注磁信号，从第三条曲线中可以确定卡点位置在 1978m 处。

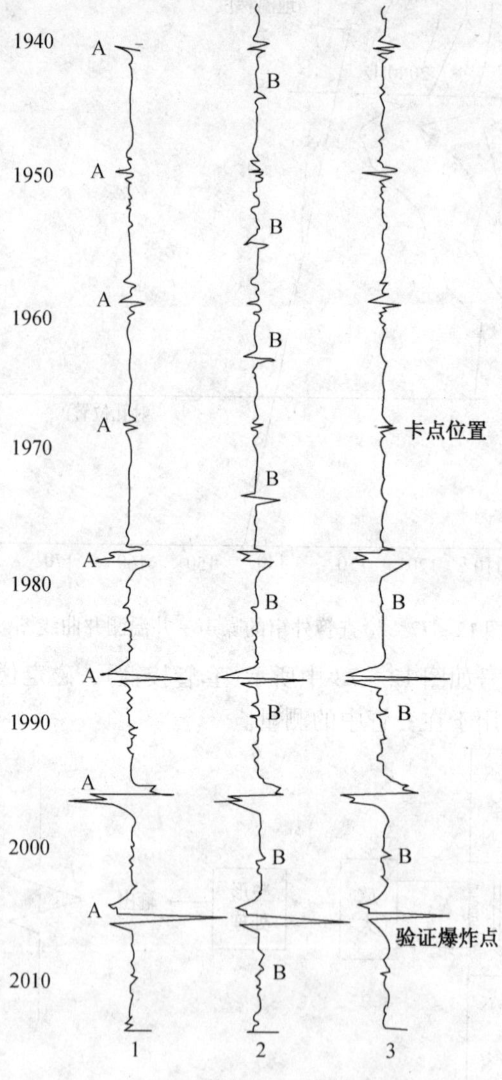

图 12－79　卡点指示曲线示意图

通常引起被卡的主要原因是：①由重泥浆和高角度斜井引起的压差粘卡；②由井身曲率引起的管柱堵卡；③ 管柱周围未固结地层垮塌引起的遇卡；④垮塌性或膨胀性泥岩引起的遇卡。

管柱一旦被卡住，通常用震击和循环摩阻减小剂(特殊泥浆)解卡，如果这两种办法都行不通，一般用卡点指示器卡住最深卡点，然后在最深卡点上面倒扣脱开套管(起爆炸药)，把倒扣后的自由套管起出后，对该井段进行清洗，并进行一系列震击，以回收管柱。通过测量伸长度和扭矩，卡点指示器能够确定钻具、钻杆、油管及套管在内的各种管柱的卡点位置。

12.6 工程测井工艺技术应用

12.6.1 验窜

在油田开发生产过程中，因固井质量不好、井下作业、注水注汽等各种原因，都有可能导致管外窜槽的发生。而一旦发生管外窜槽，将导致井的生产效率显著下降，甚至油井完全不产油、水井无效注水。因此准确确定管外窜槽存在与否，以及窜槽位置和窜槽流体的流动方向，一方面能为实施有效的修井措施、恢复油水井正常生产提供依据，另一方面可避免盲目无效措施对套管、水泥环和地层造成伤害。

1. 同位素示踪验窜

同位素示踪验窜方法，就是利用同位素作为示踪剂，人为地提高窜槽井段的伽马射线强度。在注入示踪剂前先进行自然伽马测井；然后向井内注入放射性同位素的微球，使其与注入水形成均匀混合的活化悬浮液。当吸水层与邻近地层间存在管外窜槽时，活化悬浮液也会进入到窜槽层，从而在窜槽通道和窜槽层留下同位素示踪剂的踪迹；把第一次测井曲线作为基线，与第二次测得的同位素示踪曲线对比分析，以确定管外是否窜槽井段。

2. 注硼中子寿命验窜

中子寿命测井的基本原理是用脉冲中子源向地层发射14MeV的高能中子，高能中子被地层衰减后变为热中子，热中子由于速度很慢，很容易被地层中的原子核俘获，热中子被俘获时要释放γ射线。通过探测伽马射线的计数率进而求出地层的宏观俘获截面，不同的地层其宏观俘获截面不同。地层的俘获截面主要与地层中含氯量有关，而氯元素是除了锂、硼和钆之外，俘获截面最大的元素。

由于高矿化度地层含有丰富的氯元素，所以中子寿命测井在高矿化度地层具有较好的应用效果。

淡水与原油的俘获截面相差无几(淡水为22.1C.U，原油为18 ~22C.U)。所以低矿化度地层中子寿命测井很难区分油、水层。如果在低矿化地层，通过注入示踪剂的方法提高水层的俘获截面，人为地造成油、水层之间的差异。这就是我们所说的硼中子寿命测井。

由于硼具有较高的俘获截面(硼755C.U)，如果把易溶于水而不溶于油的硼化物注入到淡水地层的自由水中，人为地增大水层的俘获截面值，那么，根据测井曲线间的明显变化就能判断水层和出水层段。如果射孔层与邻近水层间存在管外窜槽，注硼中子寿命测井则可以监测到窜槽井段。测井的基本过程是首先测一条俘获截面基线，注入硼液后再测一条硼中子寿命示踪曲线。根据两条俘获截面曲线间的幅度差，就可以判断是否存在管外窜槽及窜槽位置。

3. 其他验窜方法

(1) 利用井温测井资料，井温测井曲线反映的是井筒内的连续生产剖面，是一个相对稳定的状态，在分析井下是否存在窜槽的测井中一般要从分析井温曲线开始。井温测井通常和其他仪器组合在一起进行测试。

(2) 利用过环空点测井资料，×××井 2009 年 8 月日产液 $20m^3$，含水 60%。到 2010 年 6 月产液突然达到日产液 $42m^3$，含水 95%，完井电测测井资料表明射孔层以下有高水淹层，为了进一步证实，进行了环空井温测井。环空井温测井资料显示该层的产液含水为 100%，产液量占全井产液的 63.6%。这种异常产液情况的出现，分析认为是高渗透、高产液、主含水层窜槽所致。

(3) 利用自然伽马测井资料，井下存在窜槽的部位会随时间推移产生放射性物质积垢，因此在自然伽马测井资料中该处曲线幅度会偏高，把测得的自然伽马测井资料与完井时的自然伽马测井资料和完井以来测得的自然伽马测井资料对比分析，可以判断是否存在窜槽。

(4) 利用噪声测井资料，北 1－4－P×××为一口注水井，该井曾用同位素示踪法测过吸水剖面，测井资料上在射孔层以下存在同位素异常，井温曲线在该处也有异常，结合自然电位曲线可看出该井射孔层以下同位素异常处正对一未射开层，窜槽的可能性很大，但不能排除沾污因素，因此大庆油田测试技术服务分公司决定加测噪声以验证是否存在窜槽。结果是噪声曲线显示该处窜槽，从而排除资料多解性。

(5) 利用声波变密度测井资料，根据完井时一次声波变密度图与现测得的其他测井资料对比分析或利用现测得的声波变密度图与完井一次声波变密度图比较可发现存在窜槽井段。双 8－×××井是河南油田一口抽油机井，该井自投产以来产量为 $14m^3/d$，含水一直为 95% 以上，根据环空点测资料 90% 以上液体由核二段二油组 14 层产出，井温/噪声资料反映，该层下部的来射开层 15、16 两层，噪声幅度较高，从完井一次变密度上可看出该处胶结中等，存在窜槽的可能，所以经综合分析认为该井 15、16 高水淹层水由下部窜出到上部 14 射孔层。

(6) 利用中子氧活化测井资料，井中流动的流体中，水含有氧元素，而油、气不含氧元素。中子氧活化测井仪是利用脉冲活化技术，通过使用短的活化时间，然后用较长的采集时间探测流动的活化水，最后利用源到探测器的间距和活化水通过探测器所用的时间计算出水的流速。由于氧原子核活化后放射出的伽马射线能量较高，能够穿透井内流体，油管和水泥，所以中子氧活化水流测井可以探测井筒内或套管外的水的流动。

12.6.2 判断压裂效果

如果在压裂时把同位素加入压裂砂，压裂前后进行伽马射线测量并进行对比，即可确定压入砂的位置，常用的放射性同位素为碘 131 或铱 192。碘 131 的半衰期为 8d；铱 192 的半衰期为 74d，因此采用后者压裂过后几个月仍可成功地探测加砂压裂的效果。压裂砂通常分为三个阶段注入，第一阶段注入的砂较细，把放射性示踪剂和这种砂混合在一起作为前置物；第二阶段注入的是压裂砂的主体，此时放射性砂应均匀地混入压裂砂中。每千桶压裂砂的标准注入量为 0.5mCi 的碘 131 或 0.3mCi 的铱 192。第三阶段注入的砂通常较粗、较密。最好不要混入放射性示踪剂，以防止污染。水力压裂示意图如图 12－80 所示。压裂液进入后，裂缝由支撑砂子支撑。

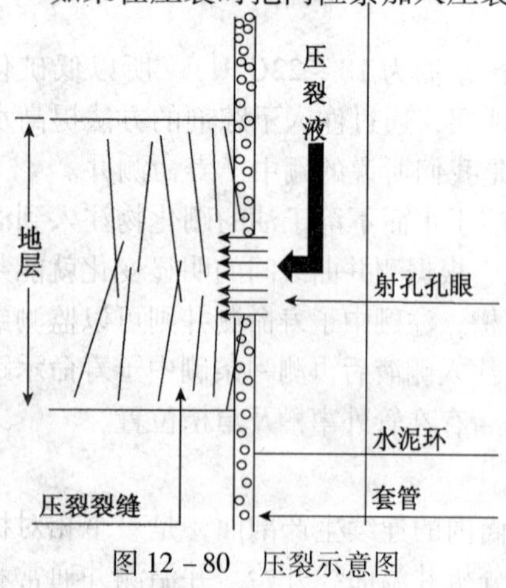

图 12－80　压裂示意图

图 12－81 是×××口生产井，压裂前产油 70 桶，产水 10 桶。自然伽马曲线(第一道)显示出砂岩的顶层和底层，第二道中显示了压裂前的基线和压裂后所测的伽马曲线。压裂中注入了 10000 桶的中砂和 30000 桶的细砂，最后注入 5000 桶的粗砂。

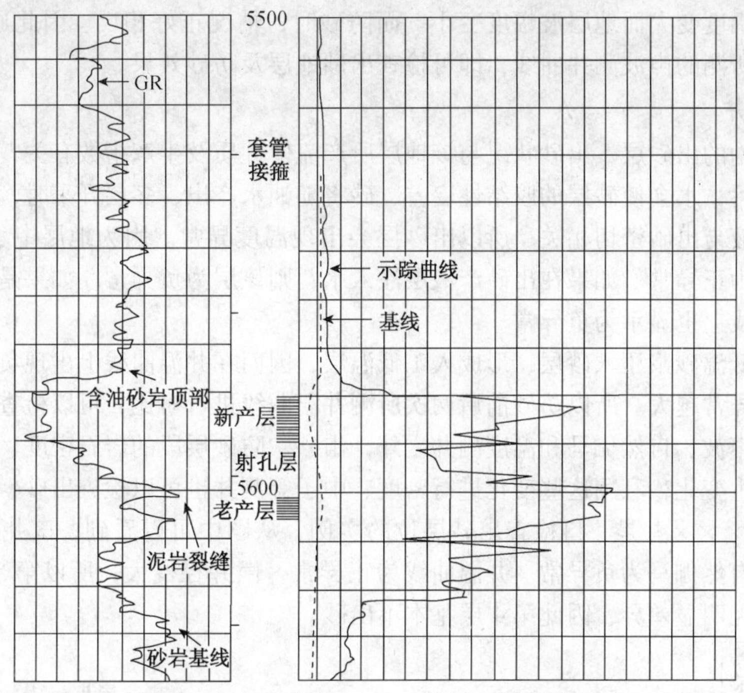

图 12－81　×××井放射性砂压裂后的示踪测井

压裂后的曲线显示，射孔层段的放射性强度很高且延伸到了油层底部，说明压裂砂如期进入了射孔孔眼，压裂取得良好效果。压裂后产油 200bbl/d，产水 60bbl/d。

还可以用温度测井确定水力裂缝，对比压裂前后的温度曲线可以判断压裂层位，判断压裂效果。

12.6.3　检查出砂、防砂效果

出砂、防砂是油田开发中普遍关注的问题，由于出砂导致的油井大修及设备磨损损失很大。出砂的主要原因，一是注入水或地层水使胶结物被溶解或是被约束在砂子周围的水膜中的水被释放；二是油层压力降低改变了上覆地层压力由此影响粒间的胶结；三是拖曳力增大拉动砂子产出。根据以上原因，通常采用砾石充填和化学固砂的方法。

砾石充填方法在前面已介绍过。化学固砂通常采用化学剂挤入出砂部位，以增强地层强度使砂层固结，此法可用于直径较小的套管中，砾石充填主要用于单厚层油藏，不适于多层油藏。

目前，检查出砂、防砂效果的方法有：自然伽马测井、声波测井和井温测井。通常采用以下几种方法：

1. 自然伽马测井法

井下地层出砂或地层坍塌时，地层将产生孔隙甚至形成空穴，接着井下液体会填充这些孔隙，由于出砂后的自然伽马曲线强度小于出砂前的强度，因此出砂前后所测的自然伽马曲线将出现幅度差，幅度差越大，说明出砂越严重。

如果用砂浆充填出砂层段，由于挤入的砂浆自然伽马强度高于或近似等于原孔隙中自然伽马射线的强度，因此防砂前后所测曲线对比即可检查防砂效果。

2. 声波测井法

地层出砂后，形成孔隙和孔穴，说明套管与地层胶结变差，如果进行声幅测井，则会发现套管波首波幅度变大而地层波幅度变小。而防砂时，情况正好相反。因此通过分析出砂、防砂前后两次所测的声波测井曲线，即可检查出砂地层及防砂效果。

3. 井温测井

对相同结构的出砂层，出砂状况与该地层所产流体性质及生产指数有关，产气层最易出砂。油层产出后，水会使砂层的胶结性变差，砂将随油水产出，多层开采时，高产水层往往出砂。因此产液与出砂密切相关。所以出砂层会出现温度异常。因为地层中水、油温度高，所以一般显示为正异常。如果在出砂产液层注入水，则该层为负异常。如果是产气层，出砂井段在温度曲线上也显示为负异常。

防砂时将低温砂浆压入砂层，形成人工低温层，因而在井温曲线上出现负异常，压入的砂浆越多，负异常越大。所以防砂前后两次所测井温曲线进行对比，可以检查出砂井段及防砂效果。除了声波、自然伽马和温度测井之外，出砂、防砂层段的岩石密度、含氢指数等其他参数也会发生变化，利用这些变化进行密度、中子等测井也可以检查出砂、防砂的效果。

图 12 – 82 × × × 井是一口检查出砂层位的实例，从图中可以看到，该井第 5 层声幅曲线为正异常，自然伽马为负异常。井温曲线为正异常，微井径变大，所以第 5 层为出砂层。第 4 层各曲线无明显差异，因此第 4 层基本不出砂。

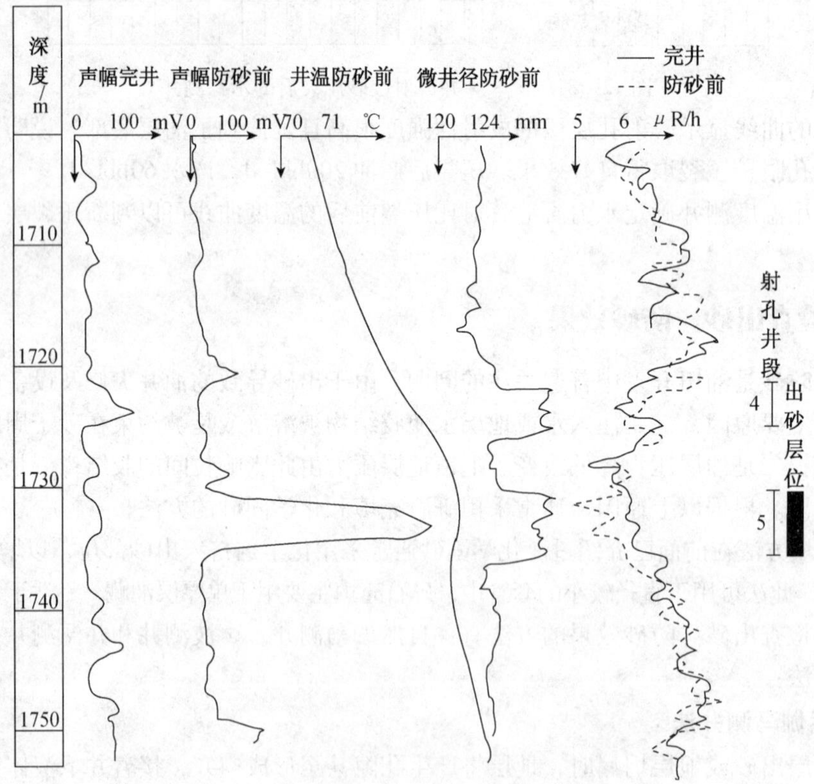

图 12 – 82 × × × 井检查出砂层的测井曲线综合图

第 13 章　油气井测试技术的发展趋势

13.1　试井技术发展趋势

13.1.1　试井技术现状

试井测试工艺主要分为地层测试工艺、钢丝电缆测试工艺和永置式测试工艺三大类。地层测试工艺主要应用于油气田勘探和产能建设阶段的地层测试，主要测试工具有 MFE 测试工具、HST 测试工具和 APR 全通径压控测试工具，该项技术成熟于 20 世纪 80 年代，可实现裸眼井、套管井的跨隔测试、射孔－测试－酸化－排液联作测试，作业深度可达 6000m，国内应用较为广泛。钢丝电缆测试工艺主要应用于油气田的开发阶段，主要设备由钢丝电缆试井绞车、井口防喷装置和井下测试工具组成，作业深度可达 6000m，井口防喷装置耐压 70MPa 以上，入井仪器耐压 150MPa、耐温 150°以上。永置式测试工艺主要有电缆、光缆、声波和毛细管等传输测试方法，除毛细管测压方式外，其余方式国内处于研究和现场试验阶段，国外技术相对成熟。电缆、光缆、声波三种永置式测试工艺最高耐压 200MPa，最高耐温 200°，毛细管永置式测试工艺基本不受温度限制，耐温可达 300°以上。

试井解释方法主要有解析试井和数值试井分析方法两种，在中高渗油气藏、复杂断块油气藏、中高渗凝析气藏、低黏稠油油藏适应性较好，可以满足于上述气藏试井资料的解释需要。目前，国产试井解释软件与国外知名软件相比，功能较为单一，应用较少，在低渗超低渗油气藏、缝洞型油气藏、超稠油油藏、三次采油油藏资料分析方面研究较为深入。国内应用较多的试井解释软件有法国的 Saphir、英国的 Pansystem、加拿大的 Fast 等软件。

13.1.2　试井测试工艺发展趋势

随着勘探开发新技术的发展与应用，试井常规测试工艺面临诸多挑战，如分层直读测试、稠油高温测试等问题。试井仪器向着高精度、耐高温、集成化方向发展；试井工艺由单层(单段)向多层(多段)测试发展，由单一参数向多参数测试发展，由井口关井向井底关井发展。试井方式由单纯测压降或恢复向压降恢复同时测试发展，由单井测试向多井同时测试、油水井同步测试发展。近年来国外重点发展了电缆、光缆、声波传输永置式分层测试工艺。

13.1.3　试井解释方法发展趋势

试井解释方法由单井分析向多井综合分析发展，由单层向多层发展，由单相向多相分析发展，由牛顿流体向非牛顿流体分析发展，由依赖油藏模型识别的解释方法向非线性回归技术发展，由现代解析试井向数值试井发展；试井应用上：由单一的试井解释向与数值模拟、地质统计、测井技术结合进行精细地质描述上发展，由单井解释向区块综合评价发展；试井设计上：由单井设计向多井(或区块)统一考虑，充分进行井数、井次、层段的优化，做到监测系统优化；国外重点发展了页岩油(气)藏试井解释方法、多相流试井解释方法、压敏油气藏试井解释方法、非牛顿流体试井解释方法、多段压裂水平井和分支井试井解释方法。

13.2 测井技术发展趋势

13.2.1 测井技术现状

目前与国外相比，国内在套管井测井技术与国外有较大的差距，主要表现在以下五个方面：

(1) 在油藏动态描述中，国内研究起步较晚，技术较落后，国产开发的小直径脉冲中子仪功能单一，测井精度偏低，过套管井地层电阻率目前还不成熟；国内的套管井地层测试器、过套管密度仪研究基本上处于空白。

(2) 国内光纤技术研究滞后，光学电视成像测井仪功能不佳，应用条件苛刻，套管井井壁测井成像仪研发相对落后。

(3) 水泥胶结评价测井以 CBL/VDL 及国外引进为主，自主研发落后于国外先进理念。

(4) 套管井综合处理解释与评价系统落后国外。

13.2.2 测井技术发展趋势

(1) 套管地井测井地面系统向综合化、便携化和网络化发展。

(2) 脉冲中子类测井仍然是油藏剩余油监测测井技术是首选，多探头、多方法、多信息集成是产层评价测井是发展方向。

(3) 借助国内生产井动态模拟重点实验室，研发适应高含水条件下的流量、持水率等仪器和解释方法，流体流动性质成像测井将向阵列化、方式方法多样化发展。研制适合水平井的测井仪器和设备，解决当前国内水平井动态监测的需要。

(4) 井况监测从单一方法向组合方法发展，套损成像测井系列将更加配套完善，并向三维技术方向发展；逐步开展套管应力预测技术研究；研发新的固井成像测井系统，以适应重水泥、轻质水泥和泡沫水泥的固井作业。

(5) 开展套管井综合处理解释与评价系统的研发，满足资料综合解释评价的需要。

Expro 卧式分离器

工作环境和工作压力	额定温度	液气处理量	气油和水的计量	安全设施	入口和出口扣型	尺寸(高×长×宽)及质量	设计依据
psi(bar)	℉(℃)	bpd & MMscfd (m^3/d & MMm^3/d)				ft & lbs (m & kg)	
42″O. D. ×10′Tan/Tan							
防硫，1440(99)	-20～100 (-29～38)	高液面： 13000 & 25 (2067 & 0.707) 低液面： 5000 & 60 (795 & 1.699) 1min 停留时间	气： Daniel 高级孔板，管径 5.761″ 3 笔记录仪 0～1500psig，0～400°WG，0～200 ℉ 油： 2″刮板流量计，514～8571bpd 206～2060bpd 水： 2″刮板流量计，206～2060bpd	1.3″×4″压力安全阀设定压力为 1440psig 1.2″破裂盘，设定压力 1584psig	入口： 3″602H. U. (F) 气出口： 3″602H. U. (M) 油出口： 3″602H. U. (M) 水出口： 3″602H. U. (M)	8.5×20.0×8.0 (2.57×6.10×2.44) 质量： 31360(14223)	ASME Ⅷ Div. 1， ANSI B31.3， NACE MR-01-75
42″O. D. ×15′Tan/Tan							
防硫，1440(99)	-20～100 (-29～38)	高液面： 15000 & 25 (2385 & 0.708) 低液面： 6000 & 60 (954 & 1.699) 1min 停留时间	气： Daniel 高级孔板，管径 5.761″ 3 笔记录仪 0～1500psig，0～400°WG，0～200 ℉ 油： 3″刮板流量计，514～8571bpd 2″ 206～2060bpd 水： 2″刮板流量计，206～2060bpd	1.3″×4″压力安全阀设定压力为 1440psig 1.2″破裂盘， 设定压力 1584psig	入口： 3″602H. U. (F) 气出口： 3″602H. U. (M) 油出口： 3″602H. U. (M) 水出口： 3″602H. U. (M)	9.25×24.25×8.0 (2.8×7.38×2.44) 质量： 37400(16961)	ASME Ⅷ Div. 1， ANSI B31.3， NACE MR-01-75

参 考 文 献

1 郭海敏．生产测井导论．石油工业出版社，2003
2 何云根．新编测井工艺技术手册．中国知识出版社，2009
3 四川省科技城久利电子有限责任公司．中国专利，ZL96117840. XZL00112930. 9
4 中国石油天然气集团公司人事服务中心．地层测试工．石油工业出版社，2005
5 张琪．采油工程原理与设计．石油工业出版社，2006
6 Schlumberger. Cased Hole Log Interpretation Principles/Applications. Schlumberger Educational services，1989
7 Alger，R. P. The Dual Spacing NeutronLog. SPE3565，1971
8 SPWLA. Transactions of the SPWLA Thirty－second Annual Logging Symposium，1991
9 吴世旗，钟兴水．套管井储层剩余油饱和度测井评价技术．石油工业出版社，1999
10 黄隆基．放射性测井原理．石油工业出版社，1985
11 Toshi. S. D：A Review of Horizontal Well and Drainhole Technology. SPE16868，1987
12 何百平等译．水平井开采技术译文集．石油工业出版社，1993
13 杨春胜等译．水平井测井技术译文集．石油工业出版社，1994
14 Western Atlas. Interpretive Methods for Production Well Logs. 1992
15 Schlumberger. Well Evaluation Conference South East Asia，1981
16 Totty C D. Pressure Transducer With Quartz Crystal of Singly Rotated Cut for Increased Pressure and Temperature Operating Range. USpatent 5221873，1993
17 马建国，符仲金．电缆地层测试器原理及其应用．石油工业出版社，1995
18 林梁．电缆地层测试器资料解释理论与地质应用．石油工业出版，1994
19 郭振芹．非电量电测量．中国计量出版社，1986
20 刘能强．实用现代试井解释方法．石油工业出版社，1996
21 郭海敏．生产测井解释．江汉石油学院印刷，1992
22 姜文达．油气田开发测井技术与应用．石油工业出版社，1995
23 汪仕忠．江汉油田典型测井解释图集．石油工业出版社，1997
24 楚泽涵等．地球物理测井方案与原理．石油工业出版社，2007
25 B. Zemel 著，赵培华等译．油田示踪技术．石油工业出版社，2005
26 马建国编著．油气田地层测试．石油工业出版社，2006
27 秦同洛等．实用油藏工程方法．石油工业出版社，1989
28 陈钦雷等．油田开发设计与分析基础．石油工业出版社，1982
29 王鸿勋，张琪．采油工艺原理．石油工业出版社，1981
30 陈元千．现代油藏工程．石油工业出版社，1981
31 郭海敏．多相流动生产测井解释．北京航空航天大学博士后报告，1993
32 Govier G. W. Aziz. K. The flow of complex mixtures in pipes. Van nostrand reinhold company，1972
33 苏彦勋．流量计量．中国计量出版社，1991
34 陆风根，马贵福译．生产测井解释及其流体参数换算．石油工业出版社，1995
35 乔贺堂．生产测井原理及资料解释．石油工业出版社，1992
36 姜文达．放射性同位素示踪注水剖面测井．石油工业出版社，1997
37 张世康．热工与热机．石油工业出版社，1981
38 Hill，A. D. Production logging：Theoretica and Interpretive Element. 1990
39 James，K. H. Geothermal log Interpretation Handbook. SPWAL，1982
40 Schlumberger. Production Log Interpretation，1974
41 WesternAtlas. Interpretive Methods for Production Well Logs(Third Edition)，1982

42 宫继刚. 毛细管温压一体化监测技术. 甘肃科技，2008
43 杨世铭. 传热学. 高等教育出版社，1987
44 达克 L. P. 油藏工程原理. 石油工业出版社，1984
45 王江萍，王怡，鲍泽富. 钻井过程检测与实时故障诊断综述. 石油矿场机械，2006
46 张锐. 稠油热采技术. 石油工业出版社，1999
47 郭海敏. 抽油井三相流动优化解释处理方法. 石油学报，1996
48 Wichmann. P. A. Advances in Nnclear Production Logging. SPWLA 8th Logging Symposium，1967
49 陈月明. 油藏数值模拟基础. 中国石油大学出版社，1989
50 TriceJ. M. Reservoir Management Practice. JPT. Dec，1992
51 Bateman，R. M. Casing Inspection in Cased-Hole Log Analysis and Reservior Performance Monitoring. IHRDC，Boston，1985
52 王乃举等编. 油气田开发测井技术与应用. 石油工业出版社，1985
53 [美]B. Zemel 著，赵培华等译. 油田示踪技术. 石油工业出版社，2005
54 中国石油天然气总公司开发生产局编. 试井理论与实践. 石油工业出版社，1996
55 常子恒等. 石油勘探开发技术. 石油工业出版社，2001
56 中国石油天然气总公司开发劳资局编. 采油测试工. 石油工业出版社，1997
57 马永峰. 油气井测试工艺技术. 石油工业出版社，2007
58 《地层测试工标准化操作项目视频教程》编写组. 地层测试工标准化操作项目视频教程. 中国石化出版社，2010
59 《试井手册》编写组. 试井手册(下册). 石油工业出版社，1992
60 《中国油气井测试资料解释范例》编写组. 中国油气井测试资料解释范例. 石油工业出版社，1994
61 刘能强. 实用现代试井解释方法(第五版). 石油工业出版社，2008
62 张厚冬. 地层测试技术(胜利油田地层测试曲线牲及应用研究). 中国石油大学出版社，2000
63 沈琛主编. 试油测试工程监督. 石油工业出版杜，2005
64 张艳玉. 现代试井解释原理与方法. 中国石油大学出版社，2006